KB092984

자동차가솔린기관
(오토기관)

공학박사 김 재 휘 · 著

GoldenBell

★ 불법복사는 지적재산을 훔치는 범죄행위입니다.

저작권법 제97조의 5(권리의 침해죄)에 따라 위반자는 5년 이하의 징역 또는 5천만원 이하의 벌금에 처하거나 이를 병과할 수 있습니다.

머 리 말

1993년 자동차공학 시리즈 1 "첨단 가솔린엔진(오토기관)" 편을 독자 여러분들께 소개한 지 12년 만에 완전 개정판을 출간하게 되었습니다. 자동차기술의 발전 추세에 부응하기에는 내용의 깊이 측면에서 아직도 상당한 거리가 있으나, 목표 독자들의 관심영역과 수준, 출판 여건 등을 감안하지 않을 수 없었음을 미리 말씀드리는 바입니다.

주로 독일의 자동차공학 교육의 경향을 국내에 소개한다는 생각, 그리고 자동차공학의 세계적인 추세를 파악함은 물론, 똑같은 내용에 대해서도 접근하는 방법의 차이를 이해함으로서 보다 폭넓은 시각을 가질 수 있도록 하고자 나름대로 심혈을 기울였습니다.

이 책의 목표 독자층은 전문대학이나 대학에서 자동차를 전공하는 학생들, 4년제 대학에서 기계공학을 공부하고 현장에서 자동차 관련 업무에 입문하는 기술자, 그리고 이 분야에 관심을 가지고 더욱더 깊이 공부하고자하는 사람들입니다. 따라서 이들 다양한 계층들이 모두 쉽게 이해할 수 있도록 평이하게 그리고 체계적으로 서술하는데 초점을 맞추었습니다.

이 책의 특징은 다음과 같습니다.

1. 중요한 용어는 영어와 독일어를 (영 : 독)의 순으로, 경우에 따라 독일어로만 표기할 때는 (: 독)의 형식, 예를 들면 분사(injection : Einspirtzung), 공기(: Luft)로 표기하였습니다.

2. 용어는 표준용어를, 외래어는 롯드(rod)와 씰(seal), 브릿지(bridge)와 바니쉬(varnish)를 제외하고는 모두 외래어 표기법에 따라 표기하였으며, 단위는 특별한 경우를 제외하고는 모두 ISO-단위를 사용하였습니다.

3. 밸브타이밍제어, 동적과급, VTG 등 충전률 향상 기술에 대해서 보다 많은 정보를 수록하였습니다.

4. 왕복피스톤기관에 대해 주로 설명하되, 가스터빈기관, 방켈기관 그리고 대체 동력원 등에 대해서도 상세하게 설명하였습니다.

5. 분사장치, 점화장치, 연료와 연소, 배출가스제어 테크닉 그리고 기관의 성능과 성능 시험에 대해서는 최신 기술에 초점을 맞추었습니다.

6. 기관의 주요 설계 요소 및 기계역학 등은 『첨단 디젤엔진』편에서 다루기로 하고, 본 서에서는 가능한 한 수학적인 수식의 사용을 제한하였습니다.

7. 기관의 내용을 『시리즈1. 첨단 가솔린엔진(오토기관)』과 『시리즈2. 첨단 디젤엔진』 으로 분리함에 따라 본서에서는 디젤기관에 관련된 내용은 다루지 않았습니다.

이 책이 우리나라 자동차공업 발전에 다소나마 기여할 수 있기를 기대하면서, 이 책에 뜻하지 않은 오류가 있다면 독자 여러분의 기탄없는 질책과 조언을 받아 수정해 나갈 것을 약속드립니다. 많은 성원을 부탁드리는 바입니다.

끝으로 이 책에 인용한 많은 참고문헌의 저자들에게 감사드리며, 특히 ATZ 전 편집장 Dipl.- Ing. Prof. Karl Ernst Hailer, GTZ의 Dr. Guenter Roesch, IfB의 Dipl.- Ing. Frank Stevens, BMW Korea Training center 관계자 여러분들께 깊은 감사를 드립니다.

아울러 기꺼이 출판을 맡아주신 자동차도서 전문출판사 골든벨 社長님, 그리고 완성도 높은 책을 만드는데 심혈을 기울여 주신 골든벨 편집부 직원 여러분들께 감사를 드립니다.

2017. 3. 1.

김 재 휘

Contents

차 례

제12장 기관성능 및 성능시험

제1장

총 론
General : Gesamtübersicht

제1장 총 론

제1절 개 요
(Introduction : Einführung)

1. 열기관(heat engine : Wärmemotor)

열 에너지(heat energy : Wärmeenergy)를 기계적 일(mechanical work : mechanische Arbeit)로 변환시키는 장치를 열기관이라 한다. 연료의 연소, 핵반응, 태양열 등 여러 가지 방법으로 얻어진 열에너지를 열기관에서 기계적 일로 변환시키려면 반드시 매개(媒介) 유체 즉, 동작유체(working fluid)가 있어야 한다.

동작유체는 고온열원으로부터 열을 공급받아 고온, 고압의 상태로 된 다음, 팽창하면서 일을 하고, 일을 함에 따라 압력과 온도는 낮아진다. 열기관이 연속적으로 일을 하도록 하기 위해서는 압력과 온도가 낮아진 동작유체를 다시 고온, 고압의 상태로 순환적 변화를 시켜야 한다. 동작유체의 이와 같은 순환적 변화를 열기관의 사이클(cycle : Zyklus)이라 한다.

2. 외연기관과 내연기관(external-/internal combustion engine)

열기관의 동작유체로는 가스(gas)와 증기(steam)가 이용되며, 동작유체에 열에너지를 공급하는 방식에 따라 외연기관과 내연기관으로 분류한다.

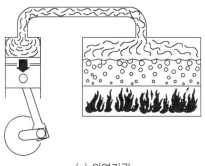
(a) 외연기관
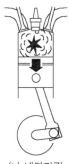
(b) 내연기관

그림 1-1 외연기관과 내연기관

(1) 외연기관(external combustion engine : Außen-Verbrennungsmotor)(그림 1-1a)

증기기관과 같이 연료의 연소에 의해 발생된 열이 보일러 벽을 통해서 동작유체인 물에 전달되어 증기를 발생시키고, 이 증기가 일을 하는 방식으로 동작유체와 연소가스가 별개인 기관을 말한다.

(2) 내연기관(internal combustion engine : Innen-Verbrennungsmotor)(그림 1-1b)

연료를 기관내부에서 연소시켜 열에너지를 발생시킨 다음, 발생된 열에너지를 기계적 일로 변환시키는 동력발생장치로서 연소생성물 그 자체가 동작유체인 기관을 말한다.

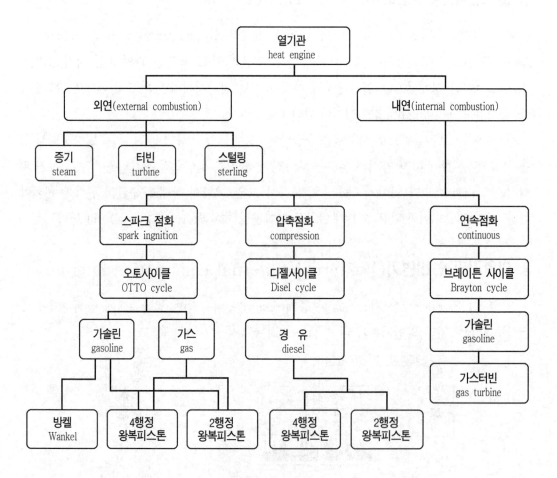

그림 1-2 열기관의 분류

3. 자동차용 내연기관

자동차(automobile : Kraftfahrzeug)의 에너지원으로 연료전지까지도 도입되고 있으나 현재도 여전히 왕복 피스톤식 내연기관이 자동차의 동력원으로 가장 많이 이용되고 있다.

오늘날 자동차용 왕복 피스톤 기관의 가장 큰 특징은 고속기관이라는 점이다. 회전속도는 평균적으로 승용차용 오토기관(Otto engine : Ottomotor)의 경우 $4,000 \sim 8,000 min^{-1}$, 화물자동차용 디젤기관(Diesel engine : Dieselmotor)의 경우 $2,000 \sim 4,000 min^{-1}$, 2륜 자동차용 오토기관의 경우 $4,000 \sim 10,000 min^{-1}$ 정도가 대부분이다.

기관의 회전속도가 고속화됨에 따라 고속에서 1행정에 소요되는 시간은 상대적으로 크게 단축되었다. 예를 들면 4행정기관의 회전속도가 $6,000 min^{-1}$일 경우, 흡입행정할 때 새로운 가스가 실린더 내에 충전되는 데 약 1/200초 정도의 시간이 허용되며, 이때 가스의 유입속도는 약 300km/h 정도에 이른다.

기관의 회전속도가 증가함에 따라 동력행정 횟수가 증가하게 되고, 동력행정 횟수가 증가함에 따라 축열되어 배기밸브 시트(seat)는 약 600℃ 정도까지 가열된다. 연소최고온도는 실린더 단위체적 당 급열량에 따라 차이가 있으나, 약 2,500℃ 정도에 달한다.

피스톤헤드에 작용하는 폭발력은 피스톤직경과 연소최고압력에 따라 결정된다. 연소최고압력은 디젤기관에서 약 90~150 bar, 오토기관에서 약 40~70 bar 정도이다.

오토기관에서 피스톤 직경 80 mm, 연소최고압력 70 bar일 경우, 피스톤헤드에 작용하는 순간 충격력은 약 35,000 N($\approx 3,500$ kgf)이 된다.

결론적으로 자동차용 내연기관은

① 단위출력 당 질량과 부피가 작고,　　② 진동과 소음이 적고,
③ 회전속도 범위가 넓고,　　　　　　 ④ 내구성이 우수하고,
⑤ 연료소비율이 낮고,　　　　　　　　⑥ 유해물질의 배출수준이 낮아야 하며,
⑦ 재활용률이 높아야 하고　　　　　　⑧ 고장이 적고 수리가 용이해야 하고,
⑨ 값이 싸야 한다는 등의 여러 가지 조건을 동시에 만족해야 한다.

왕복피스톤기관(reciprocating piston engine : Hubkolbenmotor)은 진동과 소음, 회전속도 범위 등에서 문제가 있으나 아직도 여전히 자동차기관의 주류를 이루고 있다. 따라서 본서는 왕복 피스톤식 스파크점화기관을 중심으로 설명한다.

제1장 총 론

제2절 내연기관의 발달사
(Development History ∶ Entwicklungsgeschichte)

내연기관의 발달과정을 자동차와 관련하여 연대순으로 요약하면 다음과 같다.

1673년 호이겐스(Christiaan Huyghens, 1629~1695, 네덜란드)가 폭발에 의해 작동되는 기관을 시도하였으나 실용화에는 이르지 못함.

1860년 르노(Jean Joseph Etienne Lenoir, 1822~1900, 프랑스)가 가스(light gas)를 연료로 하는 열효율 약 3~4%의 내연기관을 제작, 시판함. → 운전 가능한 최초의 기관

1862년 로사(Alphonse Beau de Rochas, 1815~1893, 프랑스)가 오늘날 사용되고 있는 것과 같은 4행정 기관의 탄생 계기가 되는 "Beau de Rochas의 4원칙" 발표, 특허 취득함.

1867년 오토(Nikolaus August Otto, 1832~1891, 독일)와 랑엔(Eugen Langen, 1833~1895, 독일)이 르노의 가스기관을 개량, 파리세계박람회에 열효율 약 9%인 무압축 기관을 출품.

1876년 오토는 "Beau de Rochas의 4원칙"에 착안하여 4행정 사이클 방식으로 운전되는 가스기관을 완성함. 열효율 15%정도로 당시로서는 획기적인 성과를 거둠(그림 1-3b참조).

(a) Nikolaus August Otto

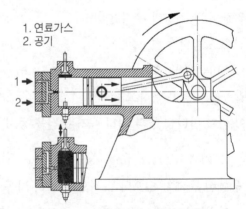

(b) 오토가스기관의 단면도

1. 연료가스
2. 공기

그림 1-3 **오토와 그의 가스기관**

1878년 클러크(Dugald Clerk, 1854~1913, 영국)가 2행정 가스기관을 완성함. 그러나 오토와 클러크의 가스기관은 자동차용으로 실용화되지 못함.

1883년 다이믈러(Gottlieb Daimler, 1834~1900, 독일)와 마이바흐(Wilhelm Mybach, 1846~1929, 독일)는 열튜브 점화방식(hot tube ignition : Glührohrzündung)의 고속 4행정 가솔린기관을 발표함. 다이믈러는 이 기관을 개량하여 1885년 267cc, $0.5PS/700min^{-1}$의 기관을 제작하여 2륜차의 동력원으로 사용함(그림 1-4(a)).

1885년 벤즈(Karl Benz, 1844~1929, 독일)는 독자적으로 4사이클 방식의 가솔린기관을 제작하여 제1호 3륜차를 발표하고 1886년 1월 29일 독일제국 특허국(:Deutschreiches Patentamt)으로부터 특허를 받음. 가솔린기관을 장착한 최초의 자동차가 공식적으로 탄생함(그림 1-4(b)). 또 같은 해(1886년) 다이믈러는 4륜마차(coach : Kutschwagen)의 차체에 가솔린기관을 장착한 그의 제1호 4륜차를 발표함.

1887년 보쉬(Robert Bosch, 1861~1942, 독일)가 자석점화방식(low voltage magneto ignition : Abreisszündung)을 발명.

(a) 다이믈러(1885)   (b) 벤즈(1885)

(c) 포드(1893)   (d) 디젤(1897)

그림 1-4 자동차의 발달과정

1892년 아크로이드(Akroyd Stuart, Herbert, 1864~1937, 영국)가 열구(hot bulb)기관을 발표하였으며, 1893년 마이바흐가 분사식 기화기(spray nozzle carburetor : Spritzdüsen- Vergaser)를 만들었으며, 디젤(Rudolf Diesel, 1858~1913, 독일)이 디젤사이클에 대한 특허를 받음. 그리고 포드(Henry Ford, 1863~1947, 미국)는 T형 자동차를 발표함(그림 1-4(c)).

1897년 M.A.N.(Maschinenfabrik Augusburg in Nürnberg)에서 운전 가능한 디젤기관($\eta_e = 26.2\%$)이 완성되었으며(그림 1-4(d)), 포르쉐(Ferdinand Porsche, 1875~1951, 독일)는 최초의 전기자동차(Lohner-Porsche)를 발표함.

1913년 포드는 컨베어벨트 시스템을 도입하여 자동차 양산시대를 열었고,

1923년 Benz-MAN사가 디젤기관을 장착한 트럭을 발표하였으며,

1936년 Daimler-Benz에서 최초의 디젤승용차를 생산함.

1950년 Rover사(영국)가 가스터빈을 동력원으로 하는 자동차를 발표하였고,

1954년 방켈(Felix Heinrich Wankel, 1902~1988, 독일)이 회전피스톤기관(일명 방켈기관)(Wankel engine : Kreiskolbenmotor)을 완성, 자동차기관으로 사용함.

1966년 Bosch사는 전자제어 연료분사장치(D-Jetronic)를 개발하여 양산 자동차에 적용함.

1985년 무연가솔린 기관용 제어식 3원촉매기 시스템이 도입되었고

1996년 승용 가솔린자동차에 GDI(Gasoline Direct Injection) 시스템 도입

1997년 승용 디젤자동차에 커먼레일 시스템(common rail system) 도입.

2000년 하이브리드 자동차 시리즈 생산 시작

2001년 완전 가변 밸브기구 도입

참 고

※ **Alphonse Beau de Rochas(1815~1893, 프랑스)의 4원칙**
① 실린더 체적에 비해서 실린더 표면적은 가능한 한 작게.(컴팩트한 연소실)
The largest possible cylinder volume with the minimum boundary surface.
② 팽창은 최대한 신속히.(팽창은 고속으로)
The greatest possible working speed
③ 팽창은 가능한 저압까지 최대로.(팽창비는 최대로)
The greatest possible expansion ratio
④ 팽창의 초기에 최대한 압력을 높여야.(압력 피크)
The greatest possible pressure at the beginning of expansion.

제1장 총 론

제3절 내연기관의 분류
(Classification of Engines : Einteilung der Motoren)

내연기관을 분류하는 방법에는 여러 가지가 있으나, 자동차분야에서 주로 많이 사용하는 용어를 중심으로 간략하게 설명하기로 한다.

1. 열역학적 사이클에 따라

내연기관이 정확하게 열역학적 사이클에 따라 작동하는 것은 아니지만, 실제 사이클이 이들 공기표준 이론사이클과 거의 비슷하기 때문에 다음과 같이 분류한다.

(1) 정적(定積)사이클 기관 – 오토기관(Otto engines : Ottomotoren)

정적사이클은 ① 단열압축 → ② 정적가열 → ③ 단열팽창 → ④ 정적방열의 4과정을 거쳐 1사이클을 완성한다. 이 사이클을 기본사이클로 하는 기관으로서, 창안자의 이름을 붙여 오토기관(Otto engine)이라고도 한다. → 이 책의 제목

오토기관은 정적 하에서 연소가 진행되는 기관으로서, 가스로도 운전되나 대부분 가솔린으로 운전되며, 기화기식이나 흡기다기관 분사방식에서는 연소실 외부에서 균질혼합기를, 직접분사방식에서는 실린더 내부에서 균질 또는 불균질 혼합기를 형성한다. 또 연소실에 설치된 스파크 플러그에 외부로부터 전기불꽃을 공급하여 혼합기를 점화시킨다.

가솔린기관, 가스기관, 석유기관 그리고 알코올기관과 같은 스파크점화(spark ignition)기관이 여기에 속한다(그림 1-11 참조).

(2) 정압(定壓)사이클 기관 – 디젤기관(Diesel engines : Dieselmotoren)

정압사이클은 ① 단열압축 → ② 정압가열 → ③ 단열팽창 → ④ 정적방열의 4과정을 거치면서 1사이클을 완성한다. 이 사이클을 기본 사이클로 하는 기관을 정압사이클 기관이라고

하며, 사이클 창안자의 이름을 붙여 디젤기관(Diesel engine)이라고도 한다.

디젤기관은 정압 하에서 연소가 진행되는 기관으로서, 오늘날 이 사이클로 운전되는 기관은 거의 없다. 디젤기관 초기의 공기분사식 저속 디젤기관이 대표적인 정압사이클 기관이다. 현재의 고속 디젤기관의 기본사이클은 복합사이클(dual cycle)이지만, 통상 디젤(사이클)기관이라고 한다(그림 1-13 참조).

(3) 복합(複合)사이클 기관(dual cycle engine : gemischtes Prozessmotoren)

복합사이클은 ① 단열압축 → ② 정적가열 → ③ 정압가열 → ④ 단열팽창 → ⑤ 정적방열의 순서로 1사이클을 완성한다. 이 사이클을 기본 사이클로 하는 기관은 처음에는 정적 하에서 그리고 이어서 정압 하에서 연속적으로 연소가 이루어지는 기관이다. 자동차용 고속 디젤기관은 대표적인 복합사이클기관이다.

자동차용 디젤기관은 대부분 경유로 운전된다. 그리고 연소실 내의 압축된 공기 중에 연료를 분사하여 불균질 혼합기를 형성시킨 다음, 혼합기 자신의 압축열에 의한 자기착화(self ignition : Selbstzündung)에 의해 연소가 진행된다(그림 1-15 참조).

(4) 밀러사이클기관(Miller cycle engine : Miller-Prozessmotoren)

공기표준 밀러사이클을 기본 사이클로 하는 기관으로서, 저압축 – 고팽창 기관이라고도 한다. 밀러사이클은 오토사이클을 수정한 아트킨슨(Atkinson) 사이클을 다시 수정, 개선한 사이클이다. 따라서 밀러사이클은 오토사이클과 거의 비슷하다.

그러나 밀러사이클기관은 흡기를 교축(throttling)시키지 않으며, 흡기밸브를 닫는 시기를 제어하여 저압축비를, 배기밸브를 여는 시기를 제어하여 고팽창비를 얻는다는 점이 오토사이클기관과는 다르다(그림 1-18, 1-19참조).

【 참고1 】 이 외에도 내연기관으로는 브레이튼사이클(Brayton cycle) 또는 줄 사이클(Joule cycle)에 의한 가스터빈기관, 외연기관으로는 랭킨사이클기관(Rankine cycle engine), 스털링사이클기관 (Sterling cycle engine) 등이 있다. 방켈기관은 정적사이클 기관이다.

【 참고2 】 James Prescott Joule(1824~1907). 영국, 수학/물리학자
George Brayton(1830~1892). 미국, 기계공학자/발명가
Robert Stirling(1790~1878). 스코틀랜드, 성직자
William John Macquorn Rankine(1820~1872). 영국, 기계공학/열역학
Ralph Miller(1890~1967). 미국, 기계공학
James Atkinson(1846~1914). 영국, 기계공학

2. 사이클 당 행정 수에 따라

(1) 4행정기관(4 stroke engine : Viertaktmotor)(그림 1-5(a))

4행정기관이란 1사이클(흡입 → 압축 → 폭발 → 배기)을 완성하는 동안에 피스톤이 4행정하거나, 크랭크축이 2회전하는 기관을 말한다.

가스교환은 밀폐된 상태에서 이루어진다.

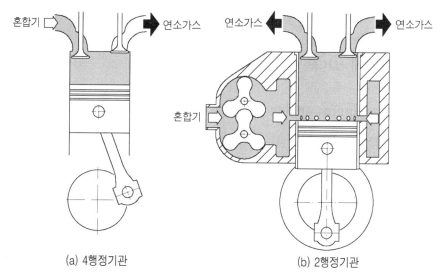

(a) 4행정기관　　　　　　(b) 2행정기관

그림 1-5　4행정기관과 2행정기관의 기본구조

(2) 2행정기관(2 stroke engine : Zweitaktmotor)(그림 1-5(b))

2행정기관이란 1사이클을 완성하는 동안에 크랭크축이 1회전하거나 피스톤이 2행정하는 기관을 말한다. 동일 출력의 4행정기관에 비해 무게를 가볍게 할 수 있으나, 가스교환이 개방 상태에서 이루어지므로 연료소비가 많다.

3. 냉각방식에 따라

(1) 수냉식 기관(water cooled engines : wassergekühlte-Motoren)

수냉식 기관은 기관을 물 또는 특수액체로 냉각하는 방식으로, 실린더 벽 주위에 물자켓 (water jacket)을 설치해야 하고 또 냉각수를 필요로 하므로 공랭식에 비하면 그 만큼 기관의 무게가 무거워진다. 그러나 냉각작용이 균일하고 기관의 작동상태가 정숙하다.

(2) 공랭식 기관(air cooled engines : luftgekühlte-Motoren)

주행 시에 발생하는 주행풍을 이용하거나 송풍기를 이용하여 기관을 냉각시키는 방식으로 주로 2륜 자동차와 소형자동차의 기관에 많다.

가볍고, 난기운전(warm-up) 기간이 짧고, 기온이 영하일지라도 빙결될 염려가 없다. 반면에 소음이 크고 송풍기를 사용할 경우 별도의 구동력을 필요로 한다.

4. 연료공급 방법에 따라

(1) 기화기기관(carburetor engine : Vergasermotor)

공기는 기화기로부터 공급되는 연료와 혼합되어 실린더에 흡입된다. 가솔린기관 또는 가스기관에 사용되었으나, 현재는 일부 2륜차에만 사용된다.

(2) 분사기관(injection engine : Einspiritzmotor)

기계식 분사펌프 또는 전자제어 분사장치를 이용하여 연료를 분사밸브로부터 흡기다기관 또는 연소실 내에 분사한다. 디젤기관과 가솔린 분사기관이 이에 해당한다.

5. 피스톤의 운동방식에 따라

(1) 왕복피스톤기관(reciprocating engine : Hubkolbenmotor)

피스톤과 크랭크축을 커넥팅롯드로 연결하여, 피스톤의 직선왕복운동이 크랭크축의 회전운동으로 변환되도록 설계된 기관을 말한다.

이 기관에서는 동작유체가 동일한 용기(실린더)내에서 사이클을 수행한다. 현재 가장 많이 사용되고 있는 방식이다.

(2) 회전피스톤기관(rotary engine : Kreiskolbenmotor)

편심된 회전자(rotor)가 회전운동하면서 사이클을 완성하는 기관으로 왕복운동부품이 없다. 실용기관으로는 방켈기관(Wankel engine : Wankelmotor)이 있다.

(3) 터빈기관(turbine engine : Turbinen)

하우징 내부에서 회전하는 터빈의 날개(blade)에 분출되는 동작유체의 속도에너지가 터빈의 회전력으로 직접 변환되도록 설계된 기관으로 가스터빈기관이 여기에 속한다.

6. 사용연료에 따라

(1) 휘발유기관(gasoline engine : Benzinmotor)

(2) 경유기관(diesel engine : Dieselmotor)

(3) 가스기관(gas engine : Gasmotor) (예) LPG-기관, CNG-기관.

(4) 석유기관(kerosine engine : Petroleummotor)

(5) 중유기관(heavy oil engine : Schwerölmotor)

(6) 알코올기관(alcohol engine : Alkoholmotor)

(7) 복연료기관(multi-fuel engine : Mehr-Kraftstoff-Motor)

7. 점화방식에 따라

(1) 스파크 점화기관(Spark Ignition engine : Zündermotor : SI 기관)

연소실에 설치된 점화플러그를 통해 공급되는 전기불꽃(electric spark)을 혼합기가 인화, 연소하는 방식의 기관을 말한다. 가솔린기관, 알코올기관 그리고 LPG 기관 등이 여기에 속한다. → 외부점화(external ignition : Fremdzündung)기관.

(2) 압축점화기관(Compression Ignition engine : CI 기관)

디젤기관처럼 압축된 고온의 공기 중에 연료를 고압으로 분사하여 연료 자신의 자기착화(自己着火)에 의해서 연소가 이루어지는 방식의 기관을 말한다.
　→ 자기착화(self ignition : Selbstzündung) 기관.

(3) 연속점화기관(Continuous Ignition engine : kontinuierlicher Verbrennungsmotor)

속도형 고속압축기로 공기를 계속적으로 압축하고, 압축된 공기 중에 연료를 분사, 연속적으로 연소시켜, 발생된 연소가스로 터빈을 구동하는 방식이다. 가스터빈이 이에 속한다.

8. 급기(給氣) 방법에 따라

(1) 자연흡입기관(natural aspirated engine : Saugmotor) → 무과급(無過給)기관

실린더의 부압을 이용하여 공기(또는 혼합기)를 스스로 흡입하는 기관으로서 흡기압력은 거의 대기압에 가깝다. 충전률은 4행정기관에서 70%~90% 정도이다.

(2) 과급(過給)기관(supercharged engine : Auflademotor)

터보과급기 또는 슈퍼과급기로 압축한 공기를 실린더에 공급하는 방식으로, 대부분 고출력을 목적으로 하는 기관에 많다. 충전률은 약 120%~160% 범위이다.

9. 왕복피스톤기관의 분류

왕복피스톤기관에서는 앞서 설명한 분류방식 외에도 실린더 수, 실린더 배열방식, 밸브기구, 행정/내경의 비에 따라 분류하기도 한다.

(1) 실린더 수에 따라

① 단기통 기관(single cylinder engine : Einzylindermotor)
② 다기통 기관(multi cylinder engine : Mehrzylindermotor)

실린더 수에 따라 1-, 2-, 3-, 4-, 5-, 6-, 8-기통이라고 호칭한다. 참고로 다기통 기관은 360° 또는 720°를 기통수로 나누었을 때의 몫이 자연수인 경우만 제작한다. (예를 들면 7기통이나 11기통 기관은 제작하지 않는다.)

(2) 실린더의 배열에 따라(그림 1-6 참조)

① 직렬 기관(in-line engine : Reihenmotor)
② V-기관(V-engine : V-Motor) → 중심각 60° ~ 90°
③ VR-기관 → 중심각 15°
④ 대향 실린더 기관(opposed-cylinder engine : Boxermotor) → 수평대향형
⑤ V-VR 기관 → VR-기관이 다시 V형으로 배열된 기관
⑥ W-기관 → 각 실린더 뱅크각(bank angle)이 60°씩 W형으로 배열된 기관

보통 ①, ②항을 합하여 직렬 4기통, V-6기통 등으로 호칭하는 경우가 많다. 자동차기관으로 사용되지는 않으나 이 외에도 성형 기관(radial engine : Sternmotor), 대향 피스톤 기관(opposed-piston engine : Gegenkolbenmotor), U형 기관(U-engine : U-Motor) 등이 있다.

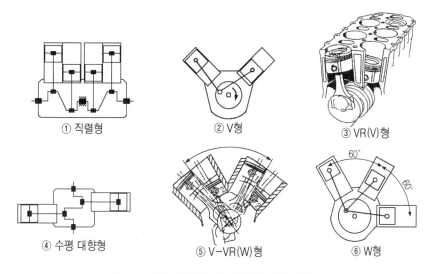

① 직렬형   ② V형   ③ VR(V)형

④ 수평 대향형   ⑤ V-VR(W)형   ⑥ W형

그림 1-6 실린더 배열에 따른 자동차용 기관분류

(3) 행정/내경의 비(比)에 따라

현재의 소재기술 수준으로는 피스톤 평균속도가 최대 25m/s를 초과하지 않아야 기관의 수명을 장기간 유지할 수 있는 것으로 알려져 있다.

① **단행정 기관**(over square engine : Kurzhubmotor) - (**행정/내경**) 〈 1

행정이 내경보다 작은 기관으로 고속, 소형기관에 많다. 피스톤 평균속도가 최대 25m/s를 초과하지 않으면서도 고속을 얻을 수 있다. 행정/내경의 비 0.7~0.9 정도가 많다.

② **정행정 기관**(square engine) - (**행정/내경**) = 1

행정과 내경이 똑같은 기관

③ **장행정 기관**(under square engine : Langhubmotor) - (**행정/내경**) 〉1

행정이 내경보다 큰 대형 트럭이나 버스 등의 기관이 여기에 속한다. 자동차기관에서는 행정/내경 비는 약 1.1~1.3 정도가 주로 이용된다. 저회전속도(2,000~4,000min^{-1})로 운전할 경우, 약 50만~60만km 정도를 주행목표로 한다.

(4) 캠축의 설치위치에 따라

① OHC 기관(Over Head Cam-shaft engine) : 캠축이 실린더-헤드의 상부에 설치된 기관.
캠축이 2개일 경우 DOHC(double OHC)기관이라 한다.

② CIH 기관(Cam-shaft In Head) : 캠축이 실린더-헤드의 내부에 설치된 형식이다. 실린더-
헤드의 내부에 캠축이 설치되므로 OHC 기관에 비해 실린더-헤드의 기계적 강도가 낮다.

③ CIC 기관(Cam-shaft In Cylinder-block) : 캠축이 실린더-블록 내부에 설치된 형식으로,
OHC기관에 비해 밸브기구가 더 복잡하다. 대형 디젤기관은 대부분 이 방식이다.

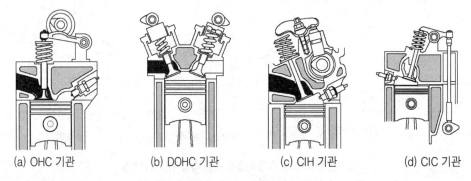

(a) OHC 기관   (b) DOHC 기관   (c) CIH 기관   (d) CIC 기관

그림 1-7 캠축의 설치위치에 따른 분류

(5) 밸브의 설치위치에 따라

① I-헤드 기관(I-head engine) : 흡, 배기 밸브가 모두
실린더-헤드에 배열된 방식으로 오늘날은 대부분이
이 형식이다.

② L-헤드 기관(L-head engine) : 흡, 배기 밸브가 모두
실린더블록의 한 쪽에 설치된 방식으로 현재는 사용
되지 않는다. SV(side valve)-기관이라고도 한다.

③ T-헤드 기관(T-head engine) : 흡, 배기 밸브가 실린
더블록의 좌우에 나누어 설치된 형식으로 현재는 사
용되지 않는다.

④ F-헤드 기관(F-head engine) : 흡기밸브는 실린더헤
드에, 배기밸브는 실린더블록에 배치된 방식으로 현
재는 거의 사용되지 않는다.

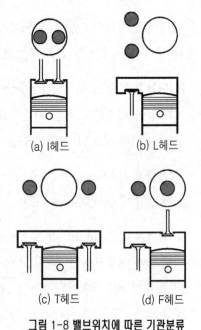

(a) I헤드   (b) L헤드

(c) T헤드   (d) F헤드

그림 1-8 밸브위치에 따른 기관분류

제4절 기본 용어
(Basic Terminology : Grundbegriffe)

왕복피스톤기관을 이해하는 데 필요한 기본용어에 대하여 간략하게 설명하기로 한다.

1. 기본용어

(1) 상사점(上死點 ; Top Dead Center(TDC) : Overer-Tod-Punkt(OT))

직립(直立)기관에서 피스톤은 상/하 직선 왕복운동한다. 이때 피스톤 운동의 상한점(上限點)을 상사점(TDC)이라 한다. 수평 대향형 기관에서는 피스톤이 수평왕복운동을 하므로 이 점을 내사점(內死點 : Inner Dead Center)이라 한다.

(2) 하사점(下死點 ; Bottom Dead Center(BDC) : Unterer-Tod-Punkt(UT))

직립기관에서 피스톤운동의 하한점(下限點)을 말한다. 수평 대향형 기관에서는 이를 외사점(外死點 : Outer Dead Center)이라 한다.

(3) 행정(行程 ; stroke(s) : Hub)

상사점(내사점)에서 하사점(외사점)까지의 거리 또는 상사점에서 하사점까지 운동하는 일 그 자체를 말하기도 한다. 피스톤이 상사점에서 하사점으로 이동할 때를 하향행정(downward stroke), 반대로 하사점에서 상사점으로 이동할 때를 상향행정(upward stroke)이라고 한다.

(4) 내경(內徑 ; bore(D) : Bohrung)

실린더의 안지름

(5) 행정체적(stroke volume(V_h) : Hubraum)

피스톤 단면적과 행정의 곱으로 배기량이라고도 한다. 단위는 cm³ 또는 리터(liter)를 주로 사용한다.

$$V_h = \frac{\pi \cdot D^2}{4} \cdot s \ \text{...} (1\text{-}1)$$

여기서 V_h : 행정체적 [cm³] D : 내경 [cm]
s : 행정 [cm]

(6) 총 행정체적(total stroke volume(V_H) : Gesamthubvolumen)

해당 기관의 행정체적과 실린더 수의 곱으로 표시되며, 보통 총배기량이라고 한다.

$$V_H = V_h \cdot z \ \text{...} (1\text{-}2)$$

여기서 V_H : 총 행정체적 [cm³] V_h : 행정체적 [cm³]
z : 실린더 수

(7) 간극체적(clearance volume(V_c) : Verdichtungsraum)

피스톤이 상사점에 있을 때의 연소실 체적을 말한다. 간극용적이라고도 한다.

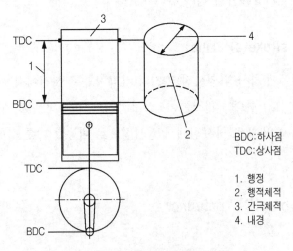

BDC:하사점
TDC:상사점

1. 행정
2. 행적체적
3. 간극체적
4. 내경

그림 1-9 왕복피스톤기관과 관련된 기본용어

(8) 연소실체적(volume of combustion chamber : Verbrennungsraum)

간극체적과 같은 의미로도 사용되고 있으나 구별할 필요가 있다.

연소실체적이란 연소가 진행되는 동안, 피스톤이 임의의 위치에 있을 때의 실린더 체적을 말한다. 가솔린기관에서 이상적인 경우라면 간극체적과 연소실체적은 같아야 한다. 그러나 실제로는 피스톤이 상향, 또는 하향하는 동안에도 연소는 계속된다. 따라서 연소실체적과 간극체적은 서로 구별된다.

(9) 압축비(compression ratio(ε) : Verdichtungsverhältnis)와 압축압력

압축비는 간극체적과 행정체적을 더한 값을 간극체적으로 나눈 값을, 압축압력이란 압축행정이 완료된 시점(압축 TDC)에서 연소실의 가스압력을 말한다.

$$\varepsilon = \frac{V_c + V_h}{V_c} = 1 + \frac{V_h}{V_c} \quad \cdots\cdots\cdots (1\text{-}3)$$

여기서　ε : 압축비　　　　　　　V_c : 간극체적$[\mathrm{cm}^3]$
　　　　　V_h : 행정체적$[\mathrm{cm}^3]$

압축 상사점에서의 실린더 내 압력(P_c)과 온도(T_c)는 식(1-4), (1-5)로 구한다. 그러나 실제로는 연소실 벽으로부터 외부로 열이 방출되므로 이론값 보다는 다소 낮아진다.

$$P_c = P_0 \cdot \varepsilon^n \quad \cdots\cdots\cdots (1\text{-}4)$$

$$T_c = T_0 \cdot \varepsilon^{n-1} \quad \cdots\cdots\cdots (1\text{-}5)$$

여기서　P_0, T_0 : 압축 초기의 압력[Pa]과 온도[K]
　　　　　P_c, T_c : 압축 종료시점의 압력[Pa]과 온도[K]
　　　　　ε : 압축비
　　　　　n : 실제 공기의 폴리트로픽 지수($n \approx 1.35$)

제5절 열역학적 고찰-사이클 해석
(Thermo-dynamic Cycles : Thermodynamische Kreisprozesse)

내연기관은 연료의 화학적 에너지를 열에너지로 변환시킨 다음, 열에너지를 다시 기계적 일로 바꾸어 동력을 발생시킨다. 이 과정에서 열에너지는 동작유체의 상태가 변화할 때만 지속적으로 기계적 일로 변환된다. 그리고 동작유체를 가능하면 초기상태로 환원시키는 것이 바람직하다.

이론일(theoretical work)은 동작유체의 압력변화와 이에 대응하는 행정체적의 변화로 표시된다. 동작유체의 압력과 행정체적 변화의 상관관계를 도시(圖示)한 선도(線圖 : diagram)를 압력-체적 선도(P-v diagram) 즉, P-v 선도라 한다. 일반적으로 사이클 해석은 이 P-v 선도와 온도-엔트로피(T-S) 선도를 이용한다.

> ### 참 고
>
> ※ **엔트로피(entropy : 표시기호 S)**
> 에너지도 아니며, 온도와 같이 감각적으로 알 수도 없으며, 또한 측정할 수도 없는 상태량으로서 어떤 물체에 열을 가하면 증가하고 냉각시키면 감소하는 상상적인 양이다.
> 수식으로는 $dS = \dfrac{\delta Q}{T}$ 로 정의된다.
> 단열과정의 경우 $\delta Q = 0$ 이므로 $dS = 0$ 이 되어 '$S =$ 일정(등 엔트로피 과정)'이 된다.

실제 P-v 선도는 실린더 내에 지압계를 설치하여 동작유체의 압력과 체적변화의 상관관계를 측정하여 작성한다. 일명 지압선도(指壓線圖)라고도 한다.

자동차기관의 기본 사이클로는 왕복피스톤기관의 정적사이클, 정압사이클, 복합사이클, 밀러사이클 그리고 가스터빈의 브레이튼사이클, 스털링기관의 스털링사이클, 랭킨기관의 랭킨사이클 등을 들 수 있으나 여기서는 왕복피스톤기관의 기본사이클에 대해서만 설명하기로 한다(방켈기관의 기본 사이클은 오토사이클이다.).

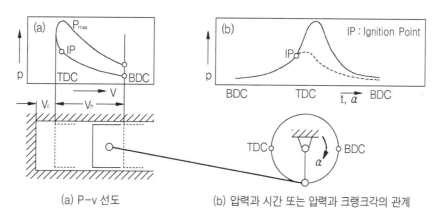

(a) P-v 선도　　　　　(b) 압력과 시간 또는 압력과 크랭크각의 관계

그림 1-10 기관의 사이클 수행과정

1. 공기표준 사이클(air-standard cycle : Luftbasis-Idealer Prozess)

공기표준 사이클은 보통 다음과 같은 가정 하에서 작성된 이론사이클이다.

① 동작유체는 일정한 질량의 공기이며, 이 공기는 이상기체법칙을 만족하고 비열은 온도에 관계없이 일정하다.

② 급열은 실린더 내부에서 연소에 의해 행해지는 것이 아니라 외부의 고온열원으로부터의 열전달에 의해서 이루어지며, 연소생성물의 배출과정(방열과정)은 저온열원으로의 열전달로 가정한다.

③ 압축과 팽창은 단열(등 엔트로피) 과정이며 이때의 단열지수는 서로 같고 또 일정하다.

④ 펌프일은 무시하며 흡, 배기가 진행되는 동안 실린더 내의 압력은 대기압과 평형을 이룬다. 따라서 원칙적으로 흡, 배기과정은 생략된다.

⑤ 사이클의 각 과정은 마찰이 없는 이상적인 과정이며, 운동에너지와 위치에너지는 무시된다.

⑥ 사이클이 진행되는 동안, 동작유체의 분자수 변화나 열해리 현상은 없는 것으로 본다.

이와 같은 가정 하에서 작성된 공기표준사이클은 실제 기관에서는 실현이 불가능한 가상적인 사이클로서 실제 기관에서 행해지는 사이클과는 큰 차이가 있다. 그러므로 공기표준사이클로 기관의 성능이나 사이클을 정확히 파악할 수는 없다. 그러나 열효율, 압력, 온도 등 기관의 성능에 관계되는 각 인자의 영향은 최소한 정성적(定性的)으로 파악할 수 있다. 따라서 사이클 해석의 제 1단계로서 공기표준사이클을 주로 이용한다.

(1) 정적(定績)사이클(constant volume cycle : Gleichraumprozess)

SI-기관에 적용되는 기본 사이클로서 로사(Beau de Rochas)의 4원칙에 근거한다. 그러나 이 사이클을 창안하고 이 사이클로 운전되는 실제 기관을 최초로 제작한 오토(Nikolaus August Otto, 1832-1891, 독일)의 이름을 붙여, 오토사이클(Otto cycle)이라고도 한다.

오토(Otto)는 실린더에 공급된 공기-연료 혼합기를 먼저 상사점까지 압축하고, 압축 상사점에서 외부로부터 불꽃을 공급하는 순간에 공기-연료 혼합기가 모두 완전 연소되도록 한다는 개념을 도입하였다.

공급된 연료가 모두 순간적으로 완전 연소된다는 것은 연소에 시간이 소요되지 않는다는 점을 가정한 것으로서, 피스톤의 위치 변화가 없는 상태 즉, 체적이 일정한 상태에서 순간적으로 연소가 이루어진다는 것을 의미한다. ← 정적연소

또 연소(폭발) 시 피스톤의 위치가 상사점이므로 팽창의 최초에 압력은 최대가 된다.

위와 같은 가정 하에서 작성된 이 사이클의 P-v 선도와 T-S 선도는 그림 1-11과 같다.

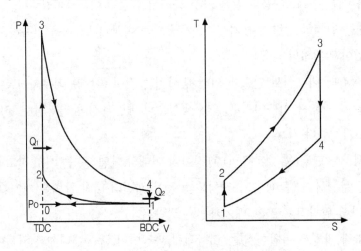

그림 1-11 공기표준 정적사이클(오토사이클)

정적사이클은 0 → 1 흡기과정

                            1 → 2 가역 단열압축(등엔트로피 압축)

                            2 → 3 정적상태에서 열량 Q_1을 공급(정적급열)

                            3 → 4 가역 단열팽창(등엔트로피 팽창)

                            4 → 1 정적상태에서 열량 Q_2를 방출(정적방열)

                            1 → 0 배기과정으로 구성되어 있다.

그림 1-11의 각 점에서의 압력(P), 온도(T), 체적(v) 등을 각각 하첨자 1, 2, 3, 4를 붙여서 표시하고 정압비열을 C_p, 정적비열을 C_v, 비열비 $\kappa = C_p/C_v$라 하고,

공기 m_a[kg]에 대해서 생각하면

공급열 $Q_1 = m_a \cdot C_v (T_3 - T_2)$ ··· (1)

방출열 $Q_2 = m_a \cdot C_v (T_4 - T_1)$ ··· (2)

따라서 이론 열효율(η_{thO})은

$$\eta_{thO} = 1 - \frac{Q_2}{Q_1} = 1 - \frac{m_a \cdot C_v (T_4 - T_1)}{m_a \cdot C_v (T_3 - T_2)} = 1 - \frac{(T_4 - T_1)}{(T_3 - T_2)} \quad \cdots\cdots\cdots\cdots (3)$$

또 과정 $1 \to 2, 3 \to 4$는 단열과정이므로 가역단열과정의 식과 P-v선도로부터

$$T_2 \cdot v_2^{\kappa-1} = T_1 \cdot v_1^{\kappa-1} \quad \therefore T_2 = T_1 \cdot \left(\frac{v_1}{v_2}\right)^{\kappa-1} \quad \cdots\cdots\cdots\cdots (4)$$

$$T_3 \cdot v_3^{\kappa-1} = T_4 \cdot v_4^{\kappa-1} \quad \therefore T_3 = T_4 \cdot \left(\frac{v_4}{v_3}\right)^{\kappa-1} = T_4 \cdot \left(\frac{v_1}{v_2}\right)^{\kappa-1} \quad \cdots\cdots (5)$$

또 식(4), (5)로부터 압축비(ε)에 대한 관계식 (6)이 성립한다.

$$\varepsilon = \frac{v_1}{v_2} = \frac{v_4}{v_3}$$

$$\therefore \frac{T_2}{T_1} = \frac{T_3}{T_4} = \epsilon^{\kappa-1} \quad \cdots\cdots\cdots\cdots\cdots\cdots\cdots\cdots\cdots\cdots\cdots\cdots\cdots (6)$$

따라서 식 (3)에 식 (4), (5), (6)을 대입, 정리하면

$$\eta_{thO} = 1 - \frac{(T_4 - T_1)}{(T_3 - T_2)} = 1 - \frac{(T_4 - T_1)}{\left(\frac{v_1}{v_2}\right)^{\kappa-1} \cdot (T_4 - T_1)} = 1 - \frac{1}{\epsilon^{\kappa-1}} \quad \cdots\cdots\cdots (1\text{-}6)$$

식(1-6)에 나타난 바와 같이 오토사이클의 열효율은 압축비(ε)와 비열비(κ)만의 함수이다. 여기서 비열비는 혼합기의 특성에 의해 결정되는 물리적 특성값이므로, 결국 압축비를 높여야 효율을 높일 수 있음을 알 수 있다.

오토사이클에서 압축비를 높이면 열효율 또는 출력이 상승하는 이유는 다음과 같다.

① 간극체적이 작기 때문에 연소가스가 잘 방출된다.

② 압축온도가 높기 때문에 연료의 기화가 촉진된다.

③ 압축비가 높아진 만큼 연소가스가 큰 체적으로 팽창하게 된다.

즉 연소가스의 팽창비가 크면 클수록 팽창 후 연소가스온도는 더욱더 낮아지게 된다. 따라서 배기가스를 통한 방출열량이 크게 감소된다. → 열효율의 상승

그러나 압축비가 상승하면 압축말의 혼합기 온도도 상승한다. 그러므로 압축비는 사용연료의 자기착화온도 때문에 제한될 수밖에 없다. 즉, 실제 기관에서는 연료의 특성(예 : 노크)이나 기관 제작상의 문제 때문에 압축비가 제한된다(그림 1-12 참조).

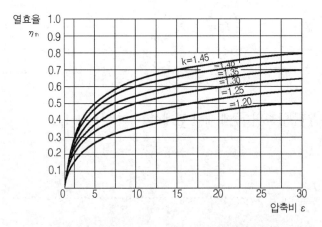

그림 1-12 정적사이클의 이론열효율과 압축비의 상관관계

오토사이클의 이론일(W_{tho})은

$$W_{tho} = \Sigma(Q)_{cycle} = Q_1 - Q_2$$

$$= m_a \cdot C_v \ \{(T_3 - T_2) - (T_4 - T_1)\}$$

$$= m_a \cdot \frac{R}{\kappa - 1} \ \{(T_3 - T_2) - (T_4 - T_1)\}$$

$$= \frac{1}{\kappa - 1} \ \{(P_3 v_3 - P_4 v_4) - (P_2 v_2 - P_1 v_1)\}$$

$$= Q_1 \cdot \eta_{thO} = Q_1 \cdot \left(1 - \frac{1}{\varepsilon^{\kappa - 1}}\right) \quad \cdots\cdots\cdots\cdots\cdots\cdots\cdots (1\text{-}7)$$

또 공기질량을 m_a [kg], 연료질량을 m_f [kg], 공기밀도를 ρ_a [kg/m³], 연료의 저 발열량을 H_U [MJ/kg], 연료와 공기의 혼합비를 M_a, 그리고 총 행정체적을 V_H [m³] 라 하면,

$$M_a = \frac{m_a}{m_f}$$

$$m_a = \rho_a \cdot V_H$$

$$Q_1 = m_f \cdot H_U = \frac{m_a}{M_a} \cdot H_U = \frac{1}{M_a}(m_a \cdot H_U) = \frac{1}{M_a}(\rho_a \cdot V_H \cdot H_U)$$

$$\therefore W_{tho} = Q_1 \cdot \eta_{thO} = \frac{1}{M_a}(\rho_a \cdot V_H \cdot H_U) \cdot \left(1 - \frac{1}{\varepsilon^{\kappa-1}}\right) \quad\cdots\cdots\cdots\cdots\cdots (1\text{-}8)$$

식(1-8)은 오토기관에서 사용하는 연료가 결정되면 이론일(또는 출력)은 총배기량과 압축비의 함수임을 의미한다. 참고로 아래 문제를 풀어 보자.

【예제 1】 총배기량 1.8 L 인 4행정 가솔린기관에서 압축비 ε = 9일 때의 이론일을 구하라. 그리고 회전속도 4,500min^{-1}에서의 출력을 구하라.

단 흡기는 표준대기이고, 혼합비 15 : 1, 연료의 저 발열량 H_U = 42.7MJ/kg, 비열비 κ = 1.4, 그리고 공기밀도 ρ_a = 1.29kg/m³이다.

〈풀이〉

우선 식(1-8)을 이용하여 일을 구한다.

$$W_{tho} = \frac{1}{15} \times (1.29 \times 1.8 \times 10^{-3} \times 42.7 \times 10^3) \times \left(1 - \frac{1}{9^{1.4-1}}\right) = 3.9\text{[kJ]}$$

4500min^{-1}시의 출력(N_{tho})은 다음 식으로 구한다.

$$N_{tho} = \frac{W_{tho} \cdot n\,[\text{min}^{-1}]}{2 \times 60} = \frac{3.9 \times 4500}{2 \times 60} = 146.25\text{[kW]}$$

오토기관에서는 배기량, 압축비, 그리고 회전속도가 결정되면 이론출력이 계산된다.

(2) 정압(定壓)사이클(constant pressure cycle : Gleichdruckprozess)

정압사이클은 압축점화기관의 이론사이클이나 현재 이 사이클로 운전되는 기관은 없다. 초기의 공기분사식 저속 디젤기관은 정압사이클기관이지만, 현재의 무기분사식 디젤기관은 복합사이클기관이다. 디젤(Diesel)은 카르노 사이클(Carnot cycle)로 작동되는 미분탄(微紛

炭)기관을 제작하여 등온연소과정을 실현하고자 의도하였으나, 실제로 제작된 기관에서는 정압연소(팽창)가 이루어짐을 발견하였다. 따라서 정압사이클을 창안자 디젤의 이름을 붙여 디젤사이클(Diesel cycle)이라고도 한다.

　　정압사이클의 특징은 급열과정이 정압이며, 압축과정에서는 공기만을 압축하고, 압축 말기에 연료를 분사하여 연료가 자기착화(self ignition)하도록 한다는 점이다.

　　정압사이클은　0 → 1　흡기과정

　　　　　　　　　1 → 2　단열(등 엔트로피)압축 과정

　　　　　　　　　2 → 3　정압상태에서 열량 Q_1을 공급(정압 급열)

　　　　　　　　　3 → 4　최초의 체적(V_1)까지 단열(등 엔트로피) 팽창

　　　　　　　　　4 → 1　정적상태에서 열량 Q_2를 방출(정적방열)

　　　　　　　　　1 → 0　배기과정으로 구성되어 있다.

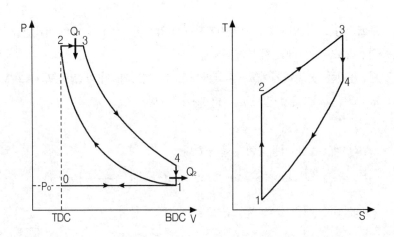

그림 1-13 공기표준 정압사이클(디젤사이클)

정압사이클에서 공기 m_a[kg]에 대해서 생각하면

　　공급열 $Q_1 = m_a \cdot C_p (T_3 - T_2)$ ·· (1)

　　방출열 $Q_2 = m_a \cdot C_v (T_4 - T_1)$ ·· (2)

따라서 이론 열효율(η_{thD})은

$$\eta_{thD} = 1 - \frac{Q_2}{Q_1} = 1 - \frac{m_a \cdot C_v (T_4 - T_1)}{m_a \cdot C_p (T_3 - T_2)} = 1 - \frac{(T_4 - T_1)}{\kappa (T_3 - T_2)}$$ ···················· (3)

과정 1 → 2는 가역단열과정이므로

$$T_2 = T_1 \cdot \left(\frac{v_1}{v_2}\right)^{\kappa-1} = T_1 \cdot \varepsilon^{\kappa-1} \quad \cdots\cdots\cdots\cdots\cdots\cdots\cdots\cdots\cdots\cdots\cdots\cdots (4)$$

과정 2 → 3은 정압과정이므로

$$T_3 = T_2 \cdot \left(\frac{v_3}{v_2}\right) = T_2 \cdot \beta = T_1 \cdot \varepsilon^{\kappa-1} \cdot \beta \quad \cdots\cdots\cdots\cdots\cdots\cdots\cdots (5)$$

여기서 $\beta = \dfrac{v_3}{v_2}$: 차단비(遮斷比 : cut-off ratio) 또는

등압도(constant pressure expansion ratio : Gleichdruckgrad)

과정 3 → 4는 단열과정이므로

$$T_4 = T_3\left(\frac{v_3}{v_4}\right)^{\kappa-1} = T_3\left(\frac{v_3}{v_2} \cdot \frac{v_2}{v_4}\right)^{\kappa-1}$$

$$= T_1 \cdot \varepsilon^{\kappa-1} \cdot \beta \cdot \left(\beta \cdot \frac{1}{\epsilon}\right)^{\kappa-1} = T_1 \cdot \beta^{\kappa} \quad \cdots\cdots\cdots\cdots\cdots\cdots\cdots (6)$$

따라서 식 (3)에 식 (4), (5), (6)을 대입, 정리하면

$$\eta_{thD} = 1 - \frac{(T_4 - T_1)}{\kappa(T_3 - T_2)} = 1 - \frac{T_1(\beta^{\kappa}-1)}{\kappa \cdot T_1 \cdot \varepsilon^{\kappa-1} \cdot (\beta-1)} \quad \cdots\cdots\cdots\cdots (1\text{-}9)$$

$$= 1 - \frac{1}{\varepsilon^{\kappa-1}} \cdot \frac{\beta^{\kappa}-1}{\kappa(\beta-1)}$$

디젤사이클의 열효율은 식 (1-9)에서 압축비 (ε)가 클수록 증가하고, 등압도(β)가 클수록 감소함을 알 수 있다. 즉, 등압도가 증가함에 따라 연소가스의 팽창비는 더욱더 감소하기 때문에 열효율이 감소되게 된다.

또 디젤사이클의 열효율 식은 오토사이클의 열효율식의 제2항에 "$\dfrac{\beta^{\kappa}-1}{\kappa(\beta-1)}$"이 곱해진 형태를 취하고 있다. 실제로는 $\beta > 1$, $\kappa > 1$ 이

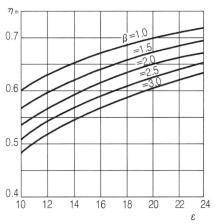

그림 1-14 정압사이클의 이론열효율과 압축비 및 등압도의 상관관계

므로 "$\dfrac{\beta^{\kappa}-1}{\kappa(\beta-1)} \rangle 1$"이 되어 압축비가 같을 경우라면 오토사이클의 열효율(η_{thO})이 디젤사이클의 열효율(η_{thD})보다 높게 된다. 그러나 실제로는 디젤기관에서는 가솔린기관에서 보다 압축비를 훨씬 높게 할 수 있기 때문에 디젤기관의 열효율이 가솔린기관의 열효율보다 더 높다.

디젤사이클의 이론일(W_{thD})은

$$
\begin{aligned}
W_{thD} &= \Sigma(Q)_{cycle} = Q_1 - Q_2 \\
&= m_a \cdot \{C_p(T_3 - T_2) - C_v(T_4 - T_1)\} \\
&= m_a \cdot \{(C_v + R)(T_3 - T_2) - C_v(T_4 - T_1)\} \\
&= m_a \cdot R(T_3 - T_2) + m_a \cdot C_v \{(T_3 - T_2) - (T_4 - T_1)\} \\
&= (P_3 v_3 - P_2 v_2) + \frac{1}{\kappa-1}\{(P_3 v_3 - P_4 v_4) - (P_2 v_2 - P_1 v_1)\} \quad \cdots\cdots(1\text{-}10)
\end{aligned}
$$

또한 M_a : 연료공기혼합비, V_H : 총배기량, H_U : 저발열량, ρ_a : 공기밀도 이면

$$
\begin{aligned}
Q_1 &= m_a \cdot C_p(T_3 - T_2) = m_a \cdot C_p \cdot \varepsilon^{\kappa-1} \cdot (\beta-1) \cdot T_1 \\
&= \frac{1}{M_a}(\rho_a \cdot V_H \cdot H_U) \\
\therefore \beta &= \frac{H_U}{M_a \cdot C_p \cdot \varepsilon^{\kappa-1} \cdot T_1} + 1 \quad \cdots\cdots\cdots\cdots\cdots\cdots (1\text{-}11)
\end{aligned}
$$

$$
\begin{aligned}
W_{thD} &= Q_1 \cdot \eta_{thD} = \frac{1}{M_a}(\rho_a \cdot V_H \cdot H_U) \cdot \left\{ 1 - \frac{1}{\varepsilon^{\kappa-1}} \cdot \frac{\beta^{\kappa}-1}{\kappa(\beta-1)} \right\} \\
&= \frac{1}{M_a}(\rho_a \cdot V_H \cdot H_U) \cdot \left\{ 1 - \frac{1}{\varepsilon^{\kappa-1}} \cdot \frac{\left(\dfrac{H_U}{M_a \cdot C_p \cdot \varepsilon^{\kappa-1} \cdot T_1} + 1\right)^{\kappa} - 1}{\left(\dfrac{\kappa \cdot H_U}{M_a \cdot C_p \cdot \varepsilon^{\kappa-1} \cdot T_1}\right)} \right\} \\
&\qquad\qquad\qquad\qquad\qquad\qquad\qquad\qquad\qquad\qquad\qquad\qquad \cdots\cdots\cdots\cdots (1\text{-}12)
\end{aligned}
$$

등압도(β)는 급열량(Q_1)에 의해서 결정되며, 또한 압축초기 온도(T_1)와 압축비(ε)의 함수이다. 즉, 공기표준 정압사이클의 이론일(W_{thD})은 압축비(ε)와 배기량(V_H) 및 초기온도(T_1)가 결정되면 계산할 수 있다.

(3) 복합(複合)사이클(dual cycle or Sabathe cycle : gemischter Prozess)

스파크점화기관이나 압축점화기관의 실제 P-v선도를 보면, 연소과정이 단순히 정적 또는 정압 하에서 진행되는 것이 아니라 정적과정과 정압과정이 복합된 것으로 볼 수 있다.

즉, 연소초기에는 정적연소를 하다가 이어서 피스톤의 하향행정과 동시에 정압연소를 하는 형태로 볼 수 있다. 그러나 실제로 기관운전 중에는 정적 또는 정압 연소과정이 각각 독립적으로 나타나는 것이 아니라 복합적인 형태로 나타난다.

복합사이클은 무기분사식 디젤기관 특히, 고속 디젤기관과 소구기관의 이론사이클이다.

복합사이클은　0 → 1　흡기과정

　　　　　　　1 → 2　단열(등 엔트로피)압축 과정

　　　　　　　2 → x　정적상태에서 열량 Q_V를 공급(정적 급열)

　　　　　　　x → 3　정압상태에서 열량 Q_P를 공급(정압 급열)

　　　　　　　3 → 4　최초의 체적 (V_1)까지 단열(등 엔트로피) 팽창

　　　　　　　4 → 1　정적상태에서 열량 Q_2를 방출(정적방열)

　　　　　　　1 → 0　배기과정으로 구성되어 있다.

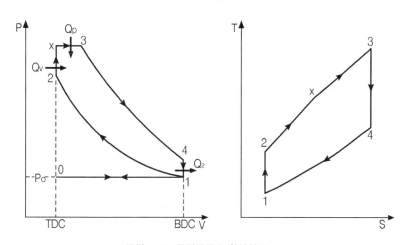

그림 1-15 공기표준 복합사이클

공기 $m_a[\text{kg}]$에 대해 고려하면

총 급열량(Q_1)은 정적 급열량(Q_v)과 정압 급열량(Q_p)의 합으로 표시되므로

총 급열량(Q_1)은

$$Q_1 = Q_v + Q_p \quad \cdots\cdots\cdots\cdots\cdots\cdots\cdots\cdots\cdots\cdots\cdots\cdots\cdots\cdots \quad (1)$$

정적 급열량(Q_v)은

$$Q_v = m_a \cdot C_v \cdot (T_x - T_2) \quad \cdots\cdots\cdots\cdots\cdots\cdots\cdots\cdots\cdots\cdots \quad (2)$$

정압 급열량(Q_p)은

$$Q_p = m_a \cdot C_p \cdot (T_3 - T_x) \quad \cdots\cdots\cdots\cdots\cdots\cdots\cdots\cdots\cdots \quad (3)$$

정적 방열량(Q_2)은

$$Q_2 = m_a \cdot C_v \cdot (T_4 - T_1) \quad \cdots\cdots\cdots\cdots\cdots\cdots\cdots\cdots\cdots\cdots \quad (4)$$

그리고 과정 1 → 2는 단열과정이므로

$$T_2 = T_1 \cdot \left(\frac{v_1}{v_2}\right)^{\kappa-1} = T_1 \cdot \varepsilon^{\kappa-1} \quad \cdots\cdots\cdots\cdots\cdots\cdots\cdots\cdots \quad (5)$$

과정 2 → X는 정적과정이므로

$$T_x = T_2 \cdot \left(\frac{P_x}{P_2}\right) = T_1 \cdot \alpha \cdot \varepsilon^{\kappa-1} \quad \cdots\cdots\cdots\cdots\cdots\cdots\cdots\cdots \quad (6)$$

여기서 $\alpha = \dfrac{P_x}{P_2}$: 폭발도(degree of explosion : Verpuffungsgrad)

과정 X → 3은 정압과정이므로

$$T_3 = T_x \cdot \frac{v_3}{v_x} = T_1 \cdot \alpha \cdot \varepsilon^{\kappa-1} \cdot \beta \quad \cdots\cdots\cdots\cdots\cdots\cdots\cdots \quad (7)$$

여기서 $\beta = \dfrac{v_3}{v_x}$: 차단비(cut-off ratio : Einspritzverhältnis) 또는 등압도

과정 3 → 4는 단열과정이므로

$$T_4 = T_3 \cdot \left(\frac{v_3}{v_4}\right)^{\kappa-1} = T_3 \cdot \left(\frac{v_3}{v_2} \cdot \frac{v_2}{v_4}\right)^{\kappa-1}$$

$$= T_1 \cdot \alpha \cdot \varepsilon^{\kappa-1} \cdot \beta \cdot \left(\beta \cdot \frac{1}{\epsilon}\right)^{\kappa-1} = T_1 \cdot \alpha \cdot \beta^{\kappa} \quad \cdots\cdots\cdots\cdots \quad (8)$$

따라서 식 (2)에 식 (5), (6)을, 식 (3)에 식 (6), (7)을, 식 (4)에 식 (8)을 대입, 정리하면
식 (9), (10)이 된다.

$$Q_v = m_a \cdot C_v \cdot T_1 \cdot \varepsilon^{\kappa-1}(\alpha - 1)$$

$$Q_p = m_a \cdot C_p \cdot T_1 \cdot \varepsilon^{\kappa-1} \cdot \alpha\,(\beta - 1)$$

$$= m_a \cdot C_v \cdot T_1 \cdot \varepsilon^{\kappa-1} \cdot \kappa \cdot \alpha\,(\beta - 1) \quad\cdots\cdots\cdots\cdots\cdots\cdots\cdots\cdots\cdots\cdots (9)$$

$$Q_2 = m_a \cdot C_v \cdot T_1 (\alpha \cdot \beta^{\kappa} - 1) \quad\cdots\cdots\cdots\cdots\cdots\cdots\cdots\cdots\cdots\cdots (10)$$

그러므로 복합사이클의 이론열효율(η_{ths})은 식 (9), (10)으로부터

$$\eta_{ths} = \frac{Q_1 - Q_2}{Q_1} = 1 - \frac{Q_2}{Q_1} = 1 - \frac{Q_2}{Q_v + Q_p}$$

$$= 1 - \frac{1}{\varepsilon^{\kappa-1}} \cdot \left\{ \frac{\alpha \cdot \beta^{\kappa} - 1}{(\alpha - 1) + \kappa \cdot \alpha\,(\beta - 1)} \right\} \quad\cdots\cdots\cdots\cdots\cdots\cdots (1\text{-}13)$$

복합사이클의 이론열효율은 압축비(ε)와 폭발도(α)가 클수록, 등압도(β)가 1에 접근할수
록 향상된다. 또 식(1-13)에서 { } 안의 값은 언제나 1보다 크며, 폭발도 $\alpha = 1$이면 정압사
이클의 이론열효율식이 되고, 등압도 $\beta = 1$이면 정적사이클의 이론열효율식이 된다.

복합사이클의 이론일(W_{ths})은

$$W_{ths} = \Sigma(Q)_{cycle} = Q_1 - Q_2 = (Q_v + Q_p) - Q_2$$

$$= m_a \cdot \{ C_v(T_x - T_2) + C_p(T_3 - T_x) - C_v(T_4 - T_1) \}$$

$$= \frac{1}{\kappa - 1} \{ (P_x v_x - P_2 v_2) + \kappa(P_3 v_3 - P_x v_x) - (P_4 v_4 - P_1 v_1) \} \quad\cdots(1\text{-}14)$$

그리고 식(1-14)에서 T에 관한 식에 먼저 "$C_p = C_v + R$", "$T_3 = \beta \cdot T_x$"를 대입, 정리한 다
음에 이미 앞에서 구한

$$T_1 = T_2 \cdot \frac{1}{\varepsilon^{\kappa-1}}$$

$$T_x = T_2 \cdot \alpha$$

$$T_3 = T_2 \cdot \alpha \cdot \beta$$

$T_4 = T_2 \cdot \alpha \cdot \beta^\kappa \cdot \dfrac{1}{\varepsilon^{\kappa-1}}$ 를 대입하면

$$W_{ths} = P_3 v_2 (\beta-1) + \frac{m_a \cdot R \cdot T_2}{\kappa-1}\left\{(\alpha\beta-1) - \frac{1}{\varepsilon^{\kappa-1}}(\alpha\beta^\kappa-1)\right\} \quad \cdots\cdots (1\text{-}15)$$

여기서, $P_3 = P_{\max}$, $v_2 = v_c$, T_2 : 압축말 온도

그리고 M_a : 연료/공기혼합비, V_H : 총배기량, H_U : 저발열량, ρ_a : 공기밀도 이면

$$Q_1 = Q_v + Q_p = \frac{1}{M_a}(\rho_a \cdot V_H \cdot H_U)$$

$$Q_2 = m_a \cdot C_v (T_4 - T_1)$$

$$W_{ths} = \Sigma(Q)_{cycle} = Q_1 - Q_2 = \frac{1}{M_a}(\rho_a \cdot V_H \cdot H_U) - m_a \cdot C_v (T_4 - T_1)$$

$$= \rho_a \cdot V_H \left\{\frac{H_U}{M_a} - C_v \cdot T_1 (\alpha \cdot \beta^\kappa - 1)\right\} \quad \cdots\cdots\cdots\cdots\cdots (1\text{-}16)$$

또 실제 기관과 연관시켜 급열률을 y 라 하면

$$Q_v = y\,Q_1$$

$$Q_p = (1-y)\,Q_1 \text{ 이므로}$$

$$Q_v = y\,Q_1 = m_a \cdot C_v (T_x - T_2) = m_a \cdot C_v \cdot T_1 \cdot \varepsilon^{\kappa-1}(\alpha-1) \text{에서}$$

$$\alpha = 1 + \frac{Q_v}{m_a \cdot C_v \cdot T_1 \cdot \varepsilon^{\kappa-1}} = 1 + \frac{\left(\dfrac{y}{M_a}\right) \cdot H_U}{C_v \cdot T_1 \cdot \varepsilon^{\kappa-1}} \quad \cdots\cdots\cdots\cdots\cdots (1\text{-}17)$$

또한 $Q_p = (1-y)\,Q_1 = m_a \cdot C_v \cdot T_1 \cdot \varepsilon^{\kappa-1} \cdot \kappa \cdot \alpha\,(\beta-1)$ 에서

$$\beta = 1 + \frac{(1-y)\,Q_1}{m_a \cdot C_v \cdot T_1 \cdot \varepsilon^{\kappa-1} \cdot \kappa \cdot \alpha} \quad \cdots\cdots\cdots\cdots\cdots (1)$$

식 (1)에 "$Q_1 = \left(\dfrac{m_a}{M_a}\right) \cdot H_U$", 그리고 α 대신에 식 (1-17)을 대입, 정리하면

$$\beta = 1 + \frac{(1-y) \cdot \left(\dfrac{1}{M_a}\right) \cdot H_U}{\kappa \left\{ C_v \cdot T_1 \cdot \varepsilon^{\kappa-1} + \left(\dfrac{y}{M_a}\right) \cdot H_U \right\}} \quad \cdots\cdots\cdots\cdots\cdots \quad (1\text{-}18)$$

식 (1-17)과 (1-18)을 식(1-16)에 대입하면 공기표준 복합사이클의 이론일이 구해진다. 위에서 복합사이클의 이론일은 연료가 결정될 경우, 배기량(V_H)과 압축초기 온도(T_1), 급열률(y) 그리고 압축비(ε)를 알면 계산이 가능함을 알 수 있다.

(4) 오토-, 디젤-, 복합-사이클의 비교

① 흡기조건 및 압축비가 동일할 경우(그림 1-16)

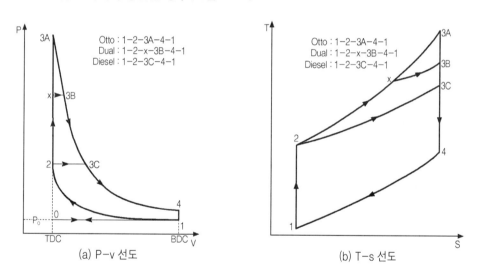

(a) P-v 선도　　　　　　　　(b) T-s 선도

그림 1-16 사이클 비교 - 압축비가 동일할 경우

열기관의 효율에 대한 일반식은 식(1-19)로 표시된다.

$$\eta = 1 - \frac{Q_2}{Q_1} \quad \cdots\cdots\cdots\cdots\cdots\cdots\cdots\cdots\cdots\cdots\cdots \quad (1\text{-}19)$$

P-v 선도에서 폐곡선 면적은 1사이클 당 1개의 실린더에서의 유효일이고, T-s 선도에서 폐곡선 면적은 유효일로 변환된 열량과 같으므로, 그림(1-16)에서 면적의 크기로 열효율을 비교할 수 있다. 각 사이클의 방열량 Q_{out}(과정4 → 1)은 동일하고, 공급열량 Q_{in}은 다르

다. 그림 (1-16)에서의 면적과 식(1-19)를 이용하여 각 사이클의 효율을 비교하면

오토사이클 〉 복합사이클 〉 디젤사이클 ······················· (1-20)

의 순서가 된다.

그러나 이 비교방법은 세 사이클을 비교하는 최선의 방법이 아니다. 무엇보다도 각 사
이클이 동일한 압축비로 운전되지 않기 때문이다.

② **최대압력 또는 최고온도가 동일할 경우**

이 비교방법이 각 기관에서의 실제 설계 한계를 비교하는 보다 현실적인 방법이다.

그림 (1-17)과 식(1-19)를 이용하여 각 사이클의 효율을 비교하면

디젤사이클 〉 복합사이클 〉 오토사이클 ······················· (1-21)

의 순서가 된다.

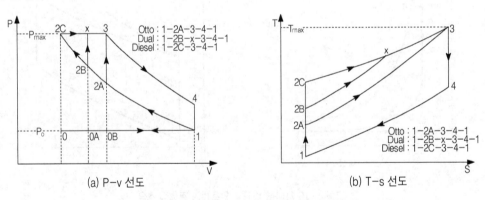

그림 1-17 사이클 비교 - 최대압력 또는 최고온도가 동일할 경우

식(1-20)과 식(1-21)을 비교하면, 효율이 가장 높은 기관은 압축점화기관으로서 가능한
한 정적연소하면서 동시에 필요한 만큼 고압축비로 작동하는 기관일 것이다.→ 연구 필요

(5) 밀러 사이클(Miller cycle : Miller-Prozess)

밀러사이클은 1885년 아트킨슨(James Atkinson, 1846~1914, 영국)이 오토사이클을 수정
하여 발표한 사이클을 1947년 밀러(Ralph Miller, 1890-1967, 미국)가 이를 다시 수정하여 발

표한 사이클이다. 즉, 오토사이클 → 아트킨슨사이클 → 밀러사이클의 순서로 수정되었다.

밀러사이클은 팽창비가 압축비보다 큰 사이클이다. 이 사이클은 여러 가지 방법으로 실현시킬 수 있다. 아트킨슨사이클 기관은 여러 가지 복잡한 링크기구를 필요로 하지만, 밀러사이클기관은 특별한 링크기구를 필요로 하지 않는다. 밀러사이클기관의 기본구조는 오토사이클기관과 같으나, 흡기를 교축(throttling)시키지 않으며, 슈퍼차저나 터보차저를 사용하며, 독특한 밸브 타이밍을 사용한다는 점이 다르다.

① BDC 전에 흡기밸브를 닫을 경우(그림 1-18) → 가변 밀러 방식

피스톤이 BDC에 이르기 훨씬 전에 흡기밸브를 닫아 각 실린더에 흡입되는 공기의 양을 제어한다.(그림 1-18에서 점 7). 잔여 흡기행정을 진행하는 동안 피스톤은 BDC를 향해 계속 운동하므로 실린더 내 압력은 과정 7 → 1을 따라 감소한다. 피스톤이 하사점에 도달했다가 상사점을 향해 운동을 시작하면 실린더압력은 과정 1 → 7에서 다시 상승한다. 결과적으로 사이클은 6 → 7 → 1 → 7 → 2 → 3 → 4 → 5 → 6이 된다. 그리고 흡기과정 6 → 7에 소비된 일은 배기과정 7 → 6에 의해 서로 상쇄된다. 따라서 사이클의 유효지시일은 P-v 선도에서 7 → 2 → 3 → 4 → 5 → 7에 의해 형성되는 폐곡선 면적이 된다. 즉, 근본적으로 펌프일이 없다.

압축비(ε_c)는

$$\varepsilon_c = \frac{V_7}{V_2} \quad \cdots\cdots\cdots\cdots\cdots\cdots\cdots\cdots\cdots\cdots\cdots\cdots\cdots\cdots\cdots\cdots\cdots(1\text{-}22)$$

그리고 최대 팽창비(r_e)

$$r_e = \frac{V_4}{V_2} = \frac{V_4}{V_3} \quad \cdots\cdots\cdots\cdots\cdots\cdots\cdots\cdots\cdots\cdots\cdots\cdots\cdots\cdots (1\text{-}23)$$

이 된다.

일을 소비하는 압축행정은 단축시키고, 일을 생성하는 팽창행정은 연장함으로서 결과적으로 P-v 선도에서 유효 지시일은 증가한다. 추가로 실린더에 흡입되는 공기를 교축시키지 않음으로서 대부분의 SI-기관에서 발생하는 교축손실이 발생하지 않는다.

오토사이클기관에서는 특히 부분 스로틀 상태에서 흡기다기관의 압력이 낮아 부(−)의 펌프일이 증가하므로 교축손실이 크게 나타난다. 그러나 밀러사이클기관은 압축점화기관과 마찬가지로 교축손실이 거의 없다.(이상적으로는 전혀 없다). → 열효율의 상승

밀러사이클기관의 기계적 링크시스템은 오토기관의 그것과 거의 비슷하다. 따라서 밀러사이클기관의 기계효율은 오토사이클기관의 기계효율과 거의 같다(아트킨슨사이클기관의 기계적 링크시스템은 아주 복잡하기 때문에 기계효율이 상대적으로 낮다).

② BDC 후에 흡기밸브를 닫을 경우(그림 1-18) → 고정 밀러 방식

이 경우에는 공기는 흡기행정 전 기간을 통해 흡입된다. 그러나 피스톤이 BDC를 지나 상향행정을 시작하여 흡기밸브가 닫힐 때까지 흡기 중의 일부가 다시 흡기다기관으로 역류하게 된다. 이 경우에 사이클은 6 → 7 → 5 → 7 → 2 → 3 → 4 → 5 → 6이 된다. 그리고 사이클의 유효지시일은 7 → 2 → 3 → 4 → 5 → 7에 의해 형성되는 폐곡선 면적이 된다. 압축비와 팽창비는 식(1-22)와 식(1-23)으로 표시된다.

③ 사이클 전제조건

그림(1-18)과 같은 사이클을 수행하는 데 가장 중요한 사항은 흡기밸브를 정확한 시점(점 7)에 닫아야 한다는 점이다. 그러나 흡기밸브를 닫는 시점은 기관의 회전속도 또는 부하에 따라 변경되어야 한다. 가변 밸브타이밍 시스템이 도입되기 전까지는 불가능했던 것이 이제는 완벽하게 가능하게 되었다. 밀러사이클기관을 장착한 자동차는 1990년대에 실용화되었다. 자동차용으로는 압축비 약 8 : 1, 팽창비 약 10 : 1인 밀러사이클기관이 주류를 이루고 있다. 실용 밀러사이클기관에서는 위의 ①, ②의 경우를 모두 이용하고 있다. 여러 가지 가변 밸브기구 중에서 유연성이 가장 큰 시스템으로는 캠축을 생략하고 전자 액추에이터를 이용하여 밸브개폐시기와 밸브행정을 제어하는 시스템이다. 이 시스템은 42V 전원시스템이 도입되면 일반화될 것으로 예상된다.

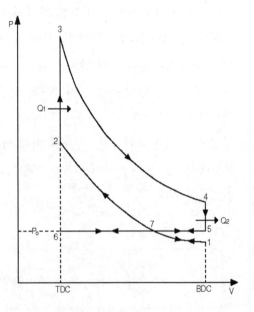

그림 1-18 공기표준 밀러사이클(무과급, 무교축)

④ 과급 밀러사이클(그림 1-19)

그림(1-18)에서 흡기밸브를 BDC 전에 닫으면, 공기흡입에 실린더체적 전체를 이용할 수 없다. 그리고 BDC를 지나 흡기밸브를 닫으면, 실린더체적 전체가 공기로 충전되지만 그 중 일부는 흡기밸브가 닫히기 전에 흡기다기관으로 역류하게 된다. 이 두 가지 경우, 모두 충전효율이 낮아지게 되어 체적출력이 감소하고 지시평균유효압력이 낮아지게 된다.

이와 같은 결점을 보완하기 위해 밀러사이클기관에서는 흡기다기관 최대압력이 약 150~200kPa 범위인 슈퍼과급기 또는 터보과급기를 이용하고,

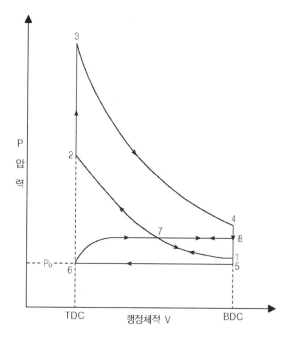

그림 1-19 공기표준 밀러사이클(터보차저 또는 슈퍼차저 장착)

대부분 인터쿨러도 사용하여 충전효율을 극대화한다.

그림(1-19)는 터보과급기 또는 슈퍼과급기가 장착된 4행정 SI-기관에 적용되는 공기표준 밀러사이클이다. 흡기밸브를 BDC 전에 닫을 경우에 사이클은 $6 \rightarrow 7 \rightarrow 1 \rightarrow 7 \rightarrow 2 \rightarrow 3 \rightarrow 4 \rightarrow 5 \rightarrow 6$이 되고, 흡기밸브를 BDC 후에 닫을 경우에 사이클은 $6 \rightarrow 7 \rightarrow 8 \rightarrow 7 \rightarrow 2 \rightarrow 3 \rightarrow 4 \rightarrow 5 \rightarrow 6$이 된다.

(6) 밀러사이클과 오토사이클의 비교

공기표준 오토사이클로 작동하는 4행정 4기통기관을 가정한다. 압축비 8.6 : 1, 기계효율 86%, 배기량 2500cc이며, 전 스로틀(WOT) 상태에서 3000min^{-1}으로 운전할 때, 압축초기 연소실 조건은 100kPa, 60℃, 잔류가스 4%이고, 배기압력은 100kPa이다.

위의 기관을 BDC 전에 흡기밸브를 닫는 밀러사이클(그림 1-19에서 사이클 $6 \rightarrow 7 \rightarrow 1 \rightarrow 7 \rightarrow 2 \rightarrow 3 \rightarrow 4 \rightarrow 5 \rightarrow 6$)로 운전한다고 가정한다. 단, 밀러사이클기관은 압축비 8:1, 팽창비 10 : 1, 흡기밸브를 닫았을 때의 실린더압력 160kPa, 온도 60℃로 가정한다.

두 기관은 모두 연료로 이소옥탄을 사용하고 혼합비 15 : 1, 연소효율 100%이고 연료의 저

발열량 44300kJ/kg일 경우, 두 사이클의 이론값은 다음 표와 같이 계산된다.

① 온도 비교

배기가스온도를 제외하면, 각 점의 온도는 대부분 거의 같다. 어느 사이클에서나 연소초 기의 온도는 자기착화 및 노크를 유발하지 않을 만큼 충분히 낮아야 한다. 근본적으로 사 이클 최고온도는 서로 같지만, 배기온도가 밀러사이클에서 더 낮은 이유는 팽창비가 더 크 기 때문이다. 배기가스온도가 낮으면 낮을수록 배기를 통해 방출되는 열에너지는 감소하 고, 대신에 길어진 팽창행정 동안에 유효일로 변환된 열에너지가 많다는 것을 의미한다.

② 압력 및 효율 비교

밀러사이클에서는 주로 슈퍼과급기를 이용하기 때문에, 각 점의 온도와 압력은 모두 오 토사이클에서 보다 더 높게 나타난다. 그리고 유효일, 지시열효율, 지시평균유효압력도 높 게 나타난다. → 밀러사이클의 우수성

밀러사이클기관의 지시열효율과 지시일의 일부는 슈퍼과급기 구동에 필요한 만큼 손실 로 나타날 것이다. 그러나 이 점을 고려하더라도 제동일과 제동열효율은 오토사이클기관에 서 보다 더 크게 나타나고 있다. 슈퍼과급기 대신에 터보과급기를 사용해도 결과는 같다.

표 1-1 오토사이클과 밀러사이클의 비교

	Miller 사이클	Otto 사이클
연소 개시점 온도	689K(416℃)	707K(434℃)
연소 개시점 압력	2650kPa	1826kPa
최고온도	3908K(3635℃)	3915K(3642℃)
최대압력	15031kPa	10111kPa
배기가스 온도	1066K(793℃)	1183K(910℃)
실린더 당 유효지시일 (사이클 당 급열량 동일)	1.38kJ	1.03kJ
지시열효율	56.6%	52.9%
지시평균유효압력	2208kPa	1649kPa

2. 연료-공기 사이클(fuel-air cycle : Kraftstaff-Luftkreisprozess)

공기표준사이클의 열효율은 실제 기관에서 이론적으로 도달할 수 있는 이상적인 최대값의 한계를 의미한다. 따라서 실제 기관의 효율은 공기표준사이클의 열효율보다는 현저하게 낮다. 실제 기관에서 수행되는 사이클에 접근시키기 위해서 동작유체의 물리적 변화는 물론, 화학적 변화까지도 고려한 사이클을 연료-공기 사이클이라 한다.

연료-공기 사이클은 실제에 가까운 열효율을 나타냄과 동시에 공기표준사이클에서 밝혀지지 않았던 여러 법칙을 정량적(定量的)으로 나타낼 수 있다.

(1) 연료-공기 사이클

연료-공기 사이클에서는 ① 동작유체의 실제 조성, ② 열해리, ③ 비열의 증가, ④ 연소 전후 분자수의 변화 등을 현실적으로 검토한다.

① 동작유체의 조성

흡입행정 중 실린더 내에 유입되는 동작유체는 오토기관의 경우에는 주로 연료-공기 혼합물이고, 디젤기관의 경우에는 공기뿐이다. 그러나 흡입된 동작유체는 선행된 사이클에서 미처 배출되지 못한 잔류가스와 혼합되어 압축, 연소된다. 연소 후 연소가스의 성분조성은 연료의 조성에 좌우될 뿐만 아니라, 혼합비와 연소온도에 따라 변화한다. 따라서 연료-공기사이클에서 취급되는 동작유체의 성분조성은 기관운전 중에 실제로 측정한다.

② 열해리(thermal dissociation)

공기표준사이클에서는 열을 외부로부터 기관내부의 동작유체에 공급한다고 가정하고, 또 이때 열공급 결과, 동작유체가 도달할 수 있는 최고온도 범위에는 제한이 없었다. 그러나 실제 기관에서의 열공급은 실린더 내에서 혼합기의 연소반응에 의해 이루어진다. 그리고 열공급 중 동작유체가 도달할 수 있는 최고온도는 공기가 부족할 때는 물론이고, 공기 과잉일 경우에도 연소반응 중의 열해리(熱解離)현상에 의해 제한된다.

즉, 고온에서는
$$2\,CO_2 \longleftrightarrow 2\,CO + O_2$$
$$2\,H_2O \longleftrightarrow 2\,H_2 + O_2 \qquad (예) \longrightarrow 열해리(열\ 흡수)$$
$$H_2 \longleftrightarrow 2\,H \qquad\qquad\qquad \longleftarrow 재결합(열\ 방출)$$
$$O_2 \longleftrightarrow 2\,O$$
$$N_2 + O_2 \longleftrightarrow 2\,NO$$

등의 가역반응이 발생하고, 고온 저압이 될수록 반응은 좌측에서 우측으로 진행하면서 열을 흡수하여 열평형을 이룬다(열해리).

이어서 팽창 중, 온도가 낮아지면 평형은 다시 우측에서 좌측으로 진행되고, 동시에 해리된 가스는 재결합하면서 열을 발생시킨다(재결합).

이와 같이 해리와 재결합을 반복하면서 열평형을 유지하게 되는 데, 실제 기관의 출력에는 재결합 보다는 해리의 영향이 더 크다. 이유는 피스톤이 상사점 부근에 있을 때 실린더 내에서 이루어지는 열해리에 의한 최고온도의 저하가, 피스톤이 상사점으로부터 멀리 떨어진 상태에서 재결합에 의해 발생되는 열량보다 열역학적으로 그 효과가 더 크기 때문이다. 연소상태에 따라 다르지만 열해리 기준온도는 약 1,300℃ 부근으로 알려져 있다. 열해리의 영향은 이론혼합비 부근에서 가장 크게 나타나는(λ=1에서 약 2%, λ=2에서 약 0.2% 이하) 것으로 알려져 있다. 따라서 개략적인 계산에서는 이를 무시하여도 무방하다.

③ 비열의 증가

가스의 비열은 온도와 더불어 현저하게 증가하므로 연소 중 최고온도는 공기표준사이클에 비해 감소한다. 동시에 열해리를 수반하므로 실제 최고온도는 이론적으로 예측한 값보다 훨씬 낮아진다.

따라서 압력상승폭도 작아져 최고압력이 낮아지고 일량, 출력, 효율 등은 모두 감소한다. 비열의 증가가 공기표준사이클과 연료-공기 사이클 간의 효율차(效率差)의 대부분을 차지한다.

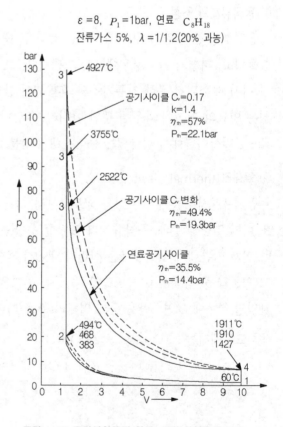

그림 1-20 공기사이클과 연료-공기 사이클의 비교

④ **분자수의 변화**

연소반응을 살펴보면, 연소 전/후에 동작유체의 분자수에 변화가 있음을 알 수 있다. 예를 들면 다음과 같다.

가스연료 :

메탄(CH_4)	$CH_4 + 2O_2$	$\rightarrow$ $CO_2 + 2(H_2O)$	분자수 변화없음
부탄(C_4H_{10})	$2(C_4H_{10}) + 13\,O_2$	$\rightarrow$ $8(CO_2) + 10\,(H_2O)$	분자수 증가함

액체연료 :

옥탄(C_8H_{18})	$2(C_8H_{18}) + 25\,O_2$	$\rightarrow$ $16(CO_2) + 18(H_2O)$	분자수 증가함

연소 전/후에 동작유체의 분자수 비율은 메탄(methane)은 3 : 3, 부탄(butane)은 15 : 18, 옥탄(octane)은 27 : 34로서 탄소 수가 많은 연료일수록 연소 후에 분자수가 현저하게 증가함을 알 수 있다. 이는 주로 탄화수소계 액체연료를 연료로 사용하는 자동차기관의 경우, 연소 후에 분자수가 크게 증가한다는 것을 의미한다.

연소 후에 분자수가 연소 전의 δ배로 증가되었다면 상태방정식은 다음과 같다.

$$PV = nRT \quad \text{(연소 전)}$$
$$PV = \delta nRT \quad \text{(연소 후)}$$

여기서 n : 연소 전의 분자수 R : 일반기체상수

위 식에서 δ 〉 1 이고 체적과 온도에 변화가 없다면, 압력이 증가할 것이다. 즉, 연소 후에는 δ 만큼의 압력이 부가되어 압력이 상승하고, 결과는 출력이 증가한다고 생각할 수 있다. 그러나 실제의 경우는 연료가 완전히 기화되지 않거나 또는 기화되었다 할지라도 완전연소란 거의 불가능하므로 이상기체 상태방정식을 그대로 적용할 수는 없다.

이상과 같은 항목들을 고려하여 계산하면 실제 기관에서 측정한 값과 오차가 거의 없을 정도로 정밀한 값을 구할 수 있으나 상당한 수학적 지식을 필요로 하는 부분이므로 본서에서는 이 부분을 생략하기로 한다.

- 배 기 량 : 1895cc
- 내   경 : 85mm
- 행   정 : 83.5mm
- 최대출력 : 87kW(at 5500min^{-1})
- 최대토크 : 180N·m(at 3900min^{-1})
- 리터출력 : 45.9kW/ℓ

그림 BMW 4기통 4밸브 가솔린분사기관. 카운터 샤프트

4행정 오토기관

4 Stroke Otto engine : Otto-Viertaktmotor

제2장 4행정 오토기관

제1절 4행정오토기관의 구조와 작동원리
(Structure and Operating Principle : Aufbau und Arebeitweise)

1. 4행정 오토기관의 구조(structure : Aufbau)

4행정 오토기관(그림 2-1)은 크게 나누어 기관본체, 크랭크기구, 밸브기구 그리고 혼합기 형성기구 등의 4부분과 기타 부속장치로 구성되어 있다.

(1) 기관본체(engine block : Motorkörper)

기관본체는 기관의 중심이 되는 부분으로서 실린더블록, 실린더헤드, 크랭크케이스, 오일-팬, 실린더헤드 커버 등으로 구성된다.

(2) 크랭크기구(crank mechanism : Kurbeltrieb)

크랭크기구는 피스톤과 피스톤-링, 커넥팅-롯드, 크랭크-축과 베어링, 플라이휠 등으로 구성되며, 피스톤의 왕복운동을 크랭크축의 회전운동으로 변환시킨다.

(3) 밸브기구(valve train : Motorsteuerung)

밸브기구는 밸브 배치방식과 설치위치에 따라 그 구성이 다르나, 기본적으로 밸브와 밸브-스프링, 캠-축, 캠-기어와 크랭크-기어, 로커-암 등을 필요로 하고 밸브 구동방식에 따라 타이밍-체인이나 타이밍-벨트, 로커-암-축, 푸시-롯드, 밸브-리프터 등이 추가된다.

밸브기구는 동작유체(혼합기 또는 공기)의 흡입시점과 흡입기간, 그리고 연소가스의 배출시점과 배출기간을 제어하는 역할을 한다.

(4) 혼합기 형성기구(mixture induction system : Gemischbildungsanlage)

혼합기 형성기구는 기화기 또는 연료분사장치, 흡기다기관, 에어-서지-탱크(air surge

tank) 그리고 과급기 등으로 구성된다. 연료와 공기를 혼합시키고, 기관의 운전조건에 알맞은 혼합기를 형성하는 역할을 담당한다.

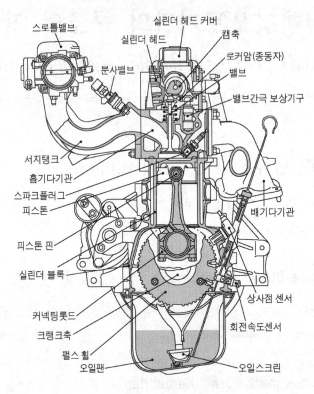

그림 2-1 4행정 오토기관의 기본구조

(5) 부속장치(subsystem : Hilfseinrichtungen)

부속장치로는 점화장치, 윤활장치, 냉각장치 그리고 배기장치와 배기가스 후처리 시스템 등이 있다. 이 외에 시동모터와 발전기 등이 추가된다.

점화장치는 혼합기의 연소에 필요한 점화불꽃을 생성, 일정한 시간간격으로 실린더에 공급한다.

윤활장치와 냉각장치는 각각 기관의 윤활과 냉각을 담당하고, 배기장치와 배기가스 후처리장치는 배기소음과 유해배출물을 저감시킨다.

시동-모터는 축전지 전원을 이용하여 기관을 기동시키는 역할을, 발전기는 기관에 의해 구동되며 자동차에 필요한 전기를 생산, 공급한다.

표 2-1 자동차용 가솔린기관의 주요 구성부품

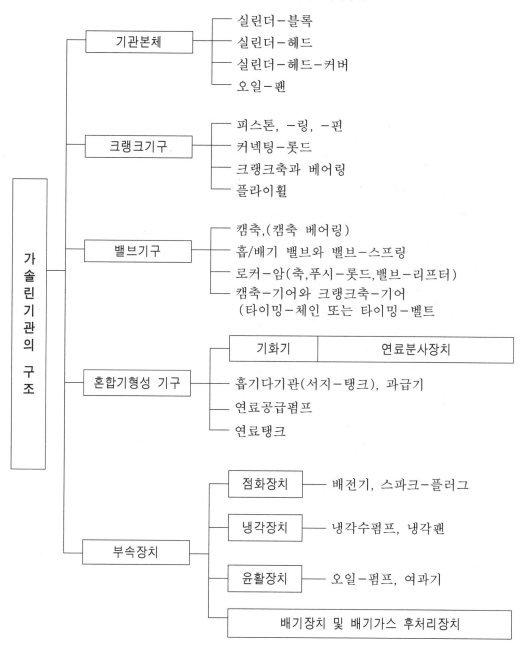

• 엔진형식 : V8
• 총배기량 : 4511cm³
• 최대출력 : 331kW(6000min⁻¹)
• 최대토크 : 620N·m
  (2250~4750min⁻¹)
• 압축비 : 9.5:1

1. 흡기다기관
2. 공기분사펌프
3. Vario-Cam
4. 듀플렉스 타이밍체인
5. 흡기 캠축
6. 배기 캠축
7. 밸브

8. 피스톤
9. 스파크 플러그
10. 배기다기관
11. 터보-과급기
12. 터보-과급기의 오일 수집기
13. 오일 필터

14. 오일/냉각수 열교환기
15. 에어컨 컴프레서
16. 오일펌프 픽업 파이프
17. 물 펌프(가려짐)
18. 보조장치 구동벨트
19. 스로틀밸브 트랙(전자제어스로틀)

그림 2-1(b) 실제 기관의 구조(Porsche Cayenne Turbo)

2. 4행정 오토기관의 작동원리(working principle : Arbeitsweise)

> 4행정기관의 1사이클은 크랭크축이 2회전(720°)하는 동안에 완성된다.
> 1사이클은 흡기, 압축, 동력 그리고 배기의 4행정으로 구성된다.

(1) 제 1 행정 - 흡기(intake : Ansaugen)

흡기행정은 피스톤이 상사점(TDC)에서 하사점(BDC)으로 운동하는 동안, 흡기밸브는 열려있고 배기밸브는 닫혀있는 상태에서 수행된다.

피스톤이 하향행정을 시작하면 실린더 체적이 커지면서 대기압과 비교할 때 실린더 내부 압력은 약 0.1bar~0.3bar 정도 낮다. 이 압력차에 의해 공기는 흡기다기관으로 밀려들어가고, 밀려들어간 공기는 흡기다기관에서 연료와 혼합되어 점화가 가능한 공기/연료 혼합기를 형성하게 된다. 형성된 혼합기는 흡기밸브를 거쳐 실린더 내부로 들어간다. 그러나 가솔린 직접 분사(GDI)방식에서는 디젤기관에서와 마찬가지로 공기만 흡입한다.

흡기밸브가 단지 피스톤이 상사점에서 하사점으로 하향하는 동안(= 크랭크각으로 180°)만 열려 있다면, 실린더 내에는 충분한 양의 새로운 혼합기 또는 공기가 충전될 수 없다.

충전률(充塡率 : charging rate)을 높여, 출력을 향상시키기 위해 흡기밸브를 상사점 전방(BTDC) 약 45°에서부터 열리게 한다. 피스톤은 계속 상향하면서 배기행정을 진행하고 있지만 연소가스가 실린더 밖으로 급속히 배출되면서 실린더 내부에 부압(vacuum : Unterdruck)을 형성하기 때문에, 이때 흡기밸브를 열면 새로운 혼합기가 실린더 안으로 밀려들어가게 된다.

흡기밸브는 BDC를 지나 약 35°~ 90°정도에서 닫는다. 이유는 약 100m/s의 속도로 유입되는 새 혼합기의 관성에너지와, 이미 유입된 혼합기를 피스톤이 상향하면서 압축하여 형성한 압력이 서로 평형을 이룰 때까지 혼합기가 관성에 의해 일정 시간동안 실린더 내부로 밀려들어가는 효과를 이용하기 위해서 이다. -(과급효과, charge effect : Aufladeeffekt).

흡기밸브가 열려 있는 기간은 크랭크각으로 약 180°~ 315°정도이지만, 이렇게 흡기기간이 길어도 충전률은 과급기관에서는 약 120%~160%, 4행정 무과급기관에서는 약 70~90%, 2행정 무과급기관에서는 약 50~70% 정도이다.

(2) 제 2 행정 - 압축(compression : Verdichten)

압축행정은 흡배기밸브가 모두 닫힌 상태 즉, 실린더 내부가 밀폐된 상태에서 피스톤이 상향하면서 시작된다. 압축에 의해, 혼합기는 원래 체적의 약 7~12 : 1 로 압축된다. 압축되면 혼합기의 온도는 약 400~500℃ 정도로, 압축압력은 약 18bar정도까지 상승하게 된다. 흡입 시에 기화되지 않은 연료는 압축행정이 진행되는 동안에 완전히 기화, 공기와 혼합되어 연소하기에 적당한 혼합기가 된다. 즉, 동력행정에서 급격한 연소가 이루어질 준비가 완료된다.

온도가 일정할 때, 압력(P)과 체적(v)은 서로 반비례 관계가 성립한다. 예를 들면 밀폐된 상태에서 체적을 1/10로 감소시켰을 경우 압력은 10배 증가한다. 이상기체의 경우, 1K(kelvin) 가열시키면 체적은 원래 체적의 1/273배 팽창한다. 만약 273K 가열시키면 이상 기체는 원래 체적의 배(倍)로 팽창하게 된다. 이때 압축이라는 방법을 이용하여 체적이 팽창되지 않도록 하면 압력은 2배로 상승한다. 그러나 실제로는 혼합기로부터 실린더 벽으로의 열전달 때문에 압축종료 시 압축압력은 이론적으로 계산한 값보다 다소 낮아진다.

(3) 제 3 행정 - 동력(power : Arbeit) 또는 폭발(explosion : Explosion)

동력행정은 압축행정 종료 직전, 스파크플러그의 중심전극과 접지전극 간에 고압전류가 흐를 때 발생되는 전기 불꽃(electric spark)에 의해 혼합기가 점화하여 폭발적으로 연소되면서 시작된다. 연소속도가 20m/s일 때, 스파크 플러그에서 불꽃이 발생하여 화염면(flame front)이 완전히 형성될 때까지는 약 1/1,000초 정도가 소요되는 것으로 알려져 있다. 이와 같은 이유에서 기관의 회전속도에 따라 점화불꽃은 상사점 전(BTDC) 0~40°사이에서 발생되어야 한다. 그래야만 상사점을 조금 지나 폭발적인 연소가 이루어져 큰 힘을 얻을 수 있기 때문이다.

폭발온도는 약 2,000~2,500℃, 폭발최고압력은 상사점을 지난 직후(크랭크각으로 4~10°)에 40~70bar 범위가 된다. 이 폭발압력이 피스톤-헤드에 작용하여 피스톤을 하향 운동 시키고, 피스톤의 하향운동은 커넥팅-롯드를 거쳐서 크랭크축의 회전운동으로 변환된다. 즉, 폭발압력에 의해 피스톤이 하향 행정을 하는 동안에 열에너지는 기계적 일로 변환된다.

동력행정은 4개의 행정 중에서 동력을 발생시키는 유일한 행정이다. 다른 3개의 행정은 플라이휠(flywheel)의 관성(inertia)에 의해 수행된다.

동력행정 말기에 연소가스의 압력은 3~5bar, 온도는 800~900℃정도로 낮아진다.

행 정 (stroke)		1. 흡 기	2. 압 축	3. 동 력	4. 배 기
피스톤운동		TDC → BDC	BDC → TDC	TDC → BDC	BDC → TDC
밸 브 위 치	흡기	BTDC 10~45°에서부터 ABDC 35~90°까지 열려 있음	닫혀 있음	닫혀 있음	닫혀있음
	배기	닫혀있음			BBDC 40~90°에서부터 ATDC 5~30°까지 열려있음
가스 압력		대기압보다 낮다	10~18bar	40~70bar	대기압보다 높다
가스 온도		100℃정도까지	500℃정도	약 2,500℃정도	약 900℃까지
행정지속 기간(°)		크랭크각으로 약 230~315°	크랭크각으로 약 120~140°	크랭크각으로 약 120~140°	크랭크각으로 약 230~300°
특기사항		- 간접분사식 혼합기를 흡입. - 직접분사식 공기만 흡입.	압축비가 높을수록 열 효율이 상승하나 연료 의 옥탄가 때문에 압축 비는 제한된다.	폭발압력이 피스톤헤 드에 작용하여 크랭크 축을 회전시킨다. 열에너지 → 기계적 일	배기에너지는 혼합기 예열, 난방 또는 과급 에 이용. 배기가스에 유해물질 포함됨.

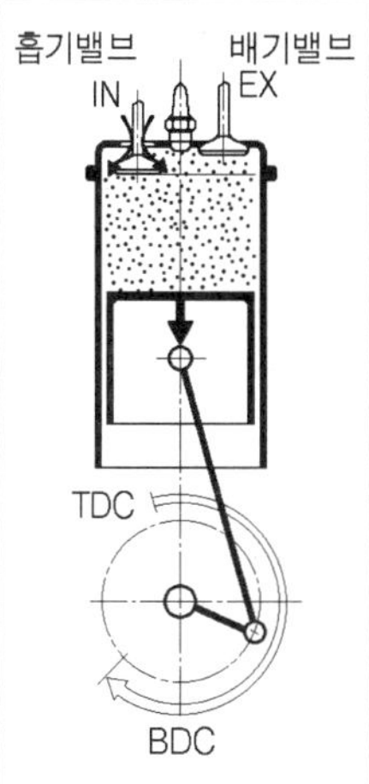

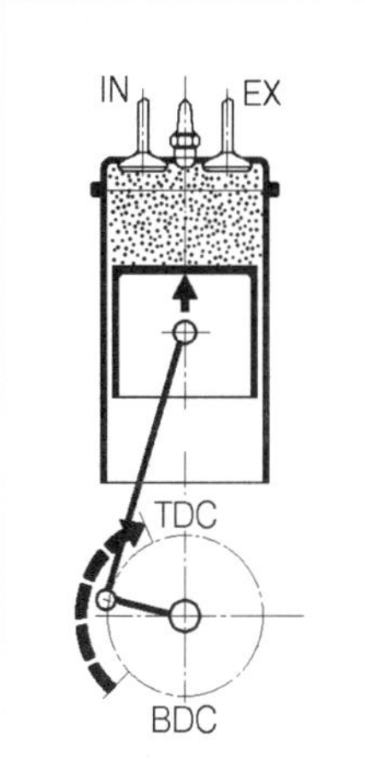

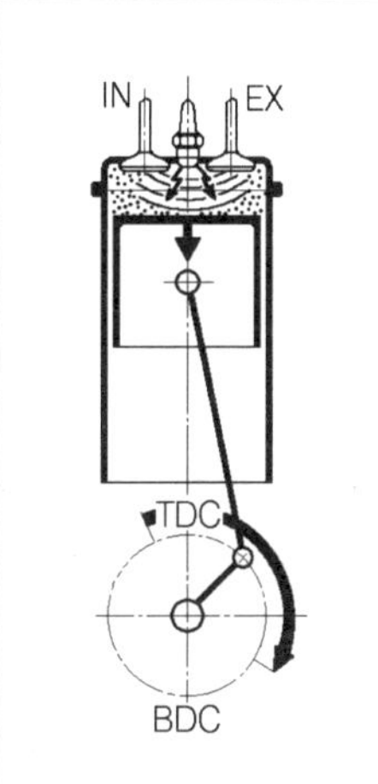

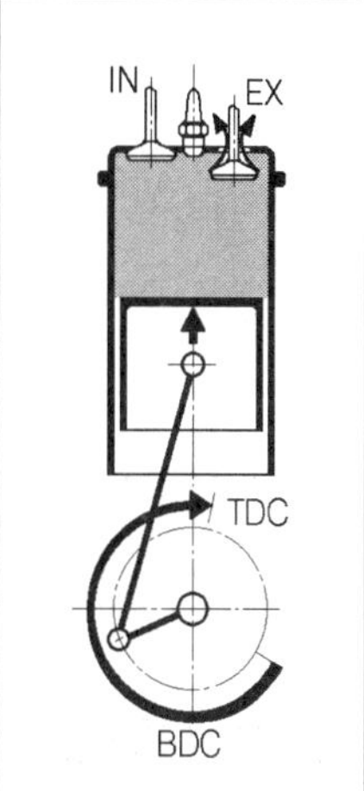

그림 2-2 4행정 오토기관의 작동원리

(4) 제 4 행정 - 배기(exhaust : Ausstoßen)

배기밸브를 피스톤이 하사점에 이르기 전 40~90°에서 미리 열어, 크랭크기구에 걸리는 부하를 감소시키고 배기가스의 유동을 최적화시킨다. 배기밸브가 열리면 아직도 약 3~5bar정도 압력상태의 연소가스는 실린더로부터 음속 또는 그에 가까운 속도로 대기 중으로 방출된다. - 블로-다운(blow down : Vorauspuff).

이 때 소음기(muffler)가 없다면 배기가스는 정지상태의 대기와 충돌하여 고음압(high sound pressure)의 음파를 발생시킬 것이다. 블로-다운이 종료되고 피스톤이 상향할 때, 잔류가스는 약 0.2bar정도의 잔압에 의해 밀려 나간다. 이때 잔류가스의 배출을 용이하게 하기 위해 배기밸브는 상사점을 지나서 닫히게 하고, 반면에 흡기밸브는 상사점 전에 열리게 한다. – 밸브 오버랩(valve overlap)

밸브-오버랩은 연소실의 가스교환과 냉각, 충전률 개선 등의 효과가 있다.

4행정 오토기관은 크랭크축이 2회전(720°)하는 동안에 흡기 → 압축 → 동력 → 배기의 4행정을 하여 1사이클을 완성하고, 흡기행정부터 다시 반복하게 된다.

3. 밸브 개폐시기(valve timing : Steuerzeiten)

밸브 개폐시기란 흡/배기 밸브의 개폐시기를 사점(死點 : Dead Center)을 기준하여 크랭크축의 회전각도로 표시한 것을 말한다. 그리고 흡/배기 밸브의 개폐시기를 표시한 선도(diagram)를 밸브개폐시기선도라 한다.

밸브개폐시기선도(valve timing diagram : Steuer-diagramm)에는 밸브의 개폐시기는 물론이고 밸브의 오버랩이 시각적으로 표시된다(그림 2-3 참조).

밸브개폐시기와 캠(cam)의 형상은 기관의 모델마다 성능실험을 거쳐 출력특성이 용도에 적합한 것을 선택하게 된다. 따라서 밸브개폐시기는 기관의 형식과 모델에 따라 각기 다르며 그 편차도 크다. 그림 2-3에 표시된 값은 평균값에 불과하다.

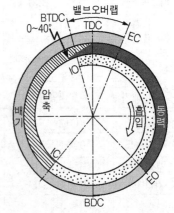

흡기밸브 열림(IO)	0°~30°	BTDC
흡기밸브 닫힘(IC)	40°~60°	ABDC
배기밸브 열림(EO)	40°~60°	BBDC
배기밸브 닫힘(EC)	5°~30°	ATDC

⚡ : 점화시기(BTDC 0°~40°)

**그림 2-3 4행정 오토기관의
밸브개폐시기선도(예)**

이론사이클(가상사이클)에서는 피스톤이 정확히 사점(死點)에 있을 때 밸브가 개폐되는 것으로 가정한다. 그러나 앞에서 설명한 바와 같이 밸브는 실제로 사점에서 개폐되지 않는다. 이론사이클에서는 피스톤의 운동속도를 고려하지 않고, 동작유체가 실린더를 출입하는데 시간이 소요되지 않으며, 흡/배기 유동이 순간적으로 완료된다고 가정하였으므로 밸브가 정확히 사점에서 개폐되어도 아무런 문제가 없다. 그러나 실제 기관에서는 피스톤이 고속으로 운동하며, 동작유체의 유동에는 시간이 소요되므로 흡/배기 유동이 순간적으로 이루어지지 않는다. 따라서 밸브개폐시기가 적절하지 않으면 동작유체의 원활한 출입이 방해를 받게 된다.

배기행정 말, 피스톤이 상사점 부근으로 상향 행정하는 기간에는 피스톤의 운동속도는 아주 느린 반면에 배기가스의 유출관성은 크기 때문에 연소실 내부에는 일시적으로 진공도가 커진다. 아직도 배기행정이 진행 중인 이때 흡기밸브를 미리 열면 새로운 혼합기가 밀려들어 오면서 배기가스를 밀어내는 효과가 발생한다. 즉, 잔류가스를 보다 많이 배출시키고 새로운 혼합기가 더 많이 유입되도록 하여 체적효율(또는 충전효율)을 증대시키는 효과가 발생한다.

흡기행정이 종료되고 압축행정이 진행 중에 흡기밸브를 닫는 이유는 과급효과(charge effect)를 이용하기 위해서 이다. 그리고 배기행정이 시작되기 전, 동력행정 말기에 미리 배기밸브가 열리도록 하는 것은 아직 상당한 압력을 가지고 있으나 유효일을 할 수 없는 연소가스를 조기에 배출시켜 크랭크축에 부(負)의 일이 걸리는 것을 방지함과 동시에 실린더의 과열을 방지하는 효과를 얻기 위해서 이다. → 블로-다운(blow down) 효과

밸브 개폐시기와 관련하여 다음 두 가지 사항을 더 언급하고자 한다.

① 기관 형식에 따른 오버랩 기간의 차이

기화기방식이나 흡기다기관 분사방식의 오토기관에서는 공기/연료 혼합기를 흡입하므로 흡기밸브를 지나치게 조기에 열면 역화의 위험이 따르고, 또 새 혼합기의 일부가 배기가스와 함께 대기 중으로 방출된다. 그러나 디젤기관이나 직접분사방식의 오토기관에서는 공기만을 흡입하므로 역화의 위험이 없으며, 새 혼합기가 연소 전에 대기 중으로 방출되지도 않는다. 일반적으로 오토기관에서는 디젤기관에서 보다 밸브 오버랩 기간을 짧게 한다.

② 밸브 개폐시기의 최적화

밸브 개폐시기는 특정속도영역에 대해서는 최적화가 용이하나 전 속도영역에 걸쳐 최적화시키는 어렵다. 예를 들면, 기관이 고속으로 회전할 경우에는 흡기밸브의 개변지속기간이 길어지면 출력이 증가하지만, 공전영역에서와 같이 저속일 경우에 밸브의 오버랩이 길면 미연탄화수소의 배출이 증가하고 동시에 잔류가스에 의한 기관의 부조현상이 나타나게 된다.

따라서 기관의 회전속도와 부하에 따라 밸브 개폐시기나 오버랩 기간을 변경시키는 것이 이상적이다. ─ 가변 밸브-타이밍(variable valve-timing)의 도입(PP.130 참조)

4. 실린더 번호와 점화순서

(1) 실린더 번호 부여(cylinder numbering : Zylindernummerierung)

실린더 번호는 일반적으로 직렬형(IN-LINE)기관에서는 크랭크-풀리 측에서부터 순서에 따라 부여한다. V형, VR형, W형 및 대향형 기관에서는 크랭크-풀리 앞에서 보았을 때, 먼저 좌측열의 실린더-뱅크(bank)에 크랭크-풀리 측에서부터 번호를 부여하고 그 다음에 우측열의 실린더-뱅크에 순번을 부여한다. 그러나 제작사에 따라서는 일반규칙을 따르지 않는 경우도 있다.

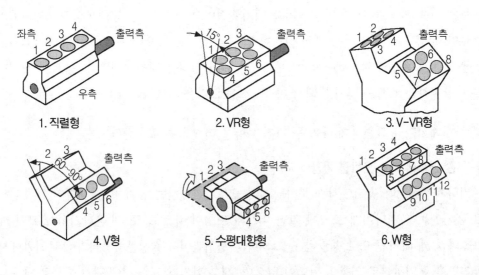

그림 2-4 실린더 번호 부여 방법

(2) 다기통기관의 점화간격(firing interval : Zündabstand)

다기통기관에서는 동력행정이 짧은 시간간격을 두고 계속적으로 반복되므로 단기통기관과는 달리 회전토크가 균일해야 기관의 작동이 원활하고 정숙하게 된다. 따라서 각 실린더의 동력행정이 균일한 시간간격을 두고 발생되어야 한다. 4행정기관의 점화간격은 2기통기관에서는 360°, 4기통기관에서는 180°, 5기통기관에서는 144°, 8기통기관에서는 90°이다. 즉, 실린더 수가 많으면 많을수록 점화간격은 단축된다. 점화간격이 단축되면 기관의 작동상태는 정숙해지며 크랭크축에 작용하는 회전토크의 맥동도 적어지게 된다.

(3) 다기통기관의 점화순서(firing order : Zündfolge)

일정한 시간간격으로 폭발이 진행되도록 점화간격이 정해졌다 하더라도 또 "점화순서를 어떻게 결정할 것이냐?" 하는 것은 별개의 문제이다.

점화순서는 다음과 같은 문제점을 고려하여 결정한다.

① 이웃하는 실린더에서 연속적으로 폭발이 일어나지 않도록 한다.

② 크랭크축의 비틀림(torsion)이나 진동(vibration)이 최소화 되도록 한다.

③ 흡/배기가 서로 간섭하여 기관의 부조현상이 발생되지 않도록 한다.

실린더 수가 같은 기관이라 하더라도 실린더의 배열과 크랭크축의 형식, 그리고 밸브기구에 따라 점화순서는 다르다(그림 2-4 참조).

실린더 배열형식	기 통 수	많이 사용하는 점화순서(예)
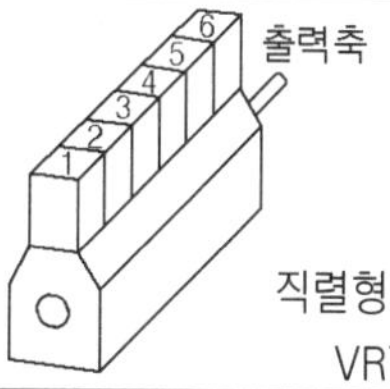 직렬형 또는 VR형	4 5 6	1 3 4 2 또는 1 2 4 3 1 2 4 5 3 또는 1 5 2 3 4 1 5 3 6 2 4 또는 1 2 4 6 5 3 또는 1 4 2 6 3 5 또는 1 4 5 6 3 2
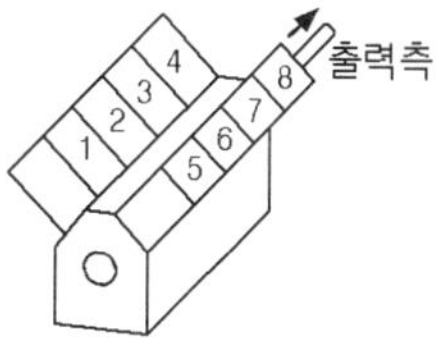 V형 또는 V-VR형	4 6 8 10 12 16	1 3 2 4 1 2 5 6 4 3 또는 1 4 5 6 2 3 1 6 3 5 4 7 2 8 또는 1 5 4 8 6 3 7 2 또는 1 8 3 6 4 5 2 7 1 6 2 8 4 9 5 10 3 8 또는 1 6 5 10 2 7 3 8 4 9 1 7 5 11 3 9 6 12 2 8 4 10 또는 1 12 5 8 3 10 6 7 2 11 4 9 1 14 9 4 7 12 15 6 13 8 3 16 11 2 5 10
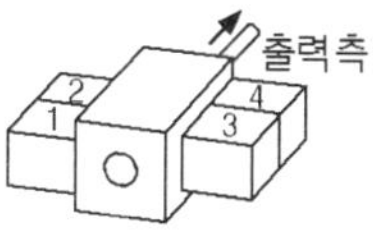 수평대향형	4 6 8	1 4 3 2 1 6 2 4 3 5 1 7 2 8 5 3 6 4
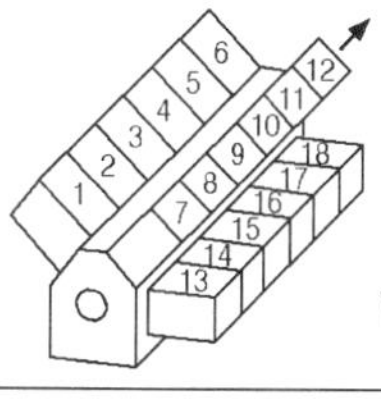 W형	18	1 14 18 15 17 13 9 11 7 10 8 12 16 4 2 6 3 5

그림 2-5 실린더 배열형식과 많이 사용하는 점화순서(4행정기관)

제2절 기관본체
(Engine Block : Motorengehäuse)

기관본체는 크게 나누어 실린더-블록(cylinder block), 실린더-헤드(cylinder head), 크랭크케이스(crankcase)로 구성된다.

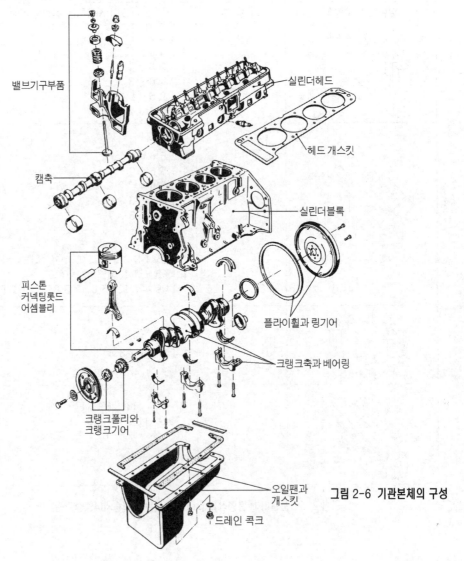

밸브기구부품

실린더헤드

헤드 개스킷

캠축

실린더블록

피스톤
커넥팅롯드
어셈블리

플라이휠과 링기어

크랭크축과 베어링

크랭크풀리와
크랭크기어

오일팬과
개스킷

드레인 콕크

그림 2-6 기관본체의 구성

1. 실린더와 실린더-헤드의 필요조건

(1) 실린더와 실린더-헤드의 기능

① 피스톤과 함께 연소실을 형성한다.
② 높은 연소압력을 유지시킨다.(기밀유지)
③ 연소가스로부터 전달된 열을 빠른 속도로 냉각매체에 전달한다.(전열)
④ 실린더는 피스톤의 안내자(guide) 역할을 한다.

(2) 실린더와 실린더-헤드에 작용하는 부하

① 높은 연소압력(약 70bar까지)과 고온(약 2,500℃ 까지)에 노출된다.
② 온도의 변화폭이 크고 급격하므로 큰 열응력(thermal stress)을 받는다.
③ 연소생성물 또는 피스톤과 링에 의한 마찰 때문에 실린더 마찰면의 마멸이 심하다.
④ 냉간 시에는 완전 기화되지 않은 연료에 의해 실린더 마찰면의 유막이 파손된다.

(3) 실린더와 실린더-헤드의 필요 조건

① 기계적 강도가 높으면서도 가벼워야 한다.
② 열변형에 대한 안정성이 있어야 한다.
③ 열전도성이 좋은 반면에 열팽창계수는 낮아야 한다.
④ 실린더 마찰면의 재질은 내마멸성과 길들임성(confirmability)이 좋아야 한다.

2. 실린더-블록(cylinder block : Zylinderblock)

(1) 수냉식 기관의 실린더-블록

수냉식 기관의 실린더-블록은 대부분 다수의 실린더를 일체로 제작하며, 각 실린더 사이에는 냉각수 재킷(water jacket)과 냉각수 통로가 설치되어 있다. 냉각수는 냉각수펌프에 의해 냉각수 재킷의 하부로 유입되어 냉각수통로를 따라 실린더-헤드로 보내진다. 자동차용 수냉식 기관에서는 실린더-블록과 크랭크케이스를 대부분 일체로 주조한다(그림 2-6, 7 참조).

주철 실린더-블록에는 일반적으로 실리콘(Si), 망간(Mn), 니켈(Ni) 그리고 크롬(Cr) 등이 함유된 구상흑연주철 또는 회주철이 많이 사용된다.

　층상흑연 주철(lamellar graphite cast iron : Guseisen mit Lamellengrafit) 실린더-블록은 강성(rigidity : Steifigkeit)과 강도(strength : Festigkeit), 미끄럼특성 및 내마멸성이 우수하고, 이 외에도 열팽창이 적고 소음감쇠특성도 우수하므로, 실린더 마찰면의 특성을 개선 시키기 위한 별도의 대책이 필요 없다.

　버미큘러 주철(vermicular graphite cast iron : Guseisen mit Vermikulargrafit) 실린더-블록은 주철을 냉각시킬 때 흑연이 층상(層狀)이 아닌, 작은 벌레 모양으로 석출된다. 결합결정 사이에 틈새가 발생하는 현상이 적어 강도와 강성이 크게 증가한다. 따라서 실린더 내압을 높일 수 있기 때문에 실린더 벽이 얇아도 출력을 크게 할 수 있다는 장점을 가지고 있다.(중량 경감 효과)

　최근에는 알루미늄합금(예 : AlSi17Cu4Mg) 실린더-블록이 증가 추세에 있다. 무엇보다도 알루미늄합금은 주철에 비해 가볍고 열전도성이 우수하다. 그러나 강성을 보강하기 위해 대부분 실린더-블록 외부에 리브(rib)를 설치한다. 실린더 마찰면을 특수 가공하여 내마멸성과 길들임성을 개선시키거나, 별도의 실린더-라이너(cylinder liner)를 삽입한다.

① 클로즈드 데크(closed-deck) 형식

　헤드-개스킷을 사이에 두고 실린더-헤드와 접촉하는 실린더-블록의 상면(上面)은 실린더의 원통부분, 윤활유와 냉각수의 통로 그리고 형식에 따라 크랭크케이스 환기통로를 제외하고 나머지 부분은 완전히 밀폐되어 있다. 특수주철로 주조한 실린더-블록은 대부분 이 형식이며, 알루미늄-실리콘(AlSi)합금 실린더-블록도 중력 다이캐스팅(die-casting) 방식 또는 저압 주조방식으로 생산한 경우에는 이 형식이 대부분이다.

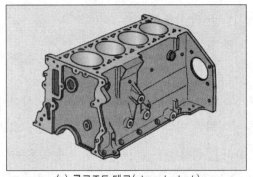

(a) 클로즈드 데크(closed-deck)　　　　　(b) 오픈-데크(open-deck)

그림 2-7 실린더-블록의 형식

② **오픈-데크**(open-deck) **형식**

실린더-헤드와 접촉하는 실린더-블록의 상면(上面)에서 실린더 내경 주위의 냉각수 재킷(jacket)을 모두 개방한 형식이다. 이렇게 함으로서 실린더 마찰면을 LOKASIL-공법으로 처리한 실린더-블록을 주조할 수 있게 되었다. 오픈-데크 형식에서는 실린더-블록의 강성이 낮기 때문에 연한 재질의 두꺼운 헤드-개스킷 대신에 얇은 금속 헤드-개스킷을 사용한다. 금속 헤드-개스킷은 거의 변형되지 않으므로 헤드-볼트의 조임 토크가 낮아도 되고, 따라서 실린더-라이너의 변형을 감소시킴은 물론이고 실린더-헤드의 변형도 크게 감소시킬 수 있다.

(2) **실린더-라이너**(cylinder liner : Zylinderlaufbuchsen)

라이너는 얇은 원통형 개체로 제작된 실린더로서 슬리브(sleeve)라고도 한다. 주철 또는 알루미늄합금으로 주조한 실린더에는 일반적으로 입자가 미세한 고가의 원심주철 라이너가 사용된다. 원심주철 라이너는 일반 주철 실린더의 마찰면보다 내마멸성이 우수하므로 기관의 수명이 연장되게 된다.

① **습식 라이너**(wet type liner : nasse Zylinderlaufbuchse) (**그림** 2-8a **참조**)

습식 라이너는 냉각수가 라이너의 외부에 직접 접촉되므로 냉각작용이 양호하다. 그리고 습식 라이너는 통상 STD(standard) - 치수로만 생산되며, 두께는 약 5~8mm 정도이고, 손으로 간단히 빼내고 삽입할 수 있다.

냉각수 누설을 방지하기 위해 일반적으로 라이너 외측의 하부에 1개 또는 2개의 내열, 내유성의 씰-링(seal ring)을 설치한다. 그리고 라이너 상단 외측의 플랜지(flange)는 개스킷을 사이에 두고 실린더-헤드에 의해 눌려져 실린더-블록과 라이너가 밀착되게 한다. 그래야만 냉각수가 크랭크케이스로 누설되지 않는다. 습식 라이너는 일반적으로 디젤기관에 주로 사용되나 최근에는 가솔린기관에도 사용되고 있다.

② **건식 라이너**(dry type liner : trockene Zylinderlaufbuchse)(**그림** 2-8b **참조**)

건식 라이너는 라이너 외부와 냉각수가 직접 접촉되지 않는 구조로, 일반적으로 실린더와 블록이 일체로 주조된 형식에서 실린더를 여러 번 보링(boring)하여 실린더 벽의 두께가 얇아져 더 이상 보링할 수 없을 경우에 사용한다.

그러나 새 기관에도 예를 들면, 주철 실린더-블록의 재질보다 라이너의 내마멸성을 더 좋게 하고자 할 경우엔 제작 당시부터 건식 라이너를 삽입한다.

건식 라이너는 삽입할 때 큰 힘(약 20 ~ 30kN 정도)을 필요로 하며, 삽입 후에 반드시 보링해야 한다. 그리고 라이너와 냉각수가 직접 접촉되지 않으므로 습식에 비해 열전도도가 불량하다. 주로 가솔린 기관에 사용되며 두께는 2~4mm 정도로 습식 라이너보다는 얇다.

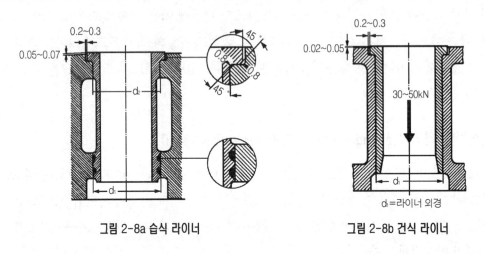

그림 2-8a 습식 라이너   그림 2-8b 건식 라이너

(3) 공랭식 기관 실린더-블록(air cooled cylinder block : Luftgekühlte Zylinder)

공랭식 기관의 실린더-블록은 외부표면에 냉각핀(cooling fin)을 설치하여 표면적을 넓게 하는 방법으로 냉각작용을 강화한다. 그리고 대부분 실린더를 1개씩 제작하여 크랭크케이스에 볼트로 체결한다.

공랭식 기관의 실린더-블록 재질은 알루미늄합금이 대부분인 데, 알루미늄 실린더-블록을 주조할 때 특수주철제의 라이너를 함께 넣고 주조하는 철-알루미늄-접합주조 공법이 주로 이용된다. 그러나 알루미늄 실린더-블록에 라이너를 삽입하지 않을 경우엔 실린더 마찰면을 특수처리하여 내마멸성과 내마찰성을 개선시킨다.

① 주철-알루미늄-접합주조 공법(: Eisen-Aluminium-Verbundgußverfahren)

주철 라이너의 바깥쪽 표면에 주철-알루미늄($FeAl_3$)을 도금하면, 주조할 때 이 도금층은 한쪽은 주철 라이너와 다른 한쪽은 알루미늄-실린더와 밀착, 접합되게 된다. 즉, 도금층이 주철 라이너와 알루미늄-실린더를 이음매 없이 밀착시키므로 두 금속간의 열전도가 잘 이루어지게 된다.→ Alfin 공법(그림 2-9 참조)

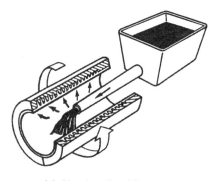
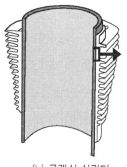

1. 주철
2. 접합층
3. 알루미늄합금

(a) 철 · 알루미늄 접합 주조방식　　(b) 공랭식 실린더　　(c) 접합부 확대

그림 2-9 공랭식 기관의 실린더블록

② Alusil-공법(특수처리 공법)

Alusil-공법은 실리콘 함량(18%까지)이 높은 알루미늄으로 실린더-블록을 중력주조 또는 저압 주조한다. 이때 실린더 마찰면에 특히 많은 실리콘 결정이 모이게 된다. 실린더 마찰면은 절삭가공, 호닝(honing)한 다음, 호닝된 표면을 화학적으로 부식 처리한다. 즉 실린더 마찰면의 알루미늄을 부식(etching), 제거하여 실리콘 입자(particles)만 노출되도록 한다. 이렇게 되면 돌출된 딱딱한 실리콘 입자는 피스톤과 피스톤-링에 대항하여 내마멸성이 강한 마찰면을 형성한다. 그리고 부식된 공간은 윤활유로 채워지게 된다.

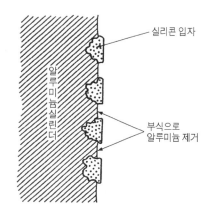

그림 2-10a 알루미늄 실린더의 표면처리
(Alusil process)

이런 형식의 실린더에는 피스톤의 마멸을 최소화하기 위하여 철합금 피막 피스톤(Ferro-coat piston)을 사용한다.

③ Nicasil-주조공법

알루미늄-실리콘 합금 실린더의 마찰면을 실리콘-카바이드(silicon-carbide) 결정을 함유한 니켈로 도금하여 내마멸성이 강한 층이 형성되도록 하는 방법이다.

크롬도금방식은 공랭식 2륜차 기관의 알루미늄 실린더에 주로 사용된다.

④ Lokasil-**주조공법**

실리콘과 세라믹 점결제(binder)를 혼합하여 실린더-라이너의 골격이 되는, 기공이 아주 많은 라이너 원시형체(preform)를 미리 성형한다. 이 라이너 원시형체를 약 700℃ 정도로 가열시킨 다음에 실린더-블록 다이캐스팅 금형(die casting mould : Gussform) 내에 설치하고, 이어서 용융상태의 알루미늄합금을 금형에 주입하고 약 700bar 정도의 압력을 가하면, 용융 상태의 알루미늄합금이 이들 원시형체의 기공들에 강제 침투하여 모든 기공들을 남김없이 채우는 방법이다. 알루미늄합금으로는 실리콘 함량이 적은 값싼 재생(리사이클링) 알루미늄을 사용할 수 있다. 실린더 마찰면 영역에서 필요로 하는 높은 실리콘 함량은 라이너 원시형체(preform)에 의해 보장된다. 다단계 호닝을 통해 실리콘 결정이 마찰표면에 나타나도록 가공한다. 이를 통해 내마멸성이 강한 마찰면이 형성된다. Lokasil-실린더에는 주로 철합금 피막 피스톤(Ferro-coat piston)이 사용된다.

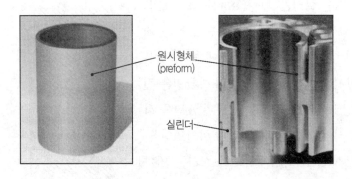

원시형체
(preform)

실린더

그림 2-10b Lokasil-주조공법

3. 실린더-헤드와 연소실

(1) 실린더-헤드(cylinder head : Zylinderkopf)

실린더-헤드는 연소실의 상부를 형성하며, 개스킷을 사이에 두고 실린더-블록에 볼트 고정된다. 실린더-헤드에는 흡/배기 통로와 흡/배기밸브 시트가 가공되어 있으며, 스파크-플러그, 밸브기구 그리고 형식에 따라서는 캠축과 분사밸브 등이 설치된다. 실린더-헤드에는 높은 폭발압력이 작용하고 동시에 고온의 연소가스에 의한 큰 열부하가 작용한다. 따라서 실린더-헤드는 기계적 강도가 높고, 열전도성이 우수하고, 열팽창률이 낮아야 한다.

대형 트럭이나 대형 승합차의 기관에서는 각 실린더마다 개별 실린더-헤드를 사용하기도 하는데, 그렇게 하면 기밀유지력 분산(sealing force distribution), 정비 및 수리 측면에서 이점이 있다. 특히 공랭식 기관에서는 냉각성능을 향상시키기 위해서 주로 개별 실린더-헤드를 사용한다. 그러나 승용차나 소형 상용자동차 기관에서는 일체식 실린더-헤드를 주로 사용한다. 실린더-헤드는 주로 냉각방식과 흡/배기공의 배치방식에 따라 분류한다.

① 냉각방식에 따라

㉮ 수냉식 실린더-헤드(water cooled cylinder head : Flüssigkeitgekühlter Zylinderkopf)

수냉식 실린더-헤드 내에는 냉각수통로가 설치되어 실린더-블록의 냉각수통로로부터 냉각수가 공급되도록 되어 있다. 재질은 대부분 알루미늄합금이나 주철이며, 실린더-헤드의 일부 또는 전체를 1개의 블록으로 제작한다. 오늘날 승용자동차기관에는 대부분 알루미늄합금 실린더-헤드가 사용된다.

그림 2-11 수냉식 실린더헤드

㉯ 공랭식 실린더-헤드(air cooled cylinder head : Luftgekühlter Zylinderkopf)

공랭식 실린더-헤드는 거의 대부분이 알루미늄합금으로 제작되며, 냉각핀(cooling fin)이 설치되어 있다. 냉각핀의 냉각면적을 가능한 한 넓게 하여 냉각공기에 열전달이 잘 되도록 하는 방법이 이용된다.

② 흡기공/배기공의 배치방식에 따라

㉮ 횡류식 실린더-헤드(crossflow cylinder head)-그림 2-12a

흡, 배기공이 서로 반대방향에 배치된 방식으로서, 흡기와 배기는 대각선 유동을 하게 된다. 이 방식은 역류식에 비해 흡/배기 통로의 공간체적에 제약을 받지 않으므로 흡기다기관의 설계가 비교적 자유로우며, 기밀유지성을 좋게 할 수 있다.

ⓐ 역류식 실린더-헤드(counterflow cylinder head : Gegenstrom-Zylinderkopf)

흡, 배기공이 모두 같은 방향에 배치된 방식으로, 흡기통로와 배기통로의 공간체적에 제한이 따른다. 그러나 가스유동거리가 아주 짧기 때문에 과급이 용이하다는 이점이 있다. (그림 2-12b)

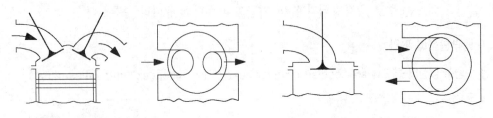

(a) 횡류식 실린더헤드(crossflow cylinder head)   (b)역류식 실린더헤드(counterflow cylinder head

그림 2-12 흡,배기공의 배치에 따른 실린더-헤드의 종류

(2) 연소실(combustion chamber : Verbrennungsraum)

피스톤이 상사점에 있을 때, 피스톤 상부의 밀폐된 공간체적을 간극체적(clearance volume : Verdichtungsraum)이라고 한다. 간극체적은 가장 작은 연소실이다. 피스톤에 의해 하부가 밀폐되므로 피스톤-헤드도 연소실의 일부를 형성한다.

연소실의 기하학적 형상은 혼합기 와류, 연소진행과정, 연료소비율, 유해배출물, 항-노크성, 토크, 출력, 효율 등과 같은 기관의 성능요소에 큰 영향을 미친다.

연소실의 기하학적 형상은 압축비, 연소실의 표면적/체적의 비, 스파크-플러크 설치위치 그리고 밸브 배치방식 등에 의해 결정된다.

연소실은 충전률이 높고, 혼합기의 형성을 촉진시킬 수 있어야 하고, 연소가스는 가능한 한 완전히 방출될 수 있는 구조이어야 한다. 또 연소실은 가능한 한 조밀(compact)하고 표면적이 작아야 한다. 연소실의 표면적이 클 경우, 연소실 벽을 통한 열손실이 증대되게 되어 연소실 벽 근처에 지나치게 차가운 영역이 쉽게 형성되게 된다. 차가운 영역에서는 불꽃이 소멸되므로 HC-배출물이 현저하게 증가한다.

스파크-플러그 설치위치에 따라 화염전파거리가 달라지는 데, 가능하면 화염전파거리가 짧은 연소실을 목표로 한다. 가장 유리한 형상은 스파크-플러그를 중심에 설치한 반구형(半球形) 연소실로서 이 형식은 화염전파거리가 가장 짧고, 연소실 표면적도 가장 작다. 그러나 실제로는 밸브배치 때문에, 그리고 GDI-기관에서는 분사밸브의 설치위치도 함께 고려하여야 하므로, 이상적인 연소실과는 다소 다른 형태의 연소실이 된다.

① 리카르도(Ricardo : Ricardo-Kopf) 연소실

이 연소실은 실린더-블록에 밸브가 설치된 L-헤드형 기관에서 볼 수 있다. 화염전파거리가 길고, 구석이나 오목한 곳에 연소생성물이 퇴적되어 기계적 옥탄가가 낮은 연소실이다. 따라서 이러한 형태의 연소실은 자동차기관용으로는 더 이상 사용되지 않는다(그림 2-13a 참조).

② 밸브가 계단식으로 설치된 연소실

이 연소실은 연료-공기 혼합기의 와류(turbulence)를 촉진시킨다. 흡기밸브의 직경이 배기밸브에 비해서 상당히 크다(그림 2-13b 참조).

③ 지붕형(roof-form : Dachförmiger) 연소실

이 연소실은 반구(semi-spheric)형과 거의 비슷하다. 그리고 충전효율을 개선하기 위해 배기밸브보다 흡기밸브의 직경을 크게 한다(그림 2-13c).

④ 스퀴시 영역(squish area : Quetschzonen)이 있는 연소실

이 형식의 실린더-헤드는 연소실이 조밀(compact)하면서도 화염전파거리가 짧고, 연소실 형상을 쐐기형, 지붕형, 또는 보울(bowl)형으로 설계할 수 있다.

스퀴시-영역에 있던 혼합기는 피스톤이 상사점에 도달하기 직전에 압착되어 연소실 중앙으로 급격히 밀려들어가면서 강한 와류를 발생시켜, 공기와 연료가 잘 혼합되게 하여 짧은 시간 내에 연소가 이루어지게 한다. 이렇게 되면 조기점화가 감소하고, 열가가 더 낮은 스파크-플러그를 사용할 수 있다. 또 압축비를 더 높일 수 있거나 보통휘발유의 사용이 가능함은 물론이고 미연 HC의 발생량도 크게 낮출 수 있다.

쐐기형(wedge form : Keilförm) 연소실은 스파크 플러그를 한쪽에 설치하고 그 반대편에 스퀴시-영역을 둔 형식이 대부분이다(그림 2-13d 참조).

보울형(bowl form : Kolbenbodenmulde) 연소실은 밸브배치와 흡기다기관의 특수형상이 서로 상승작용을 하여 흡입되는 혼합기가 접선방향의 와류(swirl)를 발생시키도록 한다. 그리고 동시에 피스톤-헤드의 중심부는 보울(bowl)모양으로, 피스톤-헤드의 가장자리는 링 모양의 스퀴시-영역으로 하여 스퀴시-영역에 의해서 추가적으로 강한 와류(turbulence)가 발생되도록 한다(그림 2-13e).

⑤ **멀티-밸브**(multi-valve : Mehrventile)**형식**

　3-밸브 형식에서는 1개의 연소실에 흡기밸브 1개, 배기밸브 2개, 4-밸브 형식에서는 흡/배기 밸브가 각각 2개씩 설치되며, 연소실 형상은 지붕형, 또는 보울형이 대부분이고 추가적으로 가장자리 양쪽에 스쿼시-영역을 둔 형식도 있다. 스파크 플러그를 중심부에 설치하므로 화염전파거리가 짧아지며, 연소속도를 상승시키는 효과도 발생한다. 또 다른 장점은 출력 및 연비의 향상, 유해배출물 저감 등이다(그림 2-13f). 5-밸브(흡기 3개, 배기 2개)를 사용할 경우에는 밸브-헤드의 직경이 작아지므로 연소실의 형상은 거의 구형(球形)에 가깝다.

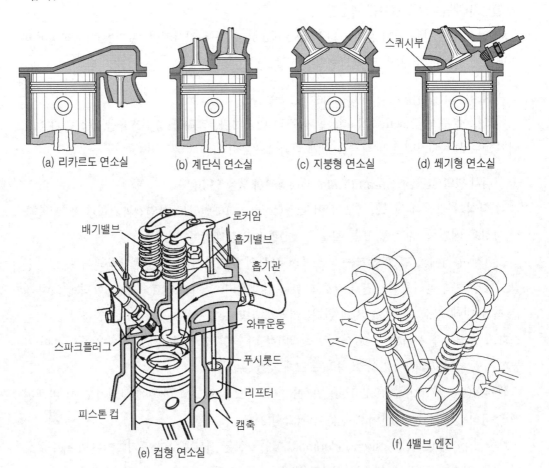

(a) 리카르도 연소실　　(b) 계단식 연소실　　(c) 지붕형 연소실　　(d) 쐐기형 연소실

(e) 컵형 연소실　　　　　　　　　(f) 4밸브 엔진

그림 2-13 연소실 형상

(3) 실린더-헤드-개스킷(cylinder head gasket : Zylinderkopfdichtung)

① 기능

실린더-헤드-개스킷은 연소실의 가스기밀을 유지하고, 냉각수통로와 윤활유통로로부터 냉각수와 윤활유가 누설되는 것을 방지하는 기능을 한다. 완벽한 기밀을 유지하기 위해서는 실린더-블록과 실린더-헤드 각각의 접촉면은 고정밀 연삭된 수평 평면이어야 한다.

② 요구 조건

연료, 배기가스, 기관윤활유 그리고 냉각수 등은 계속적으로 액체와 기체, 그리고 냉각된 상태와 가열된 상태, 고압과 부분진공 등으로 그 상태를 교대로 바꿔가며 헤드-개스킷과 접촉하고 있다. 따라서 헤드-개스킷은 기관이 작동 중이거나 정지한 상태에서도 압력과 화학적, 열적 작용을 통한 다양한 부하를 극복하고 원형을 그대로 유지할 수 있어야 한다.

또 헤드-개스킷은 높은 면압(surface pressure)을 받고 있지만 변형되지 않고 탄성적으로 작동상태에 대응할 수 있어야 한다. 예를 들어, 헤드-개스킷의 수축 경향성이 낮아야만 사용기간 중 실린더-헤드-볼트를 다시 조이는 번거로움을 피할 수 있다. 헤드-개스킷의 접촉면에 씰러(sealer)를 바르면, 분해수리작업 시 헤드의 분리가 어렵기 때문에 씰러를 사용하지 않는다.

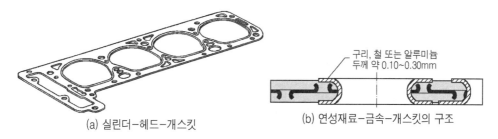

(a) 실린더-헤드-개스킷　　　(b) 연성재료-금속-개스킷의 구조

그림 2-14 실린더-헤드-개스킷

③ 헤드-개스킷의 종류

㉮ 연성재료-금속(soft material-metal : Weichstoff-Metall) 헤드-개스킷

연성재료-금속-개스킷은 위에서 언급한 조건에 알맞은 개스킷이다. 이 개스킷은 철망에 또는 양쪽에 수많은 돌기가 가공된 두께 약 0.3mm의 얇은 강판에 연성재료를 압착, 성형하고 연소실 가장자리 부분과 윤활유통로 등은 보통 알루미늄 도금된 얇은 철판을 접어 붙여 보강하였다(그림 2-14 참조). 특히 연성재료의 표면에 실리콘고무나 합성고무 등의 탄

성물질(elastomer)을 입히거나 스며들게 하여 헤드-개스킷이 냉각수를 흡수할 수 없게 함은 물론이고 냉각수나 가스의 누설을 방지하고 동시에 개스킷의 고착을 방지한다.

㉯ 금속 헤드-개스킷(mellal head-gasket)

이 개스킷은 얇은 강판을 여러 겹(보통 4-5겹) 겹쳐 만든다. 이 개스킷은 고출력 디젤기관에 주로 사용하였으나 이제는 가솔린기관에도 많이 사용하고 있다. 이 형식의 개스킷 중에는 가스누설의 위험이 있는 영역에는 국부적으로 압착력

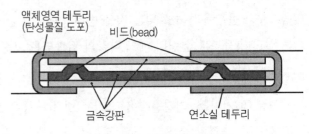

그림 2-14c 금속 헤드-개스킷의 구조

을 높여줄 비드(bead) 또는 금속판 테두리를 설치하여 가스누설을 확실하게 방지하고, 또 냉각수 통로 접촉면 부근에는 탄성물질을 도포하여 기밀성을 높인 것들도 있다. 공랭식기관의 헤드-개스킷으로는 알루미늄과 같은 경금속제의 얇은 판(板)을 주로 사용한다.

최근에는 기능성 헤드-개스킷이 등장하고 있다. 예를 들어 헤드-개스킷에 압전소자를 집적시켜 노크센서로서, 내경 가장자리에 점화전을 설치하여 다점점화원으로 기능하도록 제작된 것들도 있다.

4. 크랭크케이스(crankcase : Kurbelgehäuse)

① 기 능

크랭크케이스는 대부분 크랭크 메인-베어링의 높이에서 상하로 분할되어 있으며, 크랭크축이 설치되며 형식에 따라서는 캠축도 설치된다(그림 2-6 참조).

② 구 조

상부 크랭크케이스에는 크랭크축이 설치되는 베어링-새들(bearing saddle)이 있고, 형식에 따라서는 캠축-부싱(camshaft bushing)이 설치되며, 크랭크축 메인-베어링-캡(main bearing cap)은 베어링-새들에 볼트로 체결된다. 이 구조는 크랭크축의 분해와 조립을 쉽게 할 수 있다는 장점이 있다. 또 상부 크랭크케이스 외부에는 기관과 차체를 탄성적으로 결합시키는 엔진-마운트(engine mount)가 설치된다.

하부 크랭크케이스는 오일-팬(oil pan)을 형성하며 상부 크랭크케이스와는 개스킷을 사

이에 두고 볼트로 체결된다. 크랭크케이스 안에는 미연소 가스(blowby gas)가 유입되거나 윤활유 분해가스가 발생된다. 따라서 크랭크케이스에는 흡기다기관이나 공기여과기와 연결되는 파이프(또는 호스)가 설치된다. 크랭크케이스의 재질은 주철(GG-25 등)이나 경금속(G-AlSi10Mg 등)이 대부분이다. 경금속 크랭크케이스는 가볍고 열전도성이 좋다.

수냉식기관에서는 실린더-블록과 상부 크랭크케이스를 대부분 일체로 주조하나, 공랭식기관에서는 크랭크케이스만을 경금속으로 주조한 다음에 실린더를 볼트로 체결하는 방식이 주로 이용된다.

5. 엔진-마운트(engine mount : Motorlager)

① 기 능

엔진-마운트(engine mount)는 기관의 진동을 감쇠시켜 차체에 전달하고, 마찬가지로 노면으로부터 차체를 통해 기관에 전달되는 진동을 감쇠시켜야 한다. 이와 같은 요구조건을 충족시키기 위해서는 일반적으로 공전 또는 저속에서는 진동흡수능력이 우수한 부드러운 마운트가, 주행 시에는 강력한 구동토크를 무리 없이 전달하기 위해서는 강한 마운트가 이상적이다. → 유압식 마운트의 도입

② 유압식 엔진-마운트(그림 2-15)

공전 시 기관의 진동에 의해 상부 체임버의 유체에 발생된 진동은 고무막에만 작용한다. 고무막이 변형되면서 이 진동을 감쇠, 흡수한다. 그리고 고무막 아래에 있는 공기-쿠션(insulating air cushion)의 마그넷밸브가 열려있기 때문에 공기-쿠션과 대기통로 사이에서 공기가 출/입을 반복하면서 진동감쇠기능을 보완한다. 주행시에는 공기-쿠션의 마그넷밸브가 닫히면서 대

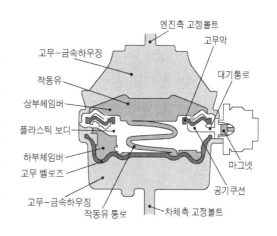

그림 2-15 유압식 엔진-마운트

기통로를 폐쇄한다. 그러면 상부 체임버에서 생성된 유체의 진동은 플라스틱-보디(plastic body)에 가공된 작동유 통로를 통해 아래 체임버로 전달된다. 아래 체임버의 바닥에 설치된 고무 벨로즈가 변형되면서 진동을 흡수, 감쇠 시킨다. 이제 기관과 차체의 연결은 공전 시 보다 더 강력해지게 되어 구동토크를 전달하는데 유리하게 된다.

제2장 4행정 오토기관

제3절 피스톤/커넥팅 롯드 어셈블리
(Piston/Connecting Rod Assembly : Kolben/Pluelstange)

피스톤/커넥팅-롯드 어셈블리는 그림 2-16과 같이 피스톤(piston), 피스톤 -링(piston ring), 피스톤 - 핀(piston pin), 그리고 커넥팅-롯드 (connecting rod)로 구성되어 있다.

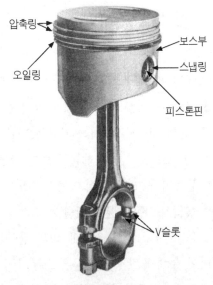

그림2-16 피스톤/커넥팅-롯드 어셈블리

1. 피스톤(piston : Kolben)

피스톤의 기능은 다음과 같다.
① 실린더 내에서 왕복운동을 하면서 연소실과 크랭크실 사이의 기밀을 유지한다.
② 동력행정 중 발생, 작용하는 가스의 폭발압력을 커넥팅-롯드를 통해 크랭크축에 전달, 크랭크축이 회전운동을 하도록 한다.
③ 연소가스로부터 피스톤-헤드에 전달된 열의 대부분을 빠르게 실린더 벽에 전달한다.
④ 2행정기관에서는 가스교환을 제어한다.

(1) 피스톤의 부하(負荷)

피스톤에는 큰 힘이 주기적으로 작용하며 또 측압(thrust), 마찰력(friction force), 열부하(heat-load) 등도 작용한다.

① **피스톤에 작용하는 힘**(force onto piston : Kolbenkraft)
오토기관에서 피스톤-헤드(piston head)에 작용하는 가스의 폭발압력은 최대 약 70bar에 이른다. 폭발압력이 60bar이고 피스톤 직경이 80mm라면, 피스톤-헤드에 작용하는 힘

은 약 30,000N. 피스톤-핀으로부터 핀-보스(boss)에 가해지는 면압(surface pressure)은 약 60N/mm²정도에 이른다.

② 피스톤의 측압(thrust : Seitenkraft)

피스톤은 실린더 좌/우 측벽에 교대로 압력을 가하게 된다. 이때 피스톤-스커트 부분에 작용하는 측압은 0.8N/mm² 정도이다. 피스톤은 측압 쪽으로 기울어지면서 실린더 벽을 타격, 소음을 발생시킨다. - 피스톤-슬랩(piston slap).

피스톤-슬랩은 피스톤과 실린더 간의 간극을 작게 하고, 피스톤-스커트의 길이를 길게 하고, 피스톤-핀을 오프셋(off-set)시키는 방법을 이용하여 감소시킨다.

③ 피스톤-핀 오프셋(piston pin off-set : Kolben-Desachsierung)

피스톤-핀의 중심이 피스톤의 중심에서 폭발측압 측으로 피스톤 직경의 약 1/100~1/220(약 0.5mm~1.5mm)정도 치우친 것을 말한다. 이와 같이 피스톤-핀을 오프셋 시키면 피스톤은 상사점 전(BTDC) 압축압력이 천천히 증가할 때 이미 폭발측압 측으로 기울어져, 상사점을 조금 지나 연소압력이 급격히 상승할 때 피스톤-슬랩을 감소시킬 수 있게 된다.

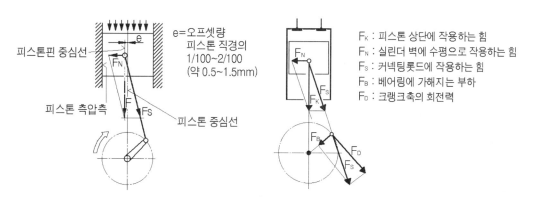

그림 2-17 오프셋 피스톤과 피스톤에 작용하는 각종 힘

④ 피스톤에 작용하는 마찰력(friction force : Reibungskraft)

피스톤의 스커트와 링-벨트(ring belt), 그리고 핀-보스(boss) 등은 마찰에 의한 부하를 받는다. 마찰과 마멸은 재료의 선택, 매끄러운 표면가공, 원활한 윤활 등의 방법으로 가능한 한 최소화 시켜야 한다.

⑤ **피스톤의 열부하**(heat load : Wärmebelastung)

혼합기가 연소하게 되면 연소가스의 온도는 약 2,000~2,500℃ 정도가 되며, 이 연소열
의 대부분은 피스톤-헤드, 피스톤-링 지대, 피스톤-링을 거쳐서 실린더 벽에 전달된다. 동
시에 윤활유도 열의 일부를 전달받아 방출시키게 된다. 그럼에도 불구하고 경금속 피스톤
의 경우, 정상작동온도에서 헤드는 250~350℃, 스커트는 150℃ 정도까지 열부하를 받게
된다.

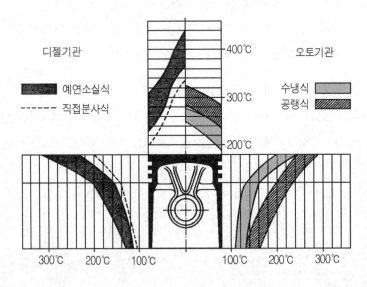

그림 2-18 경금속 피스톤의 작동온도(전부하)

피스톤은 열부하에 의해서 팽창되며, 그 정도가 지나치면 피스톤 소착의 원인이 되기도
한다. 따라서 피스톤-헤드의 직경을 스커트의 직경보다 작게 하고, 또 피스톤-헤드를 타원
형으로(피스톤-핀 직각방향의 직경보다 피스톤-핀 방향의 직경을 작게) 제작하여 열부하
의 차이에 의한 팽창량의 차이를 보상하는 방법이 주로 이용된다.

⑥ **냉간 간극**(cold clearance : Kaltspiel)

열부하를 많이 받는 헤드와 링-벨트 등은 스커트 부분보다 열팽창이 크기 때문에, 링-벨
트에서의 조립간극이 스커트에서의 조립간극 보다 더 크다. 그림 2-19에서 피스톤과 실린
더 사이의 냉간 간극은 스커트의 하부에서 피스톤-핀 방향은 0.088mm, 핀 직각방향은
0.04mm로서 위치에 따라 상당한 차이가 있다. 여기서 간극 0.04mm는 피스톤 직경 최대
부분에서의 조립간극이며, 0.88−0.04=0.048mm는 피스톤의 타원 정도를 나타낸다.

일반적으로 피스톤-헤드의 직경은 핀 방향이 핀 직각방향보다 작은 타원형으로, 피스톤의 길이방향으로는 스커트의 직경이 헤드의 직경보다 더 큰 테이퍼(taper)형으로 제작한다. — 캠 연삭 피스톤(cam ground piston).

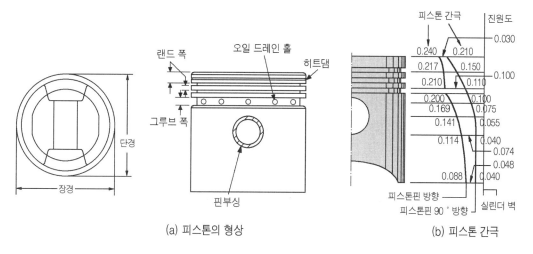

(a) 피스톤의 형상

(b) 피스톤 간극

그림 2-19 피스톤의 형상과 조립간극(예)

⑦ **온간 간극**(warm clearance : Warmspiel)

기관이 정상작동온도에 도달하면 피스톤은 팽창하여 진원이면서 동시에 원통형으로 되고, 피스톤간극은 작아진다. 온간간극의 크기는 피스톤에 작용하는 힘, 전열량, 재질, 그리고 피스톤의 크기 등 여러 변수에 의해 결정된다. 어느 경우에도 순간적으로 허용온도를 초과할 경우에 대비한 여유간극을 두어야 한다.

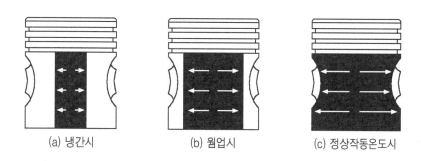

(a) 냉간시　　　　　(b) 웜업시　　　　　(c) 정상작동온도시

그림 2-20 캠 연삭 피스톤의 팽창

(2) 피스톤의 재질

피스톤의 재질은 다음과 같은 특성이 요구된다.

　① 밀도가 낮아야한다(무게가 가벼워 관성력이 작아야 한다.).

　② 강도가 높아야한다(고온에서도).

　③ 열전도성이 좋아야한다.

　④ 열팽창계수가 낮아야한다.

　⑤ 내마멸성이 좋아야한다.

　⑥ 마찰계수가 작아야한다.

피스톤 합금에는 Y-합금, 로-엑스(Lo-Ex), 코비탈리움(Cobitalium) 등이 사용되고 있다.

대부분의 피스톤은 주로 금형주조(dye casting : Kokilenguss) 공법으로 생산하나, 스포츠카나 경주용 자동차기관 및 고압축비 디젤기관에는 단조(鍛造) 피스톤이 사용된다.

① Y합금

Y합금은 영국의 National Physical Laboratory에서 발표한 합금으로서 표준은 구리(Cu) 4%, 니켈(Ni) 2%, 마그네슘(Mg) 1.5%이고 나머지가 알루미늄(Al)이나, 이 외에도 Cu 3~6%, Ni 0.5~1%, 망간(Mn) 0.3~0.5%, Mg 0~1%의 것도 있다. 여기에 불순물로 존재하는 철(Fe), 실리콘(Si) 때문에 상태도는 매우 복잡하다. 이 합금은 Cu와 Mg를 함유하고 있기 때문에 시효경화성(時效硬化性)이 있고, Ni를 함유하고 있으므로 300℃ 이상에서 점성(粘性)이 있어 300~450℃에서 단조(鍛造)할 수 있고 460~480℃에서 압연(壓延)이 가능하다. 따라서 주조용 합금뿐만 아니라 단조용 합금으로서의 장점을 더 많이 가지고 있다. 내열성이 아주 우수하고 고온강도가 뛰어나 피스톤뿐만 아니라 실린더블록, 실린더헤드의 재료로 사용된다.

② 로-엑스(Lo-Ex)

이 합금은 낮은 팽창(Low-Expansion)이라는 의미를 갖고 있으며 미국 Alcoa사의 No. 132가 이에 속한다. Si 12~14%, Cu 1.0%, Mg 1.0%, Ni 2~2.5%를 첨가한 특수 실루민으로 나트륨(Na)처리를 한다.

알루미늄-실리콘(Al-Si)합금은 열전도성이 좋고, 내열성이 우수하고, 열팽창이 적고, 밀도(ρ = 2.7kg/dm³)가 낮기 때문에 피스톤 재료로 많이 사용된다. 실리콘의 함량이 많으면 많을수록 열팽창이 적고 마멸도는 낮으나 가공성은 불량해진다. 4행정 오토기관용으로는

일반적으로 "AlSi12CuNi" 정도면 충분하다. 그러나 디젤기관이나 2행정기관, 그리고 과급
기관에서는 열부하가 크기 때문에 "AlSi18CuNi" 또는 "AlSi25CuNi"가 주로 사용된다.

【참고】 실루민(Silumin) : 실리콘(Si) 11~14%를 함유한 알루미늄합금의 총칭

③ 코비탈리움(Cobitalium)

Y합금의 일종으로 티탄(Ti)과 크롬(Cr)을 각각 0.2% 정도씩 첨가한 것으로 결정(結晶)
이 미세하다. 표 2-2는 각종 피스톤합금의 성분의 예이다.

표 2-2 피스톤용 알루미늄 합금의 성분(예)

합금명	Al	Cu	Si	Mg	Fe	Mn	Ni	Ti	기타
Y-합금	나머지	3.5~4.5	0.8	1~2	0.8	-	1~2.5	-	-
Lo-Ex	〃	〉1.0	12~14	1.0	0.9	-	2~2.5	-	-
Cobitalium	〃	1~5	0.5~2.0	0.4~2	1~2	-	0.4~2	0.2	Cr 0.2~1
RR 53	〃	2.25	1.25	1.4	1.4	-	1.3	0.1	-
KS 245	〃	4.5	14	0.5	0.5	1.0	1.5	-	-

(3) 피스톤의 구조

피스톤은 그림 2-21에서 보는 바와 같이 피스톤-헤드(piston head), 링-벨트(ring belt), 핀-
보스(pin boss), 그리고 스커트(skirt)로 구성되어 있다.

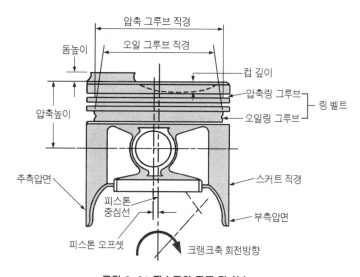

그림 2-21 피스톤의 구조 및 치수

① **피스톤-헤드**(piston head : Kolbenboden)

피스톤-헤드는 평면 또는 오목하거나 볼록한 형상 등 그 모양이 다양하다. 기관에 따라서는 피스톤-헤드가 연소실의 일부로 기능하기도 한다. 피스톤-헤드의 형상은 연소실의 형상이나 밸브 설치위치에 따라 영향을 받는다.

피스톤-헤드의 두께는 방출해야 할 열에너지 및 작동 최고압력에 따라 결정된다. 특히 피스톤-헤드의 내측에는 리브(rib)를 설치하여 피스톤을 보강함은 물론이고, 피스톤-헤드의 열을 스커트나 링으로 신속하게 전달하는 역할을 한다.

② **링-벨트**(ring belt : Ringzone)

링-벨트에는 피스톤-링이 끼워지는 링-그루브(ring groove)가 피스톤-링의 개수만큼 가공되어있다. 그리고 그루브와 그루브 사이를 랜드(land)라고 한다. 형식에 따라서는 제일 위쪽의 랜드에 좁은 홈을 다수 가공하여 헤드의 열이 아래쪽으로 전달되는 것을 억제하는 경우가 있는 데, 이 홈을 히트-댐(heat dam : Feuersteg)이라 한다. 일반적으로 링-그루브는 링-벨트에만 가공되나 피스톤에 따라서는 스커트에 오일-링-그루브를 1개 더 둔 것도 있다. 오일-링-그루브에는 작은 구멍들이 피스톤 전 둘레에 걸쳐서 일정한 간격으로 뚫려 있다. 이 작은 구멍들은 실린더 벽과 피스톤-링, 그리고 피스톤을 윤활하는 윤활유 중 오일-링이 긁어모은 여분의 윤활유를 다시 크랭크케이스로 되돌려 보내는 통로역할을 한다.

③ **핀-보스**(pin boss : Bolzennaben)

링-벨트 아래 피스톤-핀이 설치되는 구멍을 말한다. 핀-보스는 피스톤에 작용하는 수직 방향의 힘을 전달받아, 다시 피스톤-핀에 전달하기 때문에 피스톤-헤드를 지지할 수 있도록 보강되어 있다.

④ **압축높이**(compression height : Kompressionshöhe)

피스톤 상단에서 핀-보스의 중심까지의 거리를 말한다. 기관의 압축비에 영향을 미친다.

⑤ **스커트**(skirt : Kolbenschaft)

핀-보스의 중심에서부터 피스톤의 하단까지를 말한다. 피스톤-핀 방향의 스커트는 대부분 챔퍼(chamfer)되어 있고, 핀의 직각 방향에만 원형을 유지하고 있다. 실린더 내에서 피스톤의 왕복운동이 원활하도록 안내자(guide)역할을 하면서 피스톤에 작용하는 측력(또는 측압)을 실린더 벽에 전달한다. 스커트의 길이가 충분히 길면, 피스톤의 운동방향이 바뀔 때 피스톤-슬랩을 최소화 할 수 있다.

(4) 피스톤의 종류

피스톤은 그 재질과 구조에 따라 단일금속 피스톤과 특수 피스톤으로 분류할 수 있다.

단일금속 피스톤은 주조 또는 단조한 풀-스커트-피스톤(full skirt piston)과 2행정기관의 피스톤에 많으며 주로 한 가지 재질, 예를 들면 알루미늄 합금(AlSi)으로 만든다. 이 피스톤은 피스톤-헤드, 링-벨트, 그리고 링-벨트와 스커트 간의 연결부 등은 높은 폭발압력에 견딜 수 있도록 튼튼하게 보강된다.

특수 피스톤은 열팽창에 영향을 미치는 요소가 추가적으로 삽입된 피스톤을 말한다. 이 피스톤은 소음감소, 윤활유 소비량 저감, 소착 방지 등 여러 가지 요구조건을 모두 만족시킬 수 있으며 격심하게 변화하는 운전조건에도 잘 적응할 수 있다.

특수 피스톤에는 다음과 같은 것들이 있다.

① **링-스트립 피스톤**(ring strip piston : Ringstreifenkolben)

이 피스톤은 스커트부의 상단(보스 바로 위)과 링-벨트의 하단 사이에 폭 1.5~3mm정도의 링-스트립 (ring strip)을 넣고 일체로 주조하였다. 링-스트립에 의해서 스커트부가 링-벨트로부터 분리된 것과 같은 효과가 있으므로 링-벨트로부터 스커트부로의 열전달이 감소한다. 그리고 링-스트립의 열팽창계수가 알루미늄합금보다 작으므로 스커트부의 열팽창을 억제하는 기계적 효과도 함께 얻을 수 있다.

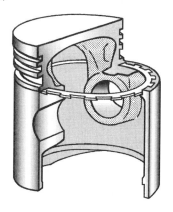

그림 2-22 링-스트립 피스톤

② **오토-서믹 피스톤**
(auto-thermic piston : Autothermatik-Kolben)

강편(steel band)을 양쪽 보스(boss)부에 각각 1개씩 삽입하고 일체 주조한 것으로 두 금속의 바이메탈(bi-metal)작용을 이용한 피스톤이다.

알루미늄합금과 강(steel)의 열팽창률이 서로 다르므로 피스톤이 가열되면 바이메탈 작용에 의해서 피스톤에 삽입된 강편은 그림 2-23(b)에서와 같이 휘어지게 된다. 이렇게 되면 피스톤-헤드의 직경은 핀 방향은 많이 늘어나는 반면에, 핀 직각방향은 거의 늘어나지 않는다. 따라서 냉간 시에 타원형이었던 피스톤의 형상은 열팽창이 진행되면서 진원으로 변화한다. 그리고 핀 직각방향의 팽창률이 적으므로 조립간극을 적게 할 수 있다. 조립간극이 작으면 작을수록 피스톤 소음도 그만큼 감소된다.

가장 많이 사용되는 피스톤으로서 체적출력 45 kW/ ℓ 까지의 4행정 오토기관, 특히 정숙운전을 요하는 기관에 주로 사용된다.

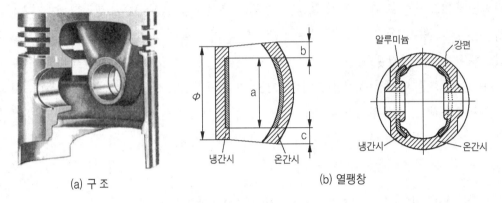

(a) 구 조　　　　　　　　　　　　　　(b) 열팽창

그림 2-23 오토-서믹 피스톤

③ 세그먼트 스트립 피스톤(segment strip piston : Segmentstreifenkolben)

오토-서믹 피스톤과 비슷하게 보스부에 강판 조각을 삽입하고 일체로 주조하였다. 다만 오토-더믹 피스톤에서 보다는 큰 강판 조각을 삽입하여, 강판 조각이 링-벨트에서부터 스커트의 중간부분까지 미치는 점이 다르다. 이렇게 하면 스커트 전체의 열팽창이 현저하게 감소한다. 따라서 조립간극을 작게 할 수 있다. 조립간극이 작으면 기밀유지성이 향상되고 소음을 크게 감소시킬 수 있다(그림 2-24참조).

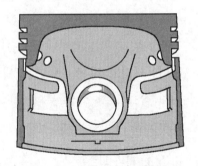

그림 2-24 세그먼트-스트립 피스톤

④ eco-form 피스톤(eco-form piston : Ecoform-Kolben fuer PKW)

최근 4행정 SI-승용기관에 많이 사용하는 형식으로 피스톤-핀 방향의 스커트를 모두 잘라 낸 형식이다. 그리고 오토서믹-피스톤에 삽입된 강편이나 링-캐리어도 없으며, 피스톤 벽두께도 피스톤-핀 방향과 핀 직각 방향이 서로 다른 비대칭형이다. 무게가 가볍다는 점이 가장 큰 장점이다. 소단부가 피스톤-핀 하부를 지지하는 부분이 더 긴 사다리꼴 형태인 커넥팅-롯드와 함께 사용된다.(P99 그림 2-35(b)참조)

그림 2-25(b)는 직접분사식 기관용으로서 헤드부가 평면이 아니다.

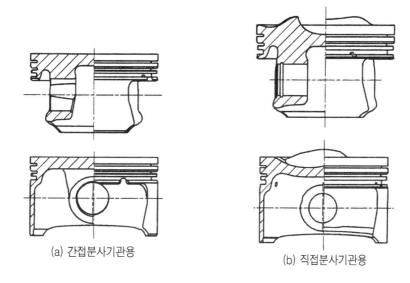

(a) 간접분사기관용　　　(b) 직접분사기관용

그림 2-25. Eco-form 피스톤(승용 4행정 SI-기관용)

⑤ **링-캐리어 피스톤**(ring carrier piston : Ringträgerkolben)

고압축비 디젤기관에서는 상부 첫 번째 피스톤링이 특히 고온과 고압에 노출된다. 이렇게 되면 톱-링-그루브의 마멸이 심해 링이 진동하는 경향이 있다. 이 현상을 방지하기 위하여 톱-링-그루브에 단조 또는 주조한 강제(鋼製)의 링-캐리어를 삽입하여 일체로 주조한 피스톤을 링-캐리어 피스톤이라 한다. 추가로 링-그루브를 양극 산화막 처리하여 내마멸성을 증대시키는 방법을 사용하기도 한다.

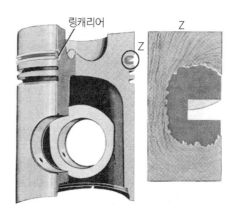

그림 2-26 링-캐리어 피스톤

링-캐리어는 열팽창률 측면에서 피스톤 재료와 거의 비슷할 뿐만 아니라, 피스톤 재료와 주조 접합되는 부분은 그 표면이 거칠기 때문에, 온도변화에 관계없이 링-캐리어와 피스톤 재료는 항상 완벽한 접합상태를 유지한다. 과급디젤기관에는 냉각통로가 설치된 링-캐리어 피스톤이 사용된다.

⑥ **조립식 피스톤**(assembled type piston : gebaute Kolben)

열적, 기계적 부하를 크게 받으며 동시에 피스톤 직경이 큰 경우에는 조립식 피스톤을 사용한다(그림 2-27 참조). 조립식 피스톤은 경금속 피스톤 본체에 강제(鋼製) 또는 구상 흑연주철이나 구리합금제의 헤드를 볼트로 체결한 형식이다. 이 피스톤은 전체를 경금속으로 제작할 경우보다 약 12~30%정도 무거울 뿐이며, 톱-링-그루브는 강제(鋼製)의 헤드부분에 설치되기 때문에 링-캐리어 피스톤에서와 같은 효과를 얻을 수 있다.

⑦ **강제 냉각 피스톤**

과급기관에서는 피스톤이 열부하(톱-링-그루브에서 약 250℃ 이상)를 많이 받는다. 따라서 피스톤-링-벨트에 설치된 냉각통로에 기관윤활유를 공급하여 피스톤을 냉각시키는 방식이 이용된다. 노즐로부터 분사되는 윤활유는 피스톤의 왕복운동에 의한 교반효과(shaker effect)로 피스톤의 냉각통로에 압입된다.(그림 2-28 참조)

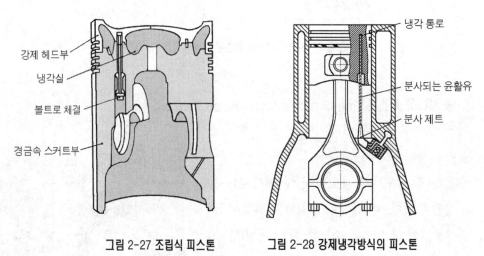

강제 헤드부
냉각실
볼트로 체결
경금속 스커트부

냉각 통로
분사되는 윤활유
분사 제트

그림 2-27 조립식 피스톤   **그림 2-28 강제냉각방식의 피스톤**

(5) 피스톤 표면의 보호

기관이 기동되어 정상적으로 작동될 때까지는 윤활상태가 불량하여 피스톤은 부하를 크게 받는다. 마찰을 감소시킴은 물론이고, 윤활불량 시의 비상운전특성을 개선시키는 효과를 얻기 위해 피스톤 표면에 보호피막을 씌운다.

① **주석 피막**(Stanal process : Zinnschicht)

주석 염조(: Zinsalz-Bad) - 주석과 염분이 혼합된 수조 - 에 알루미늄 피스톤을 담가서 주석이 피스톤의 표면에 침착되도록 한다. 주석 층의 두께가 얇아도 미끄럼 효과(sliding effect)가 크며, 비상운전특성이 크게 개선된다.

② 납 피막(plumbic process : Bleischicht)

주석의 융점(232℃)에 비해 납의 융점(327℃)이 더 높기 때문에 납이 주석보다는 더 유리하다. 따라서 납이 주석보다는 더 많이 사용된다.

③ 흑연 피막(grafal process : Grafitschicht)

주로 디젤기관 피스톤을 흑연 또는 몰리브덴 피막 처리한다. 비상운전 특성이 양호하고 특히 내마멸성이 아주 우수하다. 접착제로는 흑연 피막에는 페놀(phenol) 수지가, 몰리브덴 피막에는 에폭시(epoxy) 수지가 사용된다. 피막의 두께는 약 0.02~0.04mm정도이다.

④ 양극 산화막 처리(anodic oxidation : Eloxalschicht)

알루마이트 산화막 처리를 하면 내마멸성은 크게 증대되나 비상운전특성은 없다. 피스톤-헤드를 양극 산화막 처리하면 내열성과 내부식성이 증대된다.

⑤ 철 합금 피막(Ferro coating : Eisenschicht)

피스톤 스커트 부의 표면을 구리 도금한 다음에, 다시 그 위에 약 0.03mm(=30μm) 정도의 두께로 철합금 피막을 입힌다. 그렇게 하면 경도는 크롬 도금한 경우와 비슷해진다. 그리고 철합금 피막 위에 주석피막을 씌우면 부식방지 효과가 있다. 이 피스톤은 Alusil-공법 또는 Lokasil-공법으로 생산된 알루미늄합금 실린더에 그대로 사용할 수 있다는 장점이 있다.

⑥ 합성수지 피막(plastic coating : Kunststoffschicht)

수지, 폴리아미드 그리고 흑연, 테플론, 이황화 몰리브덴 또는 철과 같은 내마멸성 재료를 혼합하여 피스톤-스커트 부분을 코팅한다. 피막 색상이 황금색이어서 쉽게 구별할 수 있다.

2. 피스톤-링(piston ring : Kolbenringe)

피스톤-링은 링-그루브(ring groove)에 설치되어 피스톤과 함께 실린더 내를 상하로 왕복 운동한다. 기능에 따라 압축-링과 오일-링으로 구분한다. 자동차기관에서는 대부분 압축-링 2개와 오일-링 1개를 사용한다(그림 2-21 참조). 특히 소형 2행정기관에서는 마찰저항을 극소화시키기 위해 압축-링으로 L-형 링을 1개만 사용하기도 한다. 그러나 압축-링 2개와 오일-

링 2개, 또는 압축-링 3개와 오일-링 2개를 사용하는 경우도 있다. 오일-링을 2개 사용할 경우는 1개를 스커트 하부에 설치한다. 피스톤-링은 고온 고압에 노출되어 상당한 열부하와 기계적 부하를 받기 때문에 내열성과 내마멸성이 우수해야 한다.

(1) 피스톤-링의 기능

① **압축-링**(compression ring : Verdichtungsringe)

압축-링은 톱-링-그루브(top ring groove)와 제 2 링-그루브에 설치되며, 피스톤과 실린더 벽 사이에 밀착되어 기밀(氣密)을 유지하고 동시에 피스톤으로부터 열을 전달받아 이 열을 실린더 벽으로 전달하는 역할을 한다(기밀유지작용과 전열작용).

② **오일-링**(oil ring : Ölabstreifringe)

오일-링은 압축-링 아래에 설치되며 피스톤의 마찰표면과 실린더 벽을 윤활하는 윤활유 중 여분의 윤활유를 긁어내려 오일-팬으로 복귀시키는 기능을 한다(오일 제어작용).

여분의 윤활유가 연소실에 유입되어 연소되면 탄소 퇴적물이 생성되어 스파크-플러그를 오염시키게 된다. 그리고 밸브에 퇴적되거나 링의 소착을 유발시키는 원인이 되므로 링의 오일제어 작용은 매우 중요하다.

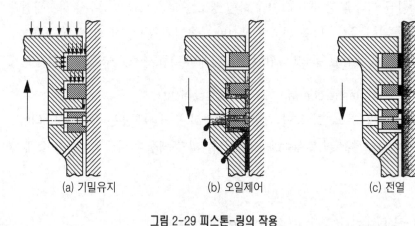

(a) 기밀유지   (b) 오일제어   (c) 전열

그림 2-29 피스톤-링의 작용

(2) 피스톤-링의 엔드-갭(end-gap : Stoss-Spiel)

링이 실린더 내에 설치되었을 때는 링의 양끝은 거의 서로 접촉할 정도로 되는 데 그 간극을 링-엔드-갭 또는 링끝 간극이라 한다. 링-엔드-갭이 너무 작으면 고온 시에는 열팽창에 의

해 링-엔드-갭이 없어져 링이 파손되거나 소결되기 쉽다. 그러므로 링-앤드-갭은 열팽창을 고려하여 설정해야 한다(PP.93, 그림2-31 참조).

(3) 피스톤-링의 장력 특성

피스톤-링은 실린더 내에 설치되어 있을 때보다 실린더 밖에서의 직경이 더 크다. 이 때의 직경차, 소재의 특성 그리고 형상에 따라 링의 장력(tension)이 결정된다. 피스톤-링은 자신의 장력에 의해 실린더 벽에 직각으로 밀착된다. 특히 압축-링은, 기관작동 중에는 링의 장력 외에 링의 안쪽에 작용하는 가스압력에 의해 실린더 벽에 더욱더 강하게 밀착된다. 링의 장력이 너무 크면 마멸을 촉진시키며 소결(燒結)의 원인이 된다. 반대로 링의 장력이 너무 작으면 압축-링에서는 블로바이(blow-by) 현상이 발생하고, 오일-링에서는 오일 제어작용이 약화되게 된다.

용도에 따라 다음 3가지 장력 형태 중에서 선택, 사용한다.

(a) 4행정 특성　　(b) 균일한 장력 분포　　(c) 2행정 특성

그림 2-30 링의 형상에 따른 장력 분포

① 4행정 특성(그림 2-30a)

링-엔드 부분에서의 장력이 다른 부분보다 큰 형식으로서, 일반적으로 고속 4행정기관에서 링-엔드에서 발생하는 링의 채터링(chattering : Flatteren) 현상을 완화하는 효과를 얻기 위해서 사용한다. 그러나 효과는 고속($6500min^{-1}$ 이상)에서 증명되고 있다. 이 링은 균일한 장력분포를 가진 피스톤-링에 비해 링-엔드에서의 마멸이 심하고 실린더 벽에 대한 형상 적응능력(=적응 유연성)이 낮다.

② 균일한 장력 분포(그림 2-30b)

링 주위 전체에 걸쳐서 장력이 균일한 형식으로 주로 디젤기관에 많이 사용한다. 고속 디젤기관이라고 하더라도 회전속도가 아주 높지 않기 때문에 이 형식의 링을 선호한다.

③ 2행정 특성(그림 2-30c)

2행정기관용으로서 링-엔드에서의 장력을 크게 약화시켰다. 링-엔드에서의 장력을 0(zero)을 지나서 부(−)의 값이 되도록 까지 조절할 수 있다. 이를 통해 2행정기관에서 링-엔드가 소기공이나 배기공에 간섭하는 것을 방지할 수 있다. 그리고 4행정기관에서는 링-엔드 근처에서의 마멸을 현저하게 감소시킬 수 있다.

그림 2-30에 도시한 링의 장력특성을 얻기 위해서는 링을 다음과 같이 가공한다.

상/하 면을 연삭한 원통형 주물에서 먼저 외주를 가공한 다음, 링-앤드-갭에 해당하는 부분을 절개한다. 그 후에 링을 호칭 직경에 가까운 원통에 밀어 넣고 안쪽을 가공한다. 안쪽을 가공할 때 원하는 장력특성이 형성되도록 가공한다. 이상적인 형상은 표면가공 및 재료의 구성에 영향을 미쳐서 제작할 수 있다.

(4) 피스톤-링의 재료와 표면처리

① 피스톤-링의 재료

피스톤-링의 재료로는 주로 주철(cast iron), 열처리 주철, 구상흑연 주철, 그리고 고합금강 등이 사용된다.

② 피스톤-링의 표면처리

피스톤-링의 표면을 철합금 코팅(Ferro coating)하면 내마멸성이 증대되고, 기공(porous)처리 또는 주석 코팅을 하면 길들임성이 개선된다.

부하를 가장 많이 받으면서도 윤활상태가 불량한 톱-링(top ring)은 특히 부식과 마멸이 문제가 된다. 부식과 마멸을 방지할 목적으로 톱-링을 크롬(Cr)도금한다. 그러나 크롬 도금한 실린더에는 크롬 도금한 피스톤-링을 사용해서는 안 된다.

최근의 고속, 고압축비 기관들에서는 피스톤-링의 내열성도 중요한 문제가 되고 있다. 실린더 벽과 피스톤-링 각각의 마찰부분에 과도한 열이 축적되면 유막이 파손되고, 피스톤-링이 직접 실린더 벽을 긁는 스커핑(scuffing) 현상이 발생하게 된다. 스커핑 현상이 발생하면 실린더 벽은 물론이고 피스톤-링의 마멸이 촉진된다. 이와 같은 문제를 해결하는 데 가장 적당한 금속이 몰리브덴(molybden)이다.

몰리브덴(Mo)은 마찰계수가 낮고, 융점이 높으면서도 크롬보다 경도가 낮다. 주철의 융점이 약 1,233℃, 크롬이 1,840℃인데 비하여 몰리브덴은 2,621℃이다. 따라서 톱-링을 몰리브덴 도금하면 고온에서도 충분히 링의 기능을 유지하면서도 스커핑 현상을 감소시킬 수 있다. 몰리브덴 도금한 링도 크롬 도금한 실린더에 사용해서는 안 된다.

(5) 피스톤링의 형상

링의 구조 및 각부 명칭은 그림 2-31과 같다.

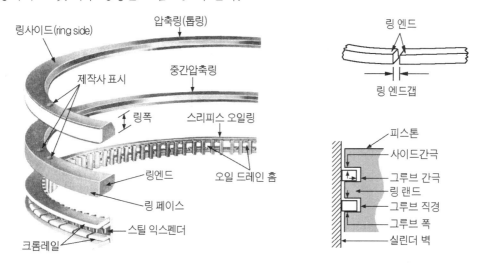

그림 2-31 링의 구조 및 각부 명칭

그리고 주로 많이 사용되는 형상은 표 2-3과 같다.

표 2-3 피스톤링의 형상과 용도

단　면　형　상		용 도	조립시 유의사항	형상의 목적
	직사각형	압축-링	상하 구별 없음	제작 용이
	내부 베벨형		경사면이 위로 향하도록 조립	기밀작용 강화
	테이퍼 형		각인된 면이 위로 향하도록 조립	기밀작용강화 및 오일제어작용 용이
	사다리꼴		경사면이 위로 향하도록 조립	링-그루브에서 링이 고착되는 것을 방지
	L-형		내경이 큰 쪽이 위로 향하도록 조립	연소가스의 힘을 이용하여 실린더 벽에 대한 링의 압착력 증대
	스크레이퍼형		절단면이 아래쪽을 향하도록 조립	추가적인 오일제어 작용

단 면 형 상		용 도	조립시 유의사항	형상의 목적
	중앙부에 슬릿 (normal form)	오일-링	상하 구별 없음 (양쪽 방향으로 설치 가능)	오일 제어작용과 오일 복귀작용
	내측에 띠모양의 익스 팬더- 스프링 있음			링의 좁은 마찰면은 압착력 의 증대효과를 나타낸다. 결과적으로 오일 제어 작용 이 향상된다. 특히 쓰리-피스-링은 접촉 면이 아주 좁고 링의 탄성이 뛰어남
	내측에 코일 스프링이 설치됨(지붕형)			
	쓰리-피스 링 (three-piece)			

3. 피스톤-핀(piston pin : Kolbenbolzen)

피스톤-핀은 피스톤과 커넥팅-롯드를 연결하며, 피스톤과 함께 실린더 내를 고속으로 왕복운동한다. 그리고 피스톤에 작용하는 폭발압력을 커넥팅-롯드에 전달한다.

따라서 피스톤-핀은 다음과 같은 조건을 만족시켜야 한다.

① 가벼워야 한다.

대부분 중심부가 관통된 원통형으로 제작하여 무게를 경감시킨다. 무거우면 관성에 의한 가속력이 증대되기 때문이다.

② 기계적 강도가 높아야 한다.

급격한 교번하중을 받으므로 상당한 기계적 강도가 요구된다.

③ 표면은 내마멸성이 좋아야 한다.

④ 제작이 용이하고 값이 싸야한다.

(1) 피스톤-핀의 형상

주로 사용되는 피스톤-핀의 형상은 그림 2-32와 같다.

① 중심부가 관통된 원통형(무게를 경감시키기 위해서)

② 중심부가 관통된 원통형에서 양단의 내측을 테이퍼 형으로 가공한 것

③ 핀의 중앙 또는 한쪽 끝이 막힌 것(소기손실 방지 목적으로 주로 2행정기관에 사용)

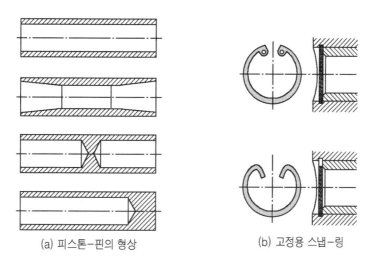

(a) 피스톤-핀의 형상　　　　(b) 고정용 스냅-링

그림 2-32 피스톤-핀의 형상 및 고정용 스냅-링

(2) 피스톤-핀의 재료

피스톤-핀의 재료로는 합금강 또는 질화강을 주로 사용한다.

보통의 부하에는 탄소강(S15C : Ck15)으로 충분하나 디젤기관의 경우에는 크롬강(예 : 17Cr3, 16MnCr5, 31CrMo12 등)을, 그리고 부하가 크고 동시에 표면경도가 높아야 할 경우에는 질화강(예 : 31CrMo12, 또는 31CrMoV9 등)을 사용한다.

(3) 피스톤-핀의 설치 방식

피스톤-핀의 설치 방식은 크게 고정식, 반 부동식, 전 부동식 등으로 분류한다.

① 고정식(stationary type)(그림 2-33e 참조)

피스톤-핀을 피스톤에 볼트로 고정하고 커넥팅-롯드 소단부에는 황동제의 부싱을 압입하여 커넥팅-롯드 소단부가 핀 위에서 자유로이 운동할 수 있는 형식으로, 주로 주철 피스톤의 고정방식으로 많이 사용된다.

② 반 부동식(semi-floating type)(그림 2-33b, c, d).

피스톤-핀을 커넥팅-롯드 소단부에 볼트로 고정(또는 압입)하고 피스톤에는 부싱을 끼우거나 또는 부싱이 없는 상태에서 피스톤과 피스톤-핀 사이에 윤활간극을 둔 형식이다.

알루미늄 피스톤의 경우에는 커넥팅-롯드 소단부를 일정 온도로 가열한 다음, 핀을 커넥팅-롯드에 압입, 고정하고 피스톤과 핀 사이는 부싱을 끼우지 않은 상태에서 피스톤-핀이 자유롭게 운동하도록 하는 방식이 가장 많이 사용된다.

③ 전 부동식(full floating type)(그림 2-33a)

피스톤-핀이 피스톤과 커넥팅-롯드 어느 것에도 고정되어 있지 않은 방식으로 커넥팅-롯드 소단부에는 부싱이 압입되고, 피스톤-핀의 양단은 피스톤-보스에 끼워진 스냅-링에 의해서 수평방향 운동이 제한되도록 되어있다.

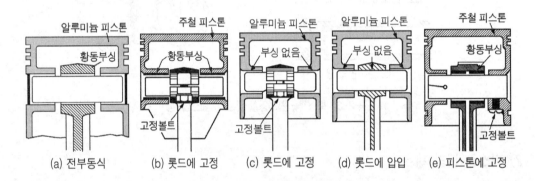

그림 2-33 피스톤-핀의 설치방식

4. 피스톤의 손상

피스톤은 커넥팅-롯드에 조립할 때 또는 기관에 설치할 때 취급 부주의나 부정확한 작업에 의해 손상될 수 있다. 그러나 다음과 같은 원인에 의해서도 손상될 수 있다.

① 열점에 의한 자기착화 - 열가가 부적당한 스파크플러그, 옥탄가가 낮은 연료에 의한 자기착화

② 노크 연소 - 부적당한 연료, 너무 얇은 헤드-개스킷의 사용으로 지나치게 높아진 압축비, 너무 빠른 점화시기, 지나치게 희박한 혼합비, 기관과열 등에 의한 노크 연소

③ 윤활부족(또는 불량).

④ 냉각불량, 점화시기 늦음, 연료공급과다 등에 의한 과열.

⑤ 실린더-라이너가 실린더-블록에 똑바로 설치되지 않았거나 헤드-볼트의 조임 불균일 등에 의한 실린더의 변형.

⑥ 오일-필터나 공기 여과기의 정비 불량. - 공기여과기의 막힘이 심하면 특히 기화기 기관

에서는 실린더에 연료를 과다 공급하는 원인이 되어 피스톤의 마멸이나 고착을 유발하게 된다.

피스톤헤드부가 변형되고 소손으로 관통된 상태 원인 : 혼합기가 너무 희박하다. 스파크플러그의 전극형상이 부적당하다(플러그의 전극이 분사채널로 작용).	피스톤의 어느 한쪽부분만 심하게 접촉된 상태 링의 마멸이 심하다. 링의 고착 소손 원인 : 피스톤이 어느 한쪽으로 밀려 조립됨	스커트부가 길이방향으로 심하게 마멸된 상태 원인:연료공급과다로 인한 냉간 운전시의 마멸 - 에어클리너의 막힘 - 자동 초크의 고장 - 연료공급과다 - 분사밸브의 결함	윤활불량상태 하에서 작동된 피스톤, 스커트부의 마멸이 심하다. 원인 : 윤활부족 또는 부적당한 윤활유 사용

그림 2-34 피스톤의 손상

5. 커넥팅-롯드(connecting rod : Pleuelstange)

(1) 커넥팅-롯드의 기능

① 피스톤과 크랭크축을 연결한다.
② 피스톤의 직선운동을 크랭크축의 회전운동으로 변환시킨다.
③ 피스톤에 작용하는 힘을 크랭크축에 전달하여 크랭크축에 회전토크가 발생되도록 한다.

(2) 커넥팅-롯드의 부하

① 피스톤-헤드에 작용하는 폭발압력에 의해 길이방향으로 큰 압축하중을 받는다.
② 피스톤의 운동속도가 교번되기 때문에 가속력이 인장하중과 압축하중의 형태로 커넥팅－롯드의 길이방향으로 작용한다.
③ 피스톤-핀을 원점으로 하는 진자운동(pendulum motion)을 하므로 생크(shank)에 큰 횡력(lateral force : Biegekraft)이 작용한다.

④ 큰 폭발압력에 의해 휨이 발생한다.

이와 같은 여러 종류의 부하에 대응하기 위해서 커넥팅-롯드는 기계적 강도가 커야한다. 그러나 관성력(force of inertia)을 작게 하기 위해서는 가능한 한 가벼워야 한다.

(3) 커넥팅-롯드의 재료 및 생산방식

커넥팅-롯드는 합금강(예 : 34CrMo4)을 재료로 하여 H-형으로 형타단조(型打鍛造)한 형식, 합금분말을 이용하여 소결, 단조한 형식 등이 있다. 그러나 구상흑연 주철(예 : GGG-50) 또는 열처리 주철(예 : GTS-70-02)로 주조한 형식도 있다. 경주용 자동차기관의 커넥팅-롯드는 밀도가 낮고($\rho≒4.5kg/dm^2$), 강도가 큰($Re≒900N/mm^2$) 티탄 합금강(예 : TiAl6V4)이 주로 사용된다. 소형고속기관의 커넥팅-롯드에는 고강도 알루미늄합금이 사용되기도 한다.

소결, 단조한 커넥팅-롯드는 형타단조한 형식에 비해 기계적 특성이 우수하다. 따라서 단면적을 작게 할 수 있으며, 결과적으로 무게도 경감시킬 수 있다. 또 커넥팅-롯드의 무게공차가 거의 '0'에 가깝기 때문에 조립 시에 중량에 따라 등급을 분류할 필요도 없다.

소결, 단조한 커넥팅-롯드는 먼저 일체로 생산한 다음, 커넥팅-롯드-캡 부분을 기계가공방식으로 절단하는 것이 아니라 특수한 파단기술을 이용하여 분리시킨다. 일체로 소결, 단조한 커넥팅-롯드의 규정 파단위치에 홈을 판 다음, 유압을 이용하여 파단시켜 반구형의 캡과 나머지 부분으로 분리시킨다. 거친 파단면은 커넥팅-롯드마다 그 형상이 다르며, 이 파단면이 조립 시에 커넥팅-롯드-캡과 커넥팅-롯드 본체 간의 정밀 맞춤을 보장한다.

(4) 커넥팅-롯드의 구조

① 소단부(small end : Pleuelauge)

피스톤-핀이 설치되는 곳으로서 전부동식의 경우에는 구리합금(CuPbSn) 부싱이 압입되어 있다. 간혹 알루미늄합금 부싱이 사용되기도 한다. 반 부동식의 경우엔 소단부에 부싱을 설치하지 않고 피스톤-핀을 직접 압입한다.

② 섕크(shank : Pleuelschaft)

커넥팅-롯드의 소단부(small end)와 대단부(big end)를 연결하는 부분으로 휨이나 비틀림, 그리고 인장하중과 압축하중에 견딜 수 있도록 단면을 H-형으로 하는 경우가 대부분이다.

③ 대단부(big end : Pleuelfuß)

커넥팅-롯드-캡과 함께 크랭크-핀-베어링의 설치 면을 형성한다. 그리고 베어링이 축방향 또는 축의 회전방향으로 움직이지 않게 하기 위해서 베어링 설치면의 한 쪽에 홈을 가공하였다. 커넥팅-롯드-캡은 장력 볼트로 대단부에 고정한다.

대단부의 분할방식은 소형기관에서는 수평분할방식을, 대형 디젤기관에서는 경사분할방식을 주로 사용한다. 대단부를 경사 분할하면 대단부의 최대 폭을 감소시킬 수 있기 때문에, 실린더 내경을 변화시키지 않고도 대단부의 직경을 크게 할 수 있다. 단점으로는 조립볼트 구멍에 최대부하가 걸리며, 절단면이 큰 횡력을 감당할 수 있어야 한다는 점이다.

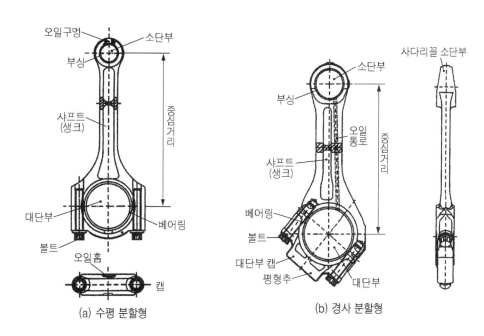

그림 2-35 커넥팅-롯드의 구조

④ **크랭크-핀-베어링**(crank pin bearing : Lagerung der Peuelstange)

보통 분할식 평면 베어링으로 크랭크축-메인-베어링과 그 재료 및 형상이 같다. 커넥팅-롯드 대단부에 설치되는 쪽에는 베어링에 돌기(bearing lug)를 만들어 대단부의 베어링-새들(saddle)에 고정되도록 하였다.

㉮ **베어링 간극**

크랭크-핀-베어링의 간극은 크랭크-핀의 직경과 원주속도, 열팽창, 베어링의 재료 등을 고려하여 제작사가 규정값을 제시하고 있다. 간극은 크랭크-핀의 외경과 베어링의 내경을 측정하여, 또는 플라스티-게이지(plasti-gauge)로 간단히 확인할 수 있다. 단기통 또는 2기통 기관에서는 평면 베어링 대신에 니들-베어링(needle bearing)을 사용하는 경우도 있는데, 이 경우 크랭크축은 조립식이다.

④ 베어링의 윤활

크랭크-핀-베어링은 크랭크축-메인-저널(main journal)에서 크랭크-핀 저널로 뚫린 오일통로로 유입되는 엔진오일에 의해서 윤활된다. 커넥팅-롯드 소단부와 피스톤-핀은 실린더벽과 마찬가지로 크랭크축이 회전하면서 비산하는 윤활유에 의해 대부분 윤활된다. 그러나 커넥팅-롯드 대단부에서 소단부로 통하는 별도의 윤활통로를 갖춘 것도 있다.

(5) 커넥팅-롯드의 운동궤적과 크랭크케이스

크랭크축이 1회전하는 동안에, 크랭크축에 조립된 상태의 커넥팅-롯드 대단부의 가장 바깥쪽의 운동궤적이 형성하는 공간의 형상에 의해 크랭크케이스의 형상이 결정된다. 일반적으로 이 궤적에 추가로 오일 복귀회로, 크랭크케이스 환기장치를 위한 공간 그리고 여유 칫수(보통 3.5~4.5mm)를 고려하여 크랭크케이스의 크기를 결정한다. 따라서 커넥팅-롯드 대단부의 형상 및 분할방식은 기관설계에 중요한 요소이다. → (: Pleuelgeige)

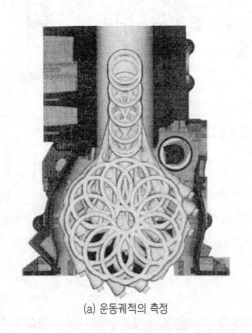

(a) 운동궤적의 측정

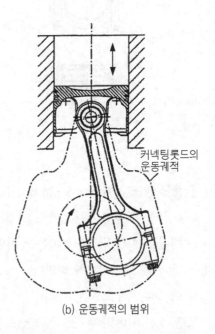

커넥팅롯드의
운동궤적

(b) 운동궤적의 범위

그림 2-36 커넥팅-롯드 대단부의 운동궤적

제2장   4행정 오토기관

제4절   크랭크축과 베어링

(Crank Shaft and Main Bearing : Kurbelwelle und Kurbelwellenlager)

1. 크랭크축(crank shaft : Kurbelwelle)

(1) 크랭크축의 기능

① 커넥팅-롯드로부터 전달되는 힘을 회전토크로 변환시킨다.

② 회전토크의 대부분을 플라이휠(flywheel)을 통하여 클러치에 전달한다.

③ 동력행정 이 외의 행정에서는 역으로 피스톤에 운동을 전달한다.

④ 회전토크의 일부를 이용하여 밸브기구, 오일펌프, 배전기, 발전기, 그리고 형식에 따라서는 연료공급장치와 냉각펌프 등을 구동시킨다.

(2) 크랭크축의 필요조건

커넥팅-롯드와 피스톤은 크랭크축에 의해 매 행정마다 가속/감속을 교대로 반복한다. 따라서 크랭크축에는 큰 가속력이 작용하며, 이 외에도 원심력이 작용한다. 여러 종류의 힘이 작용하기 때문에 크랭크축에는 휨과 비틀림이 발생하고 또 회전진동의 영향을 받는다. 그리고 마찰부분 즉, 저널(journal)들은 추가적으로 마멸되게 된다.

크랭크축은 이와 같은 가혹한 부하조건을 감당하기 위해 충분한 기계적 강도와 내마멸성, 그리고 탄성이 있어야 한다.

(3) 크랭크축의 재료

크랭크축의 재료로는 합금강(예 : 34CrAlMo5) 또는 질화강(예 : 36CrNiMo4) 그리고 구상 흑연주철(예 : GGG-70) 등이 주로 사용된다.

크랭크축은 무엇보다도 내피로성과 내마멸성이 있어야 한다. 강(steel)을 재료로 하는 크랭크축은 형타단조(型打鍛造 : drop forging) 방식으로 제작되므로 기계적 강도가 우수하다. 반면에 구상흑연주철을 재료로 하는 경우엔 진동흡수성이 우수하다.

(4) 크랭크축의 구조

크랭크축에는 일체식과 조립식이 있으며, 자동차용은 주로 일체식이 사용되나 소형 2행정 기관에서는 조립식을 사용하기도 한다.

크랭크축은 그림 2-37과 같이 실린더블록에 지지되는 메인-베어링-저널(main bearing journal) 그리고 커넥팅-롯드 대단부와 연결되는 핀-저널이 크랭크-암(arm)에 의해 연결되어 있으며, 암에는 밸런싱(balancing)용 평형추가 암과 일체로 되어 있다.

메인-베어링-저널들은 모두 동일 평면의 일직선상에 위치하며 메인-베어링-저널에서 핀-저널로 오일통로가 뚫려있다. 메인-저널과 핀-저널은 표면경화시킨 다음에 정밀 연삭한다.

출력측 플랜지에는 대부분 플라이휠이 설치되고, 그 반대 측에는 크랭크-기어(배전기, 오일-펌프, 캠축 등의 구동용)와 크랭크-풀리, 그리고 진동댐퍼 등이 설치된다.

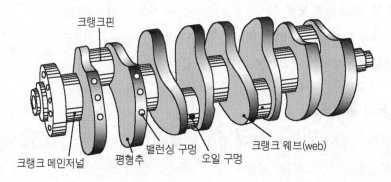

그림 2-37 크랭크-축의 구조 및 각부 명칭

크랭크축은 동적 밸런싱(dynamic balancing)이 되어 있어야 한다. 무게편차를 보상하기 위한 구멍을 평형추의 특정 위치에 뚫어 밸런싱하는 방법이 주로 사용된다.

크랭크축의 형상은 다음에 의해 결정된다.

① 실린더 수
② 메인-베어링 수
③ 행정의 크기
④ 실린더 배열

⑤ 점화순서

예를 들면 직렬 4기통기관에서는 크랭크-핀의 각도가 180°, 직렬 6기통기관에서는 120°로 배열되어 있다.

(5) 크랭크-핀 정렬(throw arrangement)(그림 2-5 참조)

① 4실린더 형

직렬 4기통기관의 크랭크축에서는 메인-저널의 수가 3개 또는 5개이나 현재는 5개가 대부분이다. 5-메인-저널 형식은 크랭크-핀의 양쪽에 각각 메인-베어링이 설치되므로 휨 토크를 적게 받는다. 따라서 3-메인-저널 형식에 비해 크랭크축을 가늘게 제작해도 되므로, 그만큼 진동이 적고, 정숙운전이 가능하게 된다.

크랭크-핀의 정렬상태는 1번과 4번, 2번과 3번 크랭크-핀이 같은 위상이 되도록 정렬하는 방식(좌수식 : 1st order)과 4개의 크랭크-핀 모두를 일직선상에 정렬하는 방식(우수식 : 2nd order)이 있다. 전자가 주로 많이 사용된다(그림 2-5 참조).

② 6실린더 형

직렬형 6실린더 크랭크축에서는 메인-저널이 대부분 7개이며, 크랭크-핀은 1번과 6번, 2번과 5번, 3번과 4번이 같은 위상에 있으며, 크랭크-풀리 쪽에서 보았을 때 3번과 4번의 크랭크-핀이 좌측에 위치한 형식을 좌수식(1st order), 우측에 위치한 형식을 우수식(2nd order)이라 한다(그림 2-38 참조).

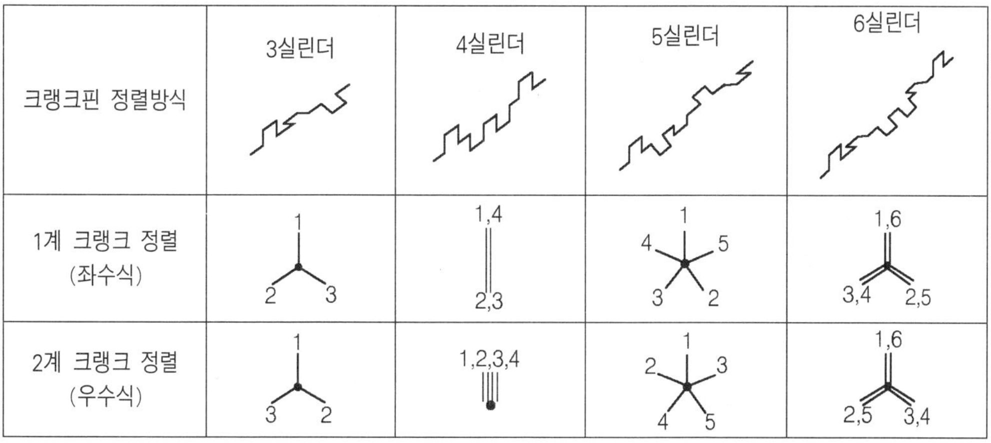

크랭크핀 정렬방식	3실린더	4실린더	5실린더	6실린더
1계 크랭크 정렬 (좌수식)	1 / 2 3	1,4 / 2,3	1 / 4 5 / 3 2	1,6 / 3,4 2,5
2계 크랭크 정렬 (우수식)	1 / 3 2	1,2,3,4	1 / 2 3 / 4 5	1,6 / 2,5 3,4

그림 2-38 직렬형 3~6기통 기관에서의 크랭크-핀 정렬방식

(6) 크랭크축의 밸런싱

크랭크축은 항상 정적, 동적으로 밸런싱 되어 있어야 한다.

① 정적 밸런싱(static balancing : statisches Auswuchten)

회전원판은 어느 방향으로든지 무게평형이 이루어져 어떤 위치에서도 정지할 수 있어야 한다. 이 경우 이 회전체는 정적 밸런싱 되어 있다고 말할 수 있다(그림 2-39a 참조). 그림 2-39a에서 모멘트 G_1의 질량편차 m_1이 회전원판의 가장자리에 위치하고 있다면 회전원판은 m_1이 회전중심의 수직방향 하부에 이를 때까지 회전하게 된다. 이때 m_1의 정반대 위치에 m_1과 같은 질량의 추 m_2를 추가하면 중량편차는 보상되고 언밸런싱(unbalancing)은 수정된다.

② 동적 밸런싱(dynamic balancing : dynamisches Auswuchten)

정적 밸런싱 된 원판을 연장하여 축의 형태로 하고 질량 m_1, m_2를 축선방향으로 이동하여 배치하자. 이렇게 해도 축은 여전히 정적 밸런싱 상태에 있다. 그러나 축을 빠른 속도로 회전시키면 질량 m_1, m_2에 작용하는 원심력이 축 중심선에 직각방향으로 회전모멘트를 발생시키게 된다. 이 회전 모멘트에 의하여 축은 진동하게 되는데, 이 상태를 동적 언밸런싱(dynamic unbalancing)이라 한다. 질량 m_1, m_2 각각의 정반대 위치에 동일 질량의 추 m_1', m_2'를 추가하면, 원심력 F_{c1}, F_{c2}와 크기가 같고 위치와 방향이 정반대인 원심력 F_{c1}', F_{c2}'가 발생하게 되어 축은 진동 없이 정숙하게 회전하게 된다. 이제 축은 동적으로 밸런싱된 상태이다.

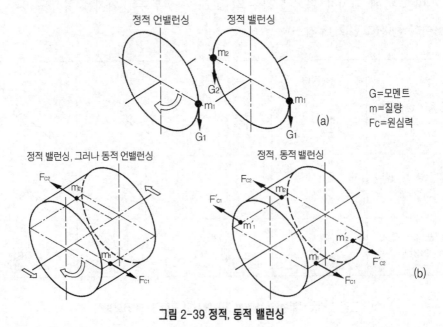

그림 2-39 정적, 동적 밸런싱

2. 플라이 휠(flywheel : Schwungrad)

(1) 플라이휠의 구조와 기능

1-질량 플라이휠은 그림 2-40a와 같은 구조로 되어 있으며, 크랭크축의 출력 측에 설치되어 에너지를 일시적으로 저장하였다가 다시 방출하는 일을 한다.

기관은 플라이휠에 저장된 에너지를 이용함으로서 폭발행정 이 외의 행정을 수행하고, 또 사점(死點)을 넘어 회전이 가능하도록 하며 동시에 회전진동을 보상한다.

링기어

디스크 접촉면

그림 2-40a 1-질량 플라이휠

플라이휠의 원주에는 기관 시동용 링-기어가 일체식 또는 끼워 맞춤되어 있다. 그리고 플라이휠에는 클러치가 설치되어 기관의 회전력을 수동변속기에 전달한다. 자동변속기가 설치된 경우에는 토크컨버터가 플라이휠의 기능을 대부분 수행한다.

플라이휠의 재료는 강철 또는 주철이며 플라이휠과 크랭크축은 조립된 상태에서 동적으로 밸런싱되어 있어야만 한다. 고속에서 동적 언밸런싱이 발생하면 크랭크축에 진동이 발생함은 물론이고 크랭크축과 베어링에 큰 부하가 걸리게 된다.

(2) 2-질량 플라이휠(2-mass flywheel : Zweimassenschwungrad)

왕복피스톤기관에서는 점화순서와 행정의 주기적 변화 때문에 크랭크축과 플라이휠에 회전진동이 발생한다. 이 회전진동이 특정한 속도에서는 변속기소음(딸랑거리는 소음)과 차체가 울리는 공명(resonance : Resonanz) 소음을 유발할 수 있기 때문에 이 진동을 수동변속기와 동력전달장치에 전달되지 않게 해야 할 필요가 있다.

기존의 1-질량 플라이휠은 크랭크기구의 일부로서 플라이휠과 클러치가 일체로 볼트 조립
되어 있다. 따라서 기관의 출력측과 변속기 입력측에서의 회전진동은 거의 같은 크기의 진폭
과 주파수를 가지게 된다. 이들이 완전히 겹치는 공명영역에 진입하면 변속기 소음 또는 차
체 공명소음을 유발하게 된다. 이를 방지할 목적으로 2-질량 플라이휠을 사용한다.

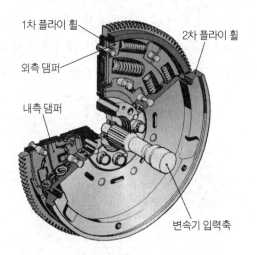

1차 플라이 휠
외측 댐퍼
내측 댐퍼
2차 플라이 휠
변속기 입력축

그림 2-40b 2-질량 플라이휠의 구조

① 2-질량 플라이휠의 구조

2-질량 플라이휠에서는 기존의 플
라이휠 질량을 1차 플라이휠 질량(크
랭크기구와 1차 플라이휠)과 2차 플
라이휠 질량(2차 플라이휠과 클러치
기구)으로 분리하고, 이들을 비틀림
진동댐퍼로 연결시켰다. 여기서 비
틀림 진동댐퍼는 기관의 회전진동질

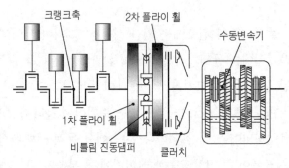

크랭크축
2차 플라이 휠
수동변속기
1차 플라이 휠
비틀림 진동댐퍼
클러치

그림 2-40c 2-질량 플라이휠 시스템

량을 변속기를 포함한 동력전달시스템으로부터 격리시키고, 동시에 클러치-디스크에서 비
틀림-댐퍼를 생략할 수 있게 한다. 2-질량 플라이휠은 1차 플라이휠, 2차 플라이휠, 안쪽
댐퍼와 바깥쪽 댐퍼로 구성된다.

② 작동원리

기관 측의 1차-플라이휠과 변속기 측의 2차-플라이휠로 분할함으로서 회전하는 변속기

부품의 관성질량모멘트(mass moment of inertia : Massentraegheitsmoment)는 증가한다. 따라서 공명 영역은 기관의 운전영역이 아니라 공전속도이하의 영역에 위치하게 된다. 이와 같은 방법으로 기관에서 발생된 회전진동을 변속기로부터 격리시키므로서 기관의 회전진동에 의한 변속기 소음 및 차체 소음은 더 이상 발생되지 않는다.

③ 2-질량 플라이휠의 장점

- 변속기와 차체의 소음 최소화(딸가닥거리는-, 덜커덩거리는-, 윙윙거리는 소음)
- 동기화기구의 마멸이 적다.
- 클러치-디스크에 비틀림 댐퍼가 필요 없다.
- 동력전달기구 부품의 보호

3. 보상축(counter balance shaft : Ausgleichwelle)

기관작동 중, 크랭크기구 부품의 관성력에 의해 기관이 진동하거나 또는 베어링에 부하가 많이 걸리게 된다. 크랭크기구의 회전부품에서 원심력의 형태로 발생하는 관성력은 반드시 수정해야 한다. 이 관성력이 수정되지 않으면 크랭크 베어링에 추가적으로 부하를 가하고 동시에 기관의 진동으로 나타난다. 일반적으로 크랭크-핀을 균일하게 분포시키고, 평형추를 사용하여 그리고 정밀하게 밸런싱하여 보정한다. 그러나 크랭크기구 중 상/하 왕복 운동하는 부품의 관성력은 기관의 구조에 따라서는 완벽하게 보정할 수 없다. 예를 들면, 직렬 6기통기관에서는 왕복운동의 관성력이 서로 반대위치에서 발생되도록 하여 보상할 수 있는 반면에, 직렬 4기통기관에서는 그렇게 할 수 없다.

직렬 4기통기관에서는 실린더 축선(cylinder axis : Zylinderachse)의 방향으로 관성력에 의한 진동이 발생하는 데, 이 진동을 크랭크축의 평형추만으로는 완전히 상쇄 시킬 수 없다. 이 진동을 상쇄 시키기 위해서 크랭크축의 좌/우에 보상축을 1개씩 설치한다(그림 2-41 참조).

이 보상축은 특정한 언밸런스 상태이며, 이 언밸런스에 의한 불평형력은 크랭크기구의 불평형력에 대항하도록 배열되어 있다. 감쇠시켜야 할 진동은 크랭크축 회전속도의 2배에 해당하는 주파수를 가져야 하므로, 보상축은 크랭크축 회전속도의 2배로 구동된다. 그리고 보상축 중 1개는 크랭크축 회전방향과 같은 방향으로, 다른 1개는 크랭크축 회전방향과는 반대 방향으로 회전한다. 보상축을 설치함으로서 4기통 직렬기관도 6기통 직렬기관과 마찬가지로 정숙하고 원활한 운전상태에 도달할 수 있다.

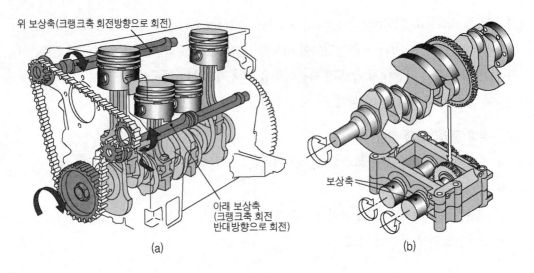

그림 2-41 보상축의 형식(예 : 직렬 4기통기관)

4. 진동 댐퍼(vibration damper : Schwingungsdämpfer)

폭발압력이 크랭크-축에 충격적으로 전달되면 크랭크축에는 비틀림 진동이 발생하게 된다. 동력행정 중 피스톤 어셈블리가 하향할 때, 크랭크-핀에는 큰 충격하중이 가해진다. 이 충격하중에 의해 크랭크축이 약간 비틀리게 되는 데, 동력행정말기에는 크랭크-핀에 가해지는 하중이 제거되어 크랭크축은 원상태로 복귀하려고 하므로 다시 비틀리게 된다. 이때 크랭크축은 스프링처럼 작용하여 원상태를 지나서 약간 반대방향으로 까지 비틀리게 된다. 이와 같은 작용으로 크랭크축은 진자운동(oscillating motion) 또는 비틀림 진동을 매 동력행정마다 반복하게 된다. 이 비틀림 진동을 제어하지 않으면 축 자체의 고유진동에 추가적으로 계속적인 진동이 가해지게 되며, 특정속도에 이르면 축 자체의 고유진동과 공진하여 축이 파손되게 된다.

이 비틀림 진동을 감쇠, 제어하기 위한 장치를 진동댐퍼(vibration damper)라 하며, 비틀림 밸런서(torsional balancer), 또는 하모닉 밸런서(harmonic balancer)라고도 한다.

진동댐퍼의 관성 링은 댐퍼고무를 매개체로 하여 구동 링과 탄성적으로 연결되어 있다. 그리고 구동 링은 크랭크축에 고정되어 있다.

크랭크축이 일정속도로 회전하고 있을 때는 관성 링은 크랭크축과 같은 속도로 회전한다. 그러나 크랭크축에 회전방향 또는 회전 반대방향으로 큰 가속도가 발생할 때 즉, 크랭크축에

비틀림 진동이 발생할 때는 관성 링은 계속해서 일정한 속도로 회전하려고 하므로 댐퍼고무
가 탄성적으로 변형되면서 크랭크축의 비틀림 진동에 역으로 대응하여 진동을 감쇠시킨다.

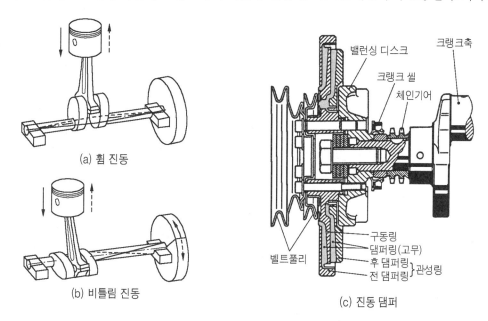

그림 2-42 크랭크축의 진동과 진동댐퍼

5. 크랭크축-베어링(crank shaft bearing : Kurbelwellenlager)

(1) 크랭크축-베어링의 구비 조건

① 부하부담능력(load-carrying capacity)

연소압력과 단위체적 당 출력이 증가함에 따라 기관 베어링에 가해지는 하중이 크게 증
가하였다. 예를 들면, 수년 전만 해도 크랭크-핀 베어링은 약 11~13 kPa 정도의 부하를 받
았으나 오늘날은 약 41kPa 이상의 부하를 받는 것도 많다. 따라서 크랭크축-베어링은 이와
같은 부하에 견딜 수 있는 충분한 기계적 강도가 있어야 한다.

② 내피로성(fatigue resistance)

크랭크축-베어링에는 부하가 반복적으로 가해지므로, 즉 반복응력이 작용하므로 변형되
고 경화되어 심하면 균열 또는 파손되게 된다. 크랭크축-베어링은 이와 같은 피로(fatigue)
에 저항하는 성질이 충분해야 한다.

③ 매입성(embedded-ability)

매입성이란 베어링의 마찰면에 유입된 이물질(foreign particle)을 베어링 마찰층 자체 내에 묻어버리는 성질을 말한다. 마멸에 의한 금속분말, 또는 외부에서 유입된 단단한 이 물질 등이 베어링 마찰층에 매입되지 않으면 베어링 마찰면은 물론이고 크랭크-저널도 손 상되게 된다. 따라서 베어링은 하중을 부담할 수 있는 충분한 기계적 강도를 가지고 있으 면서도 이물질을 매입할 수 있는 능력을 갖추고 있어야 한다.

④ 순응성(conformability)

순응성은 매입성과 연관이 있다. 예를 들면, 축에 하중이 가해져 축이 조금 휘었다면 베 어링의 마찰면 중 일부분에만 하중이 크게 걸리게 될 것이다. 이때 하중이 크게 걸리는 부 분의 베어링 금속이 하중이 크게 걸리지 않는 부분으로 밀려나 다시 베어링의 마찰면 전체 에 균일한 하중이 가해지게 된다. 이와 같은 성질을 순응성이라 한다. 크랭크축-베어링은 순응성이 있어야 한다.

⑤ 내식성(corrosion resistance)

연소생성물 중에는 부식성 물질이 포함되어 있으며 또 윤활유 자체도 일부 산화되므로 베어링은 내부식성이 있어야 한다.

⑥ 내마멸성(wear rate)

크랭크축-베어링은 매입성과 순응성이 있으면서도 내마멸성이 있어야 한다.

(2) 크랭크축-베어링의 구조

크랭크축-베어링은 크랭크축을 지지하는 메인-베어링과 커넥팅-롯드 대단부와 크랭크-핀 사이에 끼워지는 핀-베어링으로 구성되며, 주로 분할형의 평면 베어링이 사용된다. 베어링이 장착되는 베어링-새들(bearing saddle)은 크랭크케이스의 일부로서 메인-베어링-캡과 함께 진원을 이루어 베어링이 설치되도록 되어있다. 이때 새들과 메인-베어링-캡이 이루는 원은 모두 직경이 같으며 또 일직선상에 정렬되어 있다. 그리고 또 베어링의 움직임을 방지하기 위해서 베어링 뒷면의 한쪽에는 돌기를, 캡과 새들에는 홈을 파두고 있다.

크랭크축의 축방향 운동을 제한하는 스러스트-베어링(thrust bearing)은 메인-베어링과 일 체로 되어있는 형식과 분할형이 있다. 스러스트-베어링은 보통 크랭크축 중앙의 메인-베어링 또는 제일 뒤쪽의 메인-베어링에 함께 설치된다.

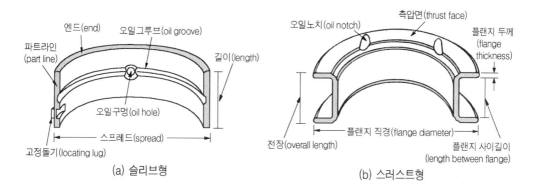

(a) 슬리브형

(b) 스러스트형

그림 2-43 크랭크축-베어링

(3) 크랭크축-베어링의 재료

크랭크축-베어링의 재료로는 납 또는 주석 합금인 배빗(babbitt)-메탈, 소위 화이트-메탈 (white metal) 그리고 구리 합금인 켈밋(kelmet)이 주류를 이루고 있다.

① 켈밋(kelmet)

구리(Cu) 67~70%와 납(Pb) 23~30%이 주성분인 구리합금으로서 열전도율, 고온강도, 하중부담능력, 반융착성 등은 양호하나 경도가 높고, 매입성과 길들임성은 부족하다. 그리고 열팽창률이 크다. 따라서 베어링 간극이 상대적으로 커야한다. 중부하용 베어링에 적당하다.

② 주석 배빗(Sn-babbitt)

주석(Sn) 75~90%, 구리(Cu)3~10%, 안티몬(Sb) 3~15%, 납(Pb) 1% 이하로서 주석과 구리가 대부분인 합금이다. 그러나 주석이 고가이기 때문에 주성분인 주석을 납으로 대체한 납-배빗(Pb-babbitt)(예 : 납(Pb) 83%, 안티몬(Sb) 15%, 주석(Sn) 1%, 구리(Cu) 1%이하)이 사용된다. 납-배빗은 길들임성, 내식성, 매입성 등은 양호하나 고온강도, 열전도율, 피로강도 등은 불량하다.

따라서 이들 재료의 특성을 적절하게 활용한 다층 베어링이 주류를 이루고 있다.

(4) 3층 베어링(3-layer bearing : Dreischichtlager)

오늘날 크랭크축 베어링은 대부분 3층 베어링이다. 표면의 마찰층을 도금하느냐, 분사하느냐에 따라 도금형과 분사형으로 구별한다.

① 도금형 3층 베어링

두께 약 1.5mm 정도인 강제(鋼材)의 셀(shell)에 하중부담능력이 뛰어난 구리합금(대부분 PbSnCu-합금)을 약 0.2~0.3mm 두께로 녹여 붙이고 그 위에 다시 화이트메탈의 마찰층(예 : 베어링합금 SbSn10)을 두께 약 0.012~0.020mm로 아주 얇게 도금하였다. 화이트메탈층(마찰층)은 매입성과 길들임성이, 구리합금층(하중부담층)은 비상운전특성이 좋다.

표면의 마찰층은 아주 얇지만 가능한 한 기관의 전 사용기간 동안 그대로 유지되어야 한다. 따라서 화이트메탈의 마찰층이 중간층으로 매입되는 것을 방지하기 위하여 화이트-메탈층과 중간층 사이에 니켈-댐(nickel dam)을 둔 것이 많다. 중간층은 마찰층이 마멸되면 부분적으로 또는 완전히 표면층의 기능을 대신하게 된다.

② 분사형 3층 베어링

분사형 3층 베어링은 중간층까지는 도금형과 그 구조와 재질이 같다. 그러나 표면의 마찰층으로는 내마멸성이 우수한 금속(예 : AlSn20Cu)을 음극선 분사방식으로 중간층 위에 균일하게 분사하였다. 베어링에 가해지는 부하가 아주 클 경우에는 마찰면의 내마멸성이 아주 우수해야 하므로 이 형식의 베어링을 사용한다. 이 베어링에서도 니켈-크롬(NiCr) 층은 마찰층과 중간층이 잘 접합되도록 하는 기능을 한다.

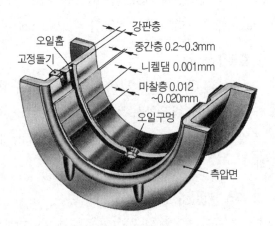

강판층
오일홈
고정돌기
중간층 0.2~0.3mm
니켈댐 0.001mm
마찰층 0.012~0.020mm
오일구멍
측압면

그림 2-44 3층 베어링의 구조

(5) 베어링의 스프레드(spread)와 크러시(crush)

평면 분할 베어링인 크랭크축-베어링은 설치하지 않은 상태에서는 베어링 설치부보다 직경을 약간 크게 하여 조립 시 설치면에 완전, 밀착되게 한다. 즉, 베어링을 끼우지 않은 상태에서의 직경과 베어링을 설치했을 때의 직경 차를 베어링의 스프레드라 한다. 한계값은 대략 0.125~0.5mm 정도이다(그림 2-43 참조).

평면 분할 베어링의 반쪽을 새들(saddle)에 설치했을 때, 새들의 상단보다 돌출되는 정도를 크러시(crush)라 한다. 이 역시 설치 시 베어링의 밀착을 좋게 하고, 작동 중 움직임을 방지하는 효과가 있다. 한계값은 대략 0.025~0.075mm 정도이다.

6. 크랭크축의 윤활 그리고 크랭크축-씰(seal)

(1) 크랭크축의 윤활

크랭크축의 윤활은 기관 윤활유에 의해서 이루어진다. 기관 윤활유는 오일펌프에 의해 오일통로를 거쳐서 크랭크축-메인-베어링에 공급된다. 또 메인-베어링에는 베어링 전 길이에 걸쳐 홈을 파 윤활유가 메인-저널(main journal)의 전 둘레에서 동시에 공급되도록 한다.

메인-저널 표면에서 핀-저널(pin journal) 표면까지 오일통로를 뚫어 메인-저널에서 핀-저널로 윤활유를 공급하는 방법(a), 메인-저널에 추가로 가로방향 통로를 가공한 경우(b), 메인-저널과 핀-저널 모두에 가로방향 통로를 가공하고 메인-저널에서 핀-저널로 경사통로를 가공하는 방법(c) 등이 사용된다. c의 경우는 핀-저널 쪽의 경사통로 끝은 폐쇄한다.

경우에 따라서는 핀-저널로부터 커넥팅-롯드를 통해 피스톤-핀에 까지 윤활유를 공급한다.

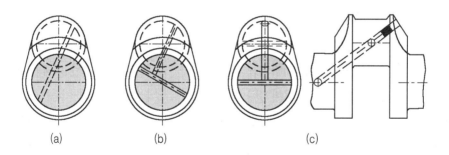

(a) (b) (c)

그림 2-45 크랭크축의 오일 통로

(2) 크랭크축-리테이너-씰

크랭크축은 크랭크케이스로부터 밖으로 윤활유가 유출되지 않는 구조로 되어있어야 한다. 대부분 고무제의 씰-링(seal ring)이 축의 전후에 설치되지만, 형식에 따라서는 섬유제의 패킹(packing)이 사용되기도 한다.

제2장 4행정 오토기관

제5절 밸브기구
(Valve Train : Motorsteuerung)

밸브 기구는,

① 새로운 가스를 흡입하는 시점과 흡입기간을 제어한다.

② 배기가스를 배출하는 시점과 배출기간을 제어한다.

1. 밸브 기구(valve train : Motorsteuerung)의 분류

전통적인 기계식 밸브 기구에서는 크랭크축과 캠축의 구동기어를 직접 치합시켜 또는 벨트나 체인을 매개체로 하여 크랭크축이 캠축을 구동하고, 캠축이 밸브 기구를 구동한다. 캠축의 캠(cam)은 직접 또는 별도의 기구(예 : 밸브-리프터)를 통해 밸브를 열리게 한다. 그러나 밸브는 밸브-스프링의 장력에 의해 닫힌다. 1사이클을 완성하는 동안에 모든 밸브가 1번씩만 개폐되기 위해서는 캠축은 1회전만 하여야 한다. 따라서 4행정기관에서는 1사이클을 완성하는 동안에 크랭크축은 2회전, 캠축은 1회전한다. 즉, 4행정기관에서 캠축은 크랭크축 회전속도의 ½로 회전하므로 캠축-기어 잇수는 크랭크축-기어 잇수의 2배가 된다.

최근에는 캠축을 생략하고, 밸브를 개별적으로 전자제어하는 시스템까지 사용되고 있다. 그러나 아직은 전통적인 기계식 밸브기구가 주류를 이루고 있다. 전통적인 기계식 밸브기구는 밸브의 배치, 캠축의 배치 그리고 실린더 당 밸브 수에 따라 분류한다.

(1) 밸브의 배열 및 설치위치에 따라(제 1장 P.24 참조)

(2) 캠축의 배치에 따라(제 1장 P.24 참조)

(3) 밸브 수에 따라

4행정기관에서 각 실린더에는 흡/배기 밸브가 각각 최소한 1개 이상 설치되어 있다. 1개의 실린더에 설치된 밸브 수에 따라 분류한다. 가스교환 성능을 개선하기 위해, 멀티-밸브 기술을 주로 사용한다. 그림 2-50은 피스톤-헤드가 평면인 기관에서 밸브직경과 피스톤직경의 상관관계를 예를 든 것이다.

① 3-**밸브 기관**(3-valve engine : Dreiventiler)

2개의 흡기밸브와 이에 비해 직경이 큰 배기밸브를 1개 사용한다. 중앙에 스파크플러그를 설치하는 것이 불가능할 경우, 그림 2-47과 같이 연소실 외부 중앙에 스파크플러그를 2개 설치한다. 이를 통해 피스톤 가장자리 근처와 히트-댐 부근의 혼합기까지도 완전히 연소시키는 것을 목표로 한다. 1개의 캠축을 사용한다.

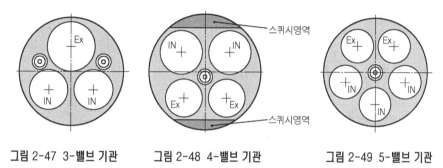

그림 2-47 3-밸브 기관   그림 2-48 4-밸브 기관   그림 2-49 5-밸브 기관

② 4-**밸브 기관**(4-valve engine : Vierventiler)

현재 가장 많이 이용하는 방식이다. 흡/배기 밸브가 각각 2개씩이며, 흡기밸브의 직경이 더 크다. 캠축은 흡/배기 밸브용으로 각각 1개씩 2개를 사용한다. 스파크플러그는 거의 연소실 중앙에 설치할 수 있다.

③ 5-**밸브 기관**(5-valve engine : Fünfventiler)

흡기밸브 3개, 배기밸브 2개를 설치함으로서 흡/배기 유동통로 단면적을 극대화시킬 수 있으며, 스파크플러그를 연소실 중앙에 설치할 수 있다. 캠축은 흡/배기 밸브용으로 각각 1개씩 2개를 사용한다.

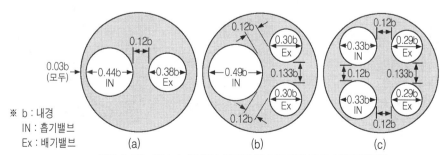

그림 2-50 **밸브 수 및 밸브 직경과 피스톤 직경 간의 상관관계(예)**

2. 흡/배기 밸브 및 밸브-스프링

밸브는 흡기밸브와 배기밸브로 구분된다. 밸브의 양정과 밸브-헤드의 직경은 흡, 배기 유동저항을 최소화할 수 있을 만큼 충분히 커야 한다. 그러나 시간적, 공간적으로 제약이 따르게 된다.

동력행정 말기, 피스톤이 하사점에 근접하여도 실린더 내부의 가스압력은 상당히 높기 때문에 이때 배기밸브를 열면 연소가스는 자신의 압력에 의해 급속히 대기로 탈출한다. 그리고 실린더 내/외 간의 압력차가 크기 때문에 연소가스의 탈출속도는 임계속도, 혹은 그 부근이 되며 실린더 내/외 간의 압력평형이 이루어질 만큼 충분한 양의 연소가스가 방출되는 데 소요되는 시간은 아주 짧다. 따라서 1개의 실린더에 사용하는 밸브의 수가 같을 경우, 일반적으로 흡기밸브보다는 배기밸브의 헤드 직경을 더 작게 설계한다.

(1) 밸브(valve : Ventile)의 구조

자동차용 4행정기관에 사용되는 포핏밸브(poppet valve)는 헤드와 페이스, 그리고 스템으로 구성되어 있다.

밸브-헤드(valve head : Ventilteller)는 밸브-페이스(valve face : Ventilsitz)를 통해 실린더-헤드의 밸브-시트-링과 접촉, 기밀을 유지한다. 페이스는 정밀연삭하며, 경사각도는 45°가 대부분이다.

밸브-스템(valve stem : Ventilschaft)의 끝 부분에는 밸브-스프링-리테이너-로크(valve spring retainer lock)가 끼워지는 그루브(groove : Einstich)가 가공되어 있다.

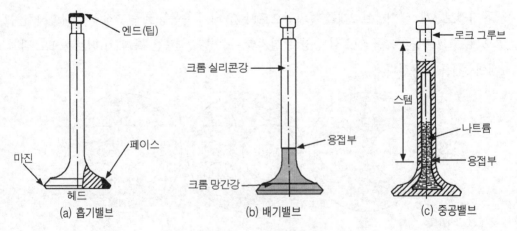

그림 2-51 포핏(poppet)-밸브의 구조 및 종류

(2) 밸브의 재료

밸브는 아주 가혹한 부하에 노출되어 있다. 밸브는 1분당 최대 약 4,000회까지 개폐되며, 닫힐 때는 밸브-시트에 큰 충격을 가하게 된다. 또 밸브의 스템과 스템-엔드(stem end)도 마찰에 의한 마멸 부담을 받고 있다.

① **흡기밸브**(intake valve : Einlaßventile)

흡기밸브는 흡기에 의해 계속적으로 냉각되지만 그래도 약 500℃ 정도까지 가열된다. 주로 크롬-실리콘-강(예 : X45CrSi93)의 단일 금속으로 제작된다. 그리고 마멸을 최소화 하기 위하여 밸브의 페이스와 스템, 그리고 스템-엔드와 로크-그루브 등은 경화시킨다.

② **배기밸브**(exhaust valve : Auslaßventile)

배기밸브는 고온의 열부하(헤드에서 약 900℃까지)와 화학적 부식에 노출된다. 그러므로 배기밸브는 대부분 두 가지 재료로 만든다.

밸브-헤드 부분은 연소가스에 노출되므로 내열성과 내부식성(non-corrosion), 그리고 스케일 형성에 대한 저항성(non-scaling property)이 강한 X53CrMnNiN219, X50CrMnNiNb219, X60CrMnMoVNbN2110, NiCr20TiAl 등과 같은 크롬-망간-강으로 만든다. 크롬-망간-강은 경화시킬 수 없을 뿐만 아니라 길들임성과 열전도성이 불량하다.

스템 부분은 경화가 가능한 크롬-실리콘-강(예 : X45CrSi93)으로 만든다.

재료가 서로 다른 스템의 상부와 하부는 마찰용접(friction welding : Reibschweißen) 방식을 사용하여 버트-이음(butt joint)한다.

③ **중공**(中空)**밸브**(hollow-stem valve : Hohlventile)(**그림** 2-51c)

중공밸브는 주로 열전도성을 개선시키기 위해서 사용한다. 이 밸브는 스템의 내부를 중공(中空)으로 하고, 그 체적의 약 60%정도를 나트륨(Natrium)으로 채웠다. 나트륨은 약 97.5℃에서 액화하며 열전도성이 좋다(약 883℃에서 비등).

스템 내부의 나트륨이 액화하면 액체 나트륨의 유동작용에 의해서 밸브-헤드에 축적된 열이 빠른 속도로 밸브-스템에 전달되므로 밸브-헤드의 온도는 약 80~150℃ 정도 강하한다. 이와 같은 내부냉각방식은 공기-연료 혼합기의 자기착화 위험을 감소시키는 역할도 한다.

밸브-페이스의 마멸을 감소시키고 변형을 피하기 위하여 밸브-페이스에 특수금속, 코발트 또는 니켈의 특수합금을 가스용접으로 녹여 붙인 밸브가 가끔 사용된다.

(3) 밸브 간극(valve clearance : Ventilspiel)

기관의 모든 구성부품들은 재질에 따라 정도의 차이는 있으나 작동 중 온도상승에 비례해서 팽창한다. 이 외에도 밸브기구의 운동전달 부품들은 마멸에 의해 길이변화가 발생한다. 따라서 기관온도가 상승해도 밸브가 완전히 닫히게 하기 위해 운동전달 부품 사이에 미리 일정한 간극을 설정해 두거나, 간극을 자동 조절하는 장치를 사용한다.

일반적으로 밸브간극은 기관이 냉각된 상태일 때가 정상작동온도일 때보다, 그리고 배기밸브 간극이 흡기밸브 간극보다 더 크다. 기관의 형식이나 크기에 따라 차이가 있으나 밸브간극은 보통 0.1~0.3mm정도가 대부분이다. 밸브간극 조정이 잘못되면 밸브 개폐시기가 변화하게 되어 가스교환이 불량해지게 된다.

① 밸브간극이 너무 작을 경우

밸브가 너무 빨리 열리고 늦게 닫힌다. 특히 배기밸브는 닫혀 있는 시간이 단축되어 밸브-헤드의 열을 실린더-헤드의 시트-링에 충분히 전달할 수 없기 때문에 밸브가 과열된다. 이 외에도 밸브간극이 아주 작을 경우엔 기관이 정상작동온도일 때, 밸브가 완전히 닫히지 않을 위험이 있다. 배기밸브가 완전히 닫히지 않으면 배기가스를 흡입하게 되고, 흡기밸브가 완전히 닫히지 않으면 불꽃이 흡기다기관으로 역류하게 되어 역화가 발생될 우려가 있다. 이렇게 되면 가스교환손실은 물론 출력저하의 원인이 된다. 그리고 특히 배기밸브가 완전히 닫히지 않으면 통과하는 배기가스에 의해 밸브-페이스와 실린더-헤드의 시트-링이 계속적으로 가열되어 소손되게 된다.

② 밸브간극이 너무 클 경우

밸브가 너무 늦게 열리고 아주 일찍 닫힌다. 이 경우엔 밸브가 열려있는 시간이 단축되고 동시에 통로의 개구단면적(開口斷面績)이 작아지기 때문에 체적효율이 낮아져 결과적으로 출력이 저하된다. 또 밸브의 기계적 부하가 증가하고 밸브소음도 커지게 된다.

(4) 밸브간극 조정

밸브간극 조정방법은 기관의 형식과 제작사에 따라 큰 차이가 있다. 예를 들면, 제작사에 따라 밸브간극을 기관이 냉각된 상태에서 또는 정상작동온도 상태에서 조정하거나, 기관을 정지시키고 또는 기관운전 중에 조정하는 등, 다양한 방법을 사용하였다. 그러나 수동으로 밸브간극을 조정하는 기관은 이제 거의 사용되지 않는다.

(5) 유압식 밸브간극 보상기구

기관의 작동온도에 관계없이 밸브간극을 자동적으로 조절하는 시스템에는 여러 가지 방식이 있다.

① 유압 태핏(hydraulic tappet : hydraulischer Stössel)

캠축과 밸브 사이에 유압 태핏이 설치되어 있다. 캠축이 유압 태핏을 통해 직접 밸브를 개폐한다. 유압태핏은 태핏본체, 태핏피스톤, 스프링, 볼-밸브, 그리고 간극보상스프링 등으로 구성되어 있다(그림 2-53 참조).

기관작동 중, 윤활유의 일부가 오일펌프로부터 오일통로를 거쳐 태핏까지 공급된다. 윤활유는 태핏본체 외부의 그루브를 따라 태핏 내부(태핏-피스톤 윤활), 이어서 다시 태핏-피스톤 내부로, 태핏-피스톤 내부에서는 또 볼-밸브를 거쳐 압력실로 공급된다.

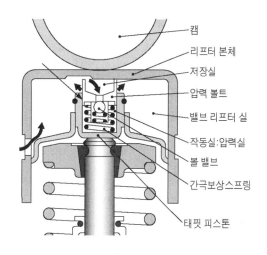

그림 2-53 유압 태핏

캠이 태핏을 누르지 않으면 태핏-피스톤에 가해졌던 부하가 없어지면서 간극보상 스프링은 태핏-피스톤을 위로 밀어 올려, 윤활유가 볼-밸브를 열고 압력실로 유입되도록 하여 밸브간극이 발생되는 것을 방지한다.

캠이 태핏을 누르면 볼-밸브는 닫히고 동시에 압력실에 들어있는 윤활유는 밀폐되어 태핏 본체와 일체가 된다. 밸브기구의 열팽창은 태핏 본체와 태핏-피스톤 사이의 간극으로 충분한 양의 윤활유가 누출됨으로 해서 보상된다.

② 간극보상 요소(clearance compensation element : Spielausgleichelement)

유압 태핏은 질량이 크기 때문에 큰 관성력이 발생하게 된다. 따라서 이와 같은 단점을 보상할 목적으로 캠축이 캡형 태핏을 작동시켜 밸브를 개폐시키는 대신에, 그림 2-54와 같이 캠축이 종동자(follower arm : Schwinghebel)를 작동시켜 밸브를 개폐시키는 방식에서는 종동자 지지볼트에 간극보상 기계요소를 설치한다. 작동원리는 유압 태핏과 같다(그림 2-55 참조).

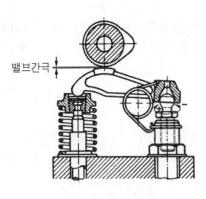

그림 2-54 종동자 방식

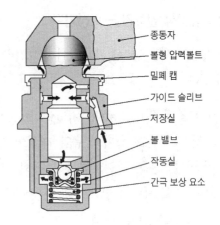

그림2-55 간극보상 엘레멘트

(5) 밸브 회전기구

기관작동 중, 밸브는 밸브-스프링의 스프링작용
에 의해 임의의 방향으로 약간씩 회전하게 된다.
그러나 밸브의 회전운동이 임의적이고 부정기적이
면 밸브-페이스와 밸브-시트가 계속적으로 서로 같
은 부분만 접촉하는 경우가 발생하게 되어 밸브의
특정 부분만이 고온으로 된다. 그리고 밸브-스프링
의 장력이 힘의 작용선에 대해 어느 한쪽으로 치우
치는 경우엔 밸브-페이스와 밸브-시트, 그리고 밸
브-가이드와 밸브-스템이 편접촉하게 되어 접촉불
량 또는 편마멸을 유발하게 된다. 또 연료와 윤활
유의 연소생성물이 스템과 가이드, 밸브-페이스와

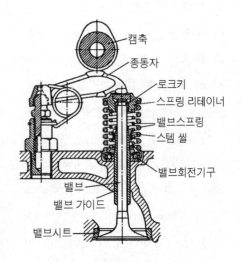

그림 2-56 밸브 회전기구

밸브-시트 사이에 퇴적되어 밀착을 방해하게 된다. 이와 같은 현상은 배기밸브에서 특히 심하
게 나타나는 데, 이를 방지하기 위하여 별도의 밸브 회전기구(그림 2-56 참조)를 설치한다.

그림 2-57에서 시팅-칼라(seating collar)에는 강제(鋼製)의 볼(ball)이 설치되는 홈이 5~6
개 정도 파져 있다. 그리고 이 홈은 약간 경사를 이루고 있는 데, 볼(ball)은 리턴-스프링에 의
해 홈의 경사면 상부 끝에 밀려 있으며 볼-리테이너(ball retainer)가 볼을 덮고 있다. 볼-리테
이너는 일종의 와셔형 스프링으로서 밸브가 닫혀 있을 때에는 시팅-칼라의 안쪽 가장자리에

지지되어 있다. 그리고 볼-리테이너 위에는 밸브-스프링-리테이너가 설치되어 밸브-스프링의
장력이 볼-리테이너에 까지 영향을 미친다.

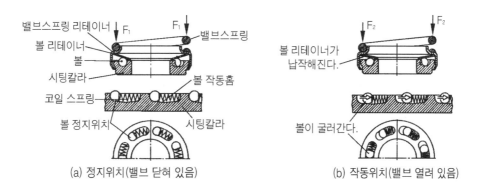

(a) 정지위치(밸브 닫혀 있음)   (b) 작동위치(밸브 열려 있음)

그림 2-57 밸브 회전기구의 원리

밸브가 열림에 따라 밸브-스프링의 장력이 증가하고, 밸브-스프링의 장력이 증가함에 따라
볼-리테이너가 압착되면 씨팅-칼라의 안쪽을 누르는 힘은 감소하고 대신에 경사면의 홈에 들
어있는 볼을 누르는 힘은 증가하게 된다. 이렇게 되면 경사면의 홈에 들어있는 볼은 볼-리테
이너와 밀착된 상태로 홈의 낮은 쪽으로 밀려간다. 즉 볼이 경사면에서 밀려 내려간 만큼 볼-
리테이너는 회전하게 된다. 볼-리테이너의 회전운동은 밸브-스프링-리테이너, 밸브-스프링,
밸브-스프링-리테이너-로크를 거쳐서 밸브에 전달된다. 이와 같은 방법으로 밸브가 열릴 때
마다 밸브는 약간씩 회전하게 된다.

밸브가 다시 닫히면 볼-리테이너와 볼은 무부하상태가 되며, 볼-리테이너는 다시 시팅-칼
라의 안쪽 가장자리에 접촉, 지지되고 볼은 리턴-스프링에 의해서 원래의 위치 즉, 경사면의
위쪽으로 밀려간다.

(7) 밸브-가이드(valve guide)와 밸브-스템-씰(valve-stem seal)

① **밸브-가이드**(valve guide : Ventilführung)
주철 실린더-헤드에는 별도의 밸브-가이드를 설치하지 않은 경우가 대부분이나 알루미
늄합금 실린더-헤드에는 동-주철합금 또는 특수 주철제의 밸브-가이드를 압입한다.

② **밸브-스템-씰**(valve stem seal : Ventilschaftabdichtung)
L-헤드기관에 비해 I-헤드기관에서, 그리고 저압축비 기관에 비해 고압축비 기관에서는

다량의 윤활유가 밸브-가이드를 통해서 연소실로 유입되게 된다.

밸브-가이드 상부에 설치된 스템-씰은 밸브-가이드의 충분한 윤활을 보장해야 한다. 그러나 지나치게 많은 윤활유가 밸브-가이드를 통해서 연소실로 유입되는 것도 방지해야 한다(그림 2-58 참조). 스템-씰이 파손되면 밸브-가이드를 통해 흡기 또는 배기 통로에 윤활유가 유입되게 된다. 그 결과 윤활유의 소비가 증대되며, 밸브-스템에 윤활유의 연소생성물이 퇴적되어 기관의 성능을 저하시키고 촉매기에 까지 부정적인 영향을 미치게 된다.

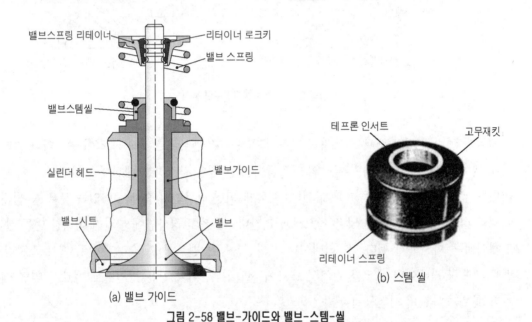

(a) 밸브 가이드

(b) 스템 씰

그림 2-58 밸브-가이드와 밸브-스템-씰

(8) 밸브-시트와 간섭각

① 실린더-헤드의 밸브-시트(valve seat : Ventilsitz)

알루미늄합금 실린더-헤드에는(때로는 주철제 실린더-헤드에도) 밸브-시트의 강도와 내마멸성을 높이기 위해서 구리-주석(CuSn)합금 또는 크롬-망간(Cr-Mn)강 시트-링(seat ring)을 압입하거나 열박음한다(그림 2-59 참조).

실린더-헤드의 밸브-시트에서, 밸브-페이스와의 접촉면은 밸브-페이스와 같은 각도, 주로 45°로 가공한다. 그러나 혼합기의 유동과 밸브-시트의 폭 때문에 밸브-시트의 나머지 부분은 15°와 75°로 가공한다(그림 2-59 참조).

시트의 폭이 넓으면 열전도 측면에서는 유리하나 기밀을 유지하는 데는 불리하다. 일반적으로 흡기 밸브-시트의 폭은 약 1.5mm정도, 배기 밸브-시트의 폭은 약 2mm정도로서, 흡기밸브보다 배기밸브의 시트 폭을 약간 더 넓게 한다.

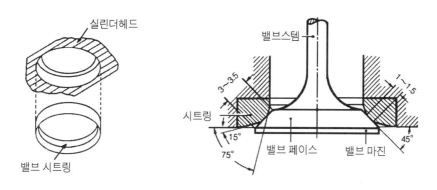

그림 2-59 밸브시트

② **간섭각**(interference angle)

기관에 따라서는 밸브-페이스의 경사각을 밸브-시트의 경사각보다 $\frac{1}{3} \sim 2°$정도 작게 하는 데 이를 간섭각이라고 한다. 예를 들면 밸브-페이스를 44°, 밸브-시트를 45°로 가공하면 연소실 쪽으로 폭이 아주 좁은 접촉면을 이루게 되어 정상적인 시트 폭일 경우와 비교하여 기밀을 유지하는 데 유리하며 혼합기 유입기간이 길어진다. 그러나 밸브회전기구를 사용하거나 또는 밸브-페이스와 밸브-시트를 열처리한 경우에는 간섭각을 두지 않는다.

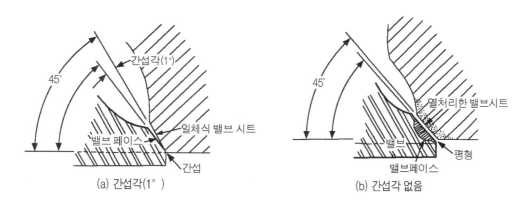

그림 2-60 **밸브시트의 간섭각**

(9) 밸브-스프링(valve spring : Ventilfeder)

밸브-스프링은 흡/배기 행정 말기에 밸브를 닫히게 하고, 동시에 닫힌 상태를 유지하는 역할을 한다. 따라서 밸브-스프링은 기관의 모든 속도영역에서 밸브가 순간적으로 빨리 닫히게 하면서도 밸브-시트나 밸브-페이스에 과도한 충격을 주지 않을 정도의 장력이 있어야 한다.

밸브-스프링은 스프링강으로 만든 코일-스프링(coil spring)으로서 초기장력(pre-tension)이 주어진 상태로 설치된다. 고속에서는 밸브-스프링의 작동 횟수가 밸브-스프링의 고유진동수에 근접하게 될 수 있다. → 서징(surging : Eigenschwingen)

서징 현상이 발생되면 밸브-스프링이 절손될 위험이 있다. 밸브-스프링이 절손되면 기밀유지가 불량해지고 심하면 밸브가 연소실로 떨어지게 되어 큰 손상이 발생할 수도 있다. 따라서 서징현상을 방지하기 위하여 밸브 1개에 스프링을 2개 사용하거나, 피치(pitch : Steigung)를 달리 하거나, 형태를 원뿔형으로 만들기도 한다.

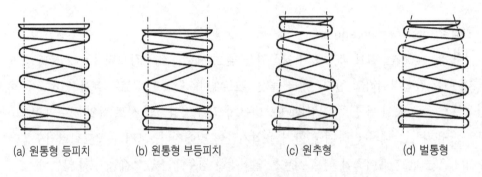

(a) 원통형 등피치   (b) 원통형 부등피치   (c) 원추형   (d) 벌통형

그림 2-61 밸브-스프링의 종류

(9) 로커-암과 종동자

① 로커-암(rocker arm : Kipphebel)

로커-암은 그림 2-62와 같이 양끝이 상/하 왕복운동을 하도록 중앙부에 회전중심이 있는 형식으로서, 푸시-롯드(또는 태핏)의 상/하 왕복운동을 밸브의 상/하 왕복운동으로 변환시켜주는 역할을 한다. → 암(arm)이 2개인 레버

로커-암은 대부분 구리-주석(CuSn)합금의 부싱을

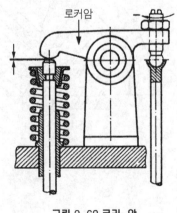

로커암

그림 2-62 로커-암

사이에 두고 로커-암 축에 설치된다. 그러나 그림
2-63과 같이 스텃-볼트(stud bolt)와 풀크럼-시트
(fulcrum seat)를 이용하여 로커-암의 회전점을 지지
하는 방식도 사용된다.

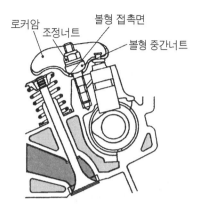

그림 2-63 스텃볼트 지지 방식

② **종동자**(follower arm : Schwinghebel)

종동자는 그림 2-56과 같이 한쪽은 실린더-헤드에
고정된 볼형(ball type) 볼트 위에 설치되고 다른 쪽
은 캠의 상/하 왕복운동을 밸브에 직접 전달할 수 있
도록 캠과 밸브-스템-엔드의 사이에 설치된다. 캠과
종동자 사이의 마찰을 최소화하기 위해 그림 2-64와 같이 접촉부에 롤러가 설치된 종동자
를 사용하기도 한다. → 암(arm)이 1개인 레버

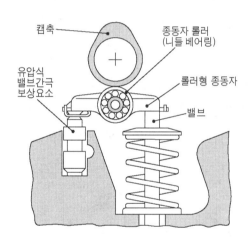

그림 2-64 롤러식 종동자

3. 캠(cam : Nocken)과 캠축(cam shaft : Nockenwelle)

(1) 캠(cam : Nocken)의 기능

캠은 그림 2-65와 같이 자신의 회전운동을 다른 기계요소의 직선 왕복운동으로 변환시키
는 역할을 한다. 그림 2-65는 캠의 회전운동이 리프터 → 푸시-롯드 → 로커-암을 거쳐 밸브
에 전달되는 형식의 밸브구동기구의 일부이다. 캠은 밸브 개폐에 이용된다.

(2) 캠의 형상

밸브 개폐 시, 밸브의 개변지속기간, 밸브의 양
정, 양정속도, 양정의 진행과정 등은 캠의 형상에
의해서 결정된다.

볼록 캠, 접선 캠 그리고 비대칭 캠 등 여러 가지
형상의 캠이 밸브 개폐에 이용된다.

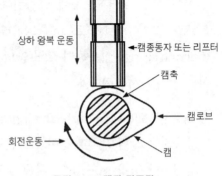

그림 2-65 캠과 리프터

① **볼록 캠**(convex flank cam :
　　　spitzer Nocken)(**그림** 2-66a)

밸브가 천천히 열리고 천천히 닫히지만 완전히 열려 있는 시간은 아주 짧다.

② **비대칭 캠**(asymetric cam : Unsymmetrischer Nocken)(**그림** 2-66b)

개변 램프(open ramp : Auflaufbahn)는 경사를 완만하게 하여 밸브가 천천히 열리도록 하
고, 폐변 램프(closing ramp : Ablaufbahn)는 급경사로 하여 밸브가 급속히 닫히게 한다. 전
체적으로 밸브 개방지속기간을 가능한 한 길게 하기 위한 형상이다. 고속기관에 적합하다.

③ **접선 캠**(tangential cam : steiler Nocken)(**그림** 2-66c)

밸브가 급속히 개폐되지만, 완전히 열려 있는 시간은 상대적으로 길다. 장력이 큰 스프
링이 요구되며, 부하를 많이 받는다. 고속기관에 부적합하다.

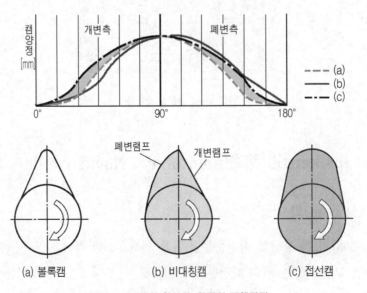

그림 2-66 캠의 형상과 양정의 진행과정

(3) 캠 각부의 명칭

캠 각부의 명칭은 그림 2-67과 같다. 기초원에서 노우즈(nose)까지의 거리를 양정(lift : Hub), 개변지점에서 폐변지점까지의 직선거리를 로브(lobe)라 한다. 그림 2-68은 등속 램프(constant-velocity ramp)와 가속 램프(accelerated ramp)의 운동특성을 비교한 그래프이다.

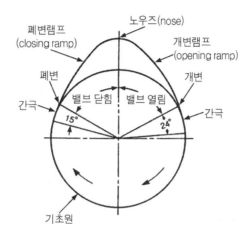

그림 2-67 캠 각부의 명칭

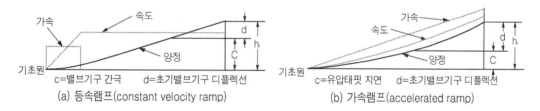

그림 2-68 등속램프와 가속램프의 비교

(3) 캠축(cam shaft : Nockenwelle)

캠축은 다수의 캠을 1개의 축에 집적시켜 일체로 만든 것이다. 캠축은 캠의 형상 및 배열에 의해 정해진 순서에 따라, 정확한 시기에, 밸브의 상/하 왕복운동을 실행한다. 그리고 밸브-스프링에 의해 밸브가 닫히도록 할 수 있어야 한다. 캠축에 따라서는 배전기와 오일펌프 구동기어 그리고 연료공급펌프 구동용 편심캠을 갖추고 있다.

① 캠축의 재료

캠축은 구상흑연주철 또는 흑심가단주철(all-black malleable casting iron : Schwarz

-Tempergu β)로 주조하거나 강(steel)을 단조하여 만든다. 그리고 캠과 베어링저널은 표면경화하여 내마멸성을 증대시킨다.

② 캠축의 종류

동일한 재료로 주조하거나 단조하여 일체로 만든 형식이 주류를 이루고 있으나, 최근에는 캠을 따로 만들어 철제 파이프에 조립한 조립식 캠축도 사용되고 있다.

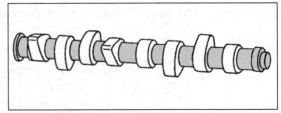

(a) 일체식

(4) 캠축의 구동방식

승용자동차 기관에서는 대부분 치형 벨트(toothed belt : Zahnriemen)나 체인(chain : Rollenkette)으로, 상용자동차 기관에서는 대부분 헬리컬 기어(helical gear : Schrägver- zahnung)를 서로 치합시켜 캠축을 구동한다.

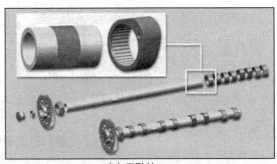

(b) 조립식

그림 2-69 캠축

① 치형 벨트(toothed belt : Zahnriemen) 구동방식

전달해야 할 구동력이 비교적 작은 경우에 사용한다. 구동 벨트는 가볍고, 소음이 적고, 윤활이 필요 없으며, 또 구동기어를 열처리할 필요가 없고 생산원가가 저렴하다는 장점이 있다. 구동벨트(=타이밍-벨트)는 구동력을 전달하는 핵심이 되는 와이어(wire)를 고무로 감싸고 추가로 이(tooth)를 성형한 구조이다. 초기장력을 조정한 다음에는 추가로 장력을 조절할 필요가 없으나 오일이나 그리스가 묻지 않도록 해야 하며, 접어서 보관해서는 안 된다.

② 체인 구동(chain driving : Kettenantrieb) 방식

큰 구동력을 전달해야 하고, 정확한 개폐시기를 반드시 유지해야 할 필요가 있을 경우에 사용한다. 유압식 또는 스프링식 장력조절기를 사용하여 구동 체인(=타이밍-체인)의 장력이 항상 일정하게 유지되도록 한다. 그리고 장력조절기(tensioner)가 설치되는 반대쪽엔 체인-가이드(chain guide)를 설치하여 체인의 진동과 소음을 방지하는 방법을 사용한다.

③ **기어 구동**(gear driving : Zahnradantrieb) **방식**

아주 큰 토크를 정확하게 전달할 수 있다. 크랭크축과 캠축의 거리가 가까운 경우, 또는 큰 토크를 전달해야 하는 경우에 사용한다. 크랭크축-기어와 캠축-기어를 직접, 또는 아이들-기어를 사이에 두고 치합시킨다. 구동 기어로는 스퍼(spur) 기어보다 소음 감소 기능이 우수한 헬리컬(helical)기어를 사용하며, 캠축-기어 재질로는 금속, 합성수지 또는 합성섬유도 사용된다.

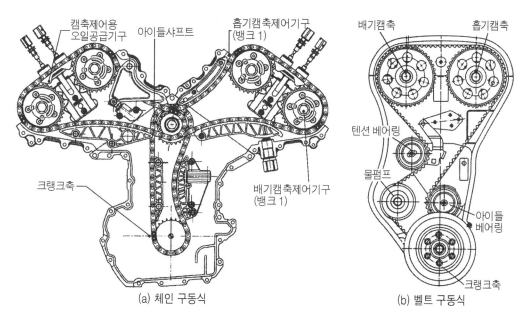

(a) 체인 구동식   (b) 벨트 구동식

그림 2-70 캠축 구동방식(예)

4. 가변 밸브제어(variable valve control : variable Ventilsteuerung)의 개요

기관의 회전속도가 고속일 경우에는 흡기밸브의 개방지속지간이 길어지면 출력이 증가한다. 그러나 저속(예 : 공전)일 경우에는 밸브-오버랩이 길어지면 소기효율과 체적효율이 저하되며, 미연탄화수소의 배출이 증가하고 동시에 잔류가스에 의한 기관부조현상이 나타난다. 그러므로 광범위한 회전속도 범위에 걸쳐 체적효율을 개선시키고 적절한 토크특성과 저연비를 실현하기 위해서 기관의 회전속도와 부하에 따라 캠축 및(또는) 밸브 양정을 제어한다.

캠축 및 밸브 양정을 제어하는 방법에는 여러 가지가 있으나 그림 2-71에 도시된 바와 같이 크게 위상제어, 개변기간제어, 양정제어, 그리고 이들이 복합된 방식으로 구분할 수 있다.

① 위상 제어 → 개폐시기를 제어하는 방법

② 개변기간 제어 → 밸브 개방지속기간을 단축 또는 연장하는 방법

③ 밸브 양정 제어 → 밸브 양정을 크게 또는 작게 제어하는 방법

④ 밸브 양정 기능 제어 → 밸브 양정의 크기에는 변화가 없고 변화과정을 제어하는 방법

⑤ 밸브 양정 가변/누적 제어

가변 밸브 제어의 장점은 다음과 같다.

① 공운전 품질의 개선

② 연비와 배출가스 유해물질 저감을 위한 내부 EGR 제어(특히 부분부하에서)

③ 넓은 속도범위에 걸쳐 토크특성의 개선

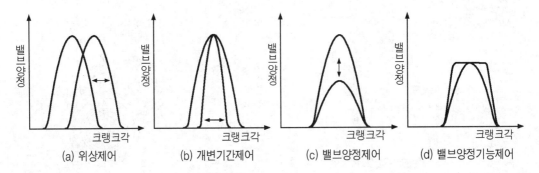

그림 2-71 다양한 밸브제어방식

(1) 캠축 제어

① 흡기/배기 캠축 제어

배기캠축을 기준으로 단순히 흡기캠축의 위치를 변경하거나 또는 흡기캠축과 배기캠축을 동시에 제어하면 밸브의 개폐시기가 변경된다. 이 방식에서는 밸브의 개방기간과 양정에는 변화가 없다. 예를 들어 저속에서는 흡기밸브 개폐시기를 지각시키고, 고속에

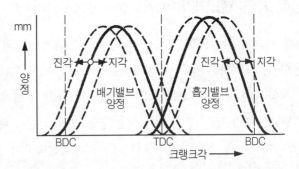

그림 2-72 흡기/배기 캠축 제어에서 밸브-오버랩의 변화

서는 흡기밸브 개폐시기를 진각시키면 밸브 오버랩을 특정속도영역에 적합시킬 수 있다.

② 특성곡선도에 의한 캠축 제어

엔진 ECU는 저장된 특성곡선도에 근거해서 기관의 부하와 회전속도에 따라 캠축을 제어한다. 보정변수로는 기관온도나 주행속도가 사용될 수 있다. 그림 2-73에 도시된 바와 같이 일정속도에서 부하의 변화에 따라 밸브 개폐시기를 진각 또는 지각시킬 수 있다.

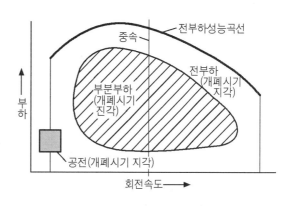

그림 2-73 흡기캠축 제어 특성 곡선도(예)

㉮ 공전 영역

이 영역에서는 흡기캠축을 지각시켜, 흡기밸브가 늦게 열리게 한다. 그러면 밸브-오버랩 기간이 단축되어 배기가스가 흡기다기관 쪽으로 역류되는 것을 최소화할 수 있다. 연소과정은 개선되고 공전토크는 상승한다. 이를 통해 공전속도를 낮출 수 있다.

㉯ 부분부하 영역

흡기캠축을 진각시키면 흡기밸브가 일찍 열리므로, 밸브-오버랩 기간이 길어진다. 한창 배기가 진행중일 때 흡기밸브가 열리고, 이때는 흡기다기관내 공기의 유동속도가 낮기 때문에 배기가스의 일부는 흡기통로로 잠시 밀려들어 갔다가 새로운 공기와 함께 다시 흡입되게 된다. 이를 통해 연소과정의 온도를 낮추는 결과가 되어 질소산화물(NOx)의 발생량이 감소되게 된다. → 내부 EGR 효과.

하사점을 지난 직후에 곧바로 흡기밸브가 닫히게 되므로, 피스톤이 상향행정을 하면서 새로운 혼합기(또는 공기)를 흡기다기관으로 역류시키는 것을 피할 수 있다. 체적효율이 개선되므로 기관의 토크는 현저하게 개선된다. 진각과 지각의 절환점은 기관의 부하와 작동온도의 영향을 크게 받는다.

㉰ 전부하 영역

이 영역에서는 흡기캠축을 지각시킨다. 밸브-오버랩 기간은 단축되고 흡기밸브는 하사점을 지나서 한참 후에 닫히게 된다. 흡기과정의 말기에는 흡기통로의 공기유동속도가 아주 높기 때문에 피스톤이 상향하고 있음에도 불구하고 새로운 공기가 실린더내로 압입되게 된다. 즉, 흡기밸브를 늦게 닫으면, 흡기의 속도에너지에 의한 후-과급효과를 이용할 수 있기 때문에 체적효율이 개선되고, 따라서 토크가 증가하게 된다.

(2) 밸브 양정 제어

주로 많이 알려져 있는 방식 중 대표적인 방식은 다음과 같다.

① Honda의 VTEC(Variable valve Timing and lift, Electronic Control)(그림 2-74)

저속 캠과 고속캠을 이용하여 밸브 양정을 제어하는 방식으로서, 저속에서는 양정이 작은 캠이, 고속에서는 양정이 큰 캠이 흡/배기 밸브를 동시에 개폐하는 방식이다. 이를 통해 밸브-오버랩, 밸브개방지속기간, 개방속도, 밸브양정 등을 변화시킬 수 있다.

비슷한 원리를 이용한 시스템으로는 VTEC의 후속 개발 시스템인 VTEC-E, Mitsubishi의 MIVEC-시스템, Porshe의 'Vario Cam Plus' 등이 있다.

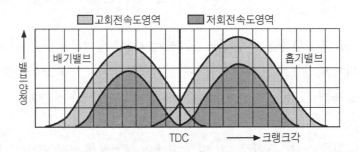

그림 2-74 Honda VTEC의 개폐시기 및 양정 특성

② BMW의 밸브트로닉(valvetronic)(그림 2-75)

흡/배기 캠축을 제어하면서, 동시에 흡기밸브의 양정을 최소값 ↔ 최대값 사이에서 지속적으로 제어하는 방식이다. 특성곡선은 그림 2-75와 같다(그림 2-81 참조).

비슷한 시스템으로는 MAHLE의 FEV-MVVT-시스템, NISSAN의 VEL-시스템, Delphi의 VVA-시스템 등이 있다.

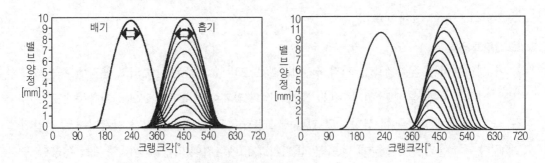

그림 2-75 BMW valvetronic의 개폐시기 및 양정 특성   그림 2-76 Meta VVH의 개폐시기 및 양정 특성

③ Meta의 VVH

배기캠축은 제어하지 않고 흡기밸브의 행정을 누적적으로 제어하는 방식이다. BMW의 밸브트로닉과 비교해서 흡기밸브양정이 감소함에 따라 흡기밸브의 닫는 시점과 양정의 최대 시점이 크게 앞당겨지고 있음을 알 수 있다.

(3) 캠축이 생략된 밸브제어 시스템

이 시스템은 밸브 개폐시기 및 행정을 자유롭게 선택할 수 있기 때문에 잠재력이 큰 시스템이다. 주요한 장점으로는 SI-기관에서도 스로틀밸브를 생략할 수 있으며, 내부 EGR을 자유롭게 제어할 수 있으며, 전체 회전속도 범위에 걸쳐서 최대토크를 얻을 수 있으며, 새로운 개념의 제어기술의 도입이 가능하다는 점 등을 들 수 있다.

5. 캠축제어 시스템(예)

대표적인 캠축제어 시스템은 체인-텐셔너를 제어하는 VarioCam, 캠축 가변제어 시스템인 VANOS 및 VaneCam 등이다.

(1) 체인 텐셔너(chain tensioner) 제어 방식(예 : Porsche의 VarioCam)

그림 2-77a와 같이 좌측의 배기캠축이 우측의 흡기캠축을 체인으로 구동한다. 이 시스템은 오일압력으로 체인-텐셔너를 제어하여 배기캠축을 기준으로 흡기캠축의 위치를 제어한다.

① 흡기밸브 개폐시기 지각

그림 2-77b에서 제어채널 A에 오일압력이 작용하면 상/하 텐셔너는 위쪽으로 밀려가고 체인은 위쪽에서 잡아당기는 상태가 된다. 그러면 흡기캠축은 회전 반대방향으로 약간 회전하게 되므로 흡기밸브 개폐시기는 지각된다. → 밸브 오버랩의 단축

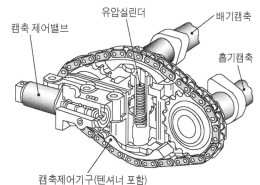

캠축 제어밸브
유압실린더
배기캠축
흡기캠축
캠축제어기구(텐셔너 포함)

그림2-77 (a) 체인텐셔너 제어기구

② 흡기밸브 개폐시기 진각

제어피스톤이 채널A를 폐쇄하고 채널B에 유압을 공급하면 상/하 텐셔너는 동시에 내려가고, 체인은 아래쪽에서 잡아당기는 상태가 된다. 그러면 흡기캠축은 회전방향으로 약간 더 회전하게 되므로 흡기밸브 개폐시기는 진각된다. → 밸브 오버랩의 연장

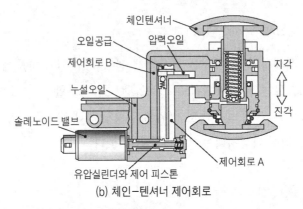

그림 2-77 흡기캠축 제어

(2) BMW의 VANOS

이 시스템은 캠축구동 스프로킷(sprocket)을 기준으로 흡기캠축의 위치를 전자-유압식으로 제어하는 방식이다. 시스템은 유압유닛, 기계유닛 그리고 유압제어용 솔레노이드-밸브로 구성되어 있다. 캠축의 앞쪽 끝부분에는 헬리컬-기어가 가공되어 있고, 이 기어와 제어피스톤의 내측에 가공된 헬리컬-기어가 치합된다. 또 제어피스톤의 외측에 가공된 헬리컬-기어와 캠축-스프로킷 내측에 가공된 헬리컬-기어가 서로 치합된다. 즉, 캠축 → 제어피스톤 안쪽 → 제어피스톤 바깥쪽 → 캠축-스프로킷 안쪽에 가공된 헬리컬-기어들이 서로 치합되어 있다.

기관의 회전속도와 부하에 따라 제어피스톤의 유압 작용방향을 절환하는 솔레노이드-밸브를 전자적으로 제어하여 흡기캠축을 제어한다. 솔레노이드-밸브의 스위칭 위치에 따라 제어피스톤은 캠축의 축선을 따라 앞쪽 또는 뒤쪽으로 왕복운동한다. 제어피스톤의 축선 방향 직선운동은 기계유닛의 헬리컬-기어 짝들에 의해 캠축의 '진각' 또는 '지각' 방향으로의 회전운동으로 변환된다.

① 밸브 개폐시기 진각 → 밸브 오버랩의 증가

그림 2-78b에서 오일압력이 제어피스톤의 바깥쪽에 작용하면 제어피스톤은 캠축방향으로 밀려들어가고, 이 운동에 의해 헬리컬-기어 짝들은 캠축을 스프로킷 회전방향으로 기어

이의 경사도만큼 더 많이 회전시켜, 밸브 개폐시기를 진각시킨다.

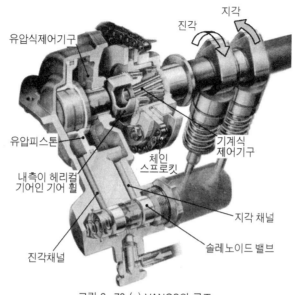

그림 2-78 (a) VANOS의 구조

② 밸브 개폐시기 지각 → 밸브 오버랩의 단축

오일압력이 제어피스톤의 안쪽에 작용하면 제어피스톤은 캠축으로부터 밀려 나오고, 캠축은 스프로킷 쪽으로 직선 이동한다. 이 운동에 의해 헬리컬-기어 짝들은 캠축을 스프로킷 회전 반대방향으로 기어이의 경사도만큼 회전시켜, 밸브 개폐시기를 지각시킨다.

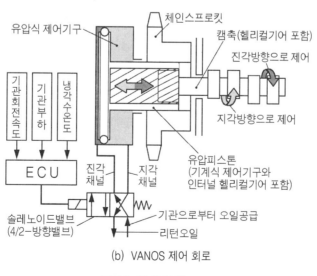

(b) VANOS 제어 회로

그림 2-78 BMW의 VANOS

(3) 흡/배기 캠축 동시제어(BMW의 Double-VANOS)

이 시스템에서는 흡기캠축 뿐만 아니라 배기캠축도 똑같은 방법으로 동시에 무단계로 제어한다. 고속영역에서는 물론이고 저속과 중속영역에서도 토크특성이 크게 개선되는 것으로 보고되고 있다. 제어범위는 예를 들면 크랭크각으로 흡기캠축은 약 60°, 배기캠축은 약 46°이다(M3-엔진, 2001년식 기준).

(4) 흡/배기 캠축 동시제어(VaneCam)

바깥쪽 로터는 캠축의 스프로킷에, 그리고 안쪽 로터는 캠축에 고정되어 있다. 안쪽 로터와 바깥쪽 로터는 서로 반대방향으로 약간 회전할 수 있도록 되어 있다. 두 부품 사이의 연결은 로터의 베인(vane)에 의해 좌측 방과 우측 방으로 분리된 작동실에 작용하는 유압에 의해 이루어진다. 캠축의 스프로킷은 체인 또는 벨트를 통해 크랭크축에 의해 구동된다.

좌/우측으로 분리된 작동실에 작용하는 유압(엔진오일의)은 기관의 회전속도, 부하 그리고 온도에 따라 비례제어밸브를 통해 좌측 방 또는 우측 방에 유입되게 된다. 캠축은 이를 통해 제어된다. 캠축의 제어범위는 크랭크각으로 흡기캠축은 최대 약 52°, 배기캠축은 최대 약 22° 정도이다.

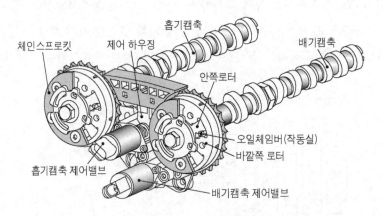

그림 2-79 VaneCam 방식

6. 밸브 양정 제어시스템(예)

밸브개폐시기는 물론이고 밸브의 양정을 기관의 작동상태에 따라 제어한다. 즉, 고속에서는 밸브-오버랩을 길게 하면서, 동시에 밸브의 양정도 크게 하여 체적효율을 개선시킨다. 널리 알려진 시스템으로는 Honda의 VTEC, BMW의 Valvetronic 등이 있다.

(1) Honda의 VTEC

특징은 2개의 밸브에 3개의 캠이 배정되어 있다. 3개의 캠 중에서 중앙의 캠은 양단의 2개의 캠에 비해 양정이 크다. 각 캠의 아래에는 종동자가 각각 하나씩 모두 3개가 일렬로 설치되어있다. 이 3개의 종동자들은 두 조각으로 된 블로킹 플런저에 의해서 일체로 연동될 수 있다.

엔진-ECU는 기관의 회전속도, 부하, 온도 그리고 주행속도를 근거로 유압회로의 솔레노이드-밸브를 전자적으로 ON/OFF 제어하여 블로킹 플런저의 제어면에 작용하는 유압을 ON/OFF시킨다. 블로킹 플런저의 제어면에 유압이 작용하면 플런저는 밀려들어가고, 3개의 종동자는 일체가 된다. 블로킹 플런저의 복귀는 유압이 작용하는 반대 측에 설치된 리턴-스프링에 의해서 이루어진다. 블로킹 플런저의 작동여부를 운전자는 감지할 수 없다.

① 저속영역에서(그림 2-80a)

블로킹-플런저는 2개의 조각으로 분리된 상태로 2개의 종동자에 각각 들어있다. 따라서 3개의 종동자들은 개별적으로 운동한다. 양단의 캠들이 각각 밸브를 개폐시키고, 중앙의 제 3 종동자는 양정이 큰 캠에 의해 눌려는 지지만 그 아래에 밸브가 없으므로 밸브의 개폐에는 관여할 수 없다.

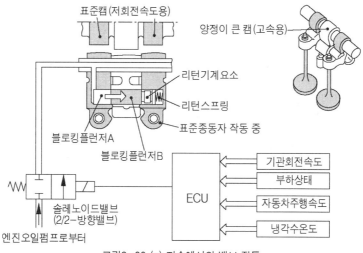

그림2-80 (a) 저속에서의 밸브 작동

② 고속영역에서(그림 2-80b)

유압에 의해 블로킹 플런저가 밀려들어
가면, 중앙의 종동자와 양단의 종동자가
기계적으로 일체가 된다. 이제 양정이 큰
중앙의 제 3 캠에 의해 작동되는 종동자의
운동이 그대로 양단의 종동자에 전달된다.
즉, 양단의 종동자는 중앙의 제 3 종동자
의 운동을 그대로 밸브에 전달한다. 따라
서 밸브는 양정이 큰 중앙의 캠에 의해 작
동되는 결과가 된다.

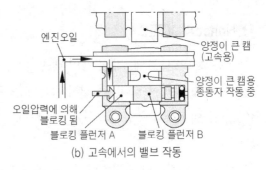

그림 2-80 밸브양정 제어(Honda의 VTEC)

(2) BMW의 Valvetronic (스로틀밸브는 시동과 비상운전 기능에만 이용)

흡기밸브 양정 및 개방지속기간은 무단계로 제어된다. 흡기충전은 밸브개방단면적에 의해
제어된다. 스로틀밸브를 생략할 수 있기 때문에 스로틀밸브에 의한 교축손실도 없다. 밸브개
폐시기는 앞에서 설명한 VANOS-시스템에 의해 제어된다.

① 시스템의 기계적 구성

액추에이터, 편심 세그먼트, 중간레버(intermediate lever : Zwischenhebel), 리턴-스프
링, 캠축, 종동자 그리고 밸브로 구성되어 있다. 캠축이 중간레버를 작동시키고, 중간 레버
의 아래쪽 경사면이 종동자를 작동시키고, 종동자가 밸브를 작동시킨다. 캠축이 회전할
때, 중간레버는 캠축의 캠과 리턴-스프링 사이에서 진자운동을 한다. 중간레버의 회전점의
위치가 중간레버의 진자운동의 크기를 결정하고, 이 진자운동의 크기가 밸브양정을 결정
하는 구조이다.

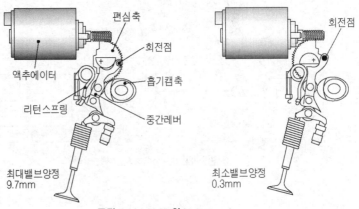

그림 2-81 BMW의 Valvetronic

② **작동 원리**(그림 2-90 참조)

ECU는 기관의 회전속도, 부하, 온도 그리고 주행속도를 근거로 액추에이터를 좌/우로 회전시킨다. 액추에이터의 회전운동은 편심 세그먼트를 통해 중간레버에 전달되어, 중간 레버의 회전점의 위치를 변화시킨다. 중간레버의 진자운동의 폭과 밸브양정은 정비례한 다. 레버의 진자운동 폭이 커지면 밸브양정은 커지고, 작아지면 밸브양정도 감소한다. 밸 브양정의 제어범위는 최소 약 0.3mm에서 최대 약 9.85mm까지 이다.

(3) Meta의 VVH

① **시스템 구성**

이 시스템은 동일한 속도로 서로 반대방향으로 회전하는 2개의 캠축에 의해 작동된다. 흡기밸브의 개폐과정은 2개의 캠축이 분담한다. 크랭크축에 의해 직접 구동되는 제1 캠축 의 개변 캠(open ramp cam)이 개방과정만을, 제2 캠축의 폐변 캠(closing ramp cam)이 폐변과정만을 제어한다. 접촉요소는 롤러식 슬라이더(slider)이다.

대칭성 때문에 2개의 바깥쪽 롤러는 폐변 캠축의 2개의 똑같은 형상의 캠과 접촉하고, 1개의 안쪽 롤러는 개변 캠축의 중앙캠에 접촉한다. 슬라이더는 종동자 위에서 미끄럼 운동하면서, 두 캠축의 캠운동의 결과를 흡기밸브에 전달한다. 기존의 밸브기구에서와 마찬가지로 스템-엔드와 종동자 사이의 밸브간극은 유압식 간극보상요소를 이용하여 보 상한다.

② **작동 방법**

두 캠축의 상대적 위상을 변화시켜 양정을 0에서부터 최대까지 지속적으로 변화시킬 수 있다. 폐변 캠축의 구동과 회전은 4개의 기어로 구성된 연결기어에 의해 이루어진다. 연결 기어는 전기모터와 접속되어 있기 때문에 운전자의 요구에 따라 폐변 캠축을 제어할 수 있 다. 점유공간을 최소화하고 부품수를 줄이기 위해 배기밸브 구동캠과 흡기밸브 개변캠을 1개의 캠축에 배치하였다.

이 시스템은 SI-기관의 전 운전영역에 걸쳐서 교축하지 않고 부하를 제어할 수 있다. 전 부하 시 흡기밸브의 개폐시기는 토크 최적화에 맞추어 제어할 수 있다. 부분부하 영역에서 의 잔류가스 제어(내부 EGR)는 흡기시스템에 설치된 제어플랩을 이용하거나 또는 캠축 (흡기개방/배기용)의 위상을 제어하여 할 수 있다.

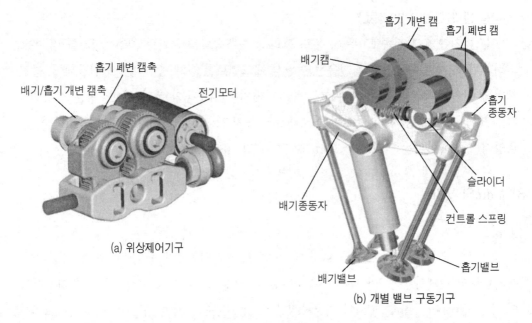

(a) 위상제어기구

(b) 개별 밸브 구동기구

그림 2-82 Meta의 VVH 방식

(4) 전자-기계식 제어 방식

캠축을 생략하고 각 밸브마다 전자-솔레노이드유닛을 설치하고, 이를 전자적으로 제어하여 밸브개폐시기는 물론이고 밸브양정도 제어하는 방식이다. 전자-유압식으로 캠축이나 밸브양정을 제어하는 방식에 비해 진일보한 방식으로 평가되고 있다.

그림 2-83은 HEV(Hybrid Electric Vehicle)용 밸브기구이다. 기관은 크랭크축 - 스타터 - 제너레이터가 일체식이고, 캠축이 없으며, 밸브마다 전자-솔레노이드 유닛을 설치하여 완전 전자제어한다.

개변용 솔레노이드, 폐변용 솔레노이드, 아마추어 그리고 2개의 스프링으로 구성되어 있다. 2개의 솔레노이드 코일 모두에 전류가 흐르지 않으면 아마추어가 중간 위치에 있기 때문에 밸브는 열린 상태로 초기위치(중간 위치)에 있다. 폐변용 솔레노이드에 통전되면 밸브는 완전히 닫히고, 반대로 개변용 솔레노이드에 통전되면 밸브는 완전히 열린다.

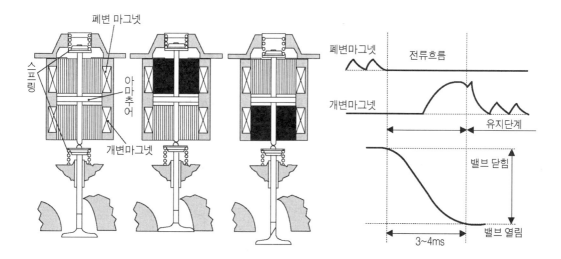

그림 2-83a 전자-기계식 밸브제어 기구 및 작동원리

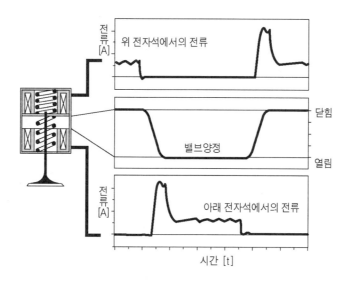

그림 2-83b. 통전 상태 및 밸브 행정의 변화 과정

제6절 과급 시스템
(Intake Air Charging System : Aufladungseinrichtung)

1. 공기 여과기(air filter : Luftfilter)

공기 여과기는 다음과 같은 기능을 한다.

① 흡입공기의 유동을 크게 방해하지 않으면서 효과적으로 흡기를 여과, 정화시킨다.

공기 중에 포함되어 있는 먼지는 대부분 입자직경 0.005mm~0.05mm가 대부분이다. 자연환경, 도로조건(포장 도는 비포장), 차량의 사용처(건설현장, 고속도로 등)에 따라 공기 $1m^3$당 먼지의 양은 약 0.001~1g 정도로 그 폭이 대단히 크다.

연료소비율이 10 L/100km인 자동차일 경우, 공기 $1m^3$(1,000 L)당 $0.05g/m^3$의 먼지가 포함되어 있다면 10 L의 연료를 연소시키는 데는 약 $100m^3$(약 100,000 L)의 공기가 필요하므로 이때 흡입되는 먼지의 양은 약 5g정도가 된다. 이 먼지가 실린더 내벽에서 윤활유에 섞이면 연마제와 같은 작용을 하게 되어 특히, 실린더 벽, 피스톤, 밸브 가이드 등의 마멸을 촉진시키게 된다. 그러므로 흡기의 청정도는 기관의 수명에 결정적인 영향을 미치는 요소 중의 하나이다.

흡입공기와 함께 유입되는 먼지나 이물질은 미세한 금속망이나 여과지, 여과포 그리고 기름에 젖어있는 표면이나 원심력 등에 의해 여과장치에서 분리되고 정화된 공기만이 실린더로 공급된다. 교환시기 또는 청소시기가 지난 여과기는 공기의 흡입저항을 증대시켜 농후한 혼합기가 형성되게 함은 물론이고, 체적효율을 저하시켜 결과적으로 기관의 출력을 감소시킨다.

② 공기 흡입 시의 강한 소음을 일부 감소시킨다.

공기여과기는 무엇보다도 소음감소기능을 달성하기 위해서 비교적 큰 체적을 필요로 한다. 공기여과기의 체적에 대한 경험값은 4행정기관의 경우, 1실린더의 행정체적의 15~20배 정도이며, 약 10~20dB(A) 정도의 소음감소 기능을 하는 것으로 알려져 있다. 이 큰 체적 내에 가능한 한 넓은 표면적과 충분한 먼지 저장능력(교환시기를 연장하기 위해서)을 갖춘 여러 종류의 여과장치가 설치된다.

공기여과기는 기관의 형식에 따라 유체역학적 관점에서 설계된다. 따라서 제작사의 사양을 따르지 않은 공기여과기를 사용하면 출력과 연료소비율에 나쁜 영향을 미치게 되는 데 특히, 2행정기관에서는 그 영향이 더욱 심하게 나타난다.

 참 고

※ **공기여과기(=Helmholz resonator)의 고유주파수**

$$f = \frac{C}{2\pi} \cdot \sqrt{\frac{S_m}{l \cdot V}}$$

여기서 C : 공기에서의 음속[m/s]
   l : 흡입관의 길이[m]
   S_m : 흡입관의 평균 단면적[m²]
   V : 공명기(여과기)의 체적[m³]

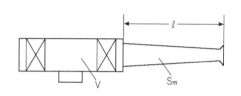

---

2. 체적효율과 과급

기관의 회전력과 출력은 체적효율에 따라 크게 좌우된다. 체적효율은 흡기행정 시 실린더 내에 흡입되는 새로운 공기(또는 혼합기)의 양에 따라 결정된다.

(1) 체적효율(volumetric efficiency : Liefergrad)의 정의

1사이클 당 실제로 실린더에 흡입된 새로운 공기 (또는 혼합기)의 질량 [kg]을 이론적으로 흡입 가능한 공기 (또는 혼합기)의 질량 [kg]으로 나눈 값을 말한다.

흡기밸브가 열려 있는 기간은 크랭크각으로 약 180°~ 315°정도로 길지만 체적효율은 4행정 무과급기관에서는 약 0.7~0.9, 2행정 무과급기관에서는 약 0.5~0.7 정도에 지나지 않는다. 그러나 과급기관에서는 약 1.2~1.6 정도로 높다.

(2) 체적효율 개선 방법

체적효율을 개선하기 위해 주로 사용하는 대책들은 다음과 같다.

① 흡기다기관 형상의 최적화

　내부표면은 매끄럽게, 와류 형성에 적합하게

② 각 실린더마다 흡기밸브를 다수 설치하여, 흡입단면적을 크게 한다.

③ 체적효율을 높일 수 있는 연소실 형상을 채용한다.

④ 실린더 내부의 온도를 낮추어 혼합기의 유입저항을 감소시킨다.

⑤ 흡기 또는 혼합기를 냉각시켜 밀도를 높게 한다.

⑥ 밸브 개폐시기를 제어한다. → 가변 밸브 타이밍(variable valve timing)

⑦ 흡기다기관의 길이 및 단면적을 가변시킨다.

⑧ 과급(charging : Aufladung)한다.

다음에 의해 체적효율이 저하한다.

① 스로틀밸브에서의 유동저항(교축 손실)

② 높은 회전속도에서 밸브 개방기간의 단축

③ 낮은 대기압(고도 100m마다 기관의 출력은 약 1% 정도씩 감소한다.)

(3) 유효 압축비 및 과급의 한계

① 유효 압축비

　피스톤이 상사점에 있을 때의 체적(=간극체적)으로 피스톤이 하사점에 있을 때의 체적(행정체적+간극체적)을 나눈 값을 기하학적 압축비 또는 압축비라고 한다. 유효 압축비란 기하학적 압축비에 체적효율을 곱한 값을 말한다.

$$\text{유효 압축비} \approx \text{기하학적 압축비} \times \text{체적효율}$$

② 과급(charging : Aufladung)

　기관의 출력을 증대시키기 위한 방법으로 이론적으로는 평균유효압력을 높이거나, 각 실린더의 행정체적을 크게 하거나, 실린더 수를 늘리거나, 회전속도를 높이거나, 4행정 방식 대신에 2행정 방식을 고려할 수 있다. 그러나 행정체적을 크게 하거나, 실린더 수를 늘리면 기관의 무게가 무거워지고 또 크기가 그만큼 커진다. 그리고 회전속도를 높이는 데는 기술적, 경제적으로 여러 가지 제약이 뒤 따른다. 행적체적, 실린더 수, 회전속도 및 사용

사이클을 그대로 두고 출력을 증대시키기 위해서는 평균유효압력을 높여야 한다. 평균유효압력을 높이는 방법으로 과급을 고려할 수 있다.

과급이란 대기압 상태의 공기(또는 혼합기)의 전부 또는 일부를 실린더 밖에서 미리 압축시켜 밀도가 높은 상태로 변환시킨 다음, 실린더에 공급하는 것을 말한다. 과급하면 체적효율은 크게 상승한다. 체적효율이 개선되면 기관의 출력과 토크가 증가할 뿐만 아니라 토크특성의 개선, 제동열효율의 상승, 제동연료소비율의 저하, 유해배출물의 저감 등의 효과를 거둘 수 있다.

③ 과급의 한계

과급을 무한정으로 시켜서는 안 된다. 체적효율이 지나치게 높으면, 압축말의 압력이 크게 상승하게 된다. 압축말의 압력이 너무 높으면 SI(스파크점화) 기관에서는 연소 중 노크가 발생되기 쉽다. 노크가 심하면 크랭크축 베어링, 피스톤 등이 손상되게 된다. 따라서 SI-기관에서는 과급할 경우에는 일반적으로 무과급기관에 비해 압축비를 낮게 설계한다.

CI(압축점화)-기관에서는 체적효율이 아주 높을 경우 즉, 압축 말의 압력과 온도가 높은 것은 노크 방지대책이 된다. 그러나 한정된 실린더 체적 내에 흡입된 새로운 공기량에 비례하여 다량의 연료를 분사하게 되면 폭발압력 피크(peak)가 아주 높아, 기관의 기계적 부하가 증대되어 결국은 기관이 파손될 수 있다(예 : 크랭크축의 파손).

즉, SI-기관에서는 노킹 때문에, CI-기관에서는 크랭크축의 강성 때문에 과급을 제한한다. 따라서 제작사가 제시한 규정값 이상으로 과급압력이 높아지면 기관은 손상 또는 파손된다. 과급 시스템은 동적 과급 시스템 및 과급기를 이용한 시스템으로 구분된다.

3. 동적 과급(dynamic supercharging : Dynamische Aufladung)

흡기다기관으로 밀려드는 새로운 혼합기(또는 공기)는 운동에너지를 가지고 있다. 흡기밸브가 개방되게 되면, 흡기밸브에 충돌, 반사되어 역류하는 압력파를 생성하게 된다. 이 압력파는 흡기밸브로부터 음속으로 되돌아와 개방된 흡기관의 끝에서 정지상태의 공기와 충돌하게 된다. 이 충돌로 인해 압력파는 다시 반사되어 흡기밸브 방향으로 진행하게 된다. 이 압력파가 방금 개방된 흡기밸브에 도달하게 되면, 과급효과를 발생시켜 체적효율을 개선하게 된다. 이 때 생성된 압력파의 주파수는 흡기다기관의 길이와 단면적 그리고 기관회전속도에 따라 좌우된다.

(1) 동적 과급의 분류

흡기다기관의 형상 및 이와 관련된 과급방식에 따라 램-파이프(ram pipe : Schwing-saugrohr) - 과급과 공명과급으로 구분한다.

① 램-파이프 과급(ram pipe supercharging : Schwingsaugrohr-Aufladung)

각 실린더는 특정한 길이의 흡기다기관을 가지고 있으며, 이 흡기다기관은 통상 공동 서지-탱크(surgy tank)와 연결되어 있다. 그림 2-84a는 램-파이프의 체적(V_{pipe})은 최소한 행정체적(V_h)보다 커야하며, 피스톤의 흡입일(A)을 흡기밸브 전방의 공기(또는 혼합기)의 운동에너지로 변환시켜, 이를 모두 흡기 압축일(B)로 사용하는 것을 목표로 함을 알 수 있다.

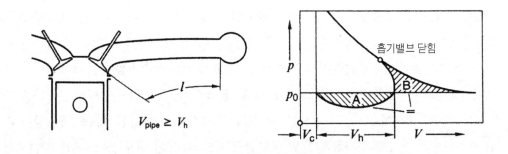

그림 2-84a 램-파이프 과급의 원리

피스톤의 흡입일에 의해 흡기다기관의 공기(또는 혼합기)가 진동하게 된다. 이 진동이 개방된 흡기밸브에 의해 압력파를 발생시키고, 이 압력파가 체적효율을 개선하는데 영향을 미치도록 흡기다기관의 길이를 선택할 수 있다. 저속영역에서는 단면적이 작으면서 길이가 긴 흡기다기관이, 고속영역에서는 단면적이 크고 길이가 짧은 흡기다기관이 유리하다.

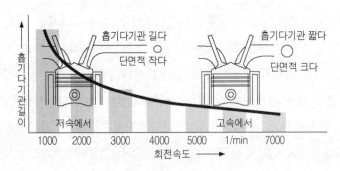

그림 2-84b 진동 흡기관의 길이와 회전속도의 상관관계

② **공명과급**(resonance charging : Resonanz-Aufladung)

공명과급에서는 점화간격이 같은 실린더 끼리 그룹화하여 짧은 관을 통해 공명기와 연결하였다. 그리고 이 공명기는 동조관(tuned tube)을 통해 공동 리시버(receiver) 또는 대기와 연결되어 있으며, 이들은 헬름홀즈 공명기(Helmholz resonator)로서 작동한다.

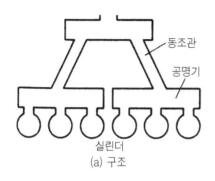
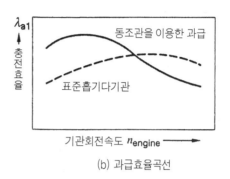

(a) 구조   (b) 과급효율곡선

그림 2-85 공명과급기의 구조와 과급효율곡선

밸브개방 주파수에 의해 맥동하는 공기(또는 혼합기)의 주파수가 영향을 받게 된다. 기관의 회전속도가 높으면, 밸브개방 주파수도 높고, 따라서 흡입공기의 맥동 주파수도 높다. 역으로 기관의 회전속도가 낮으면, 밸브개방 주파수도 낮고, 흡입공기의 맥동 주파수도 낮다. 밸브개방 주파수와 흡입공기의 맥동 주파수가 일치하면 공명현상을 일으킨다. 공명과급은 저속에서 효과가 크다.

(2) 램-파이프-과급 시스템

램-파이프-과급 시스템에는 절환식 흡기다기관과 무단 제어식 흡기다기관이 있다.

① **절환식 흡기다기관**(switching intake manifold : Schaltsaugrohr)

길이가 긴 흡기다기관과 길이가 짧은 흡기다기관을 결합시킨 형태이다. 저속영역(예 : 4100min^{-1} 이하)에서는 길이가 긴 흡기다기관을 통해 공기가 흡입된다. 이때 길이가 짧은 흡기통로는 플랩

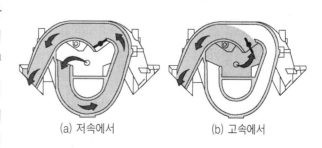

(a) 저속에서   (b) 고속에서

그림 2-86 절환식 흡기다기관

(flap) 또는 회전 디스크(rotary disk)로 폐쇄한다.

고속영역(예 : 4100min^{-1} 이상)에서는 플랩을 전자 - 공압식 또는 전기적으로 조작하여 흡기다기관의 길이가 짧아지는 방향으로 절환한다. 그러면 모든 실린더는 길이가 짧아진 흡기통로를 통해 공기를 흡입하게 된다.

② **무단계 제어식 흡기다기관**(stepless intake manifold : Stufenlos regelbare Sauganlage)

서지탱크 체적의 개방을 변화시키는 회전자-링(rotor : Läuferring)을 기관의 회전속도에 따라 회전시킨다. 이를 통해 흡기다기관의 유효길이를 기관의 회전속도에 무단계로 적합시킨다. 회전자-링의 회전은 기관 ECU의 제어명령에 따라 액추에이터가 담당한다.

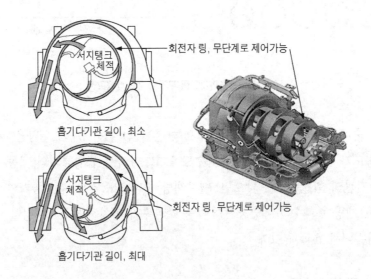

그림 2-87 무단계 제어식 흡기다기관(예 : BMW)

(3) 공명과급 시스템(resonance charging : Resonanz-Aufladung)

공명이란 진동 가능한 시스템의 고유진동을 증폭시키는 것을 말한다. 시스템의 고유진동수는 시스템 자신의 맥동질량의 크기에 따라 좌우된다. 맥동질량이 크면 진동의 파장은 길고 주파수는 낮다. 맥동질량이 작으면 진동의 파장은 짧고 주파수는 높다.

공명밸브를 개방하여 흡기다기관에서 맥동하고 있는 공기 기둥에 질량을 추가하면, 맥동질량은 증가하고 주파수는 낮아지게 된다. 이와 같은 현상은 저속에서 공명진동을 통해 과급효과를 발생시킨다. 따라서 저속에서 체적효율을 개선하는 효과를 얻을 수 있다.

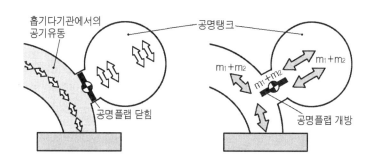

그림 2-88 공명과급 시스템

(4) 공명기/램-파이프 복합 흡기다기관 시스템

개별 시스템의 과급효과를 충분히 활용하기 위해서 공명기와 램-파이프를 복합시킨 흡기
다기관 시스템을 사용하기도 한다.

① 공명기/램-파이프 복합과급의 원리

저속에서 중속까지의 영역에서는 공명과급을, 고속에서는 램-파이프 과급을 통해서 충
전율을 개선한다. 이를 위해서는 흡기다기관에 설치된 플랩(flap)을 전기적으로 또는 전자
- 공압식으로 회전속도에 따라 개폐한다.

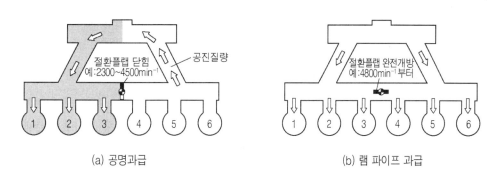

(a) 공명과급   (b) 램 파이프 과급

그림 2-89 공명기/램-파이프 복합 흡기다기관 시스템

② 시스템 구성(예)

저속에서 중속까지(예 : 2300~4500min^{-1}) 공명과급하는 동안에는 플랩이 닫혀있다.
따라서 흡기다기관은 실린더 그룹 1(1, 2, 3)과 실린더 그룹2(4, 5, 6)로 분리된다. 실린더

그룹1에서 흡입하는 동안에 실린더그룹 2의 흡기다기관체적은 공명실로서 작용한다. 이를 통해 맥동하는 공기질량의 주파수가 낮아져 밸브개방 주파수에 동조되게 된다.

고속(예 : 4800min^{-1} 이상)에서는 플랩이 개방되어 램-파이프 과급만 하게 된다.

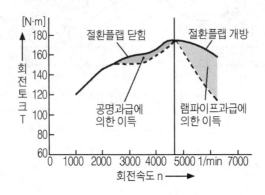

그림 2-90 공명기/램-파이프 복합 시스템에서의 토크특성 개선

4. 과급기를 이용한 과급

과급기(또는 압축기)를 이용하여 실린더 밖에서 흡기(또는 혼합기)의 일부 또는 전부를 예압축하여 흡기가 진행되는 동안 실린더 안으로 보다 많은 양의 공기를 강제적으로 공급한다.

과급기를 구동하는 방식에 따라 분류하면 배기가스의 유동에너지에 의해 구동되는 배기가스 과급기(exhaust gas turbo-charger), 기관의 동력을 이용하는 기계식 과급기(mechanical super charger) 그리고 전기식 과급기 등이 있다.

기계식에는 루트(roots)형, 슬라이딩-베인(sliding-vane)형, 회전 피스톤(rotary-piston)형 등이, 복합식에는 압력파(pressure wave) 과급기가 있다. 이들은 대부분 디젤기관에 주로 사용되므로 「디젤기관」에서 다루기로 하고, 여기서는 배기가스 과급기에 대해서만 설명하기로 한다.

(1) 배기가스 과급기(exhaust gas turbo charger : Abgasturbolader)

승용자동차 기관에서는 배기가스에 의해 구동되는 터보-과급기를 주로 사용한다. 배기밸브를 통해 배출되는 배기가스는 터빈을 구동시키고 소음기를 거쳐 대기 중으로 방출된다. 그러면 터빈과 동일한 축에 고정된 압축기는 터빈의 회전속도와 같은 속도로 회전하면서 공기

여과기, 공기계량기를 거쳐 압축기에 유입된 새로운 공기를 압축하여, 실린더로 공급한다. 즉, 배기가스와 함께 대기로 방출되는 에너지를 회수하여 압축기를 구동하는데 재사용한다.

이 형식의 과급기에서 과급효과는 중속과 고속에서 크게 나타나며, 연료소비율도 이 영역에서는 감소한다. 체적효율을 개선함으로서 출력이 증대되며, 기관의 토크곡선도 유효성이 증가한다. 그리고 기관의 크기와 회전속도를 변화시키지 않고도 출력을 증가시킬 수 있으므로 기관의 단위출력 당 중량을 가볍게 할 수 있다. 또 흡기의 개선된 와류작용으로 노크발생 경향은 감소하며, 배기가스 중의 유해물질 수준도 낮아진다. 그리고 배기가스 과급기는 추가로 소음기의 역할도 한다.(사전 팽창). 또 고지대에서의 출력이 상대적으로 적게 저하된다. 무과급기관은 고도 1,000m당 약 10% 정도의 출력이 저하하는 데 반하여 과급기관에서는 약 1~2% 정도의 출력이 저하될 뿐이다. 물론 출력상승은 기관의 열적, 기계적 부하부담능력 때문에 제한된다.

그러나 저속영역에서는 가속페달의 급격한 위치변화에 대해 약간의 반응지연을 피할 수 없다. 이유는 관성 때문에 배기가스가 급격한 부하변동을 추적할 수 없기 때문이다. → 터보홀(turbo-hole) 현상

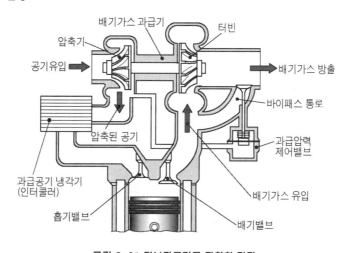

그림 2-91 터보과급기를 장착한 기관

① 배기가스 과급기의 구조(그림 2-92)

배기가스 과급기는 회전부, 베어링 하우징, 터빈 하우징, 압축기 하우징 등으로 구성된다. 회전부는 터빈과 압축기, 그리고 이들을 연결하는 축으로 구성되며, 정격 회전속도는 과급기에 따라 다르나 대략 50,000~400,000min^{-1} 범위이다. 회전부의 형상 정확도, 표면

가공상태, 밸런싱 그리고 윤활문제 등은 고도의 기술을 요하는 부분이다.

회전부는 롤러 베어링 또는 윤활유 속에 잠겨있는 부싱(bushing)에 지지되어 있다. 부싱 형식에서는 부싱도 회전부와 같은 방향으로 회전하도록 되어 있다. 이렇게 하면 회전축과 부싱 간의 속도차이 즉, 상대속도가 감소하여 마찰과 마멸이 최소화 된다.

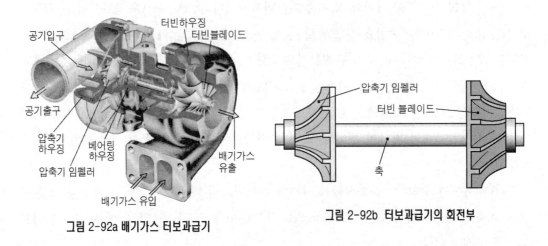

그림 2-92a 배기가스 터보과급기

그림 2-92b 터보과급기의 회전부

회전부의 윤활은 기관 윤활회로에 의해서 이루어진다. 그리고 터빈과 윤활실 사이에는 단열판을 설치하여 터빈의 열이 윤활유로 전달되는 것을 가능한 한 최소화 시킨다.

② 과급공기의 냉각 ← 인터-쿨러(inter-cooler : Ladeluftkuehler)

과급기에 의해 압축된 공기의 온도는 약 180℃ 정도까지 상승한다. 따라서 실린더에 공급하기 전에 냉각수나 외부공기로 냉각시키면, 과급공기의 밀도가 높아지기 때문에 체적효율은 더욱 개선된다. 따라서 한정된 공간체적인 실린더 내에 더 많은 양의 연료를 공급할 수 있기 때문에 리터출력이 상승한다. 과급공기를 냉각시키지 않을 경우에 과급압력은 약 0.2~1.8bar 정도이지만 과급공기를 냉각시키면 과급압력은 약 0.5~2.2bar 정도로 상승한다.

③ 과급압력을 제어해야하는 이유

과급기를 설계할 때는 지나치게 높은 과급압력에 의한 기관의 파손 위험은 물론이고, 저속영역 및 배기가스의 양이 적을 때에도 충분한 과급효과를 얻을 수 있어야 한다는 점을 고려하게 된다. 따라서 기관의 회전속도가 높고 배기가스의 양이 많을 경우에는 과급압력이 지나치게 높아지거나 또는 과급기의 회전속도가 허용 한계값을 크게 벗어날 수 있으므로 과급압력을 제어해야 할 필요가 있다. 과급압력 제어방법에는 기계 - 공압식, 전자식 그리고 블레이드를 제어하는 방식에 이르기 까지 여러 가지가 있다.

(2) 과급압력제어 → 기계 - 공압식(그림 2-93 참조)

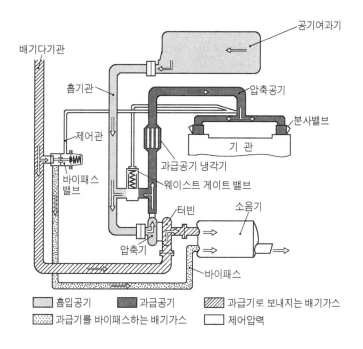

그림 2-93 배기가스 터보과급기의 작동회로

과급압력제어 밸브는 터빈의 전방, 임의의 위치에 있는 배기가스 바이패스 통로에 설치된다. 주요 구성부품은 다이어프램 그리고 다이어프램에 직결된 바이패스밸브(포핏밸브)이다. 바이패스-밸브의 스템-엔드에는 다이어프램이 직결되어 있으며, 다이어

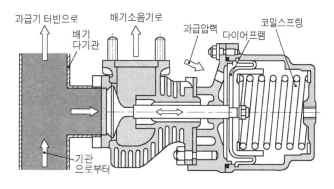

그림 2-94a 과급압력제어밸브(포핏밸브 식)

프램의 안쪽에는 과급압력이 작용하고 뒤쪽에는 코일-스프링의 장력이 작용한다. 과급압력이 낮을 경우에는 코일-스프링의 장력에 의해 바이패스-밸브는 닫힌다. 그러나 과급압력이

스프링장력을 이기게 되면 바이패스-밸브는 열리게 된다. 바이패스-밸브가 열리면 배기가스 중의 일부는 터빈을 거치지 않고 곧바로 소음기로 바이패스 된다. 그러면 1차로 터빈의 구동력이 약화되고 이어서 터빈의 회전속도가 낮아져 결국은 과급압력이 낮아지게 된다.

포핏(poppet)밸브 대신에 플레이트(plate)밸브를 사용하고 제어체임버와 연결된 링케지를 이용하여 과급압력을 제어하는 방식도 사용되고 있다. 제어체임버와 과급기의 고열부분과의 간격이 크기 때문에 합성수지 다이어프램의 열부하는 그리 크지 않으므로 고장위험은 아주 낮다.

엔진브레이크를 사용하게 되면, 스로틀밸브는 닫히게 된다. 이때 압축기 임펠러에는 높은 정체압이 작용하게 된다. 이 정체압이 압축기 임펠러를 제동하므로, 급격한 부하변동 시에는 반응지연현상을 피할 수 없게 된다. 엔진브레이크를 사용할 때, 압축기 임펠러의 원활한 작동을 보장하기 위해서 압축기의 흡입측과 압력측 사이에 흡기다기관압력에 의해 작동하는 웨이스트-게이트(waste gate : Umluftventil)를 설치할 수도 있다. 스로틀-밸브가 닫히면 제어 파이프 내에 형성된 고진공에 의해 웨이스트-게이트가 열리고, 과급압력상태의 공기를 다시 압축기의 흡입측으로 복귀시킬 수 있게 된다.

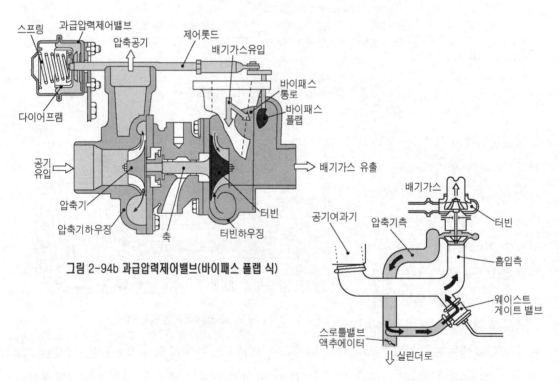

그림 2-94b 과급압력제어밸브(바이패스 플랩 식)

그림 2-94c 웨이스트 게이트 밸브

(3) 과급압력제어 → 전자제어식

과급압력제어유닛은 스로틀밸브 개도와 노크 강도 등을 고려하여 최적 과급압력을 산출한다. 보정변수로는 흡기온도, 기관의 회전속도와 작동온도 등이 이용된다. 엔진제어유닛에 설치된 대기압센서가 계속적으로 대기압을 측정하고 이를 과급압력 계산에 반영하므로 고산지대를 주행할 때와 같은 경우의 대기압변동은 충전률에 크게 영향을 미치지 않는다.

기계-공압식에 비해 전자적으로 과급압력을 제어했을 때의 장점은 다음과 같다.

- 반응 민감도의 개선
- 흡기다기관 절대압력으로 제어하므로 대기압과 상관없이 일정한 출력을 얻을 수 있다.
- 과급압력을 운전상태에 따라 노크한계에 까지 근접시켜 높일 수 있다.

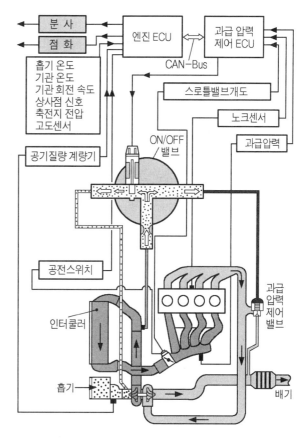

그림 2-95 과급압력 전자제어

① 작동원리

압력센서가 과급압력을 감지하고, 과급압력제어유닛이 ON/OFF 밸브를 제어한다. ON/OFF 밸브의 듀티율로 바이패스 통로 단면적을 제어한다.

㉮ 과급압력이 아주 낮을 때

제어유닛이 과급압력이 너무 낮다고 판단하면 ON/OFF 밸브를 열어 과급기의 흡입측과 압력측을 서로 연결시킨다. 그러면 과급압력제어밸브에 작용하는 제어압력이 낮아진다. 과급압력제어밸브는 닫힌 상태를 그대로 유지한다. 터빈은 배기가스 전체에 의해 구동된다. → 과급압력 상승

㉯ 과급압력이 아주 높을 때

제어유닛이 과급압력이 너무 높다고 판단하면 ON/OFF 밸브를 닫아 과급기의 흡입측과 압력측의 연결을 차단한다. 제어라인의 압력이 상승하므로 과급압력제어밸브가 열리게 된다. 그러면 배기가스의 일부는 소음기로 바이패스 된다. 터빈의 구동에 사용되는 배기가스의 양이 감소한다. → 과급압력 하강

② 가속 시의 초과-과급(overboost : Ueberfoerderung)

가속하기 위해서 가속페달을 급격하게 끝까지 밟으면(kick-down), ON/OFF 밸브가 순간적으로 열려 과급압력제어밸브를 닫는다. 그러면 배기가스 전체가 터빈에 작용하므로 과급압력은 급격히 상승한다. 원하는 주행속도에 도달한 다음, 통상의 제어과정이 다시 반복된다.

(4) 터빈의 기하학적 형상 변화를 통한 과급압력제어 → VTG(variable Turbine Geometry)

이 형식의 과급기에서는 가변 제어식 가이드-블레이드(guide blade)의 위치를 변화시켜 과급압력을 제어한다. 기관의 회전속도에 의해 결정되는 배기가스의 양과는 관계없이 기관의 회전속도에 따라 가이드-블레이드의 위치를 제어한다. 이 형식의 과급기로는 가변노즐 과급기(Variable Turbine Geometry : VTG)가 있다. 작동원리는 다음과 같다.

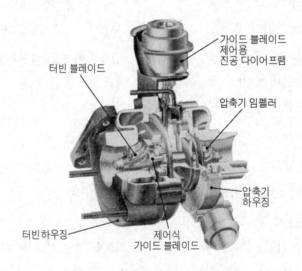

그림 2-96　VTG(variable Turbine Geometry)

① VTG - 과급기의 구조 및 가이드-블레이드 제어

가이드-블레이드의 축은 캐리어-링(carrier ring)을 관통하는 구멍에 회전운동이 가능하도록 설치되어 있고 축의 끝에는 가이드-핀(guide pin)이 고정되어 있다. 그러므로 가이드-핀을 움직이면 가이드-블레이드도 똑같이 움직이게 된다. 캐리어-링의 바깥쪽에는 컨트롤-링이 설치되어 있고, 가이드-핀들은 모두 컨트롤-링(controll ring)의 홈에 끼

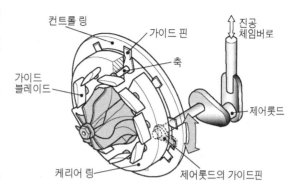

그림 2-97 가이드 블레이드 제어기구

워져 있다. 캐리어-링은 고정되어 있지만 컨트롤-링은 일정각도 회전운동이 가능하다.

컨트롤-링에 설치된 제어롯드는 진공 다이어프램에 연결되어 있다. 따라서 진공 다이어프램의 직선운동은 그대로 제어롯드에 전달되고, 제어롯드의 직선운동은 컨트롤-링의 회전운동으로 나타난다. 제어롯드의 직선운동을 통해 컨트롤-링을 일정 각도 회전시키면, 가이드-블레이드는 모두 동시에 원하는 각도만큼 회전하게 된다.

㉮ 제어롯드 조작기구(전자-공압식)

기관 ECU는 진공펌프의 부압과 대기압 사이에 특정한 압력차가 유지되도록 솔레노이드 밸브를 제어한다. 이 차압이 진공 다이어프램에 작용한다. 이 차압의 크기가 바로 가이드-블레이드의 위치에 대한 척도이며, 기관의 현재 부하와 속도에서의 과급압력에 대한 기준이다. ECU는 기관의 운전상태에 따라 지속적으로 가이드-블레이드를 위치 '수평(horizontal)' 또는 '급경사(steep)' 사이에서 제어한다. 이때의 제어변수로는 기관의 회전속도와 작동온도, 스로틀밸브 개도 그리고 노크강도 등이 고려된다.

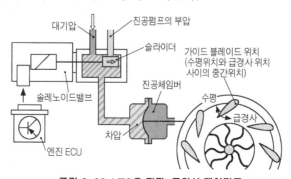

그림 2-98 VTG용 전자-공압식 제어기구

② 작동원리

㉮ 기관의 회전속도가 낮을 때

저속에서도 큰 회전토크를 얻기 위해서는 과급압력이 높아야 한다. 이를 위해 가이드-블레이드의 각도를 변화시켜 터빈블레이드 전방의 배기가스 유입구 단면을 좁아지게 한다. 유입구 단면이 좁아지면 배기가스의 유동속도가 상승하게 되며, 동시에 배기가스는 터빈블레이드의 선단 영역에 주로 작용하므로 터빈의 구동 토크-암이 길어지는 효과도 얻게 된다. 터빈의 회전속도가 상승하고 이를 통해 과급압력도 높아지게 된다.

㉯ 기관의 회전속도가 높을 때

고속에서는 배기가스 유입구 단면을 크게 하여, 다량의 배기가스가 터빈블레이드에 유입되도록 가이드-블레이드를 제어한다. 이를 통해 필요한 과급압력에 도달하게는 되지만 이 압력을 초과하지는 않게 된다. 또 고속에서 유입구 단면의 크기를 변화시켜 일시적으로 과급압력을 추가로 상승시킬 수 있다. → 오버 부스트(over boost)

가이드-블레이드의 위치를 변화시켜 기관의 전 작동영역에 걸쳐 과급압력을 최적 제어할 수 있으므로 바이패스(bypass) 통로는 생략된다. 또 ECU가 기관이 비상운전 상태임을 감지하면, 기관의 회전속도가 낮음에도 불구하고 가이드-블레이드는 유입구 단면적이 최대가 되도록 제어된다. → 과급압력이 낮아지고, 이어서 기관의 출력도 낮아지게 된다.

 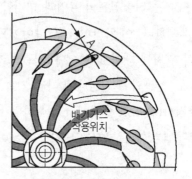

(a) 저속에서(유입 단면적 A 작음)　　　(b) 고속에서(유입 단면적 A 큼)

그림 2-99 가이드-블레이드의 위치

연료공급장치 및 혼합기형성

(Fuel Delivery and Mixture Formation : Kraftstoff-förderung und Gemischbildung)

제1절 오토기관의 연료공급장치
(Fuel Supply System : Kraftstofförderung)

연료공급장치는 기관의 작동상태에 따라 그때그때 기관이 필요로 하는 연료를 혼합기형성장치(또는 연료분사장치)에 충분히 공급할 수 있어야 한다.

연료공급장치의 기능은 다음과 같다.

① 연료를 연료탱크에 저장한다.

② 기포가 들어있지 않는 연료를 시스템에 공급한다.

③ 연료를 여과시켜 오염물질을 제거한다.

④ 연료압력을 형성하고 이를 일정하게 유지한다.

⑤ 과잉 공급된 연료를 연료탱크로 복귀시킨다.

⑥ 연료증기의 생성을 억제하고 외부로의 방출을 방지한다.

연료공급장치는 연료탱크, 연료공급펌프, 연료여과기, 연료파이프 그리고 연료탱크 환기장치와 활성탄 여과기 등으로 구성되어 있다(그림 3-1 참조).

연료공급펌프는 연료탱크에 저장되어 있는 연료를 여과기를 거쳐 분사밸브에 공급한다. 여과기는 연료에 포함된 불순물을 제거한다. 시스템압력조절기는 연료공급펌프와 일체로 연료탱크 내에, 또는 흡기다기관압력에 연동할 수 있는 위치에 설치되어 시스템압력을 일정하게 유지하거나 또는 유효분사압력을 일정하게 유지하는 기능을 한다. 모든 운전상태에서 항상 충분한 양의 연료를 공급하기 위해, 연료공급시스템은 실제로 필요로 하는 양보다 더 많은 양의 연료를 공급할 수 있어야 한다. 과잉 공급된 연료는 압력조절기를 통해 다시 연료탱크로 복귀한다.

기관에 근접, 설치된 연료파이프 및 분사밸브가 기관의 열에 의해 가열되면, 회로 내에 대량의 연료증기가 발생할 수 있다. 이를 방지할 목적으로 실제 소비되는 연료보다 더 많은 양의 연료를 공급하여 냉각효과를 이용하고, 과잉연료는 복귀회로를 통해 연료탱크로 복귀시킨다. 이렇게 하면 항상 비교적 온도가 낮은 연료를 분사장치에 공급할 수 있다. 그러나 최근에는 연료공급일의 효율적인 측면을 고려하여 연료파이프와 분사밸브의 단열을 강화하고, 대신에 여분의 연료는 연료공급펌프 모듈에 집적된 압력조절기에서 곧바로 연료탱크로 복귀시키는 시스템이 일반화되고 있다.

연료 또는 연료증기가 대기 중으로 방출되는 것을 방지하기 위해서는 항상 연료탱크 내의 압력평형이 유지되어야 한다. 이를 위해서는 정교한 환기기구가 필요하다. 활성탄 여과기는 시스템에서 생성된 연료증기를 흡착, 일시 저장하였다가 재생밸브를 통해 이를 연소실로 이송, 연소시키는 것을 목표로 한다. OBD(ON-Board-Diagnose)Ⅱ에서부터는 연료공급시스템의 기밀도를 감시하도록 규정하고 있다.

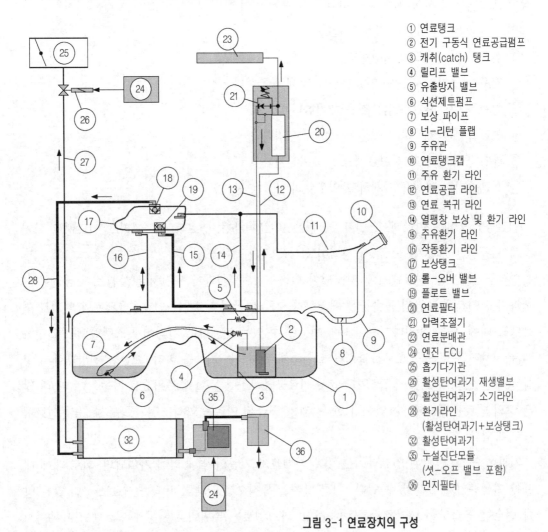

① 연료탱크
② 전기 구동식 연료공급펌프
③ 캐취(catch) 탱크
④ 릴리프 밸브
⑤ 유출방지 밸브
⑥ 석션제트펌프
⑦ 보상 파이프
⑧ 넌-리턴 플랩
⑨ 주유관
⑩ 연료탱크캡
⑪ 주유 환기 라인
⑫ 연료공급 라인
⑬ 연료 복귀 라인
⑭ 열팽창 보상 및 환기 라인
⑮ 주유환기 라인
⑯ 작동환기 라인
⑰ 보상탱크
⑱ 롤-오버 밸브
⑲ 플로트 밸브
⑳ 연료필터
㉑ 압력조절기
㉓ 연료분배관
㉔ 엔진 ECU
㉕ 흡기다기관
㉖ 활성탄여과기 재생밸브
㉗ 활성탄여과기 소기라인
㉘ 환기라인
　　(활성탄여과기+보상탱크)
㉜ 활성탄여과기
㉟ 누설진단모듈
　　(셧-오프 밸브 포함)
㊱ 먼지필터

그림 3-1 연료장치의 구성

1. 연료탱크(fuel tank : Kraftstoffbehälter)

상용자동차에서는 연료탱크의 재료로 대부분 알루미늄 화성피막 처리된 강판(steel plate)을 사용한다. 성형 및 가공이 쉽고 강도도 높기 때문이다. 그리고 연료탱크의 용량이 큰 경우에는 급격한 선회주행 시 또는 언덕길 주행 중 연료가 한쪽으로 지나치게 쏠려, 무게 이동은 물론이고 충분한 양의 연료를 흡입할 수 없게 되는 현상이 발생할 수 있다. 이를 방지하기 위해 작은 구멍이 다수 가공된 칸막이(baffle : gelochte Trennwände)를 여러 개 설치하여 연료탱크 내부를 다수의 작은 공간으로 분리시킨다.

승용자동차에서도 연료탱크의 재료로 강판의 사용이 증가하고 있다. 저공해자동차(LEV)에서는 연료시스템의 증발손실(대부분 HC)을 2g/day 이하로 규정하고 있다. 이와 같은 기준을 만족시키기 위해서는 연료탱크에서 생성된 HC가 대기 중으로 방출되어서는 안 된다. 따라서 연료탱크 재료로 플라스틱 보다는 강판을 사용하는 것이 더 효과적이다.

그림 3-1에서와 같이 형상이 복잡한 승용차 연료탱크의 경우, 플라스틱(PE ; Poly Ethylene)으로 제작하기도 한다. 이 경우 연료탱크는 80km/h의 속도로 충돌했을 경우에도 파열되지 않을 만큼 높은 강도를 유지해야 한다. 물론 고온(디젤분사장치에서는 120℃ 이상)에서는 재료 플라스틱의 소성변형 및 재료 플라스틱을 통한 증발가스의 투과 위험이 있다. 증발가스의 투과를 방지하기 위해 연료탱크 내벽을 'F$_2$ / N$_2$' 처리하거나 EVOH(Ethylen Vinyl Alcohol)처리한다.

선회반경이 적은 커브 또는 경사도가 가파른 언덕길을 주행할 때, 그리고 연료탱크에 잔량이 아주 적을 때는 연료가 어느 한쪽으로 쏠리게 된다. 이와 같은 경우에도 연료공급펌프가 항상 연료를 공급할 수 있도록 하고, 분리된 연료탱크의 한쪽 공간에 있는 연료를 다른 한 쪽으로 펌핑하기 위해 탱크 내부에 캐취-탱크(catch- tank)를 설치한다. 캐취-탱크는 전기식 펌프 또는 흡인 제트펌프(sucking jet pump)에 의해 항상 연료로 가득 채워진다. 대부분 연료공급펌프(in-tank-pump)와 스트레이너(strainer), 연료수준센서 등을 모듈(module) 형태로 캐취-탱크 안에 설치한다.

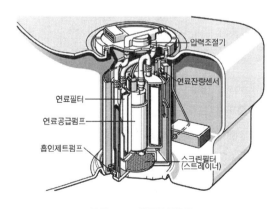

그림 3-2 연료공급모듈

(1) 연료탱크 환기시스템

연료탱크는 상태(수평면 또는 경사면에 주차)에 따라, 주행모드(가속, 제동, 커브, 언덕길 또는 내리막길)에 따라 그리고 주유하는 동안에도 항상 탱크 내부의 압력 평형을 유지하는 환기기능이 작동해야 한다.

주행 중 연료가 소비되는 양 만큼 탱크 내부에 공기가 공급되어야 한다. 탱크 내부에 외부로부터 부압이 형성되면 연료탱크의 변형이 유발되며, 연료공급펌프의 흡인성능에 부정적인 영향을 미치게 된다. 또 가열(예 : 햇볕이 내리쬐는 장소에서 장시간 주차)되면 연료의 체적 팽창 또는 증발현상을 피할 수 없다. 이 경우 과잉된 연료는 보상탱크에 일시 저장하고, 생성된 연료증기는 활성탄여과기에 흡착시켜, 어떠한 경우에도 연료증기가 대기로 직접 방출되지 않도록 한다.→ ORVR(On-board Refueling Vapour Recovery) 시스템

주유 중 발생되는 증발가스도 활성탄여과기에 흡착되도록 하거나 또는 주유기가 흡인하도록 하여 대기로 방출되지 않게 해야 한다.

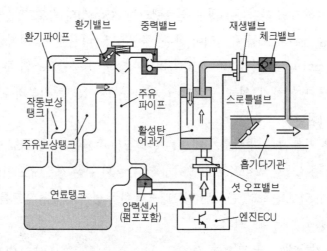

그림 3-3 연료탱크 환기 시스템

① **작동 보상탱크**(operation compensation tank : Betriebsausgleichbehälter)
   열에 의해 팽창된 연료를 일시 저장한다. 환기통로를 통해 활성탄여과기와 연결되어 있다. 이 탱크의 용적은 대략 2~5 L 정도가 대부분이다.

② **주유 보상탱크**(: Betankungsausgleichbehälter)
   연료탱크에서 발생하는 연료증기 및 주유 중 밀려나오는 연료증기를 일시 저장하는 기

능을 한다. 시스템에 따라서는 주유 중 발생하는 연료증기를 환기통로를 통해 주유관으로 복귀시켜, 주유관에서 주유기의 증기흡인기구에 의해 흡인되도록 한다.

③ **환기밸브**(vent valve : Entlüftungsventil)

보상탱크로부터 연료증기가 대기로 직접 방출되거나 또는 흡인되는 것을 방지한다. 이 밸브는 주유 중에는 닫혀있게 된다.

④ **중력밸브**(roll-over-valve : Schwimmer-Schwerkraftventil)

연료탱크와 활성탄여과기 사이에 설치된다. 연료탱크에 지나치게 많은 연료가 주유되어 있을 때 자동차가 심하게 기울어지거나 또는 자동차가 전복될 경우에는 활성탄여과기를 통해 연료가 대기 중으로 유출될 수 있다. 이와 같은 경우에 중력밸브가 중력에 의해 자동적으로 닫혀, 연료가 대기 중으로 누출되는 것을 방지한다.

⑤ **활성탄 여과기**(active charcoal filter : Aktivekohlefilter)

활성탄여과기는 원통의 양단에는 필터가, 그리고 내부에는 미세한 활성탄으로 채워져 있다. 한쪽에는 연료탱크나 보상탱크로부터의 환기공과 기관으로의 소기공이 있고, 다른 한쪽에는 대기 유입구가 있다.

기관정지 시에 생성된 연료증기는 환기공을 통해 먼저 활성탄 여과기에 유입된다. 그러면 활성탄은 연료증기(대부분 HC)를 자신의 넓은 표면에 흡착시킨다. 활성탄 1g의 표면적은 약 $500m^2 \sim 15000m^2$이다.

기관이 정상작동상태에 도달한 다음, ECU가 셧-오프 밸브(대기 유입구)와 재생밸브(소기공)를 동시에 열면 대기가 셧-오프 밸브를 통해 활성탄 여과기로 유입된다. 유입된 대기는 활성탄 표면에 흡착되어 있는 연료증기를 활성탄으로부터 분리시켜 재생밸브를 통해 흡기관으로 유도한다.

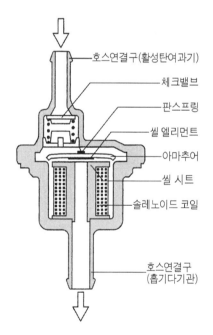

호스연결구(활성탄여과기)
체크밸브
판스프링
씰 엘리먼트
아마추어
씰 시트
솔레노이드 코일

호스연결구
(흡기다기관)

그림 3-3b 활성탄여과기 재생밸브

⑥ **셧-오프 밸브**(shut-off valve : Absperrventil)

OBDⅡ부터는 기관의 작동이 정지된 상태에서는 연료증기가 활성탄여과기로부터 대기 중으로 방출되는 것을 규제한다. 따라서 활성탄여과기의 대기 유입구에 셧-오프 밸브를 설치하도록 의무화하고 있다. 활성탄을 재생시키고 저장된 연료증기를 연소실로 유도하기 위해, ECU는 이 밸브를 재생밸브와 동시에 ON/OFF 제어한다.

⑦ **재생밸브**(regeneration valve : Regenerierventil)(그림3-3b 참조)

이 솔레노이드밸브는 활성탄여과기와 흡기다기관 사이에 설치되며, 엔진 ECU에 의해 ON/OFF 제어된다. 이 밸브와 동시에 셧-오프 밸브가 열리면, 활성탄여과기에 흡착되어 있는 연료증기(미연 HC)는 셧-오프 밸브를 통해 유입되는 대기에 의해 활성탄으로부터 분리되고, 흡기다기관 절대압력에 의해 재생밸브를 통해 실린더로 흡인된다.

⑧ **연료시스템 진단펌프, 압력센서**(그림3-3 참조)

OBD II 부터는 연료시스템의 기밀도를 감시하도록 의무화하고 있다. 이를 위해서 진단펌프에 의해 생성된 압력을 연료탱크에 작용시키는 방법을 사용할 수 있다. 압력센서가 이 압력의 변화를 엔진 ECU에 전달한다. ECU는 이 정보로부터 연료시스템의 기밀도가 정상인지의 여부를 평가한다.

(2) 유량 계량 및 경고시스템

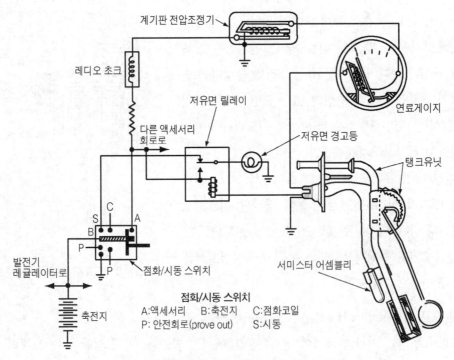

그림 3-4 경고등회로를 포함한 잔량 지시계 시스템

① 연료탱크 잔량 지시계

연료탱크 유닛보다 약간 높은 위치에 NTC-서미스터(thermistor)가 설치되어 있다. 연료 탱크 내의 유면이 점점 낮아져 서미스터가 공기 중에 노출되면 서미스터의 온도는 상승한 다. 서미스터의 온도가 상승하면 저항은 감소하고 전류는 증가한다. 증가된 전류가 경고등 릴레이를 "ON"시키면 경고등과 축전지는 연결된다. 경고등이 점등되면 운전자는 연료가 얼마 남지 않았다는 것을 확인할 수 있게 된다.

② 연료소비율 지시계

연료소비율은 분사밸브개변지속기간과 분사밸브상수를 곱하여 구한다. 일정한 유효압 력 하에서 단위시간당 분사밸브로부터 분사되는 연료량으로부터 연료소비율을 계산한다. 그리고 탱크잔량과 연료소비율로부터 주행가능거리를 연산한다.

2. 연료 라인(fuel line : Kraftstoffleitungen)

연료라인은 강관(steel pipe)이나 동관(copper pipe), 또는 내유(耐油), 내화(耐火)성의 고 무 또는 합성수지 호스(hose) 등이 주로 사용된다. 고무 또는 합성수지 호스는 장기간 사용 하면 화학적으로 노화됨에 따라 경화되고 기공이 생겨, 누설이 발생할 수 있다.

연료 라인은 차체의 연결부나 기관 진동의 영향을 받지 않도록 설치해야 하고, 또 기계적 손상을 당하지 않도록 보호되어야 한다. 회로 내에서 기포가 발생되는 것을 방지하기 위해서 는 가능하면 연료라인이 고온부의 근처를 통과하지 않도록 하고, 부득이한 경우에는 그 부분 을 단열시켜야 한다. 또 가능하면 기울기가 연속적으로 상승하도록 배관하여 생성된 기포가 빠르게 시스템 밖으로 배출되도록 하여야 한다. 그리고 누설에 의해 차실 내에 연료증기가 모이지 않도록 배관해야 한다.

3. 연료 여과기(fuel filter : Kraftstoffilter)

연료여과기로는 금속이나 폴리아미드(polyamide : PA) 그물망 형태의 스크린 필터 (screen filter), 또는 종이 여과기(paper filter) 등이 주로 사용된다.

스크린 필터(screen filter : Siebfilter)는 1차 필터로서 연료탱크나 연료공급펌프에 설치되 며, 격자의 크기는 대략 $50 \sim 63 \mu m$ 정도이고, 별도의 지침이 없는 한 반영구적으로 사용한다.

종이 필터는 정기적으로 교환하는 서비스 부품으로서 외부에 설치방향이 화살표로 표시되

어 있으며, 기화기 기관에서는 기화기와 연료
공급펌프 사이에, 가솔린 분사기관에서는 연
료공급펌프와 연료분배관 사이에 설치된다.
격자의 크기는 대략 2~10㎛ 정도가 대부분
이다. 초기의 여과성능은 입자의 크기 약 3~
5㎛의 불순물을 90% 이상 포집한다. 별도의
지침이 없으면 약 30,000km 주행 후에 교환
한다.

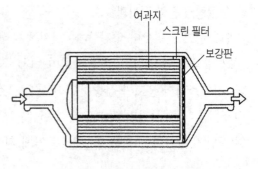

그림 3-5 연료 여과기(종이 필터)

4. 연료공급펌프(fuel delivery pump : Kraftstofförderpumpe)

연료공급펌프는 연료탱크로부터 연료분사장치(또는 기화기)에 연료를 공급한다. 최근의
연료분사장치에서는 전동식 연료공급펌프를 주로 사용한다.

(1) 전동식 연료공급펌프

전동식 연료공급펌프의 공급성능은 정격전압에서 약 $60\,l/h$~$200\,l/h$ 정도가 대부분이
다. 이때 공급압력은 축전지전압의 약 50~60%의 전압에서 약 1 bar(SPI 시스템), 약 3bar(간
접분사식 MPI 시스템)~6bar(KE-Jetronic 및 직접분사식 1차 공급펌프) 정도이다. 따라서 정
격전압에서는 공전 또는 부분부하에서 필요한 양보다 훨씬 많은 양의 연료를 공급하게 되는
데, 이를 방지하기 위해 연료공급펌프를 ECU를 통해 펄스폭이 변조된 신호로 제어한다. 이
유는 연료공급량을 기관의 운전조건에 적합시키면, 펌프 구동에 필요한 에너지를 절약하고,
연료의 불필요한 가열을 방지하고, 펌프의 수명도 연장시킬 수 있기 때문이다.

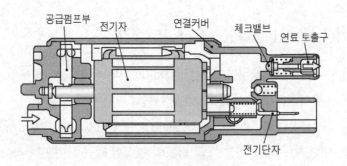

그림 3-6 전동식 연료공급펌프(예)

전동식 연료공급펌프는 전기단자, 전기모터(전기자와 영구자석으로 구성), 체크밸브, 릴리프밸브, 연료입구와 출구 그리고 연료펌프부로 구성되어 있다. 설치위치에 제한이 없으므로 필요에 따라 연료탱크 안에 또는 밖에 설치할 수 있다. 연료탱크 안에 설치하는 형식에서는 대부분 연료공급펌프와 스트레이너, 연료수준센서, 온도센서 그리고 캐취-탱크(catch-tank) 등이 하나의 부품처럼 모듈(module)화 되어 있다.

전동식 연료공급펌프는 도난(또는 운전)방지장치와 연동되어 권한이 없는 사람이 자동차를 시동시킬 수 없도록 하고, 또 점화키는 ON되어 있으나 기관이 정지된 상태(점화펄스가 없는 상태)와 같은 사고의 경우에도 구동되지 않도록 하는 안전회로에 결선되어 있다.

전동식 연료공급펌프는 형상에 따라 롤러-셀 펌프(roller-cell pump), 나사펌프(propeller pump), 환상 기어 펌프(annular gear pump), 사이드채널 펌프(side channel pump) 등이 있다.

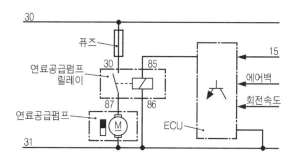

그림 3-7 전동식 연료공급펌프의 안전회로

① **롤러-셀 펌프**(roller cell pump : Rollenzellenpumpe)

그림 3-8a와 같이 하우징 안에는 디스크형 로터(rotor)가 편심 상태로 설치되어 있고, 로터의 원주에는 강제(鋼製)의 볼(ball)이 들어갈 수 있는 공간이 가공되어 있다. 로터가 회전하면 볼은 원심력에 의해 펌프 하우징에 밀착된 상태로 회전한다. 로터가 회전함에 따라 로터의 볼과 볼 사이의 공간이 커지는 부분에서 흡입하고, 공간이 축소되는 부분에서 토출한다. 토출압력은 최대 약 4bar~6.5bar 정도이다.

전압이 낮은 경우에도 충분한 공급량이 보장된다. 그러나 맥동소음이 비교적 크고, 고온의 휘발유에 기포가 생성되면 공급능력이 크게 낮아진다는 단점이 있다. 그러므로 이 형식의 펌프에는 가스를 제거하기 위한 1차 펌프로서 원심펌프가 추가된다.

② **나사펌프**(propeller pump : Schraubenpumpe)

1개의 하우징 안에 구동 스핀들(spindle)과 피동 스핀들이 서로 작은 백래쉬(backlash)로 치합되어 있으며, 치합된 모양은 헬리컬 기어링(helical gearing : Schraubenverzahnungen)이다. 치합된 기어 이들에 의해 형성된 공간이 공급실이다.

구동 스핀들이 회전함에 따라 공급실은 축방향으로 계속적으로 전진하게 된다. 공급실은 흡입 측에서는 커지고, 토출 측에서는 작아진다. 대부분 시스템압력 약 4bar까지의 직렬(in-line) 펌프로서 사용된다.

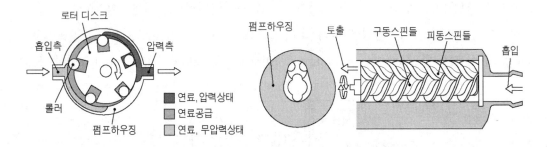

그림 3-8a 롤러-셸 펌프(roller cell pump)   그림 3-8b. 나사펌프(propeller pump)

③ **환상(環狀)기어 펌프**(internal-gear pump : Zahnringpumpe)

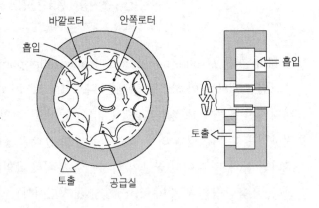

그림 3-8c. 환상 기어 펌프(internal-gear pump)

원주 상에 기어가 가공된 내측 로터가, 안쪽에 기어가 가공된 링(ring) 모양의 외측 로터와 치합되어 있다. 기어 잇수는 외측 로터가 내측 로터보다 1개 더 많으며, 전기모터와 연결된 내측 로터가 외측 로터를 구동한다. 기어 이들 사이의 밀폐된 공간이 공급실이다. 공간이 커지는 부분은 흡입구와 연결되어 있고, 공간이 작아지는 부분은 토출구와 연결되어 있다. 이 펌프의 토출압력은 최대 약 6.5bar 정도이다.

④ **사이드 채널 펌프**(side channel pump : Seitenkanalpumpe)

이 펌프는 원심펌프의 일종이다. 연료
압력은 펌프 블레이드가 연료를 가속함
으로서 생성된다. 연료는 원심력에 의해
원주 쪽으로 밀려간다. 사이드 채널에서
의 연료압력은 최대 약 2bar 정도이며,
맥동이 거의 없다. 이 펌프는 대부분 2단
펌프 시스템에서 1차 펌프로서 사용되
며, 비교적 낮은 1차 압력을 형성하여 연
료 중의 기포를 제거할 목적으로 사용된다.

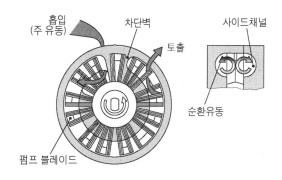

그림 3-8d. 사이드채널 펌프(side channel pump)

펌프 블레이드의 수를 증가시켜 약 4bar 정도의 고압을 생성하는 형식도 사용되고 있다.

⑤ **2단 직렬 펌프**(2-step in-line pump : zweistufige In-Line-Kraftstoffpumpe)

연료공급펌프 내에서 기포가 발생되는 것을 방지하기 위하여, 1개의 연료공급펌프 하우징
내에 2종류의 펌프를 직렬로 조합하였다. 예를 들면 1차로 사이드 채널펌프가 연료탱크로
부터 연료를 흡인하여 비교적 낮은 1차 압력(예 : 2bar)을 형성하고, 이 과정에서 발생된 기포
는 가스 복귀관을 통해 곧바로 연료탱크로 복귀한다. 연이어 설치된 2차 펌프(예 : 기어펌프)
는 기포가 없는 1차 압력 상태의 연료를 흡인하여 더욱더 높은 압력(예 : 시스템압력)으로 가
압한다. 2차 펌프의 흡입 측에 설치된 릴리프밸브(relief valve : Druckbegrenzungsventil)는
회로압력이 일정수준 이상으로 높아지면 연료가 더 이상 공급되지 않도록 하고, 토출 측에
설치된 체크밸브(check valve : Druckhalteventil)는 기관이 정지된 후 일정 시간 동안 회
로압력을 일정 수준으로 유지하는 역할을 한다.

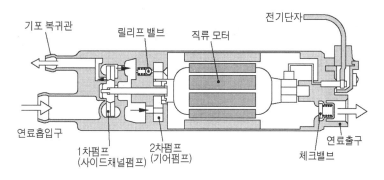

그림 3-8e. 2단 직렬펌프(2-step in-line pump)

(2) 흡인 제트펌프(sucking jet pump : Saugstrahlpumpe)

설치공간문제 때문에 연료탱크의 형상이 아주 복잡하여 연료탱크 내에서도 연료를 캐취-탱크로 펌핑하여야 할 필요가 있을 수 있다. 이 경우에 흡인 제트펌프를 사용한다.

그림 3-8f에서와 같이 전동식 연료공급펌프로부터 복귀하는 연료가 연료관내에 설치된 노즐의 분공에서 빠른 속도로 분출되면 분출유동의 후방에서는 압력이 낮아져, 측면에 가공된 구멍을 통해 관 외부의 연료를 흡인할 수 있게 된다. 따라서 연료탱크의 한쪽에 흡인 제트펌프를 설치하여 반대쪽의 캐취-탱크로 연료를 펌핑할 수 있다. 흡인제트펌프의 흡인압력은 1~1.3bar 정도이다.

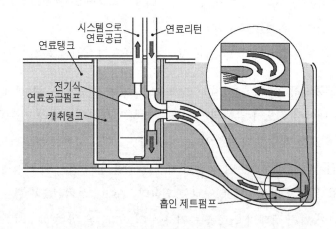

그림 3-8f. 흡인 제트펌프(sucking jet pump)

5. 시스템압력 조절시스템

(1) 복귀회로가 있는 2-회로 시스템의 시스템압력조절기

주로 흡기다기관 분사방식에 많이 사용하고 있는 복귀회로가 있는 2-회로 연료공급시스템에서는 시스템압력조절기가 모든 운전조건 하에서 분사유효압력을 일정하게 유지하는 기능을 한다. 시스템압력조절기는 주로 연료분배관에 연결, 설치되며 흡기다기관압력이 작용하는 구조이다. 이 형식의 압력조절기는 그림 3-9와 같이 막에 의해 2개의 방으로 분리되어 있다.

위쪽 방은 연료실로서, 공급펌프로부터의 입구(inlet port) 및 연료탱크로의 출구(return port)를 갖추고 있다. 사전 설정된 압력을 초과하게 되면 연료압력에 의해 막이 밀려 내려가면서 출구를 열게 된다. 과잉연료는 이 출구를 통해 연료탱크로 복귀하게 된다.

아래쪽 방은 스프링이 설치된 스프링실로서 작은 관을 통해 스로틀밸브 바로 아래의 흡기다기관과 연결되어 있다. 따라서 스프링실에는 흡기다기관압력도 함께 작용한다. 스프링장력은 막을 위로 밀고, 흡기다기관 압력은 막을 아래로 잡아당긴다. 흡기다기관의 진공도가 커지면 막이

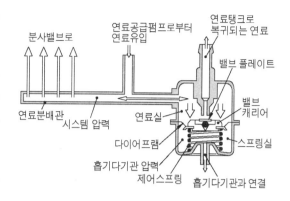

그림 3-9 시스템 압력조절기(흡기다기관분사방식용)

아래로 더 많이 잡아당겨지고, 출구는 더 크게 열리게 된다. 그러면 탱크로 복귀하는 연료량이 증가하므로 시스템압력은 감소한다. 이를 통해 연료압력조절기는 분사밸브에서의 유효압력을 일정하게 유지한다. 여기서 유효압력이란 시스템압력에서 흡기다기관압력을 차감한 압력을 말한다.

예를 들어 흡기다기관의 부압이 −0.5bar이고 시스템압력이 3.5bar라면, 이 때의 유효압력은 '3.5−(−0.5) = 4.0bar'가 된다. 역으로 흡기다기관의 부압이 −0.5bar에서 −0.3bar로 변화하면 막을 아래쪽으로 잡아당기는 힘이 흡기다기관에서의 압력변화 만큼 약화되므로 막은 밀려 올라간다. 그러면 출구는 작게 열리고 복귀되는 연료량이 감소하므로 시스템압력은 상승한다. 이 때의 유효압력도 'x−(−0.3)=4.0bar'가 되어야 하므로 시스템압력 x는 'x = 4−0.3 = 3.7bar'가 되게 된다. 시스템압력조절기는 이와 같이 어떠한 운전조건하에서도 분사유효압력이 일정하게 유지되도록 설계된다.

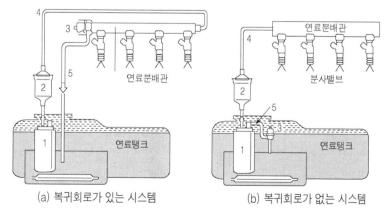

1. 연료공급펌프
2. 연료필터
3. 시스템 압력 조절기
4. 연료공급라인
5. 연료복귀라인

(a) 복귀회로가 있는 시스템   (b) 복귀회로가 없는 시스템

그림 3-10 연료공급시스템의 회로 구성

(2) 복귀회로가 없는 시스템(return free system : Rück-Lauf-Freien-System)

복귀회로가 없는 시스템에서는 연료탱크 외부에 복귀회로가 있는 시스템에서 사용하는 것과 기능이 유사한 압력조절기를 연료탱크 내부에 설치한다. 흡기다기관압력이 작용하는 회로가 없으며, 과잉연료는 곧바로 공급펌프로부터 연료탱크로 복귀되므로 복귀회로도 생략된다.

이 시스템에서는 흡기다기관압력의 변화에 따라 분사유효압력이 변화하므로, 분사밸브 개변지속기간이 동일해도 분사량에 차이가 있을 수 있다. 그러므로 이 시스템을 사용하는 기관에서는 ECU가 흡기다기관압력의 변화에 대응해서 분사밸브 개변지속간을 제어한다. 이 경우 흡기다기관에 설치된 압력센서가 ECU에 흡기다기관압력에 대한 정보를 제공한다.

6. LPG 연료공급장치

자동차기관의 연료로 이용되는 액화석유가스(Liquefied Petroleum Gas : LPG)는 프로판(propane)과 부탄(butane)의 혼합물이다. 프로판과 부탄의 비등점은 대기압 하에서 각각 -42.2℃와 0℃이다. 그리고 프로판의 증기압은 0℃에서 약 3.5bar, 21℃에서 8.5bar, 55℃에서 18bar이고, 부탄은 0℃에서 약 0.5bar, 55℃에서 약 5.5bar이다. 즉, LPG는 대기압보다 훨씬 높은 압력에서만 액체상태이다. 액상의 LPG를 고압상태로 저장하기 위해서는 연료시스템은 완전히 기밀이 유지되도록 하여야 한다. 그림 3-11은 전형적인 LPG-연료 시스템이다.

KS 규격에서는 연료탱크(봄베)는 두께 3.2mm 이상의 고압강판(SS41 이상)으로 제작하고, 약 $18.6kgf/cm^2$의 기밀시험과 $31kgf/cm^2$의 내압시험을 통과해야 하도록 규정하고 있다.

증발기식 LPG기관에서는 액상의 LPG를 탱크 내의 압력에 의해 필터와 고압 조절기(high-pressure regulator)를 거쳐서 증발기(vaporizer)까지 공급한다. 고압조절기는 압력을 낮추어 LPG가 기화되기 시작하도록 한다. 기화과정은 증발기에서 완료된다. 증발기 외부에는 기관의 냉각수가 통과하도록 되어있는 데, 이는 LPG가 기화하는 데 필요로 하는 기화열을 공급하여 기화가 용이하도록 하기 위해서이다. 기화된 LPG는 저압조절기(low-pressure regulator)를 통과하면서 압력이 더욱더 낮아져 완전히 기화된 다음에, 기화기에 유입된다. 기화기는 완전히 기화된 LPG와 공기를 혼합하는 혼합밸브(mixing valve)에 지나지 않는다. 저압조절기는 압력을 대기압보다 약간 낮은 수준으로 낮추어 주므로, 기관이 정지되면 LPG는 기화기에 유입되지 않는다. 기관이 작동 중에는 기화기의 벤투리(venturi)부에 부압이 형성되므로, LPG는 기관이 작동하는 동안에만 기화기에 공급되게 된다. 고압분사식 LPG기관에서는 공급펌프를 통해 액상의 고압 LPG를 분사밸브에 직접 공급한다.

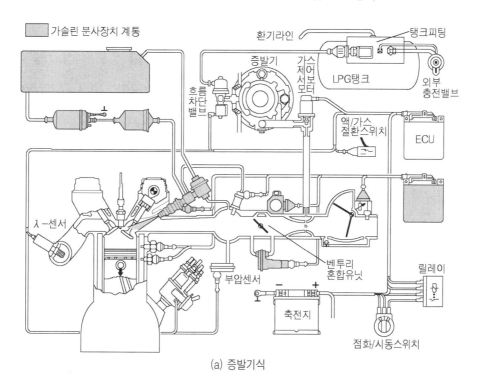

(a) 증발기식

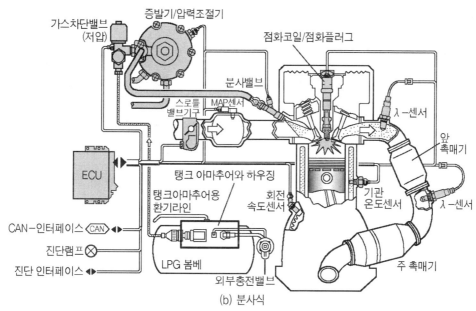

(b) 분사식

그림 3-11 LPG-연료공급장치

제3장 연료공급장치 및 혼합기 형성

제2절 오토기관에서의 혼합기 형성
(Mixture Formation in SI-engine : Gemischbildung in Ottomotor)

오토기관(SI-engine)의 연료로는 휘발유, 알코올, LPG, CNG 등이 주로 사용된다. 이들 연료들은 실린더 외부에서 또는 실린더 내부에서 공기와 혼합, 대부분 균질(均質) 혼합기를 형성한다. 이 균질 혼합기는 압축 말에 약 400~500℃ 정도로 온도가 상승한다. 그러나 여전히 자기착화(self ignition) 온도에는 이르지 못한다. 따라서 외부로부터 공급되는 전기불꽃(electric spark)에 의해 점화, 연소된다.

오토기관에서 혼합기형성 장치는 연료와 공기를 혼합하여 기관의 각 운전상태에 적합한, 연소 가능한 균질 혼합기를 형성하는 기능을 한다.

1. 혼합비와 공기비

(1) 혼합비
(mixture-ratio : Mischungsverhältnis)

혼합비란 공기/연료의 혼합비율을 말하며, 이론 혼합비와 실제 혼합비로 구분한다.

① **이론 혼합비**(theoretical mixture ratio : theoretisches Mischungsverhältniss)

휘발유는 여러 가지 탄화수소의 혼합물이지만 액체연료의 연소를 취급할 때에는 단일 탄화수소와 같이 취급하는 것이 편리하다. 일반적으로 자동차용 휘발유는 옥탄(octane : C_8H_{18}), 경유는 도데칸(dodecane

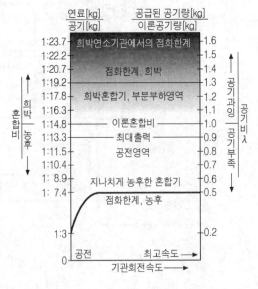

그림 3-12 휘발유의 혼합비와 공기비

: $C_{12}H_{26}$)으로 가정한다. 휘발유를 완전 연소시키는 데 필요한 연료 : 공기의 이론혼합비는 무게비로 약 1 : 14.8이다. 즉, 휘발유(옥탄) 1kg을 완전연소 시키는데 필요한 공기는 무게로 약 14.8kg, 또는 체적으로 약 10,300 L 이다.

② **실제 혼합비**(practical mixture ratio : praktisches Mischungsverhältniss)

실제 혼합비는 기관의 온도, 회전속도, 부하상태 등에 따라 이론혼합비와는 상당한 차이가 있다. 이론혼합비에 비해 공기가 적을 경우(예 ; 1 : 13)를 농후 혼합기, 공기가 많을 경우(예 ; 1 : 18)를 희박 혼합기라고 한다.

(2) 공기비(air ratio : Luftverhältnis)

공기비란 완전연소에 필요한 이론 공기량과 실제로 실린더 내에 유입된 공기량과의 비를 말한다. 이론 혼합비(휘발유의 경우 약 1 : 14.8)는 공기비 "$\lambda = 1$"이 된다.

$$공기비\,(\lambda) = \frac{실린더에\ 유입된\ 실제\ 공기량(kg)}{완전연소에\ 필요한\ 이론\ 공기량(kg)} \qquad \cdots\cdots\cdots\cdots (3\text{-}1)$$

예를 들어 가솔린기관에서 실린더에 유입된 혼합기의 혼합비가 1 : 18.5라면 공기비 λ는

$$\lambda = \frac{18.5\text{kg 공기}/1\text{kg 연료}}{14.8\text{kg 공기}/1\text{kg 연료}} = 1.25$$

가 된다. 이 경우, 희박혼합기로서 공기과잉률은 25%이다.

그림 3-12에서 점화한계 공기비는 $0.5 \leq \lambda \leq 1.3 \sim 1.6$ 범위이다. 혼합기는 $\lambda \approx 0.5$보다 더 농후하면, 또 $\lambda \approx 1.3 \sim 1.6$ 보다 더 희박하면 점화되지 않게 된다. 따라서 정상작동온도 상태의 기관은 부분부하 상태에서는 희박한 혼합기로(연료 절감), 전부하시에는 농후한 혼합기로(출력성능), 그리고 공전 시에는 $\lambda \approx 1.0$로(원활한 작동) 운전되도록 설계된다.

오늘날 대부분의 SI-기관은 촉매기의 성능을 극대화시키고 배기가스 규제수준을 쉽게 만족할 수 있도록 하기 위해 거의 전 운전영역에서 $\lambda \approx 1.0$로 운전된다.

흡기다기관에 설치된 와류(vortices)제어밸브와 유도 난류(induced turbulence)를 기본으로 하는 희박연소기관에서는 희박한계 공기비를 $\lambda \approx 1.6$ 까지 확장하여 $\lambda \approx 1.0$로 운전할 경우보다 연료를 절감하고 있다. 그러나 이 형식의 기관에서는 강화된 배기가스 규제수준을 만족시키기 위해서는 산화촉매기에 추가로 NOx-촉매기를 보완해야 한다.

2. 혼합기의 품질과 혼합기 형성 방식

(1) 혼합기의 품질

① 균질 혼합기(homogeneous mixture : Homogenes Gemisch)

연소실의 어느 부분에서나 혼합비가 균일한 혼합기를 말한다. 공기와 연료가 균일하게
혼합되는데 필요한 시간을 충분히 확보해야 한다. 이를 위해서 연료를 흡기다기관에 분사
하거나, 또는 흡기행정 초기에 실린더 내에 분사하는 방법이 사용된다.

② 불균질 혼합기(heterogeneous mixture : Heterogenes Gemisch)

압축행정 후기에 연료를 실린더 내에 분사하면, 정확하게 동조된 공기와류가 연료와 혼
합하여 불균질 혼합기를 형성하게 된다. 즉, 하나의 연소실에서 혼합비가 서로 다른 영역
이 다수 존재한다. → 층상급기(層狀給氣 ; stratified charge : Schichtladung)

이 경우, 혼합기의 점화를 확실하게 보장하기 위해 스파크플러그의 주위에는 $\lambda \approx 1.0$에
가까운 혼합기가 형성되도록 한다. 물론 스파크플러그에서 멀리 떨어진 연소실 가장자리
에서의 혼합비는 아주 희박하다.

(2) 혼합기 형성방식

① 외부 혼합기형성

연료/공기 혼합기가 실린더 외부 즉, 주로 흡기다기관에서 형성된다. 기화기기관 그리
고 간접분사방식의 가솔린 분사기관이 이에 속한다. 개방 직전의 흡기밸브 전방의 흡기다
기관에 분사된 연료는 흡기행정이 진행되는 동안에 실린더 내로 공기와 함께 유입되어, 압
축행정을 거치면서 균질혼합기를 형성하게 된다. → SPI, LH-Motronic 등 흡기다기관 분사
방식

② 내부 혼합기형성

직접분사식 가솔린 분사기관에서는 연료/공기 혼합기가 실린더 내에서 형성된다. 흡기
행정 그리고/또는 압축행정이 진행되는 동안에 연료를 실린더 내에 직접 분사하지만 기본
적으로 균질혼합기를 목표로 한다. 그러나 기관에 따라서는 의도적으로 층상급기하여 실
린더 내에서 혼합비가 서로 다른 혼합기층이 형성되도록 하기도 한다. → GDI 시스템

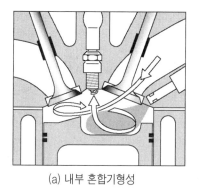
(a) 내부 혼합기형성

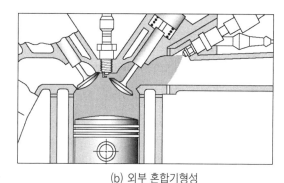
(b) 외부 혼합기형성

그림 3-13 혼합기 형성 방식

3. 출력제어 방식

(1) 양 제어(quantity control : Quantitätssteuerung)

외부 혼합기형성 방식과 균질혼합기를 사용하는 기관에서는 기관의 회전속도와 부하에 따라 대부분 스로틀밸브의 개도 또는 흡기밸브의 양정을 변화시켜 흡기량을 변화시킨다. 이를 통해 출력을 제어한다. 이 때 혼합비는 항상 $\lambda \approx 1.0$에 근접한다.

(2) 질 제어(quality control : Qualitätssteuerung)

내부 혼합기형성 방식과 불균질 혼합기를 사용하는 기관에서는 스로틀밸브를 생략하거나 전개한 상태로 하여 흡기량에는 제한을 두지 않고, 회전속도와 부하에 따라 연료분사량을 가감하여 출력을 제어한다. 이 때 실린더 내에 흡입된 공기량은 기관의 부하와 상관없이 거의 일정하다. 따라서 부하상태에 따라 혼합기의 품질 즉, 혼합비를 변화시킨다.

4. 기관의 운전상태에 적합한 혼합비

(1) 기관에서의 혼합기 형성 과정

① 미립화(atomization : Zerstäubung)

혼합기를 형성하기 위해서는 흡입(또는 과급) 공기 속에서 액상(또는 기상)의 연료를 기화시켜야만 한다. 혼합기의 형성에 허용되는 시간이 극히 짧기 때문에, 연소 가능한 혼합기를 형성하기 위해서는 먼저 연료를 아주 미세하게 미립화시켜야 한다. 일반적으로 SI-기관에서는 입자직경 $40 \sim 60 \mu m$인 액적을 목표로 한다.

기화기기관에서는 벤투리(venturi) 부압을 이용하여 메인(main)노즐에서 분출되는 연료를 직접 미립화시키고, 분사기관에서는 연료분사압력을 이용하여 연료를 미립화시킨다. 미립화된 연료는 무화(霧化)상태를 거쳐 기화된다.

【참고】G.B.Venturi(1746-1822) 이탈리아 물리학자

② **기화**(gasification : Vergasung)

목표로 하는 균질혼합기는 미립화된 연료가 전기불꽃이 공급되기 이전에 모두 기화할 경우에만 가능하다. 안개 상태로 무화된 연료는 흡기다기관 그리고/또는 실린더 내에서 기화열을 흡수하여 완전 기화된다.

(2) 기관운전상태에 적합한 혼합비

기관은 운전상태에 따라 각기 다른 혼합기의 품질과 양을 필요로 한다.

① **냉시동**(cold start : Kaltstart) **시**

기관이 차가울 경우에는 비등점이 낮은 연료성분만 기화하고, 비등점이 높은 연료성분은 대부분 차가운 흡기다기관 벽 또는 실린더 벽에 응착되어 얇은 유막을 형성하게 된다. 이렇게 되면 기관에 연소 가능한 혼합비에 상응하는 연료를 공급해도, 실린더 내에서는 점화 가능한 혼합기가 형성되지 않는다. 또 기관의 회전속도가 낮아도 무화상태가 불량하다. 따라서 기관이 이러한 운전조건 하에 있을 때는 연료를 더 많이 공급해야한다($\lambda \approx 0.3$까지). 이 때 연료분사량은 기관온도의 함수이다.

기관이 차가울 때는 또 냉각된 엔진오일에 의한 마찰저항이 아주 크기 때문에, 더 큰 출력을 필요로 한다. 더 큰 출력을 얻기 위해서는 혼합기 공급량을 증가시켜야 한다.

② **난기운전**(warm up : Warmlauf) **시**

난기운전기간이란 기관이 시동되어 정상작동온도에 도달할 때까지의 기간을 말한다. 난기운전기간에는 기관의 온도가 상승함에 따라 연료공급량을 단계적으로 감소시킨다. 그러면 혼합기의 농후도도 점점 감소하게 된다. 이유는 온도가 상승함에 따라 흡기다기관 또는 실린더 벽에서의 응축손실이 감소하기 때문이다.

③ 가속(acceleration : Beschleunigung)시

가속 시 스로틀밸브가 급격히 열리면, 혼합기는 순간적으로 희박하게 되고, 그 순간 출력부족 현상이 발생하게 된다. 이를 피하기 위해서 즉, 매끄러운 가속을 위해서는 순간적으로 농후한 혼합기가 요구된다(연료 분사량을 증가시킨다).

④ 부하상태에 따라

전부하(full load : Vollast)란 기관의 스로틀밸브가 완전히 열려 있는 상태 또는 가속페달을 끝까지 완전히 밟은 상태를 말한다. 이 상태에서는 기관의 최대출력에 도달하기 위해 비교적 농후한 혼합기($\lambda = 0.9 \sim 0.95$)를 필요로 한다.

부분부하(part load : Teillast)란 기관의 스로틀밸브가 완전히 열려있지 않은 상태로 운전될 때를 말하며, 이 때에도 기관의 회전속도와 출력은 운전조건에 따라 변화한다.

중부하 영역에서는 연료소비율을 저감시키기 위해서 즉, 경제운전을 위해 희박한 혼합기를 사용한다. 공기과잉률 10~30 %에서 연료의 경제성이 최대가 되는 것으로 알려져 있다. 전부하와 저속부분부하에서는 비교적 농후한 혼합기(약 10 %정도 공기부족)가 요구된다.

⑤ 타행 시 연료분사 중단(fuel cut-off at coasting : Schubabschaltung)

언덕길을 내려 갈 때 또는 고속주행 중 가속페달에서 발을 뗄 경우, 스로틀밸브는 닫혀 있으나 기관의 회전속도는 일정속도 이상인 타행 상태가 된다. 이 경우에는 연료를 절감하기 위해 기관의 회전속도가 규정속도 이하로 낮아지거나 스로틀밸브가 다시 열릴 때까지 연료분사를 중단한다.

제3장 연료공급장치 및 혼합기 형성

제3절 기화기
(Carburetor : Vergaser)

1. 기화기의 기능

오늘날 자동차기관에서는 대부분 연료분사장치를 사용한다. 그러나 기화기는 혼합기 형성의 기본원리를 이해하는 데 중요한 장치이므로 간략하게 설명한다.

기화기기관에서는 실린더 밖에서 즉, 흡기다기관에 설치된 기화기에서 혼합기를 형성한다. → 외부 혼합기 형성장치

기화기의 기능은 다음과 같다.
① 공급연료를 일시 저장한다.
② 연료를 미립화, 무화시킨다.
③ 연료를 공기에 혼합시킨다.
④ 유해 배출물을 최소화 시키면서, 동시에 기관 운전상태에 적합한 혼합비를 조성한다.
⑤ 충분한 양의 공기-연료 혼합기를 형성, 공급한다.

자동차에는 주로 액체연료를 사용한다. 그리고 연소는 기화된 연료에 산소가 공급되었을 때 가능하므로, 연료는 미립화되어 연소에 적당한 혼합비로 공기와 잘 혼합되어야 한다. 따라서 기화기는 미립화 장치를 갖추고 동시에 기화열과 부압을 공급할 수 있어야 한다.

(1) 미립화(微粒化 : atomization : Zerstäubung)

그림 3-14a에서 흡입관을 빠른 속도로 통과하는 공기유동에 의해 부압이 형성되면, 연료는 연료출구로부터 분출되면서 공기와 혼합되지만 완전히 미립화되지는 못한다.

연료의 미립화 상태를 개선시키기 위해서는 출구로부터 분출되기 이전의 연료 내에 기포를 발생시키면 된다. 기포발생은 그림 3-14b와 같이 노즐 내부에 유면보다 낮은 위치로 공기

를 유입시키는 에어제트(air jet)를 추가하면 된다.

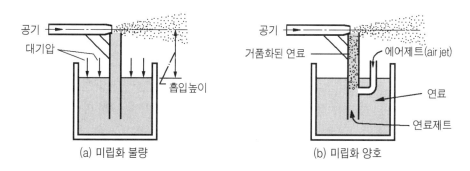

그림 3-14 간단한 미립화 장치

(2) 기화열(heat of vaporization : Verdampfungswärme)

무화된 연료가 완전 기화되는 데 필요한 기화열은 흡입공기와 기관으로부터 공급된다. 기온이 높은 계절에는 흡기를 예열할 필요가 없으나 기온이 낮은 계절에는 배기다기관의 폐열 또는 별도의 흡기예열장치를 이용하여 흡기를 예열하는 방식이 주로 사용된다.

기관이 정상작동온도에 도달하면 흡기다기관 자신의 열을 이용함은 물론이고 기화기 주위에 냉각수를 순환시키는 방법 등으로 기화열을 공급한다.

(3) 부압(Vacuum : Unterdruck)

액체는 고압에서 보다 저압에서 기화가 잘 되므로, 연료분출구 주위의 압력이 부압이 되게 하는 것이 좋다. 기화기에서는 흡기통로에 벤투리(venturi)를 설치하여 부압이 생성되게 하고, 또 부압이 최대인 영역에 노즐(nozzle)을 설치하여 연료의 기화를 촉진시킨다.

2. 기본 작동 원리

그림 3-15a와 같이 유체가 벤투리 관(venturi tube)을 통과할 때 유체의 유동속도는 단면적이 큰 A부분에서 보다는 단면적이 작은 B부분에서 더 빠르며, 압력은 유속이 빠른 B부분에서 더 낮다. 베르누이 정리(principle of Bernoulli)에 따르면, 정상류(定常流 : steady flow)에서 유체의 유동속도와 압력 사이에는 반비례 관계가 성립한다.

【참고】 Daniel Bernoulli(1700~1782), 스위스 수학자

흡기행정이 진행되는 동안, 피스톤의 하향운동에 의해 실린더 안에 부압이 형성되면 공기는 기화기(벤투리관)를 거쳐서 실린더에 공급된다. 공기는 벤투리관을 통과하면서 속도가 상승한다. 벤투리관은 단면적이 가장 작은 부분에서 흡기의 유동속도가 가장 빠르고, 대기압과의 압력차도 가장 크기 때문에 바로 이 영역에 연료 분출구 즉, 메인노즐(main nozzle : Hauptgemischeintritt)을 설치한다. 노즐 선단의 압력과 대기압과의 압력차에 의해 연료는 노즐로부터 분출된다. 분출된 연료는 벤투리관을 통과하는 공기에 의해 미립화, 혼합된다.

연료의 미립화를 촉진시키기 위해서는 연료가 메인노즐로부터 분출되기 전에 노즐 내부에서 공기와 혼합되도록 하면 된다. 노즐 내부에서 공기-연료 기포가 생성되도록 하기 위해서는 뜨개실 유면보다 낮은 위치(노즐 내부의)에 공기를 주입시키면 된다.

그리고 스로틀밸브의 개도(開度)를 변화시켜 공기-연료 혼합기의 양을 조절하면 기관의 회전속도와 출력을 변화시킬 수 있다(그림 3-15b).

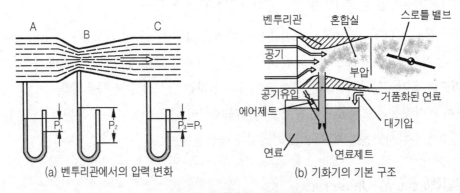

(a) 벤투리관에서의 압력 변화   (b) 기화기의 기본 구조

그림 3-15 기화기의 작동원리

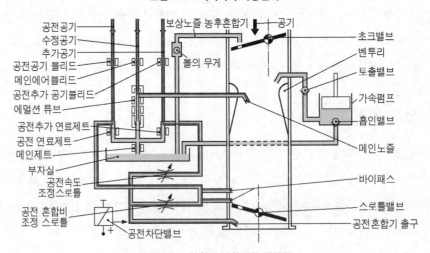

그림3-16 하향식 기화기의 개략도

제3장 연료공급장치 및 혼합기 형성

제4절 기화기의 종류와 기본구조
(Basic Structure of Carburetor : Basis-Aufbau des Vergasers)

1. 기화기의 분류

(1) 기관의 흡기다기관의 배열과 기화기에서 흡입되는 공기의 유동방향에 따라서

① 하향 흡기식(down draft : Fallstrom)
② 수평 흡기식(horizontal draft : Flachstrom)
③ 경사 흡기식(angular draft : Schrägstrom)

자동차에서는 하향 흡기식이 가장 많이 사용된다. 이 형식은 혼합기가 중력이 작용하는 방향으로 유동하기 때문에 유속이 낮아도 그 작용이 원활하다는 장점이 있는 반면에, 기관의 높이가 높아지고 흡기통로가 비교적 길어진다는 단점이 있다.

설치높이가 낮아야 할 경우에는 수평 흡기식이나 경사 흡기식을 사용한다. 이 경우 기화기는 실린더헤드보다 낮은 위치에 설치된다. 수평 흡기식은 특히 2륜차에 많이 사용된다. 그리고 수평 흡기식이나 경사 흡기식에서는 흡기관의 길이를 아주 짧게 할 수 있으며 곡선부분을 피할 수 있어 흡입저항이 적다는 장점이 있다.

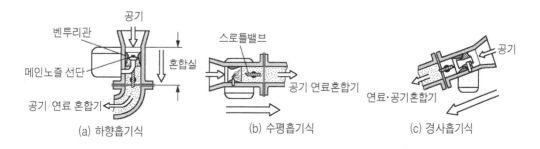

그림 3-17 흡기 유동방향에 따른 기화기의 형식

(2) 기화기의 수에 따라

① 단일 기화기(single carburetor : Einfachvergaser) → 흡기다기관이 1개일 경우

② 다 기화기(multiple carburetor) → 흡기다기관이 2개 이상으로 분리되어 있을 경우

(3) 배럴(barrel)의 수에 따라

① 싱글-배럴 기화기(single-barrel carburetor : Einmischrohr-Vergaser)

② 2-배럴 기화기(two-barrel carburetor : Registervergaser)

2-배럴 기화기는 배럴 2개를 일체로 만든 형식으로 저속에서는 1차 쪽만 작동되고, 고속에서는 1, 2차 배럴 모두에서 연료가 분출된다. 행정체적이 큰 기관에서는 2-배럴 기화기를 2개 설치하기도 한다.

(4) 벤투리관의 단면적의 가변여부에 따라

① 고정 벤투리식(fixed venturi type)

② 가변 벤투리식(variable venturi type)

가변 벤투리 방식은 메인노즐 선단에 항상 일정한 부압(vacuum)이 유지되므로 정압 기화기(constant pressure carburetor : Gleichdruckvergaser)라고도 한다. 이 형식은 기관이 흡입하는 공기량(또는 스로틀밸브 개도)에 비례하여 벤투리관의 단면적이 변화하며 유속과 압력은 항상 일정하게 유지된다. 그리고 벤투리관의 단면적 변화에 비례해서 메인 제트(main jet)의 유효지름이 변화하므로 항상 일정한 혼합비의 혼합기가 공급된다.

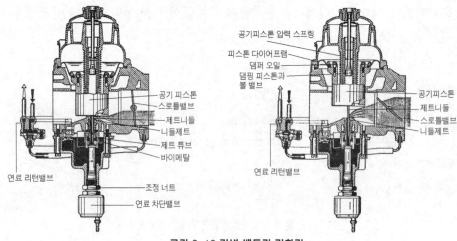

그림 3-18 가변 벤투리 기화기

2. 기화기의 기본구조

크게 나누어서 대부분 둘 또는 세 부분 - 기화기 커버, 벤투리, 스로틀밸브 보디- 으로 구성되어 있다. 스로틀밸브 보디가 별도로 제작되지 않을 경우엔 벤투리 하부에 스로틀밸브가 설치된다. 기화기 본체에는 여러 개의 회로와 장치가 설치된다. 이를 요약하면 다음과 같다.

① 뜨개 회로(floating circuit : Schwimmereinrichtung)

　　뜨개실의 유면을 일정하게 유지

② 냉시동 회로(cold-start circuit : Starteinrichtung für Kaltstart)

　냉시동 시 농후 혼합기 공급

③ 공전 및 저속 회로(idle and low circuit : Leerlaufsystem mit Übergangseinrichtung)

　공전 및 저속 시 농후 혼합기 공급

④ 주 회로(main jet circuit : Hauptdüsensystem)

　메인노즐로부터 분출되는 연료에 의해 작동

⑤ 가속 회로(accelerating circuit : Beschleunigungseinrichtung)

　가속 시 농후 혼합기 공급

⑥ 농후 혼합기 회로(enrichment circuit : Anreicherungseinrichtung)

　전부하 시에 메인 노즐 외에 추가로 연료를 공급하여 농후 혼합기 공급

⑦ 추가 장치(auxiliary device : Zusatzeinrichtungen)

　예 : 연료 컷오프 밸브(fuel cut-off valve : Leerlaufabschaltventil)

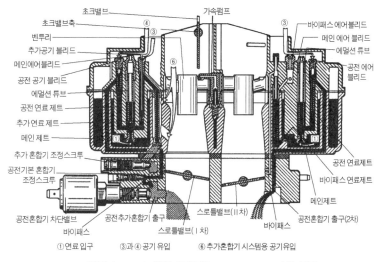

그림 3-19 2-배럴 기화기(PIERBURG 2B2)의 구조

가솔린분사장치

(Gasoline Injection System : Benzineinspritzung)

제1절 가솔린분사장치의 개요
(General in Gasoline Injection : Übersicht der Benzineinspritzung)

1. 가솔린분사장치의 기능

가솔린분사장치는 먼저 흡입공기의 체적유량(또는 질량유량)을 계량하고, 계량된 공기질량과 기관의 작동상태에 대응되는 연료분사량을 결정한다. 연료는 분사밸브로부터 스로틀보디에, 흡기다기관에, 또는 실린더 내에 분사, 미립화된다.

미립자 상태로 분사된 연료는 질량에 비해 표면적이 상대적으로 크기 때문에 기화가 용이하며, 따라서 공기와의 혼합도 쉽게 이루어진다. 결과적으로 기화기 시스템에 비해 완전 연소에 가까운 연소가 가능하며, 유해 배출물의 수준도 낮아지게 된다.

연료분사장치의 전자제어유닛(ECU ; electronic control unit)은 기관의 부하, 회전속도 그리고 작동온도 등에 따라 공기/연료의 혼합비(품질) 및 형성된 혼합기의 양을 매 순간 최적으로 제어할 수 있어야 한다.

기존의 기화기 방식과 비교할 경우, 다음과 같은 장/단점이 있다.

(1) 가솔린분사장치의 장점

① 흡기통로의 형상을 자유롭게 설계할 수 있어 충전효율이 개선되었다.

② 기관의 모든 운전상태에서 흡입공기량에 대응되는 연료량을 정확하게 계량할 수 있다.

③ MPI-방식에서는 각 실린더에 연료를 균등 배분할 수 있기 때문에 전 회전속도영역에 걸쳐 각 실린더 간에 균일한 혼합기를 조성할 수 있다. → 실린더 간의 차이 약 0.5~3% 정도

④ 기화기 벤투리부에서의 압력차보다, 흡기다기관(또는 실린더 내)에서의 유효분사압력이 상대적으로 높기 때문에 연료의 미립화가 용이하다.

⑤ 연료의 미립화상태가 양호하므로 기화가 잘 되고, 혼합기가 빨리 형성된다.

⑥ 토크특성(특히 저속에서)이 크게 개선되었다.

⑦ 제동연료소비율이 낮아지고, 행정체적출력이 상승하였다.

⑧ 부하 변환 과정(예 : 부분부하 ↔ 전부하)이 매끄럽고, 기관의 탄성(elasticity of engine : Elastzität des Motors)이 개선되었다.

⑨ 가속성능이 향상되고 감속특성이 개선되었다.

가/감속 시에 기화기에 비해 더 민감하게 반응하기 때문에

⑩ 유해 배출물의 저감

엔진브레이크를 사용할 경우라든가, 타행 시(예 : 스로틀밸브는 공전위치이나 기관의 회전속도가 기준값(예 : 1,600min^{-1}) 이상일 경우)에는 연료공급을 완전히 차단할 수 있다. 따라서 특히 시내주행과 같이 주행속도가 낮고 가/감속을 반복하는 경우에는 연료절감 및 유해 배출물 수준을 낮추는 효과가 크다.

⑪ 시스템 간의 효과적인 간섭 가능.(예 : 트랙션 컨트롤 시스템)

(2) 가솔린 분사장치의 단점

① 누설공기에 민감하다.

계량되지 않은 공기가 유입되면 기관의 부조현상이 심하게 나타난다.

② 고온 재시동성이 불량하다.

기화기기관은 저온 시동성은 나쁘지만 고온 재시동성은 양호하다. 그러나 가솔린분사 기관은 기화기기관에 비해 저온 시동성은 양호하나 고온 재시동성이 상대적으로 불량하다. ECU는 분사량에 대응되는 분사밸브 개변지속기간을 결정, 제어한다. 개변지속기간으로 분사량을 제어하기 위해서는 분사될 연료에는 기포가 들어있지 않아야 한다. 더운 여름철 장거리 주행 중, 휴게소에서 잠시 쉬었다가 기관을 다시 시동할 경우, 고압 연료회로에 연료기포가 많이 발생되어 있을 수 있다. 이들 기포가 고온 재시동성 불량의 원인이다.

③ ECU를 비롯한 전자부품은 고온, 고전압 그리고 습기에 민감하다.

기화기관에서는 기계부품이 대부분이므로 고온, 고전압, 그리고 습기의 영향이 크지 않지만 가솔린분사장치는 이들의 영향을 크게 받는다.

④ 값이 비싸고, 수리가 불가능한 부품이 대부분이다.

2. 가솔린분사장치의 분류

분사제어 메커니즘에 따라서 크게 기계-유압식(예 : K-Jetronic), 기계-유압-전자식(예 : KE-Jetronic) 그리고 전자식(예 : Motronic)으로 분류할 수 있다.

공기계량방식에 따라서는 직접계량방식과 간접계량방식으로 분류할 수 있다. 직접계량방식은 흡입공기의 체적(V) 또는 질량(m)을 직접 계량하는 데 반하여, 간접계량방식은 흡기다기관의 절대압력과 기관의 회전속도(MAP-n), 또는 스로틀밸브개도와 기관회전속도(α-n)로부터 흡입공기량을 간접적으로 검출한다.

이 외에도 분사밸브의 수에 따라서, 또 분사가 간헐적/지속적이냐에 따라서 분류한다.

일반적으로 많이 사용하는 분류방식을 요약하면 다음과 같다.

(1) 분사밸브의 설치위치 및 분사위치에 따라(그림 4-1 참조)

① **직접분사방식**(direct injection : direkte Einspritzung)

연료를 실린더 내에 직접 분사하는 방식으로 분사노즐은 연소실마다 설치된다. 연료는 전자제어 분사밸브에 의해 약 40~50bar(최대 120bar까지)의 고압으로 직접 실린더 내에 직접 분사된다(내부 혼합기 형성). 실린더 내에 분사된 연료는 기관의 설계조건 및 운전조건에 따라 연소실에서 공기와 혼합하여 균질 또는 불균질 혼합기를 형성한다.

직접분사방식은 연료가 흡기다기관 벽에 유막을 형성하지도 않으며, 또 실린더 간에 분배 불균일에 의한 부정적인 문제점도 없다. 그러나 분사

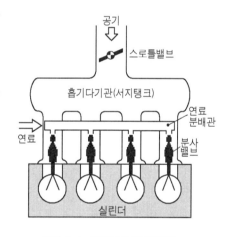

그림 4-1a 직접분사 방식(MPI)

밸브제어에 고도의 테크닉을 필요로 한다. 간접분사에 비해 훨씬 큰 행정체적출력을 얻을 수 있으며, 연료소비율도 개선된다.

② **간접분사방식**(indirect injection : indirekte Einspritzung)

분사밸브는 흡기다기관에, 실린더헤드의 흡기밸브 전방에, 또는 스로틀밸브 위쪽에 설치된다. 따라서 혼합기는 연소실 외부에서 형성된다. 흡기행정과 압축행정이 진행되는 동안 연소실 전체 공간에 걸쳐 균질혼합기가 형성된다. 직접분사방식에 비해 무엇보다도 분사압

력을 낮출 수 있다. 분사밸브를 가능한 한 흡기밸브에 가깝게 설치하면, 기관이 차가울 때 흡기다기관 벽에 유막이 형성되는 것을 억제할 수 있고 또 유해배출물의 생성을 최소화할 수 있다.

분사압력은 흡기다기관 분사방식에서는 약 2.5~5 bar, 스로틀보디 분사방식에서는 약 0.6~1bar 정도가 대부분이다.

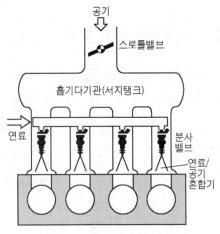

그림 4-1b 간접분사 방식(MPI)

(2) 분사밸브의 수에 따라

① MPI-**방식**(Multi Point Injection : Mehrpunkteinspritzung)(**그림 4-1a, b 참조**)

각 실린더마다 분사밸브가 1개씩 배정된다. 직접 분사방식에서는 각 실린더 내에, 간접 분사방식에서는 각 실린더의 흡기밸브 전방에 분사밸브를 1개씩 설치한다. 따라서 각 실린더마다 혼합기의 이동거리 및 분배량이 서로 같아지게 된다.

② SPI-**방식**(Single Point Injection : Einzelpunkteinspritzung)

이 시스템에서는 스로틀밸브 바로 위쪽, 중앙에 분사밸브를 1개만 설치한다. 분사밸브로부터 분사된 연료는 스로틀밸브와 스로틀밸브보디 간의 틈새를 통과하는 공기의 속도에너지에 의해 무화가 촉진되고, 흡기다기관 벽으로부터 또는 별도의 가열-엘리먼트로부터 기화열을 흡수, 기화하여 혼합기를 형성하게 된다. 미처 기화되지 못한 나머지 대부분의 연료는 실린더에 들어가 실린더 내에서 기화열을 흡수, 완전 기화된다. → 내부냉각효과

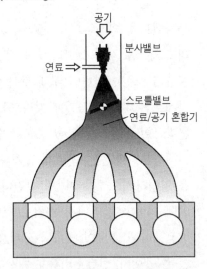

그림 4-1c SPI(TBI) 시스템

분사된 연료의 분포가 불균일하고, 연료/공기 혼합기 이동경로의 길이가 서로 다르고, 흡기다기관 분기점에서의 경계와류(boundary vortices : Randwirbelbildung) 현상 때문에 MPI-방식에 비해 불리하다. 또 기관의 온도가 낮을 경우에는, 특히 연료의 일부가 흡기다기관 벽에 응착, 유막을 형성하며, 이로 인해 혼합기의 구성이 불균일하게 될 수 있다. SPI(또는 TBI)-시스템은 MPI-시스템에 비해 구성이 간단하며, 분사압력도 낮다(최대 약 1bar 정도).

(3) 분사밸브의 개변지속기간에 따라

분사밸브는 연료압력에 의해 유압식으로 또는 전자적으로 개폐된다.

① **계속분사방식**(continuous injection : kontinuierliche Einspritzung)

분사밸브는 연료압력에 의해 열리며, 연료는 기관이 운전되는 동안 계속적으로 분사된다. 연료 분사량은 시스템압력을 변화시켜 제어한다.(예 : KE-Jetronic)

② **간헐분사방식**(intermediate injection : intermittirenende Einspritzung)

분사밸브는 전자적(electro-magnetic)으로 열린 후에는 계산된 양을 분사한 다음, 다시 닫힌다. 즉, 분사밸브는 간헐적으로 분사한다. 분사밸브의 개변지속기간을 제어하여 연료 분사량을 제어한다. 세분하면 다음과 같다.

- 동시 분사(simultaneous injection : simultane Einspritzung)
- 그룹 분사(group injection : Gruppeneinspritzung)
- 순차 분사(sequential injection : sequentielle Einspritzung)
- 실린더 선택적 분사(cylinder selective injection : zylinderselektive Einspritzung)

㉮ **동시 분사(simultaneous injection)(그림 4-2a) → 초기의 방식**

기관에 설치된 모든 분사밸브가 동시에 분사한다. 이때 각 실린더에서 현재 진행되고 있는 행정은 고려되지 않는다. 따라서 연료의 기화에 허용되는 시간이 실린더마다 크게 차이가 나게 된다. 그럼에도 불구하고 혼합기의 조성을 가능한 한 균일하게 하고 연소가 잘 이루어지도록 하기 위해, 4행정기관의 경우 크랭크축 1회전 당 필요 분사량의 1/2씩 분사한다.

㉯ **그룹 분사(group injection)(그림 4-2b) → 초기의 방식**

분사밸브를 그룹으로, 예를 들면 4기통기관에서 실린더 1과 3, 2와 4로 나누어 그룹별로 1사이클마다 1회씩 분사하도록 하는 방식이다. 닫혀있는 흡기밸브 전방에 필요 분사량 전체를 한번에 분사하므로, 연료의 기화에 허용되는 시간은 서로 차이가 많이 나게 된다.

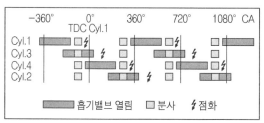

그림 4-2a 동시분사

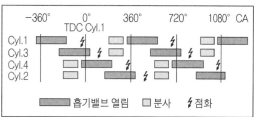

그림 4-2b 그룹 분사

⑭ **순차 분사(sequential injection)(그림 4-2c)**

점화순서와 동일한 순서에 따라, 흡기행정이 시작되기 직전에 각 분사밸브가 순차적으로, 필요한 똑같은 양의 연료를 흡기다기관에 분사한다. 개별 실린더에 적합한 양질의 혼합기를 형성하며, 내부냉각효과가 개선된다.

각 분사밸브는 고유의 출력단계를 통해 트리거링(triggering)되며, 캠축이 1회전할 때마다 1회씩 분사하므로 구성부품의 공차로 인한 분사량의 산포도가 적다. 이 외에도 분사밸브의 개/폐 반응시간이 단축되었기 때문에 공운전 품질이 개선되며, 이로 인해 연료소비율이 개선된다. 분사밸브의 출력단계가 하나 고장일 경우, 나머지 다른 실린더를 이용하여 정비공장까지 비상 주행할 수 있다는 점 등이 장점이다.

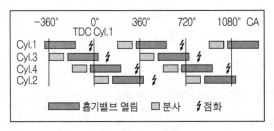

그림 4-2c 순차 분사

⑮ **실린더 선택적 분사(cylinder selective injection : zylinderselektive Einspritzung)**

순차분사방식의 개선된 형식으로서, 분사량 및 분사시기를 기관의 작동상태(회전속도, 부하, 온도)에 따라 각 실린더별로 적합하게 조정할 수 있다. 그리고 실린더를 선택적으로 분사중단(cut-off) 시킬 수 있으며, 분사밸브를 개별적으로 진단할 수 있다.

주행 중 갑자기 가/감속할 때에도 분사지속간을 변경할 수 있다. 분사 대기 중인 또는 현재 분사 중인 분사밸브에서는 분사시간의 연장/단축을 통해 또는 이미 분사를 종료한 분사밸브에서는 짧게 추가분사하여 혼합기를 수정할 수 있다. 이를 통해 기관의 응답특성을 개선시킬 수 있다. → 현재의 분사방식

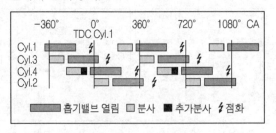

그림 4-2d 실린더 선택적 분사

3. 전자제어 가솔린분사장치의 구성

최소한 3그룹으로 구성된다.

① 흡기계 : 공기 여과기, 공기유도관, 스로틀밸브, 흡기다기관,

② 연료계 : 연료탱크, 연료공급펌프, 연료여과기, 시스템압력조절기, 분사밸브,
(고압펌프)

③ 제어계 : 신호의 입력, 연산, 출력을 담당한다.

● 신호를 감지하는 센서(sensor) → 예 : 공기량 센서,

● 입력신호들을 연산, 처리하여 출력값을 결정하는 제어 시스템 → 예 : ECU,

● ECU의 출력신호에 따라 작동하는 액추에이터(actuator) → 예 : 분사밸브

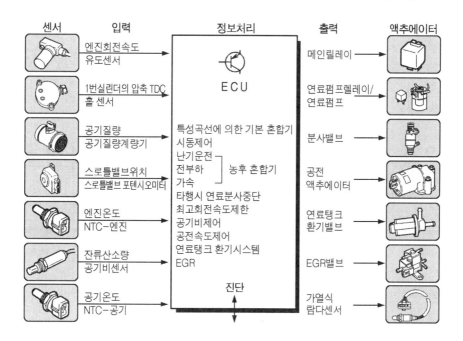

그림 4-3 전자제어 가솔린분사자치의 시스템 구성(예)

제어시스템은 입력(input) → 정보처리(processing) → 출력(output)의 원리에 따라 작동한다.

센서들은 정보를 취득하여, 이를 전기적인 신호의 형태로 제어유닛(ECU)에 전송한다.

ECU는 입력되는 신호정보들을 자신의 내부에 저장된 기준값 또는 규정값과 비교하여, 해당 액추에이터를 제어하기 위한 출력을 결정한다.

해당 액추에이터, 예를 들면 분사밸브는 ECU로부터 전류를 공급받는다. 그러면 분사밸브는 ECU로부터 전류를 공급받는 동안 연료를 분사하게 된다.

전자제어 가솔린 분사장치는 다음과 같은 과정을 거쳐 작동된다.

흡입 공기량, 회전속도, 스로틀밸브 개도 등은 전자적으로 감지된다. ECU는 이들 입력정보(예 : 흡입공기량과 기관회전속도)로부터 기본 분사량을 계산한다. 특별한 운전상태(예 : 냉시동)에 적절하게 대응하기 위해 다른 센서들이 수집한 추가정보(보정변수)도 전기적인 신호로 ECU에 전송된다. ECU는 이들 정보들을 종합하여 변화된 작동상태에 적합한 개변지속기간을 결정하며, 개변지속기간 동안 분사밸브에 전류를 공급한다.

전자제어 분사밸브가 열리면, 연료는 시스템압력조절기에 의해 제어된 압력으로 분사된다. ECU가 분사밸브에 전류공급을 종료하면, 분사밸브는 스프링장력에 의해 닫히고, 분사과정은 종료된다.

제4장   가솔린분사장치

제2절 가솔린분사장치의 주요 입력신호
(*Main Input Signal : Haupteingangssignal*)

ECU는 분사장치에 속하는 액추에이터들을 정확하게 제어하기 위해, 다수의 센서들로부터 정확한 정보를 신속하게 수집한다.

기본 분사량을 결정하는데 가장 필요한 정보는 기관의 회전속도와 부하이다. 이들을 주 제어변수(main control variables : Hauptsteuergrössen)라고 한다. 주 제어변수로는 공기량(또는 공기질량), 스로틀밸브 개도, 흡기다기관 절대압력, 기관회전속도 등이다.

매 순간의 운전상태에 적합한 혼합기를 형성하기 위해서는 또 다른 다수의 센서들로부터의 정보를 필요로 한다. 이들을 보정변수(compensation variables : Korrekturrgrössen)라고 한다. 보정변수로는 기관(냉각수)온도, 흡기온도, 대기압, 공기비, 다른 시스템으로부터의 간섭신호 등이다. 이외에도 기본적으로 축전지 전압, 상사점신호 등을 필요로 한다.

1. 공기량 또는 공기질량 측정 센서

(1) 직접 계량 방식

① **공기량계량기**(air flow meter : Luftmengenmesser) ← BOSCH

스프링 장력에 의해 닫히는 센서 플랩(sensor flap : Stauklappe)의 축에 포텐시오미터(potentiometer)가 설치되어 있다. 센서 플랩은 흡입공기의 유동력과 스프링장력이 평형을 이루는 위치까지 일정 각도로 열리게 되는데, 이때 센서플랩 축에 설치된 포텐시오미터가 센서플랩의 개도를 전기적 신호로 변환시켜 ECU에 전달한다.

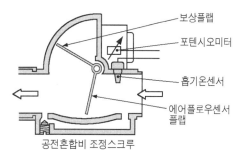

그림 4-4 **공기계량기**(BOSCH)

보상플랩(compensation flap : Kompen-sationsklappe)은 센서플랩과 일체로 되어 있기 때문에 센서플랩의 운동에 연동하면서, 댐핑체임버(damping chamber : Dämpfungskammer)에 들어있는 공기와 상호 작용하여 기관의 기계적 진동과 흡입맥동에 의한 센서플랩의 진동을 감쇠시키는 역할을 한다.

공기계량기는 공기의 체적유량을 계량하므로 이를 질량유량으로 환산하기 위해서는 흡기온도에 대한 정보를 필요로 한다. 따라서 공기량계량기에는 흡기온도센서가 설치되어 있다. 그리고 공전혼합비는 바이패스 통로에 설치된 공전혼합비 조정볼트를 좌/우로 돌려 조정한다(시계방향 → 농후, 반시계방향 → 희박).

② **열선식 공기질량계량기**(hot-wire air mass flow sensor : Hitzdraht-Luftmassenmesser)

열선식 공기질량계량기는 흡기의 밀도, 온도, 압력과 상관없이 기관에 유입된 흡기질량을 직접 계측한다. 즉, 흡기의 밀도, 압력(고도) 및 온도는 측정값에 영향을 미치지 않는다.

열선과 저항들은 그림 4-5에서와 같이 원통 내부에 설치된다. 그리고 원통의 양단을 미세한 철망으로 막아 열선(직경 0.07mm의 백금선)의 기계적 파손을 방지하였다.

열선은 흡기에 의해 냉각되지만 항상 100℃를 일정하게 유지하도록 전기적으로 가열된다. 열선을 통과하는 공기가 많을수록 열선은 더 많이 냉각되므로 열선의 온도를 일정하게 유지하기 위해서는 가열전류를 더 많이 공급해야 한다. 즉, 공급한 가열전류의 값이 흡기질

량을 측정하는 기준이 된다. 흡기질량의 측정은 1초에 약 1,000회 정도 반복된다. 열선이
절손되었을 경우에는 비상회로가 가동되어 차량의 제한적 운전이 가능하도록 프로그래밍
되어 있다. 열선이 흡기통로에 설치되어 있기 때문에 열선에 오염물질이 퇴적되어 측정결과
에 영향을 미치게 된다. 이를 방지하기 위해, 기관을 정지시킨 후마다 열선을 약 1,000℃ 정
도로 순간 가열하여 퇴적물을 연소, 제거시키도록 프로그래밍되어 있다.

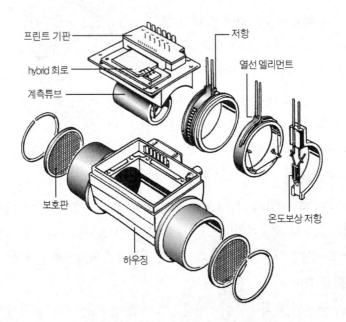

그림 4-5a. 열선식 공기질량 계량기(BOSCH)

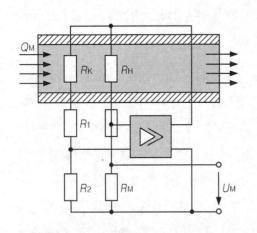

그림 4-5b. 열선식 공기질량 계량기의 회로(BOSCH)

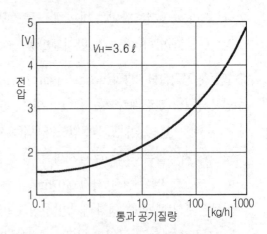

그림 4-5c 열선의 특성곡선(예)

열선을 그림 4-5d와 같이 관로 내의 바이패스에 설치할 수 있다. 공기와류는 공기유도격자(screen)를 통과하면서 정상류(定常流)로 정렬되므로 측정위치에서는 더 이상 영향을 미치지 않게 된다. 관로 내에는 가동부품이 없기 때문에 공기의 유동저항이 발생하지 않는다. 그리고 바이패스통로에서는 공기유동속도가 높고, 또 열선이 유리 코팅(coating)되어 있기 때문에 열선 엘리먼트의 오염을 피할 수 있다. 따라서 이 형식에서는 기관이 정지한 다음에 열선을 가열시키지 않는다.

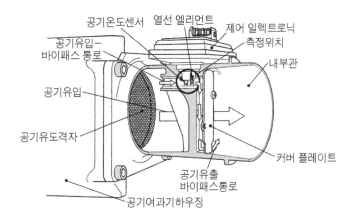

그림 4-5d 바이패스통로에 설치된 열선(BOSCH)

③ **열막식 공기질량계량기**(hot-film air mass flow sensor : Heissfilm-Luftmassenmesser)

　열막식 공기질량계량기는 관로의 내부, 측정채널에 설치된다. 열막은 열선에 비해 상대적으로 오염에 민감하지 않기 때문에, 오염물질을 제거하기 위해 열선식에서 처럼 기관을 스위치 OFF시킨 후에 센서 엘리먼트를 순간적으로 가열시킬 필요가 없다.

　기관에 흡입되는 공기는 공기질량계량기를 통과하면서, 열막센서의 온도에 영향을 미친다. 열막센서는 3개의 NTC-저항으로 구성되어 있다.

● 가열저항　R_H (백금박막저항)

● 센서저항　R_S

● 흡기온도저항　R_K

이들 저항은 박막저항으로서 세라믹 기판에 브릿지회로(bridge circuit)를 구성하고 있다. 열막식 공기질량계량기에 내장된 제어일렉트로닉은 가변전압을 통해 가열저항 R_H 의 온도가 흡기온도보다 160℃ 더 높게 되도록 제어한다. 흡기온도는 온도가변식 흡기온도저항 R_K에 의해 감지된다. 가열저항 R_H의 온도는 센서저항 R_S에 의해 측정된다. 통과하는 공기의 질량이 증가 또는 감소함에 따라 가열저항 R_H는 더 많이 또는 더 적게 냉각된다. 제어일렉트로닉은 센서저항 R_S를 통해 흡기온도와 가열저항 R_H의 온도와의 차이가다시 160℃가 되도록 가열저항 R_H의 전압을 제어한다. 제어일렉트로닉은 이 제어전압으로부터 흡기질량에 대한 신호를 생성하여 엔진-ECU에 전송한다.

공기질량계량기가 고장일 경우, 엔진-ECU는 분사밸브 개변지속기간에 대한 대체값을형성할 수 있다.→ 비상운전기능. 대체값은 스로틀밸브개도(α)와 기관회전속도(n)로부터연산된다.

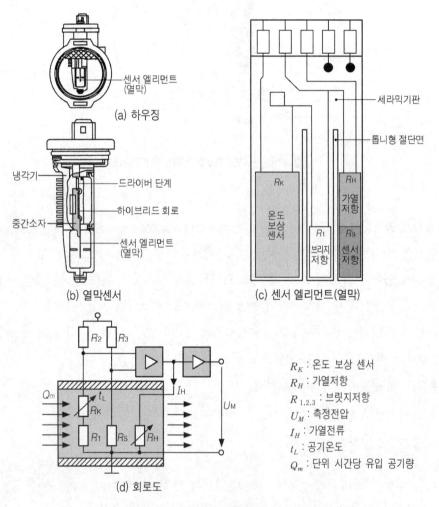

(a) 하우징

(b) 열막센서

(c) 센서 엘리먼트(열막)

(d) 회로도

R_K : 온도 보상 센서
R_H : 가열저항
$R_{1,2,3}$: 브릿지저항
U_M : 측정전압
I_H : 가열전류
t_L : 공기온도
Q_m : 단위 시간당 유입 공기량

그림 4-6 열막식 공기질량계량기(BOSCH)

④ 역전류 감지기능이 있는 열막식 공기질량계량기

흡기관에서의 맥동하는 공기와류에 의한 오류를 최소화하기 위해, 역전류감지 기능이 있는 열막식 공기질량계량기를 사용한다. 이 센서는 역전류에 의해 측정결과가 변조되는 것을 방지한다. 따라서 연료의 계량도 더욱더 정확하게 이루어진다(오류 최대 ±0.5%).

센서에는 통과하는 흡기에 의해 가열되는 가열영역이 있다. 따라서 측정 셀(cell) M2는 측정셀 M1에 비해 더 높은 온도가 측정된다. 기관 측으로부터 공기가 역류하면 측정셀 M2는 냉각되고, M1은 가열된다. 따라서 흡기유동과 역류유동은 모두 측정셀의 온도에 영향을 미치게 된다. 이 온도차 ΔT는 평가회로에서 전압으로 변환된다. ECU는 이 전압으로부터 흡입된 공기질량을 계산한다. 그림으로부터 신호전압은 부하에 따라 1V(공전)에서 5V(전부하) 사이에서 변화함을 알 수 있다.

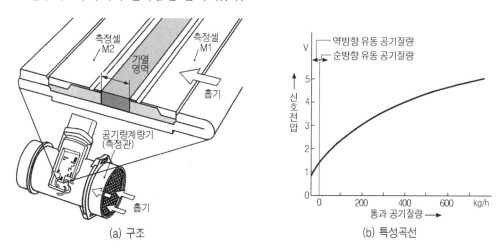

(a) 구조   (b) 특성곡선

그림 4-7 역전류 감지기능이 있는 열막식 공기질량계량기(BOSCH)

⑤ 카르만 와류(Kármán Vortex)식 공기계량기 ← 미쓰비시(三菱)

카르만(Kármán) 와류를 이용한 공기량 검출방식에는 반사광 검출방식과 초음파 검출방식이 있다. 미쓰비시에서는 초음파 검출방식(그림 4-8)을 채용하고 있다.

와류를 발생시키는 기둥(prism)을 공기가 유동하는 관로 내에 설치하면 기둥(prism) 뒤편에 와류가 발생한다. → 카르만 와류(Kármán vortex)의 발생

이 카르만 와류의 주파수가 공기량의 척도이다. 발신기로부터 발신된 초음파는 관로를 유동하는 흡입공기에 직각으로 방출된다. 이때 초음파는 흡기유동에 발생된 카르만 와류

에 의해 잘려져 흩어지게 되고, 초음파의 전달속
도는 영향을 받게 된다. 카르만 와류의 영향을
받은 초음파의 전달속도는 초음파 수신기에 의
해 감지된다. 초음파 수신기에 의해 감지된 신호
는 증폭기, 필터, 펄스 형성기를 거쳐 ECU에 입
력, 평가되어 흡입공기량의 척도로 사용된다.

【참고】카르만(Theodore von Kármán, 1881~1963, 헝가리)

(2) 공기량 간접 계량을 위한 센서

공기량을 간접 계량하는 방식으로는 흡기다기관
절대압력(MAP)과 기관회전속도(n)를 주 제어변수
로 하는 MAP-n 방식, 그리고 스로틀밸브개도(α)와
기관회전속도(n)를 주 제어변수로 하는 α-n 방식이
주로 사용된다.

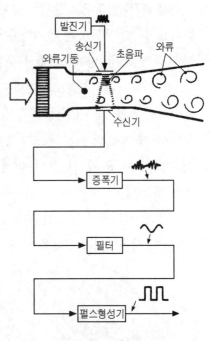

그림 4-8 카르만 와류식 공기계량기

① MAP-**센서**(Manifold Absolute Pressure sensor : Saugrohrdrucksensor)

이 센서는 직접 흡기다기관에 설치되거나, ECU에 설치된다. ECU에 설치된 경우에는 호
스를 통해 센서에 흡기다기관의 부압이 작용하는 구조로 되어 있다.

2개의 센서-엘리먼트가 설치된 압력실 그리고 평가회로가 설치된 부분으로 구성되어 있
다. 센서-엘리먼트와 평가회로는 1개의 공통 세라믹 기판에 설치되어 있다. 그리고 압력실
에는 흡기다기관 절대압력(MAP)이 작용한다.

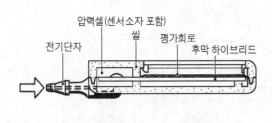

그림 4-9a MAP-센서의 구조(외형)

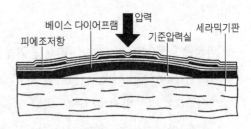

그림 4-9b MAP-센서의 센서 셀의 구조

MAP-센서의 압력실에는 세라믹기판 위에 약간 볼록한 두꺼운 막이 접착되어 있고, 막
안에는 기준압력이 밀폐되어 있다. 그리고 막 외부에는 압전저항소자가 부착되어 있다. 이

압전저항소자는 흡기다기관의 압력이 변화할 때, 막의 기계적 팽창도의 변화에 따라 저항
값이 변화한다. 저항값이 변화함에 따라 전압신호도 변화한다.

평가회로는 전압신호를 증폭시키고, 온도
영향을 보상하여, 선형화된 전압신호를 생
성한다.

MAP-센서의 특성곡선은 공전 시 약 0.4V
그리고 고속에서 약 4.6V의 신호전압을 발
생시킨다. 바로 이 두 전압값의 사이가
MAP-센서의 선형 작동영역이다. 엔진 ECU
의 평가회로는 흡기압력신호 외에도 엔진회
전속도 그리고 다른 여러 가지 신호들을 종
합, 평가하여 필요한 분사시간을 결정한다.

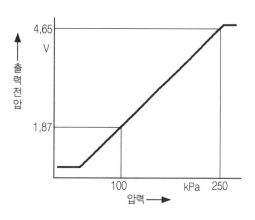

그림 4-9c MAP-센서의 특성곡선

② **스로틀밸브 개도센서**(throttle valve potentiometer : Drosselklappenpotentiometer)

이 센서는 스로틀밸브의 개도를 감지하는 기능을 한다. 저항 레일(rail)에 접촉된 상태로
미끄럼 운동하는 슬라이더 암(slider arm : Schleifarm)이 스로틀밸브 축에 고정되어 있다.
따라서 스로틀밸브가 열리면, 스로틀밸브 축이 회전운동하고, 이 회전운동은 슬라이더 암
이 저항 레일에 접촉된 상태로 미끄럼운동하면서 저항값을 변화시키게 된다. ECU는 저항
레일에서의 전압강하로부터 스로틀밸브의 개도를 인식한다.

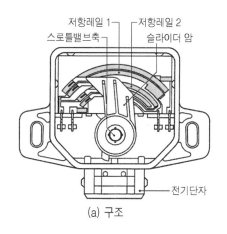

(a) 구조

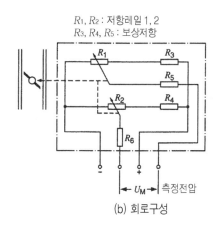

(b) 회로구성

그림 4-10 스로틀밸브 개도센서(TPS)

포텐시오미터(4-10b)는 ECU의 핀 4로부터 전원전압(예 : 5V)이 인가된다. 초기위치에서 핀3에는 예를 들면 전압 4.2V가 걸린다. 스로틀밸브가 열림에 따라 전압은 직선적으로 하강하여 예를 들어 0.7V가 된다. 핀 3에서의 전압강하(접지에 대한)는 ECU의 논리회로에서 평가되어 스로틀밸브의 개도를 정확히 파악하게 된다.

스로틀밸브개도 센서의 신호를 주 제어변수로 활용하는 많은 시스템에서는 2개의 슬라이더 암과 2개의 저항 레일을 갖춘 더블-포텐시오미터를 사용한다. 이는 시스템의 정확도와 안전도를 높이기 위해서 이다. 2개의 포텐시오미터의 전압변화는 서로 반대로 나타난다.

스로틀밸브의 개도, 회전속도 그리고 흡기온도로부터 흡입공기량을 연산할 수 있다. 다른 센서들에 의한 부하를 스로틀밸브 개도센서를 통해서도 감지할 수 있다. 예를 들면 다이내믹(dynamic) 기능(스로틀밸브의 개도 각가속도), 작동범위 인식기능(공전, 부분부하, 전부하) 그리고 주 부하센서가 고장인 경우 비상작동신호용 센서로 사용할 수 있다. 또 대부분이 센서 하우징 내에 공전접점 스위치를 갖추고 있다.

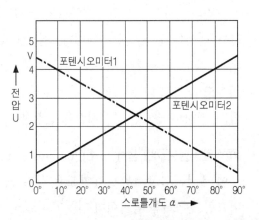

그림 4-10c 스로틀밸브개도센서에 중복 설치된 포텐시오미터의 전압신호

2. 회전속도센서 및 상사점 센서

여러 가지 센서를 이용하여 회전속도를 측정하고 상사점을 인식할 할 수 있다. 기관의 회전속도는 기관의 구조 또는 디자인 개념에 따라 여러 가지 방법이 사용된다.

① 크랭크축에 근접, 설치된 유도형(inductive) 회전속도센서

② 배전기에 설치된 홀(Hall) 센서(베인식 트리거 휠과 함께) ← 점화장치에서 설명

③ 캠축에 근접, 설치된 홀(Hall) 센서(자석과 함께)

④ 크랭크축에 근접, 설치된 홀(Hall) 센서(베인식 트리거휠과 함께)

(1) 크랭크축에 근접, 설치된 유도형(inductive) 회전속도센서

유도형 회전속도센서는 구리코일이 감긴 연강철심과 영구자석으로 구성되어 있으며, 크랭크축에는 철-자성체의 센서 휠이 고정되어 있다. 크랭크축과 함께 센서 휠이 회전하면, 센서 코일의 자속이 변화하고, 따라서 교류전압이 유도된다.

ECU는 유도된 교류전압의 주파수로부터 기관회전속도를 측정한다.

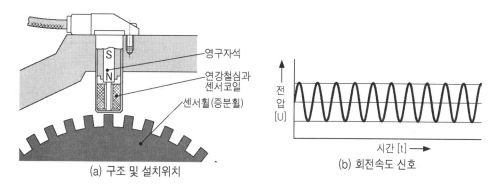

(a) 구조 및 설치위치   (b) 회전속도 신호

그림 4-11 유도형 회전속도센서와 센서 휠

이 센서를 이용하여 상사점도 동시에 파악하려면, 센서 휠에 기준점위치를 표시하면 된다. 기준점위치는 센서 휠에서 기어이 사이의 간극을 크게, 일반적으로 기어이 하나를 제거하여 표시한다.

센서 휠의 간극이 큰 부분이 유도센서 앞을 지나갈 때는 간극이 작은 부분에 비해 자속의 변화가 크기 때문에 높은 교류전압이 유도된다. 그리고 이 전압신호는 회전속도 계측을 위한 신호에 비해 주파수는 적다. 이 전압신호가 크랭크축의 특정 위치(예 : BTDC 108°)를 나타내는 신호로 사용된다.

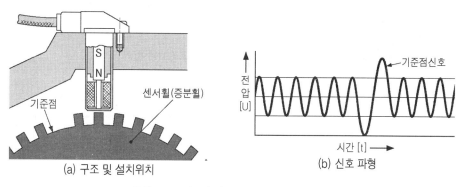

(a) 구조 및 설치위치   (b) 신호 파형

그림 4-12 유도형 회전속도/상사점 기준센서

(2) 홀센서(Hall sensor : Hallgeber)

홀센서는 홀 효과(Hall effect)를 이용한 전자스위치로서 펄스 발생기로 이용된다. 이 센서의 장점은 유도센서에 비해 신호전압의 크기가 기관의 회전속도와 관계가 없기 때문에, 아주 낮은 회전속도도 감지할 수 있다는 점이다.

① 홀 효과(Hall effect)

그림 4-13과 같이 2개의 영구자석 사이에 도체를 직각으로 설치하고 도체에 전류(Iv)를 공급하면, 도체 내에서 전자는 공급전류와 자속의 방향에 대해 각각 직각방향으로 굴절된다. 그렇게 되면 면 A_1에서는 전자가 과잉되고 면 A_2에서는 전자가

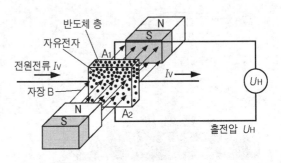

그림 4-13 홀 효과

부족하게 되어, 면 A_1과 A_2를 가로 질러 전압(U_H)이 발생된다. 이와 같은 현상을 홀 효과라 하며, 홀 효과는 특히 반도체에서 현저하게 나타난다. 그리고 홀전압의 크기는 자장의 세기에 좌우된다.

② 캠축에 근접, 설치된 홀(Hall) 센서

이 센서는 홀전압 발생기와 신호처리를 위한 IC회로로 구성되어 있다. 홀전압 U_H을 생성하기 위한 자장은 캠축에 설치된 자석편에 의해 형성된다. 캠축의 회전에 의해 자석편이 센서 앞을 지나갈 때, 홀전압 U_H이 발생된다. 이 센서의 신호는 기관회전속도센서가 고장인 비상 시에 회전속도 연산에 이용된다.

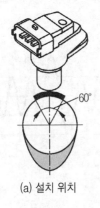

(a) 설치 위치

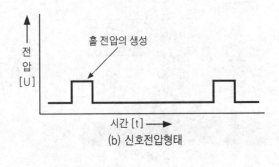

(b) 신호전압형태

그림 4-14 캠축에 설치된 홀센서

물론 ECU는 싱글 스파크 점화코일을 사용하는 경우에 또는 실린더 선택적 분사방식을 사용하는 경우에는 1번 실린더의 압축 상사점을 정확하게 파악해야만 해당 점화코일 또는 분사밸브를 정확하게 트리거링시킬 수 있다. 이 목적을 위해 크랭크축에 설치된 기관회전속도센서의 신호와 캠축센서의 신호를 함께 사용한다(그림 4-15).

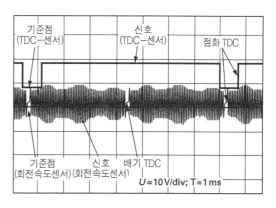

그림 4-15 압축 상사점의 결정

상사점센서와 회전속도센서의 기준점이 서로 일치할 때가 압축 상사점이다.

③ 크랭크축에 근접, 설치된 홀(Hall) 센서(펄스휠과 함께)

이 센서는 홀전압-발생기 2개, 영구자석 1개 그리고 평가-일렉트로닉으로 구성되어 있다. 평가-일렉트로닉은 2개의 홀전압-발생기의 홀전압을 평가하고 센서전압을 증폭시키는 기능을 한다. 이 센서도 유도형 회전속도센서와 마찬가지로 크랭크축에 고정된 센서휠에 근접, 설치되어 센서휠을 주사(走査)한다. 펄스휠로는 베인(vane)식 트리거(trigger)휠이 사용된다. 트리거휠의 베인이 센서 앞을 스쳐 지나가면, 트리거휠의 위치에 따라 자장이 변화한다. 따라서 홀전압-발생기에 영향을 미치는 자장이 변화하고, 그렇게 되면 홀전압이 변화하게 된다.

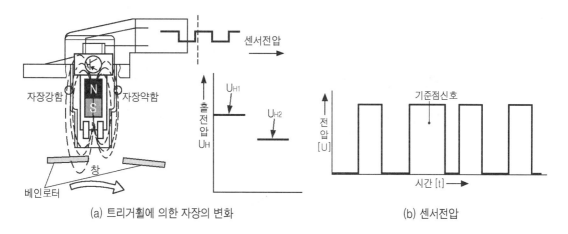

(a) 트리거휠에 의한 자장의 변화   (b) 센서전압

그림 4-16 크랭크축에 근접, 설치된 홀(Hall) 센서

평가-일렉트로닉은 그때그때 발생하는 홀전압 U_H 으로부터 센서전압 U_G을 생성한다. 유도형 회전속도센서에서와 마찬가지로 트리거휠에서 특정 베인 사이의 간극을 크게 하여 상사점 신호를 생성할 수 있다. 크랭크축에 설치된 홀센서의 신호는 캠축에 설치된 홀센서와 마찬가지로 유도형 회전속도센서의 신호와 결합시켜 압축 상사점을 확인하는데 사용할 수 있다.

④ 배전기에 트리거 휠과 함께 설치된 홀센서

제 5장 점화장치 PP.279~280 참조

3. 보정변수 센서

주로 많이 이용되는 센서들로는 온도센서(NTC), 스로틀밸브 스위치, 공기비센서, 대기압센서 등이 있다.

(1) 스로틀밸브 스위치(throttle valve switch : Drosselklapenschalter)

접점이 열렸을 때, 핀 4(접지)와 핀 5(전원) 사이에는 전압(예 : 5V)이 인가된다. 스위치가 닫히면, 전압은 0V로 강하한다. ECU의 논리회로(LE)는 이 값을 판독하여 기관이 공전으로 또는 전부하로 운전되고 있는지의 여부를 판별한다. 스로틀 개도를 판별하는 기능은 없다.

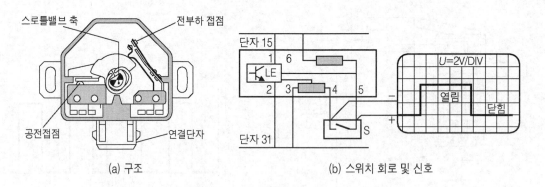

(a) 구조   (b) 스위치 회로 및 신호

그림 4-17 스로틀밸브 스위치

(2) 온도센서(Temperature sensor : Temperaturefühler)

기관온도, 공기온도, 연료온도 등을 측정하는데 주로 사용한다. 센서 내부에는 NTC-반도체 저항이 설치되어 있다. NTC-저항은 온도가 상승함에 따라 저항값이 낮아지는 성질을 가지고 있다. 그림 4-19c는 대부분의 NTC-센서의 특성을 나타내고 있다.

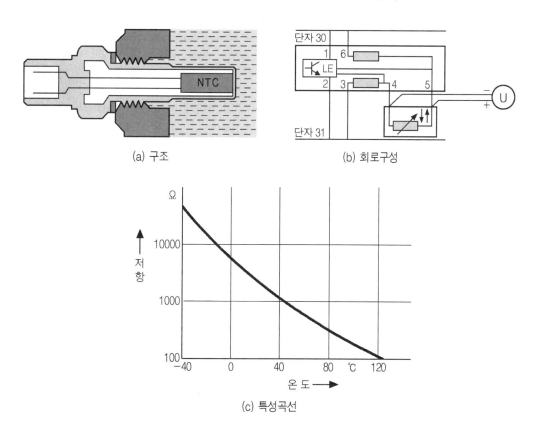

(a) 구조   (b) 회로구성

(c) 특성곡선

그림 4-18 NTC-온도센서

(3) 공기비센서

제11장 6절 공기비제어(PP.520 ~ 525 참조)

제3절 BOSCH의 LH-Motronic
(LH-Motronic from Bosch : LH-Motronic)

Motronic은 보쉬(BOSCH)의 상표명으로 연료분사장치로는 LH-Jetronic을, 점화장치로는 DLI(distributorless ignition system : Vollelektronische-Zündsystem)장치를 1개의 ECU로 집중 제어하는 방식이다. 오늘날 가장 많이 사용하는 시스템이다.

LH-Motronic은 L-Jetronic의 후속 개발제품으로서, MPI 방식의 전자제어 연료분사장치이며 주 변수는 흡입공기질량과 기관회전속도이다. 분사밸브로는 솔레노이드식이 사용되며 간접분사방식으로서, 연료를 흡기밸브 근처의 흡기다기관에 순차 분사한다. 연료가 분사될 때, 흡기밸브는 아직 닫혀 있다. LH는 열선식 또는 열막식 공기질량계량기를 의미한다. LH의 L은 독일어의 Luft(공기), H는 Hitzdraht(열선) 또는 Heissflim(열막)을 의미한다.

LH-Jetronic은 기본적으로 연료분사제어 기능과 점화시기제어 기능이 1개의 ECU에 집적된 복합시스템인 LH-Motronic으로 생산, 공급된다. 자동차 생산회사에 따라, 모델에 따라 여러 가지 점화장치가 LH-Jetronic과 결합되어 있을 수 있다.

1. 하위 시스템으로서의 LH-Jetronic

LH-Jetronic은 연료공급장치, 공기계량기를 비롯한 각종 센서, 전자제어유닛(ECU) 그리고 액추에이터(actuator) 즉, 분사밸브 등으로 구성되어 있다.

(1) 흡기 시스템 ← 열선식 또는 열막식 공기질량계량기

공기여과기에서 여과된 공기가 공기질량계량기를 통과하여 흡기다기관에 유입된다. 공기질량계량기는 흡입된 공기의 질량을 전압신호로 바꾸어 ECU에 전달한다. 공기질량계량기에 추가로 설치된 NTC-온도센서가 흡기온도를 계측한다.

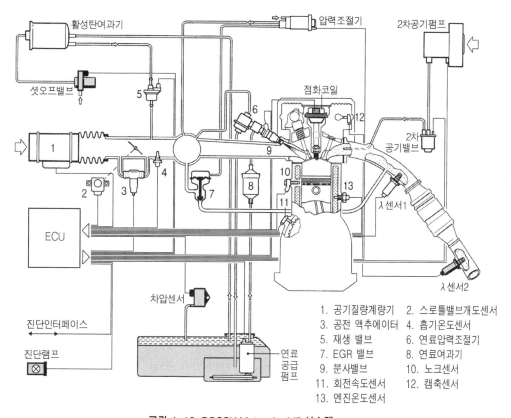

1. 공기질량계량기   2. 스로틀밸브개도센서
3. 공전 액추에이터   4. 흡기온도센서
5. 재생 밸브   6. 연료압력조절기
7. EGR 밸브   8. 연료여과기
9. 분사밸브   10. 노크센서
11. 회전속도센서   12. 캠축센서
13. 엔진온도센서

그림 4-19 BOSCH Motronic M5 시스템

(2) 연료공급시스템 ← 2회로 시스템

LH-Jetronic에는 대부분 2회로 연료공급시스템이 사용된다. 연료탱크 내에 또는 연료탱크 밖, 차체 하부에 설치된 연료공급펌프가 연료를 탱크로부터 → 연료필터를 거쳐 연료분배관에 공급한다.

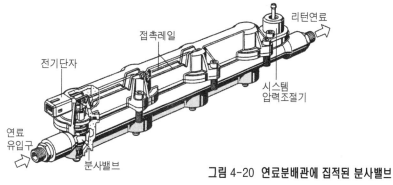

그림 4-20 연료분배관에 집적된 분사밸브

연료분배관은 분사밸브로부터 분사되는 연료량에 비하면 대단히 많은 양의 연료를 저장하고 있다. 따라서 일종의 저장탱크 기능을 하며 분사밸브의 분사에 의해서 발생되는 연료의 맥동을 감쇠시키고 연료압력을 균일하게 유지하는 역할을 한다.

분사밸브들은 연료분배관에 병렬로 연결되어 있으므로 동시에 연료를 공급받게 된다. 연료분배관의 한쪽 끝에 설치된 연료압력조절기가 유효분사압력을 약 3.5bar로 일정하게 유지한다. 과잉연료는 압력조절기를 통해 연료탱크로 되돌아간다.

대부분 연료탱크 환기시스템(활성탄 여과기) 및 EGR-기능도 갖추고 있다.

(3) 공전속도제어(idle speed control : Leerlaufdrehzahlregelung)

이 시스템은 기관의 스로틀밸브가 닫혀있을 때, 기관회전속도를 기관온도에 따라 규정값 범위로 유지하는 기능을 한다.

기관이 냉각된 상태일 때는 정상작동온도일 때와 비교하여 오일의 점도가 높기 때문에 내부저항이 증가하고 또 연료의 기화가 불량하다. 이를 극복하고 공전속도를 안정시키기 위해서는 기관의 출력을 높여야 한다. 이 외에도 에어컨의 사용 또는 다른 부하들의 작동으로 인한 공전속도의 맥동도 방지시켜야 한다. 이를 위해서는 혼합기를 추가로 공급해야 한다.

ECU는 기관회전속도와 기관온도에 대한 신호정보를 이용하여 필요 공전속도를 연산하고, 이를 근거로 공전액추에이터 또는 스로틀밸브 액추에이터를 제어하여 공전속도를 제어한다.

① 공전 액추에이터(idle actuator : Leerlaufsteller)

닫혀있는 스로틀밸브를 바이패스하는 통로를 통해, 필요에 따라 추가로 공기를 공급한다. 이를 위해 ECU는 펄스-폭 변조 신호를 이용하여 공전 액추에이터에 공급되는 전류의 양과 방향을 제어한다. 이에 따라 공전액추에이터는 회전 디스크의 회전방향과 각도를 바꾸어 바이패스 통로의 단면적을 크게 또는 작게 열리게 한다. → 추가공기량의 제어

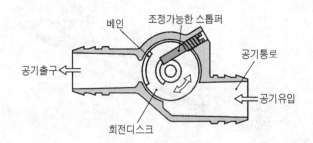

그림 4-21 공전 액추에이터

② **스로틀밸브 액추에이터**(throttle valve actuator : Drosselklappensteller)

전기모터가 감속기어를 통해 스로틀밸브축과 연결되어 있다. 공전 시 ECU는 공전속도에 따라 전기모터를 통해 스로틀밸브를 열거나 닫는 방법으로 공전속도를 규정값으로 유지한다.

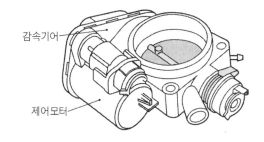

그림 4-22 스로틀밸브 액추에이터

(4) 전부하 농후혼합기 공급

3원촉매기가 장착된 기관에서는 유해배출가스 기준 때문에 가능한 한 $\lambda = 1$ 근방에서 운전해야 한다. 그러나 최대출력을 목표로 할 경우에는 기관에 따라 공기비 $\lambda = 0.90 \sim 0.95$ 범위의 혼합기를 공급하게 된다. 이를 위해서는 공기비제어를 비활성화시켜야 한다. 스로틀밸브 포텐시오미터가 EUC에 전부하를 알리거나 또는 포텐시오미터에서의 단위시간 당 전압변화가 저장된 특정한 수준을 상회할 경우(가속)에 농후혼합기가 공급되게 된다. 전부하 농후혼합기 공급기능은 모든 기관에 다 강제된 것은 아니다. 오늘날은 어느 경우에나 $\lambda \approx 1$을 목표로 제어하는 기관들이 대부분이다.

(5) 가/감속 시 혼합비 보정

흡기다기관에 분사된 연료의 일부는 다음 번 흡기과정에 곧바로 실린더에 유입되지 않고 유막형태로 흡기다기관 벽에 부착되게 된다. 부하가 상승함에 따라 그리고 분사기간이 길어짐에 따라 유막형태로 벽에 부착되는 연료량은 크게 증가하게 된다.

스로틀밸브를 열 때, 분사된 연료의 일부는 이 유막형성에 사용되게 된다. 그러므로 가속

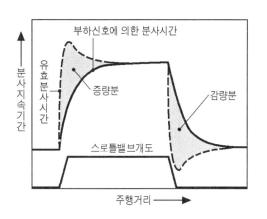

그림 4-23 가/감속시의 분사시간

시에 혼합기가 희박하게 되는 것을 방지하기 위해서는, 유막형성에 필요한 연료를 추가로 분사해야 한다. 부하가 감소할 때는, 벽에 유막형태로 부착된 연료가 다시 분리되어 실린더로 유입되게 된다. 그러므로 감속 시에는 그만큼 분사시간을 단축해야 한다. 그림 4-23은 이와 같은 결과를 반영한 분사시간의 변화과정을 도시한 것이다.

(6) 기타 기능

① 타행 시 연료공급 중단(fuel cut-off at coasting : Schubabschaltung)

스로틀밸브는 닫혀있으나 기관의 회전속도가 높은 타행상태(예 : 언덕길 하향 주행)일 경우, 연료분사를 중단한다. 스로틀밸브를 다시 열거나 또는 기관의 회전속도가 기준(예 : 1200min^{-1}) 이하로 낮아지면 연료분사는 재개된다.

타행주행을 위해서 ECU는 스로틀밸브 스위치 또는 스로틀밸브 개도센서로부터의 스로틀밸브 위치신호 그리고 기관회전속도센서로부터의 회전속도 정보를 필요로 한다.

② 고도 보상 기능(Altitude compensation : Höhenanpassung)

무과급기관에서는 별도의 고도보상기능을 생략할 수 있다. 이유는 공기질량계량기가 고지대에서의 낮은 공기밀도를 고려하기 때문이다.

③ 최고 회전속도제한(rotation speed limitation : Drehzahlbegrenzung)

ECU는 기관회전속도센서로부터의 신호가 저장된 최고속도를 초과할 경우, 회전속도제한을 실시한다. 출력을 제한하기 위해 그리고 최고회전속도 및 최고주행속도를 제한하기 위해 점화시기를 지각시키게 된다. 연료분사는 특별한 경우에 한해서 중단하게 된다.

2. LH-Jetronic의 분사밸브(injection valve : Einspritzventil)

솔레노이드식 분사밸브가 각 실린더의 흡기밸브 전방, 흡기다기관에 배정되어 있다.

(1) 분사밸브의 작동

분사밸브는 ECU로부터 단속적으로 공급되는 전류에 의해 개/폐된다. 그림 4-24에서 솔레노이드 코일에 전류가 흐르지 않을 경우, 밸브니들(valve needle)은 코일스프링의 장력에 의해 분사밸브의 분공에 밀착된다. 솔레노이드코일에 전류가 흐르면 전기자(armature)가 흡인된다. 전기자가 흡인되면 전기자와 일체로 되어있는 밸브니들도 플랜지(flange) 부분이 스토퍼(stopper)에 접촉할 때까지 흡인되어 최대양정(max. lift)에서 안정된다. 밸브니들이 흡인되어 분사밸브의 분공이 열리면 연료는 분사된다.→ 밸브양정은 약 0.05~0.1mm 범위

분사량은 밸브니들의 양정, 분공의 크기, 분사유효압력, 연료의 밀도 등에 따라 변화하지만 이들 요소들이 결정되면 밸브니들의 개변지속기간 즉, 솔레노이드 코일의 통전시간(通電

時間)에 비례한다. ECU는 각 센서들로부터 입력된 정보를 종합, 처리하여 운전조건에 따라
통전시간(1.5ms~18ms)을 결정하며, 제어주파수는 3~125Hz 범위이다.

(2) 분사밸브의 종류

분사밸브는 연료공급구의 위치가 상단에 있는 top-feed형과 측면에 있는 bottom-feed형으
로 구분한다.

① top-feed형 분사밸브(그림 4-24(a))

연료는 분사밸브의 상단에서 아래로 축선방향을 따라 공급된다. 상단의 씰링 링을 통해
연료분배관에 설치되며, 밀려 나오지 않도록 고정 클립으로 고정하였다. 하부의 씰링 링은
흡기다기관에 삽입 밀착된다.

② bottom-feed형 분사밸브(그림 4-24(b))

분사밸브가 연료분배관에 집적된 형식으로 연료가 분사밸브 주위를 순환한다. 연료입구
는 분사밸브의 측면에 있다. 연료분배관을 직접 흡기다기관에 설치한다. 분사밸브는 고정
클립 또는 연료분배관의 커버로 연료분배관에 고정한다. 상/하 2개의 씰링 링이 연료의 누
설을 방지한다. 연료에 의해 분사밸브가 냉각되므로 고온재시동성과 고온작동성이 양호하
며, 연료분배관과 함께 모듈구조를 형성하므로 설치높이가 낮다(그림 4-20 참조).

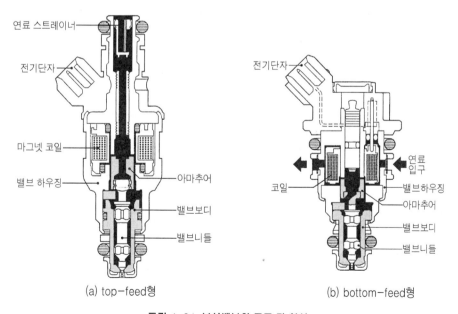

(a) top-feed형   (b) bottom-feed형

그림 4-24 분사밸브의 구조 및 형식

(3) 분공 및 니들의 다양한 조합과 혼합기의 형성(그림4-25 참조)

분사되는 연료가 흡기다기관 벽을 적시지 않고, 균질혼합기를 형성하도록 연료를 미립화시키기 위해 다양한 형상의 분공 및 니들의 조합을 고려할 수 있다.

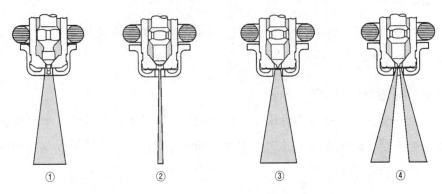

그림 4-25 분사밸브의 형상에 따른 분무속의 형상

① 링(ring) 간극 계량(ring clearance measuring : Ringspaltzumessung)

이 분사밸브는 밸브니들(분사 핀틀)의 일부가 분공 밖으로 돌출된 형식이다. 따라서 분공의 개구부 단면은 링(ring) 모양이 된다. 분사핀틀의 끝은 잘게 갈라져 있어 연료의 미립화를 촉진시키고, 분무 다발(injection spray)의 형상을 원추형이 되게 한다.

② 단공 계량(single hole measuring : Einlochzumessung)

분사밸브 끝에 분사핀틀 대신에 분공이 1개 뚫려 있는 얇은 분사 디스크가 설치된다. 그러므로 분무 다발은 길고 좁은 원통형으로 분사된다. 흡기다기관 벽을 적시지는 않으나 대신에 미립화는 불량하다.

③ 다공 계량(multi-hole measuring : Mehrlochzumessung)

단공 계량 방식과 마찬가지로 얇은 분사 디스크가 설치되지만, 분공이 여러 개이다. 분무 다발의 형상은 링 간극 계량형과 거의 비슷하며, 연료의 미립화 정도도 비슷하다.

④ 2-분무 다발식 다공 계량

(multi-hole measuring : Mehrlochzumessung beim Zweistrahlventil)

다공계량 방식과 마찬가지로 다수의 분공이 가공된 분사 디스크가 설치된다. 그러나 분무 다발이 2개로 나뉘어 분사되도록 설계된 형식이다. 이는 4-밸브기관에서 2개의 흡기밸브에 균등하게 연료를 분배하는 효과를 얻을 수 있다.

(4) 에어 시라우드식 분사밸브(injection valve with air shroud : Einspritzventil mit Luftumfassung)

분사밸브 외부에 에어 시라우드를 설치하여 혼합기 형성을 촉진시킬 수 있다. 이에 필요한 공기는 스로틀밸브 전방에 설치된 바이패스 포트(port)로부터 직접 분공 디스크로 고속으로 유입되도록 한다. 이를 통해 연료분자와 공기분자 간의 교환작용에 의해 연료는 아주 미세하게 안개화된다. 공기가 고속으로 분공디스크에 유입되게 하기 위해서는 대기압력에 비해 흡기다기관압력이 크게 낮아야 한다. 그러므로 에어 시라우드 방식은 주로 기관의 부분부하 영역에서 효과가 크다.

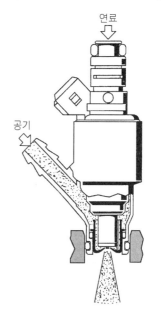

그림 4-26 에어 시라우드식 분사밸브

(5) 분사밸브의 전류회로

분사밸브는 ECU로부터의 (−)와 연결되어 있다. 따라서 접지 단락되었을 경우에도 단락전류에 의해 ECU가 파손되는 것을 방지할 수 있다. (+)전원은 ECU를 거쳐 연결된 릴레이의 단자 15를 통해 공급된다. 오실로스코프를 이용하여 밸브의 개변지속기간을 측정할 수 있다. 분사밸브의 파형에서 전압 피크(voltage peak : Spannungsspitze)는 밸브에 전류공급을 차단할 때(밸브가 닫힐 때) 솔레노이드코일의 유도작용에 의해 생성된다.

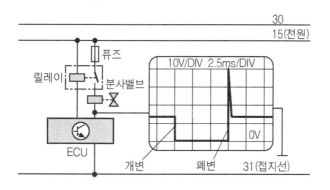

그림 4-27 분사밸브의 ON/OFF시의 파형

3. LH-Jetronic의 전자제어 회로

그림 4-28은 LH-Jetronic의 실제 회로도(예)이다.

ECU는 각 센서들로부터 입력정보를 종합, 처리하여 분사량(=분사밸브 개변지속기간)을 연산하여 분사밸브에 전류를 공급한다. 연료분사는 물론이고 점화시기, 공전속도, 노크(knock) 등을 동시에 종합적으로 제어하는 시스템이다.

주요 입력센서 및 액추에이터의 기능은 다음과 같다.

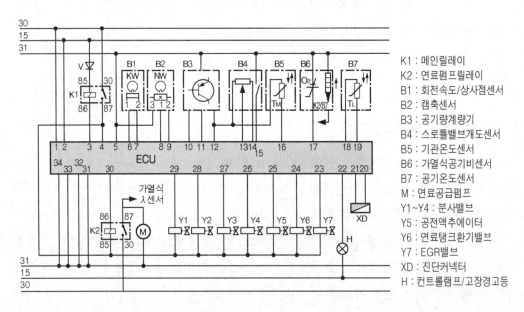

K1 : 메인릴레이
K2 : 연료펌프릴레이
B1 : 회전속도/상사점센서
B2 : 캠축센서
B3 : 공기량계량기
B4 : 스로틀밸브개도센서
B5 : 기관온도센서
B6 : 가열식공기비센서
B7 : 공기온도센서
M : 연료공급펌프
Y1~Y4 : 분사밸브
Y5 : 공전액추에이터
Y6 : 연료탱크환기밸브
Y7 : EGR밸브
XD : 진단커넥터
H : 컨트롤램프/고장경고등

그림 4-28 LH-Jetronic의 회로도(예)

(1) 입력신호센서

주요 입력신호 센서로는 열막식 공기질량계량기, 기관회전속도센서, 스로틀밸브 개도센서(포텐시오미터), 흡기온도센서, 기관온도센서, 상사점센서 그리고 공기비센서 등이다.

① 열막식 공기질량계량기(B3)

측정한 흡기질량 정보를 전압신호의 형태로 ECU에 전송한다. ECU는 이 정보와 엔진회전속도 정보를 이용하여 기본분사량을 연산한다. 센서가 고장이면, 스로틀밸브 위치신호를 이용하여 분사량을 결정할 수 있다. 이 경우, 자동차는 성능이 제한되는 비상운전프로그램으로 운전되게 된다. 공기질량계량기에는 핀 10으로부터 전원이 공급되며, 핀 31은 접지단자로서 단자 31에 접속된다. ECU에 전송된 공기계량기의 전압신호는 핀 10과 핀 12에서 측정할 수 있다.

② 기관회전속도센서(B1)

기관회전속도는 물론이고 1번 실린더의 상사점 정보를 파악하여 ECU에 전송한다. 공기질량신호와 함께 기본분사량을 연산하는 주 변수로 사용된다. 이 센서가 고장일 경우 기관의 작동은 정지된다. 신호는 공전제어, 타행주행 시 연료분사중단 그리고 회전속도제한에도 필요하다. ECU의 핀 6과 핀 7에서 신호를 확인할 수 있다.

③ 스로틀밸브 개도센서(포텐시오미터)(B4)

스로틀밸브 개도 및 개도 각속도를 측정한다. 내장된 공전스위치가 스로틀밸브가 닫혀 있는지의 여부를 ECU에 전달한다. 센서가 고장일 경우, ECU에 저장된 최저 회전속도가 대체값으로 사용된다. 이는 대부분 공전속도의 상승으로 나타난다. 이렇게 되면 공전제어, 타행주행 시 연료분사중단, 전부하와 가속 시의 농후혼합기 공급 그리고 회전속도제한 등은 더 이상 불가능하게 된다. 포텐시오미터의 신호는 핀 13과 14 또는 12에서 확인할 수 있다. 스로틀밸브 스위치는 핀 15와 접지 31 사이에서 점검할 수 있다.

많은 시스템에서, 특히 스로틀밸브 액추에이터를 사용하는 시스템에서는 안전성과 정밀도를 이유로 더블-포텐시오미터를 사용한다.

④ 흡기온도센서(B7)

NTC-센서로서 흡기온도정보를 ECU에 공급한다. 아주 차가운 공기일 경우, 개변지속기간은 20%까지도 연장될 수 있다. 센서가 고장일 경우, ECU에 사전 저장된 대체값이 사용된다. 센서의 저항값은 핀 18과 핀 19 사이에서 확인할 수 있다.

⑤ 기관온도센서(B5)

NTC-센서로서 기관냉각수온도를 감지할 수 있는 위치에 설치된다. ECU는 저항에서의 전압강하에 따라 분사량을 기관의 작동상태에 맞추게 된다. 기관이 냉각된 상태에서 개변지속기간은 70%까지 연장될 수 있다. 이 외에도 기관이 차가울 때는 점화시기, 공전회전속도, EGR, 노크제어 등도 변화된다.

신호 중단 또는 단락된 경우, ECU는 대체값으로 절환시킬 수 있다. 예를 들면 단자접속부에서의 저항상승은 감지할 수 없다. 이와 같은 오류는 농후혼합기를 공급하는 원인이 되고, 결과적으로 배기가스의 CO 농도가 상승하게 된다. 센서의 저항값은 ECU에서 핀 12와 16 사이에서 측정할 수 있다.

⑥ **상사점센서**(B2)

압축 상사점을 정확하게 감지하기 위해서는 크랭크축에 설치된 유도센서는 물론이고 캠축에 설치된 홀센서 신호도 필요로 한다. ECU는 이 두 신호와 기관회전속도센서신호로부터 각 실린더에 적합한 분사시기와 점화시기를 연산한다. 센서신호는 핀 8과 핀 5에서 오실로스코프로 판독할 수 있다. 센서의 단자 7(1)은 (+)신호, 31d는 접지이다. 전원공급은 핀7=단자 8h(2)를 통해 이루어진다.

⑦ **지르코니아 공기비센서**(B6)

센서의 최저 작동온도(약 250~300℃)에 조기에 도달하도록 하기 위해 가열식 공기비센서가 주로 사용된다. 배기가스 중의 잔류산소농도를 전압신호의 형태로 ECU에 공급한다. ECU는 $\lambda = 1$을 기준으로 공기비를 제어한다. 센서가 고장일 경우, ECU는 이를 인식하며, 공기비제어는 더 이상 불가능하게 된다.

센서신호는 핀 17과 단자 31 사이에서 오실로스코프로 판독할 수 있다. 센서의 가열전류는 연료공급펌프 릴레이(K2)의 단자 87과 접지(31)를 통해 공급된다.

(2) 주요 액추에이터

주요 액추에이터로는 메인 릴레이, 연료공급펌프 릴레이, 분사밸브, 공전 액추에이터, 연료탱크환기밸브 그리고 EGR 밸브 등이 있다.

① **메인 릴레이**(K1)

점화 스위치를 ON시키면, 메인 릴레이 단자 85는 전원단자 15로부터 그리고 단자 86은 ECU의 핀 3을 통해 접지로 연결된다. 이를 통해 릴레이의 전류회로가 작동하게 되고, ECU의 핀4에 전압이 인가되게 된다. 마찬가지로 솔레노이드밸브 Y1~Y7까지 그리고 연료공급펌프(K2)의 제어전류회로 단자 85에도 전류가 공급된다.

② **연료공급펌프 릴레이**(K2)

메인 릴레이 (K1)의 단자 85에 (+), 그리고 ECU의 단자 86이 접지와 연결되면, 릴레이는 닫힌다. 접지연결을 구축하기 위해 핀 30은 반드시 접지와 연결되어야 한다. 활성화된 전류회로는 연료공급펌프(M)에 그리고 공기비센서 가열회로에 전류를 공급한다. 기관회 전속도센서신호가 없으면 전류공급은 중단된다.

③ **분사밸브**(Y1~Y4)

연료공급펌프(K2)와 마찬가지로 메인 릴레이(K1)로부터 전압이 인가된다. 분사밸브가 분사하도록 하려면, ECU는 핀 26, 27, 28, 29를 접지로 연결시켜야 한다. 통전순서 및 통전 기간은 ECU가 연산하여, 출력한다.

④ **공전 액추에이터**(Y5)

ECU는 기관온도에 따라 공전 액추에이터를 통해 공전속도를 제어한다. 액추에이터는 메인릴레이(K1) 단자 87로부터 (+)전원을 공급받는다. 액추에이터는 ECU로부터의 펄스 폭 변조된 신호(PMS)에 의해 ON/OFF 제어된다. 이를 통해 바이패스통로는 무단계로 개/폐 제어된다.

⑤ **연료탱크환기밸브**(Y6)

솔레노이드밸브는 활성탄 여과기와 흡기다기관 사이의 연결을 개/폐한다. (+)전원은 메인릴레이(K1)의 단자 87로부터 그리고 접지는 ECU의 핀 24를 통해 이루어진다. 환기밸 브는 ECU로부터의 펄스폭 변조된 신호(PMS)에 의해 ON/OFF 제어된다. 신호가 고장일 경우, 밸브는 닫힌 상태를 유지한다.

⑥ **EGR 밸브**(Y7)

EGR밸브는 ECU로부터의 펄스폭 변조된 신호를 이용하여 흡기다기관과 배기다기관 사이의 통로를 개/폐 제어한다. 밸브가 열릴 때는 메인 릴레이(K1)의 단자 87로부터 (+) 전원을, 그리고 ECU의 핀 23을 통해 접지된다. 신호가 고장일 경우, 밸브는 닫힌 상태를 유지한다.

제4장   가솔린분사장치

제4절 BOSCH의 ME-Motronic
(ME-Motronic from Bosch : ME-Motronic)

ME-Motronic은 LH-Motronic의 후속 개발 시스템으로서, 전자식 가속페달이 도입되었고 OBD-시스템이 추가되었다. → 외부혼합기 형성(간접분사방식)

기존의 시스템에서는 운전자가 가속페달을 밟아 스로틀밸브를 개폐하였다. 즉, 흡입된 공기질량 및 이에 대응되는 연료분사량은 회전속도와 운전자가 요구한 가속페달위치(=스로틀밸브 위치)를 근거로 결정되었다. 추가 회전력 요구 예를 들면, 에어컨 압축기 구동에 필요한 회전력 또는 공전제어 시스템에서 필요로 하는 추가 회전력은 나중에 보정하였다.

전자식 가속페달이 도입된 ME-Motronic부터는 운전자가 조작한 가속페달의 위치뿐만 아니라, 구동력에 영향을 미치는 모든 시스템 및 구성부품들 예를 들면, 자동변속기, 에어컨 압축기, 촉매기 히터, ASR, ESP 등이 스로틀밸브의 개도를 계산하는데 고려의 대상이 된다.

ME-Motronic에서는 개별 시스템의 우선순위에 따른 요구를 근거로 대체값을 형성한다. 예를 들어 에어컨 압축기가 작동하게 되면, 차륜의 구동력이 감소하게 되는데, 이를 방지하기 위해 ECU는 에어컨 압축기를 작동시키기 전에 스로틀밸브가 더 열리도록 작용하여 연료분사량을 증량시킨다. 그리고 다른 경우에는 점화시기를 제어하여 생성해야 할 회전력을 필요로 하는 수준으로 변경시킨다. 이제 더 이상 가속페달의 위치가 스로틀밸브위치와 일치하지 않는다. 따라서 가속페달과 스로틀밸브가 기계적으로 연결되어 있지 않은, 전자식 가속페달을 사용하여야 한다. 가속페달의 위치는 단지 예를 들면, ASR-간섭 시, 운전자의 주행요구를 판단하기 위한 신호로만 사용된다.

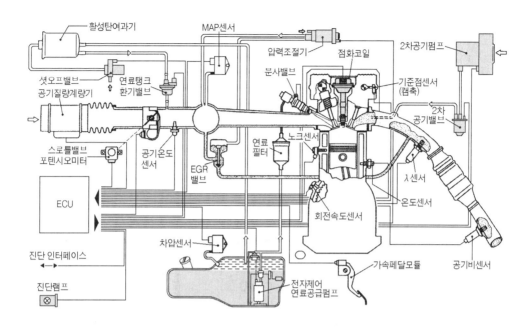

그림 4-29 ME-Motronic 시스템 구성(ME 7, 8)

1. ME-Motronic의 부분 시스템

(1) 흡기 시스템

전자식 가속페달 모듈을 통해 운전자의 요구를 감지한다. 안전상의 이유로 가속페달모듈에는 2개의 포텐시오미터(또는 홀센서)가 중복, 설치되어 있다. 가속페달의 위치와 운동속도는 전압신호의 형태로 ECU에 전달된다. ECU는 이 신호와 다른 변수들을 저장되어 있는 특성곡선과 비교하여 필요로 하는, 적합한 회전력을 계산하여 스로틀밸브 액추에이터를 제어하게 된다.

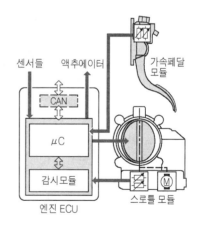

그림 4-30 전자제어 가속페달 모듈

스로틀밸브의 운동은 스로틀밸브 액추에이터에 내장된 2개의 포텐시오미터에 의해 감시된다. → drive by wire.

센서신호의 오류로 인해 시스템 범위 내에 고장이 발생하면, 스로틀밸브의 위치는 비상운전위치에 고정된다.

(2) 연료공급 시스템 → 복귀회로가 없는 시스템

연료공급은 연료탱크 내에 설치된 연료공급모듈에 의해 이루어지며, 별도의 외부 복귀회로가 없다. 복귀회로가 없는 연료공급 시스템의 경우, 연료공급압력은 대기압력에 비해 대부분 약 3bar 정도 높은 압력으로 일정하게 유지된다. 이 경우, 흡기다기관 절대압력이 변화하면 유효분사압력이 변화하기 때문에 분사밸브의 개변지속기간이 같아도 연료분사량은 차이가 나게 된다. → 보정기능을 이용하여 이 오류를 보정하게 된다. 이를 위해 MAP-센서를 이용하여 흡기다기관압력을 지속적으로 측정하고, ECU는 이를 근거로 분사량을 증량/감량 보정한다.

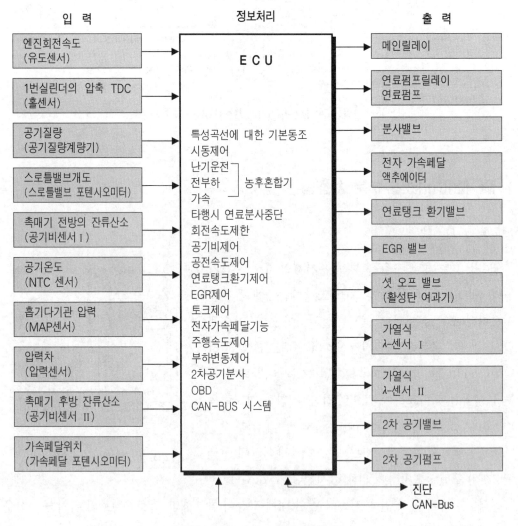

입 력	정보처리	출 력
엔진회전속도 (유도센서)	**ECU**	메인릴레이
1번실린더의 압축 TDC (홀센서)		연료펌프릴레이 연료펌프
공기질량 (공기질량계량기)	특성곡선에 대한 기본동조 시동제어	분사밸브
스로틀밸브개도 (스로틀밸브 포텐시오미터)	난기운전 전부하 농후혼합기 가속	전자 가속페달 액추에이터
촉매기 전방의 잔류산소 (공기비센서 I)	타행시 연료분사중단 회전속도제한 공기비제어	연료탱크 환기밸브
공기온도 (NTC 센서)	공전속도제어 연료탱크환기제어 EGR제어	EGR 밸브
흡기다기관 압력 (MAP센서)	토크제어 전자가속페달기능 주행속도제어	셧 오프 밸브 (활성탄 여과기)
압력차 (압력센서)	부하변동제어 2차공기분사 OBD	가열식 λ-센서 I
촉매기 후방 잔류산소 (공기비센서 II)	CAN-BUS 시스템	가열식 λ-센서 II
가속페달위치 (가속페달 포텐시오미터)		2차 공기밸브
		2차 공기펌프

진단
CAN-Bus

그림 4-31 ME-Motronic의 블록선도

(3) 유해 배출가스 저감 시스템(제 11장 배출가스제어기술 참조)

배출가스 규제가 강화됨에 따라 유해 배출가스 저감을 위해 관련 시스템들이 확장, 개선되었다.

① 혼합기 형성 시스템

역전류 감지 기능을 갖춘 열막식 공기질량 계량기를 통해 흡기질량을 정확하게 감지하며, 기관을 보다 좁아진 공기비 창(0.995 ⟨ λ ⟨ 1.005) 범위 내에서 제어한다. 광대역공기비센서를 이용함으로서 기존의 지르코니아 공기비센서에 비해 훨씬 더 정밀하고 넓은 범위에 걸쳐 공기비를 측정할 수 있게 되었다. 캠축에 퀵-스타트(quick start : Schnellstart)-센서 휠을 설치하여 압축-TDC를 조기에 감지함으로서 기관의 조기 시동이 가능하게 되었다.

② 연료탱크 환기시스템

연료공급 시스템은 밀폐식으로서 외부와는 완전히 차단되어 있다. 재생밸브와 직렬로 결선된 셧-오프 밸브가 열려야만 활성탄여과기의 환기(= 재생)가 가능하다.

③ EGR 시스템

재순환되는 배기가스를 냉각시켜 연소실에 공급함으로서 NO_x-저감효과를 개선하였다. 이를 위해 EGR-가스 냉각기가 추가로 설치된다.

④ 2차공기 시스템

이 시스템은 공기펌프 및 밸브로 구성되어 있다. 시스템은 냉시동 시 CO와 HC를 저감시키기 위해 사용된다. 이 외에도 2차공기 시스템은 촉매기를 작동온도까지 급속 가열시키는데도 이용된다.

⑤ OBD의 도입

배기가스의 질에 영향을 미치는 모든 구성부품들을 감시하기 위해, 발생된 고장을 ECU에 저장하고, 이를 운전자에게 알려 준다(PP.530~534 참조).

2. ME-Motronic의 전자제어회로

(1) 추가 센서와 액추에이터

ME-Motronic에는 LH-Motronic과 비교했을 때, 다음과 같은 센서와 액추에이터들이 추가로 사용된다.

① MAP-센서(B9)

MAP-센서는 흡기다기관압력을 측정하여, 분사밸브에서의 유효분사압력의 차이를 보상하기 위해 필요하다. 추가로 활성탄여과기를 통과하는 유량을 계산하기 위한 신호로도 사용된다. 공기질량계량기가 고장일 경우, 흡입한 공기질량에 대한 대체값을 MAP-센서의 신호를 이용하여 거의 정확하게 연산해 낼 수 있다.

센서는 ECU의 핀 49, 50 그리고 53(접지)과 결선되어 있다.

② 차압센서(B10)

이 센서는 연료탱크의 기밀상태를 점검하기 위해, 자기진단을 통해 연료탱크의 내부압력을 감시한다. 센서는 ECU의 핀 51, 52 그리고 53(접지)과 결선되어 있다.

③ 공기비센서 Ⅱ(B11)

촉매기 후방에 설치된 이 센서는 촉매기의 기능을 감시한다. 이 센서의 신호정보를 이용하여 추가로 공기비센서1(촉매기 앞)의 적용이 이루어진다.

센서가 고장일 경우, OBD는 고장을 인식, 저장한다. 이 경우, 공기비제어는 공기비센서1에 의해 계속 가능하지만, 촉매기기의 기능은 더 이상 감시할 수 없게 된다.

센서신호는 핀 10과 핀 11에서 오실로스코프로 판독할 수 있다. 센서의 가열은 핀9(접지)와 릴레이(K1)의 (+)를 통해 이루어진다.

④ 가속페달 위치센서(B12)

전자식 가속페달의 경우, 가속페달의 각속도를 통해 운전자의 요구가 파악된다. ECU에 필요한 신호는 가속페달모듈에 중복 설치된 2개의 포텐시오미터에 의해 생성된다. 포텐시오미터 1은 핀 37, 38, 39를 통해서 그리고 포텐시오미터 2는 핀 40, 41, 42를 통해서 ECU와 결선되어 있다.

⑤ 스로틀밸브 위치센서(B4)

스로틀밸브의 위치는 ECU가 규정값과 실제값을 비교할 수 있도록 정확하게 감지되어야 한다. 정확성과 안정성을 이유로 가속페달에서와 마찬가지로 포텐시오미터를 2개 사용한다. 전자식 가속페달 시스템은 이들 4개의 포텐시오미터의 타당성을 검사하여, 기준값으로부터의 편차가 감지되면 먼저 대체신호를 사용하게 된다.

비상의 경우, 예를 들어 스로틀밸브에 설치된 2개의 포텐시오미터의 신호에 오류가 발생하면, 스로틀밸브는 저속운전만 가능한 상태로 닫히게 된다. 포텐시오미터 1은 ECU의 핀 31, 32, 33에서, 포텐시오미터 2는 핀 31, 33, 34에서 점검할 수 있다.

⑥ 전자제어 스로틀밸브 액추에이터(B4)

이 액추에이터는 ECU의 핀 35와 핀 36을 거쳐 트리거링된다. 그때그때의 스로틀밸브 위치는 ECU가 결정한 규정-회전력을 근거로 계산된다. 규정 회전력은 각 기관마다 고유의 개념에 따른 특이한 충전방법을 통해 생성할 수 있는데, 이를 위해서는 또 다시 특정한 스 로틀밸브위치를 필요로 한다.

액추에이터가 고장일 경우, 스로틀밸브는 비상운전위치로 복귀하고, 기관은 제한된 회 전속도로만 운전되게 된다.

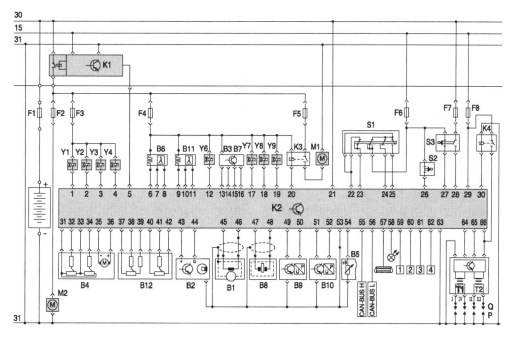

K1 : 연료공급펌프 릴레이
F1~F8 : 퓨즈
Y1~Y4 : 분사밸브
M2 : 연료공급펌프
B4 : 스로틀밸브개도센서/
　　전자식가속페달 액추에이터
　　가열식공기비센서
B6 : 가열식 λ-센서1
B11 : 가열식 λ-센서2
B12 : 가속페달센서
B2 : 캠축 TDC센서

Y6 : 재생밸브
B3 : 공기질량계량기
B7 : 흡기온도센서
Y7 : EGR밸브
Y8 : 셧 오프밸브
Y9 : 2차공기밸브
K3 : 2차공기펌프릴레이
M1 : 2차공기펌프
B1 : 크랭크축 회전속도센서
B8 : 노크센서
B9 : MAP센서

B10 : 차압센서
B5 : 기관온도센서
S1 : 정속주행장치용 스위치
S2 : 클러치페달스위치
S3 : 브레이크페달스위치
　　(정속주행장치)
K4 : 점화장치 최종단계 릴레이
T1, T2 : 듀얼스파크 점화코일
1~4 : 다른 시스템용 입/출력
K2 : 엔진 ECU

그림 4-32 ME-Motronic의 회로도(예)

⑦ **2차공기 펌프**(M1)

이 펌프는 기관온도에 따라 제한된 시간 동안 기관의 배기밸브 후방, 배기다기관에 새로운 공기를 분사한다. 이 펌프에는 릴레이(K3)를 통해 전압이 인가된다. 이때 (＋) 전원은 릴레이 K1을 통해서 공급되고, 접지는 단자 31을 통해서 이루어진다. 펌프의 기능은 자기진단을 통해 감시된다.

⑧ **2차공기 밸브**(Y9)

이 밸브는 2차공기 펌프를 보호하고, 펌프가 정지되어 있을 때 배기가스의 역류를 방지한다. 릴레이 K1을 통해서 (＋)전원이 공급되고, ECU의 핀 19를 통해서 접지된다.

(2) 시스템 간의 간섭

각 운전상태 및 운전상황에 절절한 혼합기를 형성하기 위해서는 필요한 모든 자료(정보)들이 엔진-ECU에 반드시 제공되어야 한다. 이를 위해 자동차 구동에 영향을 미칠 가능성이 있는 모든 ECU들은 고속 버스 시스템(CAN-bus)을 통해 엔진 ECU와 서로 연결되어 있다.

예를 들면 변속기제어, ASR(Anti-Slip Regulation), 주행 다이내믹제어(DDR : Driving Dynamic Regulation), 전자제어 안전 시스템 등이 서로 연결되어 있다.

구동륜이 헛도는 구동슬립의 경우에는 점화시기를 지각시키거나, 그리고/또는 분사를 중단하여 기관의 토크를 감소시킴으로서 제어할 수 있다. 또 에어백이 트리거링되면 연료공급펌프의 작동을 정지시키고, 외부에서 도어를 열 수 있도록 각 도어의 중앙잠금장치를 해제할 수 있다. 이러한 시스템 간섭을 위해서 ASR이나 DDR 같은 일부 시스템들은 전자식 가속페달(drive by wire)을 반드시 필요로 한다.

제4장 가솔린분사장치

제5절 SPI시스템

(Single Point Injection : Mono-Jetronic)

SPI-시스템에서는 기관의 모든 실린더들이 스로틀 보디에 설치된 1개의 분사밸브로부터 연료를 공급받는다. → SPI(Single Point Injection : Zentraleinspritzung)

자동차회사에 따라 TBI(Throttle Body Injection), CFI(Central Fuel Injection), Mono-Jetronic 등 다양한 용어가 사용된다. 그러나 시스템 작동원리 및 구성은 대부분 같다.

→ α-n 제어 또는 MAP-n 제어

ECU는 각 사이클마다 실린더 수에 대응되는 횟수만큼 분사밸브를 열어, 스로틀보디 상부 (전방)에 연료를 분사한다. → 외부 혼합기 형성(간접분사방식)

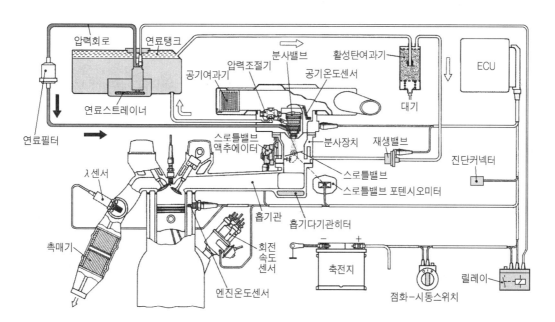

그림 4-33 SPI 시스템의 구성(BOSCH)

1. SPI의 부분 시스템

(1) 흡기 시스템

공기여과기를 통과한 공기는 스로틀보디에 설치된 분사장치를 통과하여 기관으로 유입된다. 분사장치를 통과할 때, 흡기온도센서에 의해 흡기온도가 측정되고, 이 정보는 ECU에 전압신호로 전달된다. 주행 중에는 운전자가 가속페달을 통해 스로틀밸브를 제어하지만, 공전시에는 스로틀밸브 액추에이터가 ECU에 저장된 기준 공전속도를 유지하는데 필요한 공기를 제어한다. 연료는 스로틀밸브 전방의 흡입공기 중에 분사된다. 스로틀밸브에 의해 양이 조정된 혼합기는 흡기다기관에 유입된다.

기관이 차가운 상태에서는 분사된 연료가 흡기다기관 벽에 지나치게 응축되는 것을 방지하기 위해 흡기다기관 벽 또는 흡입된 혼합기를 가열한다. 흡기밸브가 열리면 혼합기는 실린더 내로 흡입된다.

(2) 연료공급 시스템

연료는 전기 구동식 연료공급펌프에 의해 연료탱크로부터 연료공급펌프 → 연료여과기를 거쳐 분사밸브에 공급된다. 연료공급압력은 분사밸브의 복귀라인에 설치된 시스템압력조절기에 의해 약 1bar로 일정하게 유지된다. → 저압 분사 방식

ECU가 솔레노이드식 분사밸브에 전류를 공급하면 분사밸브는 열리고, 연료는 스로틀밸브 전방의 흡기 중에 분사된다.

(3) 재생 시스템

활성탄여과기에 임시로 저장되어 있는 증발가스(탄화수소)는 특정 운전상태 하에서 예를 들면, 부분부하 시에 연소실로 유입된다. 엔진 ECU가 재생밸브를 열면 흡기다기관 부압에 의해 공기와 증발가스가 함께 흡입되게 된다.

(4) 작동 데이터 취득 시스템

기관의 작동상태에 대한 주 변수는 스로틀밸브개도(α)와 기관회전속도(n)이다.→ α-n제어

시스템에 따라서는 흡기다기관절대압력(MAP)과 회전속도(n)가 주 변수이다. → MAP-n제어

엔진 ECU는 이들 주 변수로부터 기본분사량을 연산하여 분사밸브의 개변지속기간을 결정한다. ECU는 더 많은 정보 예를 들면, 흡기온도, 기관온도 그리고 공기비센서를 통한 혼합비 정보 등을 추가로 고려하여 기관의 작동상태에 적합한 분사량을 결정한다.

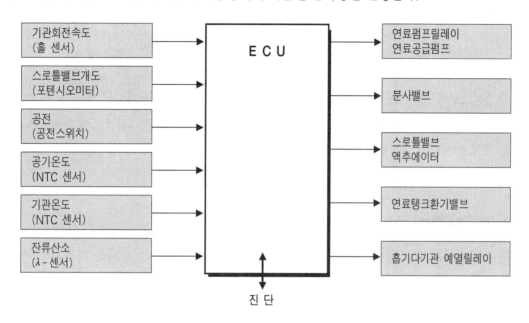

그림 4-34 SPI 시스템의 블록선도

2. SPI의 주요 구성부품

SPI 시스템은 연료공급회로, 연료 복귀 회로, 분사밸브, 압력조절기, 공기온도센서, 스로틀밸브 그리고 스로틀밸브 액추에이터 등으로 구성된다.

(1) 연료압력 조절기

연료 복귀회로에 설치되어 있으며, 연료압력(=시스템압력)을 약 1bar로 일정하게 유지한다. 그러므로 분사량은 분사밸브 개변지속기간에 따라 결정된다.

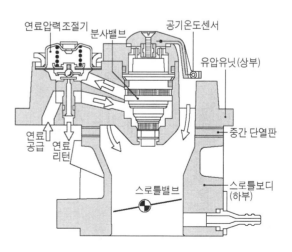

그림 4-35 SPI 연료분사장치

연료공급펌프로부터의 압력이 시스템압력을 초과하면, 연료압력조절기에서는 스프링 부하된 접시형 밸브가 열린다. 그러면 연료는 이 밸브를 통해 연료탱크로 복귀하게 된다. 연료는 연료탱크로 복귀하기 전에 분사밸브 주위를 한바퀴 돌면서 분사밸브를 냉각시키는 기능을 한다. → 고온 재시동성의 개선

(2) 스로틀밸브 액추에이터

통상적으로 공전속도를 낮은 수준으로 일정하게 유지하고, 경우에 따라서 예를 들면, 에어컨을 작동시킬 때 공전속도를 안정시키는 기능을 한다. ECU는 기관회전속도와 기관온도에 따라 스로틀밸브를 제어하기 위한 제어신호를 액추에이터(직류모터)에 제공한다. 액추에이터는 접속된 감속기구를 통해 스로틀밸브 개도를 제어한다.

(3) SPI 분사밸브

밸브 하우징과 밸브 그룹으로 구성되어 있다. 밸브 하우징에는 전기단자와 연결된 솔레노이드코일이 있다. 밸브그룹은 밸브보디, 그리고 아마추어와 일체로 된 분사 니들(needle)로 구성된다. 아마추어 위에 설치된 스프링과 시스템압력이 함께 분사니들을 니들-시트(needle seat)에 밀착시킨다.

솔레노이드코일이 여자되면, 분사니들은 자신의 시트로부터 약 0.06mm 들어 올려지고 연료는 분공으로부터 분사된다. 분사니들 끝부분의 형상은 분사되는 연료의 미립화를 촉진시키면서 분무다발이 원추형이 되도록 한다. 분사밸브의 작동은 점화펄스에 동기되어 이루어진다.

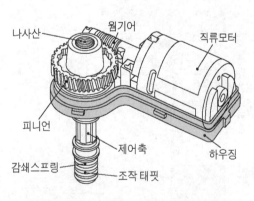

그림 4-36 스로틀밸브 액추에이터의 구조

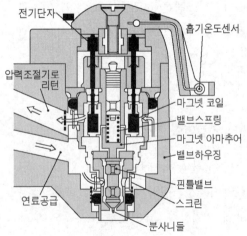

그림 4-37 SPI 분사밸브

3. SP1 시스템의 전자제어(그림 4-38 참조)

(1) 기관회전속도 신호(B5)

배전기에 내장된 홀센서로부터 ECU에 전송된다. ECU는 스로틀밸브개도(α)와 기관회전속도(n)로부터 분사밸브의 통전시간(분사량)을 결정한다.

회전속도 센서(B5)가 고장이면, 필요로 하는 분사량도, 분사횟수도 계산할 수 없기 때문에 기관운전은 더 이상 불가능하다. 회전속도센서(B5)는 ECU의 핀 26(단자7)과 핀 27(단자 8h) 그리고 접지단자 31(31d) 사이에서 점검할 수 있다.

(2) 스로틀밸브 스위치(B3)

스로틀밸브의 위치는 분사장치에 집적된 스로틀밸브 포텐시오미터가 파악하여, 전압신호의 형태로 ECU에 전송한다. ECU는 전송된 전압의 크기 및 저장된 특성곡선, 스로틀밸브 개도 그리고 회전속도를 이용하여 흡입공기량을 계산할 수 있다.

전압이 최대값에 이르면, ECU는 전부하 상태임을 인식하고, 또 단위시간 당 전압변화가 기준값을 초과하면 운전자의 가속요구를 인식하게 된다. 전부하와 가속 시에는 공기비제어는 중단되고 각 상황에 따라 요구되는 농후한 혼합기가 공급되게 된다.

센서(B3)가 고장일 경우, 모델에 따라서는 공기비센서의 신호를 이용하여 비상운전상태를 유지할 수 있다. 센서(B3)의 점검은 ECU의 핀7, 핀8, 핀 18 그리고 단자 31에서 실행할 수 있다.

(3) 공전위치(Y2)

ECU는 이 정보를 스로틀밸브 액추에이터에 내장된 공전스위치(Y2)로부터 받는다. 스로틀밸브가 공전위치에 있을 때는 공전제어 또는 타행 시 연료공급 중단제어 상태 하에 놓이게 된다. 센서가 고장이면 공전위치에 대한 인식이 불가능하므로 위의 2가지 제어는 불가능하게 된다. 공전스위치(Y2)는 ECU의 핀 3과 31M 사이에서 점검할 수 있다.

(4) 흡기온도(B1)

흡기온도는 분사장치에 설치된 NTC B1에 의해 감지된다. 저온에서 증량분사(약 20%까지)하기 위해서는 흡기온도신호가 필수적이다. 단자에서 접촉저항(예 : 부식에 의해)이 증가하게 되면, 혼합기 형성에 오류가 발생할 수 있다. 단선 또는 단락에 의해 신호가 전혀 공급되지 않으면, ECU는 저장된 대체값을 활용한다. NTC B1의 신호는 핀 14와 단자 31 사이에서 점검할 수 있다. → 주요 보정변수

(5) 기관온도(B2)

기관온도센서(NTC B2)의 신호는, 기관온도가 낮을 경우 분사밸브의 개변지속기간을 70%까지 연장한다. 이를 통해 분사된 연료가 흡기다기관과 실린더에 응축되어 혼합기가 희박하게 되는 것을 방지한다. → 주요 보정변수

흡기온도센서와 마찬가지로 접속단자에서의 접촉저항이 증가하면, 혼합기 형성에 오류가 발생할 수 있다. 단선 또는 단락의 경우, ECU는 저장된 대체값을 활용하게 된다. 센서 B2는 핀 2와 단자 31M 사이에서 점검한다.

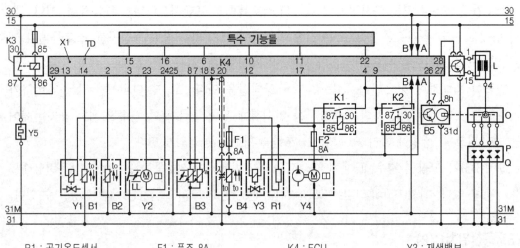

B1 : 공기온도센서	F1 : 퓨즈 8A	K4 : ECU	Y3 : 재생밸브
B2 : 기관온도센서	F2 : 퓨즈 8A	R1 : 저항	Y4 : 연료펌프
B3 : 스로틀밸브 포텐시오미터	K1 : 연료펌프릴레이	Y1 : 분사밸브	Y5 : 흡기다기관 히터
B4 : 가열식 λ센서	K2 : 메인릴레이	Y2 : 스로틀밸브액추에이터	
B5 : 홀 센서	K3 : 흡기다기관 예열릴레이	(공전접점 포함)	

그림 4-38 SPI 시스템 회로도(예)

(6) 연료공급펌프 릴레이(K1)

ECU가 핀 17을 접지로 연결하면, 릴레이(K1)는 통전된다. 이제 연료공급펌프를 작동시키기 위한 전류는 단자 30으로부터 연료공급펌프(Y4)로 공급된다.

ECU는 기관회전속도신호를 3초 이상 공급받지 못하면, 릴레이를 차단하여 연료공급펌프

의 작동을 정지시키게 된다. 이는 기관 작동이 정지된 상태에서 분사밸브가 열려, 연료가 기관으로 또는 대기로 누출되는 것을 방지하기 위해서이다. → 안전회로

(7) 분사밸브(Y1)

연료공급펌프 릴레이(K1)가 닫혀, 전류가 단자 30으로부터 릴레이(K1)와 저항을 거쳐 분사밸브에 공급되고, 동시에 ECU의 핀 13이 접지로 결선되면 분사밸브는 열린다(분사한다). 분사밸브의 통전시간에 의해 분사량이 결정된다.

(8) 스로틀밸브 액추에이터(Y2)

ECU는 이 액추에이터를 통해 공전속도를 제어한다. 규정공전속도는 기관온도에 따라 ECU가 결정한다. ECU가 공전제어를 시작하면, 스로틀밸브 액추에이터는 ECU의 핀 23과 핀 24를 통해 전류를 공급받는다.

ECU가 공전제어를 하기 위해서는 홀센서(B5) 신호, 기관온도센서(B2) 신호 그리고 스로틀밸브 액추에이터(Y2)에 내장된 공전접점 스위치의 신호를 필요로 한다.

(9) 흡기다기관 히터 릴레이(K3)

기관이 냉각된 상태일 때, 흡기다기관 벽을 가열하는 기능을 한다. 이를 통해 차가운 흡기다기관 벽에 연료가 응축되는 것을 방지하거나 또는 감소시킨다. ECU가 핀 29를 접지로 연결하면, 흡기다기관 히터 릴레이(K3)는 통전된다. 전류는 단자 30으로부터 릴레이(K3)를 거쳐 흡기다기관 히터(Y5)로 흐르게 된다. → (+) 전원 공급.

히터(Y5)는 단자 31로 접지된다.

4. SPI 시스템의 진단방법

구식 시스템에서는 저장된 오류를 점멸코드를 통해 판독하였으나, 현재는 테스터를 이용하여 판독하도록 설계되어 있다. 이 외에도 스로틀밸브 액추에이터, 흡기다기관 히터 릴레이 그리고 재생밸브 등에 대한 진단도 가능하다.

제4장 가솔린분사장치

제6절 KE-Jetronic

(KE-Jetronic from Bosch : KE-Jetronic von Bosch)

KE-Jetronic은 기관 작동 중에는 분사밸브가 계속적으로 열려, 연료를 지속적으로 분사하는 방식이다. 기본 분사량의 결정은 기계-유압식으로 이루어진다. 다양한 운전상태에 적합한 혼합기는 전자적으로 보정한다. KE-Jetronic에서는 분사압력을 제어하여 분사량을 제어한다. → 흡기다기관에 계속적으로 분사하는 방식

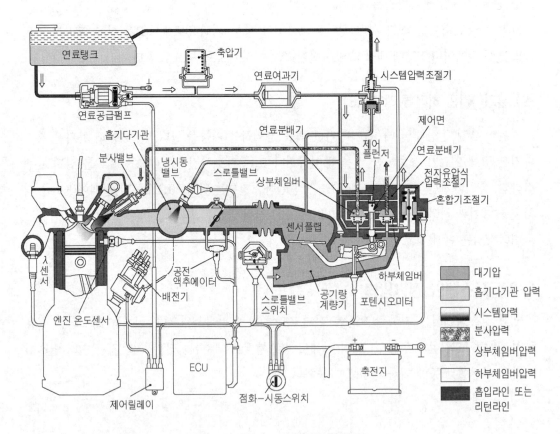

그림 4-39 KE-Jetronic의 시스템 구성

1. KE-Jetronic의 부분 시스템

(1) 흡기 시스템

공기여과기를 통과한 공기는 공기량계량기의 센서플랩(sensor flap) → 스로틀밸브를 거쳐 흡기다기관에 유입된다. 이때 현수체(floating body : Schwebekörper) 원리에 의해 작동하는 센서플랩은 흡입공기량에 비례해서 들어 올려진다. 센서플랩의 변위는 레버(lever)기구를 통해 연료분배기에 설치된 제어 플런저(control plunger)의 상/하 운동으로 변환된다.

(2) 연료공급 시스템 → 복귀회로가 있는 2회로 공급시스템

연료는 전기식 연료공급펌프(대부분 롤러셀 형식)에 의해 연료탱크 → 연료공급펌프 → 축압기 → 연료여과기를 거쳐 연료분배기로 공급된다.

축압기(accumulator)는 기관 작동 중에는 연료공급펌프의 맥동소음을 감소시키고, 기관이 정지되면 일정 기간 동안 연료시스템의 잔압을 일정하게 유지시키는 기능을 한다. 이를 통해 연료시스템 내 연료의 비등에 의한 기포발생을 방지하고, 고온 시동성을 개선시킨다.

시스템압력조절기(system pressure regulator)는 기관의 모델에 따라 다르지만 시스템압력을 약 4.8~5.6bar로 제어한다. 과잉 공급된 연료는 복귀회로를 통해 연료탱크로 복귀한다.

2. KE-Jetronic의 혼합기 조절기(mixture regulator : Gemischregler)

혼합기 조절기는 공기량계량기, 연료분배기 그리고 전자-유압식 압력조절기로 구성되어 있다.

(1) 공기량 계량기(air flow sensor : Luftmengenmesser)

공기량계량기는 에어퓨널(air funnel : Lufttrichter) 그리고 레버에 고정된 센서플랩으로 구성되어 있다. 레버의 회전점은 혼합기조절기의 본체에 설치되며, 레버와 센서플랩의 자체 중량은 센서플랩과는 반대쪽 레버 끝에 설치된 평형추에 의해 균형을 이루도록 설계되어 있다.

공기량계량기는 기관이 흡입하는 공기의 총량을 측정한다. 흡입되는 공기가 센서플랩을 들어 올리면, 센서플랩에 연결된 레버(lever) 기구가 센서플랩의 변위를 연료분배기의 제어플런저(control plunger : Steuerkolben)에 비례적으로 전달한다. 또 레버기구에 부착된 포텐시오미터가 센서플랩의 변위를 전기적으로 감지하여, 이를 전압신호로 바꾸어 ECU에 전달한다.

(2) 연료분배기(fuel distributor : Kraftstoffmengenteiler)

연료분배기는 센서플랩의 위치에 따라 연료를 각 실린더로 분배한다. 연료분배기의 제어플런저는 센서플랩의 변위에 비례하여 작동한다. 흡입되는 공기에 의해 센서플랩이 변위되면, 제어플런저의 컨트롤 엣지(control edge : Steuerkante)는 플런저 배럴(barrel : Schlitzträger)에 가공되어 있는 직사각형의 미터링 슬릿(metering slit : Steuerschlitz)을

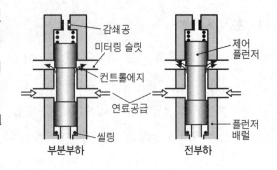

그림 4-40 제어 플런저와 플런저 배럴

일정 비율로 개방한다. 예를 들면 공전 시에는 조금, 전부하 시에는 많이 개방한다.

미터링슬릿을 통과한 연료는 차압밸브의 상부 체임버(chamber : Kammer)로 공급된다.

차압밸브(differential pressure valve : Differenzdruckventil)는 각 실린더마다 1개씩 배정되며, 미터링슬릿에서의 압력강하를 일정하게 유지하는 기능을 한다. 구조는 그림 4-41과 같다. 차압밸브는 얇은 철판 다이어프램에 의해 상부 체임버와 하부 체임버로 분리되어 있다. 상부 체임버는 각각 개별 실린더의 분사밸브와만 연결되어 있다. 그러나 하부 체임버들은 모두 서로 연결되어 있으며 또 스프링이 설치되어 있고, 전자-유압식 압력 조절기와도 연결되어 있다. 따라서 하부 체임버에는 모두 항상 똑같은 압력(시스템압력)이 작용한다.

차압밸브는 상부 체임버와 하부 체임버의 압력차를 항상 0.2bar로 유지하는 역할을 한다. 미터링 슬릿이 많이 열려 상부 체임버로 유입되는 연료량이 증가하면, 상부 체임버의 압력도 증가한다. 그러면 철판 다이어프램은 하부 체임버의 연료압력과 스프링장력의 합이 상부 체임버의 연료압력과 같아질 때까지 아래로 내려 눌려지게 된다. 그러면 분사밸브로 통하는 연료출구(상부 체임버의)가 크게 열려 분사밸브로 공급되는 연료량이 증가하게 된다.

미터링슬릿을 통과하는 연료량이 감소하면 압력차가 다시 0.2bar로 될 때까지 상부 체임버 내의 연료출구는 좁아지게 된다. 그러면 분사량은 감소하게 된다.

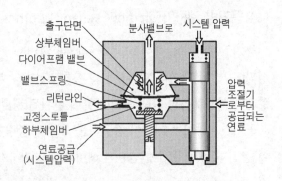

그림 4-41 차압밸브(분사량이 많을 때의 위치)

분사밸브는 흡기다기관에 설치되어 있으며, 밸브에 작용하는 연료압력이 3.3bar를 초과하면 연료압력에 의해 곧바로 열리도록 설계된 기계식 밸브이다. 기관이 작동을 멈추거나 타행시 연료공급중단기능이 활성화되면 연료분사는 중단된다. 이 2가지 경우를 제외하면, 분사밸브는 기관 작동 중에는 항상 열려 있기 때문에 연료를 계속 분사하게 된다.

(3) 전자-유압식 압력 조절기(electro-hydraulic pressure actuator : elektro-hydraulische Drucksteller)

이 압력 조절기는 연료분배기에 설치되어 있으며, 전자석과 배플-플레이트(baffle plate : Prallplate)로 구성되어 있다. ECU가 이 압력조절기의 전자석 코일에 공급되는 제어전류의 극성을 바꾸면 배플-플레이트의 작용방향이 바뀌게 된다.

배플 플레이트가 압력조절기 내의 노즐(분출구) 쪽으로 휘어져 출구를 막으면 하부 체임버의 압력은 낮아지고, 반대쪽으로

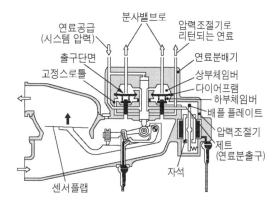

그림 4-42 혼합기조절기(전자-유압식 압력조절기 포함)

휘어지면 하부 체임버의 압력은 상승한다. 하부 체임버에 작용하는 힘(연료압력+스프링장력)이 상부 체임버의 연료압력보다 커지면 다이어프램은 위쪽으로 밀려 올라간다. 결과적으로 분사밸브와 연결된 연료출구는 좁아지고 분사량은 감소하게 된다. 분사량이 감소하면 혼합기는 희박해지게 된다.

배플 플레이트는 영구자석의 자속(magnetic flux)과 전자석 자속 간의 상호작용에 의해 작동한다. 영구자석의 자속은 항상 그 크기와 방향이 일정한 반면에 전자석의 자속은 ECU로부터의 제어전류에 비례하며 그 방향은 제어전류의 극성에 따라 결정된다.

배플 플레이트에 작용하는 기본 토크는 ECU로부터 전류가 공급되지 않을 때, 기본 차압(basic differential pressure)이 공기비 λ=1을 만족시키도록 설정되어 있다. 이는 제어전류 공급시스템에 고장이 발생하였을 경우에도 비상운전이 가능하게 하기 위해서 이다.

ECU는 혼합기제어를 위해 다음 신호들을 고려한다.

① 스로틀밸브 스위치 → 공전, 전부하   ② 기관회전속도센서 → 기관회전속도

③ 점화/시동 스위치 → 시동 여부   ④ 기관온도센서 → 냉각수 온도

⑤ 공기비 센서 → 혼합기 구성비

제4장　가솔린분사장치

제7절 GDI 시스템
(Gasoline Direct Injection : Benzindirekteinspritzung)

GDI-방식(Gasoline Direct Injection : Benzin-Direkteinspritzung)이란 SI-기관에서 연료(=가솔린)를 실린더 내에 직접 분사하는 시스템을 말한다.

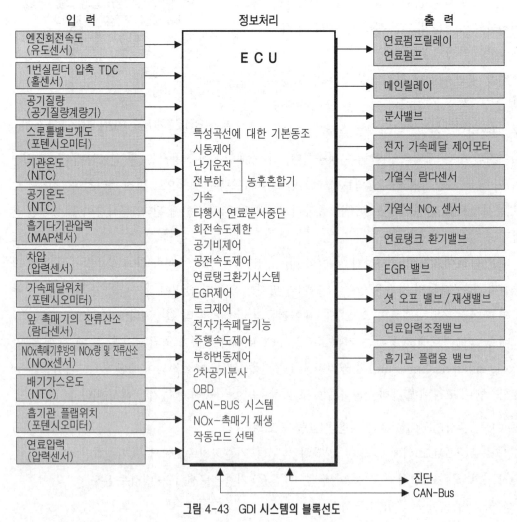

그림 4-43 GDI 시스템의 블록선도

1. GDI 방식의 장단점

GDI 방식은 간접분사방식에 비해 다음과 같은 장, 단점이 있다.

(1) GDI 방식의 장점

① 내부냉각효과를 이용할 수 있다.

액상의 연료를 실린더 내에 직접 분사하기 때문에 연료가 모두 연소실 내에서 기화하게 된다. 따라서 내부냉각효과가 양호하기 때문에 충전률을 개선시킬 수 있다. → 출력 증가

② 층상급기모드를 통해 EGR 비율을 많이 높일 수 있다.

③ 부분부하 영역에서는 혼합기의 질을 제어하므로, 평균유효압력을 크게 높일 수 있다.

층상급기모드에서는 스로틀밸브를 완전히 열기 때문에 교축손실이 거의 없다. 따라서 효율은 높아지고, 출력은 증가하고, 연료소비율은 낮출 수 있다.

④ 직접분사식에서는 간접분사식에 비해 기관이 냉각된 상태일 때 또는 가속할 때 혼합기를 덜 농후하게 해도 된다. 이를 통해 연료소비율을 낮추고 유해배출물을 저감시키게 된다. 이는 흡기다기관 벽에 응축되어 발생하는 손실을 원천적으로 방지할 수 있기 때문이다.

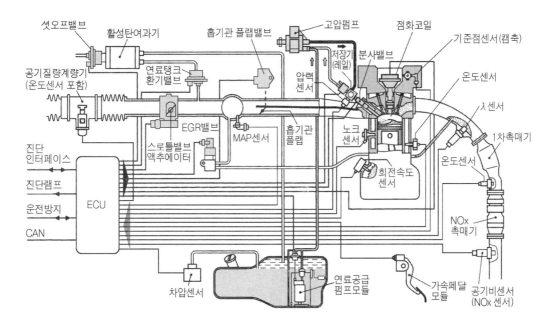

그림 4-44 GDI 시스템의 구성

(2) GDI 방식의 단점

① 제작 및 제어와 관련된 비용이 높다.

② 층상급기모드에서는 공기비 $\lambda = 2.7 \sim 3.4(40:1 \sim 50:1)$의 희박한 혼합기를 사용하기 때문에 NO_X의 배출이 현저하게 증가한다. 3원 촉매기만으로는 생성된 NO_X를 모두 환원시킬 수 없다. 따라서 NO_X-촉매기의 도입이 불가피하게 되었다. NO_X-촉매기는 일정한 시간 간격으로 재생시켜야 하며, 또 저유황연료를 사용해야 한다.

③ 연료분사압력이 상대적으로 높다(50~120bar).→ 작동전압(약 80V)도 높다.

2. GDI 시스템에서의 운전모드

GDI 시스템에서는 여러 가지 운전모드들이 사용된다. 이들 운전모드들은 각 운전상태마다 최적 혼합기 형성 및 연소가 가능하도록 조정된다. 운전모드가 절환될 때, 운전자에게 출력이나 토크의 급격한 변화가 감지되지 않도록 정밀제어가 보장되어야 한다.

주로 많이 이용되는 운전모드는 다음과 같다.

① 층상급기 모드(stratified mode : Schichtbetrieb)

② 균질 혼합기 모드(homogeneous mixture mode : Homogenbetrieb)

③ 균질-희박 모드(homogeneous-lean mode : Homogen-Mager-Betrieb)

④ 균질-층상급기 모드((homogeneous-stratified mode : Homogen-Schicht-Betrieb)

⑤ 균질-노크방지 모드(homogeneous-antiknock mode : Homogen-Klopfschutz-Betrieb)

⑥ 층상급기-촉매기가열 모드(stratified-catalysator heating : Schicht-Katheizen-Betrieb)

(1) 층상급기 모드(stratified mode : Schichtbetrieb)

약 3000min^{-1} 까지의 저속, 저회전력 영역 즉, 부분부하상태에서는 층상급기 모드가 가능하다. 이때 연료는 압축행정 중 점화시기 직전에 연소실에 분사된다. 점화되기까지의 시간간격이 짧기 때문에 연료가 연소실에 존재하는 모든 공기와 균일하게 혼합될 수 없다.

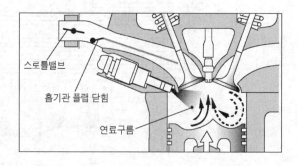

스로틀밸브
흡기관 플랩 닫힘
연료구름

그림 4-45 층상급기 모드

연소실에서 발생하는 와류에 의해 분사된 연료는 구름상태로 스파크플러그 방향으로 몰려간다. 이 혼합기 구름의 공기비는 약 $\lambda = 0.95 \sim 1$ 정도이다. 이 구름을 벗어나면 혼합기는 아주 희박하다. 전체적으로 희박한 혼합기에 의한 NO_x의 생성을 최대한으로 낮추기 위해서는 다량의 배기가스를 재순환시켜야 한다.

충상급기 모드에서는 스로틀밸브를 완전히 열기 때문에, 이때 회전력의 형성은 혼합기의 질에 의해 좌우된다. 이 운전모드에서 회전력에 대한 요구가 아주 높아지게 되면, 늘어난 연료분사량에 의해 매연이 생성되게 된다. 아주 고속에서는 연소실에서 형성된 와류가 공기비 $\lambda = 0.95 \sim 1$인 혼합기 구름을 더 이상 허용하지 않는다. 그렇게 되면 불완전 연소 및 실화에 이르게 된다.

(2) 균질 혼합기 모드(homogeneous mixture mode : Homogenbetrieb)

고속 또는 고회전력 상태에서 기관은 공기비 $\lambda \approx 1$의 균질 혼합기로, 또는 고출력을 목표로 할 때는 공기비 $\lambda \langle 1$ 로 운전된다. 이를 위해서 분사는 흡기행정 중에 이루어진다. 따라서 연료/공기 혼합기가 점화될 때까지 시간적인 여유가 충분하기 때문에 분사된 연료는 흡입된 공기와 잘

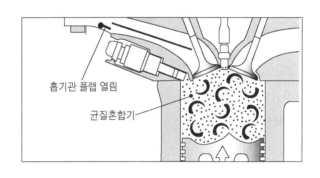

흡기관 플랩 열림
균질혼합기

그림 4-46 균질 혼합기 모드

혼합되어 연소실 전체에 균일하게 분포될 수 있다. → 균질혼합기 형성

균질 혼합기 모드에서는 혼합기의 양을 제어하여 필요한 회전력을 생성한다. 즉, 흡입되는 공기의 양이 스로틀밸브에 의해 제어된다. 따라서 혼합기 형성 및 연소는 간접분사방식에서와 동일한 방식으로 이루어진다.

(3) 균질-희박 모드(homogeneous-lean mode : Homogen-Mager-Betrieb)

충상급기 모드와 균질 혼합기 모드 사이의 과도기 영역에서 기관은 균질이면서도 희박한 혼합기로 운전될 수 있다. 공기비 $1 \langle \lambda \langle 1.2$로 운전하는 경우, 공기비 $\lambda = 1$로 운전하는 균질혼합기 모드에 비해 연료소비율을 낮출 수 있다.

(4) 균질- 층상급기 모드(homogeneous-stratified mode : Homogen-Schicht-Betrieb)

이 운전모드에서는 흡기행정 중에 조기 분사(분사량의 약 75%까지)하여 균질이면서도 희박한 혼합기를 형성할 수 있다. 잔량은 압축행정 중에 별도로 분사한다. 이를 통해 스파크플러그 주위에는 농후한 혼합기가 형성되도록 한다. 이 혼합기는 가연성이 좋으며 연소실 내에서의 완전연소를 지원하게 된다.

이 운전모드는 균질혼합기 모드에서 층상급기 모드로 전환하는 과정에서 회전력을 보다더 잘 제어할 수 있도록 하기 위해 선택적으로 사용한다.

(5) 균질-노크방지 모드(homogeneous-antiknock mode : Homogen-Klopfschutz-Betrieb)

전부하 시에 연료를 2회로 나누어 분사함으로서 노크방지를 위해 점화시기를 지각시키지 않아도 된다. 혼합기가 층을 형성하여 연료의 위험한 자기착화를 방지한다.

(6) 층상급기-촉매기 가열(stratified-catalysator heating : Schicht-Katheizen-Betrieb)

2회로 나누어 분사하는 한 형태로서 촉매기의 급속한 가열을 가능하게 할 수 있다. 이때는 층상급기 모드와 마찬가지로 희박한 혼합기를 형성하게 된다. 혼합기가 점화된 다음, 폭발행정 진행 중에 연료를 다시 한번 분사한다. 이 연료는 아주 늦게 연소하므로, 배기장치를 급속하게 가열시킨다.

3. GDI 시스템의 연소실

GDI 시스템에서는 공기와 연료가 연소실에서 혼합되는 형태에 따라 연소실 형식을 크게 2가지로 구분한다.

① 분무 유도식 연소실(spray oriented combustion chamber : strahlgeführtes Verfahren)
② 벽 유도식 연소실(wall oriented combustion chamber : wandgeführtes Verfahren)
  • 스월 유동(swirl flow : Swirl-Strömung)
  • 텀블 유동(tumble flow : Tumble-Strömung)

(1) 분무 유도식 연소실(spray oriented combustion chamber : strahlgeführtes Verfahren)

이 형식의 연소실에서는 연료가 분사밸브에 의해 직접 스파크플러그 주변에 분사되며, 그 곳에서 기화된다. 그림에서와 같이 피스톤헤드의 중앙에 오목한 연소실 공간이 마련된다.

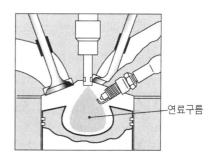

문제점으로는, 스파크플러그가 연료에 의해 젖게 되면 아주 높은 열부하를 받게 된다는 점, 그리고 연소실벽에 부착된 연료입자는 연소되지 않거나 불완전 연소될 수 있다는 점이다.

그림 4-47 분무 유도식 연소실

(2) 벽 유도식 연소실(wall oriented combustion chamber : wandgeführtes Verfahren)

이 형식에서는 목표로 한 공기와류를 이용하여 공간적으로 제한된, 공기비 λ= 1인 혼합기 구름을 형성하고, 이 혼합기가 스파크플러그 주위를 유동하도록 한다. 주로 돔(dome)형 피스톤이 사용되며, 연소실에서 목표로 하는 와류는 스월과 텀블이다. 그러나 실제로는 와류를 형성하기 위한 여러 가지 대책들이 복합적으로 사용된다.

① 스월 유동(swirl flow : Swirl-Strömung)

공기는 나선형 흡기관을 통해 실린더로 유입되며, 연소실에서 수직 축을 중심으로 선회 운동한다. 이 경우, 흡기통로는 흔히 두 갈래로 설계된다. 제 2의 통로(충전통로)는 층상급기 모드에서는 플랩(flap)에 의해 닫힌다. 균질혼합기 모드에서는 플랩을 열어, 충전률을 극대화시켜 고출력을 목표로 한다(그림 4-45, 4-46 참조).

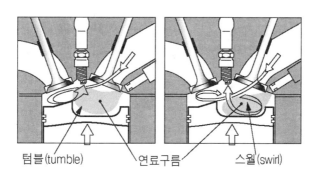

그림 4-48 스월유동과 텀블유동

② **텀블 유동**(tumble flow : Tumble-Strömung)

이 형식에서는 수평축을 중심으로 하는 원통 형상의 와류를 주 목표로 한다. 위쪽으로부터 연소실로 유입된 공기는 피스톤헤드에 가공된 분화구(crater) 모양의 특이한 부분에서 180° 방향을 바꾸어 다시 위쪽 즉, 스파크플러그를 향해 유동한다.

4. GDI 시스템의 연료공급 회로

GDI 시스템의 연료공급회로는 저압회로와 고압회로로 구성되어 있다.

(1) 저압회로

GDI 시스템에서 저압회로는 흡기다기관 분사방식에서의 연료공급시스템과 본질적으로 동일하다. 공급펌프로는 1차압력 3~5bar를 쉽게 형성할 수 있는 용적형 펌프가 사용된다.

연료공급펌프에 내장된 체크밸브(check valve : absperrventil)는 예를 들면, 고온 재시동 시에 압력을 단기간 내에 5bar까지 상승시킬 수 있도록 한다.

(2) 고압회로

고압회로에서는 고압펌프에 의해 연료압력은 50~120bar로 상승한다. ECU는 연료압력조절기를 통해 연료압력을 규정값으로 제어한다. 제어회로는 압력센서를 포함한 완벽한 피드백(feed back)회로를 구성하고 있기 때문에 실제값은 항상 ECU에 전달된다.

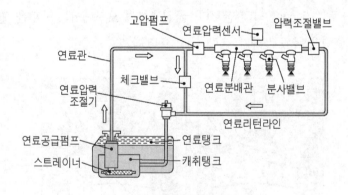

그림 4-49 GDI 시스템의 연료공급회로

5. GDI 시스템의 구성 부품

(1) 고압 펌프

고압펌프는 1차 공급펌프의 공급압력 약 3~5bar를 약 50~200bar로 승압시켜 연료분배관을 통해 각 분사밸브의 고압파이프에 고압연료를 공급할 뿐, 분사량이나 분사시기와는 관계가 없다. 분사량과 분사시기는 ECU가 분사밸브를 전자적으로 제어하여 결정한다. 그림 4-50과 같은 3-피스톤 펌프가 주로 사용된다. 공급량이 소량일 경우에는 1-피스톤 펌프를 사용하기도 한다.

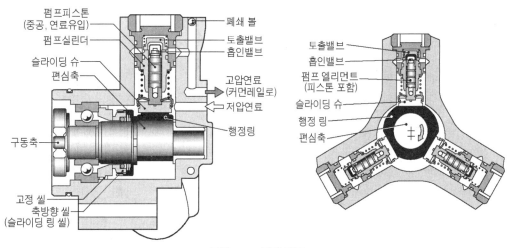

그림 4-50 고압 펌프

(2) 연료분배관

고압펌프로부터 공급된 연료를 일시 저장하였다가, 분사밸브로 분배하는 기능을 한다. 연료분배관의 체적은 고압펌프에 의해 생성된 압력맥동을 계속적으로 흡수, 상쇄할 만큼 충분히 커야한다. 연료분배관에는 분사밸브로 가는 고압 파이프, 고압센서 그리고 압력제어밸브가 설치되어 있다.

(3) 압력제어 밸브

이 밸브는 필요에 따라 저압회로로 가는 유로의 단면적을 변화시켜, 연료분배관 내의 연료압력을 원하는 수준으로 유지한다. ECU는 이 밸브를 펄스폭 변조된 신호로 제어하여 가변적으로 개/폐한다. 장치를 보호할 목적의 압력제한기능이 내장되어 있다.

(4) 고압 분사밸브

고압 분사밸브의 기능 및 작동원리는 흡기다기관분사방식의 MPI-시스템에 사용하는 분사밸브와 같다. 그러나 직접분사라는 전혀 다른 상황에 노출되기 때문에 요구조건의 수준이 높다. 연소실의 높은 열부하, 그리고 200bar에 이르는 고압은 높은 강성 및 내열성을 필요로 한다. 그리고 분사에 허용되는 시간이 현저하게 단축되었기 때문에 분사과정은 공전 시에는 약 0.4ms 이내에, 전부하 시에는 약 5ms 이내에 종료된다.

분사밸브의 개방지연에 의한 고장은 흡기다기관 분사방식에 비해 아주 크게 작용한다. 분사밸브의 개/폐를 빠르게 하기 위해 솔레노이드를 약 90V까지의 고출력 콘덴서를 통해서 제어한다.

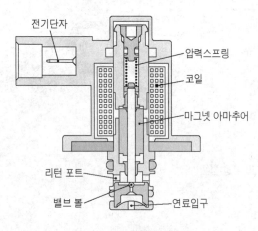

그림 4-51 압력제어 밸브

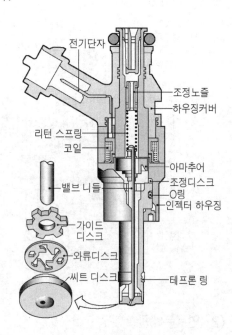

그림 4-52 고압 분사밸브

6. GDI 시스템의 전자제어

GDI 시스템도 흡기다기관분사방식의 MPI-시스템과 마찬가지로 최신 전자제어 시스템으로 제어한다. 기존의 ME-Motronic과 같은 전자제어 연료분사시스템에 다수의 센서와 액추에이터가 추가된다. 추가되는 센서들과 액추에이터에 대해서만 간략하게 설명한다.

제시된 회로도는 직접분사방식의 가솔린분사장치, 전 전자식 점화장치, 노크제어기능, 공전제어기능, 흡기다기관 절환기능, 연료탱크환기제어기능 등을 갖춘 4기통기관이다.

(1) NOx-센서(B14)

이 센서는 NO_X-촉매기의 기능을 감시하고, 배기가스 중의 산소농도와 NO_X농도를 측정한다. 신호는 NO_X-센서의 ECU(K6)에서 평가되며, NO_X-촉매기의 재생은 필요에 따라 운전모드를 균질-농후혼합기 모드로 절환하여 실행한다.

(2) 배기가스 온도센서(B15)

이 센서는 배기가스온도를 측정한다. NO_X-촉매기의 유효 작동온도 범위는 250~500℃ 범위이다. 그러므로 배기가스 온도가 이 경계범위 내로 유지될 경우에만, 층상급기모드로 절환할 수 있다. 센서는 ECU와는 핀 57과 핀 49를 통해서 결선된다.

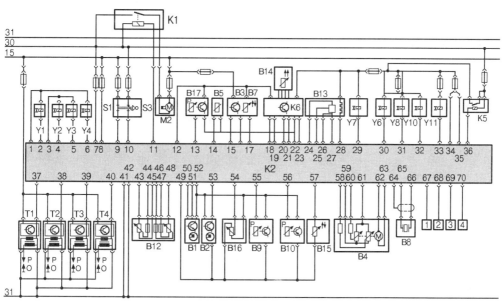

K1 : 연료공급펌프릴레이
Y1~Y4 : 분사밸브
T1~T4 : 싱글스파크점화코일
S1 : 정속주행스위치
S3 : 브레이크페달스위치
　　(정속주행)
M2 : 연료공급펌프
B12 : 가속페달센서

B17 : 연료압력센서
B5 : 기관온도센서
B3 : 공기질량계량기
B7 : 흡기온도센서
B14 : NOx센서
K6 : NOx센서 ECU
B1 : 크랭크축회전속도센서
B2 : 캠축TDC센서

B16 : 흡기관플랩 포텐시오미터
B9 : MAP센서
B10 : 차압센서
B15 : 배기가스온도센서
B4 : 스로틀밸브위치센서 및
　　전자가속페달제어모터
B8 : 노크센서
B13 : 광대역 λ센서

Y7 : EGR밸브
Y6 : 연료탱크환기밸브
Y8 : 셧오프밸브
Y10 : 흡기관 플랩용 밸브
Y11 : 연료압력제어밸브
K5 : Motronic 전원릴레이
1~4 : 다른 시스템용 입/출력
K2 : 엔진 ECU

그림 4-53 GDI 시스템의 전자제어 회로

(3) 광대역 공기비센서(B13)

이 센서는 넓은 공기비 범위에 걸쳐서 배기가스 중의 산소농도를 측정한다. 센서가 측정한 실제값이 특성곡선에 저장된 규정값을 벗어나면, 분사지속기간을 수정한다.

센서는 핀 24, 25, 26 그리고 핀 27을 통해 ECU와 결선된다. 센서의 가열은 릴레이 K5의 (+) 그리고 핀 28의 접지회로에 의해서 이루어진다.

(4) 흡기다기관 플랩용 센서(B 16)

이 센서는 포텐시오미터를 이용하여 흡기다기관 플랩의 위치를 감지한다. 흡기관 플랩은 층상급기 모드에서는 와류형성을 촉진시키기 위해서 닫히고, 균질혼합기 모드에서는 충전률을 극대화시키기 위해서 열린다.

플랩의 위치는 점화시기와 EGR에도 영향을 미치므로, OBD를 통해 감시하도록 되어있다. 포텐시오미터는 ECU의 핀 49, 52 그리고 54를 통해서 점검할 수 있다.

(5) 연료압력 센서(B 17)

이 센서는 연료분배관에 작용하는 연료압력을 측정한다. 신호정보는 전압신호의 형태로 ECU에 전송되며, ECU는 이 신호정보를 근거로 제어밸브를 통해 연료압력(고압)을 제어한다. 센서는 핀 12로부터 (+) 전원, 핀 22로부터 (−) 전원을 공급받는다. 신호는 핀 13을 통해 ECU에 전달된다.

(6) 연료압력-제어밸브(Y 11)

연료분배관 내의 연료압력을 기관의 운전상태에 따라 그때그때 약 50~120bar 범위에서 제어한다. 이를 위해 ECU는 핀 33으로 접지를 ON/OFF 제어한다. (+) 전원은 릴레이 K5를 통해서 공급된다.

(7) 흡기다관 플랩용 밸브(Y 10)

흡기다기관 플랩은 균질혼합기 모드에서는 완전히 열려, 충전률이 최대가 되게 한다. 층상급기 모드에서는 2개의 흡기통로 중 하나를 닫아 흡기의 유입속도를 높여 연소실에 강한 와류가 형성되게 한다. 이 와류는 연소실에 혼합기 구름의 형성을 촉진, 강화시킨다.

이 밸브는 ECU의 핀 32를 거쳐 접지된다. (+) 전원은 릴레이 K5를 통해서 공급된다.

제5장

제5장

점화장치
Ignition System : Zündsystem

제1절 스파크점화기관에서의 점화
(Ignition in SI-Engine : Zündung im Ottomotor)

스파크점화기관에서 연료-공기 혼합기는 외부 불꽃에 의해 점화되며, 외부 불꽃으로는 점화장치에서 생성되는 전기불꽃(electric spark)을 이용한다.

점화장치는 기관의 어떠한 운전조건 하에서도 혼합기를 순간적으로 점화시키기에 충분한 수준의 점화전압(ignition voltage)과 점화에너지(ignition energy)를 정해진 시기(ignition timing)에 공급할 수 있어야 한다. 그리고 기관의 상태나 운전조건에 따라 점화시기를 가변시킬 수 있는 구조라야 한다.

점화장치는 기관이 최대 토크와 출력을 발휘하면서도 유해배출물과 연료소비율은 낮게 유지하는 것을 목표로 한다. 실화(misfire : Zündaussetzer)가 발생하게 되면, 출력 및 토크의 저하, 유해배출물의 증가, 연료소비율의 상승과 같은 부정적인 결과가 초래된다. 특히 촉매기 내부에서 후연소가 과도하게 진행되면 촉매기가 과열되어, 손상 또는 파괴될 수 있다.

1. 점화시기(ignition timing : Zündzeitpunkt)

점화시기는 기관이 최대출력을 발휘하면서도 유해배출물과 연료소비율은 낮게, 그리고 노크가 발생되지 않도록 설정, 제어되어야 한다. 점화시기는 TDC를 기준으로 크랭크각으로 표시하며, 기관의 부하와 회전속도에 관계없이 연소최고압력이 항상 상사점 후(ATDC) 약 10°~20°에서 형성되도록 결정된다.

일반적으로 점화불꽃이 발생하여 혼합기(이론 공연비 상태의)가 연소하여 최대압력에 도달하기 까지는 약 1~2ms의 시간이 소요되는 것으로 알려져 있다. 이 때 피스톤도 상사점을 향하여 이동하고 있으므로, 상사점 직후에 연소최고압력에 도달하기 위해서라면, 점화시기는 반드시 상사점 전(BTDC)이어야 한다. 혼합비와 충전률이 일정할 때 혼합기의 완전연소에 소요되는 시간은 기관의 회전속도에 관계없이 일정하므로, 기관의 회전속도가 증가함에 따라 점화시기를 진각시켜야 한다. 부하측면에서 보면, 부하수준이 낮거나, 잔류가스의 양이 많거나, 충전률이 낮을 경우에는 혼합기가 희박해진다. 혼합기가 희박하면 점화지연기간이 길어지고 연소율이 낮아지므로 점화시기를 진각시킬 필요가 있다.

기관의 회전속도와 부하 외에도 기관의 온도, 연료의 품질, 연소실 형상 그리고 현재의 작동상태(시동, 공전, 부분부하 등)도 점화시기에 직접적인 영향을 미친다.

(1) 점화시기와 유해배출물

점화시기가 배출가스 성분구성에 미치는 영향은 직접적이다. 단순하게 점화시기만을 진각시켰을 경우, 미연 탄화수소(unburned HC)와 질소산화물(NOx)은 점화시기의 진각에 비례하여 거의 모든 공기비 영역(약 1.2 정도 까지)에서 증가하는 것으로 보고되고 있다. 일산화탄소(CO)의 발생량은 점화시기와는 거의 무관하며, 공기비가 결정적인 요소로 알려져 있다.

그러나 다수의 요소들, 예를 들면 연료소비율과 구동능력과 같이 상반되는 요소들도 점화시기에 영향을 미치는 중요한 요소들이다. 따라서 항상 유해배출물 수준을 낮게 유지하는 점화시기만을 선택할 수는 없다.

(2) 점화시기와 연료소비율

연료소비율에 대한 점화시기의 영향은 배출가스에 대한 영향과 일치하지 않는다. 공기비(λ)가 증가함에 따라 낮은 연소율을 보상하고, 최적 연소과정을 유지하기 위해서는 점화시기를 진각시켜야 한다. $\lambda \approx 1$ 이상에서는 점화시기를 진각시키면, 연료소비율이 낮아지고 토크가 증가하게 된다. 일반적으로 점화시기가 늦으면, 연료소비율은 상승한다.

(3) 점화시기와 노크 경향성

점화시기와 노크 경향성의 상관관계는 규정 점화시기에 비해 점화시기를 아주 늦게, 또는 아주 빠르게 하고 실린더내의 압력변동을 비교하면 쉽게 알 수 있다.

점화시기가 너무 빠르면 점화 압력파 때문에 혼합기는 정상 화염면(flame front)이 도달되기 전에 점화된다. → 조기 점화(pre-ignition). 이렇게 되면 연소가 비정상적으로 진행되면서 최대압력이 상승하고 동시에 격렬한 압력변동을 수반하게 된다. 격렬한 압력변동에 의해 피스톤이 실린더벽을 타격하게 되면 금속성 타격음, 즉 노크(knock)가 발생한다. 기관의 회전속도가 낮을 경우엔 노크 소리를 선명하게 들을 수 있으나, 높을 경우에는 기관소음 때문에 노크가 희미해진다. 그러나 이 정도의 노크도 기관에 손상을 주게 된다. 따라서 연료와 점화시기를 적절히 조화시켜 노크가 발생되지 않도록 하여야 한다.

점화시기가 너무 늦으면, 연료/공기 혼합기가 연소되기 전에 피스톤이 하사점 방향으로 많이 내려가게 된다. 그렇게 되면 연소실체적이 확대되므로, 피스톤에 작용하는 압력이 낮

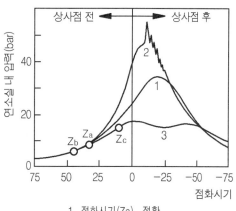

1. 점화시기(Za)　정확
2. 점화시기(Zb)　너무 빠름
3. 점화시기(Zc)　너무 늦음

그림 5-1 점화시기와 실린더내의 압력변동

아지고, 결국 피스톤을 내려 미는 힘도 약화된다. 그러므로 피스톤은 아주 잠깐 그리고 아주 약하게 하사점 방향으로 가속될 뿐이다. 결과적으로 출력의 손실, 연료소비의 증가, 유해배출물의 증가 그리고 기관의 열부하 상승이라는 부정적인 결과가 나타나게 된다.

2. 점화진각(spark advance : Zündwinkelverstellung)

모든 점화장치는 기관의 회전속도와 부하 변동(=흡기다기관 압력)에 따라 점화시기를 제어하는 기능을 갖추고 있다. 과거의 원심/진공식 진각기구에서 원심식 진각기구는 기관의 회전속도에 따라, 진공식 진각기구는 주로 기관의 부하변동에 따라 점화시기를 제어하였다.

현재의 전자제어 점화장치에서는 점화시기에 영향을 미치는 변수 즉, 기관의 회전속도, 기관의 부하, 기관의 온도, 연소실 형상, 혼합비, 연료품질 등을 고려하여 작성한 점화시기 특성도에 근거하여 점화시기를 제어한다.

점화시기를 결정하기 위해서는 크랭크축의 회전각에 대한 정보를 필요로 한다. 이 정보는 기계식 배전기를 사용할 경우 적절한 메커니즘에 의해 배전기 구동축에 직접 전달되며, 전자제어식의 경우엔 크랭크축이나 캠축의 회전각에 대한 정보를 전기신호 형태로 ECU에 전달하면 ECU가 점화시기를 연산하게 된다.

3. 점화전압(firing voltage : Zündspannung)

가장 많이 사용되는 축전지 점화장치에서는 12V의 축전지전압을 약 25~40kV 정도까지의 점화전압으로 승압시켜 스파크플러그의 중심전극에서 접지전극으로 또는 접지전극에서 중심전극으로 불꽃(spark)이 건너 뛸 수 있게 한다. 기관의 압축비와 충전률에 의해 결정되는 실린더압력과 공기비, 혼합기 유동속도, 와류 그리고 스파크플러그의 간극, 전극형상, 전극재료, 열가 등은 점화전압(= 2차 유효전압)에 결정적인 영향을 미친다.

일반적으로 실린더압력이 높으면 높을수록, 스파크플러그 간극이 크면 클수록, 공기비가 크면 클수록 점화전압도 더 높아져야 한다.

4. 혼합기의 점화(ignition of mixture : Zündung des Gemisches)

(1) 점화 에너지(ignition energy : Zündenergy)

이론 혼합비로서 정지상태인 균질(homogeneous)혼합기를 전기불꽃으로 점화시키는 데는 약 0.24mJ 정도의 에너지를, 혼합비가 이론혼합비를 벗어나 농후/희박한 경우이거나 난류(turbulent)상태이면 3mJ 이상의 에너지를 필요로 하는 것으로 알려져 있으나, 최근에는 최소 약 6mJ 이상의 에너지가 필요한 것으로 보고 있다(수소의 경우 최소 0.02mJ).

점화 에너지가 부족하게 되면 혼합기는 점화, 연소되지 않는다. 이는 최악의 외부조건 하에서도 혼합기가 점화될 수 있도록 하기 위해서는 충분한 점화에너지가 공급되어야 한다는 것을 의미한다. 점화에너지는 최소한, 소량의 폭발성 혼합기 구름(a small cloud of explosive mixture)에 전기불꽃이 옮겨 붙을 정도 이상이어야 한다. 폭발성 혼합기 구름에 전기불꽃이 옮겨 붙으면 실린더내의 나머지 혼합기는 앞서 전기불꽃에 의해 착화된 혼합기의 화염면(flame front)에 의해 차례로 점화, 연소되게 된다.

(2) 점화특성에 영향을 미치는 요소들

이론혼합비에 가까우면서도 균질인 혼합기가 스파크플러그 전극에 접근이 용이하면, 스파크 플러그 전압이 높고 스파크 지속기간(spark duration)이 길 경우와 마찬가지로 혼합기의 점화가 쉽게 이루어진다. 그리고 적당한 점화에너지가 공급될 경우엔 혼합기의 강한 와류도 비슷한 효과를 나타낸다.

스파크 위치(spark position)와 스파크간극은 점화플러그의 치수(dimension)에 따라 결정된다. 스파크 지속기간은 점화장치의 형식과 디자인 그리고 순간의 점화상태에 따라 결정된다. 스파크 위치와 점화플러그에 대한 혼합기의 접근능력은 배기가스에 영향을 미치는 데, 특히 공전영역에서 그 영향이 크게 나타난다.

혼합기가 희박할 경우 예를 들면, 기관이 공전속도로 운전될 때는 혼합기가 대단히 불균일하며, 또 밸브 오버랩은 잔류가스의 양을 증대시키는 결과를 초래한다. 따라서 이와 같은 경우에는 강력한 점화에너지가 공급되어야 하며 동시에 스파크 지속기간도 길어야 한다.

기존의 접점식 점화장치와 전자제어 점화장치를 비교하면, 전자제어 점화장치를 채용한 경우에 탄화수소(HC)의 발생량이 현저하게 감소한다. 그리고 점화플러그의 오염상태도 중요한 요소가 된다. 점화플러그가 심하게 오염되면 고전압이 형성되는 동안, 점화에너지는 점화코일로부터 점화플러그의 절연체에 형성된 누설회로(shunt path)를 거쳐서 방전된다. 이렇게 되면 스파크 지속기간이 단축되어 배기가스에 영향을 미치게 된다. 특히 점화플러그가 심하게 오염되었거나 젖어있을 경우엔 실화(miss fire)를 유발하게 된다. 운전자는 어느 정도의 실화가 발생해도 이를 감지하지 못한다. 그러나 운전자가 감지할 수 없는 정도의 실화라 하더라도 연료소비율을 증대시킴은 물론, 촉매기 손상의 원인이 된다.

5. 점화장치의 분류

자동차용 오토기관에서 가장 많이 사용하는 축전지 점화장치(battery ignition system)에서는 점화플러그에서 강력한 불꽃을 발생시키는 1차 전원으로 시동 축전지를 이용한다.

축전지 점화장치에서는 1차전류 에너지를 저장하는 방식에 따라 다음과 같이 분류한다.

(1) 코일 점화장치(coil ignition system : Spulenzündanlage)

전기에너지는 점화코일에 자장의 형태로 저장된다. 이 자장은 점화코일의 1차코일에 전류가 흐르면 형성되고, 철심에 의해 강화된다.

(2) 캐퍼시터 점화장치(capacitor discharge ignition : Kondensatorzündanlage)

전기에너지는 캐퍼시터에 전기장(electric field)의 형태로 저장된다. 캐퍼시터에 1차전류가 축전되면 전기장이 형성된다.

코일-점화장치는 점화 1차전류 단속(ON-OFF)방법, 점화진각방식 그리고 고전압 분배방식 등에 따라 표 5-1과 같이 분류한다.

표 5-1 코일-점화장치의 분류

점화장치　　　　　　　　기 능	1차전류 단속방법	점화진각 방식	고전압 분배방식
접점식 코일 점화장치(CI) conventional coil ignition	기계식(접점식)	기계식(진공식)	기계식
트랜지스터 점화장치(TI) transistorized ignition	전자식	기계식(진공식)	기계식
전자 점화장치 (EI) electronic ignition	전자식	전자식	기계식
무배전기 점화장치(DLI) distributorless ignition	전자식	전자식	전자식

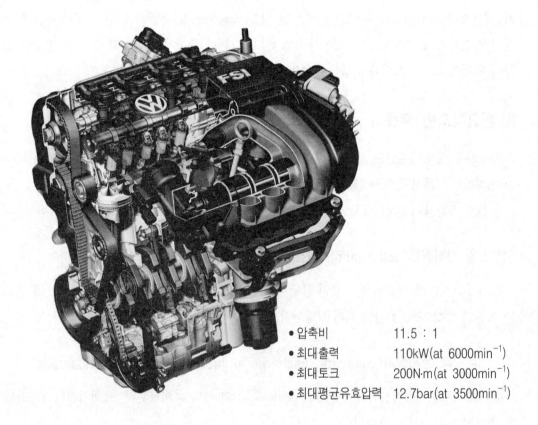

- 압축비　　　　　　　　11.5 : 1
- 최대출력　　　　　　　110kW(at 6000min^{-1})
- 최대토크　　　　　　　200N·m(at 3000min^{-1})
- 최대평균유효압력　　12.7bar(at 3500min^{-1})

그림 VW 2.0 ℓ -FSI-Engine

제2절 접점식 코일 점화장치
(Conventional Coil Ignition System : konventionelle Spulenzündanlage)

1. 시스템 구성 및 작동원리

(1) 접점식 코일-점화장치의 구성

접점식 코일점화장치는 그림 5-2a 같이 구성되며, 1차 전원으로 축전지를 사용한다. 현재는 거의 사용되지 않으나 점화장치의 기본원리 및 발전과정에 대한 폭 넓은 이해를 위해 설명한다.

접점식 코일-점화장치에서는 1차전류를 기계적으로 단속(ON-OFF)한다. 즉, 점화코일에 흐르는 1차전류를 배전기에 설치된 기계식 단속기의 접점을 개/폐하여 ON-OFF한다.

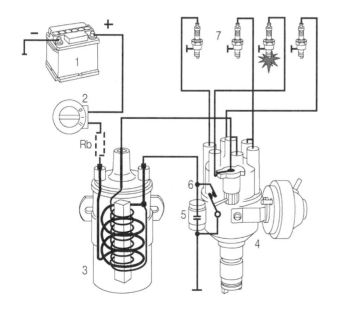

1. 축전지
2. 점화 · 시동스위치
3. 점화코일
4. 배전기
5. 축전기(콘덴서)
6. 단속기
7. 스파크플러그
Rb. 시동 전압 강화를 목적으로 설치한 밸러스트 저항(모든 형식에 다 설치된 것은 아님)

그림 5-2a 접점식 코일-점화장치의 구성(예)

표 5-2 접점식 코일-점화장치의 구성부품

구성부품	기　　　　능
시동 축전지	전원 공급
점화코일	점화 에너지를 자장의 형태로 저장하였다가 이를 붕괴시켜 고전압을 유도하여 배전기에 공급한다.
점화/시동 스위치	점화코일 1차회로의 주 스위치로서 운전자가 수동으로 조작한다.
밸러스트저항	시동 시 1차전류는 이 저항을 거치지 않고 직접 점화코일에 공급된다.
단속기	점화 에너지를 저장하고 고전압을 유도할 목적으로 점화코일의 1차회로를 기계적으로 개/폐한다.
축전기	1차코일의 인덕턴스에 의한 불꽃을 흡수하여 단속기 접점의 소손을 방지하며, 1차전류의 차단시간을 단축한다.
배전기구(로터)	점화코일에서 보내온 고전압을 점화순서에 따라 해당 점화 플러그에 분배한다.
원심 진각기구	기관의 회전속도에 따라 점화시기를 일정한 범위 내에서 자동적으로 변화시킨다.
진공 진각기구	기관의 부하(흡기다기관의 진공도)에 따라 점화시기를 일정한 범위 내에서 자동적으로 변화시킨다.
점화 플러그	점화불꽃을 발생시키는데 가장 중요한 전극을 포함하고 있으며, 연소실의 기밀을 유지한다.
고전압 케이블	점화코일 → 배전기 → 각 점화 플러그로 고전압을 배송한다.

(2) 점화불꽃 생성의 물리적 과정

① 크랭크축과 배전기의 동기화 및 고전압의 분배

4행정기관에서는 크랭크축 회전속도의 $\frac{1}{2}$로 회전하는 별도의 축이나, 또는 캠축으로 배전기를 구동하여, 크랭크축(각 피스톤의 압축 TDC)과 배전기를 동기시킨다. 배전기를 회전시키면 점화시기가 변경되며, 또 배전기를 조정하여 정해진 점화시기에 맞출 수 있다.

그리고 배전기축의 상단에 설치된 로터(rotor)는 회전하면서 고전압을 배전기 캡의 각 극편(segment)에 정확히 분배한다. 극편에 분배된 고전압은 점화순서에 따라 고전압 케이블을 통해 각 스파크플러그에 전달된다.

② 점화 1차회로에서의 과정(그림 5-2b 참조)

㉮ 점화 1차회로에서의 전류의 흐름 경로

1차코일에서의 전류의 흐름 경로는 다음과 같다.

접지 → 축전지 → 점화 스위치 → 점화코일의 1차코일 → 1차전류 단속기 → 접지

㉯ 점화 1차회로에서 자장의 형성(그림 5-2b 참조)

점화스위치(2)를 닫으면 축전지(1)의 전압은 점화코일(3)의 (+)단자에 작용한다. 단속기 접점(6)이 닫혀있을 때, 전류는 점화코일의 1차코일, 단속기 접점을 거쳐 접지된다. 이때 점화 1차코일에는 자장이 형성된다. 그리고 이 자장은 철심에 의해 강화된다. 전기에너지가 자장의 형태로 저장되는 동안 즉, 자장이 형성되는 동안 1차코일에는 자기유도전압 (self induction voltage : Selbstinduktionsspannung)이 유도되는 데, 자기유도전압의 극성이 축전지 전압과는 반대이므로 자장이 급격히 형성되는 것을 방해, 지연시키게 된다. 1차코일에 저장되는 1차전류는 1차코일의 저항과 인덕턴스 때문에 지수 함수적으로 증가한다.

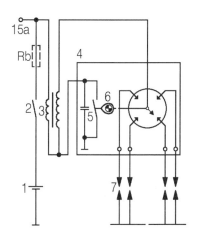

1. 축전지
2. 점화, 시동 스위치
3. 점화코일
4. 배전기
5. 축전기(콘덴서)
6. 단속기
7. 스파크 플러그
Rb : 밸러스트(ballast) 저항

그림 5-2b 접점식 코일점화장치 회로도(예)

그림 5-2c에서 시간 t_{MA}에서 자장의 형성은 종료되고, 이 시점부터 자장의 변화는 0(zero)이 된다. 이제 더 이상 역극성 유도작용은 없다. 이제부터 1차코일에 흐르는 전류는 점화코일 자체의 옴(ohm) 저항과 축전지전압에 의해 결정된다.

예를 들어 축전지전압 U=12V, 코일의 1차저항 R=2Ω이면, 1차전류는 I_1 = 6A 가 된다.

자장의 형성에 소요되는 시간 t_{MA}는 1차코일의 권수와 허용전류에 의해 좌우된다. 즉, 1차코일의 권수가 적고 1차전류가 클 경우, 자장 형성 소요시간은 단축되게 된다.

1차코일에 허용되는 전류의 크기는 다음 2가지 요소에 의해 결정된다.

● 점화코일의 종류, 예를 들면 고출력 점화코일(밸러스트저항 포함)

- 사용한 단속기의 스위칭 전류(접점식 : 최대 4A, 스위칭 트랜지스터 : 최대 약 30A).

㉰ 점화 1차회로에서 자장의 소멸과 1차유도전압의 형성

배전기 캠이 회전하여 단속기 접점이 열리는 순간(점화시기)에 점화 1차코일에 흐르는 전류는 차단된다. 동시에 자장이 급격히 붕괴되면서 1차코일에는 약 200V∼400V 정도의 1차 유도전압이 형성된다. 이때 자장의 붕괴속도가 빠르면 빠를수록, 1차 유도전압은 높아진다.

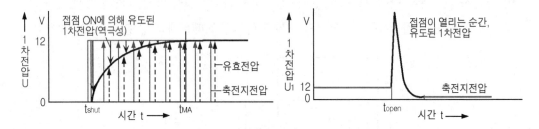

그림 5-2c 전류회로가 닫혀있을 때 1차회로에서의 유효전압   그림 5-2d 전류회로가 열릴 때, 1차 유도전압

③ 점화 2차회로에서의 과정(그림 5-2b 참조)

㉮ 점화 2차코일에서의 전류 흐름 경로(점화스위치가 닫혀 있을 때)

단속기접점이 닫혀있을 때, 2차코일에서의 전류의 흐름 경로는 다음과 같다.

접지 → 단속기 → 점화코일의 2차코일 → 2차코일 중심단자 → 배전기캠 → 로터 → 극편 → 고전압배선 → 점화플러그 중심전극 → 점화플러그 접지전극 → 접지

점화 1차회로에서 진행된 과정들은 점화 2차회로에 영향을 미친다. 점화코일의 내부손실을 무시할 경우, 2차회로에서의 전압은 전류가 감소하는 만큼 승압된다.

승압비는 식 5-1로 표시된다.

$$n = \frac{U_2}{U_1} = \frac{I_1}{I_2} = \frac{N_2}{N_1} \quad \cdots\cdots\cdots\cdots\cdots\cdots\cdots\cdots\cdots\cdots\cdots\cdots\cdots\cdots\cdots (5\text{-}1)$$

여기서 n : 승압비(또는 권수비(捲數比 : winding ratio))

U_1 : 1차전압 U_2 : 2차전압

I_1 : 1차전류 I_2 : 2차전류

N_1 : 1차 권수(捲數 : winding) N_2 : 2차 권수

⑭ 1차회로가 닫힐 때 2차코일에서 자장의 형성

1차측에 작용하는 역극성 유도전압에 의해 2차코일에는 권수비에 비례하는 전압이 형성된다. 예를 들어 권수비 $n = 150$, 축전지전압 $U_B = 13.5$ V 일 경우, 내부손실을 무시하면 2차전압은 $U_2 = 150 \times 13.5 = 2025$ V가 된다. 자장의 형성이 완료되는 시점 t_{MA}에서는 2차전압은 0(zero)이 된다.

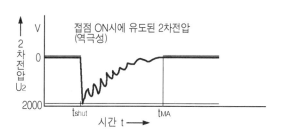

그림 5-2e 1차회로가 닫힐 때 2차코일에서의 전압

형성된 전압이 불꽃을 발생시키지 않기 때문에, 2차회로는 점화플러그의 공극에서 접지로 전기적으로 통전되지 않는다. 따라서 전류가 흐르지 않는다. 점화코일에 존재하는 에너지는 감쇄진동의 형태로 소멸된다.

⑮ 단속기 접점(점화 1차회로)이 열릴 때, 점화 2차회로에서 자장의 소멸(그림5-2f 참조)

단속기 접점이 열리는 순간, 자장의 급격한 붕괴에 의해 2차코일에는 높은 전압이 유도된다. 이때 2차코일에 유도되는 전압은 0V에서 전압피크(voltage peak), 소위 점화전압(firing voltage : Zündspannung, 25kV~40kV)으로 급격히 상승한다. 2차전압은 근본적으로 1차전류의 크기, 1차코일과 2차코일의 권수비, 그리고 드웰각에 의해 결정된다.

단속기 접점이 열릴 때, 1차코일에 유도된 전압의 극성은 축전지전압의 극성과 동일하므로 자장이 급격히 소멸되는 것을 방해하고, 단속기 접점에 아크(arc)를 발생시키게 된다. 아크를 방지하고 자장을 급격히 소멸시키기 위해, 단속기와 병렬로 점화축전기(5)를 설치하였다. 2차코일에 유도된 고전압은 고전압 케이블을 통해서 배전기 캡의 중심 단자에 공급된다. 이어서 로터암(rotor arm)과 배전기캡의 극편(segment) 사이에서는 방전불꽃(discharged spark) 형태로 전달되고, 다시 고전압 케이블을 거쳐서 스파크 플러그 중심전극에 도달한다.

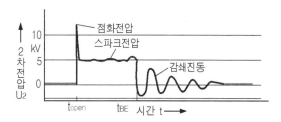

그림 5-2f 전류회로가 열릴 때 2차회로에서의 전압파형

㉑ 점화플러그에서 전기 불꽃(electric spark)의 발생

점화플러그의 중심전극에 도달한 고전압은 플러그 전극 사이에 존재하는 가스상태인 혼합기 구름을 이온화시킨다. 지금까지 절연체로 작용하던 가스분자들은 적어도 일부분이 전기적으로 도체가 된다. 이를 통해 배전기, 점화코일 그리고 축전지를 연결하는 회로가 형성되므로 이제 전류가 흐르게 된다. 즉, 불꽃이 건너뛰게 된다. 소요 시간은 약 $30\mu s$ 이다.

전기불꽃의 건너 뜀으로 인해 자유롭게 된 에너지가 공극에 존재하는 혼합기를 점화시킨다. 전기불꽃이 건너 뛰면 두 전극 사이의 저항이 현저하게 낮아져 2차전압은 약 5,000V 정도의 스파크전압(spark voltage : Brennspannung)으로 강하하고 점화코일에 저장된 에너지는 계속해서 전기불꽃 형태로 점화플러그의 접지전극으로 방전된다. 스파크 지속기간(spark duration)은 약 1ms~2.5ms정도이다. 이어서 점화코일의 에너지가 글로우 방전(glow discharge)상태를 계속 유지할 만큼 충분하지 못하게 되면 전기불꽃은 소멸되고, 잔류 에너지도 점화코일의 2차회로 내에서 감쇄진동의 형태로 소멸된다.

이어서 단속기 접점이 닫히면 점화코일은 다시 충전과정을 반복한다. 그리고 접점이 다시 열리면 2차코일에는 고전압이 유도된다. 그 사이 로터는 회전하여 다음 극편에 고전압을 전달하게 된다.

2. 구조 및 기능

(1) 점화코일(ignition coil : Zündspule)

> 점화코일은 축전지전압을 점화전압으로 승압시키는 변압기이면서 동시에 전기 에너지를 저장하는 장치로서, 자동차 전원으로부터 저전압의 직류(DC)를 공급받아, 이를 높은 유도전압과 많은 유도방전 에너지를 가진 점화 펄스로 바꾸어 점화플러그에 공급한다.

규정된 컷오프(cut-off)전류가 흐르는 점화최종단계 그리고 특정한 저항값과 인덕턴스(inductance)를 가진 1차코일이 결합하여 점화코일의 자장에 저장되는 에너지의 양을 결정한다. 2차코일은 필요에 따라 전압 피크(peak), 스파크 전류 그리고 스파크 지속기간을 확보하도록 설계할 수 있다. 점화코일은 2차 전압(25~40kV)에 따라 대략 60~120mJ 정도의 점화에너지를 저장할 수 있도록 설계된다.

① 구조

원통 케이스 형식의 점화코일은 그림 5-3과 같이 철심(core), 1차코일(primary winding), 그리고 2차코일(secondary winding)로 구성되어 있다.

얇은 규소 강판을 여러 장 겹쳐 만든 철심(core)에 직경 0.05~0.1mm정도인 2차코일을 감은 다음에, 그 위에 다시 직경 0.5~1.0mm정도인 1차코일을 감았다.

1, 2차코일은 모두 절연 처리한 구리선이며, 권수는 1차코일은 100~500, 2차코일이 15,000~30,000 정도이다. 따라서 권수비는 약 60~150이다.

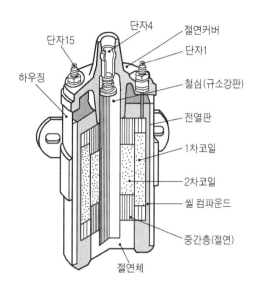

그림 5-3 원통 케이스형 점화코일의 단면 구조

저항은 1차코일이 0.3~2.5Ω, 2차코일이 5kΩ~20kΩ 정도이다.

1차코일과 2차코일 각각의 한 끝을 서로 결합시켜 점화코일의 (−)단자(1)에, 1차코일의 다른 한 끝은 점화코일의 (+)단자(15)에, 그리고 2차코일의 다른 한 끝은 점화코일의 중심단자(4)에 결선하여, 차체나 접지에 대해 스파크플러그의 중심전극이 (−)가 되도록 극성을 부여한다. → 항복전압(break down voltage)을 낮추기 위해

철심에는 고전압이 작용하므로 철심의 상부는 절연체 캡을, 하부는 추가로 절연체를 삽입하여 절연이 잘 되도록 하였다. 그리고 코일과 케이스 사이의 공간은 절연유나 콤파운드(compound)로 채워, 절연과 냉각이 잘 되게 하였다.

에너지 손실은 주로 1차코일에서 발생하므로, 방열을 촉진시키기 위해서 1차코일을 2차코일의 위에 감는다. 1차코일에서 발생된 열은 금속판 재킷(metallic plate jacket)을 거쳐서 케이스에 전달된다. 케이스 외부에 폭이 넓은 강철제의 클램프를 설치하고, 이 클램프를 차체에 채결하는 것도 케이스에 전달된 열의 발산을 촉진시키기 위해서 이다.

② 기능

단속기 접점의 개/폐에 따라 단속(ON/OFF)되는 1차전류는 점화코일의 1차코일에 흐른다. 1차전류의 크기는 점화코일의 (+)단자에서의 전압과 1차코일의 저항에 의해서 결정된다.

1차 인덕턴스(inductance) L_1은 수 mH(milli henry)에 지나지 않는다. 점화코일의 자장에 저장되는 에너지는 식(5-1)로 표시된다.

$$W_{st} = \frac{1}{2} \cdot L_1 \cdot i_1{}^2 \quad \cdots\cdots\cdots\cdots\cdots\cdots\cdots\cdots\cdots\cdots\cdots\cdots\cdots\cdots\cdots\cdots\cdots\cdots\cdots\cdots\cdots\cdots\cdots \text{(5-1)}$$

여기서 W_{st} : 저장 에너지 [J]

L_1 : 1차코일의 인덕턴스 [H]

i_1 : 단속기접점이 열리는 순간, 배전기에 흐르는 전류 [A]

점화할 때 점화코일의 2차전압은 대략 사인곡선 형태로 상승하며, 상승률은 점화코일 고압단자에서의 용량성 부하(capacitive load)에 의해 결정된다. 2차전압은 점화플러그에서 불꽃이 발생되는 순간에 가장 높으며, 그 다음의 과정은 앞서 전기불꽃의 발생과정에서 설명한 바와 같다.

고전압은 차체나 접지에 대해 스파크플러그의 중심전극이 (-)가 되도록 극성이 주어진다. 극성이 반대로 되면 필요전압은 약간 상승하게 되며, 접지전극 보다 중심전극의 마모가 심하게 된다.

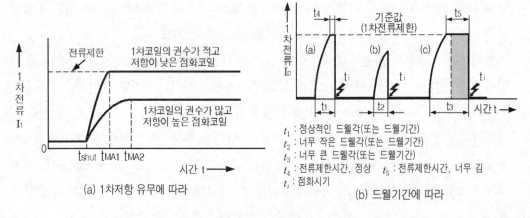

(a) 1차저항 유무에 따라

t_1 : 정상적인 드웰각(또는 드웰기간)
t_2 : 너무 작은 드웰각(또는 드웰기간)
t_3 : 너무 큰 드웰각(또는 드웰기간)
t_4 : 전류제한시간, 정상 t_5 : 전류제한시간, 너무 김
t_i : 점화시기

(b) 드웰기간에 따라

그림 5-4 1차전류의 변화

1차 인덕턴스와 1차저항은 저장 에너지를 결정하고, 2차 인덕턴스는 2차전압과 스파크 특성(spark characteristic)을 결정한다. 유도전압, 스파크 전류, 그리고 스파크 지속기간은 저장에너지와 2차 인덕턴스에 따라 변화한다.

회전속도가 증가할수록 단속기접점이 닫혀있는 시간이 단축되어 1차전류가 감소하여 결과적으로 2차코일에 발생하는 전압이 낮아진다. 따라서 고속에서도 일정수준의 고전압을 얻기 위해서는 1차전류가 빠른 속도로 제한수준까지 상승하도록 하여야 한다. 이를 위해서는 1차코일의 전기저항과 철심(core)의 자기저항(magnetic resistance)을 감소시키거나 1차코일의 권수를 적게 하는 방법 등을 고려하여야 한다.

식(5-2)에서 시정수(τ) 값이 작을수록 1차전류의 증가속도가 빠르게 된다.

$$\tau = \frac{L_1}{R_1} \quad \cdots\cdots\cdots\cdots\cdots\cdots\cdots\cdots\cdots\cdots\cdots\cdots\cdots\cdots\cdots\cdots\cdots\cdots\cdots\cdots\cdots \text{(5-2)}$$

여기서 τ : 시정수 [s] L_1 : 1차코일의 인덕턴스 [H] 또는 [$\Omega \cdot$s]
R_1 : 1차코일의 저항 [Ω]

여기서 1차유도전압을 낮추기 위해서는 1차코일의 권수를 적게 하여야 한다. 그러나 1차코일의 권수를 적게 하면 1차코일의 인덕턴스가 감소하여 2차전류가 감소하게 되므로 1차전류를 크게 하거나 권수비를 높게 하여야 한다.

1차전류를 크게 하기 위해서는 1차코일의 저항을 감소시켜야 한다. 그러나 1차전류가 커지면 1차코일에 열이 많이 발생하여 코일의 저항이 증가하게 되어 결국은 2차전압이 강하하게 된다. 따라서 1차코일 자체의 저항을 줄이는 대신에 점화코일 외부의 1차회로 내에 별도로 1~2Ω 정도의 1차저항을 설치하여 코일의 온도상승을 방지하는 방법이 주로 이용된다. 그러나 기관을 시동시킬 때는 시동모터가 전류를 소비하기 때문에 축전지 전압이 낮아지므로 점화전압과 점화에너지가 모두 강하한다. 따라서 시동 시 1차전류는 1차저항을 바이패스(bypass)하여 코일에 직접 공급되도록 한다(그림 5-5 참조).

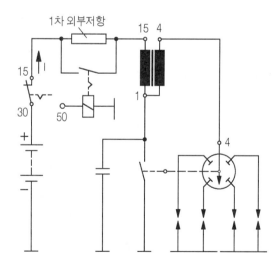

그림 5-5 1차저항을 사용한 점화회로

원통형 점화코일의 성능은 기준온도 80℃에서 절연저항과 스파크간극을 측정한다. 일반적으로 절연저항은 10MΩ 이상, 스파크간극은 6mm이상으로 규정하고 있다.

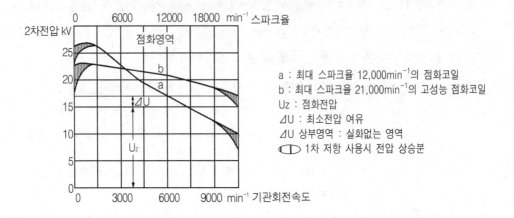

a : 최대 스파크율 12,000min⁻¹의 점화코일
b : 최대 스파크율 21,000min⁻¹의 고성능 점화코일
Uz : 점화전압
⊿U : 최소전압 여유
⊿U 상부영역 : 실화없는 영역
⬭ 1차 저항 사용시 전압 상승분

그림 5-6 점화코일의 2차유효전압과 스파크율

(2) 점화 축전기(ignition condenser : Zündkondensator)

점화 축전기는 단속기 접점과 병렬로 연결되어 다음과 같은 기능을 수행하며 그 구조는 그림 5-7과 같다.

점화 축전기는 단속기 접점이 열릴 때, 접점에서 발생되는 아크(arc)를 흡수하여 접점의 소손을 방지한다. 이 외에도 1차회로의 단절을 확실하게 하여 자장이 급속히 붕괴되도록 함으로서 2차코일에 높은 점화전압이 유도되도록 한다. 접점이 열리는 순간, 전자(電磁)유도작용에 의해 1차코일에 발생된 전류는 방전상태의 축전기에 흡수, 저장되었다가 접점이 닫히면 다시 1차코일로 방출되어 1차코일에서의 전류증가를 빠르게 회복시킨다.

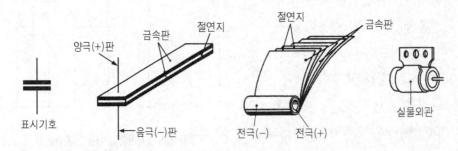

그림 5-7 점화 축전기

축전기 성능이 불량하면 단속기 접점에서 아크(arc)가 발생하여 접점이 소손되며, 결과적으로 접점간극이 커지게 된다. 접점간극이 커지면 드웰각과 점화시기가 변화하게 된다.

일반적으로 축전기용량은 외부저항을 사용하지 않는 경우에는 $0.20{\sim}0.30\mu F$ 정도지만, 1차저항이 사용되는 경우에는 $0.14{\sim}0.16\mu F$ 정도로 다소 낮다.

(3) 배전기(distributor : Zündverteiler)

기계식 배전기는 그림 5-8과 같이 고전압 분배기구, 1차전류 단속기구, 배전기 구동축과 캠, 그리고 원심식 진각기구 등으로 구성되어 있으며, 배전기 하우징 외부에는 축전기와 진공식 진각기구가 설치되어 있다.

배 전 기	고전압 분배기구	배전기 캡, 로터
	1차전류 단속기구	단속기, 단속기판, 배전기 캠
	진 각 기 구	진공식 및 원심식 진각기구, 옥탄 셀렉터
	구 동 기 구	배전기 구동축, 구동기어 등

① 고전압 분배기구

고전압 분배기구는 캡(1)과 로터(2)로 구성된다. 배전기캡은 중앙에 중심전극, 그리고 외주에는 실린더수와 같은 수의 극편(segment)이 설치되어 있다. 중심전극과 배전기 로터 사이에는 스프링 장력이 작용하는 카본 핀(carbon pin)이 설치되어, 배전기캡과 로터의 접촉을 확실하게 한다. 그리고 로터 암(rotor arm)과 극편 사이의 공극(air gap, 약 0.3mm)은 로터 암 선단의 마모를 방지하고 스파크플러그의 불꽃을 더 강하게 한다.

고전압은 점화코일 → 고전압 배선 → 배전기 캡의 중심전극 → 로터 → 공극(스파크) → 극편 → 고전압 배선 → 스파크플러그 중심전극 → 공극(스파크) → 접지전극에 전달된다.

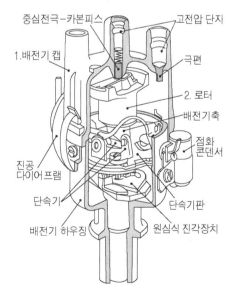

중심전극-카본피스　고전압 단지
1.배전기 캡　극편
2. 로터
배전기축
점화 콘덴서
진공 다이어프램
단속기
단속기판
배전기 하우징　원심식 진각장치

그림 5-8 기계식 배전기의 구조

② 1차전류 단속기구

1차전류 단속기구는 단속기, 단속기 판, 그리고 단속기접점 개/폐용 캠으로 구성된다.

㉮ 캠(cam : Nocken)

캠은 기관의 실린더수 만큼의 모서리를 가지고 있으며, 배전기 구동축에 의해서 구동된다. 캠의 회전속도는 4행정기관에서는 크랭크축 회전속도의 ½ 로, 2행정기관에서는 크랭크축 회전속도와 같은 속도로 회전한다. 캠은 회전하면서 일정 시간마다 단속기 암(arm)에 부착된 힐(heel)과 접촉, 단속기접점을 개/폐한다.

㉯ 단속기(contact breaker : Unterbrecher)

단속기는 캠에 의해 개/폐되는 접점스위치로서 단속기 암(breaker arm), 암 힐(arm heel), 접점(contact point), 그리고 암 스프링(arm spring)으로 구성되어 있다.

접점은 대부분 텅스텐 또는 텅스텐합금이며, 캠에 의해 열리고 암 스프링의 장력에 의해 닫힌다. 4행정 4기통기관이 $6,000min^{-1}$으로 회전할 경우, 접점은 1분간에 약 12,000회 개/폐되므로, 이는 진동수 200Hz에 해당된다. 따라서 암 스프링의 장력이 약하면 고속에서는 채터링(chattering)현상이 발생하게 된다.

채터링(chattering)현상이란 단속기 암의 관성에 의해 접점의 개폐시기가 달라지는 현상으로, 일종의 공진현상이다. 이를 방지하기 위해서는 단속기 암의 관성을 작게 하고, 암 스프링의 장력을 크게 함과 동시에 캠의 형상을 완만하게 하여 접점이 닫히는 속도를 느리게 하는 방법이 고려되고 있다.

그러나 암 스프링의 장력이 너무 크면, 캠과 암 힐(arm heel)의 접촉이 과대하게 되어 캠과 암 힐의 마모가 촉진된다. 그리고 단속기 접점에는 최대 5A 정도의 전류와 최대 500V 정도까지의 1차유도전압이 작용한다. 따라서 접점의 소손을 피할 수 없다.

캠과 암 힐의 마모, 그리고 접점의 소손은 점화시기와 캠각(또는 드웰각)이 변화하는 원인이 되며, 동시에 점화코일에 충분한 에너지를 저장할 수 없게 된다.

㉰ 드웰각(dwell angle : Schließwinkel)

단속기 접점이 닫혀있는 기간 즉, 점화코일에 1차전류가 흐르는 기간을 드웰기간(dwell period : Schlie β zeit)이라 하고, 그 사이 배전기 캠의 회전각을 드웰각(dwell angle)이라 한다. 기관의 회전속도가 변화함에 따라 드웰기간은 변화하며, 그 기간이 아주 짧기 때문에 상대비교에 적당하지 않다. 따라서 드웰기간에 비례하면서도 회전속도에 관계없이 일정한 값으로 표시되는 드웰각이 상대비교에 주로 이용된다.

4행정기관에서 두 실린더간의 점화간격(γ)은 캠각을 기준으로 할 경우 식(5-3a)로, 크랭크각을 기준으로 경우 식(5-3b)로 표시된다.

$$\gamma = \frac{360°}{실린더수} \quad \text{..} \quad (5\text{-}3a)$$

$$\gamma = \frac{720°}{실린더수} \quad \text{..} \quad (5\text{-}3b)$$

그리고 드웰각은 차종에 따라 다르며, 때로는 점화간격(γ)의 백분율(%)로 표시하기도 한다. 드웰각의 크기는 대략 $0.55 \sim 0.6\gamma$ 정도이며, 접점간극과 접점 개폐시기에 영향을 미친다. 드웰각이 크면 접점간극은 작고, 드웰각이 작으면 접점간극은 크다.

(a) 접점이 닫혀 있음   (b) 접점간극 크다   (c) 접점간극 작다

그림 5-9 단속기와 드웰각

접점식 점화장치에서 드웰각은 기관회전속도에 관계없이 일정하게 초기 조정된다. 그러나 사용함에 따라 캠과 힐의 마모, 그리고 접점의 소손에 의해 드웰각이 변화하게 된다. 따라서 접점식 점화장치에서는 필요하면 단속기를 교환하고, 정기적으로 드웰각을 수정해야 한다. 실제로는 접점간극을 조정하여 드웰각을 수정하고, 이어서 점화시기를 조정한다. 접점의 개폐를 확실하게 하기 위해서는 최소한의 접점간극이 필요한 데, 4기통기관에서는 0.3mm, 6기통기관에서는 0.25mm이상이 되어야 하는 것으로 알려져 있다.

접점간극을 작게 하면 드웰각은 커지고 동시에 점화시기는 지각된다.
접점간극을 크게 하면 드웰각은 작아지고 동시에 점화시기는 진각된다.

③ **점화진각기구**(spark-advance mechanism : Zündversteller)

진각기구에는 원심식과 진공식이 있으며, 이들이 동시에 또는 따로 따로 점화시기에 영향을 미치게 할 수 있다. 일반적으로 원심식과 진공식 진각기구는 서로 기계적으로 연결되어 두 기구의 진각량이 합산되어 점화시기를 변화시키도록 설계되어 있다.

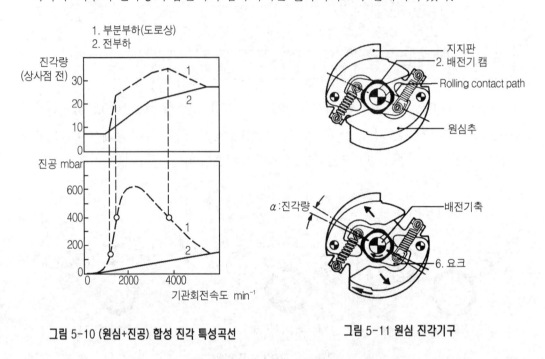

그림 5-10 (원심+진공) 합성 진각 특성곡선   그림 5-11 원심 진각기구

㉮ **원심 진각기구**(centrifugal advance mechanism : Fliehkraftversteller)

원심 진각기구는 기관의 회전속도에 따라 점화시기를 진각시킨다. 원심 진각기구는 그림 5-11과 같이 원심추(centrifugal weight : Fliehgewichte), 리턴스프링(return spring : Zugfeder), 거버너 플레이트(governor plate : Trägerplate), 그리고 캠요크(cam yoke)(6)와 일체로 된 캠(2)으로 구성된다.

기관의 회전속도가 일정 속도에 도달하면 원심추는 스프링장력을 이기고 바깥쪽으로 벌어지면서 캠요크를 구동축 회전방향으로 일정각도(α) 회전시키게 된다. 캠요크가 회전한 각도만큼 캠이 구동축 회전방향으로 회전하여 점화시기를 진각시킨다. 원심 진각기구는 대체로 전부하운전 시에 주로 작동된다.

㉯ **진공 진각기구**(vacuum advance mechanism : Unterdruckversteller)

진공 진각기구는 스로틀밸브 근방의 진공도를 이용하여 점화시기를 변화시킨다. 스로틀밸브 근방의 진공도는 기관의 부하에 대응하여 변화하므로 결과적으로는 기관의 부하에 대응하여 점화시기를 변경시키는 것이 된다. 진공진각기구는 주로 부분부하에서 효과가 크다.

진공은 1개 또는 2개의 다이어프램 체임버에 의해서 측정된다. 그림 5-12는 2개의 다이어프램 체임버를 이용하여 점화시기를 진각 또는 지각시키는 형식이다. 이 그림에서 캠은 시계방향으로 회전하는 것으로 가정하였다.

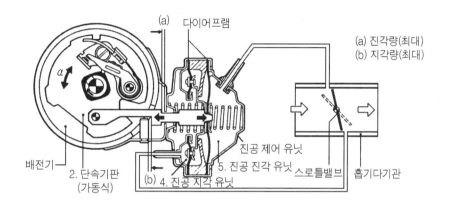

그림 5-12 2체임버형 진공진각기구

《 진각시스템 》

부하수준이 낮을수록 잔류가스의 양이 증가하여 혼합기는 희박해진다. 따라서 혼합기의 연소속도가 낮아지므로 점화시기를 진각시켜야 한다.

기관의 부하가 감소함에 따라 스로틀밸브 상부의 진공도가 증가하므로, 진공진각 유닛 (5)의 진공도 역시 증가한다. 진공도가 증가함에 따라 다이어프램은 우측으로 이동하면서 단속기판(2)을 캠의 회전방향과 반대방향으로 회전시켜, 점화시기를 진각시키게 된다.

《 지각시스템 》

이 경우엔 스로틀밸브 하부의 진공이 이용된다. 공전 또는 오버런(over run)할 때와 같은 경우에 배기가스상태를 개선시키기 위해서 진공지각유닛을 작동시켜 점화시기를 지각시키게 된다. 스로틀밸브가 거의 닫힌 상태에서는 진각체임버(5)에는 대기압이 작용하고, 지각체임버(4)에는 부압이 작용한다. 따라서 단속기판(2)을 캠의 회전방향과 같은 방향으로 회전시켜, 점화시기를 지각시키게 된다. 지각시스템은 진각시스템에 종속되어 있다. 따라서 부분부하 상태에서는 진공이 두 체임버에 동시에 작용하지만 진각유닛의 다이어프램이 지각유닛의 다이어프램보다 더 크기 때문에 점화시기는 진각된다.

(4) 고전압 케이블(high tension cable : Hochspanngugszündkabel)

고전압 케이블은 점화코일에서 배전기로, 배전기에서 각 점화플러그로 고전압을 전달한다. 중심부의 도선(導線)을 고무로 절연하고 그 표면을 간섭방지 처리한 것이 주로 사용된다. 중심부의 도선으로는 가는 구리선을 여러 줄 꼬아서 만들거나 아마(亞麻) 섬유에 탄소를 스며들게 하여 일정한 저항을 갖도록 한 케이블이 주로 사용된다.

아마(亞麻) 섬유에 탄소를 스며들게 한 저항 케이블은 약 10,000 Ω 정도의 저항이 들어있으며, 절연률이 약 65% 이하로 낮아지면 반드시 교환해야 한다.

제5장 점화장치

제3절 트랜지스터 코일 점화장치
(Transistor Coil Ignition System : Transistor-Spulenzündanlage)

1차전류를 ON/OFF 시키는 접점의 유무에 따라
- 접점식 트랜지스터 코일 점화장치와
- 무접점식 트랜지스터 점화장치로 나눈다.

트랜지스터 점화장치는 점화코일, 단속기 접점 또는 점화펄스 발생기(ignition pulse generator), 트리거 박스(trigger box 또는 ignition module), 그리고 진각장치를 갖춘 기계식 배전기로 구성된다. 그리고 단속기 접점 또는 점화펄스 발생기를 이용하여 트랜지스터를 작동시키면, 트랜지스터가 점화코일의 1차전류를 ON/OFF한다.

1. 접점식 트랜지스터 코일 점화장치 - (TSZ-K)

이 형식의 점화장치는 잠간 동안 사용되었으나 전자제어 점화장치의 원조이므로 설명하기로 한다.

접점식 트랜지스터 코일 점화장치의 배전기는 접점식 코일 점화장치의 배전기와 같다. 그러나 접점이 트랜지스터와 연동되므로, 단속기가 1차전류를 직접 ON/OFF할 필요가 없고 단지 트랜지스터의 제어전류만을 ON/OFF하면 된다. 그리고 트리거 박스(trigger box)는 그 자신이 전류증폭기(current amplifier) 역할을 하며, 점화트랜지스터(일반적으로 달링턴(Darlington) 트랜지스터)를 통해서 1차전류를 단속한다.

(1) 접점식 트랜지스터 코일 점화장치의 장점

접점식 코일점화장치에 비해 다음과 같은 이점이 있다.

① 1차전류를 크게 할 수 있다. → 약 7~9A로

접점식 코일 점화장치에서는 단속기 접점의 기계적, 전기적 개/폐 용량 때문에 단속기 접점을 통과하는 1차전류는 약 5A정도로 제한되었다. 그러나 접점식 트랜지스터 코일 점화장치의 단속기 접점에는 약 0.5A정도의 제어전류만 작용한다. 1차전류는 트랜지스터를 거쳐서 곧바로 접지되므로 1차전류를 크게 할 수 있다. 1차전류를 크게 할 수 있으므로 기관의 최대회전속도에서도 일정하면서도 높은 점화전압을 유지할 수 있다.

② 단속기의 수명이 연장된다.

단속기 접점에서 아크가 발생되지 않으므로 접점이 소손되지 않는다. 여러분의 이해를 돕기 위하여 그림 5-13에 접점식 코일점화장치와 접점식 트랜지스터 코일 점화장치의 회로도를 도시하였다.

(2) 접점식 트랜지스터 코일 점화장치의 작동원리

그림 5-13a와 5-13b를 비교하면 5-13b에 트랜지스터 "T"가 단속기 대신에 회로 차단기(circuit breaker)로 사용되어 1차회로의 스위치 기능을 한다.

약 7~9A 정도의 1차전류는 트랜지스터를 통해서 흐르게 된다. 그리고 단속기(7)가 트랜지스터를 제어한다. 단속기 접점(7)이 닫히면 곧바로 작은 제어전류 I_C가 트랜지스터의 베이스(base : B)에 작용하여 컬렉터(collector : C)와 이미터(emitter : E) 사이가 도통(導通)되도록 한다. 그러면 1차전류는 1차코일 L1을 거쳐서 접지된다. 1차전류를 크게 할 수 있기 때문에 1차코일의 권수를 적게 할 수 있다. 따라서 1차코일의 인덕턴스가 적기 때문에 자장이 빠르게 형성된다.

점화시기가 되어 단속기 접점이 열리면 제어전류는 트랜지스터의 베이스(B)에 더 이상 작용하지 않으므로, 트랜지스터의 컬렉터(C)와 이미터(E) 사이는 전기적으로 부도체가 되어 1차전류가 차단된다. 1차전류가 차단되면 자장은 급속히 붕괴되고, 트랜지스터는 단속기 접점에 아크를 발생시키지 않으므로 접점은 소손되지 않는다.

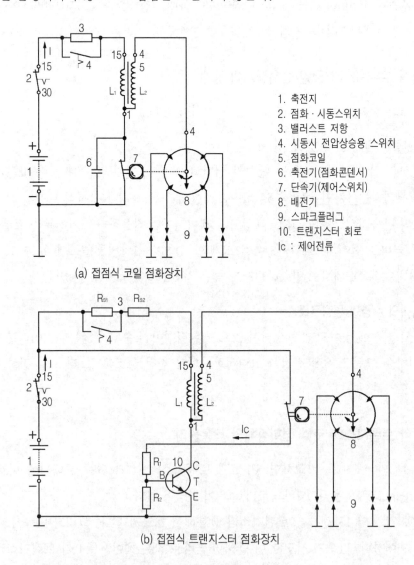

1. 축전지
2. 점화 · 시동스위치
3. 밸러스트 저항
4. 시동시 전압상승용 스위치
5. 점화코일
6. 축전기(점화콘덴서)
7. 단속기(제어스위치)
8. 배전기
9. 스파크플러그
10. 트랜지스터 회로
Ic : 제어전류

(a) 접점식 코일 점화장치

(b) 접점식 트랜지스터 점화장치

그림 5-13 접점식 코일점화장치와 접점식 트랜지스터 코일 점화장치의 비교

2. 무접점식 트랜지스터 점화장치

　　무접점식 트랜지스터 점화장치는 접점식 트랜지스터 코일 점화장치와 비교할 때, 기계식 접점이 없음으로 고속에서의 채터링(chattering) 현상이나 접점의 마모에 의한 점화시기의 변화가 없게 된다. 따라서 배전기에 다른 기계적 이상이 없는 한, 기관의 부하와 회전속도에 따라 정확한 점화시기가 보장된다.

　　점화펄스 발생기는 제어펄스를 발생시킨다. 그리고 이 제어펄스는 트리거 박스에 전달되어 정해진 점화시기에 1차전류를 단속시켜 2차측에 고전압을 유도, 스파크를 발생시키게 된다. 점화펄스 발생기로는 홀센서 또는 유도센서가 주로 이용된다.

(1) 홀센서(Hall sensor : Hallgeber)

　　홀센서는 홀 효과(Hall effect)를 이용한 전자스위치로서 점화펄스 발생기로 이용된다.

① **홀 효과**(Hall effect)(**그림**4-13 **참조, 제4장** PP.208참조)
② **점화펄스 발생기로서의 홀센서**

　　배전기에 사용되는 홀센서의 구조는 그림 5-15와 같다. 특히 트리거 휠에는 기관의 기통 수에 해당하는 베인이 가공되어 있으며, 베인의 폭(W)에 따라 최대 드웰각이 결정된다. 배전기축이 회전하면 트리거 휠도 같은 속도로 회전한다. 이때 트리거 휠의 베인이 영구자석과 홀 반도체 사이의 공극에 진입하면 자력선은 차단되고, 베인(W)이 공극을 벗어나면 자력선은 다시 홀 반도체에 영향을 미치게 된다.

　　공극에 장해물(베인)이 없을 때, 홀 반도체는 자속의 영향을 받는다. 홀 반도체에 작용하는 자속밀도가 가장 높을 때, 홀 전압(U_H)도 가장 높다.

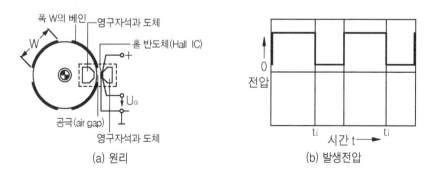

그림 5-15 배전기에 설치된 홀 센서와 발생전압

트리거 휠의 베인 중의 하나가 공극에 진입하면 자속의 대부분은 베인에 작용하고 홀 반도체에는 거의 도달되지 않는다. 이때 홀 반도체에 작용하는 자속밀도는 실제로 무시해도 좋을 만큼 낮으며, 따라서 홀 전압(U_H)은 최저수준이 된다.

생성된 홀전압(U_H)을 증폭시키고 구형파 전압으로 변환시켜야 한다. 그리고 위상을 반전시키면 센서전압(U_G)이 된다. → 센서 전압(U_G).

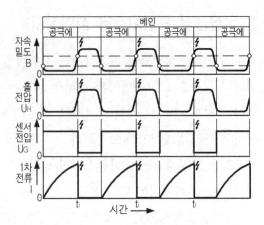

그림 5-16 홀 센서의 펄스 변환과정

베인이 공극을 벗어나면 홀 반도체에는 다시 자력선이 작용하여 홀 전압이 발생한다. 그리고 홀 반도체에 전압이 발생하는 순간에 트리거 박스에서는 점화펄스가 생성된다.

홀 센서는 ECU의 단자 8h(+) 및 31d(−)를 통해 전원을 공급받는다. 센서전압((U_G)은 센서의 단자 0으로부터 ECU의 단자 7로 들어간다. 단자 31d는 홀 센서와 트리거박스의 공통 기준접지이다. 개발이 계속됨에 따라 간단한 트리거박스에 추가로 여러 가지 기능들이 부가되어 이제는 복잡한 ECU가 되었다.

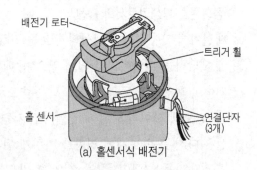

(a) 홀센서식 배전기

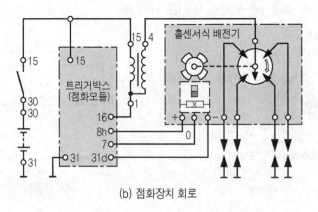

(b) 점화장치 회로

그림 5-17 홀센서가 장착된 트랜지스터 점화장치

(2) 유도(誘導)센서(induction sensor : Induktionsgeber)

유도 센서를 장착한 배전기의 원리는 그림 5-18과 같다.

영구자석과 코일이 감긴 철심이 스테이터를 형성하며, 배전기축에는 펄스발생용 로터가 설치된다. 그리고 스테이터를 형성하는 철심과 펄스발생용 로터는 자화가 잘되는 금속이며, 각각 기관의 실린더 수에 해당하는 뽀쪽한 돌기를 가지고 있다. 로터 돌기와 스테이터 돌기가 서로 마주 볼 때의 공극은 약 0.5mm 정도이다.

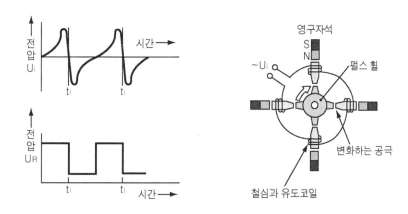

그림 5-18 유도 센서를 장착한 배전기의 원리

유도센서는 일종의 발전기이다. 배전기축이 회전함에 따라 로터 돌기와 스테이터 돌기 사이의 공극이 변화한다. 공극의 변화에 대응하여 자속이 정기적으로 변화하면 유도코일에 교류전압이 유기된다(그림 5-19a 참조). 피크전압(peak voltage)은 기관의 회전속도에 따라 변화한다. 저속에서는 약 0.5V, 고속에서는 약 100V 정도가 유기되며, 이 교류전압의 주파수는 스파크율(sparking rate)과 일치한다.

주파수는 4행정기관의 경우, 식(5-3)으로 표시된다.

$$f = \frac{z \cdot n}{2} \quad \cdots\cdots\cdots\cdots\cdots\cdots\cdots\cdots\cdots\cdots\cdots\cdots\cdots\cdots\cdots\cdots\cdots\cdots\cdots\cdots\cdots (5\text{-}3)$$

여기서 f : 주파수 또는 스파크율 z : 실린더 수

n : 기관 회전속도[min^{-1}]

최대 (+)전압은 로터 돌기와 스테이터 돌기가 마주보기 직전에, 최대 (−)전압은 로터 돌기와 스테이터 돌기가 마주보고 난 직후에 유기된다. 2개의 돌기가 서로 마주보고 있을 때에

는 자속은 변화하지 않는다. 따라서 이 순간에는 전압이 유기되지 않는다. 트리거박스 (trigger box)의 형식에 따라 전압이 0이 되기 직전 또는 직후에 점화코일의 전압을 트리거링 하게 된다. 유도센서는 트리거박스를 통해 부하를 받게 되는데, 이 기간 동안에는 (-)반파 상에서 전압함몰이 발생한다(그림 5-19b 참조).

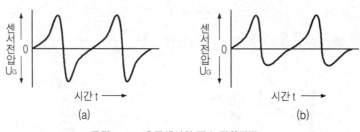

그림 5-19 유도센서의 펄스 진행과정

그림 5-20b에서 단자 7과 31d 사이의 센서전압이 양(+)으로 상승하면, 트리거박스의 최종 단계는 통전된다. 즉, 1차전류가 흐르게 된다. 트리거박스 내의 파워-트랜지스터(power transistor)가 도통되는 시점은 추가로 드웰각제어의 영향을 받는다. 회전속도가 증가함에 따라 드웰각도 커진다.

센서전압이 (-)이면 트리거박스의 최종단 계는 차단된다. 즉, 1차전류는 차단되고 점화 가 트리거링된다. 유도센서용 트리거박스는 단자 7이 유도센서의 출력신호단자이고 단자 31d가 유도센서와 트리거박스의 공통 기준 접지이다.

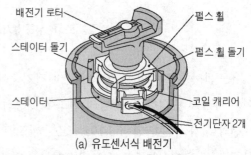

(a) 유도센서식 배전기

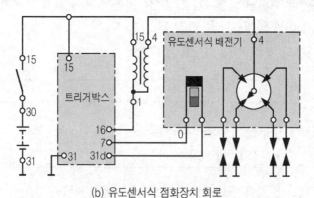

(b) 유도센서식 점화장치 회로

그림 5-20 유도센서가 장착된 트랜지스터 점화장치

(3) 무접점식 트랜지스터 점화장치의 트리거박스(trigger box)

트리거박스에는 집적회로(IC : Integrated Circuit)와 마이크로프로세서(micro-processor)를 이용한 하이브리드(hybrid) 기술이 적용되었다. 하이브리드-기술이란 1개의 세라믹 기판에 여러 종류의 소자들 예를 들면, 다수의 IC와 저항들을 분리할 수 없는 구조로 회로를 연결하여, 하나의 두꺼운 막(thick film) 형태로 가공하는 기술이다. 따라서 트리거박스의 크기는 아주 작아졌지만, 수리는 불가능하다.

경우에 따라서는 트리거박스를 점화코일과 일체로 제작하기도 한다. 점화코일과 트리거박스는 자체에서 발생하는 열을 잘 발산시켜야 하기 때문에 대부분 차체에 설치한다. 또 수분이나 물로부터도 보호되어야 한다.

트리거박스의 기능은 다음과 같다.

① 점화에 필요한 모든 정보를 처리한다.

② 필요로 하는 점화전압을 생성, 공급한다.

③ 점화코일과 트리거박스 출력최종단계의 열부하를 최소화한다.

④ 정확한 순간에 점화한다. → 점화시기 결정

트리거박스는 1차전류, 드웰각 그리고 암전류(폐회로전류) 등을 제어한다.

기관의 모든 속도에서 그리고 축전지전압 및 1차코일의 저항이(전류열에 의해) 변화하는 상태에서도 일정한 점화전압을 유지하기 위해서는, 특정한 시간동안에 걸쳐 최소한의 1차전류를 확보해야 한다. 기관의 최대회전속도에서 점화코일의 자기적(magnetic) 요구조건에 적합한 드웰각을 선택하면, 저속에서는 불필요하게 긴 시간동안 최대 1차전류가 흐르게 된다. 이때 트리거박스 및 점화코일에는 손실열이 발생되는 데, 이 열은 파워트랜지스터와 점화코일에 과도한 열부하를 가하게 된다. 그러므로 드웰각을 제어하여 자장을 형성하는 데 필요한 기간 만큼만 1차전류를 흐르게 한다.

(4) 드웰각제어와 1차전류 제한

무접점식 트랜지스터 점화장치는 기본적으로 기계식 진각장치를 갖추고 있으면서, 드웰각제어기능과 1차전류제어기능을 부가한 시스템이다.

트랜지스터 점화장치는 충전속도가 빠른 점화코일을 사용한다. 이 목적을 위해서 1차코일의 저항을 보통 1Ω이하로 낮춘다. 그러나 급속 충전이 가능한 점화코일을 사용할 경우에는 고정된 드웰각으로 작동시킬 수 없다. 이유는 도통시간이 너무 길어지면 점화코일에서의 에너지손실이 너무 많아지기 때문이다. 따라서 1차전류를 조정하고 드웰각을 제어하여야 한다.

홀센서 방식과 유도센서 방식의 차이점은 그림 5-21 블록선도에서와 같이 홀센서를 이용할 경우에는 드웰각을 제어하기 전에 먼저 홀센서의 신호를 펄스형성단계(pulse shaper stage)에서 램프전압(ramp voltage)으로 변환시켜야 한다는 점이 서로 다를 뿐이다.

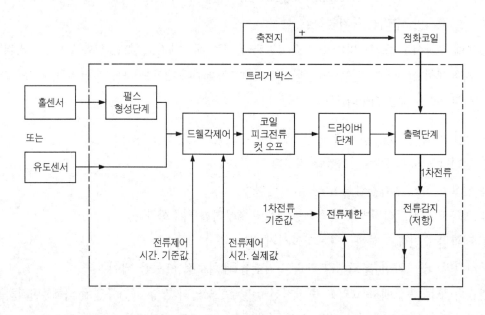

그림5-21 홀센서와 유도센서를 채용한 트리거 박스의 블록선도

① 드웰각 제어

피드백(feed back) 기능이 없는 드웰각 제어에서는 드웰각이 회전속도에 전자적으로 비례한다. 즉, 1차코일에 전류가 흐르는 시간은 거의 일정하게 유지된다. 이 경우에는 드웰각이 너무 크면, 1차전류도 너무 높은 값에 도달하게 된다.

그림 5-22와 그림 5-23은 각각 트리거 수준의 변화에 따라 드웰각과 1차전류의 변화가 어떤 형태로 나타나는가를 도시한 것이다.

그림 5-22, 5-23에서 a는 드웰각이 정확할 경우이고, b는 드웰각이 작을 경우, 그리고 c는 드웰각이 너무 클 경우이다. 그리고 t_1, t_2, t_3는 각각 출력단계에서 점화코일에 1차전류가 흐르는 시간이다. 예를 들면 t_3와 같은 경우는 도통(導通)시간이 너무 길어 코일에서의 에너지손실이 너무 많은 경우에 해당한다.

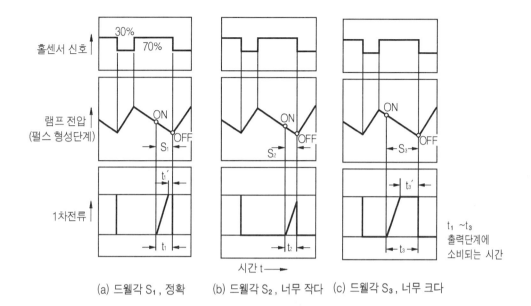

(a) 드웰각 S_1, 정확 (b) 드웰각 S_2, 너무 작다 (c) 드웰각 S_3, 너무 크다

그림 5-22 홀센서를 이용한 드웰각제어와 1차전류제어

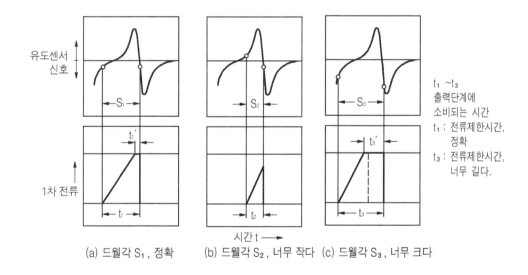

(a) 드웰각 S_1, 정확 (b) 드웰각 S_2, 너무 작다 (c) 드웰각 S_3, 너무 크다

그림 5-23 유도센서를 이용한 드웰각제어와 1차전류제어

피드백 기능이 있는 드웰각제어에서는 ECU에 드웰각제어 특성도가 입력되어 있다. 드웰각은 축전지전압과 순간 기관회전속도에 따라 변화한다. 전압이 낮으면서 회전속도가 높을 경우에는 충분한 1차전류를 확보하기 위해 드웰각을 크게 해야 한다. 전압이 높으면

서 회전속도가 낮을 경우에는 점화코일의 열부하를 피하기 위해 드웰각을 작게 해야 한다. 1차코일의 저항이 증가할 경우 또는 전압이 강하할 경우에는 드웰각을 추가로 크게 한다.

② 1차전류 제한

1차전류를 가능한 한 급속히 상승시키고 자장을 급속히 형성시키기 위해, 1차코일의 허용최대전류가 약 30A 정도까지 가능하도록 설계한다. 그러나 30A 정도의 높은 전류가 흐르면 최종단계의 파워트랜지스터는 물론이고 점화코일은 열부하 때문에 곧바로 파손되게 된다.

따라서 1차전류가 규정값(약 10~15A)에 도달하면, 전류제한기능이 활성화되어 1차전류를 규정값으로 제한하게 된다. 트리거박스에 들어있는 최종단계(파워트랜지스터)가 자신의 저항을 증가시키거나, 1차전류의 ON/OFF을 반복하여 1차전류를 제한한다.

1차전류의 ON/OFF을 반복하여 1차전류를 제한하는 방식의 경우, 아주 낮은 속도의 2차 파형에서 이를 육안으로 확인할 수 있다. 1차코일의 ON/OFF을 반복하면 1차코일의 자장에 미세한 변화가 발생하며, 이 변화는 2차측에 그대로 반영된다.

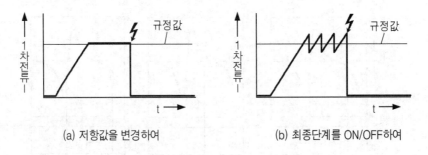

(a) 저항값을 변경하여   (b) 최종단계를 ON/OFF하여

그림 5-24 1차전류 제한 방법

③ 1차전류 차단

점화키 스위치가 ON되어 있는 상태에서 기관이 정지했을 경우, 점화장치는 과도한 열부하를 받게 된다. 트리거박스에 점화펄스가 입력되지 않으면, 수 초 후에 1차전류를 자동적으로 차단하여 과열을 방지한다.

제4절 전자 점화장치
(Semi-Conductor Ignition System : Elektronische Zündung)

1. 트랜지스터 점화장치와 전자 점화장치의 차이점

트랜지스터 점화장치에서는 아직도 기계식 진각장치에 의해 점화시기가 결정된다. 그러나 전자 점화장치에서는 점화시기를 전자적으로 계산하고, 이를 마이크로 컴퓨터에 이미 입력되어 있는 점화시기 특성도와 비교하여 최적 점화시기를 선택한다.

점화시기 특성도(그림 5-27)는 동력계상에서 기관을 운전하여 작성한다. 점화시기를 결정하는 가장 중요한 정보는 기관의 부하(즉, 흡기량)와 회전속도이다. ECU는 부하에 대한 정보를 순간 필요 공기량 또는 감지한 흡기질량으로부터 얻는다.

그리고 고전압 분배기는 기존의 접점식 코일점화장치나 트랜지스터 점화장치에서 볼 수 있는 기계식 진각장치가 필요없기 때문에 아주 간단하다.

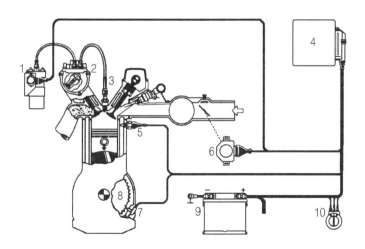

1. 출력단계(output stage)가
   부가된 점화코일
2. 고전압 분배기
3. 스파크 플러그
4. ECU
5. 기관 온도 센서
6. 스로틀밸브 스위치
7. 회전속도-기준점센서
8. 링기어
9. 축전지
10. 점화/시동스위치

그림 5-25 전자식 점화장치의 구성

2. 전자 점화장치의 작동원리

(1) 복합식 기준점/회전속도센서

일반적으로 기관의 회전속도신호는 배전기로부터도 얻을 수 있으나, 정확성을 기하기 위해 크랭크축(또는 플라이휠)에 근접, 설치된 별도의 회전속도/기준점센서를 이용하여 감지한다.

크랭크축에 특수한 기어휠을 부착하고, 이 기어휠의 원주에 센서를 근접, 설치하였다. 기어휠이 설치된 크랭크축을 회전시킬 경우, 기어휠에 근접, 설치된 유도센서의 자속이 변화하면서 교류전압을 유도한다. ECU는 이 교류전압 펄스를 이용하여 회전속도를 연산할 수 있다.

기어휠에는, 크랭크축 위치 감지용으로 기어이 사이의 간극 하나가 다른 기어이 사이의 간극에 비해 2배 크게 가공되어 있다. 이 큰 간극이 유도센서 앞을 지나갈 때 유도센서의 자속도 크게 변하기 때문에 센서에는 높은 전압(큰 펄스)이 유도된다. 이 큰 펄스가 크랭크축 기준점 신호로서, ECU에서 점화시기를 결정하는 데 사용된다. 그리고 이 큰 전압펄스의 주파수는 회전속도를 감지하는 전압펄스 주파수의 ½이다.

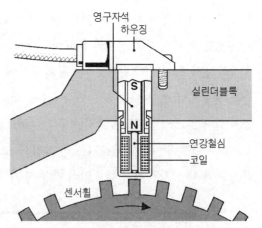

그림 5-26a 회전속도/기준점 센서

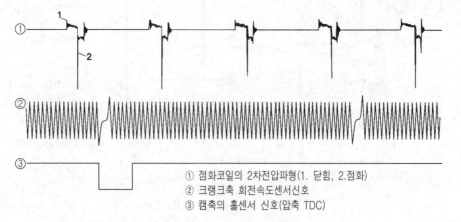

① 점화코일의 2차전압파형(1. 닫힘, 2.점화)
② 크랭크축 회전속도센서신호
③ 캠축의 홀센서 신호(압축 TDC)

그림 5-26b 점화코일, 크랭크축, 캠축센서의 신호

(2) ECU에서의 신호처리

그림 5-27은 전자 점화장치의 점화시기 특성도를, 그리고 그림 5-28은 전자 점화장치의 신호처리과정을 블록선도로 나타낸 것이다. 센서들은 점화시기를 결정하는 데 필요한 정보들을 ECU에 보낸다. ECU는 이들 정보들을 처리하여 제어명령을 전압 또는 전압펄스의 형태로 액추에이터에 보낸다. 액추에이터(예 : 점화코일)는 활성화되어 필요한 동작(예 : 점화불꽃의 생성)을 수행하게 된다.

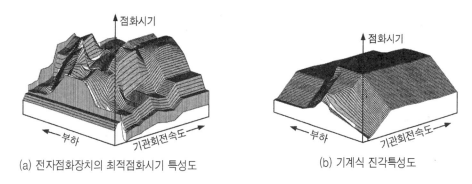

(a) 전자점화장치의 최적점화시기 특성도　　　(b) 기계식 진각특성도

그림 5-27 점화시기 특성도(예)

센서들로부터의 입력정보는 기관의 부하와 회전속도 외에도 스로틀밸브 위치, 기관온도, 흡기온도 그리고 축전지전압 등이다. 이들 신호 중 일부는 펄스형성회로에서 특정한 디지털신호(구형파신호)로 변환된다. 온도센서의 신호와 같은 경우는 아날로그/디지털 컨버터(A/D 컨버터)에서 디지털신호로 변환시켜야만 마이크로컴퓨터에서 처리가 가능하게 된다.

ECU에 교환 가능한 EPROM(Erasable Programmable Read Only Memory)이 설치되어 있는 경우에는 데이터 메모리를 다시 프로그래밍할 수 있기 때문에 다른 점화시기를 얻을 수 있다. 이 과정은 엔진 튜닝 그리고 실험에 이용된다.

점화특성도는 여러 가지 평가기준 예를 들면, 연료소비율 저감, 유해배출물 저감, 저속에서의 회전토크 보강, 출력향상, 기관의 운전 정숙도 개선 등의 목적에 따라 각각의 평가기준을 다르게 하여 점화시기 결정에 반영할 수 있다.

모든 운전상태(예 : 시동, 전부하, 부분부하, 타행)에서 외부 영향요소(예 : 엔진온도, 공기온도, 전원전압)가 변화하면 점화시기를 수정할 수 있다.

ECU는 점화시기, 드웰각, 그리고 1차전류를 제어하며, 이 외에도 노크제어, 공전제어, 비상운전 프로그램, 센서 감시, 자기진단, 그리고 1차전류 차단기능 등을 수행한다.

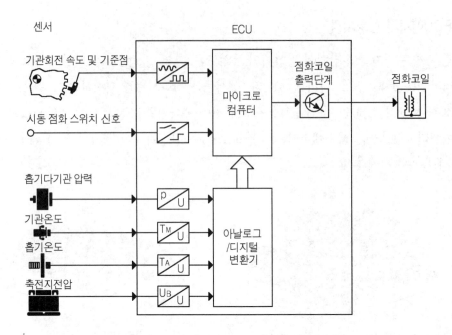

그림 5-28 **전자식 점화장치의 신호처리 블록선도**

따라서 전자 점화장치는 트랜지스터 점화장치에 비해 다음과 같은 장점이 있다.

① 기관의 상태에 따른 최적 점화시기의 선택이 가능하다.

점화시기 특성도에는 약 1,000~4,000개의 점화시기가 입력되어 있으며, 기관의 상태에 따라 점화시기를 입체적으로 제어할 수 있다(그림 5-27a 참조).

② 기관온도 등 다른 요소를 점화시기에 반영할 수 있다.

③ 시동특성이 양호하고, 공전제어가 향상된다. 따라서 연료소비율이 낮아진다.

④ 최고속도제한과 노크제어기능 등을 추가할 수 있다.

(3) 공전속도제어

공전속도가 기준값 이하로 낮아지면 점화시기를 진각시켜, 원하는 규정속도로 기관의 회전속도를 상승시킨다.

(4) 회전속도 제한

허용 최고회전속도를 초과하면, 파워트랜지스터가 트리거링되지 않게 된다. 즉, 더 이상 점화불꽃이 생성되지 않게 된다.

(5) 기계적 진동 감지식 노크제어(knock control : Klopfregelung)

노크제어 시스템은 공기/연료 혼합기의 노크연소를 감지하고, 점화시기를 지각시켜 노크를 방지한다. 그리고 동시에 연료소비를 낮추면서도 출력을 증대시키기 위해 점화시기를 가능한 한 노크한계 점화시기에 근접되도록 진각시키는 기능을 한다.

노크한계는 각 작동점에서 노크연소가 발생할 때까지 점화시기를 진각시켜 확인할 수 있다. 노크연소가 발생하면, 연소실에서는 충격적인 압력맥동이 발생하고, 이 맥동은 실린더블록에 기계적 진동을 가하게 된다. 이 진동을 실린더블록에 설치된 노크센서가 감지한다.

혼합기의 노크연소는

- 점화시기가 너무 빠를 때
- 기관의 과열
- 부적절한 공기/연료 혼합비
- 연료의 옥탄가가 너무 낮을 때
- 지나치게 높은 압축비
- 기관의 과부하 등에 의해 발생할 수 있다.

① 노크센서

노크센서는 일종의 압전소자로서 구조는 그림 5-29와 같으며 사용온도범위는 약 130℃ 정도이다. 노크센서는 실린더 내의 노크를 잘 감지할 수 있는 위치 즉, 실린더와 실린더 사이의 외벽에 설치된다. 4기통기관에서 1개만 설치할 때는 실린더 2와 3 사이에, 2개를 설치할 경우에는 실린더 1과 2, 3과 4 사이에 각각 설치한다(그림5-29b 참조).

노크센서의 압전 세라믹은 진동에 의해 활성화되는 접지를 통해 충격적인 압력이 작용한다. 이를 통해 압전 결정격자는 전압을 발생시키고, 이 전압은 평가 일렉트로닉에 전송된다. 이 전압이 일정 수준을 초과하면 노크연소로 평가된다.

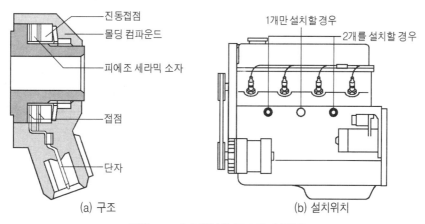

(a) 구조　　　　　　　(b) 설치위치

그림 5-29 노크센서의 구조 및 설치위치

② **노크제어**

노크센서는 그림 5-30에서와 같이 실린더 내에서의 압력변동(a)을 파형(c)와 같은 전압 신호로 변환시킨다. 이 파형(c)에서 노크연소를 발생시키지 않는 진동을 억제, 여과시켜 파형(b)의 형태로 평가 일렉트로닉에 전달한다.

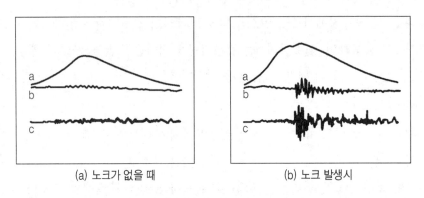

(a) 노크가 없을 때   (b) 노크 발생시

그림 5-30 노크센서의 발생파형 및 여과파형

기관의 노크한계는 고정된 값이 아니고 기관의 상태에 따라 수시로 변화하므로, 평가일 렉트로닉은 이러한 변수들을 종합적으로 고려하여 노크연소의 발생 여부를 평가한다. 노 크연소가 지속되면, 제어회로는 점화시기를 일정 수준(예 : 크랭크각으로 약 2°~3°)지각시 킨다. 그래도 여전히 노크가 발생하면 다시 2°~3°를 더 지각시킨다. 이 과정은 노크가 더 이상 발생하지 않을 때까지 계속, 반복된다.

노크연소가 더 이상 발생되지 않으면 점화시기를 단계적으로 조금씩 진각시켜, 자신의 고유 점화시기 특성도로 되돌아간다. 다시 노크연소가 발생할 경우에는 점화시기를 다시 단계적으로 지각시킨다.

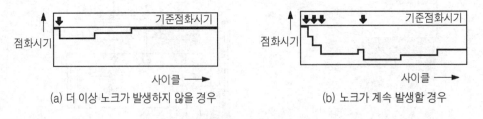

(a) 더 이상 노크가 발생하지 않을 경우   (b) 노크가 계속 발생할 경우

그림 5-31 노크제어기간의 제어거동

① 시스템 구성

이온전류제어유닛이 엔진 ECU와 점화플러그 사이에 설치되어 있으며, 이온전류제어 유닛에는 스파크플러그를 위한 점화최종단계가 내장되어 있다. 따라서 엔진 ECU와 스파크플러그 사이에 직접적인 결선은 없다. 그리고 스파크플러그는 이온전류를 측정하는 센서로서의 기능도 수행한다.

② 이온전류의 측정

엔진 ECU가 점화플러그를 트리거링시키면, 점화플러그는 불꽃을 발생시킨다. 이 불꽃에 의해 혼합기는 점화, 연소된다. 이때 발생된 열에너지에 의해 양(+) 또는

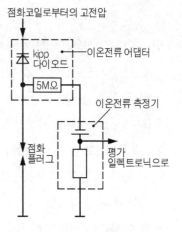

그림5-32b 이온전류의 측정

음(−)으로 대전된 분자(=이온)가 생성된다. 생성된 이온의 수는 연소온도(=연소품질)에 따라 증가한다. 연소가 잘되면 잘 될수록 더욱더 많은 이온이 생성된다.

점화 직후, 이온전류 제어유닛으로부터 점화플러그에 일정한 직류전압(예 : 80V～16V)이 인가된다.→ 점화플러그의 센서 기능.

혼합기에 자유 이온(free ion)이 존재할 경우, 전류(=이온전류)가 흐르게 된다(예 : 0～20mA). 이온전류제어유닛은 이 이온전류를 측정, 증폭시켜 엔진 ECU에 전송한다(예 : 증폭계수 1～5). 이온전류의 측정은 회전속도범위 전체에 걸쳐 이루어지며, 따라서 엔진 ECU는 각 실린더마다의 모든 개별 연소를 분석할 수도 있다.

③ 엔진 ECU의 평가 및 제어

엔진 ECU는 이온전류 제어유닛이 보내온 이온전류를 평가한다. 엔진 ECU는 노크연소에 의한 큰 이온전류뿐만 아니라, 점화 실화와 연소실화에 의한 아주 약한 이온전류도 감지한다. 편차가 감지되면 엔진 ECU는 노크 또는 실화를 판별하여 이에 대응하게 된다. → 이온전류에 의한 노크제어

예를 들면 엔진 ECU는 점화플러그에 인가할 전압을 평가하며, 선택한 측정전압을 이온전류제어 유닛에 전송한다. 그리고 실화가 감지되면 고장 메모리에 수록된다.

제5장 점화장치

제5절 완전전자점화장치 - 무배전기 점화장치
(Distributorless Ignition System : vollelektronische Zündanlage)

완전 전자점화장치에서는 기계식 고전압 분배기가 없다. 고전압이 점화코일에서 곧바로 스파크플러그로 전달된다는 점이 앞에서 설명한 전자 점화장치와 다른 점이다.

장점은 다음과 같다.

① 연소실 이외의 부분에서는 스파크가 발생되지 않는다. ② 소음 저감

③ 고전압 케이블 절약   ④ 전파 간섭 감소

⑤ 기계식 부품(배전기와 배전기 구동기구) 폐지   ⑥ 실린더 선택적 노크제어 가능

전자적 기능의 대부분은 전자 점화장치에서와 거의 같다. 다만 기준점센서 외에도 1번 실린더의 압축 상사점을 식별하기 위해 추가로 캠축센서를 사용한다. 캠축센서로는 캠축에 의해 구동되는 홀센서가 자주 사용된다. 홀센서의 트리거휠에는 홈이 1개만 가공되어 있기 때문에 홀센서는 1번 실린더의 압축 TDC에 동기하여 1개의 구형파 펄스만 출력한다.

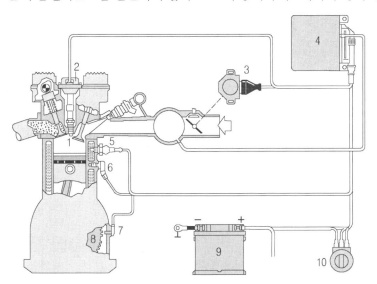

1. 스파크 플러그
2. 점화코일
3. 스로틀밸브 스위치
4. ECU
5. 기관온도센서
6. 노크센서
7. 기관 회전속도센서
8. 링기어(증분 휠)
9. 축전지
10. 점화, 시동스위치

그림 5-33 전 전자점화장치(무배전기 점화장치)

완전 전자점화장치는 대부분이 종합제어 시스템의 부속시스템으로서 가솔린 분사장치와 함께 하나의 컴퓨터에 의해서 제어되는 형식이 대부분이며, 싱글-스파크(single-spark) 점화코일과 듀얼-스파크(dual-spark) 점화코일을 사용한다. 그리고 앞에서 설명한 드웰각 제어, 1차전류제한, 점화시기제어, 노크제어 기능 외에도 실화감지기능 및 자기진단기능, 비상운전 기능, 그리고 기타 다른 장치들과의 간섭기능 등이 추가된다.

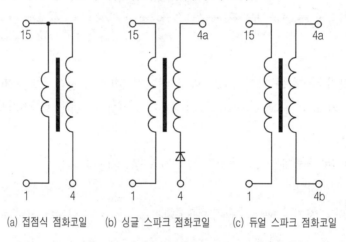

(a) 접점식 점화코일   (b) 싱글 스파크 점화코일   (c) 듀얼 스파크 점화코일

그림 5-34 점화코일의 종류 및 표시기호

1. 싱글-스파크(single-spark : Einzelfunken) 점화코일

홀수 기통기관에서는 이 형식이 필수적이며, 짝수 기통기관에도 사용할 수 있다. 각 실린더마다 1차코일과 2차코일이 함께 집적된 고유의 점화코일이 배정되며, 이 점화코일은 직접 점화플러그에 설치된다.

점화불꽃의 발생은 배전기 논리회로를 갖춘 출력모듈에 의해 1차전압 측에서 이루어진다. 출력모듈은 크랭크축센서가 제공하는 신호와 1번 실린더의 압축 TDC센서(캠축센서)가 제공하는 신호에 근거하여 1차코일을 점화순서에 따라 ON/OFF시킨다.

완전 전자점화장치에 이 형식의 점화코일을 사용할 경우, 실린더 선택식 노크제어를 적용할 수 있다는 장점이 있다. 1번 실린더 압축 TDC센서(캠축센서)가 어느 실린더가 압축상사점인지를 알고 있으므로 노크가 발생하는 실린더도 식별이 가능하다. 그리고 실린더별로 점화시기를 제어할 수 있는 제어회로와 출력최종단계를 갖추고 있으므로 노크가 발생하는 실린더만을 선택적으로 점화시기를 지각시킬 수 있다.

(1) 싱글-스파크 점화코일의 구조

금속 케이스 내에 절연유 또는 아스팔트로 채워진 기존의 원통 케이스형 점화코일은 에폭시-수지(epoxy-resin)를 사용하는 코일로 대체되었다. 이는 기하학적 형상, 형식, 그리고 중심전극의 수를 선택하는데 있어서 자유도가 클 뿐만 아니라 크기가 작고, 내진동성이 우수하고 가볍다는 점이 특징이다.

발열의 근원인 1차코일은 열전도도를 개선하고 재료(구리선)를 절약할 목적으로 케이스형 점화코일에서와는 반대로 철심(core)에 가깝게 설치하고, 철심을 대기에 노출시켰다.

2차코일은 흔히 디스크 코일 또는 샌드위치 코일의 형태로 제작하며, 이때 코일은 일련의 세그멘트(segment) 속에

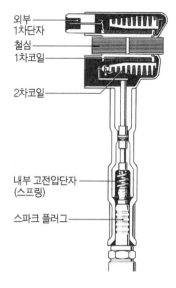

그림 5-35 싱글-스파크 점화코일

분산되어 있으며, 세그멘트는 1차코일의 바깥쪽에 위치해 있다. 절연부하는 각 세그멘트의 절연재료에 균일하게 분산되며, 고전압에 대한 절연능력이 우수하기 때문에 크기를 작게 설계할 수 있다. 따라서 코일층 사이에 삽입되는 절연지 또는 절연필름을 절약할 수 있게 되었다. 그리고 코일의 고유 정전용량(self capacitance)도 감소되었다.

사용한 합성재료는 고전압이 흐르는 모든 부품과, 모든 모세관 공간에 침투하는 에폭시-수지 간의 접착을 좋게 한다. 철심은 때로는 합성수지 몰딩 속에 매입된다.

점화코일에는 단자1(1차전류 ON/OFF 스위치), 단자15(전원) 그리고 단자4a(스파크플러그와 연결), 단자4b(실화감시용, 저항 R_M 을 통해 접지됨)가 있다.

(2) 고전압의 발생

점화불꽃은 배전논리회로를 갖춘 파워모듈(power module)에 의해 1차측에서 트리거링된다. 파워모듈은 크랭크축센서(TDC센서)와 캠축센서(1번 실린더 압축 TDC센서) 신호에 근거하여, 점화시기에 따라 정확한 시점에 1차코일을 차례로 ON/OFF시킨다.

전기적인 설계구조상 점화코일은 자장을 아주 빠르게 형성한다. 이는 자장이 형성되는 초기 즉, 1차전류를 스위치 ON할 때 이미 제어되지 않은 1~2kV의 (+)고전압펄스를 발생시킬 수 있다. 이 (+) 고전압 펄스는 스파크플러그에 원하지 않는 조기점화를 유발할 수 있기 때문에, 점화코일의 2차회로에 고전압 다이오드를 설치하여 이를 차단한다.

자장이 형성될 때, 접지전극으로부터 중심전극(단자 4a)으로 불꽃이 건너 튀게 된다. 그러나 다이오드가 이 방향으로 불꽃이 건너 튀는 것을 방지하게 된다. 자장이 소멸될 때에는 중심전극(단자 4a)으로부터 접지전극으로 강한 불꽃이 건너 튀게 된다. 다이오드가 전류 I_2의 통전방향으로 결선되어 있기 때문이다.

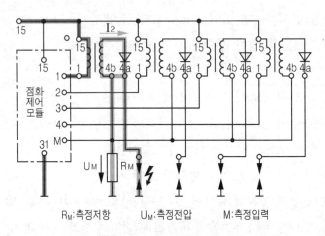

R_M:측정저항 U_M:측정전압   M:측정입력

그림 5-36 싱글-스파크 점화코일 시스템

2. 듀얼-스파크(dual-spark : Zweifunken) 점화코일

듀얼 스파크 점화코일은 짝수 기통기관에만 사용된다. 1사이클에 각 스파크플러그에서 불꽃이 2회 발생하므로, 싱글-스파크 점화코일에 비해 스파크플러그의 열부하가 증대되며, 전극의 마모도 빠르게 된다.

(1) 단순 듀얼-스파크 점화코일

단순 듀얼-스파크 점화코일에는 1, 2차코일이 각각 1개씩 있다. 2차코일은 전기화학적으로 (galvanically) 1차코일과 절연되어 있으며, 출력단자가 2개(4a, 4b)이다. 2개의 고전압단자에는 각각 별개의 점화플러그가 배정되어 있다. 그러므로 4기통기관에는 2개, 6기통기관에는 3개의 듀얼-스파크 점화코일이 필요하다.

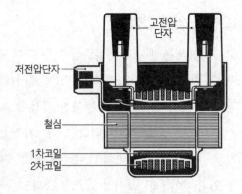

고전압단자
저전압단자
철심
1차코일
2차코일

그림 5-37 듀얼-스파크 점화코일의 구조

　　1차전류는 ECU가 제어하며, 점화시기는 싱글-스파크 점화코일에서와 같은 방법으로 제어한다. 1차전류를 스위치 OFF하였을 때, 2개의 스파크플러그에서 동시에 불꽃이 발생되게 되는데, 이때 1개의 불꽃은 압축행정 말기에 해당하는 실린더의 점화플러그에서, 다른 1개의 불꽃은 배기행정을 말기에 해당하는 실린더의 점화플러그에서 발생한다(예 : 4기통기관에서 1-4, 2-3 실린더에서 동시에). 이때 압축행정 말기에 해당하는 실린더에서의 전압(주 스파크 전압)은 배기행정 말기에 해당하는 실린더에서의 전압(보조 스파크 전압)에 비해 현저하게 높다. 이유는 압축행정말기에는 배기행정말기에 비해 스파크플러그의 두 전극 사이에 절연성 가스분자가 훨씬 많이 존재하기 때문이다. 따라서 압축행정 말기의 실린더에서 점화불꽃을 발생시키기 위해서는 높은 전압을 필요로하게 된다.

　　또 2차코일에 설정된 전류방향 때문에 점화불꽃은 1개의 점화플러그에서는 중심전극에서 접지전극으로, 다른 1개의 점화플러그에서는 반대로 접지전극에서 중심전극으로 건너 뛰게 된다. 오실로스코프 화면에서 예를 들면 1번 실린더의 주 불꽃이 (−)극성이면, 4번 실린더의 보조 불꽃은 (+)극성이 된다.

　　점화코일의 형식에 따라, 이 형식의 점화장치에서는 1차전류를 스위치 ON할 때 발생하는 유도전류에 의한 불꽃을 방지할 목적으로 별도의 대책을 강구할 필요가 있을 수 있다.

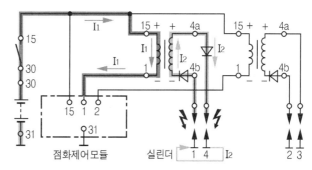

그림 5-38a　듀얼-스파크 점화코일 시스템의 회로

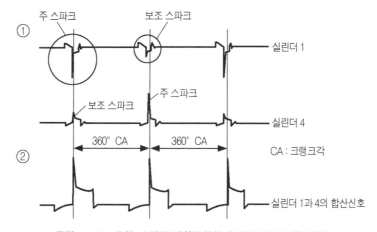

그림 5-38b　듀얼-스파크 점화코일의 오실로스코프(2차 전압)

(2) 더블-이그니션(double ignition)

이 점화장치에서는 각 실린더마다 2개의 점화플러그가 사용된다. 듀얼-스파크 점화코일을 사용할 경우에는 1개의 점화코일에 연결된 2개의 점화플러그는 각기 점화시기가 크랭크각으로 360° 옵셋 된 실린더에 설치된다. 예를 들어 점화순서가 1-3-4-2일 경우, 점화코일 1과 점화코일4는 각각 처음에는 실린더 1에서 주 스파크를, 실린더4에서 보조 스파크를 발생시키고, 크랭크각으로 360°회전한 다음에는 실린더 1에서 보조 스파크를, 실린더4에서 주 스파크를 발생시키게 된다. 이 시스템의 경우, 부하와 회전속도에 따라 2개의 점화코일의 점화시기를 크랭크각으로 약 3~15°시차를 두고 제어할 수 있다.

1개의 실린더에 2개의 점화플러그를 사용하는 더블-이그니션은 완전하면서도 빠른 연소를 목표로 하며, 따라서 배기가스의 질을 개선할 수 있다.

(3) 4-스파크 점화코일(4-spark ignition coil)

4기통기관용으로 개발되었으며 듀얼-스파크 점화코일 대신에 사용된다. 4-스파크 점화코일에는 1차코일이 2개이며, 이들은 각각 별도의 최종단계에 의해 제어된다. 반대로 2차코일은 1개이며, 2차코일의 양단에는 각각 2개씩의 출력단자를 가지고 있으며, 각 출력 단자에는 다이오드가 반대로 되어 있다. 이들 출력단자가 4개의 점화플러그에 연결된다.

즉, 2개의 듀얼-스파크 점화코일이 1개의 하우징 안에 집적된 형식으로 생각할 수 있다. 그러나 각 코일은 서로 독립적으로 작동하며, 설치와 연결이 간단하다는 장점이 있다. 그리고 점화코일에 점화최종출력단계를 집적시키면 1차선의 길이를 짧게 할 수 있기 때문에 전압강하를 줄일 수 있다. 이 외에도 출력최종단계의 손실에 의한 ECU의 가열을 방지할 수 있다.

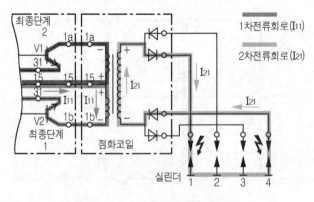

그림 5-39 4-스파크 점화코일 시스템

3. 다중 점화(Multiple ignition : Mehrfachzündung)

다중 점화란 1개의 점화플러그가 압축행정 말기에 여러 번 연속적으로 스파크를 발생시키는 것을 말한다. 이 점화기능은 특히 시동 시와 저속 시에 이용된다. 이를 통해 예를 들면 냉시동 시와 같이 점화가 아주 어려운 혼합기를 확실하게 점화시키고, 가능한 한 퇴적물이 생성되지 않도록 한다. 다중 점화기능에서는 연속적으로 7회까지 불꽃을 생성할 수 있다.

이유는 다음과 같다.

① 저속(예 : 1200min⁻¹)에서는 자장을 여러번 형성하는데 충분한 시간을 확보할 수 있다.

② 사용된 점화코일의 인덕턴스가 작기 때문에 자장의 급격한 형성이 가능하다.

③ 1차코일이 아주 큰 1차전류를 허용한다.

④ 1회의 스파크지속기간은 0.1ms~0.2ms 범위이다.

⑤ 점화불꽃은 ATDC 20°까지 발생시킬 수 있다.

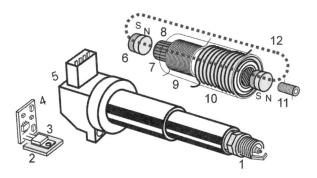

1. 스파크 플러그
2. 히트 싱크
3. IGBT
4. IC 보드
5. 커넥터
6. 영구자석
7. 철심
8. 라미네이티드 철심(Laminated iron)
9. 2차코일 31kV
10. 1차코일 15A
11. 간섭방지
12. 자기장

그림5-40a 연필형 스마트 점화코일의 구조

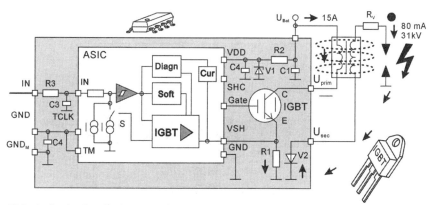

ASIC : Application Specific Integrated Circuit
IGBT : Insulated Gate Bipolar Transistor
SMD : Surface Mounted Device

V2 : Protection against switch on spark
R1 : Limited the primary current with max.15A
Soft : Soft-shut-down in case of failure

그림5-40b 연필형 스마트 점화코일의 회로도

실제로 1회의 동력행정에 몇 번 불꽃을 발생시켜야 할지는, 특히 축전지전압에 달려있다. 축전지 전압이 높으면 높을수록 자장의 형성이 촉진되고 따라서 1회의 동력행정에 여러 번 불꽃을 발생시킬 수 있다. → 다중점화기능은 주로 저속영역에서 활용한다.

4. 실화(misfire : Zündaussetzen) 감지

실화감지기능은 OBD에 강제된 기능이다. 시스템은 어느 실린더의 실화율이 일정범위를 초과하면, 해당 실린더의 분사밸브의 연료분사를 중단시킨다. 미연소된 연료가 촉매기에 유입되어 촉매기를 파손시키는 것을 방지함은 물론이고, 배출가스의 악화를 피하기 위해서 이다.

(1) 2차전류의 강도를 측정하여 실화감지

이 시스템의 경우, 2차전류회로에 약 240Ω의 측정저항이 연결되어있다. ECU가 저항에서 강하하는 전압을 결정한다. 흐르는 1차전류가 너무 작으면, 규정된 한계전압에 도달하지 않게 된다. 그렇게 되면, 촉매기의 손상을 방지하기 위해 해당 분사밸브를 스위치 OFF 시킨다.

(2) 회전속도의 맥동을 측정하여 실화 감지

크랭크축은 동력행정이 시작될 때마다, 형성된 연소압력에 의해 가속된다. 이를 통해 순간 최고속도는 상승한다. 따라서 이때 엔진회전속도센서는 증폭도가 큰 고주파수 신호를 형성한다. 점화되지 않은 실린더는 크랭크축의 순간속도를 감소시키므로, 회전속도신호의 순간 주파수와 증폭도도 감소하게 된다. 이 값이 평가된다. 실화에 의해 가속되지 않은 실린더는 분사가 중단된다.

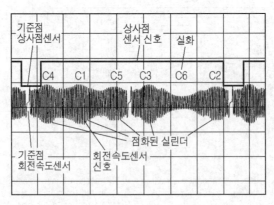

그림 5-41 실화 시 회전속도신호

제6절 점화플러그
(Spark Plugs : Zündkerzen)

1. 점화플러그의 필요 조건

점화플러그는 중심전극과 접지전극 사이에서 발생하는 전기불꽃(spark)을 이용하여 혼합기를 점화킨다. 점화전압(약 8~30kV)에 도달한 후에는 약 2ms 동안 중심전극과 접지전극 사이에 불꽃이 지속되게 한다. 점화플러그는 냉시동을 보장하고, 가속시에 실화가 발생되지 않도록 하여야 하며, 최대출력상태 하에서 장시간 작동되어도 성능에 이상이 없어야 한다. 또 이와 같은 요구조건은 수명이 다할 때까지 보장되어야 한다. 필요조건은 다음과 같다.

(1) 전기적 필요조건

전자점화장치와 연동될 때, 점화플러그에는 약 30kV 이상의 고전압이 작용한다. 순간적으로는 최대 42kV, 300A 까지의 전기부하를 받는다. 연소과정에서 발생하는 퇴적물 예를 들면, 매연, 카본 잔유물, 연료와 윤활유 첨가제 등으로부터 생성되는 회분(ash) 등은 특정 온도 하에서는 전기적으로 도체가 된다. 그러나 그러한 상태가 된다고 하더라도 고전압이 절연체를 통과, 누설되어서는 안된다. 따라서 점화플러그 절연체의 전기저항은 약 1,000℃ 정도 까지, 그리고 전체 서비스 수명 기간 동안 충분히 유지되어야 한다.

(2) 기계적 필요조건

SI기관의 실린더 내의 압력은 약 0.9~150bar 까지의 사이에서 변화를 반복한다. 점화플러그는 이와 같은 압력변동 하에서도 기밀을 유지할 수 있어야 한다. 그리고 추가로 기계적 강도가 커야 한다. 특히 세라믹 부분은 체결 시와 작동 중에 큰 응력을 받는다. 그리고 기계적 진동도 작용한다. 4행정기관의 최고회전속도를 $6000 \sim 8000 \mathrm{min}^{-1}$로 계산하면 점화플러그 전극에서는 불꽃이 분당 3000~4000회(초당 50~66회) 발생한다. 이와 같은 스파크율에서도 전극의 마모는 최소화되어야 한다.

(3) 화학적 필요조건

점화플러그에서 연소실에 노출된 부분은 적열되며, 동시에 고온 화학반응에 노출되어 있다. 온도가 노점온도(dew point) 이하로 강하하면 연료에 포함된 부식성 물질이 플러그에 퇴적되어 플러그의 특성을 변화시킬 수 있다. 따라서 내식성이 커야 한다.

(4) 열적 필요조건

작동 중 점화플러그는 고온의 연소가스(약 2500℃)로부터 열을 흡수하였다가, 이 열을 다음 사이클에서 흡입되는 차가운 혼합기(약 100℃)에 곧 바로 방출하여야 한다. 또 전극부분은 최고 약 2,500℃의 연소가스에, 외부의 고압단자는 대기온도에 노출되므로, 절연체는 열충격(thermal shock)에 대한 저항성이 커야 한다.

또 점화플러그는 연소실에서 흡수한 열을 효율적으로 실린더헤드에 전달하여야 한다. 가능한 한 점화플러그의 단자부분은 온도상승이 적어야 하며, 또 전극부분은 항상 자기청정온도(400~850℃)를 유지해야 한다. → 직경이 가는 점화플러그

2. 점화플러그의 구조 (그림5-42)

(1) 터미널 스터드(terminal stud : Anschlußbolzen)

일명 단자 전극봉은 도전체인 특수 유리 씰(seal)에 의해 중심전극과 결합되어 있으며, 외부의 고급 세라믹 절연체와는 기밀을 유지할 수 있는 구조로 되어 있다. 그리고 단자 쪽은 케이블을 설치할 수 있는 구조로 되어 있다.

터미널 스터드와 중심전극 사이의 특수유리는 고온 연소가스에 대항하여 기밀을 유지하는 씰(seal) 기능을 하며, 동시에 구성요소들을 기계적으로 지지하는 역할을 한다. 또 전파간섭을 억제하고 소손을 방지하는 저항요소로서의 기능도 수행한다.

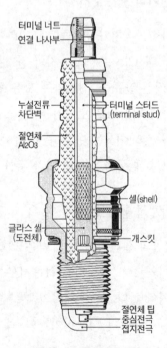

그림 5-42 점화플러그의 구조

(2) 절연체(insulator : Isolator)

내열성, 전열성, 그리고 기계적 강도가 큰 특수 세라믹(Al_2O_3)으로서 중심전극과 단자전극봉을 셀(shell)로부터 절연하는 역할을 한다. 절연체의 표면을 매끄럽게 가공한 것은 습기와 먼지가 부착되지 않도록 하여 전류의 누설을 방지하기 위해서 이다. 그리고 표면에 가공된 여러 개의 댐은 누설전류의 이동경로를 길게 하여 누설전류가 발생되지 않도록 하기 위한 것이다.

(3) 셀(shell : Zündkerzengehäuse)

재질은 탄소강이며 절연체를 보호하는 역할을 한다. 상부는 렌치를 끼울 수 있도록 6각으로, 하부는 설치용 나사부(M4 또는 SAE 표준 나사)로 되어 있다. 기관의 설계방식에 따라 실린더헤드와 점화플러그 사이의 씰링 시트(sealing seat)는 와셔를 필요로 하는 평면형과 와셔를 필요로 하지 않는 원추형으로 구분된다.

(4) 전극(electrode : Elektrode)

1개의 중심전극 그리고 1개 또는 다수의 접지전극으로 구성되어 있으며, 특히 화학적인 부식과 불꽃방전에 의한 마멸, 그리고 방열성이 중요한 요소이다.

① 중심전극

중심전극의 재질로는 열전도성이 우수한 닉켈-망간-합금, 철-크롬-합금, 은합금 등을 사용함으로서, 플러그의 열가를 변경시키지 않고도 절연체 팁(tip)을 실질적으로 연장하는 것이 가능하다. 이렇게 함으로서 스파크플러그의 작동영역이 보다 낮은 열부하 영역으로 확대되며, 플러그의 오손 가능성 및 실화 또한 감소하게 된다.

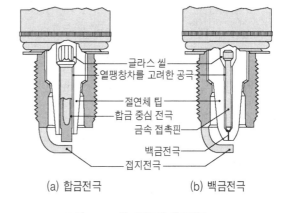

(a) 합금전극   (b) 백금전극

그림 5-43 합금전극과 백금전극

중심전극은 대부분 원통형으로 절연체 팁(tip)으로부터 노출되어 있으나 형식(예 : 백금전극)에 따라서는 절연체 팁(tip)에 거의 매입된 것도 있다.

② 접지전극

접지전극은 금속 셸(shell)에 부착되어 있다. 접지전극의 수는 점화플러그의 구조에 따라 1개 또는 다수이다. 중심전극과 접지전극의 상대위치에 따라 스파크 위치 및 간극이 결정된다. 점화플러그의 간극은 보통 0.7~1.1mm가 대부분이나 정확한 간극은 기관마다 각각 다르며, 간극이 커지면 필요 점화전압은 상승한다.

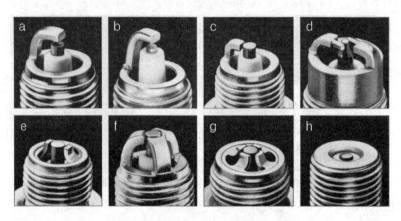

그림 5-44 스파크플러그 전극의 형상(예)

3. 스파크 위치와 스파크 경로

(1) 스파크 위치(spark position : Funkenlage)

연소실에서 스파크 경로의 배치를 말한다. 전기불꽃은 연료/공기 혼합기의 유체역학적 거동이 가장 효과적인 곳에서 건너 튀어야 한다. 오늘날의 기관 특히 GDI기관에서는 스파크 위치가 연소에 큰 영향을 미친다. 스파크 플러그가 연소실 안으로 많이 돌출된 경우에는 인화특성이 현저하게 개선되는 것으로 알려져 있다. 스파크 위치와 관련하여 연소특성을 규명하기 위해서는 기관의 정숙도 내지는 작동부조화, 회전맥동 등을 직접 측정하거나, 지시평균유효압력을 평가하면 된다.

(a) 정상 스파크 위치   (b) 돌출된 스파크 위치   (c) 매입된 스파크 위치

그림 5-45 스파크 위치

(2) 스파크 경로(spark path : Funkenstrecke)에 대한 개념

중심전극으로부터 접지전극으로 불꽃(spark)이 건너 뛰는 경로는 전극 상호간의 배열에 의해 결정된다.

① **공극 방전**(air gap spark : Luftfunken)(**그림** 5-46a)

중심전극과 접지전극은 불꽃이 중심전극으로부터 공기 또는 혼합기를 거쳐 곧바로 접지 전극으로 건너 뛰도록 배치되어 있다. 이 경우에 중심전극을 둘러 싸고 있는 절연체 선단에 카본이 퇴적될 수 있다. 여기에 퇴적된 카본은 전기적으로 누설회로(shunt circuit)를 형성할 수 있다. 따라서 심할 경우에는 실화도 발생할 수 있다.

② **표면 방전**(surface discharge spark : Gleitfunken)

중심전극으로부터의 불꽃은 절연체 선단의 표면과 공극을 차례로 거쳐 접지전극에 도달하도록, 중심전극과 접지전극을 배열하였다. 표면을 거쳐 방전하는 데는 똑같은 크기의 공극을 거쳐 방전하는 것에 비해 방전필요전압이 낮기 때문에, 점화전압이 동일할 경우 표면 방전의 경우가 공극방전의 경우보다 더 넓은 전극간극을 건너뛸 수 있게 된다.

큰 화염핵이 발생되어 인화특성이 현저하게 개선된다. 동시에 이 스파크플러그의 컨셉은 냉시동반복성이 크게 개선된다. 표면방전에 의해 절연체 선단의 카본퇴적이 방지되며, 퇴적된 카본이 제거되는 효과를 이용할 수 있다.

③ **공극/표면 방전**(air-gap/surface discharge spark : Luft-gleitfunken)

접지전극이 절연체 선단 그리고 중심전극과 특정한 간극을 가지도록 설계되어 있다. 이를 통해 2가지 선택적인 간극을 가지므로서 2가지 형태의 불꽃을 발생시킬 수 있으며, 불꽃발생에 필요한 전압에 차이가 있다.

기관의 작동조건에 따라 불꽃은 공극을 통해 또는 절연체 선단으로의 표면방전을 통해 건너뛰게 된다.

(a) 공극방전   (b) 표면방전   (c) 공극/표면방전

그림 5-46 스파크 경로

4. 점화플러그의 열가(heat range : Wärmewert)

> 점화플러그의 열가는 열부하 저항성에 대한 지표로서 대부분 숫자로 표시된다. 일반적으로 절연체 선단의 길이가 열가를 결정하는 중요한 요소이다.

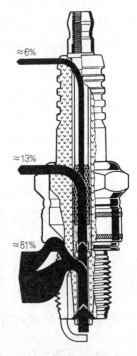

자동차기관은 부하, 압축비, 배기량, 내부냉각효과, 혼합비, 그리고 연료소비율 등에 따라 구별된다. 그러므로 모든 기관에 똑같은 형식의 스파크플러그를 사용할 수 없다. 따라서 각 기관의 서로 다른 운전조건에 적합한 스파크 플러그를 사용하여야 한다. 중요한 요소로는 전극간극, 연소실 내에서의 설치위치, 열가 등이다.

(1) 점화플러그의 열 방출 경로

연소가스로부터 점화플러그에 전달된 열은 그림 5-47과 같이 실린더헤드, 셸(shell), 그리고 절연체를 통하여 다시 발산된다. 점화플러그의 나사부를 통해 실린더헤드로 약 81%, 노출된 금속부분(shell)을 통해 대기로 약 13%, 노출된 절연체로부터 대기로 약 6%가 방출됨을 보이고 있다. 열전도가 잘되어 전극부의 온도가 너무 낮아도, 반대로 열전도가 느려 전극부의 온도가 너무 높아도 문제가 된다.

그림 5-47 점화플러그의 열방출 경로

(2) 자기청정온도(self cleaning temperature : Selbstreinigungstemperatur)

전극부의 온도가 400℃ 이하가 되면 연소실에 노출된 절연체에 카본 등이 퇴적되어 그림 5-48과 같이 분류(shunt path)를 형성하여 전압강하를 유발시키며, 심하면 실화의 원인이 된다. 그리고 850℃ 이상이 되면 조기점화 현상을 유발시키게 된다. 따라서 전극부분 자체의 온도에 의해 퇴적물을 태워 연소실에 노출된 절연체와 전극을 깨끗하게 하면서도 조기점화 등을 일으키지 않는 온도범위(400~850℃)를 자기청정온도라 한다.

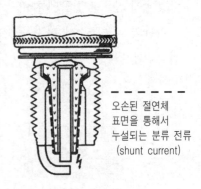

오손된 절연체 표면을 통해서 누설되는 분류 전류 (shunt current)

그림 5-48 오손된 절연체에 의한 전압강하

(3) 열가(heat range : Wärmewert)(그림 5-49 참조)

점화플러그의 열부하 용량의 척도로서 기관의 특성과 일치되어야 한다. 열가는 전극부의 온도가 운전 중 450℃ 이상의 자기청정온도에 빨리 도달하고, 내구성 측면에서 전부하 운전 시에도 850~900℃를 초과하지 않도록 선택되어야 한다. 그리고 스파크플러그와 기관의 손상을 방지하기 위해 충분한 열가 여유를 유지해야 한다.

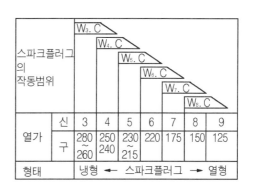

그림 5-49 **점화플러그의 열가**(BOSCH)

최근의 기관에서는 스파크플러그에서의 온도는 더 이상 가장 중요한 평가기준이 아니다. 이제는 이온(ion)전류의 크기에 의해 결정되는 점화확률계수(ignition probability factor)가 중요한 평가요소로 고려되고 있다. 이온전류 측정법은 점화시점(firing point)을 기준으로 하여, 연소과정에서 조기점화(pre-ignition)와 후점화(post-ignition) 사이에서 최적 열가를 결정한다.

적절한 열가는 조기점화 경향성이 뚜렷하게 나타나는 그러한 정밀하게 조정된 조건하에서 기관을 운전하면서 기준점화시점(firing point)과 조기점화 간의 시차에 근거하여 결정한다. 불완전 연소는 특히 기관이 정상작동온도에 도달하기 전에, 외기온도가 낮은 조건 하에서 그리고 재시동 후에 자주 발생한다. 이러한 조건 하에서는 중심전극과 절연체 팁(tip)에서의 온도가 좀처럼 150℃ 이상 상승하지 않는다. 이러한 상태가 지속됨에 따라 미연-HC와 윤활유 잔유물은 스파크플러그의 차가운 부분에 퇴적물을 형성하게 된다.

실화의 위험으로부터 벗어나기 위해서는 스파크플러그가 최소한 400℃ 이상으로 가열되어야 한다. 이 온도에 도달하면 절연체 선단에 퇴적된 탄화물이 연소, 제거된다. 스파크플러그의 작동범위는 이 온도를 하한 기준으로 하여 결정된다.

점화플러그의 열가는 숫자(예 : 2~10)로 표시한다. 열가 번호가 높으면 열형 플러그, 낮으면 냉형 플러그 그리고 중간 열가에 해당하면 중형 플러그(medium plug)라 한다.

① **열형 플러그**(hot plug : Heiße Kerze) (**그림 5-50의** ①)

열형 플러그 즉, 고열가(예 : 7~10) 플러그란 연소실에 노출된 절연체의 길이가 길어 열을 흡수하는 표면적이 넓은 반면에 방출경로가 길어 열방출이 느린 플러그를 말한다.

② **냉형 플러그**(cold plug : Kalte Kerze)(**그림** 5-50의 ③)

냉형 플러그 즉, 저열가(예 : 2~4) 플러그란 연소실에 노출된 절연체의 길이가 짧아 열을 흡수하는 면적이 좁은 반면에 방출경로는 짧아 열방출이 빠른 플러그를 말한다.

(4) 점화플러그의 열가와 온도특성

그림 5-50은 동일 기관에 열가가 서로 다른 점화플러그를 장착, 전부하 운전하여 점화플러그의 온도변화를 측정한 것이다. 여기서 고열가 플러그는 저열가 플러그에 비해 기관의 저출력범위에서도 쉽게 자기청정온도범위를 초과하는 것을, 반면에 저열가 플러그는 저출력범위에서는 자기청정온도에 도달되지 않는 것을 알 수 있다. 즉, 오손에 대한 저항력은 열형이, 조기점화에 대한 저항력은 냉형이 각각 크다.

일반적으로 고출력, 고속기관에서는 냉형 플러그를, 저출력, 저속기관에서는 열형을 주로 사용하게 된다. 점화플러그를 장기간 사용 후 빼내어 절연체와 전극상태를 보면, 열가가 정확히 선택되었는지를 판별할 수 있다. 열가가 기관의 특성과 일치할 경우에는 절연체는 회백색에서 약간 불그스레한 갈색까지, 전극은 엷은 갈색을 띄게 된다.

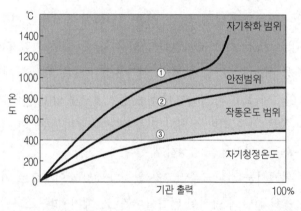

① 고열가(열형) 플러그
절연체 팁의 길이가 길어 열을 많이 흡수하고, 방출을 적게 한다.
② 중열가(중형) 플러그
열형 플러그에 비해 절연체 팁의 길이가 짧다. 절연체 팁의 길이가 짧을수록 열의 흡수는 적게, 방출은 많이 한다.
③ 저열가 플러그
절연체 팁이 짧으므로 열의 흡수는 적고 방출은 쉽게 이루어진다.

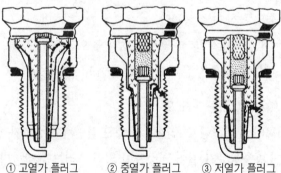

① 고열가 플러그　　② 중열가 플러그　　③ 저열가 플러그　　**그림 5-50 점화플러그의 열가와 온도특성**

① 정상상태

절연체 팁은 회백색 또는 회황색에서 갈색까지로 나타난다. 기관이 정상이며 플러그의 열가도 적합하다. 혼합비, 점화시기 등도 정확하며, 실화가 없고 냉시동장치 기능 정상. 연료에 혼합된 납, 윤활유에 포함된 합금성분 등에 의한 퇴적물이 없다.

② 카본에 의한 오염

검게 보인다. 절연체 팁. 전극, 플러그셀(shell) 등이 아주 검게 보인다.
원인 : 혼합비 조성 부정확(기화기, 분사밸브). 농후혼합기, 공기여과기 막힘(또는 오염), 자동초크 작동불량, 주로 단거리 주행, 스파크플러그의 열가가 너무 낮다.

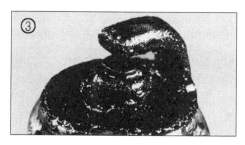

③ 윤활유에 젖어 있다.

절연체 팁. 전극, 플러그 셀 등이 그을음이나 카본이 덮인 상태에서 반짝인다.
원인 : 연소실에 과다한 윤활유 유입. 유면이 너무 높다. 피스톤링, 실린더, 밸브 등의 과대 마모, 2행정 기관에서는 연료에 윤활유를 너무 많이 혼합할 경우이다.

④ 회분(ash) 퇴적

연료와 윤활유의 첨가제에 의해 절연체 팁, 전극 등에 회분이 과다 퇴적된다.
원인 : 특히 윤활유에 첨가된 합금성분이 연소실과 스파크플러그에 회분을 퇴적시킬 수 있다.

⑤ 전극이 부분적으로 용융

원인 : 자기착화에 의한 과열, 예를 들면 점화시기가 지나치게 진각되거나 연소실에 연소 잔유물 퇴적, 밸브의 결함, 점화장치 결함, 연료의 질 불량 등에 원인이 있을 수 있다.

⑥ 접지전극이 과대 마모

전극간극이 지나치게 넓으면 전극의 마모를 촉진시킨다.
원인 : 연료와 윤활유 첨가제나 연소실의 와류가 부정적인 영향을 미친다. 퇴적물, 노킹 등에 원인이 있을 수 있다. 과열에 의한 것이 아니다.

그림 5-50b 스파크플러그의 전극상태

제5장 점화장치

제7절 점화 오실로스코프
(Ignition Oscilloscope : Zündungsoczilloskop)

오실로스코프를 이용하면 점화장치를 전체적으로, 그리고 순간적으로 시험할 수 있다. 그리고 1, 2차 전류회로의 기본파형으로부터 작동원리를, 기본파형과 실제파형의 편차로부터 부품의 고장이나 기능을 파악할 수 있다.

오실로스코프 화면에 점화 1/2차 파형을 나타내는 방법에는 다음 4가지가 있다.
　① 화면 전체에 1개의 실린더의 파형만 → 기본 파형
　② 각 실린더의 파형을 연속적으로 → 직렬 파형
　③ 각 실린더의 파형을 위에서부터 아래로 → 병렬 파형
　④ 각 실린더의 파형을 겹쳐서 → 중복 파형

1. 접점식 코일점화장치의 오실로스코프 기본파형

점화파형을 평가하고 판정하기 위해서는 먼저 고장이 없는 완벽한 점화장치로부터 채취한 기본파형을 알고 있어야 한다.

오실로스코프 파형은 크게 세 부분, 스파크 지속기간(spark duration) ①, 스파크는 없으나 접점이 열려 있는 기간 즉, 감쇠기간 ②, 그리고 접점이 닫혀 있는 기간 즉, 드웰기간(dwell period) ③으로 나눈다.

단속기는 점 ④에서 열려 ⑤(=①+②)기간 동안 열려 있게 된다. 점 ⑥은 2차코일에 유도된 점화전압으로 스파크플러그의 전극에서 불꽃이 건너는 순간의 전압이 된다. 이때 순간적으로 급격한 전압상승을 점화전압 피크(firing voltage peak) ⑦이라 한다.

불꽃이 건너가면 스파크를 지속적으로 유지하는 데 필요한 전압은 스파크전압 ⑧ 수준으로 낮아진다.

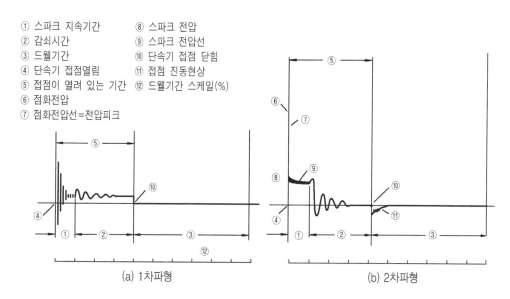

① 스파크 지속기간　　⑧ 스파크 전압
② 감쇠시간　　　　　　⑨ 스파크 전압선
③ 드웰기간　　　　　　⑩ 단속기 접점 닫힘
④ 단속기 접점열림　　⑪ 접점 진동현상
⑤ 접점이 열려 있는 기간　⑫ 드웰기간 스케일(%)
⑥ 점화전압
⑦ 점화전압선=전압피크

(a) 1차파형

(b) 2차파형

그림5-51 **접점식 코일점화장치의 1, 2차 기본 파형**

스파크전압선 ⑨의 길이는 스파크지속기간 ①의 척도가 된다. 스파크가 사라진 후에도 접점은 계속 열려 있으며, 이 기간 ②에는 축전기가 잔류에너지를 흡수하여 접점에서의 아크 발생을 방지한다. 이 기간이 종료되는 점 ⑩에서 단속기접점은 닫힌다.

접점이 닫힌 후, 1차코일에 형성된 자장에 의해 2차코일에 전압이 유도되고, 이 유도전압은 진동으로 겹쳐 나타난다⑪. 자장이 완전히 형성되면 유도전압은 곧바로 0(zero)이 된다. 접점이 닫혀 있는 기간을 드웰기간 ③이라 하며, 이를 각도로 표시하면 드웰각이 된다.

2. 트랜지스터 점화장치의 오실로스코프 파형

(1) 기본 파형

트랜지스터 점화장치의 2차파형은 접점식 코일점화장치의 2차파형과 큰 차이가 없다. 그럼에도 불구하고 점화콘덴서가 생략되었기 때문에 감쇠기간의 진동이 급격히 약화되고 진동수도 크게 감소한다(그림 5-52, -53 참조).

1차파형은 현저하게 다르게 나타난다. 트랜지스터가 차단되는(not conducting) 순간 (그림 5-52의 점 1)에 1차코일에는 제너 다이오드(Zener diode)에 의해서 제한되는 유도전압이 발생한다. 따라서 이때 1차코일에 유도되는 전압을 제너 전압(2)이라고도 한다. 스파크지속기간이 끝나고 트랜지스터가 다시 도통될 때까지의 기간 즉, 감쇠기간의 진동(3)이 접점식 코일점화장치에 비해 아주 적고 낮게 나타난다.

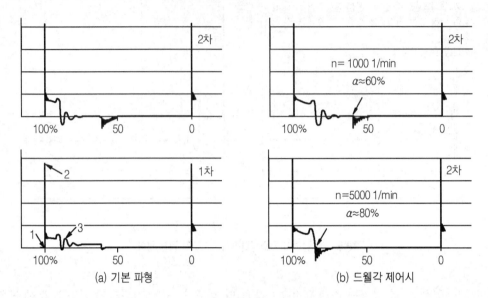

그림 5-52 트랜지스터 점화장치의 1, 2차 기본파형

(2) 드웰각 제어와 전류제한

드웰각을 제어할 경우, 회전속도가 상승함에 따라 드웰각은 1차, 2차 파형에서 현저하게 커진다. 1차전류회로가 닫히는 시점이 점점 스파크라인 쪽으로 이동하게 되며, 따라서 1차코일에서 자장이 형성되는 기간이 길어지게 된다.

드웰각제어에 근거하여 1차코일의 규정전류에 도달하고 점화가 아직 시작되지 않았을 경우에는 1차전류제한시스템이 1차전류가 더 이상 상승되는 것을 방지한다. 점화코일은 드웰각제어를 통해서, 그리고 1차전류제한을 통해서 열적 과부하로부터 보호된다.

3. 완전 전자점화장치의 점화파형

(1) 싱글-스파크 점화코일의 기본파형

기본적으로 접점식 점화장치의 기본파형과 같다. 그러나 시스템에 따라 그리고 제작사에 따라서는 제시된 2차 기본파형과는 큰 차이가 있을 수 있다.

(2) 듀얼-스파크 점화코일의 기본파형

점화 시에 극성이 서로 다른 2개의 스파크 즉, 주-스파크와 보조-스파크가 발생한다. 이들의 합, 예를 들면 (+)극성의 주-스파크와 (−)극성의 보조-스파크를 합한 파형이 나타난다. 이를 이용하여 점화과정을 평가한다.

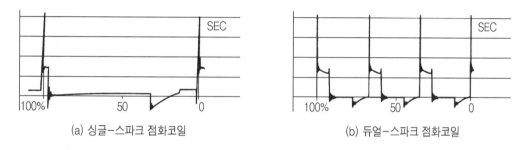

(a) 싱글−스파크 점화코일   (b) 듀얼−스파크 점화코일

그림 5-53 완전전자 점화장치의 오실로스코프

4. 오실로스코프 파형의 평가

1차파형으로도 고장을 진단할 수 있으나 본서에서는 2차파형에 대해서만 설명하기로 한다.

점화전압은 가능하면 모든 실린더에서 똑같아야 한다. 그 편차가 4kV 이상이면 반드시 그 원인을 조사하여야 한다. 그 원인으로는 전극간극이나 압축압력의 차이, 각 실린더간의 혼합비가 다르거나 충전률이 다를 때, 점화시기가 틀릴 때, 그리고 점화케이블의 절손 등을 생각할 수 있다.

그림 5-54의 파형들을 순서대로 평가하기로 한다.

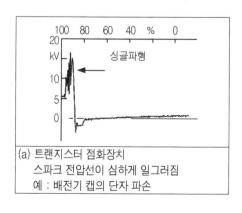

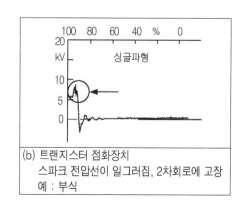

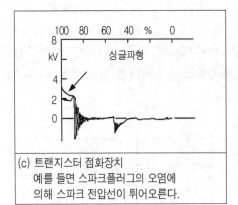

(c) 트랜지스터 점화장치
    예를 들면 스파크플러그의 오염에
    의해 스파크 전압선이 튀어오른다.

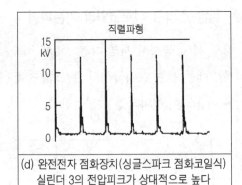

(d) 완전전자 점화장치(싱글스파크 점화코일식)
    실린더 3의 전압피크가 상대적으로 높다
    예 : 스파크플러그 전극간극이 너무 크다.

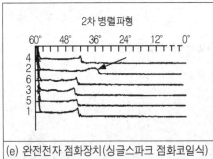

(e) 완전전자 점화장치(싱글스파크 점화코일식)
    점화전압선이 길어짐
    예 : 점화플러그의 전극에서의 고장에 의해

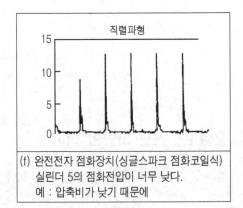

(f) 완전전자 점화장치(싱글스파크 점화코일식)
    실린더 5의 점화전압이 너무 낮다.
    예 : 압축비가 낮기 때문에

그림 5-54 점화파형과 고장진단

냉각장치

(Engine Cooling Systems : Motorkühlsysteme)

제1절 냉각의 목적

(Purpose of Engine Cooling : Zweck für Motorkühlung)

> 내연기관의 냉각장치는 단시간 내에 기관을 정상작동온도에 도달하게 한 다음, 모든 운전
> 조건에서 그리고 모든 속도범위에서 항상 균일한 정상작동온도를 유지할 수 있어야 한다.

혼합기가 연소될 때 연소가스의 온도는 최대 약 2500℃ 정도이다. 이 열의 일부는 기관의 각 부품들(피스톤, 실린더, 실린더헤드, 배기가스 과급기 등)과 윤활유에 전달된다. 동시에 기관과 동력전달장치에서 운동부품들의 마찰에 의해서 기계적 에너지의 일부가 다시 열에너지로 변환되어 운동부품들과 윤활유에 열부하를 가하게 된다. 이들 부품들과 윤활유로부터 초과된 열부하를 제거하지 않으면, 기관이 과열되어 유막이 파손되고 윤활유는 고유의 윤활성을 상실하게 되고, 마침내 기관은 파손되게 된다.

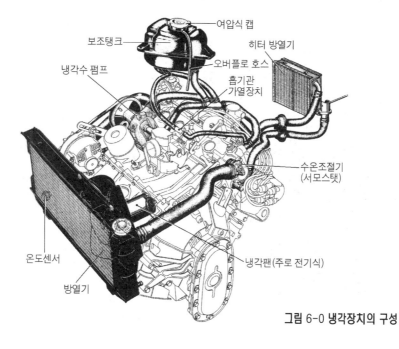

그림 6-0 **냉각장치의 구성**

그러나 기관은 윤활유 고유의 특성이 유지되는 최고 한계온도 부근에서 최고의 성능을 발휘한다. 그리고 실린더헤드나 실린더 벽으로부터 지나치게 많은 열을 제거하면 기관의 열효율이 낮아지게 된다. 동시에 기관의 작동 최대온도는 무엇보다도 기관의 재료와 윤활유의 내열성에 따라 좌우된다. 이와 같은 여러 조건들을 감안하여 전자제어 냉각시스템에서는 냉각수온도를 최고 약 120℃ 정도까지 허용한다. 이를 통해 윤활유의 성능을 최대로 활용하여 마찰을 감소시키고 고온에서의 혼합기형성을 촉진시켜 연료소비율을 낮추기 위해서 이다.

냉각장치는 전부하운전 시 혼합기의 연소에 의해 발생되는 열에너지의 약 ⅓(20~30%) 정도를 제거하도록 설계된다.

기관이 차가울 때는 효율이 낮아지고 기관 각 부의 마멸도 증대된다. 그러므로 기관을 난기운전(warm-up)시키는 동안은 정상적인 냉각작용을 제한하여, 기관을 급속히 정상 작동온도에 도달하게 하여 효율이 낮은 난기운전기간을 단축시킨다. 기관이 정상작동온도에 도달한 후에는 냉각장치가 정상적으로 기능하도록 한다.

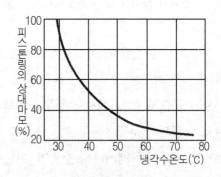

그림 6-1은 기관이 정상 작동온도에 도달할 때까지 피스톤링의 상대 마멸률이 정상 작동온도일 때의 마멸률보다 훨씬 크다는 것을 보여주고 있다.

그림 6-1 냉각수 온도와 피스톤링의 상대마멸 관계

1. 캠축의 마멸이 증대된다.
2. 스파크 플러그에 카본이 퇴적되거나 연료에 의해 젖게 된다.
3. 배전기에 습기가 응축된다.
4. 기관에서 공기여과기로 유입되는 블로바이 가스의 증대.
5. 차가우면 냉시동성과 난기운전성이 불량해진다.
6. 시동모터와 클러치가 큰 부하를 받는다.
7. 공전운전부조, 가속불량, 기화기 빙결 등을 유발-기화기-
8. 피스톤과 실린더의 마멸 증대
9. 연료와 응축수에 의해 오일 희석
10. 각 기어와 벨트에 부하가 크게 걸린다.
11. 흡기밸브에 퇴적물 생성.

그림 6-2 냉시동과 난기운전이 기관에 미치는 영향

냉각장치의 냉각효과는 냉각매질의 종류(예 : 물, 공기, 특수액체)와 유동속도, 방열기의 방열 표면적의 크기와 재료의 전열특성, 냉각매질과 피냉각체 간의 온도차에 의해 좌우된다.

냉각장치의 필요조건은 다음과 같다.
① 냉각성능이 우수해야 한다.
② 무게가 가벼워야 한다.
③ 열응력을 최소화하기 위하여 기관 각 부분의 냉각이 균일해야 한다.
④ 열전도성이 우수해야 한다. 녹이나 물때에 의해 열전도성이 약화되지 않아야 한다.
⑤ 시스템의 작동에 소비되는 에너지가 적어야 한다.

기관의 냉각이 효과적으로 이루어지면
① 실린더 충전률이 개선된다.
② SI-기관의 경우, 노크경향성이 감소한다.
③ 고압축비가 가능하다.
④ 경제혼합비에서 높은 출력을 얻을 수 있다.
⑤ 작동온도를 기관의 부하상태와 관계없이 항상 균일하게 유지할 수 있다.

냉각방식에는 공랭식(air cooling)과 수냉식(water cooling)이 있다. 그러나 기관은 이와 같은 별도의 냉각장치에 의해서만 냉각되는 것은 아니다.

연료가 기관 내에서 액체에서 기체로 변환될 때, 흡기다기관, 실린더헤드, 피스톤, 실린더 등으로부터 기화열을 흡수한다. 이와 같이 연료가 기관내부에서 기화열을 흡수하여 기관을 냉각시키는 효과를 "내부냉각효과(internal cooling : Innenkühlung)"라 한다.

내부냉각효과가 좋으면 기관의 열부하는 감소되고, 충전률이 개선되며, 고압축비가 가능하게 된다. 기화열을 많이 필요로 하는 연료일수록 즉, 가솔린보다는 알코올의 내부냉각효과가 더 우수하다.

제6장 냉각장치

제2절 공랭식
(Air Cooling : Luftkühlung)

공랭식에서는 기관 각부의 과잉열을 기관의 표면으로부터 직접 주위공기로 방출한다. 실린더블록과 실린더헤드는 열전도성이 우수한 경합금으로 주조한다. 공기로의 열전달 성능은 실린더헤드나 실린더블록의 표면에 냉각 핀(cooling fin)을 설치, 유효전열 면적을 확대시켜 개선한다. 또 열복사 효율을 개선시킬 목적으로 냉각 핀을 흑색으로 도색하기도 한다.

1. 공랭식의 종류

(1) 주행풍에 의한 냉각(그림 6-3a)

2륜 자동차의 냉각방식으로서, 기관이 직접 주행풍에 노출된다. 또 냉각성능을 극대화시키기 위해 실린더, 실린더헤드 그리고 헤드커버에도 냉각 핀을 설치한다. 그러나 이 방식은 주행속도와 대기온도에 따라 냉각성능의 변화가 크기 때문에 4륜 자동차에는 적용되지 않는다.

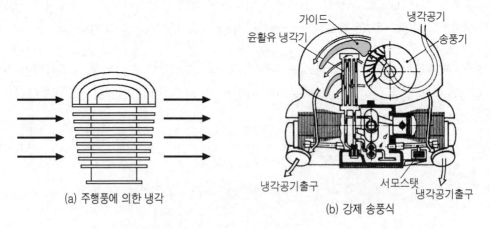

(a) 주행풍에 의한 냉각

(b) 강제 송풍식

그림 6-3 공랭식 기관의 냉각방식

(2) 강제 송풍식(그림 6-3b)

공기를 강제로 흡입하여 실린더 외부의 냉각핀 주위를 통과하도록 한다. 송풍기 팬(fan)은 크랭크축에 직접 설치하거나 벨트, 또는 유압으로 구동시킨다. 기관의 온도와 부하에 따라 송풍기에 유입되는 공기량을 조절하는 방식이 주로 이용된다. 소요출력은 기관출력의 약 3 ~4% 정도가 보통이다.

2. 공랭식의 장/단점

수냉식과 비교한 공랭식의 장/단점은 다음과 같다.

(1) 공랭식의 장점

① 간단하고 값싼 구조이다.
② 단위 출력당 질량(kg/kW)이 가볍다.
③ 빙결방지제가 들어있는 냉각수가 필요없다.
④ 냉각수 냉각기(액체방열기)가 필요없다.
⑤ 누설부위가 없다(냉각수에 의한).
⑥ 물펌프가 필요없다.
⑦ 운전 안전성이 높다(③, ④, ⑤, ⑥, ⑧, ⑩ 때문에).
⑧ 정비의 필요성이 낮다.
⑨ 정상작동온도에 도달하는 시간이 짧다.
⑩ 냉각매질의 비등점에 의해 기관의 작동온도가 제한되지 않는다.

(2) 공랭식의 단점

① 냉각이 불균일하므로 기관 각 부분의 작동온도의 편차가 크다.
② 피스톤간극이 커야하고 따라서 피스톤 소음이 크다.
③ 송풍기 구동동력이 비교적 많이 소비된다(기관출력의 약 3~4%).
④ 송풍기가 설치되고 또 기관의 냉각수 자켓(jacket)이 생략되므로 소음이 크다.
⑤ 공기의 비열이 낮기 때문에 냉각핀으로부터 공기로의 열전달능력이 불량하다.
⑥ 실내 난방이 크게 지연되고, 불균일하다.
⑦ 제어가 곤란하다.

제6장 냉각장치

제3절 수냉식
(Water Cooling : Wasserkühlung)

실린더와 실린더헤드에는 워터자켓(water jacket)이 설치되고, 그 내부에 냉각수가 채워져 냉각수 순환회로를 구성한다.

자연대류방식과 강제대류방식이 있으나 자동차기관에는 밀폐형 강제대류방식이 사용된다. 수냉식에서는 냉각수를 통해서 열방출이 이루어진다. 냉각수는 기관을 순환하면서 흡수한 열을 방열기를 통과하면서 대기로 방출한다.

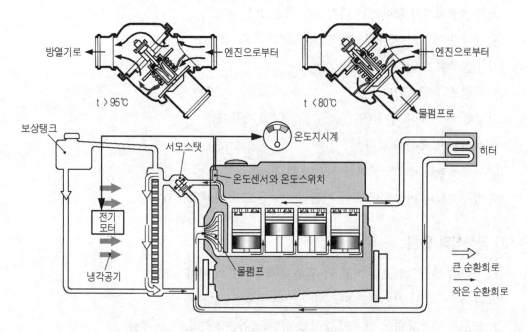

그림 6-4 수냉식기관의 강제냉각방식

1. 수냉식의 장/단점

공랭식과 비교한 수냉식의 장/단점은 다음과 같다.

(1) 수냉식의 장점

① 냉각작용이 균일하다.

② 물펌프와 냉각 팬(fan) 구동에 소비되는 동력이 비교적 작다.

③ 실린더 주위에 물재킷이 설치되고 그 내부에 냉각수가 들어있기 때문에 연소소음을 크게 감쇠시킨다.

④ 차 실내의 난방이 용이하다.

(2) 수냉식의 단점

① 기관의 무게가 비교적 무겁다.

② 장소를 많이 차지한다.

③ 고장 가능성이 많다. – 동파, 누설, 수온조절기(정온기) 고장 등

④ 기관이 과열될 위험이 많다. – 냉각수 누설, 방열기의 막힘, 녹(scal) 발생 등에 의한

⑤ 정상작동온도까지 도달하는 데 비교적 긴 시간이 소요된다.

2. 설계 주요 요소 및 냉각수 순환회로

(1) 설계 주요 요소

밀폐된 냉각수 순환회로에 주입된 냉각수의 양은 기관 배기량의 약 4~6배 정도이며, 1분에 약 10 ~ 15회 정도 순환한다. 기관출력에 따라 다르지만 물펌프의 토출성능은 승용차에서는 4000 ~ 18000 L/h, 화물자동차에서는 8000 ~ 32000 L/h 정도이다. 이를 통해 방열기는 기관의 냉각수 입구와 출구 간의 온도차가 약 5 ~ 7℃ 정도로 유지되도록 냉각수를 냉각시킨다. 기관에서 냉각수 입/출구 간의 온도차가 작으면 작을수록 기관이 받는 열응력은 감소한다.

냉각수의 허용 최고온도는 자동차회사, 자동차 종류 그리고 작동상태에 따라 차이가 크다. 승용자동차에서는 약 100~120℃, 화물자동차에서는 약 90~95℃가 대부분이다. 허용최고

온도는 1960년대의 80℃에 비하면 크게 높아졌고, 이는 냉각시스템을 통해 방출되는 열이 그만큼 감소되었음을 의미한다. → 제동열효율의 상승

냉각시스템의 허용 최대압력은 승용자동차에서는 약 1.3~2bar 정도, 화물자동차에서는 약 0.5~1.1bar 정도가 대부분이다.

냉각수회로의 압력을 높이게 되면, 냉각수의 비등온도가 상승한다. 이를 통해 이용도가 더 효율적인 온도강하를 목표로 할 수 있다. 더 나아가 연료소비율과 배기가스 유해물질을 감소시키게 된다. SI-기관에서 냉각시스템의 정상작동온도를 높이는 문제는 기관의 노크 경향성 때문에도 제한된다.

(2) 냉각수 순환회로(그림 6-5a, -5b 참조)

① 기관이 냉각된 상태일 경우

수온조절기(thermostat)는 아직 닫혀 있다. 따라서 냉각수는 방열기를 통과하지 못하고 기관 내부에서만 순환한다. 이 상태에서 차실내 히터(heater)를 작동시키면, 차실내 온도조절 기구의 위치(또는 지시값)에 따라 냉각수 중 일부는 히터의 열교환기를 거쳐서 다시 물펌프로 가는 작은 순환회로를 구성한다.

② 기관이 정상작동온도에 도달하였을 경우

물펌프에 의해 기관내부로 압송된 냉각수는 기관으로부터 열을 흡수한 다음, 수온조절기를 거쳐 방열기로 방출된다. 방열기를 통과하면서 냉각된 냉각수는 다시 물펌프로 유입되는 큰 순환회로를 구성한다(그림 6-5b).

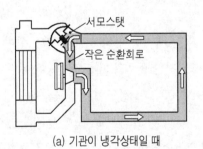
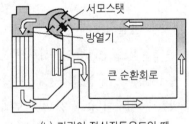

(a) 기관이 냉각상태일 때   (b) 기관이 정상작동온도일 때

그림 6-5 냉각수 순환회로

3. 수냉식 냉각장치의 주요 구성부품

수냉식 냉각장치의 주요 구성부품은 물펌프, 냉각팬, 방열기, 방열기 캡 등이다.

(1) 물펌프(water pump : Wasserpumpe)

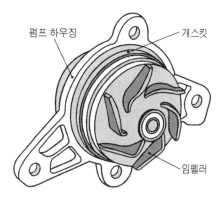

그림 6-6 **물펌프**

물펌프로는 래디얼 펌프(radial pump)나 볼류트 펌프(volute pump)와 같은 원심식 펌프(centrifugal pump : Kreiselpumpe)가 주로 사용된다.

물펌프 축이 회전하면 축에 고정된 임펠러(impeller)가 회전하면서 냉각수를 순환시킨다. 냉각된 냉각수는 방열기로부터 또는 수온조절기로부터 항상 임펠러 휠 중앙부에 유입되어 원심력에 의해 바깥쪽으로 압출되어 실린더블록 또는 실린더헤드로 가게 된다.

구동방식은 벨트식이 대부분이지만 전기모터 또는 직접 크랭크축에 의해서도 구동된다.

연료소비를 저감시키기 위한 목적으로 펌프 구동모터를 냉각수온도에 의존하는 특성곡선에 따라 전자적으로 제어하거나, 또는 비스코 커플링(visco-coupling)을 이용한 펌프구동기구를 냉각수온도에 따라 제어하여 물펌프의 토출성능을 방출하여야 할 열에너지 양에 대응하여 가변, 제어하기도 한다.

(2) 냉각팬(cooling fan : Ventilator)

냉각팬은 주행풍이 충분하지 않을 경우 예를 들면, 차량이 서행 중이거나 정차 시에 방열기와 기관실(engine room)을 냉각시키기에 충분한 양의 공기를 공급해야 한다. 그러나 필요한 공기량은 운전상태에 따라 큰 차이가 있다. 오늘날은 대부분의 차량에 전기 또는 비스코-커플링을 이용하는 가변 구동식 냉각팬을 사용하고 있다.

가변 구동식 냉각팬의 장점은 다음과 같다.

- 연료소비율이 저감된다.
- 이용 가능한 축출력이 증가한다.
- 팬(fan)의 작동소음이 감소된다.

- 정상온도에 도달하는 시간을 단축할 수 있다.
- 작동온도가 항상 균일하게 유지된다.

위에 열거한 장점 외에도 전기구동식 팬은 다음과 같은 장점이 있다.

- 기관을 정지한 후에도 작동시켜, 잔류열에 의한 기관과열을 방지할 수 있다.
- 방열기의 설치위치를 기관의 위치에 관계없이 선택할 수 있다.

① 전기 구동식 냉각팬.

그림 6-8은 냉각팬을 제거하고 기온 20℃의 날씨에 140~150km/h로 주행시험한 결과이다. 방열기 입구에 90℃로 유입된 냉각수가 주행풍에 의해서 냉각되어 5℃ 낮은 85℃로 기관에 유입되고 있다. 기관에 유입된 냉각수는 기관 하부에서 먼저 87℃로 가열되고 실린더 헤드 쪽으로 올라가면서 점점 온도가 상승하여 실린더 헤드부에서는 90℃로 되어 다시 방열기로 보내진다. 그리고 이때 20℃로 방열기에 유입된 주행풍은 방열기를 통과하면서 65℃로 가열된 다음 방향을 바꾸어 차체 밑으로 흐르는 것을 보이고 있다.

이와 같이 주행조건에 따라서는 냉각팬이 필요 없을 경우도 있다. 따라서 전기식 냉각팬을 사용하면 상당한 에너지절약 효과를 얻을 수 있다(승용자동차의 경우 약 2~3kW). 차종에 따라 다르지만 전기식 냉각팬은 승용자동차의 경우 현재 일반적으로 냉각수온도가 약 110~120℃가 되면 작동되기 시작하고 약 100~110℃ 정도가 되면 정지하도록 되어있다. 최근에는 온도스위치로 팬 구동모터를 다단으로 또는 무단으로 제어하는 방식이 많이 사용되고 있다.

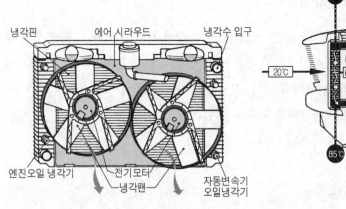

그림 6-7 전기구동식 냉각팬

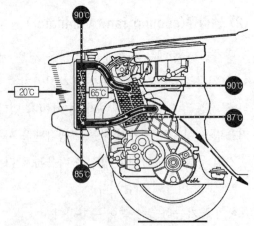

그림 6-8 주행풍에 의한 냉각효과(예 : VW Golf 37/44kW)

② 비스코-커플링(visco-coupling)식 냉각팬(그림 6-9참조)

고정식 냉각팬은 물펌프축에 고정되어 항상 물펌프축의 회전속도로 회전한다. 그러나 고정식 팬도 유체 커플링이나 서모스태틱 클러치 그리고 전자석 클러치를 이용할 경우엔 기관의 온도에 따라 냉각팬의 작동을 단/속(ON-OFF)시킬 수 있다.

비스코-커플링식은 물펌프축에 유체 커플링을 설치하고, 이 커플링 하우징에 냉각팬을 고정한다. 유체 커플링의 내부는 중간판에 의해 저장실과 작동실로 분리되어 있다. 작동실에는 물펌프축에 고정된 구동디스크가 물펌프축의 구동속도와 같은 속도로 항상 회전하고 있으며, 저장실에는 동력전달용으로 이용되는 일정 양의 점성유체(예 : 실리콘 오일)가 들어 있다. 바이메탈식 제어밸브가 작동실과 저장실 사이에 점성유체의 이동을 가능하게 한다.

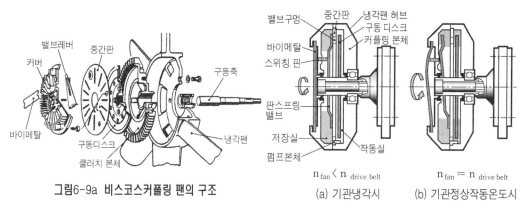

그림6-9a 비스코스커플링 팬의 구조

$n_{fan} < n_{drive\ belt}$　(a) 기관냉각시　　$n_{fan} = n_{drive\ belt}$　(b) 기관정상작동온도시

그림 6-9b 비스코-커플링 팬의 작동원리

기관이 정상작동온도에 도달하기 전에는 저장실과 작동실 사이의 중간판에 뚫려 있는 구멍은 판스프링 밸브에 의해 막혀있다. 그리고 작동실의 구동 디스크는 계속 회전하면서 원심력작용을 이용하여, 배플(baffle) 기능을 하는 펌프본체에 대항하여, 저장실의 점성유체가 작동실로 유입되는 것을 방지한다.

따라서 구동디스크가 유체커플링 본체와 연결되지 않으므로 유체커플링 하우징에 설치된 냉각팬은 프리휠링(free wheeling)한다. 바이메탈 엘레멘트(bimetel element)가 가열되면 중간판의 밸브구멍이 열리고 점성유체는 이 구멍을 통하여 저장실에서 작동실로 유입된다. 이렇게 되면 구동 디스크와 중간판, 그리고 구동디스크와 유체커플링 본체 사이는 점성유체에 의해 연결되므로, 이들 모두가 함께 회전하게 된다. 이때 구동 디스크 (2100min^{-1})와 유체커플링 본체 (2000min^{-1})사이에는 항상 100min^{-1} 정도의 속도차가 있으므로 점성유체의 순환은 보장된다.

③ 유압모터 구동식 냉각 팬

유압모터가 냉각 팬을 구동하는 방식으로서, 주로 동력조향장치의 탠덤(tandem) 유압펌프에 의해 생성된 유압을 이용한다. 1개의 펌프는 동력조향장치용 유압을 생성하고, 제 2의 펌프가 냉각 팬 구동용 유압을 생성한다. 엔진 ECU는 기관의 온도와 자동차주행속도에 따라 냉각팬 제어용 마그넷밸브가 냉각팬 구동용 유압모터로 유입되는 오일의 양을 제어하도록 한다. 따라서 냉각팬의 회전속도는 ECU에 의해 완전 가변식으로 제어된다.

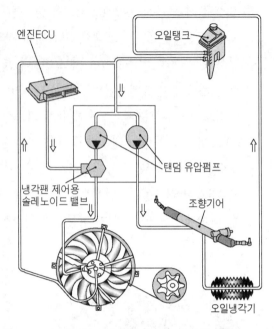

그림 6-10 유압모터를 이용한 냉각팬 시스템

(3) 방열기(radiator : Kühler)

방열기는 냉각수에 전달된 기관의 열을 일정 수준 대기 중으로 방출하는 기능을 한다. 따라서 대부분 주행풍을 최대로 활용하여 냉각시킬 수 있는 위치에 설치된다.

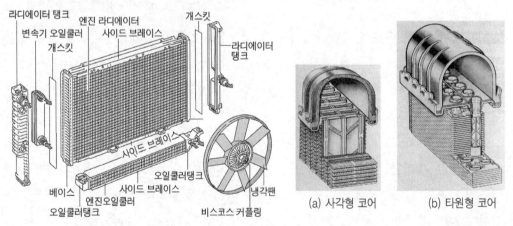

그림 6-11 방열기의 구조 및 각부 명칭　　　　그림 6-12 방열기 코어

① 방열기의 기본구조

방열기는 보통 상부 탱크(upper tank)와 하부 탱크(lower tank) 사이에 냉각수 코어 (coolant core)와 냉각핀(cooling fin)이 설치된 구조가 대부분이다.

상부 탱크에는 대부분 기관으로부터의 냉각수 유입구 그리고 냉각수를 보충할 때 사용 하는 냉각수 주입구가 있다. 그리고 과잉된 냉각수를 배출하고, 동시에 냉각시스템의 압력 이 지나치게 높거나 낮을 때 이를 보상하기 위한 오버플로(overflow) 파이프를 갖추고 있 다. 오버플로 파이프를 보상탱크와 연결하여 냉각수의 열팽창을 보상하고, 냉각시스템에 항상 적정량의 냉각수가 유지되도록 하는 방식이 대부분이다. 냉각수 주입구는 압력캡(그 림 6-14)으로 밀폐한다.

하부 탱크에는 냉각된 냉각수가 기관으로 들어가는 냉각수 출구, 그리고 드레인 코크 (drain cock)가 있다. 자동변속기 장착 차량에서는 변속기 윤활유 냉각기를 하부 탱크 내 에 설치하기도 한다. 또 방열기의 한쪽에 엔진오일 냉각기를 추가로 설치한 형식도 있다.

상/하부 탱크의 재질로는 유리섬유로 강화시킨 플라스틱이 주로 사용되지만, 구리/아연 합금 또는 알루미늄합금도 많이 사용된다. 플라스틱제 상/하 탱크와 알루미늄제 코어블록 사이에는 기밀을 유지하기 위하여 탄성이 있는 개스킷을 삽입하고, 클립으로 고정한다.

냉각수 코어 외부에는 냉각핀을 설치하여, 가능한 한 전열면적을 넓게 하여 냉각수 코어 를 통과하는 냉각수로부터 한꺼번에 많은 열을 제거하도록 한다. 알루미늄 또는 구리/아연 합금제의 원형 또는 타원형 코어 안에 와류 인서트(insert)가 삽입된 형식이 많이 사용된다.

방열기는 충격과 진동으로부터 충분히 보호되어야 한다. 따라서 기관과의 연결라인은 대 부분 고무호스를 이용하고, 진동을 흡수할 수 있는 탄성체를 사이에 두고 차체에 고정한다.

② 횡류식(cross flow) 방열기(그림 6-13)

기존의 방열기를 90° 돌려 좌/우에 수직탱 크를 설치한 형식이다. 좌/우의 수직탱크에 다수의 칸막이를 설치하여 냉각수가 방열기 를 여러 번 통과하게 하여, 냉각성능을 개선 한 형식이다. 따라서 방열기의 크기를 작게 설계할 수 있다.

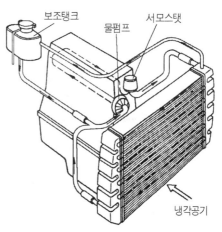

그림 6-13 **횡류식 방열기**

③ 방열기 캡(radiater cap)(그림 6-14)

여압식으로 보통 고압밸브와 저압밸브가 각각 1개씩 들어있다. 고압밸브는 생산회사의 설계에 따라 다르지만 냉각 시스템의 내부압력이 대기압보다 약 0.5~2 bar 정도 더 높아지면 열린다. 냉각시스템의 내부압력을 대기압보다 높게 유지하면 냉각수온도가 약 120℃ 정도가 되어도 비등하지 않기 때문에 냉각성능이 향상된다. 이와 같은 효과는 특히 기관의 열부하가 클 때(예 : 언덕길 등반주행 시) 잘 나타난다. 이 외에도 내부압력이 높아 고압밸브가 열리면 밀폐시스템에서는 체적팽창에 의해 과잉된 냉각수가 보상탱크로 보내진다.

냉각시스템이 냉각되면 시스템 내에 존재하는 증기는 응축, 체적이 감소하므로 시스템 압력은 대기압보다 낮아진다. 이렇게 되면 저압밸브는 시스템압력이 대기압과 같아질 때까지 자동적으로 열려 있게 된다. 따라서 시스템압력이 부압상태가 지속되어 냉각수 코어가 수축, 변형되는 것을 방지할 수 있다. 이때 밀폐시스템에서는 대기압이 오버플로(overflow) 파이프를 통해서 작용하도록 되어 있고, 오버플로 파이프는 보상탱크와 연결되어 있기 때문에 보상탱크로부터 방열기로 냉각수가 유입되면서 압력평형이 이루어진다.

여압식 캡은 냉각수온도가 정상작동온도에 가깝거나 또는 그 이상일 경우에는 함부로 열어서는 아니 된다. 캡을 열어 시스템압력이 낮아지면 냉각수가 즉시 비등할 염려가 있다. 냉각수가 비등하면 주입구로부터 냉각수가 증기와 함께 분출되게 된다. 따라서 캡을 열기 전에 반드시 기관을 냉각시키거나 기관을 작동시키면서 캡을 1단만 열어 압력이 보상되게 한 다음에 캡을 완전히 열어야 한다.

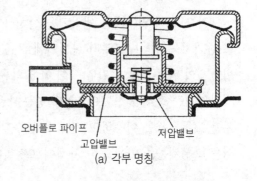

오버플로 파이프
고압밸브
저압밸브
(a) 각부 명칭

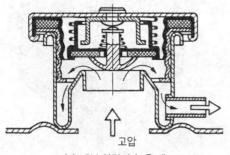

고압
(b) 내부 압력이 높을 때

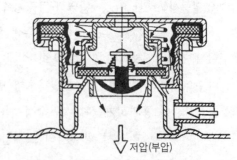

저압(부압)
(c) 내부 압력이 부압상태일 때

그림 6-14 여압식 캡의 작동원리

④ **보상탱크**

보상탱크는 하부에 방열기 오버플로우 파이프와 연결되는 포트가 있으며, 상부 주입구에는 여압식 캡이 설치되어 있다. 밀폐회로를 순환하는 여분의 냉각수(예 : 열팽창에 의한)는 보상탱크로 밀려들어 갔다가, 순환회로의 냉각수가 부족할 경우(예 : 냉각에 의한 체적 감소)에는 자동적으로 다시 순환회로로 빨려 나와 보상작용을 하게 된다. 보상탱크는 정상 운전후 기관을 정지하였을 때 냉각수 손실을 방지하고, 증발손실과 소량의 누설손실을 보상하는 이점도 있다.

(4) 고온부와 저온부로 분할된 횡류식 방열기(그림 6-15)

기존의 상/하 탱크방식이 아닌 좌/우 탱크 방식으로서 냉각수가 좌/우로 횡류한다.

좌측 탱크의 상부에는 기관으로부터의 냉각수 유입구가 있고, 상부로부터 약 $\frac{2}{3}$ 위치에는 칸막이(seperator)를 설치하여 탱크를 분할하였고, 하단에 변속기로 가는 냉각수 출구가 설치되어 있다. 그리고 우측 탱크에는 좌측의 칸막이 설치위치보다 약간 높은 위치에 기관으로 가는 냉각수 출구를 설치하여, 방열기를 2개의 온도영역으로 분할한 형식이다.

방열기의 상부는 온도차가 작은(예 : 약 7℃) 고온영역이고, 하부는 온도차가 큰 (예 : 약 13℃) 저온영역이다. 방열기의 냉각수는 고온영역의 출구에서는 직접 기관으로, 저온영역의 출구에서는 자동변속기 오일냉각기를 거쳐 기관으로 공급된다.

자동변속기오일은, 기관이 차가울 때는 방열기를 제외한 작은 순환회로를 통해 빠르게 가열되고, 기관이 정상작동온도에 도달하게 되면 방열기 저온영역의 냉각수에 의해 냉각된다.
→ 강력 냉각

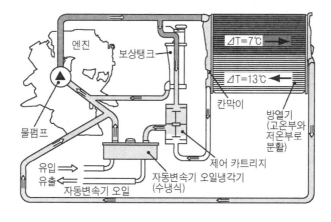

그림 6-15 **고온부와 저온부로 분할된 횡류식 방열기를 사용하는 냉각시스템**

(5) 수온조절기(thermostat : Thermostat)

수온조절기는 작은 순환회로(방열기 제외)와 큰 순환회로(방열기 포함) 사이에 설치되어 무단계로 냉각수 순환회로를 절환시켜, 정상작동온도에 빨리 도달하게 하고, 정상작동온도에 도달한 다음에는 정상작동기준온도에 대한 온도편차가 아주 작게 유지되도록 한다.

수온조절기에 의한 냉각수 온도제어는

① 연료소비율

② 배기가스의 성분 구성

③ 기관의 마멸(수명)에 큰 영향을 미친다.

수온조절기는 기관의 냉각수 출구 또는 방열기의 냉각수 입구/출구에 설치할 수 있다. 수온조절기는 왁스(wax)형과 벨로즈(bellows)형이 있으나 수냉식에서는 왁스형이 대부분이다.

① 왁스형 수온조절기(wax type thermoat)(그림 6-16)

내압(耐壓) 금속케이스에 왁스(wax)를 밀봉하고, 그 케이스 중앙에 컵 모양의 고무로 둘러 쌓인 플런저(plunger)를 설치하고, 이 플런저를 수온조절기 본체에 움직일 수 없게 고정하였다. 그러나 왁스가 밀봉된 케이스는 플런저 상에서 왕복운동이 가능하다. 이 케이스에 고정된 디스크밸브가 기관과 방열기를 연결하는 냉각수 통로를 개/폐한다.

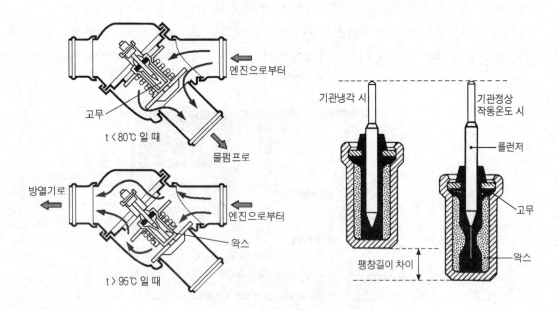

그림 6-16 왁스형 온도조절기와 그 작동원리

냉각수온도가 약 80℃ 정도로 상승하면 왁스는 녹기 시작한다. 왁스가 녹으면서 체적이 크게 증대되면 왁스케이스(wax case)는 플런저로부터 밀려나게 된다. 왁스케이스가 밀려나가면 결과적으로 디스크밸브가 열리게 된다. 냉각수온도가 약 95℃ 정도가 되면 디스크밸브는 완전히 열리게 된다. 냉각수온도가 다시 내려가면 리턴스프링이 왁스케이스를 밀어 다시 플런저 상의 원위치로 복귀시킨다. 이렇게 되면 디스크밸브는 다시 닫히고 냉각수는 방열기를 거치지 않고 바로 물펌프로 흐르게 된다.

이와 같은 방법으로 계속해서 개/폐를 반복하여 냉각수의 온도변화를 좁은 범위 내에서 유지함으로서, 기관의 온도는 일정하게 유지되게 된다. 왁스케이스 내의 왁스는 냉각시스템의 압력과는 관계없이 온도에 따라 작동되고, 밸브를 작동시키기 위한 제어력을 목표로 한다.

그림 6-16에서와 같이 수온조절기에 2개의 디스크밸브가 설치된 형식이 최근에 많이 사용되고 있다. 특히 고출력기관과 대형기관에 사용된다. 이 형식의 수온조절기가 장착된 냉각시스템은 수온조절기에서 물펌프로 직접 통하는 작은 순환회로가 구성되어 있다. 따라서 기관이 아직 정상작동온도에 도달하지 않았을 경우에는 냉각수가 실린더블록, 실린더헤드를 거쳐서 곧바로 물펌프로 흐른다. 냉각수가 방열기를 통과하지 않으므로 쉽게 정상작동온도에 도달한다. 기관이 정상작동온도에 도달하면 하부밸브가 닫히고 상부밸브가 열려 냉각수는 방열기를 통과, 냉각되게 된다.

② 전자제어 수온조절기(그림 6-18)

왁스 케이스(wax case) 내에 가열 엘리먼트가 내장된 형식이다. 기관의 운전조건에 따라 ECU가 이 가열 엘리먼트에 전류를 공급하여, 냉각수의 열 외에 전기적으로 왁스를 가열한다. 이를 통해 기관은 가장 좋은 온도조건하에서 작동되게 된다. 가장 큰 장점은 연료소비율을 낮추고 배기가스 중의 유해물질을 저감시킨다는 점이다(PP. 341 참조).

(6) 냉각수 온도계와 냉각수 온도 경고등

① 냉각수 온도계

주로 전기 저항식 온도계를 사용하여 냉각수온도를 지시한다. 기관이 위협적으로 과열 또는 과냉될 경우, 운전자가 이를 즉시 파악할 수 있어야 한다. 냉각수의 온도변화에 대응하여 자신의 저항이 변화하는 온도센서(주로 NTC-센서)를 냉각수회로 내에 설치하고, 이 저항을 계기판의 지시계를 거쳐 전원에 연결한다. 현재의 냉각수온도는 계기판의 지시계에 ℃로 또는 3-영역의 색상으로 표시된다. 예를 들면 정상작동영역은 녹색으로 표시된다.

② 냉각수 온도 경고등

경고등은 추가로 또는 온도계 대신 설치할 수 있다. 작동온도의 상한을 초과하면 냉각수 회로에 설치된 서모-스위치(thermo-switch)가 경고등(주로 적색)을 점등시킨다. 똑같은 방법으로 냉각수온도가 작동온도의 하한에 미달될 경우에도 경고등이 점등되게 할 수 있다.

4. 냉각수(coolant : Kühlmittel)와 부동액(antifreeze)

냉각수로 물만을 사용할 경우에는 몇 가지 문제점이 있다. 물은 녹(scale)을 발생시키고, 0℃에서 빙결된다. 빙결되면 체적도 약 9%정도 증가한다. 따라서 냉각수가 빙결되면 체적증가에 의해 방열기 또는 기관이 파손될 우려가 있다.

물은 100℃에서 비등한다. 시스템 내에서 냉각수가 비등하면 점성이 낮아지고 또 시스템 압력이 크게 상승하고, 실린더블록으로부터 냉각수로의 열전달 성능이 크게 저하하게 된다. 이와 같은 이유에서 빙점이 낮고 비등점이 높은, 또 방식성이 우수한 냉각수가 필요하다.

일반적으로 냉각수로는 모노-에틸린 글리콜(MEG)(약 93vol.%)에 부식방지제(5~7wt.%) 그리고 약간의 첨가제로 규산염 안정제, 기포방지제, 변성제, 윤활제(히터밸브의 윤활용), 색소 등이 첨가된 특수액체를 연수((軟水 ; soft water)와 혼합하여 사용한다. 냉각수에는 열전도를 방해하고 경우에 따라 호스나 방열기 코어를 막히게 하는 유지나 오염물질이 들어 있어서는 안된다.

① 글리콜(glycol)계 냉각수

모노-에틸렌 글리콜(mono-ethylene glycol)은 진한 액체 알코올의 일종으로서 석탄가스로부터 제조하며, 모노-프로필렌 글리콜(mono-propylene glycol)은 점성유체로서 분해석유로부터 제조한다. 주요특성은 표 6-1과 같으며, 물과 적정비율로 혼합하여, 냉각수로 사용한다.

100% 에틸렌글리콜의 빙점은 −11.5℃, 비점은 198℃이다. 증류수에 에틸렌글리콜을 54% 혼합하면 대기압(101.4kPa) 상태하에서 빙점은 −46℃, 비등점은 약 110℃ 정도가 된다.

에틸렌글리콜을 67% 이상 혼합하면 빙점은 다시 높아진다. 따라서 에틸렌글리콜이 주성분인 부동액을 사용할 경우엔 추천혼합비율(보통 40~50%)을 반드시 준수해야 한다. 에틸렌글리콜은 물보다 비등점은 높고, 빙점은 낮기 때문에 여름철에는 비등방지효과를, 겨울철에는 결빙방지효과를 함께 얻을 수 있다.

표 6-1 냉각수용 글리콜의 주요 특성

명　칭	모노-에틸렌 글리콜 (MEG)	모노-프로필렌 글리콜 (PEG)	다이-에틸린 글리콜 (DEG)
분자식	$C_2H_6O_2$	$C_3H_8O_2$	$C_4H_{10}O_3$
분자구조	H₂C—CH₂ |　　| OH　OH	H₂C—CH—CH₂ 　　|　　| 　　OH　OH	H₂C—O—CH₂ |　　　　| H₂C　　CH₂ |　　　　| OH　　OH
밀도(20℃)[kg/m³]	1113	1036	1118
빙점[℃]	−11.5	−60	−10.5
비등점[℃]	198	189	245
비열(20℃)[kJ/(kg·K)]	2407	2460	2307

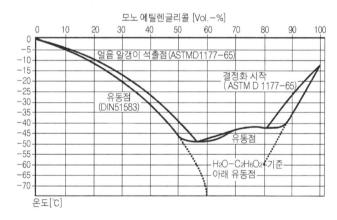

그림 6-17a MEG와 물이 혼합된 냉각수의 빙점

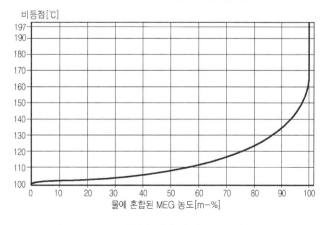

그림 6-17b MEG와 물이 혼합된 냉각수의 비등점 특성

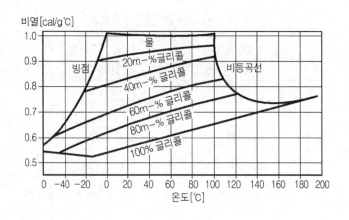

그림 6-17c **MEG와 물의 혼합비율에 따른 비열의 변화**

PEG는 MEG에 비해 독성이 낮으나 많이 사용하지 않는 실정이며, DEG는 빙점강하 측면에서 효과가 적으며, 가격도 비싸다. DEG는 물에 약 20vol.% 정도로 혼합하여 사용한다. 에틸렌 글리콜 혼합비율의 적정 여부는 비중계나 굴절계(refractometer)로 밀도를 측정하여 혼합비율을 판독하고, 혼합비율을 근거로 빙점을 확인, 판정한다.

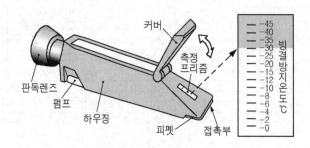

그림 6-17d **부동액 측정기**(refractometer)

② 냉각수 관리

시스템으로부터 배출시킨 냉각수는 폐기물 처리규정에 따라 폐기하여야 한다. 그리고 에틸렌글리콜은 알루미늄을 부식시키는 성질이 강하므로 알루미늄 부품이 사용된 경우에는 알루미늄 부식방지제가 첨가된 제품여부를 확인해야 한다. 냉각수는 2년에 한 번은 반드시 교환하는 것이 좋다.

③ 냉각수온도 문제

물의 비등점과 비교할 경우, 엔진부품의 평균작동온도는 상대적으로 아주 높다. 예를 들면 피스톤 온도는 약 260℃, 배기밸브는 약 650℃ 그리고 실린더 라이너의 냉각수측 온도는 약 120℃ 정도이다. 이 온도 범위는 물을 비등시키기에 충분한 온도이다. 이 들 영역에서 냉각수의 유동속도는 결정적인 요소이다.

이유는 열전달을 방해하고 열점의 원인이 되는 국소비등을 방지하기에 충분할 만큼 냉각수의 유동속도가 빨라야 하기 때문이다. 따라서 엔진설계 시에 이 점을 고려하여 냉각수가 실린더 라이너 주위에서 그리고 실린더헤드의 연소실 주위에서 고속으로, 지속적으로 유동하도록 설계한다.

어떠한 작동상황에서도 충분한 양의 냉각수의 지속적인 순환이 보장되어야 한다. 냉각수의 순환유동이 정지되면 아주 짧은 시간일지라도 엔진이 곧바로 위험에 직면하게 된다. 전부하운전 시 냉각수 유동이 정지된 후, 30초 이내에도 피스톤링은 스커핑(scuffing) 현상을 유발할 수 있으며, 피스톤은 긁히거나 융착될 수 있다. 충분한 양의 냉각수가 들어 있다고 하드라도 열전달이 최대인 지점에서 국소적으로 비등이 발생하면, 그 지점의 온도는 유막을 파괴하기에 충분할 만큼 상승하게 될 것이다. 온도가 상승하는 만큼 피스톤은 팽창하게 되고, 이어서 융착의 초기과정에 진입하는 것을 피할 수 없을 것이다.

기관을 일시적으로 과열된 상태로 운전하게 될 경우가 있을 수 있다. 그러나 과열에 의한 잔류 손상은 여러 가지 부품에 영향을 미치기 시작할 것이다. 실린더 또는 피스톤의 스커핑 자국은 윤활유의 소비를 증대시키고, 블로바이 현상을 유발하고, 장기적으로는 피스톤의 융착을 일으키게 될 것이다. 대부분의 경우, 윤활유소비의 과대와 같은 고장은 냉각시스템의 고장에 그 원인이 있다.

제4절 전자제어 냉각장치
(Electronic Control Cooling : Kennfeld Kühlung)

특성곡선을 이용하여 온도를 제어함으로서, 기관의 출력과 수명에 부정적인 영향을 미치지 않으면서도 연료소비량과 유해 배출가스를 저감시킬 수 있다. 그리고 동시에 차실 난방을 개선하고 무게를 경감시키는 효과도 있다.

1. 전자제어 냉각장치의 특징

이 시스템의 특징은 다음과 같다.

① 기관과 촉매기를 급속히 가열시켜, 연료소비율과 배기가스에 불리한 난기운전기간을 단축시킨다.

② 임계상황이 아닌 상황(예 : 부분부하운전)에는 기관의 작동온도를 약 120℃까지 상승시킨다. 이를 통해 혼합기 형성을 촉진시키고, 엔진오일의 점도를 개선함으로서 기관의 마찰을 감소시키게 된다.

③ 임계주행 상황(예 : 전부하운전)에는 기관 부품의 과열, 노크제어에 의한 점화시기 지각 그리고 충전손실을 방지하기 위하여 냉각수온도를 낮게 유지한다.

2. 전자제어 냉각장치의 구성부품

(1) 전자제어 수온조절기(electronic controlled thermostat)

수온조절기에 내장된 전기적으로 가열이 가능한 전기저항이 수온조절기 내의 팽창물질(wax)의 온도를 변화시킨다. 가열저항은 입력변수에 따라 ECU에 의해, 그리고 추가로 냉각수의 열에 의해 가열된다. 이와 같은 가열에 의해 수온조절기의 행정이 커지면, 수온조절기의 개도가 커지고 따라서 냉각수온도는 낮아지게 된다.

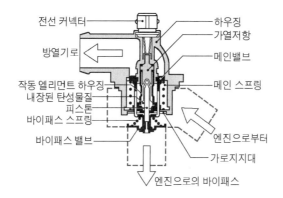

그림6-18a 전자제어수온조절기의 구조

ECU가 고려하는 입력변수는 다음과 같다.

① 기관부하   ② 주행속도

③ 대기온도   ④ 냉각수의 양

⑤ 냉각수온도   ⑥ 에어컨 작동 여부

⑦ 실내난방 여부

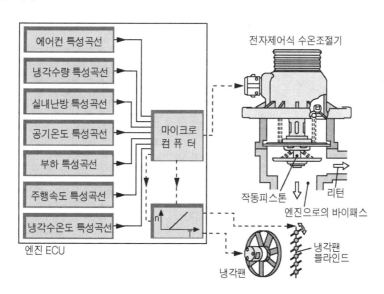

그림 6-18b 전자제어 수온조절기를 사용하는 전자제어 냉각시스템

(2) 냉각팬 블라인드(cooling fan blind : Lüfterjalousie)

냉각팬의 전방에 설치된 블라인드는 전기식으로 또는 팽창물질을 통해 작동된다. 냉시동 시에는 블라인드가 닫혀있어, 주행풍에 의한 냉각이 방지된다. 따라서 기관이 정상작동온도에 도달하는 시간이 단축되게 된다. 디젤자동차에서는 추가로 냉간운전 시의 기관소음을 감쇠시키는 기능도 한다.

기관의 온도가 상승함에 따라 블라인드는 열리게 된다(그림 6-19 참조).

(3) 전기구동식 물펌프(electric water pump : elektrische kühlmittelpumpe)

팬벨트 구동식 물펌프와 비교했을 때, 다음과 같은 장점이 있다.

① 냉각수 유동량을 기관의 부하 및 회전속도와 상관없이 제어할 수 있다.

② 상시 구동식 물펌프의 소비출력 약 2kW에 비해, 평균적으로 약 200W의 출력을 소비한다.

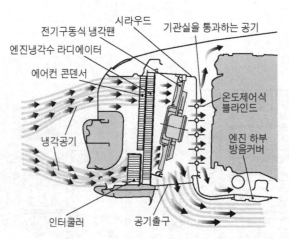

그림6-19 방열기 배치 및 냉각풍 유입경로

윤활장치와 윤활유

Lubricating System and Lubricant : Schmierungsanlage und Schmieröl

제7장 윤활장치와 윤활유

제1절 마찰과 윤활

(Friction & Lubrication : Reibung und Schmierung)

1. 마찰(friction : Reibung)

그림 7-1에서와 같이 하나의 강체가 다른 물체 위에서 힘 F 에 의해 밀려가면 운동방향의 반대방향으로 마찰력 F_R이 작용한다. 즉 마찰력 F_R 은 상대운동하는 두 마찰면 사이의 저항이다. 따라서 에너지 손실이 동반된다.

마찰력 F_R 의 크기는 수직력 F_N 과 마찰계수 μ의 곱으로 표시되며, 마찰계수 μ(friction coefficient : Reibungszahl)는 실험으로 구한다. 물론 마찰계수는 일정하지 않으며, 마찰조건에 따라 변화한다.

마찰력의 크기는 다음에 의해서 결정된다.

① 수직력 : 마찰면에 수직으로 작용하는 힘(F_N)

② 마찰짝의 재질

③ 운동형태에 따른 마찰의 종류 : 정지마찰, 미끄럼 마찰, 전동마찰

④ 마찰표면의 거칠기

⑤ 윤활상태 및 윤활유 점도

⑥ 마찰면의 온도

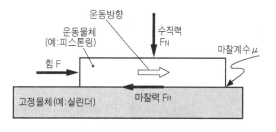

그림 7-1 마찰 시 작용하는 힘

두 물체 간의 마찰은 마찰면의 윤활상태에 따라 고체마찰, 경계마찰 그리고 유체마찰로 분류할 수 있다. 그림 7-2의 Stribeck 곡선은 상호 미끄럼 접촉하는 두 윤활물체 간의 미끄럼속도에 의한 마찰계수의 변화를 나타낸 것이다. 그림설명에 사용된 식에서 d는 두 마찰표면 사이의 간극, R은 표면거칠기이다.

(1) 고체마찰(solid dry friction : Trockenreibung)

고체마찰이란 상대 운동하는 두 물체의 마찰표면의 요철(凹凸) 부분이 서로 직접 접촉하여 발생하는 마찰로서 그 사이에 유막이 전혀 없다. 두 부품 간의 고체마찰이 증대되면 마찰면의 온도가 상승한다. 온도가 계속적으로 상승하면 두 마찰면은 국부적으로 서로 융착되었다가 다시 분리되는 과정의 반복으로 인해, 표면 거칠기가 더욱더 거칠어지게 되고 결국은 마찰면이 심하게 마멸되게 된다(예 : 브레이크 라이닝과 브레이크 디스크 사이).

그림 7-2에서 영역 a는 두 마찰표면이 서로 직접 접촉하는 경우이다.

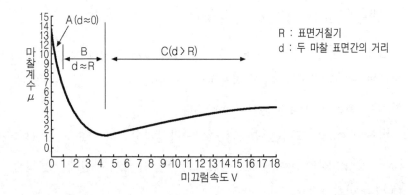

그림 7-2 Stribeck 곡선

(2) 경계마찰(mixed friction : Mischreibung)

경계마찰은 윤활이 이루어지고 있으나, 부분적으로는 두 금속이 직접 접촉하기 때문에 발생한다. 유막이 완전히 형성되지 못한 상태에서 두 물체 사이에 마찰이 발생할 경우, 예를 들면 기관을 냉시동시킬 때 피스톤링과 실린더 벽 사이는 경계마찰 상태이다.

그림 7-2에서 영역 B 즉, 두 마찰표면 간의 거리 d와 표면거칠기 R이 거의 같은 경우이다.

(3) 유체마찰(fluid friction : Flüssigkeitsreibung)

유체마찰은 상대 운동하는 두 물체가 유막(oil film) 또는 윤활유층에 의해 서로 완전히 분리되어 있어서, 오직 유체의 점성에 의한 마찰만 존재한다. 유체마찰은 그 마찰력이 아주 작기 때문에 마찰면의 마멸이 적고 또한 열 발생도 그리 많지 않다.

그림 7-2에서 영역 c는 두 마찰표면 간의 거리 d가 표면거칠기 R보다 큰 경우이다.

축이 회전운동할 때, 축은 윤활유를 회전방향으로 동반, 압입하게 된다. 이 작용에 의해 축의 아래 쪽에 오일 쐐기(oil wedge) 현상이 발생하여 축을 들어 올리는 결과가 된다. 축과 베어링의 간극이 가장 작은 부분에서 압력이 가장 높다. 특히, 고부하 상태에서 서로 상대운동하면서 전동접촉하는 표면에서 박막윤활 상태의 경계지역에서는 탄성 유체역학적 윤활(elastic hydro-dynamic lubrication : Elastohydrodynamische Schmierung)이 이루어진다.

탄성 유체역학적 윤활은 표면 형상 및 운동의 종류에 따라 다르지만, 마찰면 사이에 존재하는 윤활유가 유동이 억제되면서 순간적으로 초고압(약 30,000bar까지) 상태가 된다.

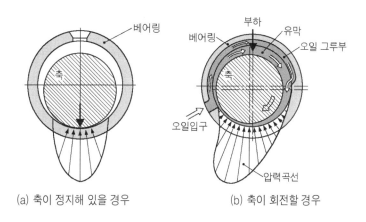

(a) 축이 정지해 있을 경우   (b) 축이 회전할 경우

그림 7-3 축과 평면 베어링 사이의 압력분포

이 높은 압력은 2가지 중요한 효과를 발생시킨다.

① 윤활유의 점도를 크게 증가시켜 하중부담능력을 극대화시킨다.

② 해당 표면은 약간 변형되면서 부하를 넓은 면적으로 분산시킨다.

만약 이 영역에서 유막이 파손되면, 축과 베어링은 직접 접촉하게 되며, 마멸이 급속하게 진행되게 된다.

2. 윤활유의 주요 기능

윤활이란 두 마찰면 사이에 유막을 형성하여 고체마찰을 유체마찰로 변환시키는 것을 말한다. 기관의 윤활장치는 기관의 각 윤활부에 충분한 양의 윤활유를 적절한 압력으로 공급할 수 있어야 한다. 기관 운전 중, 윤활유는 다음과 같은 여러 가지 작용을 한다.

① **윤활작용**(lubricating : Schmieren)

상대운동하는 두 마찰표면을 유막으로 분리시켜 마찰을 감소시켜, 마멸을 방지한다.

② **냉각작용**(cooling : Kühlen)

발생된 열을 직접 냉각수나 냉각공기에 전달할 수 없는 부품들을 과열로부터 보호한다. 즉, 윤활부에서 발생된 열을 흡수하여 다른 곳에서 방열한다.

③ **밀봉작용**(sealing : Abdichten)

실린더 벽과 피스톤링 사이로 고압가스가 누출되는 것을 방지한다.

④ **세정작용**(cleaning : Reinigen)

윤활유는 유동 중, 윤활부에서 발생하는 마멸입자 및 불순물을 흡수하여 외부로 방출한다. 또 연소 생성물이나 다른 불순물을 기관에 무해한 물질로 변환시키는 작용도 한다.

⑤ **방청작용**(anti-corrosion : vor Korrosion schützen)

윤활유는 마찰면을 비롯하여 기관 각 부의 부식을 방지한다. 흡입공기 중의 수분이 기관 내부에서 응축되고, 또 연료가 연소할 때에도 증기가 발생한다. 이 증기 중의 일부가 실린더 벽을 따라 크랭크 케이스로 유입, 응축되어 부식을 유발하게 된다. 그리고 연료 특히, 경유처럼 황(S)이 포함된 연료를 기관에서 연소시킬 때는 황산(SO_2)이 생성되고, 이 황산이 수분과 반응하면 강한 부식성 산(acid)이 된다. 윤활유는 윤활면에 부식성 가스나 수분이 침입하는 것을 방지하고, 침입한 것은 치환한다.

⑥ **응력분산작용**(stress distribution : Spannungsverteilung)

크랭크축과 베어링에는 충격하중이 반복적으로 작용하고 진동도 동반된다. 윤활부에 국부적으로, 그리고 순간적으로 큰 압력이 걸리면 유막이 파손되면서 융착을 일으킬 수 있다. 이 경우 윤활유는 국부적으로 작용하는 큰 압력을 흡수 또는 유막 전체에 분산시킨다.

⑦ **소음감쇠작용**(noise damping : Geräusche dämpfen)

섭동부 또는 마찰부에 유막을 형성하여 소음과 진동을 감쇠시키는 작용을 한다.

제7장 윤활장치와 윤활유

제2절 기관의 윤활방식
(Lubricating Methodes : Arten der Schmierung)

1. 소형 2행정기관의 윤활방식

소형 2행정기관의 윤활방식에는 혼합 윤활방식(또는 혼기식)과 분리 윤활방식이 있다.

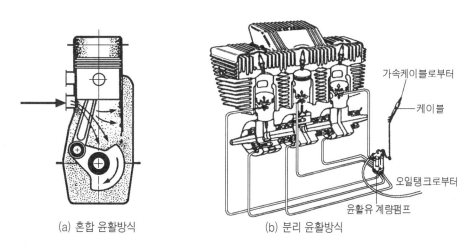

(a) 혼합 윤활방식　　　(b) 분리 윤활방식

가속케이블로부터
케이블
오일탱크로부터
윤활유 계량펌프

그림 7-4 2행정기관의 윤활방식

(1) 혼합 윤활방식(mixing lubrication : Mischungsschmierung)

가장 간단한 윤활방식으로 윤활유를 사전에 연료에 혼합하거나 별도의 윤활유 탱크에서 계량펌프로 기화기에 보내 기화기에서 연료와 혼합시킨다. 이때 윤활유 공급량은 기관의 회전속도와 스로틀밸브의 개도에 따라 결정된다. 윤활유와 연료의 혼합비는 약 1 : 25~1 : 100 정도이다.

(2) 분리 윤활방식(fresh oil lubrication : Frischölschmierung)

분리 윤활방식은 계량펌프를 이용하여 새 윤활유(fresh oil)를 각 윤활부에 압송한다. 계량 펌프의 윤활유 공급량은 기관의 회전속도와 부하에 따라 결정된다. 이 윤활방식은 윤활부에 언제나 깨끗하고 과열되지 않은 윤활유를 공급할 수 있다는 점이 장점이다.

2. 4행정기관의 윤활방식

4행정기관에서는 대부분 압송식과 비산식을 겸한 비산 압송식이 사용된다. 그러나 압송식 의 특수한 형태인 건식 오일 팬(oil pan) 방식도 사용된다.

윤활유는 공급펌프에 의해 오일 팬으로부터 여과기를 거쳐, 또는 곧바로 기관의 각 윤활부 로 공급된다. 윤활유 순환회로 내에 설치된 릴리프 밸브(relief valve)는 유압이 위험수준까지 상승하는 것을 방지한다.(특히 냉간운전 시). 기관의 각 윤활부에 도달한 윤활유는 윤활을 마친 다음, 곧바로 또는 냉각기를 거쳐 오일 팬으로 복귀한다.

가장 중요한 윤활부는 크랭크축 베어링, 커넥팅롯드 베어링, 밸브기구(구동기구 포함), 실린더, 피스톤과 피스톤핀 등이다. 그리고 오일 팬의 유량을 측정하기 위한 계기로는 대부분 막대형의 유면 지시기가 사용되고 있으나 전기식도 이용되고 있다. 전기식은 계기판에 유면 지시계를 설치할 수 있다.

(1) 비산 압송식(splash and forced lubrication : Druckumlaufschmierung)

가장 많이 이용되는 방식으로 윤활유 공급펌프가 오일 스트레이너 (oil strainer)를 통해 오일 팬의 윤활유를 흡입하여, 각 윤활부(베어링과 밸브기구)로 압송한다. 윤활을 마치고 방울져 떨어지는 윤활유는 다시 오일팬으로 복귀한다. 다만 실린더 벽과 피스톤 핀 등은 대부분 커넥팅롯드 대단부가 오일 팬의 윤활유를 비산하여 윤활한다.

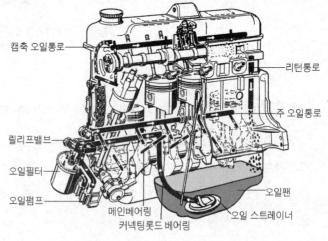

그림 7-5a 4행정기관의 윤활방식 (비산 압송식)

윤활유 공급펌프의 공급능력은 기관의 회전속도와 부하에 따라 결정되며, 기관에 따라서는 다수의 오일펌프(예 : 흡인펌프)를 설치한 경우도 있다. 윤활회로 내에는 대부분 여과기(filter)와 냉각기(oil cooler) 그리고 압력제한밸브가 설치된다.

(2) 압송식(forced lubrication)

– 건식 오일 팬 형식(dry oil pan lubrication : Trockensumpfschmierung)

이 방식은 주로 경주용 자동차나 특수차량 등에 이용되며, 차량의 기울기가 격심하게 변화하는 상태에서도 윤활에 문제가 없으며 윤활유의 냉각도 원활하게 이루어진다.

오일 팬으로 복귀되는 윤활유는 흡인펌프에 의해 저장탱크(surgy tank)로 압송되고, 저장탱크에서는 오일공급펌프에 의해 필터를 거쳐 그리고 경우에 따라서는 오일냉각기를 거쳐 각 윤활부로 압송된다.

건식 오일팬의 장점은 다음과 같다.

① 높이가 낮은 오일팬을 사용하므로 기관이 설치높이를 낮출 수 있어, 자동차의 무게중심을 낮출 수 있다.

② 오프로드(off-road) 자동차나 2륜차와 같이 기울기 변화가 심한 경우에, 또는 스포츠카처럼 커브를 급선회할 경우에도 완벽한 윤활이 보장된다.

③ 오일 서지탱크가 기관으로부터 분리되어 있기 때문에 기관의 열로부터 차단된다. 따라서 오일의 냉각성능 개선을 목표로 할 수 있다.

건식 오일팬 형식은 비산 압송식에 비해 비용이 많이 든다는 단점이 있다. 따라서 높이가 낮은 스포츠카, 오프로드 자동차 그리고 2륜차에 주로 사용된다.

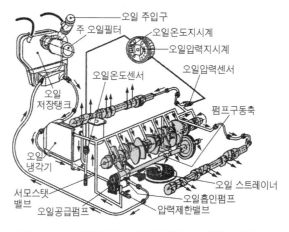

그림 7-5b 4행정기관의 윤활방식(압송식-건식 오일팬)

제7장 윤활장치와 윤활유

제3절 윤활장치의 구성부품

(Components of Lubricating System : Teile der Schmierungsanlage)

윤활장치는 오일 팬(oil pan), 공급펌프, 압력제한 밸브, 오일필터, 오일냉각기, 오버플로 밸브, 유면지시기 등으로 구성된다.

1. 오일팬과 분할식 크랭크케이스

(1) 오일팬(oil pan : Ölwanne)

기관 윤활유를 저장하는 공간으로서의 기능을 한다. 어떠한 상황에서도 오일펌프가 충분한 양의 윤활유를 안전하게 흡입할 수 있도록 하기 위해, 오일 팬에 다수의 안전판(흔히 배플(baffle)이라고 함)을 설치하였다. 이 안전판은 제동, 가속 그리고 커브 선회 시에 윤활유가 어느 한쪽으로 밀려가, 펌프의 흡입부에서 윤활유 부족현상이 발생하거나, 또는 펌프의 흡입부가 공기 중에 노출되는 것을 방지한다. 펌프의 흡입부는 오일팬에서 가장 깊은 곳에 설치된다.

오일 팬의 외부표면은 오일 팬에 들어있는 오일을 냉각시키는 기능을 한다. 따라서 냉각 핀이 설치된 경금속제 오일 팬을 많이 사용한다. 그러나 더 가볍고 값싼 플라스틱 오일팬도 사용되고 있다. 오일 팬과 크랭크 케이스 사이의 기밀유지에는 개스킷 또는 액상의 씰러(sealer)가 사용된다.

(2) 2-분할식 크랭크케이스

2-분할식 크랭크케이스에서는 크랭크실을 하부의 오일팬으로부터 분리, 밀폐시킬 수 있다. 따라서 피스톤 하부에 밀폐된 가변 공간을 형성하게 된다. 그리고 이 공간체적은 특수한 오일리턴포트를 통해 오일팬의 오일과 연결되어 있다.

2-분할식 오일팬의 장점은 다음과 같다.

① 크랭크케이스의 강성 증가

밀폐된 오일팬과 실린더블록을 연결함으로서 기관의 강성을 증가시키므로, 무게를 경감시키는데 도움이 된다.

② 피스톤의 좌우 방향으로의 기울어짐 경향성 감소

피스톤 하부의 밀폐된 크랭크실에는

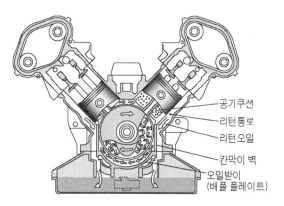

공기쿠션
리턴통로
리턴오일
칸막이 벽
오일받이
(배플 플레이트)

그림 7-6   2-분할식 크랭크케이스

피스톤이 하향행정할 때는 압력이 형성되고, 반대로 상향행정할 때는 다시 팽창된다. 따라서 피스톤이 더 안정된다.

③ 블로바이 가스에 의한 기포발생률 감소

오일팬의 오일이 블로바이가스 유동에 직접 노출되지 않으므로

2. 윤활유 필요량과 공급펌프(oil pump : Ölpumpe)

(1) 윤활유 공급 필요량 및 설계기준

그림 7-7은 배기량 2리터인 승용자동차기관의 윤활유 필요량과 기관회전속도의 관계에 대해 AVL사에서 실험한 결과이다. 이 실험에서 윤활유온도는 95℃이다. 필요한 윤활유량은 1500~2000min^{-1} 까지의 저속에서는 마모방지를 위해 직선적으로 증가함을 보이고 있다. 그 후부터는 오일압력조절밸브를 제어하여, 또는 오일펌프를 제어하여 오일공급량을 제한하고 있다.

AVL은 오일필요량의 백분률은 피스톤냉각회로가 없는 기관에서 메인베어링 15~25%, 커넥팅롯드베어링 25~30%, 실린더헤드(캠축, 유압식 밸브리

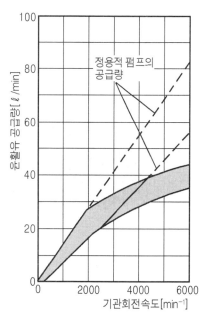

그림 7-7 기관회전속도와 필요 윤활유량

프터를 포함한 밸브구동기구 전체) 30~50%, 기타 6~10%로 보고하고 있다.

일반적으로 오일펌프 설계기준 회전속도는 승용자동차기관은 1200~1500min⁻¹, 상용디젤기관은 1000~1200min⁻¹이고, 기준압력은 공히 약 3bar 정도이다. 더 나아가 피스톤냉각, 기어윤활 및 밸브윤활에 필요한 양을 고려하여야 한다.

축 베어링 외에도 특히 피스톤냉각 여부가 오일펌프설계에 결정적인 요소가 된다. 승용자동차기관의 경우, 피스톤냉각에 필요한 오일량의 경험값은 약 28~35 L/kWh 범위이다.

오일팬의 오일은 소형기관에서는 1분당 4~6회, 대형기관에서는 1분당 2~4회 순환한다. 메인 윤활통로의 직경은 대부분 6~8mm 범위이며, 유속은 기관의 정격회전속도에서 2.5m/s 정도, 최고회전속도에서도 4.5m/s를 초과하지 않도록 설계된다.

(2) 윤활유 공급펌프

공급펌프는 기관이 필요로 하는 충분한 양의 윤활유를 적당한 압력으로 공급할 수 있어야 한다. 용적형 펌프(positive displacement pump : Verdrängerpumpe)가 주로 사용된다.

① 외접 기어펌프(gear pump : Zahnradpumpe)(그림 7-8a)

구동기어와 피동기어가 서로 외접하여 회전하게 되면 회전방향은 서로 반대가 된다. 기어가 맞물려드는 부분이 토출 측이고, 맞물렸든 기어가 분리되는 부분이 흡입 측이다. 흡입부에서 흡입된 윤활유는 기어이 사이에 끼어 토출 측으로 운반, 윤활부로 압송된다.

(a) 외접 기어펌프

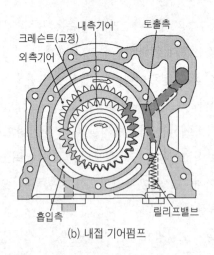

(b) 내접 기어펌프

그림 7-8 윤활유 공급펌프의 종류

② **내접 기어펌프**(crescent pump : Sichelpumpe) (**그림** 7-8b)

　내측기어는 기관의 크랭크축 동력에 의해 구동된다. 외측기어는 내측기어에 대해 편심
되어 펌프하우징에 끼워져 있으며, 내측기어에 의해 피동된다. 편심에 의해 형성된 외측기
어와 내측기어 사이의 공간에는 초승달(crescent) 모양의 기계요소가 고정, 설치되어 있다.
이 기계요소에 의해 흡입 측과 토출 측이 분리된다.

　윤활유는 흡입실에서 내측기어와 외측기어 각각의 기어이 사이에 채워지고, 기어가 회
전함에 따라 초승달 모양의 기계요소의 양쪽으로 나뉘어 토출 측으로 공급된다. 맞물려 회
전하는 기어이의 수가 많으므로 토출 측의 윤활유가 흡입 측으로 누설되지 않는다.

　종래의 기어펌프에 비해 특히 저속에서의 공급능력이 우수하다는 점이 장점이다.

③ **로터펌프**(rotor pump : Rotorpumpe)(**그림** 7-8c)

　내측 구동로터와 외측 피동로터로 구성되어 있다. 내측로터는 외측로터에 비해 기어이
가 하나 더 적다. 내측로터가 회전하면 흡입부의 체적은 커지고, 토출 측의 체적은 작아지
게 되어 윤활유의 흡입과 토출이 가능하게 된다. 내측 로터의 기어이가 대부분 4개이다.

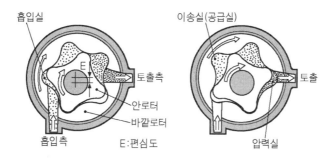

그림7-8c 로터 펌프

④ **제어식 로터펌프**(controlled rotor pump : geregelte Rotorpumpe)(**그림** 7-8d)

　이 형식의 펌프는 내측 로터의 기어이가 6~10여개이며, 외측 로터와 펌프 하우징 사이
에 제어링(control ring)이 추가되는데, 이 제어링은 오일압력과 스프링장력에 의해 회전이
가능한 구조로 설치되어 있다. 장점은 기관의 운전조건과 관계없이 오일압력을 일정하게
유지할 수 있어, 모든 윤활부에서 윤활조건을 일정하게 유지할 수 있다는 점이다.

　저속에서도 높은 압력으로 다량의 윤활유를 공급할 수 있기 때문에 공전속도를 더 낮출
수 있을 뿐만 아니라, 밸브기구 제어용 유압시스템의 도입이 가능하게 되었다.

㉮ 오일압력이 너무 낮을 경우

오일압력이 경계압력(예 : 3.5 bar) 보다 낮을 경우, 제어스프링이 제어링을 오일압력에 대항하는 방향으로 회전시킨다. 그러면 내측 로터와 외측 로터 사이의 체적이 커진다. 이를 통해 더 많은 오일이 흡입측에서 토출측으로 이송되므로 오일압력은 상승한다.

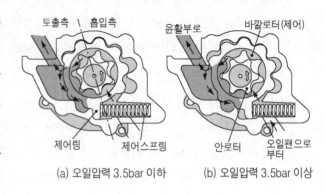

(a) 오일압력 3.5bar 이하   (b) 오일압력 3.5bar 이상

그림 7-8d 제어식 로터펌프

㉯ 오일압력이 너무 높을 경우

오일압력이 제어링에 작용하여 제어스프링을 압축하면, 내측 로터와 외측 로터 사이의 체적이 작아진다. 이를 통해 흡입측에서 토출측으로 이송되는 오일량이 적어지므로 오일압력은 하강한다.

3. 유압조절밸브/유압계/유압 경고등/오일센서

(1) 유압 조절밸브(oil pressure regulating valve : Druckbegrenzungsventil)

유압 조절밸브는 유압펌프에 접속되어 있으며 유압이 과다하게 상승(일반적으로 약 5bar 이상)하는 것을 방지한다. 유압이 높은 것이 윤활에 항상 좋은 결과를 가져오는 것은 아니다. 유압이 과도하게 상승하면 윤활유 냉각기 또는 여과기와 연결된 파이프와 호스 그리고 개스킷 등에 부담을 주게 된다. 예를 들면 냉간 시에는 유압이 높은 데도 불구하고 정상작동온도일 때의 낮은 유압에서보다도 윤활작용이 더 불량하게 된다. 또 윤활회로 내의 파이프나 호스가 막히면 유압은 상승하지만 다른 부분의 윤활은 불량해지게 된다.

(2) 유압계(oil pressure gauge : Ölmanometer)

일반적으로 기관이 정상작동온도에서 공운전될 때 유압계의 지시값이 0.5bar 이상이거나, 기관이 중속으로 운전될 때 유압 경고등이 꺼지면 유압은 충분하다고 볼 수 있다. 기관 작동 중에 유압계에 유압이 지시되지 않거나, 유압 경고등이 계속 점등되어 있을 경우에는 기관의 손상을 방지하기 위해 기관의 작동을 즉시 중단하고 점검해야 한다.

(3) 오일 압력 경고등(oil pressure warning lamp : Öldruckkontrolleuchte)

윤활유의 압력을 감시하기 위해서 유압계 또는 유압 경고등을 회로 내에 설치한다. 유압계로는 순간 회로 유압을 판독할 수 있으나, 유압 경고등은 유압이 규정된 최소압력보다 낮을 때에 점등된다.

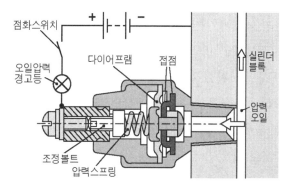

그림 7-9 오일압력 스위치와 유압 경고등

(4) 오일센서(oil sensor : Ölsensor)

기관윤활유의 양과 온도, 그리고 윤활유의 상태를 정확하게 파악하기 위해 오일팬에 센서를 설치한다. 이 센서는 2개의 원통형 콘덴서가 겹쳐 설치된 구조이다. 하부에서는 오일의 품질을 평가하고, 상부에서는 오일의 양(수준)을 측정한다. 측정원리는 다음과 같다.

마모에 의한 오염 또는 첨가제의 분해에 의해 오일의 상태가 변하면, 오일이 채워진 콘덴서의 정전용량이 변하게 된다. 콘덴서의 정전용량은 집적된 평가일렉트로닉에 의해 펄스폭과 주파수(1~10Hz)가 가변되는 구형파 신호로 변환되어 엔진 ECU에 전달된다. 엔진 ECU는 이 자료를 처리하여 다음 번 오일교환시기를 결정하고, 오일수준에 대한 정보는 계기판으로 전송하여 운전자가 볼 수 있게 한다.

또 오일온도는 오일센서에 집적된 NTC-센서에 의해 측정된다.

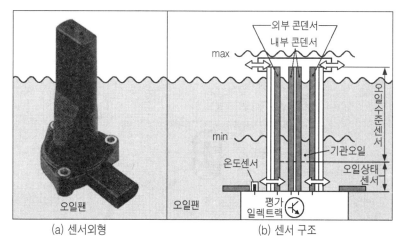

그림 7-10 오일센서

4. 윤활유 여과기(oil filter : Ölfilter)

윤활유 여과기는 불순물이나 매연, 먼지, 금속 부스러기 등에 의한 윤활유의 오염을 최소화하고 미세한 마멸위협입자들(0.5㎛ 또는 그 이하 크기)까지도 제거함으로서 기관을 보호하고 오일 교환시기를 연장할 수 있게 한다. 또 윤활유의 냉각을 개선시키는 작용도 한다.

그러나 윤활유 여과기는 액상의 또는 윤활유에 용해되어 있는 오염물질은 제거할 수 없으며, 윤활유의 노화와 같은 물리적 또는 화학적 변화를 억제하는 효과는 없다.

참고로 오일필터의 교환시기는 승용자동차에서는 15,000~50,000km, 상용디젤 자동차에서는 60,000~120,000km 정도이다.

(1) 여과방식(filtering system)-전류식과 분류식

① **전류식**(full flow filtering : Hauptstromfilter)

오일펌프에 의해 압송된 윤활유가 모두 여과기를 통과한 다음에 각 윤활부로 공급되는 방식이다. 여과된 윤활유만 윤활부에 공급한다는 장점이 있지만, 여과기가 막혔을 경우에는 윤활부족을 유발시키게 된다. 따라서 바이패스밸브를 여과기 앞 또는 뒤에 설치하여, 여과기가 막혔을 때에는 여과되지 않은 윤활유가 곧바로 윤활부에 공급되도록 하고 있다.

여과기의 설치위치에 따라 윤활유 공급통로 또는 복귀통로에 리턴체크밸브(return check valve)를 설치하기도 한다. 리턴체크밸브는 기관 정지 시에 여과기의 오일이 모두 배출되는 것을 방지한다(그림 7-14 참조).

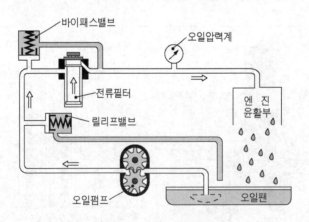

그림 7-11 전류식

② **분류식**(bypass filtering : Nebenstromfilter)

오일펌프에 의해 압송되는 윤활유 중 대부분은 곧바로 윤활부에 공급되고, 나머지(약 5~10%)가 여과기를 거쳐 다시 오일 팬(pan)으로 복귀하는 방식이다. 따라서 윤활유는 천천히 그러나 아주 깨끗하게 여과된다. 그리고 압송되는 윤활유 중 일부만 여과되므로 바이패스밸브가 필요 없다. 여과기가 막혀도 윤활부의 윤활에는 직접적인 영향이 없다. 기관작동시간으로 1시간 정도에 윤활유 전체가 약 6~8회 정도 여과기를 통과하도록 설계된다.

③ **조합식**(combination filtering : Haupt-/Nebenstromfilter)

한 회로 내에 전류식과 분류식을 조합한 형식도 사용된다. 이런 경우는 윤활유의 여과 정도(精度)가 아주 높고 또 빠르게 이루어진다. 이 경우에도 주 여과기 앞에는 바이패스밸브가 설치된다.

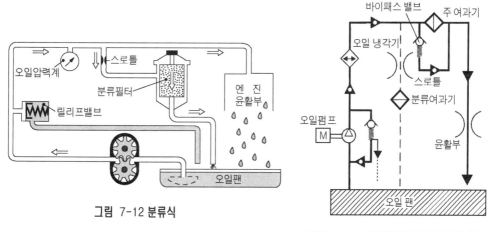

그림 7-12 분류식

그림 7-13 2여과기(전류식/분류식) 형식

(2) 여과기(filter)의 종류

여과기에는 여과 엘리먼트(element)를 청소하여 계속 사용할 수 있는 형식과, 일정기간 사용 후에 여과 엘리먼트만을 교환하거나 또는 여과기 어셈블리를 교환하는 형식이 있다.

여과기 어셈블리를 교환하는 형식이 많이 사용되었으나, 환경보호에 대한 인식이 변화함에 따라 여과 엘리먼트만을 교환하거나 청소하여 다시 사용하는 형식이 증가되고 있다.

여과지 엘리먼트의 통과저항은 약 0.2~0.3bar 정도이고, 직경 약 $10\mu m$ 정도인 오염입자까지 분리시킬 수 있다. 자석필터는 크기에 관계없이 자성입자는 모두 분리시킬 수 있다. 교환식 종이필터는 대부분 전류식에, 청소가 가능한 섬유 필터는 분류식에 주로 사용된다.

① **교환식 여과기**(cartridge type filter : Wechselfilter)(그림 7-14)

여과지(filter paper)를 접어서 별 모양으로 성형하여 여과 표면적을 극대화시킨 형식이다. 여과지는 통과저항이 높지 않으면서도 여과성능은 아주 우수하다. 입자의 크기가 보통 0.01mm(10㎛) 정도인 불순물까지 분리시킬 수 있다. 이 형식의 여과기는 제작사의 지침에 따라 정기적으로 교환해야 한다. 대부분 바이패스밸브(bypass valve : Überstromventil)와 리턴체크밸브(return check valve : Rücklaufsperrventile)가 내장되어 있으며, 개변압력은 약 2bar 정도이다.

여과기가 막혔을 경우에는, 오일은 여과되지 않은 상태로 바이패스밸브를 통해 윤활부로 흐르게 된다. 리턴체크밸브는 여과기의 입구 또는 출구에 추가로 설치되며, 기관이 정지하였을 때 여과기 내부의 윤활유가 흘러나가 여과기가 비워지게 되는 것을 방지한다.

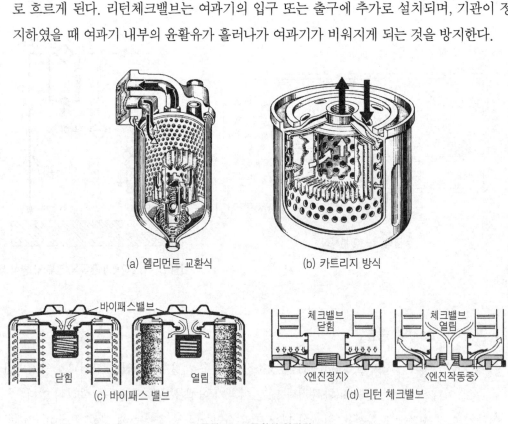

(a) 엘리먼트 교환식   (b) 카트리지 방식

(c) 바이패스 밸브   (d) 리턴 체크밸브

그림 7-14 교환식 여과기

② 원심분리식 여과기(그림 7-15)

이 여과기는 주로 대형 화물자동차기관에 사용되는
데, 하우징과 그 속에서 회전하는 로터(rotor)로 구성되
어 있다. 직경 10㎛이하의 입자까지도 분리, 제거할 수
있다.

전류식 필터를 통과한 윤활유는 윤활부로 공급되고,
전류식 필터 안에서 갈라져 나온 일부의 윤활유는 위쪽
에 연결된 원심식 필터의 로터 중앙에 위치한 중공축
내부로 압입된다. 중공축 내부에서 위로 올라온 윤활유
는 출구를 통해 로터의 내부로 분출된다. 윤활유는 로
터의 아래 바닥에 설치된 출구 제트(jet)를 통해 다시 로
터내부를 떠나게 된다. 이때 제트에서 발생하는 윤활유
의 충격 반작용력에 의해 로터가 회전하게 된다. 그러

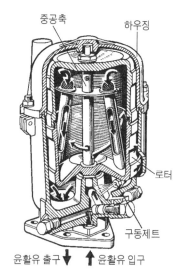

그림 7-15 원심 분리식 여과기

면 원심력에 의해 윤활유에 포함된 불순물은 로터의 내벽에 퇴적되고 깨끗한 윤활유만 밖
으로 토출된다.

이 형식은 일정기간이 지나면 로터를 분해하여 퇴적된 불순물을 제거하여야 한다. 로터
는 약 2.5~5bar 정도의 유압에 의해 구동되며, 회전속도범위는 온도와 압력에 따라 약
$4,000 \sim 8,000 \text{min}^{-1}$ 정도이다. 원심분리식 여과기를 크랭크축에 연동시켜 구동하는 형식
도 있다.

5. 윤활유 냉각기와 크랭크케이스환기장치

(1) 윤활유 냉각기(oil cooler : Ölkühler)

기관을 특히, 윤활부를 냉각시키기 위해서는 윤활유가 많은 열을 흡수하여야 한다. 기관운
전이 계속됨에 따라 윤활유의 온도는 상승하고 점도는 점차 낮아지게 되어 윤활능력이 저하
된다. 따라서 윤활유의 냉각은 지속적으로 이루어져야 한다. 계속 운전 시 오일섬프에서의
오일온도가 130℃를 초과해서는 안된다. 피스톤냉각회로가 없는 기관에서 엔진오일이 외부
로 방출해야하는 열에너지는 약 84~125kJ/kWh 정도이며, 피스톤냉각회로가 있는 기관에서
는 약 250kJ/kWh 정도인 것으로 보고되고 있다.

부하수준이 낮은 기관에서는 주행풍에 의한 오일 팬의 냉각만으로도 윤활유의 냉각은 충분하다. 형식에 따라서는 오일 팬이나 오일여과기 하우징에 냉각핀(cooling fin)을 설치하여 냉각효과를 증대시킨 것도 있다. 그러나 오일 팬에서의 윤활유 냉각은 대기온도와 주행풍의 속도(차속)에 따라 심한 차이가 나므로 고출력기관에서는 윤활유 냉각기를 별도로 설치한다.

공랭식 윤활유냉각기의 외형은 수냉식 방열기와 비슷하다. 대부분 방열기 옆 또는 근처에 설치되며 윤활유가 냉각기를 통과할 때, 공기에 의해 윤활유가 냉각된다.

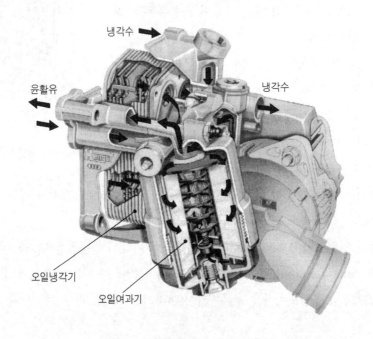

그림7-16 윤활유여과기 모듈(Audi)

수냉식 윤활유냉각기는 기관 냉각수로 윤활유를 냉각시킨다. 그러나 기관이 차가울 경우에는 냉각수가 윤활유보다 빨리 가열되므로 오히려 냉각수가 윤활유에 열을 전달한다. 따라서 윤활유는 보다 빨리 정상작동온도에 도달하게 되고, 이 온도를 계속적으로 유지하게 된다.

윤활유 냉각기는 주로 주(main) 윤활회로에 설치되며, 릴리프밸브와 바이패스회로도 갖추고 있다. 윤활유 냉각기를 통과하는 윤활유의 양은 대부분 온도제어밸브에 의해 제어된다. 윤활유냉각기 설계 시, 공랭식 윤활유냉각기에서는 오일온도와 냉각공기 간의 온도차를 70~80℃, 수냉식 윤활유냉각기에서는 오일온도와 냉각수온도와의 차이를 30~40℃로 가정한다.

(2) 크랭크케이스 환기장치(positive crankcase ventilation : Kurbelgehäuseentlüftung)

가솔린기관 그리고 특히 과급 디젤기관에서는 연소실에서 크랭크케이스로 바이패스되는 블로바이(blow-by)가스가 발생한다. 이 가스에는 작은 오일입자, 연료잔유물, 수증기 그리고 매연입자들이 포함되어 있다. 따라서 이들 오염물질들은 오일분리기에서 기관의 흡기에 의해 분리되고, 가스는 흡기통로를 따라 연소실로 유입, 다시 연소된다.

오일소비를 줄이고, 민감한 엔진부품들을 오염으로부터 보호하기 위해 그리고 유해배출물을 저감시키기 위해서는 이 블로바이가스는 재순환시키기 전에 반드시 오일입자를 분리하고 오염물질은 여과시켜야 한다. 분리기로는 원심식, 사이클론식, 또는 레비린스(Labyrinth)식 등이 사용된다(그림 11-18, 11-19 참조).

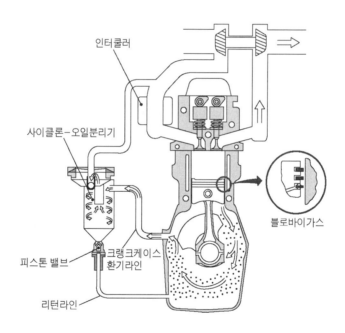

그림 7-17 크랭크케이스 환기장치

제7장 윤활장치와 윤활유

제4절 윤활유
(Lubricating oil : Schmieröl)

1. 기관 윤활유의 제조

기유(基油;base oil)로는 합성기유와 원유로부터 얻은 일반 기유가 사용된다. 기유의 종류에 관계없이, 기유에 여러 가지 첨가제를 첨가하여 원하는 특성을 갖춘 윤활유를 제조한다. 첨가제의 첨가량은 통상 기유의 1~25% 이내이다.

(1) 원유로부터의 기유(base oil : Grundöl)

일반적으로 원유를 상압 증류한 다음에 남은 잔사유(殘渣油)를 감압(진공) 증류하여 얻은 유분(油分)이 윤활유의 기유로 사용된다.

윤활유에 포함된 긴 사슬형 탄화수소 분자는 열에 아주 약해, 약 330℃부터는 길이가 짧은 사슬형 탄화수소로 분해된다. 이를 방지하기 위해 감압증류하여 비등점을 낮춘다. 이때 상압 증류에서와 마찬가지로 점도가 다른 여러 종류의 유분이 생성된다.(비등점이 높을수록, 분자의 사슬길이는 더욱더 짧아진다.) 이 유분을 기유로 사용하여 윤활유를 제조하기 위해서는 정제과정(refinement : Raffination)을 거쳐 후처리하여야 한다.

정제과정에서는 일반적으로 황과 같은 불순물을 제거하고, 노화안정성을 증가시키고, 점도지수를 약 100 정도로 조정하고, 파라핀 성분을 제거하여 유동점(pure point : Stockpunkt)을 약 −9℃~−15℃ 정도로 조정한다. → 여기에 첨가제를 첨가한다.

(2) 합성(synthetic) 탄화수소 기유

합성 탄화수소는 원유의 분자구조와는 전혀 다른 분자구조를 갖는 탄화수소로서 탄소원자와 수소원자를 합성하여 원료 벤진(benzine)을 제조한다. 이 벤진을 분해(cracking)공정을 통해 반응 친화적인 가스 분자 예를 들면, 에텐(Ethen)으로 변환시킨다. 이 가스분자를 원하는 분자구조를 갖는 이소파라핀, PAO(Poly-Alpha-Olefine)로 합성한다. 합성탄화수소 기유는 이와 같은 분자구조 때문에 정제 기유에 비해 점도지수가 높고, 증발손실이 적고, 저온특성이 우수하다. → 여기에 첨가제를 첨가한다.

2. 기관 윤활유에 요구되는 특성

기관 윤활유는 격심한 열적, 화학적, 기계적 부하를 받는다.

피스톤과 실린더 벽 사이를 통해 고온의 블로바이(blowby) 가스가 연소실로부터 크랭크케이스로 유입된다. 윤활유는 산화(노화)되고, 이때 산이 형성될 수 있다. 윤활유는 사용함에 따라 분해된 오일 수지와 아스팔트, 도로먼지, 금속분말, 떨어져 나온 연소퇴적물 등에 의해 오염되게 되며, 특히 수분(응축수 또는 경우에 따라 기관 냉각수)에 의해서 오일 찌꺼기(sludge)의 생성 및 오일의 노화(deterioration)가 촉진된다. 그리고 윤활유는 사용연료의 종류에 따라 오염현상이 다르게 나타난다.

가솔린기관에서는 연료의 혼입 특히, 냉간

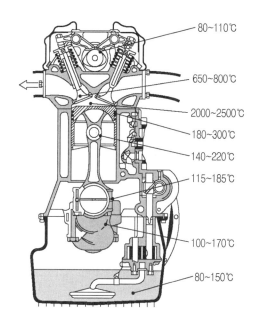

그림 7-18 오토기관(수냉식) 각 윤활부의 온도분포(예)
- 냉각수온도 95℃에서

운전 시에는 비등점이 높은 연료성분이 기화되지 않은 상태로 윤활유에 혼입되어 상대적으로 점도가 점차 낮아지는 경향이 있다.

디젤기관에서는 연소생성물 특히, 저온에서 석출되는 카본입자에 의해 상대적으로 점도가 점차 높아지는 경향이 있으며, 동시에 공기과잉에 의한 산화와 연료에 포함된 황(S_2)에 의해 생성되는 부식성 산(acid)도 문제가 된다.

LPG-기관은 가솔린기관에 비해 상대적으로 작동온도가 높기 때문에 내열성이 개선된 윤활유 즉, 고온 환경에 적합한 점도지수가 높은 엔진오일로서 산화, 질화 및 열안정성이 우수한 윤활유를 필요로 한다.

윤활유에 포함된 기계적 불순물(먼지, 금속분말, 연소생성물 등)들은 여과기를 이용하여 상당량 제거할 수 있으나, 화학작용에 의한 윤활유의 품질 저하는 피할 수 없다.

　모든 기관은 작동시간이 경과함에 따라 약간의 윤활유를 소비하게 된다. 윤활유는 연소실에 유입되어 실린더 벽이나 밸브가이드에 유막을 형성하고, 이들 유막의 일부는 연소되기 때문이다. 그러므로 제작사의 지침에 따라 정기적으로 윤활유 수준을 점검하고, 경우에 따라 보충하거나 교환해야 한다.

　기관 윤활유에 요구되는 특성은 기관성능에 따라 차이가 있으나 대략 다음과 같다.

① 점도지수(viscosity index)가 높을 것

　점도지수가 높은 윤활유는 온도에 따른 점도변화가 적다. 따라서 저온에서는 점성저항이 적고 고온에서는 유막형성능력이 유지된다.

② 유동점(pour point)이 낮을 것

　액체가 응고되어 유동이 정지되는 온도를 응고점이라 하고, 응고점보다 $2.5℃(5℉)$ 높은 온도를 유동점이라 한다. 기관윤활유는 유동점이 낮으면 낮을수록 좋다.

③ 유성(oiliness)이 좋을 것

　유성이란 윤활유가 금속면에 점착(點着)하는 성질을 말한다. 이 성질이 좋으면 경계마찰을 감소시키는 효과가 크다.

④ 탄화성(carbon formation)이 낮을 것

　기관이 정상상태일 경우에도 연소실벽, 배기밸브, 피스톤헤드, 피스톤링 그리고 피스톤 안쪽 면 등에는 카본 및 찌꺼기(sludge)가 퇴적된다. 윤활유로부터 탄소가 석출되면 찌꺼기가 급속히 축적되어 금속표면의 부식을 유발하고 윤활유 통로를 막게 된다.

⑤ 산화 안정성(oxidation stability)이 좋을 것

　윤활유가 산화되면 산(acid), 교질물(gum), 찌꺼기(sludge) 등을 생성하게 된다. 이렇게 되면 점도는 높아지고 유성(oiliness)은 저하되어 부식이나 마멸이 촉진된다.

⑥ 부식 방지성(anti-corrosion)이 좋을 것

　윤활유의 산화물이나 연소생성물 등은 부식을 유발시키거나 촉진시킨다.

⑦ 인화점(flash point)이 높을 것

　윤활과는 직접적인 관련이 없으나, 안전성을 확보하기 위해서는 인화점이 높아야 한다.

⑧ **기포발생**(foaming)**이 적을 것**

    윤활유에 기포가 생성되면 공급펌프의 기능이 저하되어 윤활유 순환이 지장을 받게 된다. 따라서 윤활유는 기포발생에 대해 충분한 저항력을 가지고 있어야 한다.

    위에 설명한 특성을 모두 갖춘 윤활유는 없다. 따라서 용도에 따라 기유(base oil)에 첨가제를 첨가하여 그 성질을 개선시키거나 보완한다.

    윤활유 첨가제로는 다음과 같은 것들이 주로 사용된다.

- 점도지수 향상제(viscosity-index improver : Viskositätindexverbesserer)
- 유동점 강하제(pour point depressants : Stockpunkterniedriger)
- 탄화 방지제(resistance to carbon formation : Verkohlungsinhibitoren)
- 산화 방지제(oxidation inhibitors : Oxidationsinhibitoren)
- 부식 방지제(corrosion and rust inhibitors : Korrosionsinhibitoren)
- 기포방지제(foam inhibitors : Schaumdämpfer)
- 청정 분산제(detergent dispersant : Detergent-Zusätze)
- 극압 윤활제(extreme-pressure agent : Hochdruckzusätze)
- 유성 향상제(oiliness carrier : Reibwertveränderer)

3. 점도(viscosity)와 점도지수(viscosity index)

(1) 점도(viscosity)

    점도(또는 점성)란 윤활유(액체)의 끈적끈적한 정도를 나타내는 척도로서 유체의 내부마찰에 상응하는 개념이다. 일반적으로 윤활유가 묽으면 점도가 낮고 변형에 대한 저항성이 작다. 윤활유의 점성이 높으면 높을수록 점도도 더 높아진다.

    점도는 윤활유의 종류에 따라 다르지만, 일반적으로 온도가 상승하면 현저하게 낮

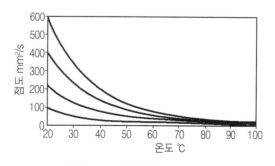

그림 7-19 온도에 다른 점도변화(예)

아지고, 압력이 상승하면 현저하게 높아진다. 즉, 변화도는 직선으로 나타나지 않는다.

① **점성계수**(dynamic viscosity) (**표시기호** : μ)

회전점도계(rotation-viscosimeter)로 측정한다. 시험온도로 가열된 시험오일로 채워진 실린더 내에서 로터를 회전시킨다. 이때 로터를 회전시키는 데 필요한 회전토크로부터 점성계수(점도라고도 함)를 구한다.

SI단위로는 $\dfrac{N \cdot s}{m^2} = \dfrac{N}{m^2} \cdot s = Pa \cdot s$ 를,

공학단위로는 $\dfrac{kgf \cdot s}{m^2}$ 또는 P(poise, 프와즈) 및 cP(centi-poise)를 사용한다.

$$1P = 1\frac{g}{cm \cdot s} = \frac{1 dyne \cdot s}{cm^2} = 0.1 Pa \cdot s = \frac{1}{98}\frac{kgf \cdot s}{m^2} \quad \cdots\cdots\cdots\cdots\cdots\cdots (7\text{-}1)$$

② **동점성계수**(kinematic viscosity) (**표시기호** : ν (nu**라고 읽는다**))

일정 양의 오일을 시험온도에서 모세관 점도계((capillary-viscosimeter)의 가늘고 긴 관을 통해 흐르게 한다. 유출시간으로부터 동점성계수(동점도라고도 함)를 구한다.

유체의 점성계수(μ)를 유체의 밀도(ρ)로 나눈 값과 같으며, 단위로는 m^2/s(공학단위도 동일)을 사용한다. CGS 단위계에서는 $1cm^2/s$ 를 1St(stokes)라고 한다.

$$1\frac{m^2}{s} = 10^4\frac{cm^2}{s} = 10^6\frac{mm^2}{s} \quad \cdots\cdots\cdots\cdots\cdots\cdots\cdots\cdots\cdots (7\text{-}2)$$

(2) 점도지수(viscosity index : VI)

점도지수란 온도에 따라 점도가 변화하는 정도를 나타내는 척도이다. 일반적으로 파라핀계(paraffine series) 윤활유는 온도에 의한 점도변화가 적고, 나프텐계(naphthene series) 즉, 사이클로-파라핀계(cyclo-paraffine series) 윤활유는 온도에 의한 점도변화가 크다. 온도변화에 의한 점도변화가 적은 경우를 점도지수가 높다고 정의한다.

엔진오일은 점도지수가 높은 것이 바람직스럽다. 그래야만 냉시동성이 좋고 동시에 고온에서도 유막이 유지되기 때문이다.

고품질 광물성 오일의 점도지수는 90~100, 합성 탄화수소계는 120~150으로서 고출력기관에 필요한 점도지수를 쉽게 충족시킬 수 있다. 자동차기관 윤활유의 필요 최저 점도지수는 약 80 이상이다.

점도지수가 높은 파라핀계 표준유(H)의 점도지수를 100, 점도지수가 낮은 나프텐계 표준유(L)의 점도지수를 0으로 정의하고, 그 사이를 100등분하여 점도지수 표준척도로 사용한다.

동점도가 75mm²/s 이상이고 점도지수 100 이하인 유류에 대한 점도지수 (VI) 는 다음 식으로 구한다.

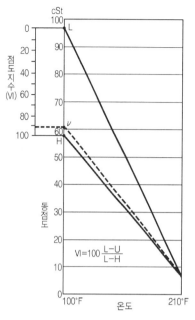

그림 7-20 점도지수 계산

$$VI = \frac{L - U}{L - H} \times 100 \quad \cdots\cdots\cdots\cdots\cdots\cdots\cdots\cdots\cdots\cdots\cdots\cdots\cdots \quad (7\text{-}3)$$

여기서 L : 210℉(98.9℃)에서 시험유와 동일한 점도를 갖는
　　　　　L계 표준유의 100℉(37.8℃)에서 측정한 동점도 [mm²/s]
　　　　U : 100℉(37.8℃)에서 측정한 시험유의 동점도 [mm²/s]
　　　　H : 210℉(98.9℃)에서 시험유와 동일한 점도를 갖는
　　　　　H계 표준유의 100℉(37.8℃)에서 측정한 동점도 [mm²/s]

4. 기관 윤활유의 점도분류

자동차 회사들은 사용설명서에서 해당 기관의 사용조건이나 기후조건에 따라 적합한 윤활유를 명시하고 있다. 이것은 장기간 실험한 결과를 토대로 결정한 것이다. 윤활유를 선택하기 위해서는 윤활유 용기에 표시된 문자기호 또는 숫자기호를 먼저 이해하여야 한다. 이들 기호들은 기관윤활유의 사용온도범위와 품질을 나타낸다.

(1) SAE점도 분류

점도에 의한 윤활유 분류방법으로는 SAE(Society of Automobile Engineers) 분류방식이 국제적으로 통용되고 있다. SAE 점도 분류는 표 7-1과 같다.

① 단급 윤활유(single grade engine oil : Einbereichsöl)

SAE점도 분류에서 특정한 어느 한 등급의 조건만을 만족시키는 윤활유를 말한다. 예를 들면 SAE 5W, SAE 10W, SAE 10 등은 단급 윤활유이다. 엔진오일에 대한 SAE 점도등급은 SAE 0W에서 시작하여 SAE 60까지이다. 숫자가 클수록 점도가 높다.

② 다급 윤활유(multi-grade engine oil : Mehrbereichsöl)

SAE점도 분류에서 2등급 이상의 조건을 동시에 만족시키는 윤활유를 말한다. 예를 들면 SAE 20W/40은 SAE 20W와 SAE 40의 조건을 동시에 만족하는 윤활유이다. 오늘날 자동차용 윤활유는 거의 대부분이 다급 윤활유이다.

표 7-1 기관윤활유의 SAE점도 분류(SAE J 300, 1. 7. 2001부터)

SAE 점도	CCS에서의 점도 〔mPa·s/℃〕	Borderline 펌핑 점도 〔mPa·s /℃〕	동점도 〔mm²/s〕 98.9℃에서		HTHS점도 〔mPa·s〕 150℃와 10⁶s⁻¹에서
	max.	max.	min.	max.	min.
0W	6200/-35	60,000 at −40℃	3.8	-	-
5W	6600/-30	60,000 at −35℃	3.8	-	
10W	7000/-25	60,000 at −30℃	4.1	-	-
15W	7000/-20	60,000 at −25℃	5.6	-	-
20W	9500/-15	60,000 at −20℃	5.6	-	-
25W	13000/-10	60,000 at −15℃	9.3	-	
20	-	-	5.6	〈9.3	2.6
30	-	-	9.3	〈12.5	2.9
40	-	-	12.5	〈16.3	2.9*
40	-	-	12.5	〈16.3	3.7**
50	-	-	16.3	〈21.9	3.7
60	-	-	21.9	〈26.1	3.7

※CCS : cold cranking simulator   HTHS : high temperature high shear
Borderline : 저온경계   * 0W, 5W, 10W용   ** 15W, 20W, 25W 및 단급오일용

③ SAE점도와 사용온도 범위

기관 윤활유는 유막이 파손되는 것을 방지하기 위해, 일정 이상의 최저점도를 유지해야 한다. 그러나 냉시동성을 보장하기 위해서는 최대점도 또한 제한된다. 예를 들면, SAE 10W는 최고 110℃를 초과하면 유막이 파손된다. 그리고 SAE 40은 150℃에서 최저점도 한계에 도달한다.

그림 7-21은 SAE점도 등급에 따른 한계온도를 도시한 것이다. 자동차회사(또는 정유회사)들은 SAE점도와 사용온도 범위를 고려하여 계절(기후)에 적합한 윤활유를 추천한다.

SAE점도 분류는 온도에 따른 점도변화에 중점을 두고 있다. 따라서 윤활유의 질이나 기관운전 중 윤활유 거동, 또는 특정 기관의 특성에 대해서는 언급이 없다.

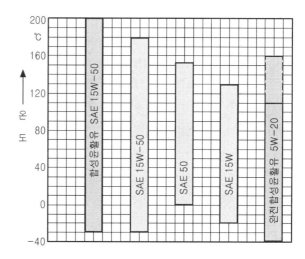

그림 7-21 SAE 점도와 사용온도 한계

(2) API 점도 분류 - 사용조건에 따른 분류

윤활유의 사용조건에 따른 분류는 규정 시험방법에 의거 기관을 운전하여 결정한다. 주행시험을 한 다음에 기관을 분해하여 피스톤의 청결상태, 베어링의 중량손실, 찌꺼기(sludge)나 교질물(gum)의 생성 정도, 녹이나 퇴적물의 생성 여부 등을 점검하여 결정한다.

API(American Petroleum Institut)는 ASTM(American Society for Testing Materials) 그리고 SAE와 공동으로 사용조건에 따른 새로운 분류방법을 발표하였다. 따라서 API 신 분류방법을 SAE 신 분류방법으로 설명한 책자도 있다(API pub.1509, SAE J1146, ASTM Res. Rept. D2 : 1002 참조).

이 분류방법은 주유소에서 주로 소비자에게 판매하는 윤활유를 S(S : service)급으로, 제조공장에서 직접 대(大) 소비자에게 공급하는 윤활유를 C(C : commercial)급으로 분류하고, 여기에 영문 알파벳 순서로 사용조건에 따른 등급을 추가하여 표시한다.

일반적으로 S급(S-class)은 가솔린기관(SI기관)용, C급(C-class)은 디젤기관용이다.

표 7-2 API 점도 분류

API 점도	사용 해당기관	비고
SG	1988년부터 생산된 승용차와 트럭에 사용	가솔린 기관용
SH	1994년 생산된 승용차와 트럭부터 사용	
SJ	1997년 생산된 승용차와 트럭부터 사용	
SK	최고급차에 사용	
SL	최고급차에 사용	
CE	1983년 이후, 디젤기관(과급 heavy duty diesel engine)에 적용	디젤 기관용
CF	간접분사식 디젤기관, 고(高)유항유 사용기관에 적용	
CG-4	1994년 이후, 고부하 디젤기관(severe duty diesel engine)에 사용	
CH-4	1998년 이후, 고부하 디젤기관(severe duty diesel engine)에 사용	
CI-4	2002년부터 적용, 배기가스기준을 충족시키는 고부하 디젤기관(EGR)용	

(3) 기타 분류

① ACEA 점도 분류

SAE 분류나 API 분류도 유럽에서 생산되는 자동차들에는 부적합하다고 하여 유럽 자동차회사들은 1983년부터 공동으로 CCMC(Commite'e des Constructeurs d'Automobiles du Marche' Commun Motorentests) 규격을 제정하여 사용하기 시작하였다. 근거는 API 규격이 주행속도를 88km/h를 기준으로 하고 있으며, 유럽자동차기관들이 대체적으로 미국 자동차기관들에 비해 상대적으로 압축비는 물론이고 리터출력도 높다는 점 때문이다.

1993년부터 CCMC는 ACEA(Association des Constructeurs Europe'ens d'Automobiles)로 명칭을 변경하였다. 1996년 이후의 ACEA 분류에서는 가솔린기관에는 Ax-xx, 승용디젤에는 Bx-xx, 상용디젤기관에는 Ex-xx 등으로 표기한다.(여기서 x는 아라비아 숫자)
현재는 A5-02, B5-02, E5-02 등이 사용되고 있다.

② HTHS(High Temperature High Shear) 점도(표7-1 참조)

SAE, ACEA 그리고 다수의 자동차 회사들은 오일온도 150℃, 그리고 운동부품의 속도를 유막의 두께로 나눈값이 $10^6 S^{-1}$인 상태에서의 최저점도를 규정하고 있다. 이를 통해 고속에서도 유막을 유지할 수 있도록 하기 위해서이다.

HTHS 점도가 낮으면 연료소비율을 낮출 수 있다.

제8장

2행정 오토기관
2cycle Otto-Engine : Otto-Zweitaktmotor

제8장 2행정 오토기관

제1절 2행정 오토기관의 구조와 작동원리
(Structure and Working Principle : Aufbau und Arbeitsweise)

2행정 오토기관(스파크 점화기관)의 가장 큰 문제점은 가스교환 시의 단락손실에 의한 배기가스의 질 저하와 연료소비율의 상승이다. 그러나 구조가 간단하기 때문에 단기통 소형기관은 모터사이클(moter cycle), 모페드(moped) 등 소형 2륜차용으로 많이 사용된다.

다기통 2행정 오토기관은 주로 대형 모터사이클에 사용되며 승용차에는 현재로서는 거의 사용되지 않는다. 그러나 분사식 다기통 2행정 오토기관이 승용차용으로 기대된다.

2행정 오토기관의 경험값은 대략 다음과 같다.

① 리터출력　　　$20 \sim 65\,kW/\ell$
② 압축비　　　　$7 \sim 8 : 1$
③ 기관회전속도　$4,000 \sim 10,000\,min^{-1}$
④ 연료소비율　　$310 \sim 600\,g/kWh$
⑤ 출력질량　　　$2 \sim 6\,kg/kW$
⑥ 평균유효압력　$3 \sim 6\,bar$

1. 2행정 오토기관의 기본구조

2행정 오토기관은 크게 3가지 주요 장치와 보조장치들로 구성되어 있다.

　① 기관본체 : 실린더헤드, 실린더블록, 크랭크 케이스
　② 크랭크기구 : 피스톤, 커넥팅롯드, 크랭크축

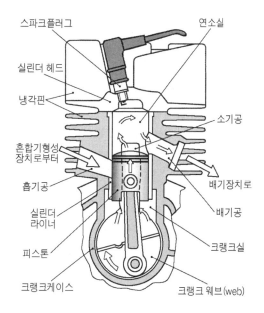

그림 8-1 2행정 오토기관의 구조

③ 혼합기형성장치 : 기화기 또는 연료분사장치, 흡/배기 다기관

④ 보조장치 : 점화장치, 냉각장치, 배기장치, 윤활유계량장치(분리식의 경우)

2행정 오토기관은 4행정 오토기관을 비교할 경우, 구조상 4행정기관에서와 같은 별도의 가스교환 장치(흡/배기 밸브기구)가 없다는 점이 가장 큰 차이점이다.

2행정 오토기관에서는 주로 실린더 벽에 가공된 3종류의 기공(port : Kanal) 즉,

① 흡기공(intake port : Einlasskanal) - 기화기와 크랭크실을 연결

② 배기공(deflector port : Auslasskanal) - 연소실과 배기관을 연결

③ 소기공(scavenging port : Überströmkanal) - 크랭크실과 연소실을 연결

을 피스톤의 운동에 의해 개/폐되게 하여 가스를 교환한다(그림 8-2 참조).

이와 같이 실린더 벽에 3종류의 기공이 가공되어 있는 기관을 3기공-2행정기관(3 port-2 cycle engine : Dreikanal-Zweitaktmotor)이라고도 한다. 이때 기공 종류마다의 기공수는 고려하지 않는다(그림 8-1, 8-2 참조).

2. 3기공 2행정 오토기관의 작동원리

2행정기관은 크랭크축이 1회전(360°)하는 동안에 1사이클을 완성한다. 그러나 사이클과정 ─ 흡입, 압축, 동력, 배기─ 은 4행정기관과 근본적으로 같다. 다만 각 과정의 진행과정이 시간적, 장소적으로 차이가 있을 뿐이다. 2행정기관에서 크랭크축의 1회전으로 1사이클을 완성하기 위해서는 실린더와 크랭크실이 반드시 상호 보완작용을 해야 한다.

흡기공은 기화기(또는 혼합기 형성장치)와 크랭크실을, 배기공은 연소실과 배기장치를, 그리고 소기공은 크랭크실과 연소실을 각각 연결한다. 그리고 크랭크실과 피스톤이 1개의 펌프역할을 수행한다. 그러므로 크랭크실은 반드시 기밀을 유지할 수 있는 구조이어야 한다.

2행정기관은 개방가스교환(open gas-exchange : offener Gaswechsel)을 한다.

이 말은 배기공과 소기공이 가스교환 진행 중 거의 대부분 동시에 열려 있다는 것을 의미한다. 이에 반해 4행정기관에서는 밸브 오버랩기간이 짧기 때문에 밀폐가스교환을 한다고 말한다. 따라서 2행정 오토기관에서는 새 혼합기와 잔류가스의 혼합을 피할 수 없고, 동시에 새 혼합기의 일부가 배기가스와 함께 밖으로 빠져 나가는 것도 피할 수 없다. 그러나 2행정 디젤기관에서는 공기만 흡입, 압축하므로 2행정 가솔린기관과는 다르다. → 가스교환손실

(1) 제1행정

피스톤은 하사점(BDC : UT)에서 상사점(TDC : OT)으로 운동한다.

① 크랭크실에서의 진행과정

상향하는 피스톤에 의해 소기공이 닫히면, 크랭크실은 밀폐상태가 되고, 이후 피스톤의 상향운동에 의해 크랭크실에는 약 0.2~0.4bar정도의 부압이 형성된다. → 예흡입 (pre-intake : Voransaugen).

피스톤이 상향운동을 계속하면 이제 흡기공이 열려, 공기-연료 혼합기가 부압상태의 크랭크실로 흡입되기 시작한다. → 흡기과정

② 연소실에서의 진행과정

한편 연소실에서는 피스톤의 상향운동에 의해 배기공이 닫히고 나면, 혼합기의 압축이 시작된다. 계속 압축이 진행되며, TDC 바로 전방에서 점화된다. → 압축과정

진행과정	제 1행정	제 2행정	소기과정
피스톤운동	BDC → TDC	TDC → BDC	제2행정→제1행정으로 변환되는 기간
크랭크 실	예흡입, 흡입	예압축	실린더로 밀려 어감
연 소 실	압 축	점화, 폭발	소기와 배기

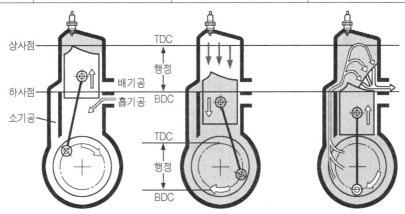

그림 8-2 3기공-2행정기관의 작동원리

(2) 제 2행정

피스톤은 TDC에서 BDC로 운동한다.

① 연소실에서의 진행과정 → 동력 과정

연소실에서는 연소가스압력에 의해 피스톤은 TDC로부터 BDC로 운동한다.

② 크랭크실에서의 진행과정

피스톤의 하향운동에 의해 흡기공이 닫히면, 크랭크 케이스는 밀폐상태가 되므로 혼합기는 약 0.3~0.8bar정도로 미리 압축된다. → 예압축(pre-compression : Vorverdichten).

(3) 가스교환(소기와 배기)과정

다음 사이클로 넘어가는 과정 즉, 제 2행정을 끝내고 다시 제 1행정을 시작하려고 하는 사이에 가스교환이 이루어진다.

① 연소실에서의 과정 → 배기과정과 소기과정

동력행정이 진행됨에 따라 피스톤이 하향행정을 계속하면, 배기공이 먼저 노출되어 연소가스가 방출되기 시작한다. 이어서 소기공이 열리고, 예압축된 상태로 크랭크실에 대기 중인 혼합기가 소기공을 통해 연소실로 밀려들어온다. 밀려들어오는 혼합기가 잔류가스를 밖으로 밀어내게 된다.

배기공이 열려 배기가스가 일부 방출된 후에 소기공이 열리면, 연소실내 잔류가스의 일부는 배기관의 초기 배압에 의해 소기공을 통해 역류하여 1차로 크랭크실로 밀려 들어가게 된다. 그러면 약 0.3bar정도의 예압축 압력은 약 0.8bar정도의 소기압력으로 상승하게 되는 데, 이 소기압력이 새로운 혼합기를 연소실로 밀려 들어가게 한다.

피스톤이 다시 상사점을 향해 상향운동을 시작하면 먼저 소기공이 닫히고 이어서 배기공이 닫히게 된다. 그러면 소기과정은 종료된다.

표 8-1 2행정 오토기관에서의 가스압력 [bar]

과정별	흡입과정	압축과정	동력과정	배기과정
연소실 압력	−0.4~0.6	8~12	25~40	3~0.1
과정별	예압축	예압축		소기과정
크랭크실 압력	−0.2~−0.4	0.3~0.8		1.3~1.6

제2절 2행정오토기관의 소기방식
(Scavenging : Spülverfahren)

2행정 오토기관에서 소기에 허용되는 기간은 크랭크각도로 약 130°정도로서 4행정기관의 흡기행정과 배기행정의 합(약 360°)에 비하면 약 ⅓정도 밖에 되지 않는다. 가스교환기간이 짧기 때문에 충전효율이 불량하고, 동시에 가스교환손실을 피할 수 없다.

2행정기관의 소기방식은 크게 나누어
- 횡단 소기식(cross scavenging)
- 반전 소기식(return-flow scavenging) 또는 루프 소기식(loop scavenging)
- 단류 소기식 (uniflow scavenging) 등이 있다.

1. 횡단 소기식(cross scavenging : Querstromspülung)(그림 8-3a)

횡단 소기식에서는 소기공과 배기공이 서로 반대방향에 설치되어 있기 때문에 새 혼합기와 잔류가스가 실린더 내를 횡단(cross)한다. 가장 간단하고 오래된 방식으로서 소형 무과급 기관에 주로 사용되는 데, 소기효율이 낮다는 점이 결점이다.

이 방식에서는 피스톤헤드에 디플렉터(deflector : Nase)를 설치하여 새 혼합기의 유동방향을 위쪽으로 변경시키는 방법을 사용한다. 피스톤 디플렉터의 방향 변환작용은 소기공이 열리는 순간에 가장 좋고 소기공이 완전히 열렸을 때(피스톤이 하사점에 있을 때) 가장 나쁘다. 그러므로 혼합기는 처음에는 실린더 벽을 따라 유동하고 나중에는 실린더 중심부로 유동한다. 결과적으로 실린더 벽을 따라 유동하는 혼합기 중의 일부는 연소가스와 함께 배기공으로 배출되게 된다. 따라서 횡단 소기식은 다른 소기방식으로 대체되었다.

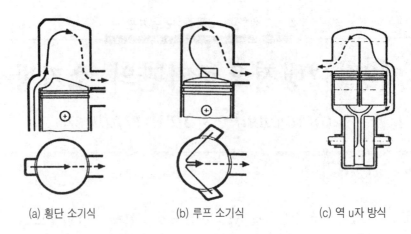

(a) 횡단 소기식   (b) 루프 소기식   (c) 역 u자 방식

그림. 8-3 2행정 오토기관의 소기방식

2. 루프 소기식(loop scavenging : Umkehrspülung)

유입되는 새 혼합기의 유동방향은 배출되는 연소 가스의 유동방향과는 서로 반대가 된다. 그리고 새 혼합기가 실린더 내에서 완전히 1회의 루프(loop)를 그리도록 하는 방식으로 소기공과 배기공의 배치방식에 따라 M.A.N형, List형, Schnürle형 등이 있으나 2행정 오토기관에는 대부분 Schnürle형이 이용된다.

Schnürle형은 1953년 Adolf Schnürle(1896-1951, 독일, 엔지니어)가 고안한 것으로 소기공이 배기공의 좌우에 설치되어 있으며 소기공의 설치각도는 실린더 축에 대해 약 0~30°정도까지 경사되어 있고 배기공의 반대방향을 향하고 있다. 좌우의 소기공으로부터 유입된 새 혼합기는 실린더 중앙에서 서로 충돌하여 실린더 내면을 따라 상항하였다가 루프(loop)를 그린 다음에 배기공에 도달하게 된다. Schnürle형에서는 앞서의 횡단소기식과는 달리 디플렉터 피스톤 대신에 평면피스톤을 사용해도 된다(그림 8-4a 참조).

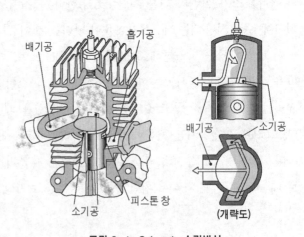

배기공   흡기공

배기공   소기공

소기공   피스톤 창

(개략도)

그림 8-4a Schnürle 소기방식

소기공이 3개인 3기공 Schnürle형에서는 3기공을 통하여 유입되는 연료-윤활유-공기의 혼합기가 먼저 피스톤을 통과하도록 하여 추가적으로 피스톤을 윤활시키는 효과를 얻는다.

4기공 형식에서는 그림 8-4b와 같이 2개의 주(main) 소기공으로부터 유입되는 혼합기는 배기공 반대방향으로 유동하다가 위로 방향을 전환한다. 이때 유동방향의 전환은 실린더헤드의 형상의 영향을 크게 받는다. 방향을 전환한 혼합기의 유동이 연소가스의 대부분을 배기공으로 밀어낸다. 양쪽 2개의 보조 소기공으로부터 유입된 혼합기는 실린더 내의 사각지대에 아직도 잔류하고 있는 배기가스를 배기공으로 밀어내기 적합하도록 방향을 전환하여 소기를 촉진 시키게 된다. 주 소기유동의 루프(loop) 형성 그리고 보조 소기유동의 유입으로 인해, 소기손실은 감소하고, 배기가스는 완전 소기되고, 충전률은 개선되게 된다.

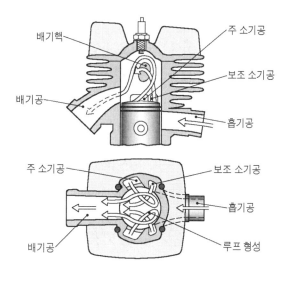

그림 8-4b 4기공 소기방식

3. 단류소기식(uniflow scavenging)

이 형식의 소기방식은 소기의 유동방향이 한 방향이기 때문에 단류 소기라 한다. 소기방식 중 가장 효율이 좋은 방식으로 융커스형, 역 U 자형, 배기밸브 소기형 등이 있다. 주로 디젤기관에 많이 이용되므로 『디젤기관편』에서 자세히 설명하기로 한다(그림 8-3c 참조).

제3절 포팅 선도
(Porting : Steuerdiagramm)

포팅(porting)이란 소기공과 배기공의 개/폐를 의미하는 데, 바꾸어 말하면 4행정기관에서의 밸브 개폐시기와 같은 의미를 갖는다. 따라서 2행정기관의 포팅선도는 4행정기관의 밸브 개폐시기선도(valve timing diagramm)와 같은 의미이다.

일반적으로 2개의 원으로 구성된 포팅선도에서 바깥쪽 원에는 연소실에서의 진행과정을, 안쪽 원에는 크랭크 케이스에서의 진행과정을 나타낸다.

1. 대칭 포팅(symetric porting : symetrisches Steuerdiagramm)

2행정 오토기관에서의 가스교환은 피스톤에 의해서 흡기공, 소기공, 그리고 배기공의 개/폐가 제어되는 경우가 대부분이다.

대칭 포팅이란 소기공과 배기공의 개폐시기가 하사점으로부터 똑같은 크랭크 회전각을 갖는 경우로서, 소기공과 배기공의 오버랩(overlap) 기간이 커 실린더내의 가스교환은 불리하지만 구조가 간단하기 때문에 주로 소형 가솔린기관에 많이 이용된다(그림 8-5 참조).

가스교환과정이 급격히 진행되므로 가스의 주 유동(main flow)에 진동이 발생한다. 새로운 혼합기의 손실을 최소화하기 위해서는 이 진동을 서로 잘 조화시켜야 한다.

(1) 흡입과정에서의 혼합기 진동

새로운 혼합기는 흡기 시스템, 흡기공 그리고 크랭크실 사이에서 진동한다. 새로운 혼합기의 주 유동(main flow)의 진동이 크랭크실로 밀려 들어갈 때, 피스톤이 흡기공을 닫도록 하는 것이 좋다. 그래야만 새로운 혼합기가 밀려 나가지 않게 되고, 압축압력이 높아지게 된다.

(2) 배기과정과 소기과정에서의 가스진동

가스유동(gas flow)은 배기 시스템, 실린더 그리고 크랭크실 사이에서 진동한다. 고압으로 밀려 나가는 배기가스는 압력파를 발생시키고, 이 압력파는 앞 소음기의 충돌판에 충돌, 반사되게 된다. 이 반사파가 새로운 혼합기가 배기공으로 유입되는 것을 최소화하게 된다.

이와 같은 진동과정 때문에, 배기관과 소음기, 그리고 흡기관과 공기여과기를 서로 잘 조화시켜야만 충전손실을 최소화할 수 있다. 따라서 이들 시스템에서의 부적절한 개조작업은 출력손실 및 연료소비율 상승의 원인이 될 수 있다.

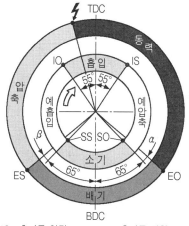

IO : 흡기공 열림	IS : 흡기공 닫힘
EO : 배기공 열림	ES : 배기공 닫힘
SO : 소기공 열림	SS : 소기공 닫힘
IP : 점화시기	α : 전단락각
β : 후단락각	

그림 8-5 대칭 포팅선도

(3) 전 단락이득(pre-blow down : Günstiger Vorauslass)

하사점을 향해 운동하는 피스톤은 먼저 배기공을 열고, 이어서 소기공을 열게 된다. 이때 배기공이 열리는 순간 연소실 내의 압력강하가 크기 때문에 소기공으로 역류하는 잔류가스의 양은 그리 많지 않게 되어 예압축된 새 혼합기와 잔류가스의 혼합이 제한된다. 이 현상을 '전 단락이득'이라 한다.

배기공이 열린 다음부터 소기공이 열릴 때까지의 기간 즉, 블로다운 기간(blow-down period)이 너무 짧으면, 블로다운이 불충분하여 고온의 연소가스가 소기공으로 역류하면서 역화(back-fire)를 유발하여 운전불능이 되는 경우도 있다.→ 블로다운 기간은 길어야.

(4) 후 단락손실(after blow-by loss : Schädlicher Nachauslass)

상사점을 향해 운동하는 피스톤은 먼저 소기공을 닫고, 이어서 배기공을 닫게 되기 때문에 이 사이에 새 혼합기가 배기공을 통해 밖으로 일부 방출되게 된다. 이 기간을 블로바이 기간(blowby period)이라 하며, 이 기간이 길면 잔류가스와 함께 대기 중으로 방출되는 새 혼합기의 양이 증가한다. 이때의 손실을 '후 단락손실'이라 한다. → 블로바이 기간은 짧아야.

(5) 충전손실(charging loss : Füllungverlust)

2행정 오토기관에서는 가스교환에 크랭크각으로 약 130°정도가 허용되는데, 이는 4행정기관의 가스교환기간에 비하면 약 ⅓에 지나지 않는다. 그리고 또 대칭포팅에서는 상대적으로 오버랩기간이 길기 때문에 가스교환손실(충전손실)이 크다. → 소기효율 저하

이론적으로 볼 때 블로다운(blow-down)기간은 길어야하고, 반대로 블로바이(blow-by)기간은 짧아야 이상적이지만, 실제로는 이들 두 기간이 동일하기 때문에 단락손실을 피할 수 없다는 점이다. 이와 같은 단점 때문에 흡기공 또는 /그리고 배기공을 제어하게 된다. 이렇게 하면 결과적으로 비대칭 포팅이 된다.

2. 비대칭 포팅(asymetric porting : unsymetrisches Steuerdiagramm)

비대칭 포팅에서는 각 기공의 개/폐 기간을 다르게 할 수 있기 때문에, 포팅이 상사점 또는 하사점에 대해 더 이상 대칭이 아니다. 그러나 피스톤으로 기공을 개/폐하는 방식으로는 비대칭 포팅을 얻을 수 없다.

비대칭 포팅방식의 2행정 오토기관에서는 배기공이 닫힌 후에 소기공을 닫을 수 있다. 이렇게 하면 새로운 혼합기의 관성에 의해 충전효율이 개선되게 된다. → 후충전 이득

후충전 이득(effective after-charging : Nützliches Nachladen)은 많은 비용을 들여, 예를 들면 흡기공 또는 배기공의 개/폐를 제어하는 방식을 이용해야만 얻을 수 있다.

3기공 2행정 오토기관에서는 판 밸브(plate valve)나 회전 디스크(rotary disk)를 이용하여 흡기공 또는 배기공의 개/폐시기를 제어하는 방식이 주로 사용된다.

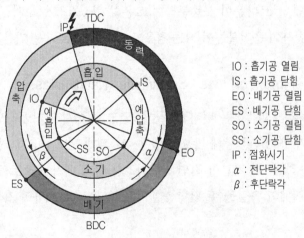

IO : 흡기공 열림
IS : 흡기공 닫힘
EO : 배기공 열림
ES : 배기공 닫힘
SO : 소기공 열림
SS : 소기공 닫힘
IP : 점화시기
α : 전단락각
β : 후단락각

그림 8-6 비대칭 포팅선도

제8장 2행정 오토기관

제4절 흡/배기공 제어방식
(Intake-/Exhaust Port Control : Einlass-/Auslass-Steuerungsarten)

1. 흡기공 제어(intake port control : Einlasssteuerung)

(1) 흡기공 제어 - 판밸브 방식(그림 8-7 참조)

새 혼합기의 유입은 흡기공에 설치된 판 밸브(plate valve : Membran)에 의해 제어된다.

피스톤이 상사점 방향으로 운동할 때(예흡입 시) 크랭크실에는 부압이 형성된다. 판밸브는 크랭크실의 압력과 새 혼합기의 압력(최소한 대기압력) 간의 압력차에 의해 열리게 된다. 피스톤이 하사점 방향으로 운동하면서 형성되는 예압축 압력에 의해 판 밸브가 닫힐 때까지 새 혼합기는 계속해서 크랭크실로 유입되게 된다. 판밸브는 크랭크실로 흡입된 새로운 혼합기가 다시 흡기계로 역류하는 것을 방지하여, 충전효율을 개선한다.

판밸브는 탄성이 우수한 얇은 판스프링으로서 약간의 압력차에 의해서도 열리는 성질을 가지고 있다. 그리고 판밸브 스톱퍼(plate valve stopper)는 밸브의 과도한 열림을 제한하고 또 밸브의 진동도 방지한다.

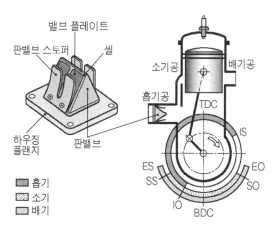

그림 8-7 흡기공 제어 - 판밸브 방식

(2) 흡기공 제어 - 회전 디스크 방식(rotary disk valve : Drehschieber)(그림 8-8 참조)

흡기공의 개폐는 크랭크축에 고정되어 회전하는 회전 디스크 또는 회전 롤러에 의해 제어된다. 크랭크축의 회전속도와 동일한 속도로 회전하는 회전 디스크가 크랭크실에 있는 흡기공의 입구를 개/폐한다. 회전 디스크는 제어면의 형상과 크랭크축에 대한 자신의 위치에 의해 흡기각 즉, 흡기기간을 결정한다. 형식에 따라서는 크랭크축의 암을 회전 디스크로 이용하기도 한다.

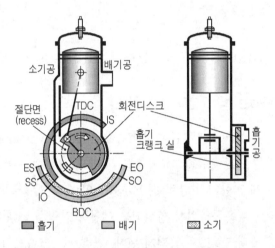

그림 8-8 흡기공 제어 - 회전 디스크 방식

흡기공 제어방식의 특징은 다음과 같다.
① 비대칭 포팅선도를 얻을 수 있다.
② 흡기공이 열려있는 기간과 닫혀있는 기간을 서로 다르게 할 수 있다.
③ 소기공과 배기공에 대한 제어각은 하사점에 대해 대칭이다.
④ 판밸브 제어식에서는 크랭크실의 부압에 따라 흡기각이 변경된다.
⑤ 회전 디스크 형식에서는 흡기각이 일정하다.
⑥ 크랭크실의 충전률이 개선되고, 따라서 회전토크와 행정출력이 증가한다.

2. 배기공 제어(exhaust port control : Auslasssteuerung)

배기공을 제어하는 목적은 유해한 후단락손실을 감소시키거나 방지하기 위해서, 그리고 이를 통해 충전률을 개선하기 위해서이다.

배기가스의 배압이 너무 낮을 경우에는 다량의 새 혼합기가 배기장치로 빠져 나가게 되고, 배압이 너무 높을 경우에는 실린더로 유입되는 새 혼합기의 양이 크게 감소하게 된다.

배기장치는 구조적으로 고속에서는 큰 배압이 형성되고, 저속에서는 배압이 낮아지도록 설계할 수 있다. 아주 좁은 회전속도영역(공명회전속도영역)에서는 소기손실은 감소되는 반면에 충전률은 개선되도록 가스속도를 조화시킬 수 있다. 이 회전속도 범위를 공명 부조화 (resonance detuning : Resonanzverstimmung)를 이용하여 확대시킬 수 있다.

(1) 배기공 제어 - 공명실 방식(그림 8-9)

배기통로에 공명실을 설치하여 공명을 부조화시킬 수 있다. 공명실은 롤러형 회전 디스크 밸브로 개/폐한다. 그리고 전자적으로 제어되는 액추에이터가 감속기와 케이블을 통해 이 밸브의 회전각도와 회전방향을 제어한다. 제어변수로는 점화펄스의 수를 이용한다. 회전속도 6500min^{-1}까지는 배기가스의 일부가 공명실로 유입되게 된다. 이를 통해 배기체적을 증대시켜 미연가스의 방출을 감소시키게 된다. 고속에서는 회전 디스크밸브가 공명실을 폐쇄한다. 그러면 배기가스배압을 필요한 수준으로 제어할 수 있도록 배기체적은 감소되게 된다.

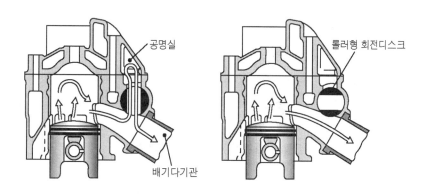

그림 8-9 배기공 제어 - 공명실 방식

(2) 배기공 제어 - 제어롤러 방식(control roller system)(그림 8-10)

배기공에 대해 직각으로 설치된 제어롤러에는 아주 날카로운 제어면(control edge)을 가진 세그멘트(segment) 형상의 부분이 있다. 회전속도에 따라 제어롤러를 회전시켜 배기공의 단면적을 제어한다.

저속과 중속에서는 제어롤러의 제어면이 배기공 단면적을 축소하는 방향으로 회전하여, 배기각과 배기기간을 단축하므로 새로운 혼합기가 배기공을 통해 빠져 나가는 것을 방지하게 된다. 이때 피스톤의 유효행정이 증가하므로 유효압축비도 상승하게 된다.

최고속도에 도달하기 바로 직전에 제어롤러는 배기공의 전체 단면적이 노출되도록 회전한다. 이렇게 되면 배기각과 배기기간이 최대가 되게 된다.

제어롤러는 원심력 또는 제어모터를 이용하여 제어한다. 제어모터의 경우에는 점화펄스를 기준변수로 활용한다.

공유압식으로 작동하는 평면 슬라이더도 배기공 제어에 이용되고 있다.

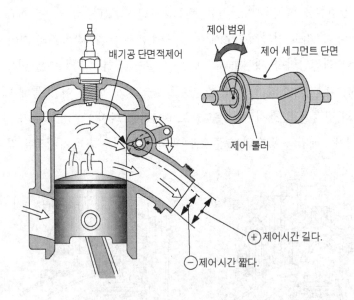

그림 8-10 배기공 제어 - 제어롤러 방식

(3) 배기공 제어의 특징

① 공명 부조화, 제어롤러 또는 평면 슬라이더를 이용한 배기공 제어방식은 대칭포팅이다.
② 소기 시에 새로운 혼합기의 손실을 감소시킨다.
③ 저속과 중속영역에서 토크와 출력이 증대된다.
④ 제어롤러는 열부하를 크게 받으며, 오일카본 퇴적물에 민감하다.
⑤ 배기공 부근의 실린더벽 냉각이 불량하다.

제5절 2행정 오토기관의 구조상의 특징
(Structural Feature : Bauliche Besonderheiten)

2행정 오토기관은 4행정 오토기관과 비교했을 때, 구조상 여러 가지 특징이 있다. 예를 들면 크랭크실은 외부에 대해 밀폐된 구조로 가능한 한 그 체적이 작아야만 필요한 예압축압력을 쉽게 형성할 수 있다. 그리고 크랭크축의 씰((seal)도 기밀을 유지할 수 있는 특수한 구조이어야 한다. 또 다기통기관일 경우에는 크랭크축의 중간베어링에 씰(seal)을 설치하여 크랭크실 상호간에 기밀이 유지되도록 하여야 한다.

1. 윤활 방식

(1) 혼합윤활(mixed lubrication : Mischungsschmierung)

크랭크실은 연료-공기 혼합기를 예압축하는 일을 하므로 거의 대부분의 2행정 오토기관은 혼합 윤활방식을 사용한다. 즉, 윤활유를 연료에 혼합하여 사용한다. 혼합 윤활방식에서 연료-윤활유-공기의 혼합기가 기관의 고온부품들과 접촉하게 되면 연료는 기화하고 윤활유만 남게 된다. 이 윤활유가 모든 베어링을 포함한 크랭크기구와 실린더를 윤활하게 된다.

그러나 윤활유의 일부는 연소되어 오일카본을 생성하게 된다. 기관이 차거우면 차거울수록 미기화된 연료와 함께 연소되는 윤활유의 양이 증가하므로 윤활유의 연소에 의한 연소 퇴적물이 증가 한다. 윤활유 연소에 의한 생성물은 피스톤, 실린더헤드, 배기공, 배기관 등에 퇴적되어 기관의 출력을 저하시키는 원인으로 작용한다.

윤활유의 혼합농도가 높으면 카본퇴적이 심하고, 반대로 혼합농도가 너무 낮으면 기관 각 부분의 마멸이 증대될 뿐만 아니라 심하면 피스톤의 고착을 유발시키게 된다.

윤활유 : 연료의 혼합비는 1 : 20~1 : 100 정도(주로 1 : 50)의 범위가 대부분이다. 그러나 각 기관의 윤활특성에 요구되는 조건이 각각 다르기 때문에 제작사의 지침에 따라 윤활유의

종류, 점도, 혼합비 등을 선택하여야 한다. 긴 언덕길을 내려갈 때 가끔 가속페달을 밟아 주지 않으면 혼합윤활방식에서는 윤활부족이 되는 경우가 있다.

(2) 분리윤활(fresh oil lubrication : Frischölschmierung)(그림 8-11)

연료와 윤활유를 따로 저장하고, 계량펌프가 윤활유를 오일탱크로부터 흡기다기관에 공급, 그 곳에서 연료/공기 혼합기에 의해 무화, 혼합되도록 하는 방식이다. 형식에 따라서는 기화기의 연료입구 전방에서 연료에 윤활유가 혼합되게 할 수도 있다. 그리고 추가로 크랭크 베어링을 윤활유로 직접 윤활할 수도 있다.

윤활유 계량펌프의 펌프 피스톤을 포함한 펌프엘리먼트는 크랭크축에 연결된 구동기구에 의해 의해 구동된다. 계량펌프의 회전속도는 기관의 회전속도에 따라서, 계량펌프의 피스톤 행정은 스로틀밸브의 개도(開度)에 따라 제어되므로 결과적으로 윤활유 공급량은 기관의 회전속도와 부하수준에 따라 변화하게 된다.

혼합비는 약 1 : 100 또는 그 이상으로서 윤활유를 크게 절약할 수 있다.

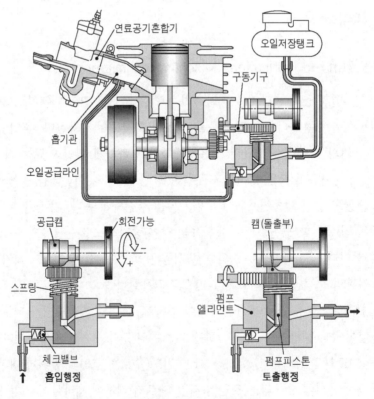

그림 8-11 계량펌프를 이용한 분리윤활방식

2. 기관본체

(1) 크랭크축과 커넥팅롯드

크랭크축 메인베어링과 크랭크핀 베어링으로는 롤러베어링(roller bearing)이 사용된다. 롤러베어링은 평면베어링에 비해 윤활측면에서의 요구조건을 쉽게 충족시킬 수 있기 때문이다. 롤러베어링의 급격한 마멸 및 부식은 소량의 저점도 윤활유로도 최소화시킬 수 있다.

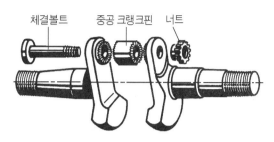

그림 8-12 분할식 크랭크축

부식은 주로 연료나 윤활유에 포함된 황화합물에 의해서 발생한다. 연소할 때 생성되는 황산화물은 증기와 결합하여 산(acid)을 형성하여 베어링의 손상을 유발시키게 된다. 예를 들면, 단거리 주행이나 겨울철과 같이 기관이 냉각된 상태에서는 그러한 현상이 더욱 심하게 나타난다. 커넥팅롯드 대단부 베어링 즉, 크랭크핀 베어링으로 롤러베어링 또는 니들베어링(neddle bearing)을 사용할 경우엔 분할식 크랭크축이 사용된다. 그리고 커넥팅롯드 소단부엔 부싱(bushing)이 사용되는 데, 이 부싱은 무화상태의 윤활유에 의해서 윤활된다(그림 8-12).

(2) 피스톤 어셈블리

2행정 오토기관에서 피스톤은 4행정기관에 비해 2배의 동력행정에 노출되고 동시에 배기공을 제어하므로 상대적으로 열부하를 많이 받는다. 따라서 4행정기관에 비해 열팽창이 크다. 그러므로 피스톤과 실린더간의 간극, 피스톤핀과 부싱과의 간극, 그리고 피스톤링간극을 크게하여 열팽창을 보상하는 방법이 사용된다. → 소음수준이 상대적으로 높다.

흡기공과 소기공은 새로운 가스가 피스톤을 통과하게 하여 냉각을 개선시키는데 기여한다. 피스톤 스커트부에 가공된 창문이 실린더에 가공된 기공을 제어하게 할 수 있다. 그러나 스커트부의 창문은 피스톤의 강성을 약화시키게 된다.

2행정 오토기관의 피스톤은 열부하를 많이 받기 때문에 마멸이 크다. 가스교환기간은 피스톤 상부의 기밀이 유지되지 않는 부분 즉, 톱링(top ring)상부의 링랜드(ring land)에 의해서 연장되는 결과가 되기 때문에 4행정기관에 비해서 2행정기관에서는 조기에 출력이 저하되게 된다. 또 배기공에서 역류되는 배기가스에 의해 피스톤이 국부적으로 과열, 소손되어링이 고착되기도 한다.

2행정기관에서 중공(中空) 피스톤 핀을 사용하면 실린더의 기공들 간에 단락을 유발시킬 수 있기 때문에 중간 또는 한쪽이 막힌 피스톤핀을 사용한 다(그림 2-32피스톤핀 형상 참조).

피스톤링은 고착위험을 최소화하 기 위해서 단면형상이 사다리꼴인 링

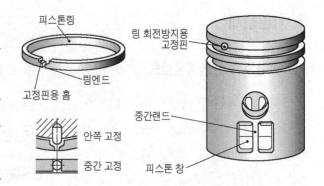

그림 8-13 2행정기관의 피스톤과 피스톤링

을 주로 사용한다. 소형 2행정기관에서는 마찰손실을 극소화하기 위해서 "L"형 링을 1개만 사용하는 경우도 있다(그림 8-13 참조). "L"형 링은 연소가스의 압력에 의해 실린더 벽과 완전히 밀착되므로 기밀 유지성이 좋고, 또 가스교환시기의 제어도 비교적 정확하다.

혼합 윤활방식을 사용하는 2행정 오토기관에서는 대부분 오일링을 사용하지 않는다. 그리고 피스톤링 그루브(groove)마다 피스톤링 회전방지용 핀이 설치되어 있다. 그 이유는 피스톤링이 회전하여 링엔드(ring end)와 기공이 일치할 경우에는 기공에서 링엔드가 벌어져, 심하면 링이 절손되기 때문이다.

(3) 실린더

실린더 벽에 가공된 직4각형 기공(port)들의 수평 단면부를 활모양으로 가공하여 피스톤링과 피스톤이 충격적인 부하를 받지 않고 기공부를 미끄러져 지나가게 한다. 또 피스톤 링 그루브에 밀착된 피스톤링이 너무 벌어지지 않게 하기위해 큰 기공에는 중간 지지대를 두기도 한다. 운전을 계속함에 따라 특히 배기공이 연소생성물의 퇴적에 의해 좁아지게 되는 데, 소음기가 부분적으로 막혔을 때는 더욱 급격하게 좁아지게 된다. 이렇게 되면 소기작용이 불량해져, 매 2번째 소기과정 후에야 점화 가능한 연료-공기 혼합기가 형성되게 된다. 따라서 매 회전마다 점화플러그로부터 불꽃이 공급되더라도 공기-연료 혼합기는 매 2회전마다 한번씩 점화될 수밖에 없게 된다. 이와 같은 현상을 "4행정 현상"이라고 한다.

2행정기관에서 "4행정 현상"이 발생하면 기관의 작동리듬은 4행정 기관처럼 된다. 즉 출력의 맥동현상이 두드러지게 나타난다. "4행정 현상"은 깨끗한 기관에서도 스로틀밸브가 거의 닫혀진 상태로 운전할 때 발생하는 경향이 있다. 특히 공전 시에 "4행정 현상"이 발생할 수 있다. 그 이유는 공전 시에는 소기에 필요한 충분한 양의 혼합기와 충분한 예압축압력을 확

보하기 어렵기 때문이다. "4행정 현상"이 발생하면 소음이 클 뿐만 아니라 배기가스 유해물질도 증가하고 또 출력도 크게 저하한다.

3. 기타 장치

(1) 점화 플러그(spark plug : Zündkerze)

2행정 오토기관에 사용되는 스파크 플러그는 4행정기관에 사용되는 스파크 플러그에 비해 2배의 부하를 받아 온도가 높아지므로 이에 상응하는 열가(heat value)를 선택해야 한다. 즉 냉형(cold type)플러그로서 열가가 낮은 플러그를 사용해야 한다. 따라서 단거리만을 주행할 경우나 추운 날씨에는 스파크 플러그가 심하게 오염되는 현상을 피할 수 없다. 또 혼합기가 농후하거나, 배기관의 오염이 심할 경우, 또는 실린더 내에 연소생성물의 퇴적이 심할 경우도 실화(miss fire)의 원인이 된다. 특히 2행정 오토기관에서는 스파크 플러그의 전극 간에 연소생성물에 의한 브릿지 현상(bridging : Brückenbildung)이 빈번히 발생한다. 이 현상을 최소화시키기 위하여 별도로 2행정기관용 스파크 플러그를 개발, 시판하고 있다. 이 스파크 플러그도 자주 청소해야 하는 데, 그 수명이 4행정기관용 스파크 플러그에 비해서 아주 짧다.

(2) 디젤링(dieseling) 현상

2행정 오토기관은 부분부하 고속에서 디젤링 현상을 유발하는 경향이 있다. 혼합기의 자기착화에 의해 달그락거리는 노킹소음을 내면서 운전되고 있음을 의미한다. 주행 시에는 이 속도범위를 가능한 한 빠르게 벗어나야 한다. 조기 자기착화(pre-self ignition)현상은 기관을 과열시킴은 물론 과부하가 걸리게 한다. 윤활유 연소퇴적물의 적열에 의해서도 자기착화가 발생할 수 있다.

(3) 배기장치(exhaust system : Auspuffanlage)

소기과정은 일종의 맥동유동 과정이다. 그러므로 소음기가 장착된 배기관과 공기여과기가 장착된 흡입관은 서로 조화를 이루어야 한다. 따라서 배기관, 소음기 또는 흡입관을 일부라도 개조하거나 변형시켜서는 안된다. 만약 흡입관, 배기관 또는 소음기를 일부라도 변형시키거나 개조하면 예를 들면, 소음기를 비-순정부품으로 교환했을 경우엔 강한 소음을 유발하고, 출력이 낮아지고, 연료소비율이 증가하는 현상 등을 예상할 수 있다.

제8장 2행정 오토기관

제6절 2행정기관의 장/단점
(Advantage and Disadvantage : Vor-und Nachteile)

1. 2행정기관의 장점 (4행정기관과 비교)

① 구조가 간단하고, 따라서 생산비가 적게 소요된다.

　특별한 밸브기구나 윤활장치가 필요하지 않기 때문에 구조가 간단하다.

　따라서 제작비가 적게 든다.

② 운동부품의 수가 적다.

　부속장치를 제외하면 주요한 운동부품으로서는 피스톤, 커넥팅롯드, 크랭크축 뿐이다.

　마모성 부품이 적으면 수리비는 그만큼 적게 들게 된다.

③ 진동이 적다.

④ 회전력이 일정하다.

　동력행정수가 4행정기관의 2배이므로 회전토크가 안정된다.

　특히 단기통 2행정기관에서는 안정된 구동력(회전력)을 얻을 수 있다.

⑤ 공간체적을 적게 차지하고, 경량구조이다.

⑥ 단위출력 당 질량(kg/kW)이 가볍다.

⑦ 리터출력이 크다.

⑧ 실린더수가 같을 경우, 엔진 작동이 더 정숙하다.

2. 2행정기관의 단점 (4행정기관과 비교)

① 연료소비율과 윤활유소비율이 높다.

　소기기간은 회전속도에 따라 변화한다. 회전속도가 너무 낮으면 새 혼합기가 배기관으로 유출된다. 반대로 회전속도가 너무 높으면 실린더 내에 잔류하는 연소가스의 양이 증가하고 따라서 출력이 저하한다.

따라서 회전속도가 너무 낮거나 또는 너무 높을 경우에도 연료소비율이 크게 증가한다. 최저 연료소비율은 정격 운전속도(최고속도의 $\frac{3}{4}$정도)에서 부하가 약 $\frac{1}{2}$~$\frac{3}{4}$수준일 때 얻어지도록 설계된다. 혼합윤활방식을 채용하면 윤활유소비량이 많아지게 된다. 그리고 연료소비량에 따라 윤활유소비량이 변화하므로 결과적으로 이들은 소기과정에 크게 좌우된다.

② 충전효율이 낮다.

4행정기관에 비해 동력행정 횟수는 2배이지만 개방가스교환을 하기 때문에 충전효율이 낮아, 동일한 행정체적일 경우에 출력은 거의 동일하거나 약 30%정도 더 높을 뿐이다. 그리고 행정이 길어지고 또 행정체적이 커지면 커질수록 충전률은 저하한다.

"4행정 현상" 특히 공전속도에서의 4행정 현상과 저속에서의 저회전력, 디젤링현상 등은 충전률이 낮은 데 기인한다. 이와 같은 단점 때문에 일반적으로 2행정 오토기관은 실린더당 행정체적 약 350cc정도까지만 제작한다.

③ 평균유효압력이 낮다.

충전률이 낮기 때문에

④ 열부하 수준이 높다.

동력행정 횟수가 2배이므로 그 만큼 기관이 과열되고 기계적 부하가 많이 걸린다.
스파크플러그의 마모도 심하기 때문에 자주 교환해야 한다.

⑤ 배기가스의 질이 불량하다. HC가 많이 발생된다.

⑥ 공전품질이 불량하다. → 잔류배기가스 때문에

3. 2행정기관의 고장진단

(1) 출력감소의 원인

① 공기여과기의 오염 및 막힘
② 오일 카본 찌꺼기 또는 오일 카본 퇴적물
③ 연료탱크의 환기불량
④ 연료공급량 부족
⑤ 스파크 플러그가 오일로 젖어 있거나, 탄화되었다.
⑥ 스파크 플러그의 열가가 맞지 않다.
⑦ 점화시기가 틀리다.
⑧ 압축압력이 낮다.
⑨ 크랭크실의 기밀이 불량하다.

(2) 기관과열의 원인

① 방열기 냉각핀의 오염 및 막힘 ② 냉각시스템의 고장

③ 자기착화의 발생 ④ 지나치게 희박한 혼합기 사용(기화기 조정 불량)

⑤ 오일과 연료의 혼합비 불량 또는 부적당한 오일 사용

⑥ 지나치게 많은 열을 흡수(피스톤헤드를 연삭 또는 샌드페이퍼로 닦아서)

(3) 기관 노크의 원인

① 연소실에 또는 피스톤 헤드에 오일 카본이 너무 많이 퇴적(압축비 변화)

② 점화시기가 너무 빠르다.

③ 연소실에 퇴적된 오일 카본의 적열

(4) 4행정 현상의 원인

① 기화기의 넘침

② 부자 또는 부자기구의 결함

③ 배기관이 오일카본에 의해 좁아짐

④ 공기여과기의 오염 및 막힘

(5) 운전 및 정비관리상의 유의사항

① 제작사가 추천하는 자기혼합오일(self-mixing oil)을 추천비율로 희석하여 사용할 것.

② 자기혼합오일을 사용하지 않을 경우에는 혼합기를 아주 충분히 혼합되게 할 것.

③ 크랭크 케이스와 크랭크실의 기밀도를 점검할 것,

　누설부위는 외부로부터 오일에 젖은 상태를 보고 확인할 수 있다.

④ 정기적으로 공기여과기를 청소할 것.

⑤ 오일카본 제거 시 날카로운 공구를 사용하지 말고, 할퀸 자국이 생기지 않도록 할 것.

⑥ 피스톤헤드를 청소할 때, 반짝 반짝하게 연마하거나 샌드페이퍼로 닦지 말 것,

　과열 또는 오일 카본생성의 원인이 될 수 있다.

⑦ 피스톤 모서리가 손상되지 않게 할 것,

　손상될 경우, 기밀도 또는 포팅(porting)시기가 변할 수 있다.

기타 기관

Other Engines : Weitere Motoren

제9장   기타 기관

제1절 가스터빈 기관
(Gas Turbine Engine : Gasturbine)

속도형 고속압축기로 공기를 계속적으로 압축하고, 압축된 공기 중에 연료를 분사, 연속적으로 연소시킨다. 이때 발생되는 연소가스로 터빈을 구동시키면 출력에 비하여 소형, 경량의 열기관이 얻어지는데 이것이 바로 가스터빈이다. 1953년 영국의 Rover gas turbine Co. 가 개발한 가스터빈 자동차는 당시 기관출력 74kW, 최고속도 140km/h를 기록하였다.

1. 개 요

자동차기관으로   사용되는   가스터빈은   압축기(compressor),   연소실(combustion chamber), 터빈(turbine), 열교환기(heat exchanger)로 구성되어 있다(그림 9-1 참조).

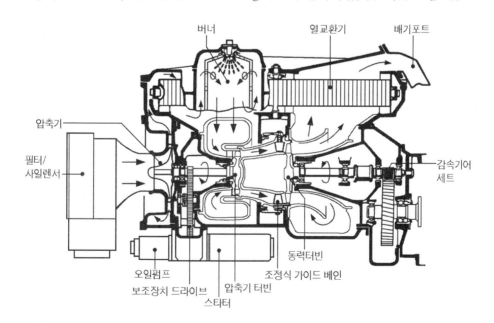

그림 9-1 자동차용 2축 가스터빈기관

1축 터빈(one shaft turbine : Einwellenturbine)은 터빈의 회전속도가 감소할 때, 회전력을 증가시킬 수 없기 때문에 자동차 구동에 적당한 회전력 특성곡선을 얻을 수 없다. 이유는 터빈 축이 저속으로 회전하면 압축기가 압축하는 공기량이 감소하게 되고, 그렇게 되면 연료분사량도 감소시켜야 한다. 결과적으로 터빈날개(turbine blade)에 작용하는 연소가스의 힘이 약화되어 회전력이 저하되게 된다(그림 9-2a 참조).

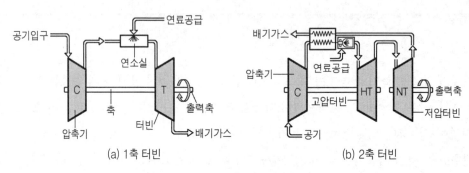

그림 9-2 1축 터빈과 2축 터빈의 구성

이런 이유에서 자동차기관으로는 2축 터빈(2-shaft turbine)이 사용된다. 그림 9-2b에서 고압터빈(HT)은 압축기 동력원으로 사용되고 저압터빈(NT)은 자동차 동력원으로서 자동차의 동력전달장치와 접속된다. 터빈이 2단으로 분리되어 있기 때문에 압축기는 고압터빈에 의해 공기압축에 필요한 고속으로 계속 회전할 수 있다. 그리고 동시에 저압터빈은 자동차의 주행조건에 대응하여 적당한 토크특성을 발휘할 수 있게 된다. 다시 말하면 저압터빈의 회전속도가 낮아져도 고압터빈에 의해 구동되는 압축기는 충분한 양의 공기를 압축할 수 있기 때문에 저속에서도 큰 회전력을 얻을 수 있다.

2. 작동원리

그림 9-3은 출력 276kW, 질량 760kg의 Ford gas-turbine 707의 단면이다. 이 가스터빈을 예로 들어 작동과정을 설명하기로 한다.

(1) 압축기(compressor : Verdichter)

가스터빈을 시동시키려면 시동모터로 먼저 압축기를 고속(약 3,000~6,000min^{-1})으로 회전시켜야 한다. 이때 압축기는 공기를 흡입하여 압축한다. 압축기를 통과한 공기는 열교환기를 거치면서 예열된 다음, 다수의 기공(氣孔)을 통해 연소실로 분출된다.

(2) 연소실(combustion chamber : Brennkammer)

연소실에는 분사노즐과 점화플러그가 설치되어 있다. 분사노즐은 연료를 고압(약 20bar)으로 지속적으로 분사하며, 점화플러그는 시동 시에만 불꽃을 공급한다. 연료가 일단 점화되고 나면 점화플러그로부터 불꽃이 공급되지 않아도 연소는 계속된다. 연소가스의 압력은 압축기로부터 공급되는 압축공기의 압력보다 다소 낮기 때문에 연소가스는 연소실에서 터빈으로 유동하게 된다.

(3) 터빈(turbine : Turbinen)

터빈은 압축터빈(고압터빈 또는 1단 터빈이라고도 한다.)과 동력터빈(저압 터빈 또는 2단 터빈이라고 한다)으로 구성되어 있다.

압축터빈은 압축기를 고속(약 60,000min^{-1}까지)으로 구동시킨다. 따라서 출력의 상당부분이 압축기 구동에 사용된다. 압축기 구동에 사용된 출력을 제외한 나머지 출력에 의해 동력터빈이 구동(약 55,000min^{-1}까지)된다. 동력터빈은 중간 감속기어를 통해 자동차 구동장치와 연결되어 있으며, 중간감속기어는 동력터빈의 회전속도를 자동차구동에 사용 가능한 범위 내로 감속시키고 토크는 증가시킨다.

각 터빈의 전방에는 노즐 링(nozzle ring)이 설치되어 있는데 가스는 이 링을 통과하면서 가속되어 터빈 블레이드(turbine blade)에 가장 유효한 각도로 유입되도록 되어있다.

두 터빈은 터빈 블레이드의 경사각도를 서로 다르게 하여 회전방향이 서로 반대가 되도록 하였다. 동력은 구동터빈으로부터 감속기를 거쳐서 자동차의 동력전달장치에 전달된다. 2축 터빈은 기동토크(start torque)가 크고, 또 토크특성은 유체 토크컨버터가 접속된 디젤기관의 토크특성과 아주 유사하다. 따라서 가스터빈의 토크특성은 자동차, 특히 상용트럭의 구동에 아주 적합하다.

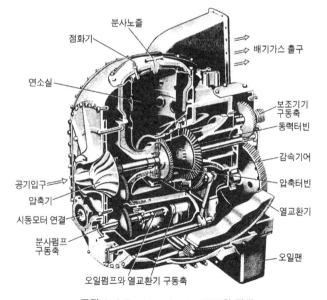

분사노즐
점화기
배기가스 출구
연소실
보조기기 구동축
동력터빈
감속기어
공기입구
압축기
압축터빈
시동모터 연결
열교환기
분사펌프 구동축
오일팬
오일펌프와 열교환기 구동축

그림 9-3 Ford gas turbine 707의 단면

(4) 열교환기(heat exchanger : Waermetauscher, 그림 9-4)

열교환기는 금속섬유 또는 세라믹 재질의 디스크
(disk)나 드럼(drum)으로서 아주 천천히 회전하도록 되
어 있는데, 디스크(또는 드럼) 전체 면적의 ⅔ 정도는
항상 고온가스에, 나머지 ⅓ 정도에는 항상 압축공기에
노출되도록 되어 있다. 따라서 열교환기는 계속적으로
회전하면서 배기가스에 의해 가열되고 압축공기에 의
해 냉각되는 과정을 반복한다.

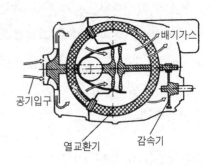

그림 9-4 열교환기

즉, 배기가스의 열을 압축공기에 전달한다. 이와 같
이 배기가스의 열을 이용하여 압축공기를 예열시키면 결과적으로 열효율이 향상된다.

3. 가스터빈의 기본사이클

그림 9-5와 같이 2개의 정압과정과 2개의 단열과정으로 구성된 브레이튼 사이클(Brayton
cycle)이 자동차용 가스터빈의 기본사이클이다. → 주울 사이클(Joule cycle)이라고도 함.

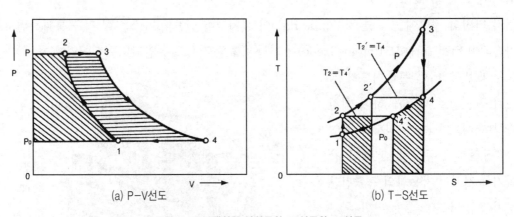

(a) P-V선도 (b) T-S선도

그림 9-5 브레이튼 사이클의 PV선도와 TS선도

공기표준 브레이튼 사이클의 구성은 다음과 같다.

과정 $1 \to 2$ 단열압축 과정(isentropic compression)

　　　　　 － 속도형 압축기에서 공기를 압축한다.

과정 $2 \to 3$ 정압급열 과정(isobaric heat addition)

　　　　　 － 연소실에서 분사된 연료의 연소가 진행된다.

과정 3 → 4　단열팽창 과정(isentropic expansion)

　　　　　　　－ 연소실을 나온 연소가스가 노즐 링으로부터 터빈날개로 분출된다.

과정 4 → 1　정압방열 과정(isobaric heat dissipation)

　　　　　　　－ 터빈을 통과한 가스가 대기 중으로 방출된다.

열교환기를 포함하는 경우는 브레이튼 재생사이클(Brayton regenerative cycle)을 적용한다. 그림 9-5의 TS선도에서 압축공기온도가 $T_2 \rightarrow T_2{}'$로 상승하고, 배기가스온도가 $T_4 \rightarrow T_4{}'$로 내려가 완전 열교환이 이루어졌다고 하면

$$C_p(T_2{}' - T_2) = C_p(T_4 - T_4{}') \quad\cdots\cdots\cdots\cdots\cdots\cdots\cdots\cdots\cdots\cdots\cdots\cdots\cdots \text{①}$$

만큼의 급열량이나 방열량이 감소한다.

따라서 급열량(Q_{in})은

$$Q_{in} = C_p(T_3 - T_2{}') = C_p(T_3 - T_4) \quad\cdots\cdots\cdots\cdots\cdots\cdots\cdots\cdots\cdots\cdots \text{②}$$

그리고 방열량(Q_{out})은

$$Q_{out} = C_p(T_4{}' - T_1) = C_p(T_2 - T_1) \quad\cdots\cdots\cdots\cdots\cdots\cdots\cdots\cdots\cdots\cdots \text{③}$$

열교환기가 부착된 가스터빈의 열효율(η_{thB})을 온도함수로 나타내면

$$\eta_{thB} = 1 - \frac{Q_{out}}{Q_\in} = 1 - \frac{C_p(T_2 - T_1)}{C_p(T_3 - T_4)} = 1 - \frac{T_2 - T_1}{T_3 - T_4}$$

$$= 1 - \frac{T_2\left(1 - \dfrac{T_1}{T_2}\right)}{T_3\left(1 - \dfrac{T_4}{T_3}\right)} = 1 - \frac{T_2}{T_3} \quad\cdots\cdots\cdots\cdots\cdots\cdots\cdots \text{(9-1)}$$

$$\therefore \frac{P_2}{P_1} = \frac{P_3}{P_4} = \left(\frac{T_2}{T_1}\right)^{\frac{k}{k-1}} = \left(\frac{T_3}{T_4}\right)^{\frac{k}{k-1}}$$

$$\therefore \frac{T_4}{T_3} = \frac{T_1}{T_2}$$

식(9-1)에서 브레이튼 사이클의 열효율은 터빈으로 유입되는 가스온도(T_3)가 높을수록, 열교환기에 유입되는 공기온도(T_2)가 낮을수록 높아진다는 것을 의미한다.

브레이튼 사이클의 열효율을 압력(P)의 함수로 표시하면 그림 9-5의 PV선도에서

과정 1 → 2는 단열압축과정이므로

$$\frac{T_1^k}{P_1^{k-1}} = \frac{T_2^k}{P_2^{k-1}} \quad \Rightarrow \quad T_2 = T_1 \cdot \left(\frac{P_2}{P_1}\right)^{\frac{k-1}{k}} \quad \cdots\cdots\cdots\cdots ④$$

과정 3 → 4는 단열팽창과정이므로

$$\frac{T_3^k}{P_3^{k-1}} = \frac{T_4^k}{P_4^{k-1}} \quad \Rightarrow \quad T_3 = T_4 \cdot \left(\frac{P_3}{P_4}\right)^{\frac{k-1}{k}} \quad \cdots\cdots\cdots\cdots ⑤$$

또 PV선도에서 $P_1 = P_4$, $P_2 = P_3$ 이므로 식 ④, ⑤로부터

$$\frac{T_2}{T_1} = \frac{T_3}{T_4} = \left(\frac{P_2}{P_1}\right)^{\frac{k-1}{k}} = \left(\frac{P_3}{P_4}\right)^{\frac{k-1}{k}} \quad \cdots\cdots\cdots\cdots ⑥$$

식 ⑥에서 앞부분의 T 항을 변형하여

$$\frac{T_4}{T_1} = \frac{T_3}{T_2} = \left(\frac{P_2}{P_1}\right)^{\frac{k-1}{k}} = \left(\frac{P_3}{P_4}\right)^{\frac{k-1}{k}} = (\gamma)^{\frac{k-1}{k}} \quad \cdots\cdots\cdots\cdots ⑦$$

여기서 $\gamma = \dfrac{P_2}{P_1}$: 압력비

따라서 식 (9-1)은

$$\eta_{thB} = 1 - \frac{T_2}{T_3} = 1 - \frac{1}{\dfrac{T_3}{T_2}}$$

$$= 1 - \frac{1}{\left(\dfrac{P_2}{P_1}\right)^{\frac{k-1}{k}}} = 1 - \frac{1}{\gamma^{\frac{k-1}{k}}} \quad \cdots\cdots\cdots\cdots (9\text{-}2)$$

식(9-2)에서 브레이튼사이클의 열효율은 압력비 $\gamma = \dfrac{P_2}{P_1}$가 클수록 높아진다. 효율을 높이기 위해서는 P_2를 높게 즉, 압축기에서 공기압력을 높여 주어야 한다.

식 (9-1)과 (9-2)를 종합하면 브레이튼 사이클의 열효율은 열교환기에 유입되는 공기온도(T_2)가 낮을수록, 터빈으로 유입되는 가스온도(T_3)가 높을수록, 압축공기의 압력P_2가 높을수록 높아진다. 실용 가스터빈의 열효율은 약 35%정도이다.

단열과정의 일반식 '$P_1 v_1^k = P_2 v_2^k$'에 $v_1 = \dfrac{RT_1}{P_1}$, $v_2 = \dfrac{RT_2}{P_2}$ 를 대입하면

$$P_1\left(\frac{RT_1}{P_1}\right)^k = P_2\left(\frac{RT_2}{P_2}\right)^k , \quad \frac{T_1^k}{P_1^{k-1}} = \frac{T_2^k}{P_2^{k-1}}$$ 가 된다.

양변의 지수에 $1/k$을 곱하여 정리하면

$$\frac{T_1}{P_1^{\frac{k-1}{k}}} = \frac{T_2}{P_2^{\frac{k-1}{k}}} , \quad \frac{T_2}{T_1} = \left(\frac{P_2}{P_1}\right)^{\frac{k-1}{k}}$$ 가 된다.

그림 9-5의 PV선도에서 압축기의 이론일($W_{C.th}$)은 면적 12PPo이며, 터빈의 이론일($W_{T.th}$)은 34PoP이다. 따라서 터빈의 유효이론일($W_{T.e}$)은 면적 1234가 된다. 그러나 실제의 경우엔 유동과정의 비가역성, 압축기와 연소실 등에서의 에너지변환효율과 마찰손실, 그리고 압력손실 등을 고려하여야 한다.

압축기에 필요한 이론일($W_{C.th}$)은

$$
\begin{aligned}
W_{C.th} &= \int_1^2 V dp = h_2 - h_1 = C_p(T_2 - T_1) \\
&= \frac{k}{k-1}R(T_2 - T_1) = \frac{k}{k-1}RT_1\left(\frac{T_2}{T_1} - 1\right) \\
&= \frac{k}{k-1}RT_1\left(\gamma^{\frac{k-1}{k}} - 1\right) \quad\cdots\cdots\cdots\cdots\cdots\cdots\cdots\cdots \text{(9-3)}
\end{aligned}
$$

여기서 　$c_p = \dfrac{k}{k-1}R$ 　　$\dfrac{T_2}{T_1} = \left(\dfrac{P_2}{P_1}\right)^{\frac{k-1}{k}}$

터빈이 하는 이론일($W_{T.th}$)은

$$
\begin{aligned}
W_{T.th} &= \int_3^4 V dp = h_3 - h_4 = C_p(T_3 - T_4) \\
&= \frac{k}{k-1}R(T_3 - T_4) = \frac{k}{k-1}RT_3\left(1 - \frac{T_4}{T_3}\right) \\
&= \frac{k}{k-1}RT_3\left(1 - \frac{1}{\gamma^{\frac{k-1}{k}}}\right) \quad\cdots\cdots\cdots\cdots\cdots\cdots\cdots \text{(9-4)}
\end{aligned}
$$

터빈의 유효 이론일$(W_{T.e})$은

$$W_{T.e} = W_{T.th} - W_{C.th}$$

$$W_{T.e} = \frac{k}{k-1}RT_3\left(1 - \frac{1}{\gamma^{\frac{k-1}{k}}}\right) - \frac{k}{k-1}RT_1\left(\gamma^{\frac{k-1}{k}} - 1\right)$$

$$= \frac{k}{k-1}RT_1\left[\frac{T_3}{T_1}\left(1 - \frac{1}{\gamma^{\frac{k-1}{k}}}\right) - \frac{k}{k-1}\left(\gamma^{\frac{k-1}{k}} - 1\right)\right]$$

$$= \frac{k}{k-1}RT_1\left[\tau\left(1 - \frac{1}{\gamma^{\frac{k-1}{k}}}\right) - \frac{k}{k-1}\left(\gamma^{\frac{k-1}{k}} - 1\right)\right] \quad \cdots\cdots\cdots\cdots\cdots (9\text{-}5)$$

여기서 $\tau = \dfrac{T_3}{T_1}$: 온도비

압력비 (γ)가 일정할 경우, 온도비 (τ)가 클수록 유효일은 증가한다. 즉, 터빈입구에서의 연소가스온도 (T_3)가 높을수록, 압축기입구에서의 공기온도 (T_1)가 낮을수록 유효일은 증가한다.

4. 가스터빈과 왕복피스톤기관의 비교

가스터빈을 왕복피스톤기관과 비교할 경우, 다음과 같은 장/단점이 있다.

(1) 장점

① 구조가 간단하다.

② 맥동(pulsation)이 없는 정숙한 운전을 가능하게 한다.

   왕복운동부품이 없고, 회전부품도 압축기와 구동터빈 뿐이다.

③ 질이 낮은 연료를 사용할 수 있다.

   연소압력이 낮고 또 연소가 계속적으로 진행된다.

④ 디젤기관에 비해 단위 출력당 질량이 가볍다.

   가스터빈 1.6kg/kW ~ 2.7kg/kW

   디젤기관 4kg/kW   ~ 9.5kg/kW

⑤ 같은 출력의 디젤기관에 비해 크기가 작고 설치공간도 적게 차지한다.

⑥ 수명이 길다.

⑦ 배기가스 유해배출물 수준이 낮다.

(2) 단점

① 연료소비율이 높다. 특히 부분부하시와 공전시에 연료소비율이 높다.

② 가속지연을 피할 수 없다.

③ 저출력기관으로는 부적당하다.

④ 가이드 임펠러(guide impeller)를 제어하여 터빈으로 공급되는 가스를 제어했을 때만
엔진브레이크(engine brake)효과를 얻을 수 있다. → 엔진 브레이크 효과가 약하다.

⑤ 흡입소음과 연소소음이 크다.

⑥ 고온 내열재료가 사용되는 데 아직은 그 값이 비싸다.

표 9-1 자동차용가스터빈의 온도분포(전부하 운전시 경험값)

온도 측정 부분	금속제 터빈	세라믹제 터빈
압축기 출구	230℃	250℃
열교환기 출구(공기측)	700℃	950℃
연소실 출구	1,000 ~ 1,100℃	1,250~1,350℃
열교환기 입구(가스측)	750℃	1,000℃
열교환기 출구	270℃	300℃

제9장 기타 기관

제2절 방켈기관
(Wankel engine : Wankelmotor)

1. 개 요

왕복피스톤기관에서 피스톤의 직선왕복운동은 커넥팅롯드에 의해 크랭크축의 회전운동으로 변환된다. 그러나 회전피스톤(rotary piston : Kreiskolben)기관에서는 피스톤이 회전하면서 폭발과정에서 직접, 회전력을 발생시킨다. 따라서 회전피스톤기관은 피스톤의 직선왕복운동에 따른 운동질량의 가/감속이 발생되지 않으므로 질량이 동일한 기관일 경우, 고속회전이 가능하고 고출력을 얻을 수 있다. 현재까지 개발된 실용 가능한 회전피스톤기관으로는 펠릭스 방켈(Felix Wankel : 1902~1988. 독일)이 개발한 방켈기관이 있을 뿐이다.

방켈기관은 DKM과 KKM으로 분류한다.

방켈기관을 구성하고 있는 3요소는 에피트로코이드 형상의 하우징(epitrochoide form housing), 3개의 하이포트로코이드(hypotrochoid) 원호(圓弧)로 구성된 회전피스톤, 그리고 중심축(편심축)이다(그림 9-6, 9-8, 9-9 참조).

DKM(: Drehkolbenmaschinen)은 중심축을 고정하고, 고정된 중심축 주위를 내, 외측 로터가 회전하는 형식으로 펠릭스 방켈이 1954년 개발한 최초의 회전피스톤기관이다. 이 기관에서는 하우징이 회전하므로 흡배기 통로, 냉각수 호스, 점화케이블 등을 접속시키는 데 문제점이 있었다. 1957년 NSU-Wankel 개발팀이 KKM을 개발하여 이 문제점을 해결하였다.

KKM(: Kreiskolbenmaschinen)은 하우징이 고정되고 중심축과 내측 로터(회전 피스톤)가 회전하는 형식으로 현재 사용되고 있는 방켈기관은 모두 KKM이다.

2. KKM의 구조와 작동원리

(1) KKM의 기하학적 구성

로터(2)가 내접, 고정되어 있는 피니언 기어(1) 상에서 회전할 때, 로터(2) 상의 임의의 점 A의 궤적은 에피트로코이드(epitrochoide) 곡선(3)이 된다. 이때, 고정피니언의 직경(d_1)과 로터기어의 직경(d_2)의 비가 "$d_1 : d_2 = m : (m+1)$, m은 정수"이면 로터상의 임의의 점 A의 궤적은 에피트로코이드 폐곡선을 형성한다(그림 9-6 참조).

그림 9-6에서 "$d_1 : d_2 = 2 : 3$"이면 로터(2)와 에피트로코이드 폐곡선(3)의 교점 B, C는 로터(2)가 회전할 때, 로터의 점 A의 궤적과

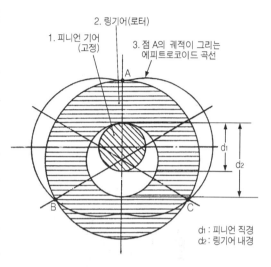

2. 링기어(로터)
1. 피니언 기어 (고정)
3. 점 A의 궤적이 그리는 에피트로코이드 곡선
d_1
d_2
d_1 : 피니언 직경
d_2 : 링기어 내경

그림 9-6 에피트로코이드 곡선의 생성

똑같은 에피트로코이드 폐곡선(3)을 그리게 된다. 에피트로코이드 폐곡선(3)을 하우징의 내부형상으로 하고, 로터(2) 상의 점 A, B, C를 꼭지점으로 하는 회전피스톤을 고정피니언(1) 위에서 회전시키면 꼭지점 A, B, C는 하우징 내부와 항상 접촉하면서 회전하게 된다.

즉, 고정피니언과 로터의 기어비가 2 : 3이면 2절 에피트로코이드곡선이 되고, 로터와 에피트로코이드 폐곡선 간의 교점은 3개가 된다. 일반적으로 기어비가 $m : (m+1)$일 경우, m절 에피트로코이드 폐곡선이 그려지고 교점은 $(m+1)$개가 된다. 여기서 m절이란 에피트로코이드 폐곡선에서 들어간 부분이 m개소임을 뜻한다(그림 9-7 참조).

그림 9-7에서 보면 여러 형태의 회전피스톤기관이 가능하나 실제로는 직경비 2 : 3의 기관이 실용화 되었을 뿐이다.

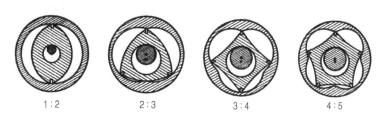

1 : 2   2 : 3   3 : 4   4 : 5

그림 9-7 기어의 직경비가 트로코이드형상에 미치는 영향

(2) 방켈기관의 구조

단면의 형상이 2절 에피트로코이드인 하우징은 왕복피스톤기관의 실린더블록에 대응되는 부분으로서 내부 한쪽에 흡기공과 배기공이 설치되고, 그 반대편에는 점화플러그가 설치된다. 하우징의 재질은 보통 경금속이며, 마찰부분은 마멸을 감소시키기 위해 크롬 도금 또는 니켈 도금한다.

에피트로코이드 형상인 하우징 양측면에는 커버(cover)가 설치된다. 이들 커버의 중심에는 왕복피스톤기관의 크랭크축에 해당하는 편심축을 지지하는 베어링이 설치된다. 또 커버에는 추가로 베어링과 동심(同心)의 상태로 피니언 기어가 고정되어 있다. 커버에 고정된 이 피니언 기어가 회전피스톤의 안쪽에 가공된 기어에 내접된다(그림 9-9, 9-11 참조).

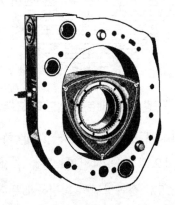
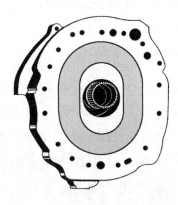

그림 9-8 회전피스톤과 2절 에피트로코이드 형상의 하우징	그림 9-9 출력측 사이드커버와 고정피니언

그림 9-10과 같이 왕복피스톤기관의 크랭크축에 해당되는 편심축에는 회전피스톤의 갯수만큼의 편심캠이 있다. 이 편심캠과 회전피스톤의 중심에 가공된 원통부분이 서로 미끄럼접촉을 하게 된다. 회전피스톤은 편심축의 편심캠과 미끄럼 접촉하면서 회전하며, 그림 9-11과 같이 3개의 하이포트로코이드(hypotrochoid) 곡선으로 구성된 3각 디스크 형상이다.

회전피스톤의 각 모서리 및 양측면 즉, 모든 마찰면은 모두 씰 엘레멘트(seal element)에 의해 연소실의 기밀을 유지할 수 있는 구조로 되어있다.

회전피스톤의 중심에는 편심축의 편심캠이 미끄럼 접촉하는 원통형 부분, 그리고 측면커버에 고정되어있는 피니언 기어와 맞물려 회전하는 내측기어(internal gear) 부분으로 구성되어 있다. 피니언과 내측기어는 동력을 전달하는 기능을 하는 것이 아니고, 회전피스톤의 운동궤적과 운동과정만을 제어할 뿐이다. 따라서 회전피스톤은 편심축에 회전력을 직접 전달하면서, 동시에 하우징의 내측과 기밀을 유지하면서 회전하게 된다.

앞서 설명한 바와 같이 고정 피니언과 회전피스톤 내측기어 간의 잇수비는 2 : 3이다. 그리고 회전피스톤은 편심축 회전속도의 ⅓로, 편심축과 같은 방향으로 회전한다.

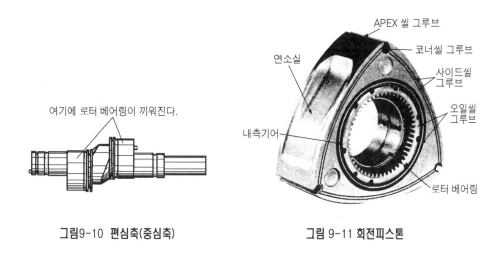

그림9-10 편심축(중심축)　　　　　　　　그림 9-11 회전피스톤

(3) 방켈기관(KKM)의 작동원리-가스교환

방켈기관(KKM)은 그림 9-12에 도시된 것과 같이 3개의 연소실로 구성되어 있다. 그리고 소기공에 의해서 제어되는 2행정기관과 마찬가지로 별도의 특별한 밸브기구를 필요로하지 않는다. 그러나 4행정기관과 마찬가지로 밀폐가스교환을 하며, 사이클도 4행정사이클 - 흡입, 압축, 동력, 배기 - 에 따른다.

방켈기관은 회전피스톤의 중심(重心)이 원의 궤적을 따라 회전하도록 설계되어 있다. 회전피스톤이 회전하는 동안, 각 연소실의 체적은 커지거나 또는 작아진다. 그리고 편심축이 3회전하는 동안에 각 연소실은 연속적으로 4행정방식에 따른 1사이클씩을 완성한다. 그러나 편심축이 3회전하는 동안에 1개의 회전피스톤에서 3개의 연소실이 각각 1사이클 -흡입, 압축, 동력, 배기-을 완성하므로 동력행정횟수는 2행정기관과 마찬가지로 편심축(크랭크축)이 1회전하는 동안에 한번씩 발생한다.

그림 9-12에서 먼저 회전피스톤이 우측으로 회전하면 연소실1(회전피스톤의 원호 CA부분)은 공기/연료 혼합기를 흡입한다.(1, 2, 3, 4). 이때 연소실5는 압축을 하며(5, 6, 7), 압축이 끝나면 압축된 혼합기는 스파크플러그로부터의 점화불꽃에 의해 점화된다(7). 그러면 연소실7에서 팽창된 연소가스는 동력을 발생시켜 회전피스톤을 회전시키게 된다.(8, 9, 10).

회전피스톤이 연소가스압력에 의해 회전할 때, 회전피스톤은 내측기어에 의해 고정 피니언기어 상에서 전동하면서 회전력을 편심축에 직접 전달한다.

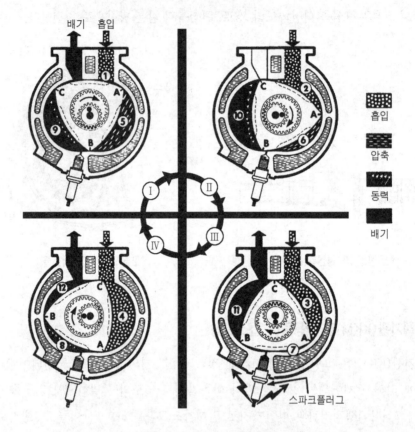

그림 9-12 방켈기관(KKM)의 작동원리-가스교환

왕복피스톤기관에서는 피스톤헤드에 작용하는 폭발력이 커넥팅롯드를 거쳐 크랭크축에 전달되지만, 방켈기관에서는 회전피스톤에 작용하는 폭발력이 회전피스톤으로부터 직접 편심축에 전달된다. 회전피스톤이 회전함에 따라 연소실 10에서는 동력행정이 종료되고, 이어서 배기가 진행된다(11, 12, 1).

그림 9-12에서 편심축에 표시된 작은 흑색점(●)이 270° 우회전하는 동안에 회전피스톤의 원호 CA는 단지 90°만 우회전하였다. 이것은 편심축이 3회전하는 동안에 회전피스톤은 단지 1회전하고, 3개의 연소실은 각각 1회의 동력행정 즉, 모두 3회의 동력행정을 수행함을 의미한다.

회전피스톤의 한 면에서 폭발행정이 진행되는 동안, 회전피스톤에 작용하는 폭발력 (F_g)

의 작용방향은 폭발행정이 진행중인 면과 마주보는 꼭지점
이 된다.

회전피스톤의 중심은 편심축의 중심에 대해 e만큼 편심
되어 있으므로 폭발력 (F_g)은 편심축 중심방향의 힘 (F_c)
과 편심축 접선방향의 힘 (F_t)으로 분해된다. 이때 접선방
향의 힘 (F_t)은 편심축의 중심으로부터 e만큼 벗어난 점에
서의 접선력이 된다. 따라서 편심축(중심축)에는 "$F_t \cdot e$"
만큼의 회전력이 발생하게 된다(그림 9-13 참조).

방켈기관에서는 편심축 회전속도를 기관 회전속도라고

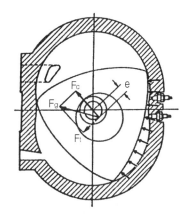

그림 9-13 편심축의 회전력

한다. 그리고 회전피스톤은 편심축 회전속도의 ⅓로 편심축 회전방향과 같은 방향으로 회전
하므로 편심축이 고속으로 회전하드라도 회전피스톤의 씰 엘레멘트와 마찰면의 마모가 적
고, 운전이 정숙하게 진행된다.

(4) 씰 시스템(seal system : Dichtsystem)

씰 시스템은 회전피스톤의 꼭지점에 설치되어 에피트로코이드 형상의 하우징 내면과 밀착
되는 에이팩스 씰(apex seal : Radialdichtung), 에이팩스 씰 양단의 기밀을 유지하는 코너 씰
(corner seal), 그리고 회전피스톤의 양측면에 설치되어 사이드커버와 밀착, 기밀을 유지하는
사이드 씰(side seal : Axialdichtung)로 구성된다(그림 9-11 참조).

그림 9-14를 보면 에이팩스 씰(241)은 회전피스톤의 각 모서리에 가공된 씰 그루브(seal
groove)(25)에 백분의 수mm 간격으로 삽입되어, 에피트로코이드 형상의 하우징 내면(312)
과는 씰 정점(頂点)의 원형부분(242)에서 접촉되도록 되어 있다.

회전피스톤의 양 측면의 기밀은 회전피스톤의 양 측면에 가공된 씰 그루브에 삽입되는 사
이드 씰(26)과 코너볼트(corner bolt)(27)에 의해서 유지된다. 그리고 회전피스톤의 중심부
에는 오일 씰(oil seal)(28)이 설치되어 있다(그림 9-15 참조).

사이드 씰(26)은 서로 이웃한 코너볼트(27)까지 연장되어 있는데, 한쪽 선단(272)은 코너
볼트와 접촉되고, 그 반대편 선단(271)은 코너볼트(27)와 겹치게 된다(그림 9-15 참조).

사이드 씰의 선단(272)은 피스톤의 운동에 의해 코너볼트를 밀도록 되어 있다. 그러나 반
대편 선단(271)은 제한을 받지 않고 코너볼트 위에 겹쳐지게 하여 사이드 씰의 열팽창이 제

한되지 않도록 하였다. 코너볼트(27)와 사이드 씰(26)은 가스압력과 각 씰의 안쪽에 설치된 스프링의 장력에 의해 사이트커버에 밀착, 기밀을 유지한다.

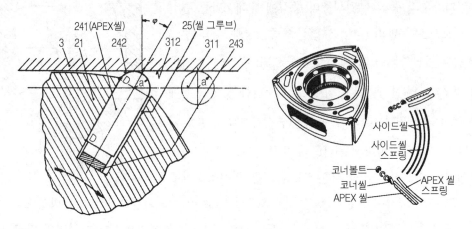

그림 9-14 에이팩스 씰과 그 설치상태

그림 9-14에서 에이팩스 씰(241)은 스프링(243)장력과 가스압력에 의해 하우징 내면(312)과의 기밀을 유지하며, 동시에 사이드커버와도 기밀을 유지하여야 한다.

에이팩스 씰과 사이드커버 사이의 기밀은 그림 9-16과 같이 삼각형의 코너 씰(corner seal)과 코너볼트, 그리고 스프링(243)에 의해서 유지된다.

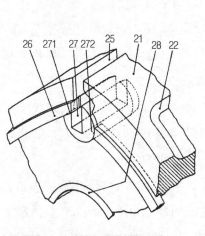

그림 9-15 사이드 씰과 코너 볼트

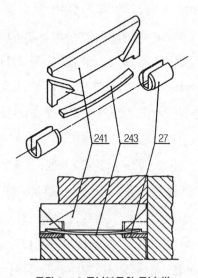

그림 9-16 코너볼트와 코너 씰

3. 냉각과 윤활

(1) 냉각(cooling : Kühlung)

하우징이나 사이드커버는 액체 또는 공기에 의해 냉
각된다. 회전피스톤은 대부분 윤활유에 의해서 냉각되
나, 소형에서는 공기냉각방식도 사용된다.

회전피스톤의 냉각에는 순환하는 윤활유의 원심력을
이용하여 윤활유의 순환방향을 변환시키는 방법이 사용
된다. 회전피스톤 내부를 그림 9-17과 같이 다수의 방으
로 분할하고, 분할된 각 방에는 원심력에 의해 윤활유가
화살표(→) 방향으로 유동되게 하였다. 유입된 윤활유
는 피냉각 부분(피스톤의 내벽)을 지나면서 유동방향을
전환하게 된다. 중심축 근방에서는 구심력에 의해 윤활
유가 외부에서 중심쪽으로 유입되어 냉각작용을 한 다
음에 되돌아간다.

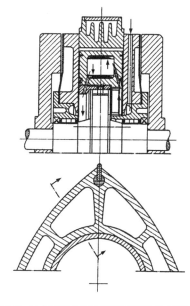

그림 9-17 **회전피스톤의 냉각(윤활유에 의한)**

(2) 윤활(lubrication : Schmierung)

윤활유는 오일펌프로부터 오일필터를 거쳐서 냉각기에서 열교환하게 된다. 냉각기를 거친
윤활유는 기관의 축과 평형하게 뚫린 주(主)윤활통로를 지나서 전, 후-사이드커버까지 공급
된다. 윤활유는 주 윤활통로로부터 메인 베어링, 편심축을 거쳐 편심캠에 공급된다. 편심캠
을 거친 다음에는 피스톤 내부냉각을 위해 피스톤 내부로 보내진다.

윤활유의 일부는 또 앞-사이드커버에 보내져 기어장치를 윤활시킨 다음에 윤활유 계량펌
프에 유입된다. 윤활유 계량펌프는 기관의 회전속도와 부하에 따라 일정량의 윤활유를 연료
공급펌프의 흡입측에 공급한다. 연료에 혼합된 이 윤활유는 혼합기 상태로 실린더내로 공급
되어 에이팩스 씰을 윤활시킨다. 기관의 회전속도와 부하에 따라 윤활유 계량펌프가 제어되
므로 윤활유 소비량은 그리 많지 않다. 그러나 일정 기간마다 소비된 만큼의 윤활유를 보충
하기 때문에 윤활유를 교환할 필요는 없다.

4. 점화장치(ignition system : Zündanlage)

　방켈기관의 점화장치는 편심축이 1회전할 때마다 1회씩 점화가 이루어지므로 왕복피스톤 기관과 비교할 때, 새 혼합기(fresh mixture gas)에 의한 스파크플러그의 냉각이 충분치 못해 스파크플러그의 열부하가 증대된다. 이러한 문제점들은 점화방식의 전자화와 특수 스파크플러그의 도입으로 해결할 수 있게 되었다. 그리고 방켈기관의 연소실은 왕복피스톤기관에 비해 길쭉하게 되어 있으며, 회전피스톤이 회전함에 따라 그 형상이 크게 변화한다. 따라서 1개의 연소실에 2개의 스파크플러그를 설치하는 방법이 사용되기도 한다. 그리고 로터하우징 내면에 에이팩스씰이 밀착되어 섭동하므로 스파크플러그는 로터하우징의 내면보다 돌출되지 않아야 한다.

5. 방켈기관의 배기량과 출력

(1) 방켈기관의 배기량

① 회전피스톤의 두 꼭지점 간의 원호 (s)

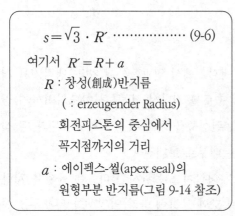

$$s = \sqrt{3} \cdot R' \quad \cdots\cdots\cdots\cdots (9\text{-}6)$$

여기서 $R' = R + a$

R : 창성(創成)반지름

　(: erzeugender Radius)

　회전피스톤의 중심에서
　꼭지점까지의 거리

a : 에이펙스-씰(apex seal)의
　원형부분 반지름(그림 9-14 참조)

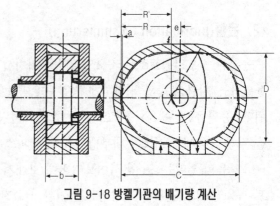

그림 9-18 방켈기관의 배기량 계산

② 회전피스톤의 원호(S)×두께(b)의 곱 : (F_k)

$$F_k = s \times b = \sqrt{3} \cdot R' \cdot b \quad \cdots\cdots\cdots\cdots\cdots\cdots\cdots\cdots\cdots\cdots (9\text{-}7)$$

여기서 b : 회전피스톤의 두께

③ 총 배기량(V_H)

$$V_H = V_h \cdot z = (V_{\max} - V_{\min}) \cdot z \quad \cdots\cdots\cdots\cdots\cdots\cdots\cdots\cdots\cdots \text{(9-8)}$$

여기서 V_h : 회전피스톤 1개의 행정체적 z : 회전피스톤 수

$V_{\max}$: 연소실 최대용적 $V_{\min}$: 연소실 최소용적

$$V_H = 3\sqrt{3} \cdot e \cdot R^{'} \cdot b \cdot z$$
$$= 3\sqrt{3} \cdot e \cdot (R+a) \cdot b \cdot z \quad \cdots\cdots\cdots\cdots\cdots\cdots\cdots\cdots \text{(9-9)}$$
$$= 5.196 \cdot e \cdot (R+a) \cdot b \cdot z$$

여기서 e : 편심량(회전피스톤의 중심에서 편심축의 중심까지)

$$V_H = \frac{3\sqrt{3}}{16}(C^2 - D^2) \cdot b \cdot z \quad \cdots\cdots\cdots\cdots\cdots\cdots\cdots\cdots\cdots \text{(9-10)}$$
$$= 0.325(C^2 - D^2) \cdot b \cdot z$$

여기서 $C = 2(R+e)$ $D = 2(R-e)$

(2) 방켈기관의 출력 (P_e)

$$P_e = \frac{p_{me} \cdot V_H \cdot n}{x \cdot 300} \quad \cdots\cdots\cdots\cdots\cdots\cdots\cdots\cdots\cdots\cdots\cdots \text{(9-11)}$$

여기서 P_e : 출력 [kW] p_{me} : 제동평균 유효압력 [bar]

V_H : 총 배기량[ℓ] n : 편심축 회전속도[min^{-1}]

x : 사이클 상수(방켈기관에서는 2행정기관과 같이 2이다)

6. 방켈기관의 장/단점

(1) 방켈기관의 장점

① 주요 회전부품은 2개(회전피스톤과 편심축) 뿐이며, 이들은 완전 밸런싱되어 있다.

② 운전이 정숙하다

회전피스톤의 회전속도는 편심축 회전속도의 ⅓이며, 피스톤슬랩이 발생되지 않는다.

③ 왕복피스톤기관에 비해 단위출력당 질량이 가볍다.

　왕복피스톤기관에 비해 구성부품수가 적고, 기관의 크기가 작다.

④ 연료에 대한 민감성이 낮다.

　기관의 필요옥탄가(ONR)가 낮아 보통휘발유로도 충분하다.

⑤ 흡/배기 밸브가 설치된 기관에 비해 가스 유입구의 단면적을 크게 할 수 있다.

⑥ 밸브기구가 생략된다. / 밸브기구에 의한 소음이 없고, 또 그만큼 구조가 간단하다.

⑦ 회전력 특성곡선이 자동차용으로 적당하다.

⑧ 수소연료로 운전하기에 적합하다.

(2) 방켈기관의 단점

① 연소실의 형상이 바람직스럽지 못하다./ 화염전파거리가 길다.

② 탄화수소(HC)의 발생량이 많다.　③ 연료와 윤활유의 소비가 많다.

④ 제작비가 비싸다.　　　　　　　　⑤ 회전피스톤의 기밀유지 시스템이 복잡하다.

⑥ 경유로 운전할 수 없다.　　　　　⑦ 변속기 주축의 설치위치가 높아진다.

　1963년 9월 독일의 NSU사는 방켈기관을 장착한 최초의 자동차를 발표하였다. 이 자동차에 장착된 기관은 KKM 502(NSU-Wankel Kreiskolbenmotor 502)로서 배기량 500cc, 최대출력은 6,000min^{-1}에서 40kW, 목표최고속도는 150km/h였다.

　이어서 1967년 NSU-RO 80이 생산되었다(그림 9-19 참조). RO-80은 회전피스톤이 2개로서 배기량은 "479.5 × 2", 최대출력은 5,500min^{-1}에서 85kW, 최대회전력은 4,000min^{-1}에서 157N·m, 압축비(ϵ)는 9, 단위출력당 질량은 15.2kg/kW를 기록하였다.

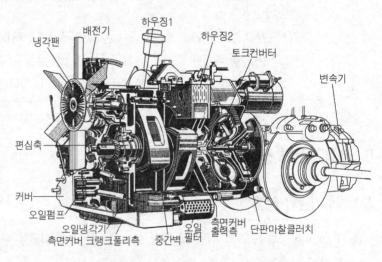

그림 9-19 방켈기관(AUDI-NSU RO 80)

제9장 기타 기관

제3절 대체 동력원

(Alternative Engines : Alternative Antriebstechnik)

새로운 형태의 기관을 개발하는 주 목적은 자원절약과 환경보호, 그리고 화석연료를 대체할 수 있는 청정 에너지의 개발에 있다. 유해물질(NO_x, HC, CO)과 탄산가스(CO_2)의 방출을 최소화하고, 연료소비율과 소음수준을 낮추는 문제 또한 중요한 목적이다.

휘발유기관과 디젤기관 외에 현재 사용되고 있거나 개발중인 동력원으로는
① 천연가스기관
② 바이오-디젤(bio-diesel)기관, 바이오-가스(bio-gas)기관
③ 알코올(에탄올과 메탄올)기관,
④ 수소기관
⑤ 하이브리드 시스템
⑥ 연료전지 등이 있다.

①, ③, ④의 경우는 현재의 기술수준에서 SI-기관으로 그리고 ②는 디젤기관으로 작동시키는데 기본적으로 문제가 없다. 이들에 대해서는 제10장 연료와 연소에서 설명하기로하고, 여기서는 하이브리드(hybrid) 시스템과 연료전지에 대해서만 설명한다.

1. 하이브리드(hybrid) 시스템

하이브리드 시스템이란 예를 들면 1대의 자동차에 동력원으로서 전기모터와 내연기관을 동시에 구비한 경우를 말한다.

휘발유기관이나 경유기관과 비교했을 경우, 하이브리드 시스템은 발진 시 내연기관과 모터를 동시에 이용할 수 있으므로 저속에서 이용 가능한 회전토크가 크다. 또 전기모터로 구동할 때는 소음이 적고 유해가스도 배출하지 않는다. 내연기관은 필요할 경우에만 그리고 주

로 효율이 높은 영역에서 제한적으로만 사용하므로 소형이면서도 연료소비율이 낮게 설계할 수 있으며, 제동 시 운동에너지를 전기에너지로 다시 회수할 수도 있다. 단점으로는 동력원에 대한 비용이 높고, 축전지의 무게가 문제가 되며, 적재량과 적재공간도 감소된다.

하이브리드 시스템에는 직렬식, 병렬식 그리고 혼합식 등이 있다.

(1) 직렬식 하이브리드 시스템

내연기관은 발전기를 구동하고, 발전기에서 생산된 전기로 모터를 구동하는 방식이다. 즉, 구동축과 내연기관은 기계적으로 연결되어 있지 않다. 과잉된 전기에너지는 축전지에 저장하였다가 필요할 때 다시 사용할 수 있다. 인버터(inverter)가 교류발전기에서 생산된 교류를 직류로 변환시키기 때문에 이를 축전지에 저장할 수 있다. 전기모터를 구동할 때는 인버터가 축전지에 저장된 직류를 역으로 교류로 변환시켜 전기모터에 공급한다.

(2) 병렬식 하이브리드 시스템

구동축을 내연기관 또는 전기모터로 구동할 수 있다. 전기모터는 전기에너지를 축전지로부터 공급받는다. 축전지는 전기모터에 의해 충전된다. 내연기관으로 운전하는 동안 또는 제동시에는 전기모터가 발전기로 절환되어 전기를 생산한다.

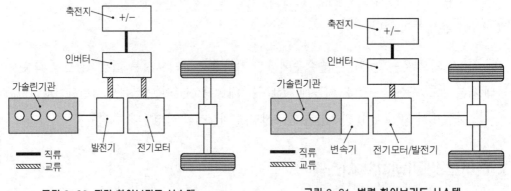

그림 9-20 직렬 하이브리드 시스템   그림 9-21 병렬 하이브리드 시스템

(3) 혼합식 하이브리드 시스템

대부분의 하이브리드 시스템은 직/병렬 혼합식이다. 예를 들면 가솔린기관 1대, 그리고 발전기로도 이용하기 위해 영구자석을 갖춘 교류-동기모터 2개로 구성된다. 가솔린기관과 2개

의 모터는 유성기어장치에 의해 서로 기계적으로 연결되어있다. 구동륜용 차동기어장치와 제2의 모터는 구동체인 또는 기어에 의해 서로 연결되어 있다.

구동 축전지로는 다수의 셀 모듈로 구성된, Ni-MH 또는 리튬이온(Li-ion)축전지를 사용한다. 형식에 따라 다르지만 정격전압은 약 200~500V 범위이며, 충/방전 시에 발생하는 열을 방출하기 위해 대부분 냉각팬이 설치된다. 인버터는 교류를 직류로, 역으로 직류를 교류로 변환시키는 기능을 한다.

인버터는 별도의 수냉식 냉각장치에 의해 냉각된다.

축전지, 인버터 그리고 모터는 대전류용 케이블로 연결되어 있다.

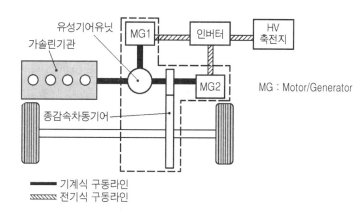

그림 9-22 혼합식 하이브리드 시스템

(4) 혼합식 하이브리드시스템의 작동원리

하이브리드시스템 ECU는 가속페달센서로부터 운전자의 주행요구를 파악한다. 더 나아가 주행속도와 변속단으로부터 정보를 파악한다. 이들 정보에 근거하여 자동차의 주행조건을 결정하고, 모터와 기관의 구동력을 제어한다.

① 발진

자동차가 출발할 때는 오직 모터2만이 구동된다. 가솔린기관은 작동하지 않으며, 모터1은 반대방향으로 회전하지만 전

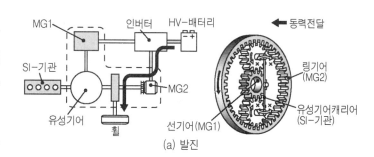

기에너지를 생산하지는 않는다. 구동력은 축전지 → 인버터 → 모터2(MG2) → 종감속/차
동기어 → 구동륜으로 전달된다.

② 가솔린기관의 시동

모터2에 의해서만 구동되는 동안에, 주행에 필요한 토크가 상승하면 모터1이 가솔린기
관을 시동한다. 또 가솔린기관은 축전지의 충전상태 또는 축전지온도가 규정값 범위를 벗
어나면 시동된다.

가솔린기관이 시동된 후에는 모터1은 발전기로 절환된다. 이제 모터1에서 생산된 전기
에너지는 인버터를 거쳐 축전지에 저장된다.

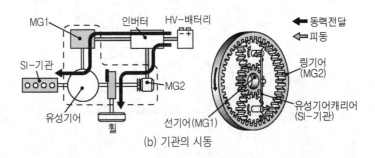

(b) 기관의 시동

③ 저부하 상태에서 주행

유성기어장치는 가솔린기관의 구동력을 분할한다. 일부는 구동륜을 구동시키는데 사용
되고, 나머지 일부는 모터1이 전기를 생산하는데 사용된다.

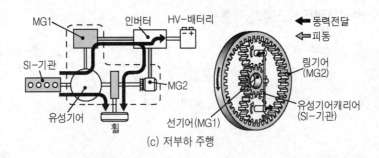

(c) 저부하 주행

④ 가속페달을 끝까지 밟아 가속

자동차가 큰 구동력을 필요로 할 경우에는, 가솔린기관도 최대출력으로 운전되고 동시
에 모터2도 축전지로부터 추가로 에너지를 공급받아 최대 구동력으로 구동륜을 구동하게
된다.

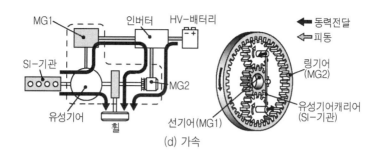

(d) 가속

⑤ 감속

자동차를 제동하면 가솔린기관은 자동적으로 작동을 중단한다. 이제 구동륜이 모터2를 구동한다. 그러면 모터2는 발전기로서 기능하게 된다. 모터2가 생산한 전기는 인버터를 통해 축전지에 저장된다. 규정값 이상의 고속에서 감속(또는 제동)이 시작될 경우에는, 가솔린기관은 사전에 규정된 회전속도를 유지하게 된다. 이유는 유성기어를 보호하기 위해서이다.

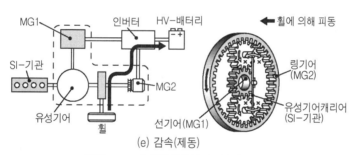

(e) 감속(제동)

그림 9-23 혼합식 하이브리드의 작동

⑥ 후진

후진할 경우에는 모터2에 의해서만 구동된다.

2. 연료전지 시스템

연료전지는 수소와 산소의 화학반응속도를 제어하여, 수소가 가지고 있는 화학적 에너지로부터 직접 전기에너지를 생산하는 장치이다. 이 반응에서는 약 80℃ 정도의 열이 발생하며, 동시에 물이 생성된다. 생산된 전기에너지로 전기모터를 구동하여 자동차를 작동시키다.

$$2H_2 + O_2 \rightarrow 2H_2O + 에너지(전기에너지 또는 열에너지) \cdots\cdots(9\text{-}12)$$

(1) 연료전지를 이용한 자동차 동력원의 특징

① 소음수준이 낮다.

② 기존의 내연기관에 비해 효율이 높다.

③ 현장에 유해물질을 전혀 배출하지 않는다.(아주 적게 배출한다)

④ 열발생이 적다.

⑤ 현재로서는 수소저장공간을 추가로 필요로 한다.

(2) 연료전지의 구조(그림 9-24)

연료전지에서는 양자를 전도하는 플라스틱 고체 전해질(electrolyte) 박막이 그 핵심이다.
→ PEM(proton exchange membrane)

이 박막의 양면에는 백금촉매가 코팅되어 있고, 그 위에 흑연지(graphite paper)로 된 전극
이 코팅(coating)되어 있다. → 2극 극판(bipolar plate)

전체적으로 볼 때, '2극 극판 → 촉매 → PEM → 촉매 → 2극 극판'의 순으로 PEM을 중심으
로 대칭으로 구성되어 있다.

양쪽 각각 2극 극판과 촉매 사이에는 아주 미세한 가스통로가 가공되어 있으며, 이 통로를
통해 한 쪽에는 수소를, 다른 한쪽에는 산소를 공급한다.

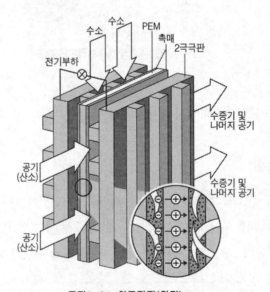

그림9-24 연료전지(원리)

(3) 연료전지의 작동원리

수소분자는 연료전지의 한쪽(음극)에서 촉매에 의해 수소양이온(양자)과 전자로 분리된다. 그 다음 수소양자만이 전해질 박막(PEM)을 통과하여 셀의 반대쪽(양극)으로 이동한다. 전자는 박막을 통과할 수 없기 때문에 수소측은 전자과잉상태가 된다.

공기측의 촉매는, 공기 중에 포함된 산소분자가 전자를 흡수하도록 여기시키는 작용을 한다. 이제 양쪽 2극(bipolar)극판을 외부전류회로로 연결하면, 음으로 대전된 전자는 수소측으로부터 양으로 대전된 산소측으로 이동하면서 전기에너지를 방출하고, 산소를 음(−)으로 대전시키게 된다. 음(−)으로 대전된 산소이온은 양(+)으로 대전된 수소이온과 경계층에서 결합하여 무해한 수증기(H_2O)를 생성하게 된다.

현재 사용되고 있는 연료전지의 셀(cell)전압은 0.5~1.0V범위이다. 전기모터를 구동하는데 충분한 전기에너지를 확보하기 위해서는 필요전압에 상응하는 다수의 셀을 직렬로 연결하여야 한다. 다수의 연료전지 셀이 직렬로 연결되어 층을 이룬 것을 스택(stack)이라고 한다.

이 스택(stack)을 다시 직렬 또는 병렬로 연결하여 사용한다.

(4) 자동차 동력원용 수소의 생산

자동차 외부에서 전기분해를 통해, 자동차 내에서 화학공정을 통해 생산할 수 있다.

① 전기분해

이 경우에는 직류전류를 이용하여 물을 산소와 수소로 분해한다. 이를 위해서는 대량의 1차에너지를 필요로 한다. 수소의 가격과 생태학적 평형은 수소의 생산에 '어떤 1차에너지원을 사용하느냐?'에 달려 있다. 현재로서는 무엇보다도 이용하지 않고 버리는 에너지, 예를 들면 화학공장에서 발생하는 '부수적인 수소 에너지'를 이용한다.

재생 가능한 에너지원 예를 들면, 태양에너지, 수력, 풍력, 생물(biomass) 등을 사용한다면 생태학적으로는 아주 좋을 것이다.

순수 수소는 아세틸렌의 경우와 비슷하게 특수금속에 흡착시키거나, 또는 초고압용기에 액상으로 저장해야 한다. 흡착시키는 방법을 사용할 경우에는 엄청난 저장공간을 필요로 하며, 따라서 자동차의 적재량 및 적재공간이 크게 감소하게 된다.

② 자동차에서 화학공정을 통해 수소생산

이를 위해서는 자동차에 액상의 메탄올(CH_3OH)이 주유되어 있어야 한다. 이 메탄올을 염분이 전혀 들어있지 않은 물과 혼합시켜 증발기에서 250℃로 가열, 기화시킨다. 기화된 혼합기를 촉매연소기를 갖추고 있는 개질로(reformer)에서 수소(H_2)와 탄산가스(CO_2)로 변환시킨다. 이들 가스는 정화/분리기에서 수소와 탄산가스로 분리, 정화된다. 분리, 정화된 순수 수소는 연료전지에 공급되고 탄산가스는 외부로 방출된다. 이 공정에서 생성되는 탄산가스의 양은 아주 적다.

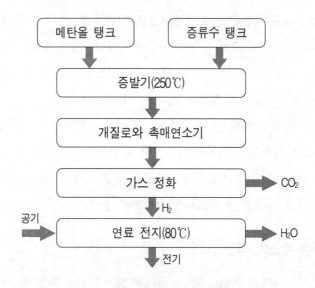

그림 9-25 자동차에서의 수소생산공정

연료와 연소

Fuels and Combustion : Kraftstoffe und Verbrennung

제1절 자동차용 연료
(Fuels for Automobiles : Kraftstoffe für KFZ)

대체에너지와 무공해에너지의 개발에 관심이 집중되고 있으나 자동차 연료로서 주종을 이루고 있는 것은 아직도 여전히 휘발유와 경유 등 화석연료(석유계 연료)이다.

자동차용 석유연료는 분자구조가 서로 다른 수십 종의 탄화수소(hydro-carbons)의 혼합물로서 수소원자(H)와 탄소원자(C)의 수와 그 배열 형태에 따라 특성이 결정된다.

1. 탄화수소의 분자구조

탄화수소의 분자구조는 반지(ring)형 또는 직선 사슬(straight chain)형이 대부분이다.

간단한 사슬구조 예를 들면, 파라핀계(paraffine series)와 올레핀계(olefin series)에서 직선 사슬형 탄화수소는 착화성(着火性 : ignitability)이 좋고 쉽게 연소된다. 연료의 착화성이 좋으면 가솔린기관에서는 노크(knock)가 유발되기 쉬우나, 디젤기관에서는 오히려 노크를 억제하는 효과가 있다.

옆 사슬(side chain)형 또는 반지형 탄화수소들 예를 들면, 이성체(異性體 : isomere)나 방향족(芳香族 : aromatic series), 그리고 나프텐계(naphten series : cyclo paraffine) 등은 착화성이 불량하기 때문에 가솔린기관에서는 노크를 억제하지만, 디젤기관에서는 착화를 지연시키므로 노크(knock)를 유발한다.

(1) 파라핀계(paraffine series : Alkanes)

탄소들은 직선 사슬 구조의 단일 결합을 구성하고 있으며 포화되어 있다. 분자식은 C_nH_{2n+2}의 형태이며, 상온, 대기압하에서 가스상태인 메탄(CH_4), 프로판(C_3H_8), 부탄(C_4H_{10}) 그리고 액체상태는 탄소원자가 5개 이상인 펜탄을 비롯해서 정헵탄(C_7H_{16}), 옥탄(C_8H_{18}), 세탄($C_{16}H_{34}$) 등이 이에 속한다. 착화성이 우수하고, 연소잔류물이 거의 발생되지 않으며(clean burning), 저장 안정성이 우수하고, 금속이나 개스킷을 손상시키지도 않는다. 분자구조에서 탄소수보다 수소수가 많기 때문에 단위 질량당 발열량이 높다(단위 체적당 발열량은 낮다).

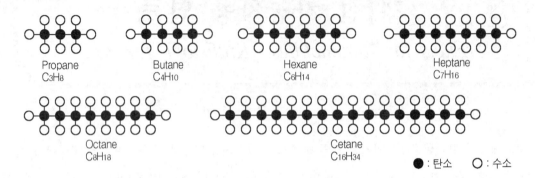

그림 10-1 파라핀계 탄화수소들의 분자구조

(2) 올레핀계(Olefin series : Alkenes)

파라핀계와 마찬가지로 직선 사슬구조이지만 모노-올레핀(mono-olefin)은 탄소원자 간의 이중결합이 하나이고, 다이-올레핀(di-olefin)은 이중결합이 2개라는 점에서 다르다. 분자식은 모노-올레핀은 C_nH_{2n},다이-올레핀은 C_nH_{2n-2}의 형태이며, 수소첨가반응으로 이중결합이 붕괴되어 다른 수소원자와 쉽게 결합될 수 있는 불포화 상태이다.

프로펜(C_3H_6), 부텐-1(C_4H_8), 펜텐-1(C_5H_{10}), 헥센(C_6H_{12}), 이소프렌(C_5H_8) 등이 이에 속한다. 일반적으로 가솔린의 구성성분 중 약 5~20% 정도가 올레핀이다. 자동차연료품질기준(2000년)에서는 23% Vol.(독일의 경우 18% Vol.) 이하로 제한하고 있다.

올레핀은 화학반응이 활발하여 공기와 접촉하면 쉽게 산화되어 연료의 질을 저하시키고 교질물(gum)을 생성한다. 스모그(smog)의 생성과 관계가 깊은 것으로 알려져 있으며, 연소속도가 높고 촉매기에서 쉽게 변환되므로 연소잔류물이 거의 발생되지 않으며(clean burning), 옥탄가도 높다.

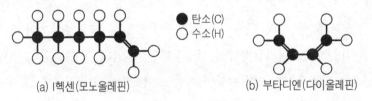

(a) l헥센(모노올레핀)   (b) 부타디엔(다이올레핀)

그림10-2 올레핀계

(3) 나프텐계(naphten series)

반지 모양의 단결합체로서 이중결합이 없기 때문에 화학적으로 안전된 상태이다. 분자식은 C_nH_{2n}의 형태이며, 사이클로 프로판C_3H_6), 사이클로헥산(C_6H_{12}) 등이 이에 속한다.

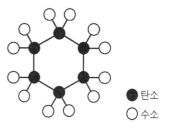

그림 10-3 사이클로 헥산

(4) 방향족(Aromatic series : Benzene derivatives)

기본구조는 6개의 탄소원자가 3개의 이중결합을 형성한 벤젠(benzene) 링(ring)이며, 불포화 상태이고, 분자식은 C_nH_{2n-6}의 형태이다. 벤젠(C_6H_6), 톨루엔(C_7H_8), 에틸 벤젠(C_8H_{10}) 등이 이에 속한다. → 자동차연료품질기준(2000년)에서는 35% Vol. 이하로 제한하고 있다.

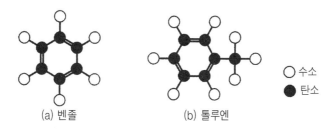

(a) 벤졸   (b) 톨루엔

그림10-4 방향족 탄화수소

항노크성(RON : 100 이상, MON : 90 이상)이 우수하기 때문에 특히 무연연료의 옥탄가를 높이는데 중요한 기구로 사용되지만, 벤젠(Benzene)은 독성 때문에 그 첨가량을 제한하고 있다.→ 자동차연료 품질기준(2000년)에서는 벤젠의 첨가율을 2% Vol. 이하로 제한하고 있다.

방향족은 C/H의 값이 커서 연소 시 CO_2의 발생량이 많으며, 단위 체적당 발열량이 높고, 연소온도가 높아 NO_x의 발생량도 증가한다. 저장 안정성은 우수하지만 용해성이 높아 개스킷 등을 녹이거나 부풀리는 특성이 있으며, 연소 시 그을음(smoke)을 발생시킨다.

2. 휘발유의 제조

스파크점화기관 연료의 원료로서 주종을 이루는 것은 원유(crude oil)이다. 원유는 그 생성과정이 완전히 규명된 것은 아니지만 생물체의 변화로부터 조성되었을 것이라는 데는 이론(異論)이 없다.

원유의 구성원소는 탄소(carbon, 80~87%)와 수소(hydrogen, 10~14%)가 대부분이며 약간의 유황(sulfur), 산소(oxygen), 질소(nitrogen), 물, 염분, 모래 그리고 진흙 등이 혼합되어 있다. 따라서 정유공정을 거쳐 기관의 특성에 적합한 연료를 제조, 생산하게 된다.

정유방법은 크게 두 가지로 나눈다.

① 분리법(fraction process) : 증류(distillation), 여과(filtering)

② 전환법(conversion process) : 분해(cracking), 수소첨가(hydrogenation) 등

(1) 증류법(distillation process) 또는 직류법(straight-run fractional process)

상압(atmospheric pressure)에서 원유를 300~350℃ 정도로 가열하여 증류탑 하부로부터 보내면 유증기(油蒸氣)는 증류탑을 상승함에 따라 온도가 하강하여 비점(boiling point)이 낮은 것부터 차례로 트레이(tray)에 응축된다. 이런 방법으로 증류온도에 따라 각기 다른 특성의 유제품이 얻어진다.

비점 180℃ 범위까지에서는 정-파라핀(normal praffine : 직선 사슬형)과 사이클로 파라핀(cyclo-paraffine : 반지형)의 혼합물이 대부분인 휘발유가 얻어진다.

비점 180℃~280℃ 범위에서는 가스터빈 연료와 등유(kerosine)가, 210℃~360℃ 범위에서는 경유(diesel)가 분리된다.

휘발유, 등유, 경유 등을 뽑아내고 남은 잔유물은 잔사유(殘査油)로 회수한다.

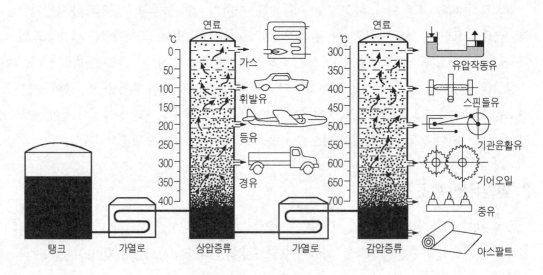

그림 10-5 증류공정의 개략도

원유는 상압에서 350℃ 이상으로 가열되면 열분해될 우려가 있다. 따라서 윤활유와 같이 비등점이 높은 유제품을 제조하기 위해서는 상압증류탑에서 회수한 잔사유를 감압증류(vacuum distillation)한다. 감압증류에서 얻어진 유분(油分)은 각종 윤활유의 원료가 되고 또 일부는 분해장치에서 분해(cracking)시켜 가스나 분해휘발유(cracked gasoline)를 제조한다. 잔류물은 아스팔트로서 도로포장용(straight asphalt)과 방수용(brown asphalt) 등으로 사용된다.

(2) 전환법(conversion process)

보통의 증류방법으로 생산된 휘발유의 양은 오늘날 수요에 비추어 볼 때, 그 양이 적을 뿐만 아니라 또 항 노크성(anti-knock quality)이 낮다.

전환법으로 정유하게 되면 증류법에 비해 같은 양의 원유로부터 보다 많은 양의 휘발유를 얻을 수 있으며, 동시에 항노크성이 높은 연료를 생산할 수 있다.

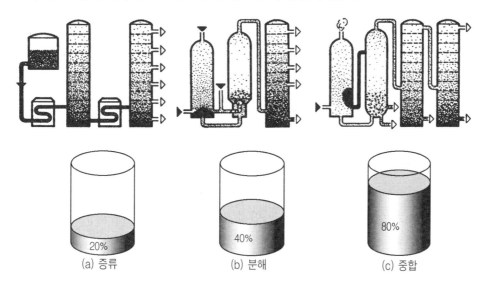

그림 10-6 정유방법에 따른 휘발유의 생산량

① **분해법**(分解法 : cracking process)

증류법에 의해 얻은 비등점이 높은 중질유(重質油)를, 경질(輕質)이며 항노크성이 강한 이소파라핀(iso-paraffine)과 올레핀(olefin)으로 분해한다.→ RON 88~92

예를 들면 정-테트라데칸(normal tetradecane : $C_{14}H_{30}$)을 고온 고압하에 분해시키거나

또는 상압(대기압)에서 촉매를 이용하여 분해시켜 파라핀계의 햅탄(heptane)과 올레핀계
의 햅텐(heptene)으로 분리시킨다.

$$
\begin{array}{ll}
(\text{예}) & C_{14}H_{30} \rightarrow C_7H_{16} + C_7H_{14} \\
& C_{21}H_{44} \rightarrow 2C_7H_{16} + C_7H_{12}
\end{array}
$$

분해시키는 방법에는 열분해법(thermal cracking)과 촉매분해법(catalytic cracking)이 있
다. 그리고 분해공정의 개략도는 그림 10-7과 같다.

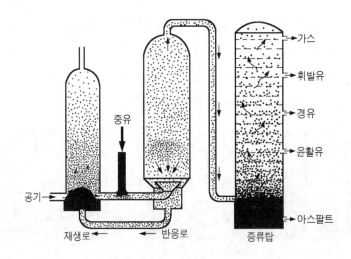

그림 10-7 분해공정 개략도

- **열분해법(thermal cracking)**은 공기를 차단하고 적당한 압력하에서 일정시간 동안 열을
  가하여 액상(液狀, 390~550℃, 14~20bar) 또는 기상(氣狀, 500~600℃, 저압)에서 분
  해시킨다. 액상(液狀) 분해가 기상(氣狀) 분해보다 생산량이 많으며, 포화탄화수소를
  많이 포함하고 있다. 올레핀이 적고 안정성은 좋으나 옥탄가가 낮다.

- **촉매분해법(catalytic cracking)**은 분해 시에 촉매를 사용하여 분해반응을 가속하고 아울러
  생산량을 증가시키는 방법이다. 촉매로는 작은 구슬모양의 규산알루미나(silica alumina)
  를 사용하며, 이것을 가열하여 원료유와 함께 반응로(reactor)에 넣어 원료유를 분해하는
  U.O.P.(Universal Oil Products Co.)방법과 원료유의 증기를 수증기(450~465℃, 0.7~
  4.22 bar)와 함께 500℃ 이상의 흡수성 규산염에 통과시키는 Houdry법이 있다.

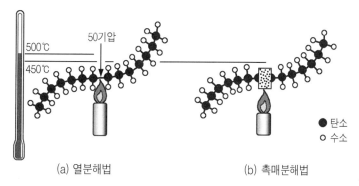

(a) 열분해법   (b) 촉매분해법

● 탄소
○ 수소

그림 10-8 분해법의 원리

열분해 가솔린은 저비점의 영역에 올레핀이 많으나 고비점의 영역은 항 노크성이 낮다. 그러나 촉매분해 가솔린은 올레핀 외에도 이소파라핀, 나프텐족, 방향족 등을 다량 포함하고 있으며 고비점의 영역에서도 항 노크성이 크므로 생산량을 증가시킬 수 있다. 따라서 촉매분해법은 항공기연료나 고옥탄가 휘발유의 제조에 적용되고 있다.

② **수소 첨가법**(hydrogenation)

분해가솔린에 수소를 첨가하면 불포화탄화수소가 포화탄화수소가 되어 안정되게 된다. 그러나 정-파라핀(normal paraffine)을 많이 함유하고 있다.(RON 92~94)

중질유(重質油)를 고온, 고압(약 500℃, 600 bar) 하에서 촉매를 이용하여 분해시킨 생성물에 바로 수소를 첨가시킨다.

$$\text{(예)} \qquad C_nH_{2n} + H_2 \;\rightarrow\; C_nH_{2n+2}$$

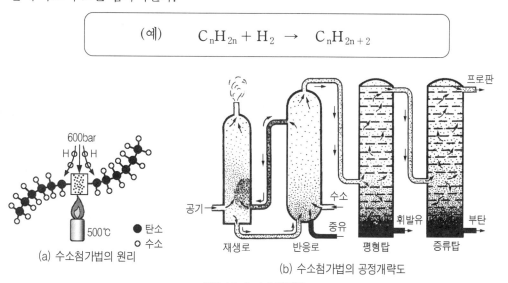

(a) 수소첨가법의 원리

● 탄소
○ 수소

(b) 수소첨가법의 공정개략도

그림 10-9 수소첨가법

③ **개질**(改質 : reforming)

증류하여 얻은 직선 사슬형 파라핀을 촉매(platin plate reforming process)를 이용하여 항노크성이 강한 이소파라핀과 방향족으로 전환시킨다. → RON 93~98

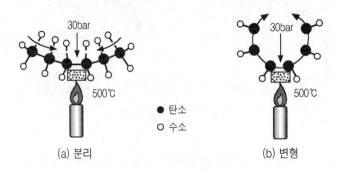

그림 10-10 촉매를 이용한 개질법(reforming)

④ **중합**(重合 : polymerization)

분해(cracking) 또는 개질(reforming)에 의해서 생성된 불포화탄화수소가스 — 에틸렌(ethylene), 프로필렌(propylene), 부틸렌(butylene) 등 — 는 불안정하기 때문에 촉매를 이용하거나 가압가열(加壓加熱)하는 방법으로 상호중합(相互重合)시켜 1개의 새로운 탄화수소(대부분 이소파라핀)로 만든다.

$$\text{(예)}\quad C_nH_{2n} + C_m + H_{2m} \rightarrow C_{(n+m)}H_{2(n+m)} \text{ 에서}$$
$$C_2H_4 + C_3H_6 \rightarrow C_5H_{10}$$
$$C_3H_6 + C_4H_8 \rightarrow C_7H_{14}$$

이 휘발유는 고무(gum)를 생성하기 쉬운 성질을 가지고 있으며 옥탄가는 RON 95~100이다. 고무를 생성하는 경향성 때문에 다시 수소를 첨가하는 공정을 거쳐서 안정시킨다.

⑤ **알킬화**(alkylation)

알킬화란 다른 분자 중에 알킬基(예를 들면 CH_3, C_2H_5, C_4H_9)를 만드는 것을 말한다. 이 방법은 파라핀이나 방향족에 올레핀을 첨가해서 고옥탄가(RON 92~94)의 이소파라핀을 만드는 방법이다.

예를 들면 "$C_4H_{10} + C_4H_8 = C_8H_{18}$"이 된다. 이 반응은 이소부탄($C_4H_{10}$)을 과잉 사용함으로서 고온 고압(210~350 bar, 510℃), 또는 저압(3~3.6 bar) 상온(常溫)에서 이루어진다.

(3) 후처리 공정(aftertreatment process : Nachbehandlungsverfahren)

위와 같은 방법들을 통해 생산한 비교적 고옥탄가의 휘발유에서 다시 가스상태의 잔유물과 유황, 고무(gum) 등을 제거한 다음에, 부식(corrosion), 노킹(knocking), 빙결(freezing), 산화(oxidation), 침전(precipitation) 등을 방지하는 첨가제와 색소 등을 첨가한다.

주요 첨가제는 다음과 같다.

① 노화 방지제(anti-aging additives : Alterungsschutz)

연료에 첨가된 노화방지제는 무엇보다도 분해가솔린을 혼합하였을 때, 저장 안정성을 향상시킨다. 노화방지제는 대기 중의 산소(페놀 성분 및 아민 성분)에 의한 산화를 방지하고 금속 이온의 촉매작용을 방지한다.(금속 비활성화제)

② 흡기시스템 세정제(intake-system contamination inhibitors : Einlasssystem-Reinhaltung)

전체 흡기계(기화기, 스로틀밸브, 분사밸브 흡기밸브)의 청결을 유지해야만 기관의 원활한 작동은 물론이고 배기가스 중의 유해물질을 최소화할 수 있다. 이와 같은 이유 때문에 효과적인 세정제를 첨가한다.

③ 부식 방지제(corrosion protection : Korrosionsschutz)

연료에 물이 유입되거나 생성되면 연료장치의 부식을 유발하게 된다. 부식방지제는 수막(water film)에 침투하여 아주 효과적으로 부식을 억제한다.

④ 빙결 방지제(icing protection : Vereisungsschutz)

빙결방지제는 스로틀밸브의 빙결을 방지하는 기능을 한다. 예를 들면 알코올은 얼음결정을 융해시키고, 계면활성제(surfactant additives)와 같은 첨가제는 금속표면과 얼음결정 간의 점착력을 약화시켜, 얼음결정이 스로틀 보디에 점착되는 것을 방지한다.

⑤ 옥탄가 향상제(PP.449~450 참조)

3. 연료로서의 일반적인 특성(characteristic quantities of fuels)

자동차연료로 사용할 수 있는지의 여부는 발열량, 증발열, 순도 그리고 연소잔유물 (combustion residues)의 정도에 따라 결정된다.

(1) 발열량(heat value : Heizwert)

단위량(kg, kmol, Nm³)의 연료를 연소시킨 후 연소가스의 온도를 최초의 온도까지 낮출 때 분리되는 열량을 말하고, 연소결과 발생되는 H_2O가 액체일 때와 기체일 때를 구별한다.

연료의 발열량이 작으면 장거리를 주행하기 위해서는 다량의 연료를 필요로 하게 되어 수 송해야 할 화물의 무게나 적재공간이 제한되며, 1회 주유로 주행할 수 있는 거리도 제한된 다.(PP.468 ~ 469 참조)

【참고】 Nm³ 또는 m³N : normal m³의 약자로 1Nm³(표준 m³)은 압력 1013hPa(760mmHg), 온도 0℃일 때의 체적 1m³ 을 말한다. 표준상태의 기체 1kmol은 22.4Nm³ 이다.

① 저 발열량(specific heat value : Heizwert, 전에는 low heat value라 하였음)

연소 시 발생한 H_2O가 기체(증기)일 때의 발열량을 말한다. 내연기관에서는 연소 시 발 생된 H_2O가 고온의 가스상태로 방출되므로, 저 발열량을 적용한다.

② 고 발열량(specific heating power : Brennwert, 전에는 high heat value라 하였음)

연소 시, 발생한 H_2O가 액상(液狀)일 때의 발열량을 말한다.

연료 1kg의 연소에 의해 발생되는 H_2O를 w [kg]이라고 하면, 저 발열량에 비해 증발 열에 상당하는 $2511w$ [kJ/kg] (600 kcal/kgf) 만큼 발열량이 증가하게 된다.

(2) 가연(combustible) 혼합기의 저 발열량

가연 혼합기의 저 발열량은 기관의 성능에 결정적인 영향을 미친다. 액체 연료의 저 발열 량은 연료에 따라 차이가 많다. 그러나 이론혼합비에서 혼합기의 저 발열량은 대부분의 액체 연료와 액화석유가스에서 거의 동일하다(약 3500 ~ 3700kJ/m³). 따라서 임의의 한 기관에서 서로 다른 종류의 연료를 사용하더라도 달성 가능한 출력은 거의 비슷한 수준이 된다.

(3) 증발잠열(latent heat of evaporation)

미립화(微粒化 : atomization)된 연료는 공기/연료 혼합기가 형성되는 과정에서 증발하게 되므로, 이때 혼합기의 온도는 강하하게 된다. 증발잠열이 크면 온도강하도 크게 된다.

특히 기화기기관에서는 혼합기의 온도가 강하하면 춥고 습한 날씨(예를 들면, 기온 2~8℃, 상대습도 65% 이상)에는 기화기 결빙(carburetor icing)이 발생하게 된다. 즉, 흡입공기에 포함된 수분(moisture)이 스로틀 보디에 응축되어, 서리 또는 얼음의 형태로 결빙, 스로틀 밸브의 작동을 방해하게 된다. 그리고 온도가 낮아진 혼합기는 어떤 형태로든 연소에 적합한 온도로 가열되어야 하므로 역시 문제가 된다. 석유계 연료에 비하여 알콜계 연료의 증발잠열이 더 크다.

증발잠열이 큰 연료(예 : 메탄올)의 경우, 차거운 상태의 흡입공기는 연료의 기화에 충분한 증발잠열을 공급할 수 없기 때문에 연료의 증발에 필요한 열을 별도의 장치를 통해 공급해야 한다.(예 : 흡기다기관가열장치)

(3) 순도(purity)

연료에 들어있는 고형불순물(solid impurity : festen Verunreinigungen)은 연료공급라인, 펌프, 노즐 등을 막히게 하거나 이들 부품의 마모를 촉진시키는 원인이 된다.

연료에 액상의 수분이 들어 있거나, 흡기다기관에 퇴적물을 형성하는 잔유물이 생성되어서도 안된다. 그리고 부식에 의한 손상을 방지하고 동시에 배기가스 중의 아황산가스(SO_2)의 양을 최소화시키기 위해서는 연료의 유황 함량이 가능한 한 적어야 한다.

오토기관, 디젤기관, 그리고 가스터빈 등 기관의 종류에 따라서 연료로서의 필요조건이나 특성이 다소 다르다.

제2절 자동차용 휘발유
(Automotive Gasoline : Benzin für Ottomotoren)

1. 자동차용 휘발유의 필요조건(KSM 2612)

자동차용 휘발유(automotive gasoline)는 주로 스파크점화기관(SI-engine)에 사용된다.

대부분의 나라들은 보통 휘발유(regular gasoline : Normalkraftstoff : 2호)와 고급 휘발유(premium gasoline : Superkraftstoff : 1호)로 구별하여 제조, 판매하고 있다.

고급 휘발유는 보통 휘발유에 비해 항노크성이 높다. 고압축비 기관을 사용하기 위해서는 먼저 연료의 항노크성(anti-knock quality)이 고려되어야 한다. 그리고 밀도와 부식 방지성 등도 중요하며, 계절에 따라 연료의 휘발성(volatility)이 서로 달라야 한다(표10-2 참조).

참고로 휘발유는 인화점이 21℃ 이하로서, 그룹A의 위험등급1(최고 등급)에 속한다.

2. 휘발유의 항 노크성(anti-knock quality : Klopffestichkeit)

자동차용 휘발유는 전통적으로 항 노크성에 근거하여 분류한다. 그리고 실제로 자동차용 휘발유는 항 노크성이 가장 중요하다.

오토사이클기관(Otto cycle engine)에서 이론적으로는 압축비를 높이면 열효율이 증가하고 급기압력을 높이면 출력이 증가하지만 실제로는 노크에 의한 장해 때문에 압축비가 제한된다는 것은 잘 알려진 사실이다.

연료의 항 노크성이 낮으면 연소 중 노크가 발생하기 쉽다. 노크(knock)란 급격한 금속성 타격음(high pitch metallic rapping noise)을 말한다. 노크는 금속성 타격음 외에도 심한 경우에는 피스톤헤드의 소손, 또는 밸브나 실린더 등의 손상을 동반하게 된다. 그리고 기관의 마멸률을 증가시킨다. 기관의 잠재적 내구성(potential durability), 출력, 연료의 경제성 등은 휘발유의 항 노크성이 적합할 경우에만 실현 가능하다. 그러나 기관의 필요옥탄가(ONR)보다 옥탄가가 높은 연료를 사용한다고 해서 이득이 있는 것도 아니다.

표 10-1 스파크기관용 무연 휘발유의 최소필요조건(EN 228(독일 적용)

필요조건 \ 종별	Super Plus	고급휘발유		보통휘발유		시험규격
		여름	겨울	여름	겨울	
밀도(15℃) kg/㎖	고급과 동일	0.720~0.775		0.720~0.775		EN ISO 3675 EN ISO 12185
항노크성 min. RON min. MON	98 이상 88 이상	95.0 이상 85.0 이상		91.0 이상 82.5 이상		EN ISO 25164 EN ISO 25163
납 함유량 max. mgPb/ℓ	고급과 동일	5 이하				EN 237
ASTM 증류곡선 70℃까지 % by vol. 100℃까지 % by vol. 150℃까지 % by vol. 최종 비등점 max. ℃		20~40 46~71 min. 75 max.210	22~60 46~71 min.75 max.210	고급과 동일		EN ISO 3405
증류잔유물 max. % vol.		2		2		EN ISO 3405
증기압(Rvp) kPa		45~60	60~90	고급과 동일		EN13016-1
증발잔유물 max. mg/100㎖		5 이하		5 이하		EN ISO 6246
황 함유량 max. mg/kg		max. 150이하		고급과 동일		EN 24260 EN ISO14596 EN ISO 8754
산화 안정성		min. 360분 이상				EN ISO 7536
벤졸함량 vol.%		max.1.0				EN 238 EN 12177
올 레 핀 vol.% 방 향 족 vol.%		max.18 max.42				ASTM D 1319 ASTM D 1319
동판부식성, 부식도		max. 1				EN ISO 2160
함산소성분 wt.%		max. 2.7				EN 1601 EN 13132

노크는 기관의 설계 및 작동상태와 밀접한 관련을 갖는 복잡한 물리적, 화학적 현상에 의존한다. 예를 들면 기관의 필요옥탄가는 고도(altitude)와 습도(humidity)가 상승함에 따라 감소하고, 기온이 상승하면 높아진다.

휘발유의 항 노크성을 어느 한 가지 측정방법으로 완전히 해석할 수는 없다. 휘발유의 항 노크성 측정에 주로 이용되는 방법으로는 리서치법(Research method : ASTM D2699, EN ISO 25164, KSM 2039)과 모터법(Motor method : ASTM D2700, EN ISO 25163, KSM 2045) 이 있다.

표10-2 각종 액체연료의 특성

항목 / 연료	밀도 kg/ℓ	주성분 % by wt.	비등점 ℃	증발잠열 KJ/kg	저발열량 MJ/kg	착화온도 ℃	이론공기량 kg/kg	착화한계 최저	착화한계 최대
								% by vol. of gas in air	
SI- engine fuel									
Regular gasoline	0.715~0.765	86C.14H	25~215	380~500	42.7	≈300	14.8	≈0.6	≈8
Premium gasoline	0.730~0.780	86C.14H	25~215	-	43.5	≈400	14.7	-	-
Aviation gasoline	0.720	85C.15H	40~180	-	43.5	≈500	-	≈0.7	≈8
Kerosene	0.77~0.83	87C.13H	170~260	-	43	≈250	14.5	≈0.6	≈7.5
Diesel fuel	0.715~0.855	86C.13H	180~360	≈250	42.5	≈250	14.5	≈0.6	≈6.5
Crude oil	0.70~1.0	80~83C 10~14H	25~360	222~352	39.8~46.1	≈220	-	≈0.6	≈6.5
Lignite tar oil	0.850~0.90	86C.11H	200~360	-	40.2~41.9	-	13.5	-	-
Bituminous coal oil	1.0~1.10	89C.7H	170~330	-	36.4~38.5	-	-	-	-
Pentane.C_5H_{12}	0.63	63C.17H	36	352	45.4	285	15.4	1.4	7.8
Hexane C_6H_{14}	0.66	84C.16H	69	331	44.7	240	15.2	1.2	7.4
n-Heptane C_7H_{16}	0.68	84C.16H	98	310	44.4	220	15.2	1.1	6.7
Iso-octane C_6H_{18}	0.69	84C.16H	99	297	44.6	410	15.2	1	6
Benzene C_6H_6	0.88	92C.8H	80	394	40.2	550	13.3	1.2	8
Toluene C_7H_8	0.87	91C.9H	110	364	40.6	530	13.4	1.2	7
Xylene C_6H_{18}	0.88	91C.9H	144	339	40.6	460	13.7	1	7.6
Ether $(C_2H_5)_2O$	0.72	64C.14H.220	35	377	34.3	170	7.7	1.7	36
Acetone $(CH_3)_2CO$	0.79	62C.10C.280	56	523	28.5	540	9.4	2.5	13
Ethanol C_2H_5OH	0.79	52C.13H.350	78	904	26.8	420	9	3.5	25
Methanol CH_3OH	0.79	38C.12H.500	65	1110	19.7	450	6.4	5.5	26

표10-3 각종 기체연료의 특성

항목 / 연료	밀도 0℃ 1013mb kg/m³	주성분 % by wt.	비등점 1013mbar ℃	저발열량 연료 MJ/kg[1]	저발열량 혼합기 MJ/m³[1]	착화온도 ℃	이론공기량 kg/kg	착화한계 하한	착화한계 상한
								% by vol. of gas in air	
Liquefied gas	2.25[2]	C_3H_8, C_4H_{10}	−30	46.1	3.39	≈400	15.5	1.5	15
Municipal gas	0.56~0.61	50H, 8CO, 30CH4	−210	≈30	≈3.25	≈560	10	4	40
Natural gas	≈0.83	76C, 24H	−162	47.7	-	-	-	-	-
Water gas	0.71	50H, 38CO	-	15.1	3.10	≈600	4.3	6	72
Blast-furnace gas	1.28	28CO,59N,12CO2	−170	3.20	1.88	≈600	0.75	≈30	≈75
Sewage gas[3]	-	46CH4, 54CO2	-	27.2³	3.22	-	-	-	-
Hydrogen H_2	0.090	100H	−253	120.0	2.97	560	34	4	77
Carbon monoxide CO	1.25	100CO	−191	10.05	3.48	605	2.5	12.5	75
Methane CH_4	0.72	75C, 25H	−162	50.0	3.22	650	17.2	5	15
Acetylene C_2H_2	1.17	93C. 7H	−81	48.1	4.38	305	13.25	1.5	80
Ethane C_2H_6	1.36	80C. 20H	−88	47.5	-	515	17.3	3	14
Ethene C_2H_4	1.26	96C. 14H	−102	47.1	-	425	14.7	2.75	34
Propane C_3H_8	2.0[2]	82C. 18H	−43	46.3	3.35	470	15.6	1.9	9.5
Propene C_3H_6	1.92	86C. 14H	−47	45.8	-	450	14.7	2	11
Butane C_4H_{10}	2.7[2]	83C. 17H	−10 ; +1[4]	45.6	3.39	365	15.4	1.5	8.5
Butene C_4H_8	2.5	86C. 14H	−5 ; +1[4]	45.2	-		14.8	1.7	9

1) 단위체적 m³의 값=단위질량 kg의 값 × 밀도(kg/m³)
2) LPG의 밀도 0.54kg/ℓ:액체 프로판의 밀도 0.51kg/ℓ, 액체부탄의 밀도 0.58kg/ℓ
3) 정화가스(sewage gas)는 95%가 메탄(CH₄)이며 저발열량은 37.7MJ/kg
4) 첫 번째 값은 이소부탄, 두 번째 값은 n-부탄 또는 n-부텐의 것

표 10-4 디젤연료의 최소 필요조건(EN 590. 2003)

요구 조건			시험 규격
밀 도(15℃)	g/mℓ	0.820~0.845	EN ISO 3675 EN ISO 12185
증류곡선 250℃까지　증발량 350℃까지　증발량	 max. Vol.% min. Vol.%	 65 85	EN ISO 3405
40℃에서의 동점도	mm²/s	2.00~4.50	EN ISO 3104
인화점	℃ 이상	min. 55이상	DIN 51 755
유동성(CFPP) 　계절별	max. ℃ 04.15~09.30 10.01~11.15 11.16~02.28(29) 03.01~04.14	 max.　　0 max.　－10 max.　－20 max.　－10	EN 116
황 함유량	mg/kg	(2005년부터) max.　50	EN ISO 8745 EN 24260 EN ISO 14596
탄소 잔류량	max.wt.%	0.30	EN ISO 10370
세탄가 세탄지수	min. CN min. CI	51 이상 46 이상	EN ISO 5165 EN ISO 4264
회분함량	wt.%	max. 0.01	EN ISO 6245
동판부식		부식도 1	EN ISO 2160
전체 오염도	mg/kg	max. 24	EN 12662
수분함량	mg/kg	max. 200	EN ISO 12937

(1) 휘발유의 옥탄가(Octane Number : Oktanzahl) 측정

① 옥탄가의 정의

옥탄가란 표준연료(standard fuel)에 대한 시험연료 (test fuel)의 노크특성을 표시하는 척도이다. 이소옥탄 (iso-octane : trimethylpentane : C_8H_{18})의 옥탄가를 100, 정-헵탄(normal heptane : C_7H_{16})의 옥탄가를 0으로 정한 항 노크성의 척도가 주로 이용된다.

옥탄가가 높으면 높을수록 연료의 항노크성은 상승한

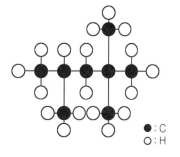

●：C
○：H

그림10-11 이소옥탄의 분자구조

다. 옥탄가 100 이하에서 옥탄가는 이소옥탄과 정-헵탄의 체적비로 표시된다. 예를 들면 옥탄가 90인 표준연료는 체적비로 이소옥탄 90%와 정-헵탄 10%를 혼합한 연료이다.

$$표준연료의 \ 옥탄가 = \frac{이소옥탄}{이소옥탄 + 정 \ 헵탄} \times 100 \quad \cdots\cdots\cdots\cdots\cdots\cdots (10\text{-}1)$$

② **옥탄가 측정 기관**

일반적으로 옥탄가는 1실린더 가변압축비기관(sigle cylinder variable-compression-ratio engine)을 일정조건으로 운전하여 측정한다. 가변압축비 기관으로는 C.F.R(Cooperative Fuel Research)기관과 BASF(Badische Anilin-und Soda-Fabrik)기관이 있으나, C.F.R.기관을 주로 사용한다.

표 10-5 옥탄가 측정기관의 제원과 구조

	CFR-기관	BASF-기관
실린더 수	1	1
내경(d) (mm)	82.55	65
행정(s) (mm)	114.3	100
행정/내경 비	1.38	1.54
배기량 (cc)	661.1	332
회전속도(min^{-1}), 정속	600±6 900±9	600±15 900±20
압축비, 가변	4~10	4~12
피스톤 재질	회주철	경금속
냉각수	증류수	
냉각수 순환방법	자연 순환	
기화기	연료의 절환이 가능한 3-부자실 기화기	

③ **옥탄가 측정조건 및 측정방법**

옥탄가가 100이하인 시험연료의 옥탄가는 모터법 또는 리서치법에 명시된 조건하에서 측정기관(예 ; CFR기관)을 옥탄가를 측정해야 할 연료로 운전하여 노크의 경향성(tendency)과 강도(intensity)를 측정한다.

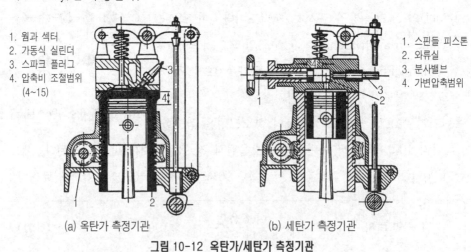

1. 웜과 섹터
2. 가동식 실린더
3. 스파크 플러그
4. 압축비 조절범위
   (4~15)

1. 스핀들 피스톤
2. 와류실
3. 분사밸브
4. 가변압축범위

(a) 옥탄가 측정기관   (b) 세탄가 측정기관

그림 10-12 **옥탄가/세탄가 측정기관**

옥탄가를 측정해야 할 연료의 노크 경향성 및 강도를, 이미 문서화되어 있는 표준연료의 노크 경향성 및 강도와 비교한다. 동일한 노크강도를 가진 표준연료의 이소옥탄 혼합비(체적%)가 바로 옥탄가를 측정하고자 하는 연료의 옥탄가이다.

표 10-6 CFR 기관의 옥탄가 측정조건

	리서치법	모터법
표시기호 ················	F-1	F-2
ASTM 측정방법 ······	D 908-59	D 357-59
옥 탄 가 ················	RON	MON
회전속도[min⁻¹], 정속 점화시기(BTDC)······	600±6 13°, 일정	900±9 26°(기본) 압축비에 따라 자동적으로 다음과 같이 조정된다. 압축비 5.00일 때 BTDC 26° 　　　　5.41　　　　　24° 　　　　5.91　　　　　22° 　　　　6.54　　　　　20° 　　　　7.36　　　　　18° 　　　　8.45　　　　　16° 　　　　10.00　　　　14°
혼합기 온도[℃]·········· 흡기 온도 [℃]··········	예열하지 않음 52±1	149±1 실내온도
냉각수 온도 [℃]········ 윤활유 온도 [℃]········	100±0.5	
	49~65	

옥탄가 100 이상인 휘발유의 옥탄가를 측정하는 방법도 옥탄가 100 이하인 휘발유의 옥탄가 측정방법과 같으나, 표준연료로 4에틸납(T.E.L)을 첨가한 이소옥탄(iso-octane)을 사용한다는 점이 다를 뿐이다. 그리고 ASTM 에서 발행한 환산표를 사용하여 이소옥탄에 첨가된 4에틸납의 함량을 100이상의 옥탄가로 환산한다(표 10-7 참조).

표 10-7 옥탄가 100 이상인 휘발유의 T.E.L 함량

옥탄가	옥탄의 TEL 함량(vol%)	옥탄의 TEL 함량(ml TEL/US Gall.)
100	0	0
101	0.0018	0.07
102	0.0039	0.15
103	0.0066	0.25
104	0.0095	0.36
105	0.0121	0.46
106	0.0157	0.60
107	0.0195	0.74
108	0.0238	0.90
109	0.0285	1.08
110	0.0338	1.28

옥탄가의 정의(定義)에 다르면 이소옥탄과 정헵탄 뿐만 아니라 4에틸납을 함유한 이소옥
탄도 리서치법으로 측정하든, 모터법으로 측정하든 간에 옥탄가가 서로 같아야 한다. 즉 측
정방법에 상관없이 동일한 연료는 동일한 옥탄가가 되어야 하지만 실제로는 그렇지 않다. 따
라서 옥탄가를 말할 때는 측정방법이 고려되어야 한다. 그러나 옥탄가 100은 서로 일치한다.
그리고 옥탄가(ON)와 세탄가(CN)의 관계는 다음과 같다.

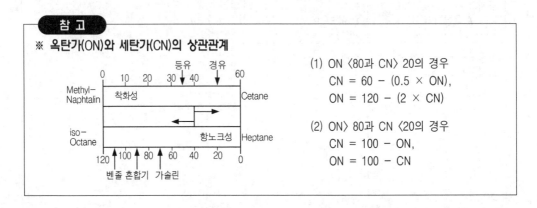

참 고

※ 옥탄가(ON)와 세탄가(CN)의 상관관계

(1) ON 〈80과 CN〉 20의 경우
    CN = 60 − (0.5 × ON),
    ON = 120 − (2 × CN)

(2) ON〉 80과 CN 〈20의 경우
    CN = 100 − ON,
    ON = 100 − CN

(2) 옥탄가의 종류

① 리서치 옥탄가(Research Octane Number : RON)

표 10-6의 리서치법에 의해서 측정된 옥탄가로서, 흔히 RON으로 표기한다.

리서치 옥탄가(RON)는 전부하 저속 예를 들면, 저속에서 급가속할 때 기관의 항 노크성
을 표시하는 데 적당하다.

② 모터옥탄가(Motor Octane Number : MON)

표 10-6의 모터법에 의해서 측정된 옥탄가로서 흔히 MON으로 표기한다.

모터법은 리서치법과 비교하면 혼합기를 약 150℃로 예열하며, 기관의 회전속도가 높
고, 점화시기를 가변시킨다는 점 등이 다르다. 즉 시험조건이 좀더 가혹해지므로 시험연료
가 열부하를 더 많이 받게 된다. 따라서 모터 옥탄가(MON)는 고속 전부하, 고속 부분부하,
그리고 저속 부분부하 상태인 기관의 항노크성을 표시하는 데 적당하다.

모터 옥탄가(MON)는 리서치 옥탄가(RON)보다 다소 낮다. 일반적으로 시판 휘발유의
MON은 RON보다 약 8~10 정도 낮다. 이는 기관의 운전조건이 항 노크성에 큰 영향을 미
친다는 것을 의미한다. 모터 옥탄가(MON)와 리서치 옥탄가(RON)의 차이를 감도

(sensitivity)라고 한다.

또 RON과 MON의 평균값을 항 노크지수(Anti-Knock Index : AKI)라고도 한다.

$$감도(sensitivity) = RON - MON$$

$$항노크지수(AKI) = \frac{RON + MON}{2}$$ .... (10-2)

③ **로드 옥탄가**(road Octane Number)

실험실에서 1실린더 기관으로 측정한 실험실 옥탄가(laboratory octane number)는 편리하긴 하지만 다기통 자동차기관에서 직접 측정한 옥탄가보다는 정확하지 못하다. 따라서 표준연료를 사용하여 자동차기관을 운전하는 방법으로 자동차에서 휘발유의 항 노크성, 또는 로드 옥탄가(road Octane Number)를 직접 결정할 수 있다. 이때는 기관의 노크 경향을 변화시키기 위하여 수동으로 점화시기를 제어하는 방식이 이용된다.

가장 일반적으로 사용되는 CRC(Coordinating Research Council Inc)의 F-27법(Modified Borderline)과 F-28법(Modified Union)의 경우, 표준 연료와 시험연료의 노크 경향성은 항상 최저 가청수준의 노크(the lowest audible level of knock)로 비교된다.

항노크지수(AKI)는 로드 옥탄가에 대한 합리적인 지표(guide)로 알려져 있다. 대부분 자동차의 경우, 여러 운전조건에서 로드 옥탄가는 그 연료의 리서치 옥탄가(RON)와 모터 옥탄가(MON)사이에 존재한다.

④ **프론트 옥탄가**(Front Octane Number : FON)

프론트 옥탄가(FON)는 연료의 구성 성분 중 100℃까지 증류되는 부분의 리서치 옥탄가(RON)로서, 가속노크에 관한 연료의 특성을 이해하는 데 중요한 자료이다.

⑤ **메탄가**(Methane Number : Methanzahl : MN)

가스 연료의 항노크성은 메탄가(MN)로 표시한다. 표준연료의 메탄가는 메탄(MN=100)과 수소(MN=0)의 혼합가스 중의 메탄의 체적 비율로 나타낸다. 임의의 가스 연료의 메탄가는 노크 거동이 같은 표준연료의 메탄가로 표시한다.

(3) 퍼포먼스 수(Performance Number : PN)

옥탄가 100이상인 연료의 옥탄가를 측정할 때는, 표준연료로서 4에틸납(TEL)을 첨가한 이소옥탄(iso-octane)을 사용한다는 것은 앞에서 설명하였다. 그러나 옥탄가 100이상은 일반적으로 옥탄가로 표시하지 않고 퍼포먼스 수(PN)로 표시한다.

퍼포먼스 수(PN)란 동일한 운전조건하에서 시험연료(test fuel)로 운전한 경우와 표준연료(standard fuel)인 이소옥탄으로 운전한 경우에, 각각의 노크한계에서의 지시출력(Indicated Power)의 비(比)를 백분율(%)로 표시한 것을 말한다.

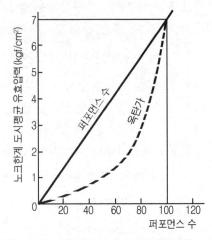

그림 10-13 퍼포먼스 수와 노크한계에서의 지시평균유효압력

옥탄가 100이상을 퍼포먼스 수(PN)로 표시하는 이유는 옥탄가와 노크한계에서의 지시평균 유효압력이 서로 1차비례 관계가 아니므로, 옥탄가가 노크한계와 지시평균유효압력 간의 관계를 정확히 반영하지 못하기 때문이다.

특히 옥탄가 100이상의 경우 이소옥탄에 항노크성 물질을 첨가해 이소옥탄보다 훨씬 높은 항노크성을 얻게 되는 데, 이소옥탄과 지시평균 유효압력이 서로 1차비례 관계에 있지 않으므로 이를 옥탄가로 표시할 근거가 희박하다. 따라서 노크한계의 지시평균유효압력에 1차비례 관계를 갖는 척도, 즉 퍼포먼스 수(PN)가 더 합리적임을 이해할 수 있을 것이다.

최근에는 옥탄가 100 이하의 연료에 대해서도 PN이 사용되고 있는데 옥탄가 100이하와 PN과의 관계는 다음 식으로 표시된다.

$$PN = \frac{2800}{128 - ON} \quad \cdots\cdots\cdots\cdots (10\text{-}3)$$

그리고 이소옥탄에 첨가하는 4에틸납의 첨가량(cc/gal)과 PN과의 관계식은 보통 다음의 실험식으로 표시된다.

$$TEL = \frac{(PN - 100)}{42.42 - 0.736(PN - 100) + 0.0034(PN - 100)^2} \quad \cdots\cdots\cdots\cdots (10\text{-}4)$$

이 실험식은 4에틸납의 첨가량이 6cc/gal 이하에서 잘 맞으며 PN도 옥탄가처럼 측정 조건에 따라 그 값이 변한다. PN은 보통 F-3법과 F-4법으로 측정하는 데 일반적으로 측정방법을 함께 표시한다.

표 10-8 Summary of Operating Conditions for Supercharge Method ASTM 9.9T

기관 회전속도	1800±45
엔진오일(SAE 등급)	50
정상작동시 오일압력	60±5(0.41±0.03)
오일통로 입구에서의 오일온도	165±5°F(74±3℃)
냉각수 온도	375±5°F(191±3℃)
흡기온도(오리피스)	125±5°F(52±3℃)
흡기온도(서지탱크)	225±5°F(107±3℃)
흡기의 습도	70(0.00971)max
점화 시기(BTDC)	45
스파크 플러그 간극(인치)	0.020±0.0003
브레이커 포인트 간극(인치)	0.020
밸브 간극(인치)	
흡입	0.008
배기	0.010
공기비	가변, 0.08 ~ 0.12
연료 공급 압력 Psi(kPa)	15±2(103±14)
분사 압력 Psi(MPa)	
보쉬	1200±100(8.2±0.69)
엑셀로	1450±50(10±0.34)

(4) 항 노크제(anti-knock additives)

보통의 증류 휘발유는 항노크성이 아주 낮기 때문에 여러 가지 항노크제를 첨가하여 충분한 옥탄가가 유지되도록 한다. 이때 증발영역 전범위에 걸쳐서 가능한 한 적당한 수준의 옥탄가가 유지되도록 하여야 한다.

반지(ring)형 방향족(aromatics)과 옆사슬형 파라핀(iso-Paraffine)은 직선 사슬형 파라핀(normal-Paraffine)에 비해서 항노크성이 높다.

① 제1종 첨가제

벤젠(benzene ; C_6H_6, 상업용 명칭 benzole), 톨루엔(toluen ; C_7H_8), 크실렌(Xylene ; C_8H_{11}) 등과 같은 방향족 탄화수소처럼 자신이 연료인 첨가제를 1종 첨가제라 한다.

옥탄가는 RON 108~112 범위이다(PP. 431, 그림 10-4 참조).

1종 첨가제 중에서 벤젠은 발암물질이라는 이유로 첨가량을 최대 5%(vol)로 제한하는 나라가 대부분이다. 우리나라의 석유품질기준(2000년)에서는 2%(vol) 이하로 제한하고 있다. 메탄올(CH_3OH), 에탄올(C_2H_5OH), 에테르($(C_2H_5)_2O$), MTBE($(CH_3)_3$-$COCH_3$), ETBE($(CH_3)_3$-COC_2H_5), TAME($C_5H_{12}OCH_3$), TBA(C_4H_9OH) 등과 같은 함산소 1종첨가제는 옥탄가를 높인다는 측면에서는 좋지만, 휘발유에서의 용해성이 불량하고, 냄새가 나고, 발열량이 낮다는 단점이 있다. 또 연료성분 중 산소함량이 증가되면 CO 감소효과는 크지만 NO_x가 증가하는 것으로 보고되고 있다. 그리고 알코올의 경우는 비점이 낮아 휘발성을 크게 상승시키며, 메탄올은 특히 금속부식성도 아주 강하다.

② 제2종 첨가제

가장 효과적인 항노크제로 사용되었든 4에틸납(Tetra Eethylene Lead ; TEL ; Pb(C_2H_5)₄)이나 4메틸납(Tetra Methylene Lead : TML ; Pb(CH_3)₄)과 같은 유기금속화합물(metallo-organic base)을 제2종 첨가제라 한다. 납화합물은 독성이 강한 공해물질이기 때문에 오늘날은 첨가 허용량을 법적으로 크게 제한하거나, 금지하는 나라가 대부분이다. 4에틸납은 연소 중 분해하여 산화납으로 되어 실린더벽에 퇴적되므로 할로겐 화합물(organic halides)을 연료에 첨가하여 산화납을 할로겐화납으로 변화시켜 배기가스와 함께 외부로 배출시키는 방법을 사용한다. 그러나 할로겐 화합물도 공해물질이다.

③ MTBE(Methyl Tetiary Butyl Ether : MTBE; $(CH_3)_3$-$COCH_3$)

메틸 타샤리 부틸 에테르(MTBE)는 메탄올과 이소-부틸렌(iso-butylene)의 화학반응으로 제조하며, 리서치 옥탄가(RON)가 110~119로서 소량을 첨가해도 옥탄가를 크게 높일 수 있다. 또 비점(55℃)이 낮기 때문에 특히 비등점이 낮은 영역에서 연료의 옥탄가를 크게 개선시킨다. 혼합비율은 약 10~15% 범위이다. 그러나 MTBE 자체에 포함된 이소-부텐, 메탄올 등이 불완전 연소될 경우, 포름알데히드(HCHO)가 생성되는 것으로 알려져 있다.

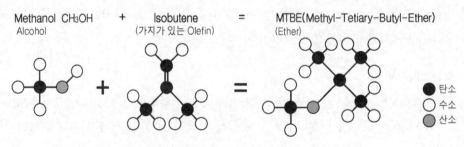

그림 10-14 MTBE의 분자구조

(5) 무연 휘발유(unleaded gasoline)의 항노크성

촉매기가 장착된 자동차에는 납화합물(제2종 첨가제)이 들어있지 않은 무연연료를 사용해야 한다. 유연 휘발유를 사용할 경우에는 배기가스 중의 납화합물이 촉매기의 촉매층을 덮어버리게 되어, 촉매기가 더 이상 촉매작용을 할 수 없게 된다. 이와 같은 이유에서 무연휘발유의 납함량은 제한된다(석유품질기준에서는 13mg/ℓ 이하, EN에서는 5mg/ℓ 이하).

무연 휘발유에는 주로 1종 첨가제를 첨가하여 옥탄가를 개선한다. 주로 방향족(aromatics) 및 올레핀(olefins)계와 같은 다원자가(多原子價 : multivalent) 성분, 비점이 낮은 함산소연료 그리고 MTBE와 같은 별도의 항 노크제를 첨가한다. 이들의 첨가로 옥탄가는 개선되었으나 동시에 휘발성이 높아져 증발가스의 발생량이 증가하는 등의 문제점도 있다.

유연 고급휘발유의 리서치 옥탄가(RON)가 98~100인데 비해 무연 고급 휘발유는 대부분 RON 95~96정도로 하여 생산하고 있다. 이와 같이 무연 휘발유는 유연 휘발유에 비해 옥탄가가 낮으므로 무연 휘발유로 기관을 운전하기 위해서는 기관의 개념(engine concepts)들을 일부 수정해야 한다. 즉, 옥탄가의 저하를 고려하여 압축비를 낮추고 점화시기도 조정해야만 한다. 그러나 이렇게 하면 연료소비율이 증가하게 됨은 물론이다.

납화합물 첨가제는 흡/배기 밸브의 밸브 페이스와 실린더 헤드의 밸브시트 간의 접촉면에 퇴적, 얇은 막을 형성하여 윤활제와 같은 역할을 함으로써 이들 두 부품 간의 접촉 마찰에 의한 마멸을 감소시킨다. 따라서 무연 휘발유를 사용하기 위해서는 밸브와 밸브시트의 재질을 유연 휘발유를 사용하는 경우와는 다르게 해야 한다.

1980년 이후의 차량들은 대부분 무연 휘발유로도 운전할 수 있는 구조로 생산되고 있다. 그러나 항 노크성 관점에서 볼 때, 각 차량의 무연 휘발유에 대한 적합성 여부는 제작사에서 제시하는 기관의 필요 옥탄가(ONR)를 기초로 시험하여야 할 것이다.

3. 휘발유의 휘발성(volatility : Flüchtigkeit)

휘발유, 등유, 경유 등은 여러 종류의 탄화수소 혼합물이므로 단체(單體) 화합물과 같은 일정한 비등점(boiling point)을 가지고 있지 않다.

기관의 다양한 운전조건과 기온, 기압 등의 변화에 대응하여 최적 성능을 얻기 위해서는 연료의 휘발성에 제약이 따르게 된다.

연료의 휘발성이 낮으면 냉시동이 어렵고 난기운전기간 중이나 가속 시에 차량의 주행성능이 불량해짐은 물론, 연료 분배의 불균일을 유발할 수 있다. 반대로 휘발성이 너무 좋으면 연료공급펌프나 연료라인, 기화기 등에서 증기폐쇄현상을 일으켜 기관이 정지하게 된다. 연료의 기화가 지나치게 빠르면 특정 대기압 상태하에서는 스로틀 보디(throttle body)에 결빙을 일으켜 기관의 작동상태가 불량해지게 된다.

디젤기관에서도 연료의 휘발성이 착화지연에 관계하여 디젤노크(diesel knock)를 좌우하므로 휘발성이 중요시됨은 물론이다.

(1) 연료의 휘발성을 표시하는 방법

연료의 휘발성을 표시하는 방법에는 여러 가지가 있으나 특히 많이 사용되는 방법으로는 ASTM 증류법과 리드 증기압(Reid vapor pressure) 그리고 기체/액 비율(Vapor/Liquid ratio) 등이 있다.

① ASTM 증류곡선(ASTM-distillation curve)

증류방법은 ASTM D86에 규정되어 있으며 DIN5171, KSM2031 등에도 명시되어 있다.

ASTM 증류방법은 그림 10-15에 도시한 바와 같이 증류 플라스크(flask), 응축장치, 계량컵 등을 사용하여 증류온도와 증류량의 관계를 알아내는 방법이다.

증류 플라스크에 100cc의 시료(試料)를 넣고 가열하면 플라스크 내의 연료는 비등하여 연료증기를 발생시킨다. 이 증기는 응축장치를 통과하면서 다시 액체 상태로 변하여 계량컵에 모이게 된다. 계량컵에서는 증류량을, 플라스크에 설치된 온도계에서는 증류온도를 측정하여 증류온도와 증류량의 상관관계를 도시한 것을 증류곡선이라 한다.

그리고 계량컵에 처음 한방울의 시료가 떨어질 때를 초류점(initial boiling point), 10% 가 모였을 때의 온도를 10%점, 플라스크의 시료가 모두 완전히 증류될 때의 온도를 종점 (終點 : end point)이라 한다.

일반적으로 ASTM증류곡선에서는 연료의 휘발성을 다음과 같이 평가한다.

10%점은 기관의 시동성에 큰 영향을 미친다. 10%점의 온도가 높으면 냉 시동성이 불량하고, 10%점의 온도가 너무 낮으면 증기폐쇄(vapar lock)현상이나 퍼컬레이션 (percolation)을 유발하며 동시에 연료탱크에서의 증발손실도 크다. 따라서 10%점이 적당한 것이 요구된다.

30-60%점은 가속 성능에 중대한 영향을 미친다. 이 점의 온도가 높을수록 가속성이 불

량해지며, 난기운전기간이 길어진다. 그러나 30%-60%점의 온도가 너무 낮으면 여름철과 같이 기온이 높은 경우에는 퍼컬레이션(percolation) 현상으로 저속운전에 장해가 발생하게 된다.

90%점의 온도가 너무 높으면 기화불량으로인해 불완전 연소에 의한 유해물질의 배출량이 증가하며, 또한 미기화된 연료가 실린더 벽을 타고

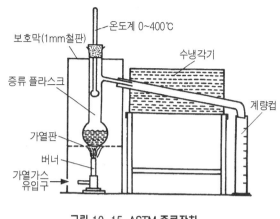

그림 10-15 ASTM 증류장치

크랭크 케이스로 흘러내려 윤활유를 희석시키는 원인이 된다.(자동차연료품질기준(2000년)에서 175℃ 이하)

참고로 DIN에서는 휘발유의 휘발성을 다음과 같이 설명하고 있다.

70℃까지 증발되는 연료량은 기관이 냉시동하기에 충분할 만큼 많아야 한다. 그러나 기관이 정상 작동온도일 때 증기폐쇄현상을 유발할 만큼 많아서는 안된다. 또 기관이 차거울 때 윤활유의 희석을 방지하기 위해서는 180℃까지 증발되는 연료의 양이 너무 적어도 안된다. 그리고 100℃까지 증발되는 연료의 양은 기관의 난기 운전특성 뿐만 아니라 정상 작동온도 일 때, 기관의 가속성과 작동준비성(Operating readiness : Betriebsbereitschaft)을 결정한다(그림 10-16참조).

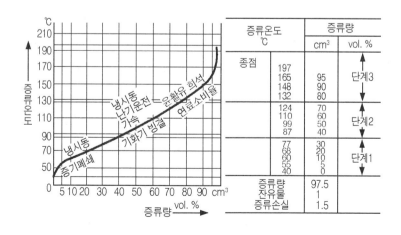

증류온도 ℃		증류량	
		cm³	vol. %
종점	197		
	165	95	단계3
	148	90	
	132	80	
	124	70	
	110	60	단계2
	99	50	
	87	40	
	77	30	
	68	20	단계1
	60	10	
	55	5	
	40	0	
증류량		97.5	
잔유물		1	
증류손실		1.5	

그림 10-16 ASTM 증류곡선에서 온도의 영향

② 리드 증기압(Reid vapor pressure : Rvp)

ASTM D323, EN13016-1, KSM 2030 등에 규정되어 있는 데, 밀폐된 용기안에 들어있는 액체의 증기화된 부분에 의해서 밀폐된 용기의 벽면 단위면적에 작용하는 힘으로 표시된다.

측정은 그림 10-17과 같이 공기와 연료를 일정비율(체적비로 4 : 0.2)로 넣고 밀폐시킨 다음에 장치를 수조(water bath)에 담그고 물을 서서히 가열시키면서 증기압을 측정한다.

37.8℃(100℉)에서 용기내의 공기와 액체의 비율이 4 : 1일 때의 증기압을 리드 증기압(Reid vapor pressure : Rvp)이라 한다. EN 13016-1에서는 리드 증기압을 여름용 휘발유는 0.7bar, 겨울용 휘발유는 0.9bar로 제한하고 있다. 리드 증기압이 높을수록 휘발성이 좋다(자동차연료품질기준(2000년)에서는 82kPa(0.82bar)이하).

그림 10-17 리드 증기압 시험기

증기압/온도 곡선(vapor pressure/temperature curve)은 연료의 조성에 따라 각각 다르다. 예를 들면 알코올이 혼합된 연료의 경우는 순수 탄화수소혼합물 연료의 곡선보다는 그 기울기가 가파른 데 이는 알코올이 탄화수소 혼합물로만 조성된 연료에 비해 고온에서는 증기폐쇄 현상으로 고장을 일으키는 경향이 있음을 뜻한다.

최근에는 연료의 리드 증기압을 높게 하는 경향이 있다.

③ 기체/액 비율(Vapor/Liquid ratio : V/L)

ASTM D2533에 규정된 방법으로서 연료의 기포발생 경향을 나타내는 척도이다. V/L 비율이란 휘발유와 생성된 증기가 평형상태에 있을 때, 기체상태의 휘발유와 액체상태의 휘발유와의 비율을 말한다. 이는 특정 온도에서 연료 1단위가 발생시킨 증기량을 말하며, 여기서 대기압이 중요한 의미를 갖는다. 만약 대기압이 낮으면, 예를 들어 똑같은 온도에서도 고도(高度)가 높은 곳에서는 해면(海面)에서 보다도 증기발생량이 더 많아진다.

이러한 이유에서 산악지대를 주행할 때는 평지를 주행할 때보다 증기폐쇄현상에 의한 고장 가능성이 증대된다. 그리고 알코올, 특히 메탄올을 첨가하면 기체/액 비율은 상승한다.

(2) 휘발성과 구동능력(drive ability)

연료의 휘발성은 대기온도, 기관의 조정상태, 점화시기, 배기가스재순환(EGR) 등의 영향을 받으며, 기관성능에 큰 영향을 미친다.

스털링, 스텀블, 헤지테이션, 서징, 스트레치 등은 주로 연료의 휘발성과 관련된 현상으로 기관의 구동능력을 현저하게 악화시킨다.

- 스털링(stalling) : 기관이 더 이상 운전을 계속할 수 있는 능력이 없는 상태, 즉 정지를 뜻한다.
- 스텀블(stumble) : 가속 시에 발생하는 짧고(short) 급격한(sharp) 감속현상이며,
- 헤지테이션(hesitation) : 스로틀밸브가 열려있는 상태에서 가속할 때 일시적인 가속 지연 현상이다.
- 서징(surging) : 기관의 출력이 주기적으로 맥동을 반복하는 현상이며,
- 스트레치(strech) : 가속 시에 발생하는 비정상적인 출력부족 현상이다.

① 냉시동성과 구동능력(cold start and drive ability)

어떤 기온하에서나 냉시동 후에는 위에서 열거한 고장현상 중 한/두 가지 또는 모두가 복합적으로 발생할 수 있다. 일반적으로 고장의 정도나 빈도는 기온이 낮아지면 증가한다.

CRC(Coordinating Research Council)의 시험결과에 의하면 ASTM 증류곡선상에서 10%, 50%, 90%점의 변화에 따라 냉시동성과 추운 날씨하에서의 구동능력이 변화하는 것으로 나타났다. "0.5×(10%점 온도)+50%점 온도+0.5×(90%점 온도)"의 값이 높으면 연료의 휘발성이 낮고 구동능력이 부족한 것으로 알려져 있다. 이는 50%점 온도가 구동능력에 가장 큰 영향을 미치지만, 동시에 각 점의 증발온도들이 모두 구동능력에 영향을 미치고 있음을 나타내는 것이다. 그러나 정확한 상관관계는 차량에 따라 각기 다르다.

② 증기폐쇄(vapor lock) 현상

증기폐쇄현상이란 연료시스템(주로 연료탱크 ↔ 연료공급펌프 사이)에 증기가 과도하게 발생하여 기관에 연료를 충분히 공급하지 못하는 연료공급 부족 현상으로 정의된다.

따라서 증기폐쇄현상은 약간 희박한 공연비에서부터 연료부족으로 인한 기관 정지에 까지 영향을 미치는 것으로 보아도 좋을 것이다.

증기 폐쇄현상은 연료시스템의 온도가 높을수록, 또 압력이 낮을수록 발생하기 쉽고 또 연료의 휘발성이 너무 크면 발생하기 쉽다. 그러나 실제로 증기폐쇄현상의 발생여부에 관

한 판단은 연료시스템의 증기수송능력에 따른다.

증기수송능력이란 증기폐쇄를 일으킬 때의 기체/액 비율을 말하는데, ASTM D 439에서는 기체/액체 체적비율(V/L) 20에서의 온도를 증기폐쇄의 통제지표로 사용하고 있다. 즉 연료시스템내의 증기발생량이 증기수송능력의 한계를 넘어서면 이때부터 증기폐쇄현상이 발생한다. 그림 10-18에서 점6을 제외한 모든 위치에서 시험연료의 V/L이 증기수송능력보다 낮으므로 증기폐쇄현상은 발생되지 않는다. 점6(V/L=20)은 증기폐쇄를 일으키는 경계에 있다.

연료 시스템의 증기수송능력은 온도·(증기/액)비율의 특성이 각각 다른 휘발유를 사용하여 여러 운전조건에서 기관을 운전하면서 이때 연료시스템의 각 위치에서 증기폐쇄를 일으킬 때의 온도와 압력을 구함으로서 정의할 수 있다. 증기폐쇄현상에 영향을 미치는 차량 설계요소는 증기 리턴라인, 연료탱크와 연료파이프의 배치, 연료공급 펌프의 설치위치와 용량 등이다.

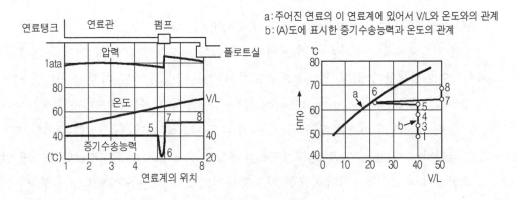

그림 10-18 연료계의 특성

③ 고온시동성과 구동능력(hot start and drive ability)

자동차기관의 고온시동특성이란 기관을 운전하다가 일단 정지한 후 일정 시간이 지난 다음, 기관 각부의 온도가 상승한 상태에서의 기관 재시동능력을 말한다.

고온시동성과 구동능력에 가장 크게 영향을 미치는 것은 기체/액 비율(V/L) 20에서의 온도이다. 그러나 기체/액 비율(V/L) 20의 온도한계는 각 차량에 따라서, 또는 두 변수

- 증기폐쇄현상 그리고
- 고온시동성과 구동능력에 따라 각각 다르다.

4. 기관의 필요옥탄가(Octane Number Requirement : ONR)

기관에서의 노크발생 여부는 두 가지 변수 - "연료의 옥탄가와 기관의 필요옥탄가"-에 의해서 결정된다. 연료의 옥탄가가 기관의 필요옥탄가보다 높으면 노킹은 발생하지 않는다.

기관의 필요옥탄가(ONR)는 기관의 기본설계요소와 운전조건에 따라 결정된다.

기관의 필요옥탄가(ONR)는 표준연료(reference fuel)로 표시한다. 일정한 자격을 갖춘 평가자에 의해서 판단되는 가청 노크(audible knock)를 발생시키는 고품질 연료의 옥탄가로 기관의 필요옥탄가(ONR)를 정의한다.

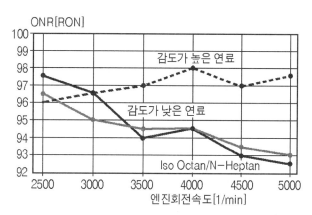

그림 10-19는 압축비 9.7 : 1, 배기량 2.5 L인 V-6기통 기관을 전부하 운전하였을 경우, 전부하 시 연료와 회전속도에 따른 필요 옥탄가를 나타낸 것이다.

그림 10-19 연료와 회전속도에 따른 기관의 필요옥탄가(전부하)

(1) 기관의 필요옥탄가에 영향을 미치는 요소들

기관의 설계와 운전이라는 관점에서 볼 때, 기관의 노크 경향과 필요 옥탄가에 영향을 미치는 요소에는 여러 가지가 있다.

기관설계요소는 압축비, 점화시기, 공연비, 밸브 개폐시기, 체적효율, 흡기다기관 가열정도, 냉각수온도, 배기가스 재순환률 그리고 연소실 형상 등이다.

운전요소는 대기의 상태(기압, 습도), 연소실내 퇴적물, 그리고 기관의 부하 및 회전속도 즉, 운전조건 등이다.

(2) 기관설계요소

① **압축비**(compression ratio)

그림 10-20은 주어진 기관의 압축비에 따라 연료에 요구되는 항노크성을 개략적으로 보여 주고 있다.

이 곡선은 다른 요소들은 각 압축비에 따라 최적화시키고, 압축비만을 광범위하게 변화시킨 실험을 다수의 기관에서 실시한 자료로부터 얻은 것이다.

필요옥탄가와 압축비의 관계는 직선적이 아니고, 약간의 곡선으로 나타나 있다. 이는 고옥탄가 수준에서는 각 옥탄가에 대응하는 허용 압축비의 증가폭이 저옥탄가 수준에서보다 크다는 것을 의미한다. 그러나 압축비가 기관의 필요옥탄가에 미치는 영향은 기관이 다르면 달라지게 된다. 그 이유는 연소실의

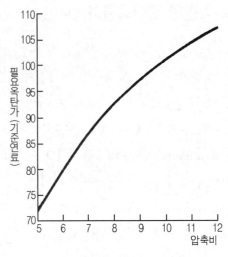

그림 10-20 압축비와 연료의 필요 옥탄가

형상, 실린더 내경, 점화시기, 그리고 다른 요소들이 서로 다르기 때문이다.

② 점화시기(ignition timing)

기관에 따라 점화시기의 변화가 기관의 필요옥탄가에 미치는 영향이 다르긴 하지만 모든 기관에서 점화시기를 빠르게 하면 기관의 필요옥탄가가 증가하는 것으로 보고되고 있다.

현재는 노크가 감지되면 점화시기를 단계적으로 낮추어, 노크를 허용수준 이하로 감소시키는 노크제어시스템(knock control system)이 일반화되어 있다. 이 방식은 사용연료의 옥탄가에 따라 차량의 필요옥탄가를 제한할 수 있다는 장점이 있다. 그러나 사용연료의 옥탄가가 기관설계 수준보다 아주 낮다면 노크가 발생하는 점화시기는 현저하게 낮아지게 되고, 그렇게 되면 기관의 성능은 저하하고 반면에 연료소비율은 상승하게 될 것이다.

③ 공연비(air/fuel ratio)

기관의 필요 옥탄가에 영향을 미치는 또 하나의 주 요소는 각 실린더에 공급되는 공기/연료 혼합비 즉, 공연비이다.

일반적으로 기관의 필요옥탄가의 최대값(maximum ONR)은 공연비가 무게비로 약 14.5 : 1일 때이다. 혼합기가 농후해지거나 희박해지면 기관의 필요옥탄가는 최대값을 기준으로 할 때 감소하는 경향을 나타내게 된다. 그러나 혼합기가 과농 또는 과박하게 되면 출력이 크게 감소할 것이다.

통상적으로 최대출력을 얻기 위한 농후 혼합비는 전 스로틀 운전시의 임계상황에서 노크를 감소시키기 위해, 또 기관의 가속성과 차량의 등반능력을 향상시키기 위해 사용된다.

배기시스템에 공기비 센서를 설치하여 부분부하시 공연비를 최대 노크 혼합비에 가까운 화학적 이론혼합비 부근에서 유지되도록 한다. → 공기비 창(λ-window)

④ 연소실 형상(combustion chamber design)

연소실 형상도 기관의 필요옥탄가에 영향을 미친다. 그러나 연소실 형상의 변화가 기관의 필요옥탄가에 미치는 영향은 앞서 설명한 요인들처럼 쉽게 예측할 수 없다.

일반적으로 스파크 플러그로부터 연소되어야 할 혼합기의 최종 부분까지의 화염전파 거리가 짧고, 강한 와류(turbulence)가 동반될 때, 기관의 필요옥탄가가 낮아지는 것으로 보고되고 있다. 따라서 연소실에 강한 와류가 일어나고 화염전파 거리가 짧다면 일정한 옥탄가를 가진 연료로 노크없이 운전할 수 있는 압축비의 한계는 높아질 것이다.

⑤ 온도제어 시스템(temperature control system)

기관의 필요옥탄가는 연소온도의 영향을 크게 받는다. 그리고 연소온도는 냉각수 온도, 흡기 온도, 흡기다기관으로 부터의 유입열량(heat input) 등의 영향을 받는다.

연소온도가 높아지면 기관의 필요옥탄가도 상승한다. 따라서 냉각수온도 조절기의 조정, 공기가열기의 설계, 흡입다기관 가열시스템의 설계 등은 모두 중요한 변수이다.

(3) 운전중의 상태요소(in-use factor)

① 대기 또는 기후 조건(atmospheric or climatic conditions)

차량의 필요옥탄가는 세 가지 대기변수(기압, 온도, 습도)의 변화에 의한 영향을 받는다. 일반적으로 기압이나 기온이 상승하면 필요옥탄가는 상승하고, 반면에 절대습도가 증가하면 필요옥탄가는 낮아진다. 평균적으로 볼 때 차량의 필요옥탄가는 리서치 옥탄가 기준으로 고도 300m 당 약 1~2 정도 감소하는 것으로 보고되고 있다.

이 경우 필요옥탄가의 변화는,

첫째로 고도에서는 공기밀도가 낮으므로 연소압력과 연소온도가 낮아지며,

둘째로 공기밀도가 낮아지기 때문에 혼합비가 농후해지고, 기계식 점화장치에서는 부분부하 시에 점화진각장치에 작용하는 진공도가 감소하는데 그 원인이 있다. 따라서 고도의 변화에 따라 점화시기와 공연비를 함께 제어하는 방식을 주로 사용한다.

경험적으로 볼 때 기압은 해면에서부터 고도 1,500m까지는 300m 당 약 3.4kPa정도 낮아진다. 물론 필요옥탄가도 기후의 변화에 따라 함께 변화하는 기압의 영향을 받는다. 그러나 이 변화는 불규칙적이고 예측 불가능하다.

제작사 및 모델이 각각 다른 차량을 사용하여 실험한 결과, 평균적으로 볼때 기온이 약 5.6℃(10℉) 상승하면, 차량의 필요옥탄가는 모터옥탄가(MON) 기준으로 약 0.54정도 상승하고, 반면에 절대습도에서 수분이 0.00065kg H_2O 증가하면 필요옥탄가는 약 0.35단위 감소하는 것으로 보고되어 있으나 차종에 따라서는 평균값에서 훨씬 벗어나는 경우도 있으므로 이 값을 사용하는 데는 상당한 고려를 해야 할 것이다. 그러나 날씨에 관련된 이들 두 변수-"습도와 기온"-가 필요옥탄가에 직접적인 영향을 동시에 미치고 있음은 사실이다.

② **연소실 퇴적물**(combustion chamber deposits)**과 운전조건**(operating condition)

자동차를 사용함에 따라서 운전 시 필요옥탄가는 대기요소에 추가하여

- 신품 기관(new engine)에서의 필요옥탄가와,
- 기관을 계속 사용함에 따라 연소실 퇴적물의 증가에 기인하는 필요옥탄가의 증가분 (Octane Requirement Increase : ORI)에 의해서 결정된다.

같은 회사에서 제작된 같은 모델의 차량인 경우에도

- 제작오차에 의해 신품 기관에서 나타나는 필요옥탄가의 차이
- 운전조건
- 사용연료와 윤활유에 따라 운전시 필요옥탄가가 다르게 나타나게 된다.

차량이 주행속도, 부하, 그리고 온도 등이 다양한 상태에서 운전됨에 따라 연소실 표면에는 연료와 윤활유의 연소에 의한 부산물이 퇴적되게 된다. 이들 퇴적물은 연소실 내의 체적을 점유하게 되므로 연소실 체적이 감소하는 만큼 압축비를 상승시키게 된다. 그러나 보다 중요한 점은 사이클과 사이클 사이의 열을 저장하여 연소실 벽으로부터 냉각수로 열이 이동하는 것을 방해하는 장벽으로서의 기능이다.

결과적으로 압축비가 높아지고, 열이 저장되고, 열전달이 방해를 받음으로서 노크경향은 차량주행거리 약 8,000~24,000km 사이에서 현저하게 증가한다. 이 후부터는 평형상태를 파괴하는 기계적 변화 또는 운전조건의 변화가 없는 한, 필요옥탄가도 안정되는 것으로 알려져 있다.

제10장   연료와 연소

제3절 자동차용 대체연료
(Alternative Fuels for Automobiles : Alternative Kraftstoffe)

전 세계적으로 급속한 공업화와 경제규모의 확대, 차량대수의 증가 등으로 석유수요는 계속적으로 증대되고 있다. 따라서 대체에너지 개발은 절실한 문제이다. 특히 자동차 배출물규제가 크게 강화됨에 따라 저공해 내지 무공해 에너지에 관심이 집중되고 있다.

자동차용 대체에너지로 사용되고 있거나 연구가 진행되고 있는 주요한 에너지는

① 합성 가솔린(synthetic gasoline)이나 합성경유(synthetic diesel),

② 알코올(alcohol) → 에탄올과 메탄올,

③ 액화석유가스(LPG ; Liquefied Petroleum Gas),

④ 압축천연가스(CNG ; Compressed Natural Gas) 및 합성천연가스(SNG ; Synthetic Natural Gas)

⑤ 유기연료(bio-fuel)

⑥ 수소(hydrogen) 그리고

⑦ 전기(electricity) (연료전지 포함) 등이 있다.

1. 액화석유가스(Liquefied Petroleum Gas : LPG)

LPG는 프로판(Propane : C_3H_8)과 부탄(Butane : C_4H_{10})의 혼합물로서 제한된 범위이긴 하지만 자동차기관의 연료로 사용되고 있다. LPG는 원유와 함께 얻어지거나 정유과정에서 얻어진다. 주요 특성은 표 10-9와 같다.

자동차 기관용 연료로서 LPG는 다음과 같은 특성이 있다.

① 증기압에 의한 연료공급이 가능하다.(공급펌프가 없다) → 증발기 방식에서

LPG 액체분사방식이 아닌 증발기방식의 LPG-기관에서는 LPG가 자신의 증기압에 의해 연료탱크로부터 혼합기형성장치에 공급되기 때문에, 혹한의 날씨(외기온도 5℃ 이하)에도

연료공급이 가능한 최저증기압(약 0.5bar)을 확보하여야 한다. 여름철에는 부탄 100%의 LPG라도 시동 가능한 증기압을 유지할 수 있으나 겨울철에는 부탄만으로는 연료탱크의 증기압이 너무 낮기 때문에 부탄보다 비점이 훨씬 낮은 프로판을 일정 비율(보통 20~60%)로 혼합하여 사용한다. 프로판의 증기압은 15℃에서 약 7.5bar, 20℃에서 8bar, 21℃에서 8.5bar, 55℃에서 약 18bar 정도이다.

고압가스 관련법규에 LPG-탱크(봄베)는 탄소강판(두께 3.2mm이상의 SS41)으로 제작하며, 내압시험($31kgf/cm^2$)과 기밀시험($18.6kgf/cm^2$)을 만족시키도록 명시되어 있다. 기밀시험 기준압력은 55℃에서의 프로판 증기압(18bar)을 고려한 것이다.

표 10-9 L.P.G의 특성

명 칭 항 목	L.P.G				gasoline (보통 기준)
	Propane	Propene	N-Butane	I-Butane	
분자식	C_3H_8	C_3H_6	C_4H_{10}	C_4H_{10}	
비점(℃), 1013hPa에서	−43	−47	−0.5	−10	25~215
증기압(bar), 20℃	8.0	9.8	2.0	2.95	-
비중 / 액체 상태, 물=1(15℃)	0.507	0.522	0.584	0.563	0.715~0.765
비중 / 기체 상태, 공기=1(15℃)	1.548	1.453	2.071	2.067	-
착화온도 (℃)	481	458	365	365	≈300(보통) ≈400(고급)
발열량 (MJ/kg)	46.3	45.8	45.6	45.6	42.7(보통) 43.5(고급)
가연범위 공기중 가스 Vol.%	2.1~9.5	2.4~11	1.5~8.5	1.5~8.5	≈0.6~≈8
최고화염속도 (m/s) $\phi 1''$ 파이프 속에서	0.81	1.01	0.825	0.825	0.83
이론공기량 (kg/kg)	15.6	14.7	15.4	15.4	14.8(보통) 14.7(고급)
증발잠열 (kJ/kg)	448	438	380.0	366.5	380~500
옥탄가(RON)	110	85	94	102.4	80~90

② 액체 발열량과 기체발열량

LPG는 액체상태에서 단위질량 발열량은 휘발유보다 크지만, 공기와 혼합상태에서의 단위체적 발열량은 휘발유보다 약 5% 낮다. 따라서 동일 기관을 똑같은 조건하에서 운전한다면 LPG로 운전할 경우의 출력이 휘발유로 운전할 경우에 비해 다소 낮아지게 된다.

또 증발기방식에서는 LPG가 완전한 가스상태로 기관에 공급되므로 충전효율의 저하에 의한 출력저하 현상이 나타나는 데, 특히 고속에서는 출력이 약 5~10% 저하하지만 흡기량이 적은 저속에서는 거의 영향을 받지 않는다. 이와 같은 결점을 보완하기 위해 흡기밀도를 높게 유지할 수 있는 구조로 흡기다기관을 개조하거나, 압축비를 높게 하거나, 점화진각특성을 변화시키는 방법 등이 사용된다.

③ 색, 맛, 냄새, 밀도

순수 LPG 자체는 무독, 무미, 무색, 무취이지만 다량 흡입하면 마취성이 있다. 유독성 납화합물이나 자극성 알데히드(aldehyde)가 함유되어 있지 않으며 유황분도 적기 때문에 유해물질 배출수준은 가솔린에 비해 훨씬 낮다. 또 LPG기관의 경우, 각 실린더 간의 혼합기 분배가 양호하고 혼합비도 높게 할 수 있기 때문에 일산화탄소나 탄화수소도 적게 배출된다. 액체 LPG의 무게는 물의 0.51~0.58배이지만, 기체 LPG는 공기보다 약 1.5~2배 정도 무겁기 때문에 공기 중에 누출되면 낮은 장소에 모여 인화사고의 원인이 될 수 있다. 따라서 극소량의 착취제(유기황(CP-630), 질소, 산소화합물 등)를 첨가하여 누설을 판별할 수 있게 하고 있다.

④ 압력과 온도에 의한 상변화와 체적변화

LPG는 대기압, 상온에서는 기체상태이다. 프로판의 경우 20℃에서 8bar로 가압하면 액화하며, 그 용적은 가스체적의 1/270로 감소한다.(부탄의 경우 1/240로 감소)

액체 LPG의 체적팽창률은 물의 15~20배, 금속류의 약 100배이다. 15℃에서 탱크용적의 85%를 충전할 경우, 탱크 내부온도가 60℃로 상승하면 탱크내부는 완전히 액체로 가득차게 되며, 온도가 80℃ 이상으로 상승하면 탱크는 파열되게 된다. 이 때문에 LPG는 탱크용량의 85%까지만 충전하도록 법으로 규제하고 있다.

2. 압축천연가스(CNG : Compressed Natural Gas)

압축천연가스의 주성분은 메탄(CH_4)이며 그 특성은 LPG와 큰 차이가 없다. 메탄은 비점 $-162℃$, 저발열량 50MJ/kg, 혼합기발열량 $3.22MJ/m^3$, 착화온도 650℃, 이론 혼합비 17.2, 공기 중의 가연한계범위 5~15%이다. 따라서 디젤기관 보다는 SI-기관의 연료로 더 적합하다.

$-162℃$ 이하로 냉각시키면 액화천연가스(LNG) 상태로 수송 및 저장이 가능하지만, 자동차에서는 약 200bar로 압축한 CNG 상태로 저장하였다가, 다단계 감압장치를 거쳐 최종적으로 약 9bar 정도로 감압하여 흡기다기관에 분사한다.

휘발유 및 경유와 비교했을 때, 자동차기관 연료로서 압축천연가스의 장점은 다음과 같다.

① 연소 시 매연이나 미립자(PM : Particulate Matters)를 거의 생성하지 않는다.

② CO 배출량이 아주 적다(평균적으로 40~50% 정도).

③ 질소산화물이 적게 생성된다.

④ 오존을 생성하는 탄화수소에서의 점유율이 낮다.

⑤ 디젤기관에서보다는 소음이 적다.

⑥ 옥탄가가 높다(RON 135)

⑦ 천연가스로부터 직접 얻는다.

　　비용이 많이 드는 정제과정을 필요로 하지 않는다. 따라서 생산공정에서도 CO_2를 적게 배출한다. → 온실가스 감소 효과

⑧ 공기보다 가벼워 누설 시 대기 중으로 쉽게 확산되므로 안전성이 높다.

⑨ 매장량이 풍부하다. 전 세계적으로 약 170년 정도 사용할 수 있을 것으로 예측하고 있다.

단점은 다음과 같다.

① 출력이 낮다.

　　혼합기 발열량이 휘발유나 경유에 비해 크게 낮다. 가솔린기관에 비해 하이브리드 기관(휘발유와 압축천연가스로 운전)에서는 약 15%까지, 압축천연가스로만 운전되는 기관에서는 약 12% 정도까지 출력이 낮다.

② 1회 충전에 의한 주행거리가 짧다.

③ 가스탱크의 내압(약 400~500bar)이 높고, 또 큰 설치공간을 필요로 한다.

④ 현재로서는 충전소 인프라(infra structure)가 빈약하다.

3. 석탄 석유(coal liquefaction)

기초원료는 석탄과 코크스(Coal & Coke)이다. 이들을 먼저 가스(H_2+CO)상태로 만든 다음에 다시 촉매처리하여 탄화수소로 만든다. 이 탄화수소에서 휘발유와 경유를 얻고 부산물로 액화가스와 파라핀 등이 얻어진다. Fischer-Tropsch synthesis process에 따른 대단위 공장을 건설하여 석탄석유를 생산하고 있는 나라는 남아프리카(South-Africa)이다.

4. 알코올(alcohols)

알코올은 초기부터 기관의 연료로 사용되어 왔으나 석유의 등장으로 그 이용가치를 상실하게 되었다. 그러나 최근에 공해문제와 석유자원의 고갈에 대한 대책으로 다시 그 이용가치를 재인식하게 되었다. 특히 메탄올은 미래의 연료전지 자동차에서 화학공정을 통해 자체적으로 수소를 생산하게 될 경우의 소스 에너지(source energy)로 기대되고 있다.

석탄, 천연가스, 또는 산림자원 등이 풍부하고 고도의 산업기술을 보유하고 있을 경우에는 메탄올(CH_3OH)이, 그리고 식물의 성장속도가 빠르고 경제구조가 농업에 더 비중이 주어진 나라에서는 에탄올(C_2H_5OH)이 장래성이 있는 대체연료가 될 것으로 예상된다.

가솔린에 에탄올을 약 10% 정도 혼합한 연료, 소위 가소홀(gasohol)은 1970년대부터 사용되고 있으며, 100% 에탄올기관과 100% 메탄올기관도 있다. 특히 각국의 배기가스 규제가 더욱더 강화됨에 따라 알코올기관에 대한 관심이 증대되고 있다.

스파크점화기관의 연료로서 알코올의 장점은,
① 상온에서 액체이고,
② 취급이 용이하고,
③ 현재 사용되고 있는 기관의 구조를 크게 바꾸지 않고도 운전조건에 따라 연료를 정확하게 계량, 분배할 수 있다. 에탄올 20%-혼합연료까지는 가솔린기관의 구조를 바꾸지 않고 그대로 사용할 수 있다. 또 알코올 연료는 빙결방지제(anti-freezer) 기능과 엔진 세정제(cleaner) 기능도 가지고 있다.

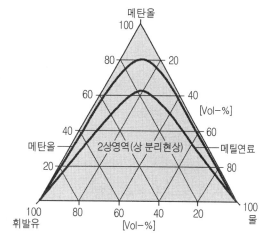

그림 10-21 메탄올-휘발유-물 혼합액의 안정성

④ 옥탄가(RON 106)가 높기 때문에 기존의 가솔린기관보다 압축비를 높일 수 있어 열효율 측면에서는 가솔린기관보다 우수하며, 특히 배기가스 유해물질은 가솔린기관의 1/10정 도까지 낮출 수 있으며,

④ 가격 측면에서 석유연료와 경쟁이 가능하다는 점 등이다.

그러나 순수 알코올이나 알코올 혼합연료를 사용하기 위해서는 선결되어야 할 문제점들 또한 많다. 문제점은 다음과 같다.

① **낮은 발열량**(휘발유 : 42~43MJ/kg, 에탄올 : 26.8MJ/kg, 메탄올 : 19.7MJ/kg)

알코올은 가솔린에 비해 발열량이 크게 낮기 때문에 특히 100% 알코올을 사용할 경우에 는 연료탱크를 거의 2배 정도 크게 해야 한다(동일한 주행거리 기준).

② **금속과의 친화력**(material compatibility)

메탄올은 가솔린에 비해 찌꺼기(sludge)나 바니쉬(varnish)의 생성은 적으나, 연소 시에 생성되는 수분(H_2O)의 양은 가솔린이 13%mol, 메탄올이 23%mol로서 메탄올의 경우에 더 많은 수분이 생성된다. 에탄올의 경우는 메탄올에 비해 문제가 적다. 그러나 메탄올은 금속부식성이 아주 강하기 때문에 연료공급계통, 밸브 그리고 피스톤 등의 재질을 개선해 야 한다.

③ **연소 시 포름알데히드**(HCHO)**나 포름액시드**(HCOOH)**의 생성**

Form-aldehyde의 생성 $CH_3OH + \frac{1}{2}O_2 \rightarrow HCHO + H_2O$

Form-acid의 생성 $HCHO + \frac{1}{2}O \rightarrow HCOOH$

④ **높은 증발열**(에탄올 : 904kJ/kg, 메탄올 : 1110J/kg, 휘발유 : 380~500kJ/kg **경유 :** 약 250kJ/kg)

증발을 촉진시키기 위해서는 흡기관에 증발열에 해당하는 열을 공급(석유계에 비해 3~ 6배)해야 한다.

⑤ **낮은 단일 비등점**

비등점 측면에서 보면, 휘발유는 25~215℃, 경유는 180~360℃로서 그 범위가 넓지만 에탄올은 78℃, 메탄올은 65℃로서 알코올은 모두 단일 비등점을 가지고 있으며, 그 온도 또한 석유계 연료에 비해 상대적으로 낮다. 따라서 알코올연료를 휘발유에 혼합할 경우 특 히 ASTM 증류곡선상의 50%-비등점의 조절이 어려우며, 증기압의 상승으로 인해 증기폐쇄

(vapor lock)현상이 유발되고, 증발가스가 증가하는 등의 문제점이 있다. 예를 들면 메탄올 3~4% 혼합 시 리드증기압(Rvp)은 2.5~3.0psi, 에탄올 10% 혼합 시 리드증기압(Rvp)은 0.5~0.7psi 정도 상승하는 것으로 보고되고 있다. 이와 같이 기존의 연료와 다른 특성 때문에 시동성, 가속성, 출력 등에서의 문제점을 해결하기 위해서는 점화시기 및 혼합비의 조정, 기관구조의 변경 또는 일부 부품의 수정 내지는 교환을 필요로 한다.

5. 유기 연료(Bio-fuel : Pflanzenöl)

(1) 식물유

식물유 예를 들면, 유채유는 디젤기관의 연료로 사용할 수 있다. 그러나 유채유는 경유에 비해 점도가 높고, 세탄가가 낮기 때문에 디젤기관을 개조해야 한다. 추가로 연료예열장치 및 전기가열식 연료필터를 장착해야 하고, 기관의 형식에 따라서는 연료분사장치도 개조해야 한다.

(2) 바이오- 경유(RME : Rape oil-Methyl-Ester : Rapsöl-Methyl-Ester)

RME는 메탄올을 이용하여 유채유를 에스테르화한 연료로서 흔히 RME라고 한다. 세탄가와 점도가 기존의 경유와 거의 비슷하다. 바이오-경유는 개스킷, 파이프, 펌프 등의 합성수지 재료에 대한 침식성이 아주 강하다. 그러므로 바이오-경유는 기관제작사가 승인한 기관에만 사용해야 한다.

6. 수소연료

SI-기관을 수소로 작동시키기 위해서는 수소를 계량하고 이를 부하변화에 일치시키기 위한 특수한 장치를 필요로 한다. 현재의 기술수준으로도 고성능 수소기관을 제작할 수 있다.

수소는 휘발유에 비해 체적발열량이 낮다. 따라서 1회 주행거리를 최대화하기 위해서는 단열이 잘된 탱크에 수소를 액체상태로 저장할 수 있어야 한다. 그러기 위해서는 −250℃의 저온을 유지하여야 한다(PP.442, 표10-3 참조). 탱크에 저장된 수소는 필터 → 감압기 → 차단밸브와 분배기 → 각 실린더의 분사밸브로 공급된다. 연소는 기본적으로 공기과잉 상태에서 진행된다. 과잉공기가 열을 흡수하도록 하여 연소온도를 낮추므로서 질소산화물의 생성을 억제한다. 수소기관은 유해물질을 거의 생성하지 않는다. ← 질소산화물의 발생

제4절 연소 기초이론
(Combustion Basics : Verbrennungsgrundlage)

1. 연소반응과 발열량

연료의 연소는 연료의 구성성분이 급격히 산화하는 현상이다. 자동차용 휘발유는 대부분 탄소와 수소로 구성된 탄화수소계의 혼합물이며, 약간의 유황을 포함하고 있다.

(1) 성분 원소의 완전연소 반응식

① 탄소의 완전 연소

반 응 식 : $C + O_2 \rightarrow CO_2 +$ 열에너지
몰   비 : $1kmol + 1kmol \rightarrow 1kmol$탄산가스 $+ 406.68MJ/kmol$ ········ (10-5)
질 량 비 : $12kg + 32kg \rightarrow 44kg$
탄소기준 : $1kg + 2.67kg \rightarrow 3.67kg + 33.89MJ/kg$ ····················· (10-5a)

② 수소의 완전 연소

반 응 식 : $H_2 + \frac{1}{2}O_2 \rightarrow H_2O$(기체) $+$ 열에너지
몰   비 : $1kmol + \frac{1}{2}kmol \rightarrow 1kmol$증기 $+ 241.42MJ/kmol$ ············ (10-6)
질 량 비 : $2kg + 16kg \rightarrow 18kg$
수소기준 : $1kg + 8kg \rightarrow (9kg)$증기 $+ 120.71MJ/kg$ ····················(10-6a)

③ 유황의 완전 연소

반 응 식 : $S + O_2 \rightarrow SO_2 +$ 열에너지
몰   비 : $1kmol + 1kmol \rightarrow 1kmol$ 아황산가스 $+ 334.8MJ/kmol$ ········ (10-7)
질 량 비 : $32kg + 32kg \rightarrow 64kg$
유황기준 : $1kg + 1kg \rightarrow 2kg + 10.46MJ/kg$ ····················(10-7a)

(2) 탄화수소계 액체연료의 발열량

발열량(calorific value : Heizwert)이란 단위량(kg, Nm^3, kmol)의 연료가 온도 T에서 연소를 시작하여 연소가스가 최초의 온도 T까지 다시 냉각될 때 유리하는 열량을 말한다.

액체연료는 복잡한 분자구조 및 결정구조를 갖는 다수의 성분으로 구성되어 있기 때문에 유리 상태에 있는 각 성분원소의 발열량을 이용하여 총발열량을 구할 수 없다. 따라서 실측에 의존할 수 밖에 없으나, 0.4MJ/kg의 오차를 각오할 경우 Dulong의 식을 사용하여 근사값을 개략적으로 구할 수 있다.

연료 1kg에 포함된 탄소, 수소, 산소, 유황 그리고 연소 후 생성된 수분을 각각 c, h, o, s 그리고 w 라고 하면,

고발열량
$$H_H = 33.8c + 144.3\left(h - \frac{o}{7.94}\right) + 9.42s \, [\mathrm{MJ/kg}] \quad \cdots\cdots\cdots\cdots\cdots\cdots (10\text{-}8)$$

저발열량
$$H_L = H_H - G_S = H_H - 2.44(8.94h + w)$$
$$= 33.8c + 122.5h - 18.2o + 9.42s - 2.44w \, [\mathrm{MJ/kg}] \quad \cdots\cdots\cdots\cdots (10\text{-}9)$$

(3) 탄화수소계 기체연료의 발열량

기체연료 $1Nm^3$에 일산화탄소(CO), 수소(H), 메탄(CH_4), 에틸렌(C_2H_4), 에탄(C_2H_6), 프로판(C_3H_8), 부탄(C_4H_{10}), 벤젠(C_6H_6)이 포함되어 있고 수분은 들어있지 않다면, 저발열량과 고발열량은 각각 다음 식으로 표시된다.

고발열량
$$H_H = 12.63\mathrm{CO} + 12.75\mathrm{H}_2 + 39.72\mathrm{CH}_4 + 62.95\mathrm{C}_2\mathrm{H}_4 + 69.64\mathrm{C}_2\mathrm{H}_6$$
$$+ 99\mathrm{C}_3\mathrm{H}_8 + 128.4\mathrm{C}_4\mathrm{H}_{10} + 147.3\mathrm{C}_6\mathrm{H}_6 \, [\mathrm{MJ/Nm}^3] \quad \cdots\cdots\cdots\cdots\cdots (10\text{-}10)$$

저발열량
$$H_L = 12.63\mathrm{CO} + 10.79\mathrm{H}_2 + 35.79\mathrm{CH}_4 + 59.03\mathrm{C}_2\mathrm{H}_4 + 63.76\mathrm{C}_2\mathrm{H}_6$$
$$+ 91.15\mathrm{C}_3\mathrm{H}_8 + 118.5\mathrm{C}_4\mathrm{H}_{10} + 141.4\mathrm{C}_6\mathrm{H}_6 \, [\mathrm{MJ/Nm}^3] \quad \cdots\cdots\cdots\cdots (10\text{-}11)$$

2. 공기의 조성과 완전연소에 필요한 이론 공기량

(1) 공기의 조성

건조공기의 대략적인 성분조성은 표 10-10과 같으며, 이 외에도 네온, 헬륨, 크립톤, 크세논 등이 포함되어 있으나 함유율은 0.001% 이하이다.

표 10-10 **건조공기의 성분 조성** (평균분자량 28.97kg/kmol)

	산소	질소	탄산가스	아르곤	수소
분자식	O_2	N_2	CO_2	Ar	H_2
질량분률(%)	23.20	75.47	0.046	1.28	0.001
체적분률(%)	20.99	78.03	0.030	0.933	0.01

건조공기의 대략적인 성분조성은 표 10-10과 같으나 편의상 질소와 산소만으로 이루어진 것으로 가정하고, 산소를 제외한 성분은 모두 질소로 취급한다. 따라서 공기는 체적분률로 산소(O_2) 21%, 질소(N_2) 79%, 질량분률로 산소(O_2) 23.2%, 질소(N_2) 76.8%로 취급하고 공기의 상당 분자량은 28.97kg/kmol로 계산한다.

(2) 완전연소에 필요한 공기량

표10-11 **연료구성원소의 완전연소에 필요한 공기량**

원소명	원자량	고발열량 (MJ/kg)	저발열량 (MJ/kg)	필요산소량		필요공기량		연소생성물	
				kg/kg	m^3N/kg	kg/kg	m^3N/kg	kg/kg	m^3N/kg
탄소 C	12.01	32.76	32.76	2.66	1.87	11.48	8.89	3.66	1.87
수소 H	1.01	141.8	120.0	7.94	5.56	34.21	26.48	8.94	11.12
유황 S	32.06	9.26	9.26	1.00	0.70	4.30	3.33	2.00	0.70
산소 O	16.00	0	0	−1.00	−0.70	−4.31	−3.34	0	0
질소 N	14.01	0	0	0	0	0	0	1.00	0.80

임의의 액체연료 1kg에 탄소(c), 수소(h), 유황(s) 등이 포함되어 있다고 가정할 경우, 완전 연소에 필요한 산소량(O_{th})은 표 10-11로부터 식 10-12와 같이 표시된다.

$$O_{th.m} = \left\{ 2.66c + 7.94\left(h - \frac{o}{7.94}\right) + s \right\} \ [\text{kg/kg}] \quad \cdots\cdots\cdots\cdots\cdots \text{(10-12)}$$

$$O_{th.v} = \left\{ 1.87c + 5.56h + 0.7(s - o) \right\} \ [\text{m}^3{}_N/\text{kg}] \quad \cdots\cdots\cdots\cdots \text{(10-12a)}$$

식(10-12)에서 $\left(h - \dfrac{o}{7.94}\right)$는 연료 중의 수소 hkg에서 연료 중의 산소 okg과 이미 화합되어 물의 상태로 존재하는 수소의 양 $\dfrac{o}{7.94}$를 뺀 값이다. 따라서 $\left(h - \dfrac{o}{7.94}\right)$는 연소할 때 유효하게 작용하는 수소 또는 자유롭게 연소될 수 있는 수소라는 의미에서 유효 수소(available hydrogen) 또는 자유수소(free hydrogen)라 한다.

연료를 연소시킬 때 필요한 산소는 대기 중의 산소를 이용하며, 대기 중에는 산소가 무게비로 23.2%, 체적비로 21% 들어 있으므로 소요 이론공기량 (L_{th})은 다음과 같다.

$$L_{th.m} = \frac{\text{필요 산소질량}}{0.232} = \frac{1}{0.232}\left\{ 2.66c + 7.94\left(h - \frac{o}{7.94}\right) + s \right\} \ [\text{kg/kg}]$$

$$= 11.48c + 34.2h + 4.31(s - o)[\text{kg/kg}] \quad \cdots\cdots\cdots\cdots\cdots\cdots \text{(10-13)}$$

$$L_{th.v} = \frac{\text{필요 산소체적}}{0.21} = \frac{1}{0.21}\left\{ 1.87c + 5.56h + 0.70(s - o) \right\} \ [\text{N}\,\text{m}^3/\text{kg}]$$

$$= 8.89c + 26.5h + 3.33(s - o)[\text{m}^3{}_N/\text{kg}] \quad \cdots\cdots\cdots\cdots \text{(10-13a)}$$

어떤 연료 1kg을 완전 연소시키는 필요한 이론 공기량(L_{th})을 그 연료의 이론공연비(理論空燃比)라 한다. 각종 탄화수소의 이론공연비와 시판연료의 이론공연비는 표 10-12와 같다.

특히 시판 휘발유 1kg의 완전연소에 필요한 공기량은 질량으로 약 14.7~14.9kg이며, 체적으로는 약 12m^{3}의 공기($\rho = 1.29$kg/m^{3}를 적용할 경우)를 필요로 한다.

표 10-12 각종 연료의 탄소와 수소의 구성비 및 이론공연비

연 료	무게비(%)			이론혼합비 공기kg / 연료kg
	C	H	C/H	
메탄(CH_4)	75.0	25.0	3.0	17.2
프로판(C_3H_8)	81.8	18.2	4.5	15.6
부탄(C_4H_{10})	82.8	17.2	4.8	15.4
정햅탄(C_7H_{16})	84.0	16.0	5.25	15.3
이소옥탄(C_8H_{18})	84.2	15.8	5.33	15.2
세탄($C_{16}H_{34}$)	85.0	15.0	5.67	15.1
크실렌(C_8H_{11})	90.6	9.4	9.61	13.8
톨루엔(C_7H_8)	91.3	8.7	10.5	13.4
벤젠(C_6H_6)	92.3	7.7	12.0	13.3
고급 휘발유	~86.5	~13.5	~6.4	~14.7
보통 휘발유	~85.5	~14.5	~5.9	~14.8
경유	~86.3	~13.7	~6.3	~14.5
에탄올(C_2H_5OH)	52C, 13H, 35O			9.0
메탄올(CH_3OH)	38C, 12H, 50O			6.4

3. 공기비(air ratio = Lambda : λ)

가솔린분사장치 또는 기화기와 같은 혼합기 형성장치의 목적은 기관이 흡입한 공기와 연료를 혼합하여 자동차의 모든 운전조건에 알맞은 공기-연료 혼합기를 형성하는 것이다.

연료의 질의 따라 다소 차이는 있으나, 시판 가솔린의 이론 혼합비는 연료 1kg에 약 14.7~14.9kg의 공기를 혼합시켜야 하는 것으로 알려져 있다.

실제로 기관이 흡입한 공기량을 기관에 공급된 연료를 완전 연소시키는 데 필요한 이론공기량으로 나눈 값을 공기비(air ratio) 또는 공기과잉률(excess air factor)이라 하고, 일반적으로 그리스 문자 람다(Lambda : λ)로 표시한다.

$$\lambda = \frac{\text{실제로 흡입한 공기량}}{\text{이론적으로 필요한 공기량}} = \frac{\text{실제 공연비}}{\text{이론 공연비}} \quad \cdots\cdots\cdots\cdots\cdots \text{(10-14)}$$

이론 혼합비는 공기비 1 즉, λ=1이다.

① $\lambda \langle$ 1 이면 공기 부족 상태, 즉 혼합기가 농후하고

② $\lambda \rangle$ 1 이면 공기 과잉 상태, 즉 혼합기가 희박하다.

③ λ = 1 은 이상적인 값이지만 기관의 전운전영역에 걸쳐 적절한 값은 아니다.

공전시에는 기관의 원활한 작동을 위해서, 그리고 전부하 시에는 출력증대를 목표로 하기 때문에 공기부족상태(λ = 0.95~0.90) 즉, $\lambda \langle$ 1로 운전한다. 공기부족 시에는 연료를 모두 완전히 연소시킬 수 없다. 이와는 반대로 부분부하 시에는 경제성 측면에서 연료를 저감시킬 목적으로 공기 과잉상태, 즉 $\lambda \rangle$ 1을 목표로 한다.

연료의 혼합량이 증가하면 할수록 공기비(λ)는 낮아지고 혼합기는 농후해진다. 그림 10-16 에서 기관의 최대 출력범위에서는 CO의 양이 급격히 증가함을 보여주고 있다. 그리고 공기 비 λ=1부근에서는 CO는 거의 발생되지 않는 반면에 NO_x는 최대를 기록하고 있다.

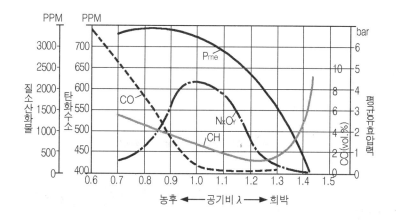

그림 10-22 배기가스 중의 유해물질과 공기비의 관계 (Pierburg GmbH & Co. KG)

혼합기가 급격히 희박해질 때, 예를 들면 자동차를 타행운전할 때는 미연소 HC의 발생량 이 급격히 증가하는 것을 나타내고 있다.

흡입 공기량에 대응하는 연료량을 정확하게 계량하는 것만으로 문제가 해결된 것은 아니 다. 흡입한 또는 분사된 연료를 미세하게 무화시켜 흡입공기와 완전히 혼합되게 하는 것도 마찬가지로 중요하다. 이 두 조건을 동시에 만족하는 균질의 혼합기가 형성되어야만 기관의 최대출력이 보장되고 배기가스 유해물질을 허용값 이내로 유지할 수 있다.

혼합기를 균질화하는 측면에서 보면 기화기기관은 혼합기 이동경로가 길다는 것이 장점이 된다. 반면에 대체적으로 혼합기 이동경로가 짧은 분사장치에서는 충전효율을 높일 수 있기 때문에 행정체적 출력이 높고, 기관의 탄성영역을 넓게 할 수 있다. 그리고 기관이 차거울 때의 혼합기형성상태는 일반적으로 기화기기관에 비해서 분사기관이 더 좋다.

공기비(λ)의 값은 촉매기를 이용하게 되면서 특별한 의미를 가지게 되었다. 3원 촉매기가 적당한 정화작용을 하도록 하기 위해서, 또 촉매기의 파손을 방지하기 위해서는 배기가스의 성분조성이 정확하게 일정한 범위내로 유지되어야 한다.

배기가스의 성분조성은 공연비의 변화에 크게 좌우된다. 촉매기를 사용할 경우에 공기-연료 혼합비는 항상 이론혼합비 부근에서 유지되어야 한다. 그러므로 기관과 촉매기 사이에 공기비 센서(λ-sensor)를 설치한다. 공기비 센서는 배기가스에 포함된 산소량을 계량하여 ECU에 신호를 보내 모든 운전상태에서 공기-연료 혼합비가 $\lambda=1$ 부근에서 유지되도록 한다(제11장 배출가스제어테크닉 PP.526~528 참조).

제10장 연료와 연소

제5절 오토기관에서의 연소

오토기관 즉, 스파크 점화기관에서의 연소를 이해하기 위해서는 먼저 연료의 착화성, 옥탄가, 가연 혼합비, 점화에 충분한 강력한 외부불꽃, 그리고 기관의 기계적 상태 등을 이해하여야 한다. 위에 열거한 사항들에 대해서는 앞에서 설명하였으므로 여기서는 연소실 내에서의 연소현상을 중심으로 설명하기로 한다(제 4, 5장 참조).

1. 연소과정(combustion process : Verbrennungsvorgang)

오토기관의 실린더 내에서 연료(또는 혼합기)의 연소는 극히 짧은 순간에 이루어지나, 그 과정은 점화, 화염전파, 그리고 후 연소의 3단계로 나누어 생각할 수 있다.

(1) 제 1단계 : 점화(ignition : Zündung)

스파크플러그 전극에서 스파크(spark)가 발생되는 순간, 연소실에서 발생되는 현상은 다음 3가지 경우 중 하나에 해당된다.

① 스파크가 지속되는 동안에 혼합기로부터 화염핵이 출현하여 점차로 발달하는 경우로서 정상적인 점화과정이다.

② 스파크 불꽃이 소멸된 다음, 얼마간 암흑상태가 지속되다가 혼합기로부터 화염핵이 출현하는 경우로서 정상적인 점화과정에 비해 착화지연이 긴 경우이다.

③ 스파크 불꽃이 소멸된 다음에도, 끝내 화염이 발생되지 않는 경우로서 점화가 이루어지지 않아 결국은 실화(miss fire)되는 경우이다.

점화과정의 반응기구에 대해서는 여러 학설이 있으나 최근에는 연료입자가 산소와 단계적으로 반응하여 자발화(自發火)하는 것으로 생각되고 있다.

스파크플러그에서 스파크형태로 주어진 에너지는 열에너지로 변환되어 스파크플러그 주위의 혼합기(또는 연료입자)에 전달되고, 연료입자(또는 분자)가 이 열을 흡수한다. 연료입자가 열을 흡수하여 내부 에너지가 증가되면, 운동 에너지는 그 분자를 구성하고 있는 원소의 상호결합 에너지보다 커지게 된다. 이렇게 되면 연료입자의 구성원소가 서로 분리, 활성화 되어 산소와 단계적으로 결합하게 된다는 내용이다.

연소 시 연료의 구성원소가 산소와 단계적으로 반응하는 과정은

① 과산화물 생성반응(peroxide reaction) →

② 포름알데히드(formaldehyde) 생성반응(냉염반응 : cold flame reaction) →

③ 발화반응(열염반응 : hot flame reaction)"으로 생각된다.

과산화물 생성반응은 연료의 구성원소가 분자로부터 분리되기 이전의 반응으로, 분자 중에서 결합에너지가 가장 약화된 부분과 산소가 결합하여 과산화물을 생성시키는 단계이다. 점화과정 중 극히 순간적으로 수행되며, 발열은 적지만 다음 단계의 반응을 촉진시킨다.

포름알데히드(HCHO) 생성반응은 연료분자 중 과산화물로 변화한 부분이 연료분자로부터 분리되는 과정이다. 이때 연료분자로부터 분리되는 과산화물은 포름알데히드化한다. 포름알데히드化 과정은 엷은 청색불꽃을 동반하지만 아직은 온도가 그리 높지 않으므로 냉염반응이라고도 한다.

발화반응은 포름알데히드化한 분자가 완전히 분해되면서 급격한 발화반응에 이르게 된다. 이제 고온의 강력한 화염이 출현하게 된다.

이상과 같은 반응이 진행되는 데 소요되는 시간을 착화지연기간이라 한다. 착화지연기간이 길면 혼합기에 발열화염의 출현이 늦기 때문에 점화 중 암흑기간이 존재할 수 있다. 일반적으로 분자 구조상 적은 에너지로도 분해되는 연료는 착화지연기간이 짧아 착화성과 연소성이 좋다. 반대로 분해가 어렵고 비열이 큰 연료일수록 착화지연기간이 길다.

(2) 제 2단계 : 화염전파(flame propagation)

점화과정에서 출현한 화염핵(flame core : Zündkern)이 점차 발달하여 화염면(flame front)을 형성하면서 스파크간극을 벗어나 연소공간으로 확산되는 주연소과정을 화염전파과정이라 한다. 연소가 진행되고 있는 얇은 층을 화염면이라 하고, 화염면의 후방을 기연(旣燃)가스(burned gas), 화염면의 전방을 미연(未燃)가스(unburned gas)라 한다.

화염전파과정은 두 가지 형태 즉, 온도파에 의한 화염전파와 압력파에 의한 화염전파로 나누어 생각할 수 있다.

① 온도파에 의한 화염전파

연소초기에 혼합기가 비교적 낮은 온도 하에서 연소될 때의 형태로, 화염면이 미연가스로 전파될 때 열전달에 의해 미연가스가 화염면의 열을 흡수하여 점화온도까지 가열되고, 점화되면서 또 앞쪽으로 연소열을 전달하여 화염면이 순차적으로 진행하는 경우를 말한다. 이때의 화염전파는 층상으로 이루어지며, 그 속도는 혼합기가 정지해 있을 경우는 대략 2~6m/s 정도이나, 실린더 내에서는 와류의 영향으로 약 15~50m/s 정도인 것으로 알려져 있다.

② 압력파에 의한 화염전파

정적연소 진행 중에 발생되는 현상으로, 연료가 연소되면 화염의 중심압력은 급상승하고, 이 중심압력은 주위를 향해 음속에 가까운 속도(약 300m/s 정도)의 압력파를 발생시킨다. 압력파의 진행속도가 화염면의 진행속도보다 훨씬 빠르므로 미연가스는 화염면이 도달되기 이전에 벌써 압력파에 의해 압축되어 압력이 급상승하게 된다. 미연가스가 압축되면 열전달 없이도 온도는 상승하고, 따라서 소량의 에너지 공급만으로도 신속히 착화되므로, 그 만큼 화염전파를 가속시키는 결과가 된다. 그러나 화염면이 진행될수록 말단 혼합기(end gas)는 압력파에 의해 착화점 부근 또는 그 이상의 온도에 도달하여, 정상화염전파에 의하지 않고도 착화되는 경우가 발생하게 된다. 이때의 화염전파를 압력파에 의한 화염전파라 한다.

압력파가 확산되면서 실린더 내에 난류를 증대시키므로 열전달이 촉진되는 결과가 된다. 즉, 압력파에 의해서 압력이 상승되고 난류유동이 증대되므로, 연소가 진행될수록 화염전파속도는 급격히 상승한다. 그리고 이때의 화염면은 더 이상 층상으로 전파되지 않는다. 난류유동에 의하여 난류화염이 발생되고 화염층이 두터워지게 된다.

실제 기관의 실린더 내에서는 유입 혼합기 자체의 와류와 피스톤운동에 의한 난류가 존재하므로, 화염면의 표면적이 증가하여 연소가 촉진된다. 따라서 스파크플러그로부터 반대측 연소실의 끝부분까지의 화염전파는 천분의 수초 이내에 완료된다.

(3) 제 3단계 : 후연소(after combustion)

화염면이 연소실의 끝까지 진행한 이후에도 즉, 화염전파과정이 완료된 후에도 연소실 내부의 화염은 모두 소멸되지 않는다. 따라서 연소실 내부의 압력은 화염전파과정이 완료된 후에도 상당한 시간에 걸쳐 계속 상승하며, 피스톤이 하향행정할 때까지도 계속된다. 이것은 화염의 후면에서 연소가 계속되고 있거나 또는 연소실 내의 관찰되지 않은 어떤 부분에 화염이 존재함을 의미한다.

후연소의 주 원인은 공기와 연료의 혼합상태 불균일 때문인 것으로 해석된다. 공기-연료 혼합기가 균일하다면 화염전파가 종료됨과 동시에 연소도 완료될 것이다. 그러나 실제 기관에 도입되는 혼합기는 불균일하며, 따라서 화염전파가 종료된 후에도 기연가스에는 산소부족에 의해 불완전연소 생성물이 국부적으로 존재하게 된다. 그러나 연소실 내부의 와류에 의해 불완전연소 생성물이나 미연가스가 산소와 재반응하여 후연소가 진행되게 된다.

2. 정상연소와 이상연소

(1) 정상연소(normal combustion : Normale Verbrennung)

과도한 압력상승률로 인해 기관의 운전장해가 발생되지 않는 범위 내에서 기관의 성능이 최대로 될 때의 연소형태를 말한다. 온도파 화염전파와 경미한 압력파 화염전파가 정상연소로 취급된다. 일반적으로 스파크플러그의 반대편 끝까지 화염이 진행하여 연소가 완료되는 것을 정상연소로 취급한다. 그러나 경미한 압력파 화염전파는 오히려 연소를 촉진시켜 기관의 효율을 증가시키므로 정상연소의 범위에 포함시킨다.

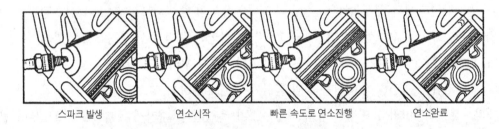

스파크 발생   연소시작   빠른 속도로 연소진행   연소완료

그림 10-23 정상 연소(normal combustion)

(2) 이상연소(abnormal combustion : Abnormale Verbrennung)

정상연소에 대응되는 개념으로 급격한 압력파의 누적에 의해 충격적으로 연소가 이루어져, 기관의 운전장해와 출력저하를 초래하는 연소형태를 말한다. 열효율 측면에서 보면 오토기관에서는 연소속도가 빠를수록 유리하다. 그러나 이와 같은 이론적인 전제는 노크 때문에 제한되며, 제한범위 이상의 속도로 연소가 진행될 경우, 이것을 이상연소라 한다.

① 디토네이션(detonation)

압력파의 누적에 의해 말단 가스(end gas)가 보통의 압력파의 진행속도보다 훨씬 빠른 속도로 연소되는 현상 그 자체를 말한다.

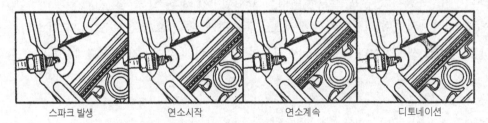

스파크 발생   연소시작   연소계속   디토네이션

그림 10-24 디토네이션(detonation)

② **조기점화**(pre-ignition : Frühzündung)

스파크플러그로부터의 불꽃에 의한 점화에 앞서 혼합기가, 또는 스파크플러그에 의한 정상점화가 이루어진 후에도 정상화염이 도달되기 전에 말단가스(end gas)가 실린더 내의 다른 어떤 고온 표면(hot spot)에 의해서 점화되는 현상을 말한다.

노크와 조기점화는 서로 상대를 유발시켜 기관운전 장해와 출력저하를 초래하는 수가 있다.

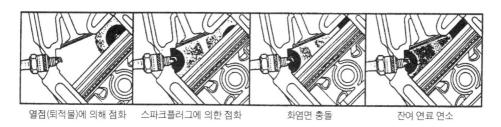

열점(퇴적물)에 의해 점화　　스파크플러그에 의한 점화　　화염면 충돌　　잔여 연료 연소

그림 10-25 조기 점화(pre-ignition)

표10-13　오토기관에서의 이상 연소

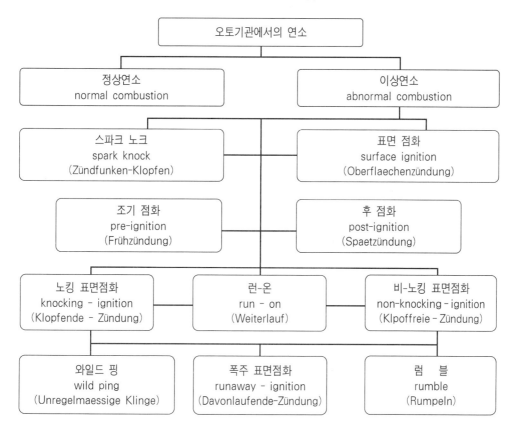

3. 노크(knock : Klopfen)

화염면(flame front)이 정상적으로 도달되기 이전에 말단가스(end gas)가 국부적인 자기착화(self ignition)에 의해 순간적으로 약 300m/s ~ 500m/s의 속도로 급격히 연소되고, 이와 같은 급격한 연소에 의해 압력 또한 급격히 상승한다. 이 비정상적인 연소에 의해 발생하는 급격한 압력상승 때문에 실린더내의 가스가 진동하여 큰 진폭의 압력파를 생성한다. 이 압력파가 실린더벽에 충돌하여 충격적인 타음(打音)을 발생시키게 되는 데, 이것을 노크(knock) 또는 노킹(knocking)이라 한다. 노크음의 주파수는 실린더의 크기에 따라 다르나 대략 3000~6000Hz 범위이고, 노크연소 시, 연소속도는 대략 300~500m/s 정도로 알려져 있다.

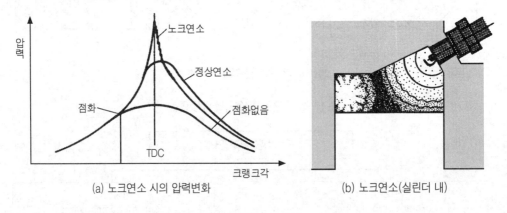

(a) 노크연소 시의 압력변화　　　　(b) 노크연소(실린더 내)

그림 10-26 노크 연소(knock combustion)

노크는 기관에 기계적, 열적 부하를 가중시키게 된다. 노크가 발생하면 연소가스의 진동에 의해 연소열이 연소실벽으로 잘 전달되기 때문에 그 상태가 지속되면 연소실벽에 열이 축적되어 자기착화(self ignition), 스파크플러그나 피스톤의 소손, 실린더헤드 개스킷의 파손, 그리고 베어링의 손상 등을 유발함은 물론이고 결과적으로 크랭크축 및 출력이 저하되게 된다.

노크는 가속노크(acceleration knock)와 고속노크(high speed knock)로 분류한다.

(1) 가속노크(acceleration knock : Beschleunigungsklopfen)

저속에서 가속페달을 끝까지 밟아 가속할 때 발생하는 노크로, 대부분 연료의 리서치 옥탄가(RON)가 낮거나 점화시기가 너무 빠를 경우에 주로 발생한다(그림 5-1 참조).

(2) 고속노크(high speed knock : Hochgeschwindigkeitsklopfen)

전부하 고속으로 일정속도로 주행할 때 발생하는 노크로, 운전자가 노크음을 들을 수 없는 경우가 대부분이다, 고속노크는 연료의 모터 옥탄가(MON)가 너무 낮거나 연료의 옥탄가 감도(RON-MON)가 너무 클 경우에 주로 발생한다. 고속 노크 발생 시에는 차실 내 소음 때문에 운전자로서는 이를 감지할 수 없는 경우가 대부분이다. 고속노크는 특히 피스톤과 실린더 헤드의 소손, 피스톤의 소착 등을 유발한다.

노크의 원인으로는 부적당한 연료의 사용 외에도 다음과 같은 사항들을 예상할 수 있다.

① 점화시기가 너무 빠르다.

② 실린더 내 혼합기가 불균일하다.

③ 냉각시스템의 고장 또는 카본 퇴적에 의한 열방출 불량

④ 압축비가 너무 높다.(예를 들면 수리시 너무 얇은 헤드개스킷을 사용했을 경우)

즉, 기관의 노크경향은 연소실 형상, 연소실의 퇴적물, 혼합기의 질, 흡기다기관의 형상, 연료의 질과 옥탄가, 흡기밀도, 기관온도 그리고 점화시기 등과 밀접한 관계를 가지고 있다.

기관의 최대토크를 발생시키는 점화시기는 녹크가 발생되기 시작하는 점화시기에 근접해 있다. → MBT : Most effective spark advance for Besr Torque

노크제어를 하지 않을 경우, 노크에 대한 여유를 확보하기 위해서 최대토크를 발생시키는 점화시기보다 훨씬 늦은 점화시기를 선택하게 된다(그림5-1, 10-26 참조).

표 10-14 노크 경감대책 비교

노크 경감 요소	디젤기관 (압축점화기관)	오토기관 (스파크점화기관)
압축비 ………………	높게	낮게
연소실체적 ……………	크게	작게
연소실벽 온도 ………	높게	낮게
급기온도 ……………	높게	낮게
급기압력 ……………	높게	낮게
회전속도 ……………	낮게	높게
연료의 착화지연 ……	짧게	길게
연료의 착화온도 ……	낮게	높게

제11장

배출가스 제어 테크닉

Emission Control Technique : Abgastechnik

제11장 배출가스제어 테크닉

제1절 배기장치
(Exhaust System : Abgasanlage)

배기장치는 배기다기관, 앞 파이프, 촉매기(미립자 필터), 공기비센서, 중간 파이프, 소음기, 뒤 파이프 등으로 구성된다. 2개의 소음기를 사용할 경우, 앞 소음기는 주로 기관출력과의 조화를, 뒤 소음기는 소음감쇄를 목표로 한다.

배기장치는 다음과 같은 기능을 한다.

① 연소실로부터 배출되는 배출가스의 강한 충격음을 완화, 감쇄시켜 일정 수준 이상의 소음이 발생되지 않도록 한다.

② 배기가스 유동 또는 배압에 의한 출력손실을 가능한 한 최소화시킨다.

③ 배기가스가 차실내로 유입되지 않도록 한다.

④ 촉매기를 통해 배기가스 중의 유해물질을 규정값 이하로 낮춘다.

⑤ 자동차의 개념에 일치하는 배기음을 생성한다.(사운드 디자인)

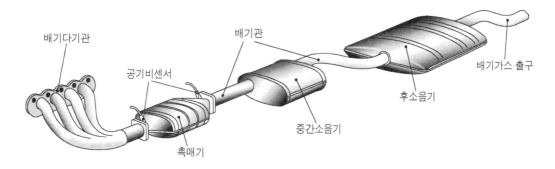

그림 11-1 배기장치의 구성(예)

1. 배기다기관(exhaust manifold : Abgaskrümmer)

배기다기관은 각 실린더로부터 배출되는 배기가스를 유체역학적으로 유효적절하게 방출하는 역할을 한다. 최적효율을 얻기 위해서는 실린더수와 점화순서에 따라 개별 배기관 사이에 적절한 조화를 필요로 한다. 한 실린더의 맥동이 다른 실린더의 연소가스 방출을 현저하게 방해하는 것이 아니라 오히려 부압파(vacuum wave)에 의해 촉진시키도록 설계되어야 한다. 개별 실린더의 연소가스는 점화순서에 따라 시차를 두고 배기다기관으로 밀려든다. 이로 인해 이들 가스들이 합류하면서 상호 간섭하여 기관의 평균유효압력, 출력, 연료소비율, 배기가스에 영향을 미치게 된다. 따라서 큰 출력을 목표로 할 경우, 개별 배기관의 합류가 가능한 한 늦게 이루어지게 하는 것이 중요하다. 예를 들어 4기통기관에서 실린더 1과 4, 2와 3의 배기관을 묶어 분리하여 합류점을 늦추는 이유는 바로 이 때문이다.

배기다기관은 철판을 용접하여 또는 주철로 제작한다. 철판 다기관은 주로 2겹으로 제작되는데, 가스가 통과하는 내부 관은 내열성이 우수한 두께 약 1mm 정도의 철판이 사용된다. 열팽창을 고려하여 서로 슬라이딩 접촉에 의해 연결되어 있다. 2겹 철판 다기관은 주철다기관에 비해 약 40% 정도 가볍고 열용량도 낮다. 따라서 가열이 빨라, 촉매기가 조기에 작동온도에 도달하게 된다. 배기가스온도와 단열재에 따라 다르지만 SI-기관에서 주철다기관의 외부온도는 약 800℃인데 비해, 철판 다기관의 외부온도는 약 500℃ 정도이다. 이는 또 기관실의 평균온도를 낮추데 기여한다.

니켈이 혼합된 고급 주철다기관은 내열성이 우수하기 때문에 배기가스 과급기와 함께 사용되며, 철판 다기관에 비해 음향특성이 우수하다.

2. 소음기(muffler : Auspuffanlage)

배기밸브가 열릴 때 배기가스는 아직도 3~5bar 정도의 압력으로 배출된다. 이때 소음기를 통과시키지 않고 그대로 대기 중에 방출시키면 배기가스는 대기와 충돌하여 강한 충격음(소음)을 발생시키게 된다. 배기밸브에서의 음압수준은 약 60~150dB(A) 정도이다.

(1) 소음수준(sound level : Schallpegel)

소음의 강도를 나타내는 기준으로는 데시벨(decibel : dB(A))을 단위로 하는 음향크기가 주로 이용된다. 인간의 최저 가청수준(minimum audibility : Hörschwelle)은 0 dB(A)에 해당하며, 120 db(A)이면 고통을 느끼고, 130 dB(A) 이상이면 치명적일 수 있다.

청감보정회로를 사용한 소음계에서 A특성은 40phon, B특성은 70phon, c특성은 85phon의 등감곡선과 비슷한 감도를 나타내도록 주파수를 보정한 것이다. 단위로는 A특성은 dB(A), B특성은 dB(B), c특성은 dB(C)를 사용한다.

표 11-1 소음의 크기 dB(A)

소 음 원	소음의 크기	소 음 원	소음의 크기
압축공기 해머	130 dB(A)	진공소제기(1m 거리)	60 dB(A)
고통을 느끼는 한계	120 dB(A)	보통 대화	50 dB(A)
기차기관(5m 거리)	110 dB(A)	조용한 거실	40 dB(A)
소음기를 부착하지 않은 기관	100 dB(A)	조용한 침실	30 dB(A)
기계공장	90 dB(A)	속삭이는 말소리(1m 거리)	20 dB(A)
크게 부르는 소리(1m 거리)	80 dB(A)	아주 가벼운 나뭇잎 소리	10 dB(A)
아주 교통이 복잡한 광장	70 dB(A)	최저 가청수준	0 dB(A)

(2) 자동차의 소음

자동차 배기소음은 자동차 소음 중 가장 큰 부분을 차지한다. 자동차의 소음은 제작 당시의 기술수준으로 더 이상 낮출 수 없는 한계까지 최소화시키고자 한다. 나라마다 기준값을 법으로 정해 규제하며, 그 한계값은 점차 낮아지고 있다. 예를 들어 승용자동차의 배기소음을 74dB(A)에서 71dB(A)로 3dB(A) 낮추면, 인간의 귀에는 소음수준이 절반으로 낮아진 것으로 들린다.

우리나라에서는 제작자동차는 가속주행소음 [dB(A)], 배기소음 [dB(B)] 및 경적소음 [dB(C)]을, 운행자동차는 배기소음 [dB(A)]과 경적소음 [dB(C)]을 규제하고 있다.

(3) 배기장치에 가해지는 부하

배기장치에는 다음과 같은 부하가 가해진다.

① 특히 배기장치의 전반부는 고온 열부하와 심한 온도차에 노출된다.

오토기관에서 혼합기의 연소온도는 약 2,000~2,500℃ 정도이고, 전부하 시에 배기밸브를 통과할 때의 배기가스 온도는 약 950℃ 정도가 된다. 그림 11-2는 전부하 운전 시 배기장치에서의 온도변화를 나타낸 것이다.

② 기후의 영향과 겨울철에는 도로에 뿌려진 염분의 영향 등으로 배기장치의 전 길이에 걸쳐서 외부 부식이 발생한다.

③ 연소가스의 응축(수분, 황산염 등)에 의해 특히 배기장치의 후반, 저온부에서는 내부 부식이 발생한다.

④ 차체의 요동, 기관의 진동, 기타 외부충격에 의한 기계적 부하가 배기장치 전 길이에 걸쳐서 작용한다.

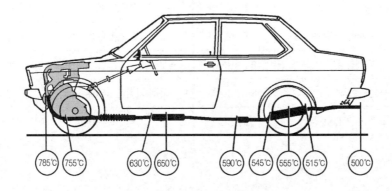

그림 11-2 배기관 및 소음기의 열부하(예)

이와 같이 가혹한 상태에 노출되므로 비합금 철판은 장기간 견디어 낼 수 없다. 따라서 배기관 및 소음기는 소모품에 속한다. 내구성을 증대시키기 위해서는 내식성이 강한 재료(X 10 CrNiTi 18 9) 철판을 사용하기도 한다. 그러나 고가이므로 소형차에는 주로 알루미늄 도금한 철판을 사용한다.

배기관과 소음기에서 급격히 배출되는 가스는 가스진동의 원인이 된다. 가스진동은 특히 2행정기관에서는 기관의 출력과 연료소비율에 큰 영향을 미친다. 소음기 시스템이 조화를 이룬다 하여도 진동이 완전히 감쇠되지는 않는다. 오히려 배기관의 끝에서는 진동부압(: Schwingungsunterdruck) 상태가 된다(그림 11-3 참조). 배기장치는 이 진동부압이 실린더 내의 연소가스의 배출을 용이하게 하여, 충전률과 기관출력에 긍정적인 영향을 미치도록 설계된다.

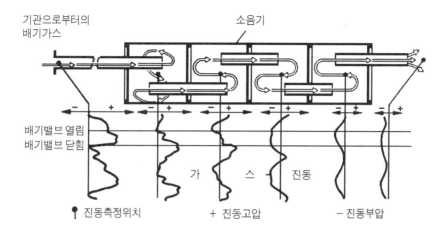

그림 11-3 소음기 각 위치에서의 가스진동

(4) 소음기의 종류

음파(sonic wave : Schallwelle)를 감쇠시킬 목적으로는 반사 소음기와 흡수 소음기가 주로 사용된다. 감쇠작용은 간섭원리에 따른 감쇠기 또는 공명기를 추가하여 개선시킨다. 또 서로 다른 종류의 감쇠기를 1개의 소음기 내에 복합적으로 사용하기도 한다.

① **반사 소음기**(reflection muffler : Reflektionsschalldämpfer)

이 소음기에서는 음파가 진행하는 통로에 장애물을 설치하여, 음파가 진행방향을 바꾸거나 반사되도록 한다. 이때 음파의 일부는 메아리처럼 감쇠, 소멸된다. 그리고 파이프나 공간의 단면적을 급격히 변화시키는 방법으로 칸막이 공간 내에 소음을 저장하거나 반사시켜 소음을 감쇠시킨다.

반사 소음기(그림 11-4)는 다수의 칸막이 공간이 연속적으로 배열되어 있고 각 공간체적 사이를 양단이 개방된 파이프들이 각기 다른 위치에서 관통하고 있다. 그리고 파이프에는 수많은 기공이 가공되어 있다. 맥동이 심한 배기가스는 각 공간체적 사이를 통과하면서 진로를 여러 번 바꾸게 되고, 그 사이에 반사를 반복하면서 감쇠된다. 반사 소음기는 특히 중간 주파수와 낮은 주파수(500Hz 이하)에서의 소음감쇠특성이 우수하다.

② **간섭 소음기**(interference muffler : Interferenzschalldämpfer)

소음기 전반부에서 배기가스를 여러 갈래로 나누어, 길이가 다른 통로를 거쳐 소음기 후반부에서 다시 합쳐지게 하는 방법을 사용한다. 소음은 다시 합쳐질 때 그리고 일부는 처음 분기될 때 감쇠되게 된다.

간섭 소음기에서는 배기관이 여러 개로 분기되어 나뉘어졌다가 다시 1개로 합류된다. 이 소음기는 배기가스의 충격적인 소음을 약한 음파로 변환시켜 준다. 소음관의 수가 많고 또 그 부피가 크기 때문에 비경제적이다.

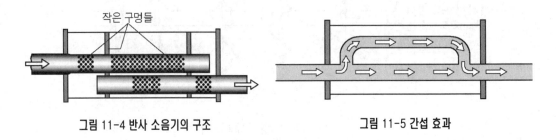

그림 11-4 반사 소음기의 구조   그림 11-5 간섭 효과

③ 간섭-반사 복합 소음기(interference-reflection combination muffler)

간섭-반사 복합 소음기는 그림 11-6과 같이 길이가 서로 다른 다수의 소음관과 칸막이 된 공간이 연결되어 있다. 반사작용으로 소음을 감쇠시키는 외에 추가적으로 불쾌하게 느껴지는 음진동(sound vibration : Schallschwingungen)을 감쇠시키게 된다.

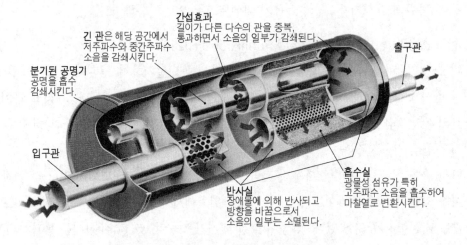

그림 11-6 간섭-반사 복합 소음기의 구조

④ 흡수 소음기(absorption muffler : Absorptionsschalldämpfer)

흡수원리를 이용한 소음기에서 배기가스가 다공질의 흡음재를 통과하도록 한다. 소음에 너지는 흡음재에 흡수될 때 마찰에 의해 열로 변환된다.

흡수 소음기는 유동저항이 작다. 따라서 배압이 작아야만 되는 배기장치에 사용된다. 이 소음기는 그림 11-7과 같이 다수의 칸막이 공간과 부분적으로 천공된 소음관으로 구성되어 있고, 공간에는 석면이나 유리섬유 같은 내열성 다공 흡음재로 채워져 있다.

소음기에 충격적으로 유입되는 배기가스는 진동에 의해 소음관에 천공된 구멍을 통하여 흡음제로 채워진 칸막이 실로 유입된다. 여기서 흡음재와의 마찰로 배기가스의 진동에너지는 소진되게 된다. 특히 고주파수(500HZ 이상) 소음의 흡수능력이 좋다. 대부분 후소음기로 사용된다.

⑤ **흡수-반사 복합 소음기**(reflection-absorbtion muffler)

흡수-반사 복합 소음기의 구조는 그림 11-8과 같다. 반사소음기는 중간대역 주파수와 저주파수의 소음을 감쇠시키는 효과가 좋다. 그리고 흡수소음기는 고주파수 대역의 소음을 흡수하는 능력이 우수하다. 그러므로 대부분 이 두 가지 형식의 소음기를 하나의 하우징 내에 복합시켜 사용한다. 주파수 50~8000Hz 범위의 소음 감쇠에 이용할 수 있다.

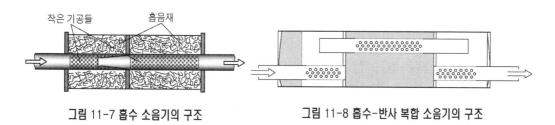

그림 11-7 흡수 소음기의 구조   그림 11-8 흡수-반사 복합 소음기의 구조

⑥ **공명 소음기**(muffler with branched resonator : Schalldämpfer mit Abzweigresonatoren)

배기가스가 단면적이 다른 공간사이를 여러 번 반복적으로 왕복하게 되면 경우에 따라서는 공명현상을 일으키게 된다. 공명진동이 발생하는 장소에 따라 직렬공명기 또는 분기공명기라고 한다. 즉, 공명진동이 주 통로에서 발생하면 직렬공명기, 가지에서 발생하면 분기공명기라 한다.

이 형식의 소음기의 구조는 그림 11-9와 같이 여러 갈래로 분기된 공명기(resonator)가 주를 이루고 있으며, 특정 주파수 영역에서는 소음감쇠효과가 아주 크다.

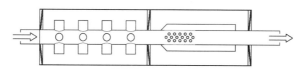

그림 11-9 공명 소음기

제2절 배출가스
(Emissions : Schadstoff)

1. 배출가스의 배출원 및 그 성분

가솔린기관 또는 디젤기관 자동차의 배출가스는 그 배출원에 따라 증발가스, 블로바이 가스 및 배기가스로 구분한다.

(1) 증발가스(evaporation gas : Verdunstungsgas)

혼합기형성장치나 연료탱크에서 연료가 증발, 방출되는 가스를 말한다. 주성분은 사용 연료와 같다. 석유계 연료에서는 주로 미연 탄화수소(unburned HC)로서 파라핀-, 올레핀-, 방향족-탄화수소가 대부분이다.

(2) 블로바이 가스(blowby gas : Kurbelgehaeusegase)

연소실의 혼합기 또는 부분적으로 연소된 가스가 피스톤과 실린더 사이의 틈새를 통해 크랭크 케이스로 누설된 것을 말하며, 크랭크케이스 배출물(crankcase emission)이라고도 한다. 대부분 미연-HC이고 일부가 완전 연소가스 및 불완전 연소가스이다.

(3) 배기가스(exhaust gas : Abgas)

탄화수소 혼합물인 석유계 연료는 완전 연소의 경우, 산소와 결합하여 수증기(H_2O)와 탄산가스(CO_2)를 생성한다. CO_2는 지구 온난화에 결정적인 영향을 미치는 물질로서, 총량규제 대상이다. 장기적인 저감목표로 2020년 승용 95g/km, 경트럭 147g/km가 제시되어 있다. 기관의 작동상태가 최상이어도 혼합기를 완전 연소시킬 수는 없다. 따라서 배기가스 중에는 유해물질이 포함될 수밖에 없다. → 불완전 연소

중부하 중속으로 가솔린기관을 운전할 때, 배기가스의 대부분은 질소(71%), 탄산가스 (18%), 수증기(9.2%)이고 유해물질은 배기가스 총량의 약 1% 정도가 된다.(그림11-10참조)

이 1%가 포함하고 있는 유해물질의 대부분은

① 일산화탄소(carbon-monoxide : Kohlenmonoxid : CO)

② 미연 탄화수소(unburned hydrocarbon : unverbrannte Kohlenwasserstoffe : HC)

③ 질소산화물(oxides of nitrogen : Stickoxid : NO_x)

④ 납화합물(연료에 납화합물이 첨가되었을 경우만) 등이다.

　[주] 디젤기관의 경우에는 황산화물(sulfurous oxides), 매연 및 PM(Particulate Matters) 등이 추가된다.

배기가스가 대기 중에 배출되어 햇빛에 노출되면 유기 과산화물(organic peroxides), 오존 (ozone) 그리고 질산 과산화 아세틸(peroxy-acetyl nitrates)과 같은 산화물이 생성된다.

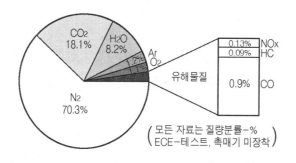

그림 11-10 가솔린기관의 배기가스 평균조성(예)

① **일산화탄소**(carbon-monoxide : Kohlenmonoxid : CO)

　CO는 무색, 무취의 유독성 가스로서 호흡을 통해 인체에 유입되면 혈액 중의 헤모글로 빈(Hb)과 결합하여 혈액의 산소운반작용을 방해한다. CO가 체적비로 0.3% 이상 함유된 공기를 장시간(30분 이상) 호흡할 경우에는 목숨까지도 잃게 된다.

　CO는 혈액과의 친화력이 산소의 약 300배 이상이다. 개인차가 있으나 일산화탄소-헤모 글로빈(CO-Hb)의 포화도가 10% 정도이면 자각 증상이, 20% 이상이면 두통이나 현기증 이, 40% 전/후에서는 구토나 판단력 감퇴, 60% 전/후에서는 경련 또는 혼수상태, 70% 이 상이면 사망하는 것으로 알려져 있다.

　배기가스 유해물질 중 CO는 공기부족상태($\lambda < 1$)에서 연소가 진행될 때 발생된다. 즉

혼합기가 농후하면 농후할수록 CO의 발생량은 증가한다. 그러나 공기 과잉상태($\lambda \rangle$ 1)일지라도 공기와 연료가 잘 혼합되지 않은 상태에서 연소가 진행되면 CO는 생성된다.

② 미연 탄화수소(unburned hydrocarbon : unverbrannte Kohlenwasserstoff : HC)

탄화수소(HC)란 탄소(C)와 수소(H)로 조성된 화합물을 총칭한다. HC는 배기가스뿐만 아니라 블로바이가스나 증발가스 중에도 포함되어 있다. 특히 배기가스 중의 불완전 연소된 탄화수소는 그 형태가 다양하다.

부분적으로 연소가 진행된 HC들로는 예를 들면, 알데히드(aldehydes ; $C_nH_m \cdot CHO$), 케톤(ketones ; $C_nH_m \cdot CO$), 카르복실 산(carboxylic acids ; $C_nH_m \cdot COOH$) 등이 있으며, 열분해 생성물(thermal crack products)과 그 파생물로는 아세틸렌(acetylene ; C_2H_2), 에틸렌(Ethylene ; C_2H_4), 다환 탄화수소(polycyclic hydrocarbons) 등이 있다.

불완전 연소된 HC는 CO와 마찬가지로 공기부족 상태에서 또는 아주 희박한 상태($\lambda \rangle$ 1.2)에서 연소가 진행될 때 주로 발생한다. 또 연소실 표면 근처, 화염이 전달되지 않는 경계면에서도 발생한다(그림 11-11참조).

HC는 저농도에서 호흡기계통을 자극하고, HC의 1차 산화에 의해 생성되는 알데히드는 점막이나 피부 등을 자극하고, 다시 산화되면 과산화물이 형성된다. 이 과산화물은 질소산화물(NO_x)과 함께 광화학 스모그(smog)를 발생시키며 눈을 심하게 자극하고, 암을 유발시키거나, 악취의 원인이 되기도 한다. 특히 알데히드는 함산소연료(예 : 알코올)의 연소시에 다량 발생하며, 그 중에서 포름알데히드(HCHO)는 이미 규제 대상물질이다.

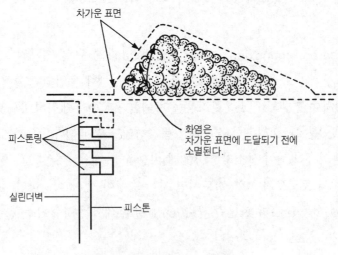

그림 11-11 경계면에서의 불완전연소

③ **질소산화물**(oxides of nitrogen : Stickoxid : NO_x)

NO, NO_2, N_2O 등 여러 가지 질소산화물을 총칭하며, NO_x로 표기한다. 90~98%가 NO 이다. NO는 무색, 무미, 무취인 물질로서, 대기 중에서 서서히 산화되어 대부분 NO_2로 변환된다.

NO_2는 적갈색이며 독성이 있고 자극적인 냄새가 난다. 특히 호흡을 통해 점막 분비물에 흡착되면, 산화성이 강한 질산을 형성한다. 이렇게 생성된 질산은 호흡기 질환(기관지염, 폐기종 등)을 유발하고 폐에 수종 또는 염증을 유발할 수도 있으며, 눈에 자극을 주는 물질이다. NO_x는 이 외에도 오존(ozone)의 다량 생성, 광화학 스모그(smog) 및 수목의 고사(枯死)에 영향을 미치는 것으로 알려져 있다. NO_x는 연소실의 온도와 압력이 높고, 동시에 공기과잉 상태일 때 주로 생성된다.

④ **납화합물**(lead compounds : Bleikomponente)

납화합물은 인체의 장기(organs)에 악영향을 미치는 물질로서 혈액과 골수에 작용한다.

가솔린의 옥탄가를 높일 목적으로 연료에 4에틸납($Pb(C_2H_5)_4$)이나 4메틸납($Pb(CH_3)_4$)을 첨가할 경우에, 배기가스에서 납화합물이 검출된다. 납화합물은 불활성으로서 연소 중에 연소되지 않고 대부분 그대로 배기가스와 함께 대기 중에 방출되며 일부는 흡기관, 밸브, 연소실 등에 퇴적되거나 또는 블로바이가스를 통해 윤활유에 섞이게 된다. 납화물의 약 75%정도가 배기가스와 함께 대기 중으로 방출된다.

국내에서는 납화합물의 첨가가 제한된 무연(unleaded) 휘발유만이 시판되고 있다.

⑤ **입자상 고형물질**(PM ; Particulate Matters : Feststoffe)

가솔린기관에서는 디젤기관에 비해 PM이 무시해도 좋을 만큼 적게 생성된다.(디젤기관의 1/20 ~ 1/200 수준)

자동차용 디젤연료는 대부분 수소/탄소의 원자수 비가 약 2 정도이며 탄소원자수 12~22개 범위인 연료이다. 이 연료가 연소실온도 1000~2800K, 압력 50~100bar 그리고 동시에 국부적으로 공기가 부족한 상태에서 연소되면 수 ms 사이에 고형 탄소핵이 생성된다. 이 탄소핵은 수소/탄소의 원자수 비 약 0.1 정도인 직경 20~30nm의 입자 수백 개가 뭉쳐진 고형 미립자(ash, carbon 등 ; 평균 입경 0.1~0.3㎛)의 형태로 석출된다. → 입자상 물질

탄소핵에 HC-결합이 응집된 입자상 고형물질은 발암물질로서 호흡기질환을 일으키며, 폐암의 원인이 될 수도 있는 것으로 알려져 있다. 특히 직경이 nm급인 초미립 입자상 물질이 건강에 악영향을 미치는 것으로 밝혀져, 중량규제에서 수량규제로 전환되고 있다.

2. 유해가스 배출 특성

유해가스는 기관의 형상, 작동조건 및 작동상태, 공기비, 점화시기, 점화장치, 노크 발생여부, 그리고 혼합기 형성장치 등에 따라 그 배출특성이 다양하다.

(1) 기관의 형상과 유해 배출가스

기관의 기계적 형상 및 조건에 따라, 예를 들면 압축비, 연소실 형상, 밸브 개폐시기, 흡기다기관 형상, 급기방법(charge method) 등에 따라 유해가스 배출특성이 변화한다.

① 압축비(compression ratio)

압축비는 기관의 열효율에 결정적인 영향을 미치지만, 이를 높이면 스파크점화기관에서는 노크가 발생되기 쉽고 동시에 배기가스 중의 유해물질이 크게 증가한다.

고압축비는 연소실의 온도수준을 높여 연료의 조기반응(pre-reaction)을 유발시킨다. 연료가 조기반응하게 되면 정상 화염면이 도달되기 전에 혼합기가 국부적으로 자기착화를 일으키게 된다. 따라서 노크 경향성은 증대되고 기관의 필요 옥탄가(ONR)는 상승하게 된다.

연소실 온도가 높고 고압축비일 경우에는 NO_x의 생성이 증대되는 방향으로 반응이 진행되며 그 반응 속도도 높다. NO_x는 연소실 온도가 약 1,300℃부터 생성되기 시작하며 2,000℃가 넘으면 그 생성량이 급격히 증대되는 것으로 알려져 있다.

② 연소실 형상(form of combustion chamber)

연소실 형상은 특히 미연 탄화수소(HC)의 발생에 큰 영향을 미친다. 미연 HC는 실린더벽 경계나 연소실벽 경계 그리고 후미진 구석이나 틈새(crevice)와 같이 화염면이 전달되기 어려운 경계층에서 많이 발생된다(그림 11-11). 즉, 연소실 표면적이 넓으면 넓을수록 미연 HC의 발생량은 증가한다.

따라서 표면적이 작고, 체적도 조밀하면서도 와류를 동반하는 연소실이 이상적이다. 특히 연소실 중앙에 스파크플러그를 설치하면 화염전파거리가 짧아지기 때문에 빠르고 완벽한 연소가 가능하게 되어 HC 배출물과 연료소비율 측면에서 유리하게 된다. 이와 같이 최적화된 연소실은 기관의 희박연소능력과는 관계없이 $\lambda=1$에서도 HC의 배출수준이 아주 낮다. 또 충전와류가 강하면 연소속도가 빨라져 기관의 필요옥탄가도 낮아진다. 결과적으로 압축비를 높일 수 있고, 희박연소(lean burn)도 실현시킬 수 있다(그림 11-12참조).

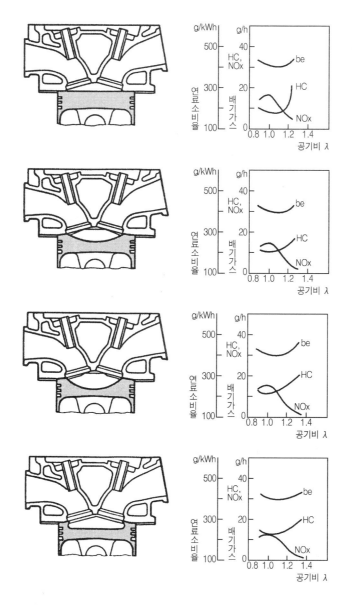

그림 11-12 연소실의 형상과 유해 배출물, 연료소비율의 상관관계

스파크플러그 전극영역에서의 와류는 대단히 중요하다. 와류의 강도가 낮아 전극영역의 혼합기가 불균일하거나 잔류가스가 많이 남아있을 경우에는 점화가 원활하지 못하게 된다. 이렇게 되면 점화지속기간이 사이클마다 변하게 되어, 연소 사이클의 맥동을 유발시키게 된다.

스파크플러그의 설치위치는 연료소비율과 유해배출물에 큰 영향을 미친다(그림 11-13 참조). 4-밸브기관은 연소실을 조밀하게 설계할 수 있으며, 또 스파크플러그를 연소실 중앙에 설치할 수 있으므로 연료소비율이 낮아지고 HC-배출량도 감소한다(그림 11-14참조).

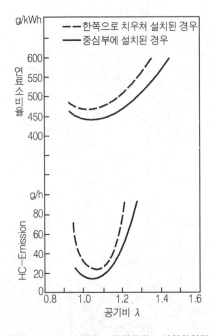

그림11-13 스파크 플러그의 설치위치가
연료소비율과 HC에 미치는 영향(예)

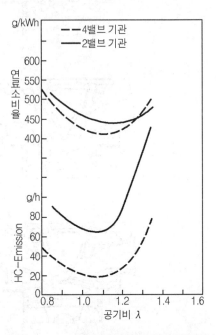

그림11-14 4-밸브 기관에서의 연료소비율과
HC-발생량(예)

연소실의 형상과 유입와류에 의해 개선된 희박연소능력은 λ=1로 설계된 기관에서 EGR율을 개선하는데 이용할 수 있다. 희박연소기관에서와 동일하지는 않지만 EGR에 수반되는 문제점 없이 연료소비율을 개선시킬 수 있다.

③ 밸브개폐시기(valve timing)

충전사이클 -"연소실 내의 연소가스가 방출되고 새로운 혼합기로 대체되는 과정"-은 흡/배기 밸브가 교대로 개폐되면서 이루어진다.

밸브개폐시기는 충전사이클에 영향을 미치며, 기본적으로 캠축에서 흡/배기 캠의 상대 위치 및 형상에 의해서 결정된다. 충전된 혼합기의 양은 기관출력을 결정하며, 잔류가스량은 점화와 연소에 영향을 미친다. 이 외에도 잔류가스량은 탄화수소와 질소산화물의 발생 그리고 기관효율과 관련하여 중요한 의미를 갖는다.

밸브개폐시기를 제어하지 않을 경우, 기관은 특정 회전속도 영역에서만 그 성능을 최적화 시킬 수 있다. 예를 들면 고속에서 흡기밸브가 열려있는 기간을 길게 하면 출력이 증대되지만, 공전속도와 같은 저속에서는 밸브의 오버랩(over lap)이 길어지는 결과가 되어, 미연-HC의 양이 증가하고 잔류가스량도 증가하게 되어 기관의 작동상태가 원활하지 못하게된다. 밸브의 오버랩을 고속에서는 크게, 저속에서는 작게 하면, 기관효율은 증대되고 유해가스 배출량도 감소한다.

④ 흡기통로 형상(intake passage design)

충전효율은 밸브개폐시기는 물론이고 흡기통로와 배기관의 형상의 영향도 받는다.

흡기행정에 의해 흡기통로에는 주기적으로 맥동현상이 발생한다. 이 압력파(pressure wave)는 흡기통로를 통과한 후, 흡기다기관 끝에서 반사된다. 흡기다기관의 통로가 밸브개폐시기와 조화를 이루도록 설계되어 있다면 이 압력파는 흡입행정이 끝나기 바로 직전에 흡기밸브에 도달할 것이다. 이 경우, 압력파에 의한 부스트 효과(boost effect)는 다량의 혼합기가 연소실에 유입되도록 한다. 그리고 비슷한 현상이 배기관에도 적용된다.

흡기통로와 배기관이 밸브오버랩 기간 중 압력파를 효과적으로 이용할 수 있도록 설계되어 있다면 충전효율이 개선되어 출력이 증가하고, 유해가스가 저감되고, 연료소비율이 개선될 것이다. 특히 MPI기관에서는 흡기다기관을 이 개념에 맞도록 설계할 수 있다.

⑤ 층상급기(charge stratification)

대부분의 가솔린기관은 균질 혼합기를 사용하도록 설계되어 있다. 그러나 스파크플러그 영역에 농후한 혼합기를 공급하여 먼저 농후한 혼합기를 점화시킨 다음, 점화된 혼합기가 와류에 의해서 다시 희박한 혼합기와 혼합, 주연소(main combustion)가 이루어지도록 하는 방법도 사용되고 있다. → 층상급기(불균질 혼합기)

초기의 층상급기방식으로는 혼다(Honda)사의 CVCC-기관이 있다. 이 기관은 작은 예연소실(pre-chamber)에 스파크플러그를 설치하고 별도의 공급장치로 여기에 농후한 혼합기를 공급한다. 이 방식은 매우 농후한 혼합기와 매우 희박한 혼합기에서 연소가 이루어지기 때문에 NO_x는 크게 감소하지만, 연소실의 표면적이 커지므로 HC는 증가한다.

※ CVCC(Compound Vortex Controlled Combustion)

오늘날은 연료를 실린더 내에 직접 분사하는 GDI(Gasoline Direct Injection) 방식으로 층상급기한다. 이 방식은 연소실 형상, 피스톤 형상, 흡기다기관의 형상 등을 조화시켜 적당한 충전작용과 와류작용을 유도하고 연료를 실린더 내에 직접 분사한다.

⑥ 희박연소방식(lean-burn combustion system)

희박연소(lean burn)기관에서는 연소실 형상의 최적화에 대한 보조수단으로서 예를 들면, 흡기통로에 와류형성기구를 설치하여, $\lambda \approx 1.4 \sim 1.6$에서도 연소가 가능하도록 한다. 또 GDI 방식에서는 희박연소가 기본이다. 희박연소기관은 유해배출물 수준이 낮고 연료소비율도 낮으나, 강화된 배기가스 규제수준을 만족시키기 위해서는 NO_x의 후처리가 필수적이다. → $DeNO_x$ - 촉매기 장착 필요

(2) 작동조건과 유해 배출가스(operating conditions and emissions)

① 기관의 회전속도(engine speed : Motordrehzahl)

고속에서는 기관 자신의 마찰출력이 증대되고 또 보조장치의 출력소비도 증가한다. 따라서 연료소비율이 증가한다. 연료소비율이 증가한다는 것은 연료소비율에 비례해서 유해물질의 배출량도 증가한다는 것을 의미한다.

② 기관의 부하(engine load : Motorbeladung)

기관의 부하가 증가하면 연소실의 온도수준도 상승한다. 따라서 화염면이 전달되지 않는 연소실벽 근처의 경계층(boundary layer) 두께도 그 만큼 얇아진다. 그리고 배기가스 온도가 높기 때문에 동력행정과 배기행정에서의 후-반응(post-reaction)이 활성화된다. 따라서 부하가 증가함에 따라 HC와 CO의 발생량은 감소한다. 그러나 부하가 증가함에 따라 연소실의 온도도 상승하므로 NO_x는 급격히 증가하게 된다.

③ 차량의 주행속도(vehicle speed : Kfz-geschwindigkeit)

스로틀밸브가 급격히 열리면 기화기기관이나 SPI시스템의 경우엔 공급된 연료 중의 일부가 흡기관 벽에 점착된다. 이를 보상하기 위해서는 가속 시 농후혼합기를 공급해야한다. 농후혼합기를 공급하면 불완전 연소된 HC와 CO의 배출량이 증가한다.

MPI-시스템은 기화기관에 비해 분사압력이 높고, 분사된 연료가 흡기다기관 벽에 부착되지 않고 즉시 기화되므로 기관이 정상 작동온도에 도달한 다음에는 대부분의 경우에 가속을 위한 농후혼합기를 별도로 공급할 필요가 없다.

(3) 공기비와 유해 배출가스(air ratio and emissions)

가솔린 기관의 배기가스에 포함된 유해물질은 공기비(λ)의 영향을 크게 받는다.

일반적으로 가솔린기관은 5~10% 공기부족($\lambda = 0.9~0.95$: 농후혼합기) 상태에서 최대출력을 발생시키므로, 전부하시에는 대부분 농후혼합기를 공급한다. 공기부족 시에는 연료를 완전 연소시킬 수 없기 때문에, 연료소비율은 증가하고 동시에 배기가스에서 CO와 미연 HC의 비율이 크게 증가한다. 가솔린기관은 약 10%정도의 공기과잉($\lambda=1.1$: 희박혼합기)상태로 운전될 때, 연료소비율은 가장 낮지만 반대로 기관의 출력은 감소하며, 또 연소속도가 느리기 때문에 기관온도도 상승한다. 약 10%정도의 공기 과잉상태에서는 배기가스 중의 CO와 미연 HC의 비율은 감소하지만 NO_x의 비율은 크게 증가한다.

공전상태에서는 공기비 범위 $\lambda = 0.995~1.005$가 주로 이용된다. 지나치게 희박한 혼합기는 기관의 실화한계(LML ; lean mixture limit)에 도달하거나 또는 초과하게 된다. 혼합기가 점점 희박해져 실화에 이르게 되면, HC 배출물이 급격히 증가하게 된다.

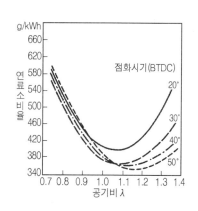

타행주행 시에는 기화기기관에서는 점화 가능한 혼합기를 유지하기 위해 농후 혼합기($\lambda \approx 0.9$)를 공급하고, 동시에 흡기다기관에 과도한 진공이 작용하는 것을 방지하기 위해 공기를 공급하였다. 현재는 타행 시에 실린더 선택적으로 연료분사를 중단하는 방식이 대부분이다.

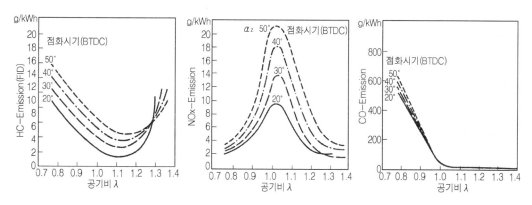

그림 11-15 공기비와 점화시기가 배출가스와 연료소비율에 미치는 영향

(4) 점화장치와 유해 배출가스(ignition system and emissions)

스파크플러그의 형상과 설치위치, 점화에너지 그리고 점화지속기간은 연소에 결정적인 영향을 미친다. 점화에너지가 충분하면 점화특성이 안정되고 동시에 강력한 불꽃을 발생시킬 수 있기 때문에 혼합기의 연소과정이 안정되며, 따라서 유해배출물 수준도 낮아지게 된다. 기관을 아주 희박한 혼합기($\lambda > 1.1$)로 운전하고자 하면 할수록 점화장치의 성능은 중요한 의미를 갖는다.

점화시기는 배기가스와 연료소비율에 결정적인 영향을 미친다. 연료소비율 최소화 점화시기를 지나서, 점화시기를 지각시켜 배기밸브가 열릴 때까지도 연소가 완료되지 않도록 하면, 배기시스템에서는 열적 후반응이 활성화되어 NO_x는 물론이고 미연 HC도 크게 감소하지만 대신에 연료소비율은 상승하게 된다. 역으로 연료소비율 최소화 점화시기보다 점화시기를 진각시키면 HC, NO_x 그리고 연료소비율 모두 증가한다. 참고로 CO는 점화시기와는 거의 무관하며 공기비의 영향을 주로 받는다(그림 11-15참조).

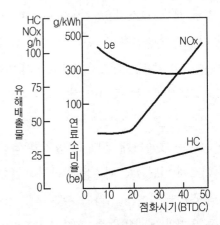

그림 11-16 점화시기가 배출물과 연료소비율에 미치는 영향

완전 전자제어 점화장치의 등장으로, 어떤 운전 조건하에서도 충분한 점화에너지(점화불꽃)를 확보할 수 있게 되었다. 충분한 점화에너지는 혼합기의 점화를 용이하게 할뿐만 아니라 연소과정을 안정시켜 유해배출물을 감소시킨다.

또 점화시기를 입체적으로 제어하여 기관의 운전조건에 따른 최적 점화시기를 선택하게 됨으로서, 유해배출물의 양을 크게 감소시킬 수 있게 되었다.

(5) 노크제어와 유해 배출가스(knock control and emission)

노크를 제어하면 기관의 이상연소를 크게 감소시킬 수 있다. 이상연소의 빈도가 감소하면 연료소비율이 낮아짐은 물론이고, 유해가스 배출량도 크게 감소한다.

노크제어 시 충전률을 낮추면 기관도 보호되고, 배기가스 중의 유해물질도 크게 감소된다. 특히 과급기관에서는 점화시기제어와 과급압력제어를 연동시켜 노크를 제어하는 방법을 주로 사용하고 있다. 이 시스템의 장점은 다음과 같다.

① 부분부하 영역에서는 과급일(charge work)을 적게 한다.

② 배기가스의 배압이 감소한다.

③ 실린더 내 잔류가스의 양이 감소한다.

④ 과급공기의 온도를 낮게 유지할 수 있다.

⑤ 과급응답이 유연하다.

⑥ 기관성능이 향상되고 구동능력이 개선된다.

(6) 혼합기 형성장치와 유해 배출가스(fuel induction system and emissions)

기화기기관은 분사기관에 비해 연료의 계량, 분배, 혼합기 형성 등에서 불리하다. 기화기기관에서는 실린더간의 혼합기 분배가 불균일하고 미립화가 불량하기 때문에 분사기관에 비해 HC와 CO의 발생량이 많다(제 4장 참조).

혼합비 외에 연소실에 유입되는 혼합기의 질도 완전연소에 중요한 요소이다. 점화 시, 혼합기의 균질도 또는 층상형태, 그리고 혼합기의 온도는 연소능력을 결정하는 중요한 요소로서 연소과정과 배기가스의 성분 구성에 결정적인 영향을 미친다.

균질 혼합기 또는 층상급기는 서로 다른 개발목표를 가지고 있다. SPI(single point injection) 시스템에서는 흡기와 흡기다기관을 예열하여 흡기다기관 벽에 연료의 유막이 형성되는 것을 방지하기도 한다. 혼합기 균배 측면에서는 SPI-시스템 보다는 MPI-시스템이 더 유리하다.

3. 유해 배출가스 저감대책(emission reduction)

유해 배출가스의 배출원 및 발생기구에 따라 여러 가지 저감대책이 사용된다.

(1) 증발가스 저감대책

연료탱크 또는 혼합기 형성장치에서 발생된 증발가스를 일시 저장해 두었다가, 기관 작동 중 흡기계통으로 보내 연소시키는 활성탄 저장방식(charcoal canister)이 일반화되어 있다.

(2) 블로바이가스 저감대책

블로바이가스를 크랭크 케이스 또는 실린더헤드 커버로부터 흡기계통으로 되돌려 보내는 방법, 즉 블로바이가스 환원장치(=크랭크케이스 환기장치)가 사용된다.

(3) 유해 배기가스 저감대책

배출가스의 대부분은 배기가스이다. 배기가스 중에 포함된 유해물질을 최소화하기 위해서는 연료품질의 개선, 기관의 개량, 연료공급방법 및 점화장치 등을 개선하여 일차적으로 실린더 내에서의 연소품질을 개선하는 방법, 그리고 실린더로부터 배출되는 유해가스를 대기 중으로 방출시키기 전에 후처리하여 무해한 가스로 변환시키는 방법 등이 사용된다.

SI-기관의 유해 배기가스 저감 핵심기술은 다음과 같다.

① **기관의 개량**(engine modification : EM)

  - 압축비, 연소실형상, 밸브개폐시기, 흡기관형상, 흡기관길이제어, 마찰감소, 충상급기.

② **혼합기 형성기구의 개선 및 공기비 제어**

  - 전자제어 연료분사장치(고압분사, 직접분사), 공기비 제어 등.

③ **점화장치의 개량 및 점화시기 제어**

④ **타행주행 시 연료공급 중단**

  (예) 약 $1600\,min^{-1}$ 이상에서 실린더 선택적으로 연료공급을 중단.

⑤ **후처리 시스템의 채용**

  - 3원촉매기, 공기비 제어, $DeNO_x$ - 촉매기, 2차공기 분사 등.

⑥ **배기가스 재순환**(EGR)

  - 내부 재순환 : 적절한 밸브 오버랩을 통해서

  - 외부 재순환 : EGR 밸브를 제어하여

⑦ **과급기 제어 및 과급공기 냉각**

EM + λ제어 + 촉매기 + 연료분사와 점화시기 제어 + 2차공기분사 + EGR

제3절 증발가스와 블로바이가스 제어장치

(Evaporation Gas and Blowby-Gas:Kraftstoffdämpfe und Blowby-Gase)

1. 증발가스 제어장치(evaporation gas control system)→ 활성탄 저장방식

활성탄 저장방식은 연료탱크와 혼합기형성장치에서 발생한 증발가스를 활성탄에 흡착시켰다가, 기관 작동 중 흡기관을 통해 연소실로 보내 연소시키는 방식이다.(PP.164 연료탱크 환기 시스템 그림3-3 참조)

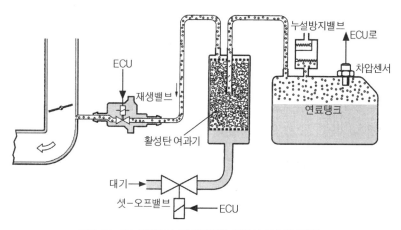

그림 11-17 증발가스 제어장치(누설감시 시스템 포함)

(1) 활성탄 캐니스터(charcoal canister)

캐니스터(canister) 내에는 활성탄 입자들이 가득 들어있다. 기관이 정지한 후에 연료탱크와 혼합기 형성기구에서 발생하는 연료의 증발가스는 가는 호스(hose)를 통해 모두 캐니스터로 유입된다. 캐니스터에 유입된 증발가스는 곧바로 활성탄 입자의 표면에 흡착된다.

기관작동 중 ECU가 셧-오프(shut-off)밸브의 대기 유입구와 재생밸브(regenerative valve)의 소기공을 동시에 열면, 활성탄에 흡착된 상태인 증발가스는 다시 활성탄으로부터 분리되어 흡기다기관으로 유입된다. 따라서 증발가스는 곧바로 대기 중으로 방출되지 않고 반드시 연소과정을 거치게 된다.

(2) 재생밸브(regenerative valve)와 셧-오프(shut-off) 밸브

캐니스터에 포집된 증발가스를 제어하는 밸브들로서 공전 시와 난기운전 중에는 작동되지 않는다. 공전 시와 난기운전 중을 제외하고는 ECU의 명령에 따라 동시에 ON/OFF 제어된다. 그러나 OBD에서 연료탱크 시스템의 누설여부를 감시할 때는 공전 시에 재생밸브만 연다. 그러면 흡기다기관의 압력이 전체 시스템에 작용하게 된다. 이때 연료탱크에 설치된 압력센서가 압력변화를 감시하고, 이 압력변화로부터 연료탱크시스템의 누설여부를 판정한다.

2. 블로바이가스 제어장치(blowby gas control system)(그림 11-18)

블로바이가스 제어장치는 엔진오일이 분리된 블로바이가스를 계속해서 흡기다기관으로 유도하고, 동시에 기관내부(예 : 크랭크실)에 고압이 걸리지 않도록 하여, 오일소비를 감소시키는 역할을 한다.

GDI-기관이나 과급디젤기관에서는 블로바이가스에 포함된 오일성분 및 고형 미립자(PM)들이 과급기에, 분사밸브에, 과급공기 냉각기에, 그리고 경우에 따라서는 뒤에 접속된 매연 필터에 악영향을 미치는 것으로 알려져 있다.

① 크랭크케이스 강제 환기장치(positive crankcase ventilation system)

이 시스템에서는 공기여과기를 통과한 새로운 공기가 지속적으로 또는 부하에 따라 제어되어 크랭크케이스로 유입된다. 이 새로운 공기는 블로바이가스와 미세한 오일입자들이 혼합된 가스에 추가로 혼합된다. 시스템제어는 조정된 스로틀과 밸브를 통해 이루어진다. 오일분리는 기존의 시스템에서와 동일한 방법으로 이루어진다. 블로바이가스는 흡기계로 유도되어 재 연소된다. → 밀폐시스템

블로바이가스에 포함된 수증기와 연료증기는 유입되는 새로운 공기에 흡수되므로, 결과적으로 응축 가능한 증기(연료 및 수분)의 농도가 낮아져, 아주 낮은 온도에서도 전혀 응축되지 않거나, 또는 최소한으로 극히 일부만이 크랭크케이스 내에서 응축된다. 외기온도가 아주 낮고, 주위공기가 건조하면 특히 효과가 크다. 응축액에 포함된 수분이 추위에 의해 빙결될 경우, 최악의 경우에는 윤활회로를 차단하여 기관을 완전히 파손시킬 수 있다. 결

빙은 또 크랭크케이스 환기통로를 부분적으로 막아 크랭크케이스의 압력상승을 유발할 수 있다. 크랭크케이스의 압력이 상승하면 유면게이지, 베어링 씰, 밸브커버 개스킷 등을 통해 오일이 누설되게 된다. → 오일 소비량의 증대

여과되지 않은 블로바이가스가 PCV 라인을 통해 역류하는 것을 방지하기 위해 시스템에 PCV밸브(체크밸브)를 설치한다.

PCV-시스템의 단점으로는 경우에 따라서 산화에 의해 오일의 노화가 촉진되고 흑색 슬러지(black sludge : Schwarzschlamm)의 생성도 촉진된다는 점이다. 유입되는 새로운 공기에 포함된 산소는 오일의 산화를, 잔류물은 오일 찌꺼기의 생성을 촉진시킨다.

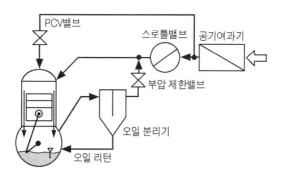

그림 11-18 체크밸브를 포함한 PCV 시스템

② **부압 제어식 크랭크케이스환기장치**(vacuum controlled crankcase ventilation system)

이 시스템에서 블로바이가스는 오일분리기로부터 부압제한밸브를 거쳐 스로틀밸브 후방의 흡기다기관으로 유입된다. 기존의 시스템과 비교하여 오일분리기와 스로틀밸브 전방의 흡기다기관 사이의 연결라인, 그리고 스로틀밸브 후방의 흡기시스템과 기관 사이의 스로틀(throttle) 라인도 생략되었다(그림11-18과 11-19를 비교해 볼 것).

부압제한밸브는 스프링 부하된 다이어프램밸브인데, 조정된 바이패스 통로를 갖추고 있다. 이 밸브는 기관의 거의 모든 부하 상태에서 기관 내부의 부압을 허용 최대값 이하로 제어한다. 기관내부의 부압이 지나치게 높아도, 기존의 크랭크케이스 환기장치에서의 부정적인 현상들이 나타날 수 있다.

이 시스템을 이용하여, 기관의 전체 작동범위에 걸쳐 크랭크케이스의 부압 수준을 일정한 범위로 유지할 수 있다. 기존의 크랭크케이스 환기장치에 비해 부품수가 적으며 호스

내부에서의 결빙 위험도 낮다. 블로바이가스를 스로틀밸브 후방의 흡기다기관에 유입되게 함으로서 공기질량계량기와 공전 액추에이터의 오염도 방지한다(그림7-17 참조).

이론적으로는 부압제한밸브의 다이어프램에 고장이 발생할 수 있다는 점이 단점이다. 그러나 실제로 그러한 경우는 보고 되지 않고 있다.

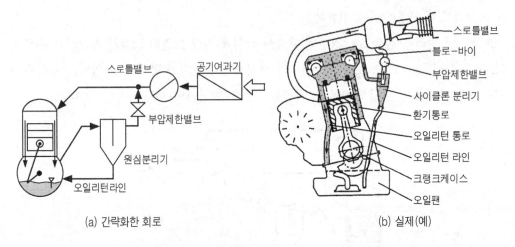

(a) 간략화한 회로   (b) 실제(예)

그림 11-19 부압 제어식 크랭크케이스 환기장치(예)

제11장 배출가스제어 테크닉

제4절 배기가스 재순환장치
(Exhaust Gas Recirculation(EGR) : Abgasrückführung(AGR))

1. 배기가스 재순환(EGR)과 재순환률

배기가스를 완전히 방출시키지 않고 기관내부에 일부 잔류시키는 경우를 내부 재순환이라고 한다. 여기서 말하는 재순환장치는 배기가스 중의 일부(SI-기관에서는 대부분 혼합기의 5~10%, 최대 약 20% 정도까지)를 배기다기관 하부의 배기관에서 끌어내 이를 다시 흡기다기관으로 보내 연료/공기 혼합기에 혼합시켜 연소실로 유입되게 하는 외부 재순환시스템이다.

배기가스를 재순환시키면 새 혼합기의 충전률은 낮아지는 결과가 된다. 그리고 재순환된 배기가스에는 N_2에 비해 열용량이 큰 CO_2가 많이 함유되어 있어, 동일한 양의 연료를 연소시킬 때 온도상승률이 낮다. 또 공기에 비해 산소함량이 적은 배기가스가 연소에 관여하게 됨으로 연소속도가 감소하여 연소최고온도가 낮아지게 된다. 그렇게 되면 NO_x의 양은 현저하게 감소한다(약 60%까지). 그러나 배기가스 중의 HC와 CO의 양은 감소되지 않는다.

EGR은 NO_x의 저감대책으로는 효과가 있으며, 배기가스를 냉각시켜 재순환시키면 효과가 더욱 크지만, 반면에 혼합기의 착화성을 불량하게 하고 기관의 출력은 감소한다. 또 EGR률이 증가함에 따라 배기가스 중의 CO, HC 그리고 연료소비율은 증가한다. 이 외에도 EGR률이 너무 높을 경우에는 기관의 운전정숙도가 불량해지게 된다. 따라서 NO_x의 배출량이 많은 운전영역에서만 선택적으로 적정량의 배기가스를 재순환시킨다.

일반적으로 정상 작동온도이면서 동시에 부분부하 상태이고 또 공기비가 $\lambda \approx 1$일 경우에 한해서 EGR시킨다. 최대 EGR률은 HC의 배출량과 연료소비율, 기관의 운전정숙도 등에 의해 제한을 받게 된다(최대 15~20%).

EGR률은 다음 식으로 표시된다.

$$EGR률 = \frac{EGR\ 가스량}{흡입공기량 + EGR\ 가스량} \times 100(\%) \quad \cdots\cdots\cdots\cdots (11\text{-}1)$$

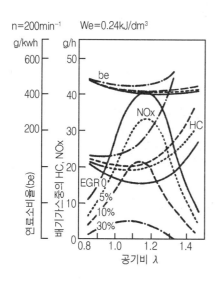
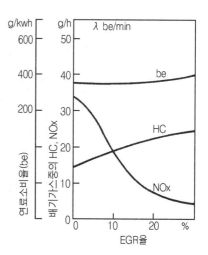

그림 11-20 EGR률이 배기가스 조성과 연료소비율에 미치는 영향

혼합기가 농후하여 NO_x가 적게 발생할 때, 예를 들면 냉시동, 난기운전, 공전, 가속 그리고 전부하에서는 EGR시키지 않는다. 특히 전부하에서는 출력증대라는 기본목표 때문에, 공전 시에는 기관의 운전정숙도 때문에 EGR시키지 않는다. 즉 농후한 혼합기로 운전해야 할 경우 에는 EGR시키지 않는다.

2. 배기가스 외부 재순환(EGR)장치의 구성

EGR밸브는 배기다기관과 흡기다기관 사이의 배기가스 재순환 통로에 설치된다. EGR밸브 제어방식에는 부압식과 전자제어식이 있으나, 현재는 OBD에서 전제조건으로 하는 전자제 어방식이 대부분이다.

전자제어방식의 EGR시스템에서는 EGR밸브의 밸브롯드(valve rod)의 위치를 검출하는 위 치센서(position sensor)가 부착된다. EGR밸브의 밸브롯드의 위치는 미리 프로그래밍 되어 있는 특성곡선에서 기관의 회전속도와 부하, 흡기다기관의 진공도 그리고 기관의 온도에 따 라 제어된다. 즉, EGR밸브의 밸브롯드 위치를 제어하여 EGR률을 제어한다.

시간이 경과함에 따라 배기가스 중의 고형물질이 EGR밸브나 파이프 등에 퇴적된다. 이렇 게 되면 EGR률은 ECU가 지시한 값보다도 낮아지게 되는 단점이 있다.

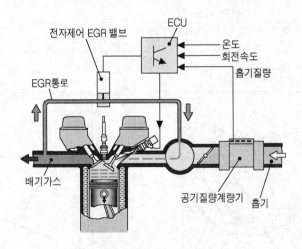

그림 11-21 EGR-시스템(전자제어식)

제5절 3원촉매기
(3-way Catalytic Converter : Dreiwege Katalysator)

1. 촉매반응(catalytic reaction)

촉매(catalyst)란 그 자신은 변화하지 않으면서 다른 물질의 화학반응을 촉진시켜 주는 물질을 말한다. 자동차에서 촉매기란 배기가스 중의 유해물질을 산화(oxidation) 또는 환원(reduction)반응을 통해 무해한 물질로 변환시켜 주는 장치를 말한다.

촉매기에서의 화학반응은 다음과 같다.

$$2NO \rightarrow N_2 + O_2 \quad (환원)$$
$$2CO + O_2 \rightarrow 2CO_2 \quad (산화)$$
$$2C_2H_6 + 7O_2 \rightarrow 4CO_2 + 6H_2O \quad (산화)$$
$$2NO + 2CO \rightarrow N_2 + 2CO_2 \quad (환원/산화) \quad \cdots\cdots\cdots\cdots\cdots (11\text{-}2)$$

NO_x는 먼저 환원반응하여 N_2와 O_2로 분리되고, 분리된 O_2는 다시 CO와 반응하여 CO_2가 된다. 그리고 CO와 HC는 산화반응하여 CO_2와 H_2O로 변환된다.

2. 촉매기 시스템의 분류

촉매기 시스템(catalysator system)은 다음 세 가지로 분류할 수 있다.

(1) 1상(床) 산화촉매기(single-bed oxidation catalytic converter)

산화촉매기는 공기과잉상태에서 CO와 HC를 H_2O와 CO_2로 산화 즉, 연소시킨다. 질소와 결합된 산소는 산화촉매기에서는 반응하지 않는다.

산화에 필요한 산소를 희박혼합비($\lambda > 1$)를 통해 공급하거나, 소위 2차공기(secondary air)를 촉매기 전방에 분사하는 방법이 주로 사용된다.

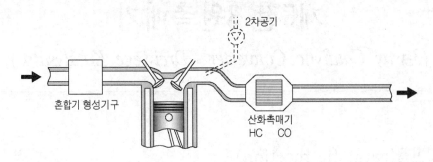

그림 11-22 1상 산화촉매기 시스템

(2) 2상(床) 촉매기(dual-bed catalytic converter)

초기의 2상 촉매기는 환원촉매기와 산화촉매기가 연이어 설치된 형식이 대부분이었으며, 2차공기는 두 촉매기 사이에 공급하였다. 앞 촉매기(환원촉매기)에서는 NO_x가 환원반응하여 N_2와 O_2로 분리되고, 뒤 촉매기(산화촉매기)에서는 HC와 CO가 산화반응하여 H_2O와 CO_2로 변환된다. 농후혼합기가 공급될 때에는 공기부족 상태이므로 질소산화물이 환원촉매기에서 환원반응할 때 암모니아(NH_3)가 생성될 수 있다. 이때 생성된 암모니아의 일부는 2차공기가 공급되면 다시 질소산화물로 변환되게 된다.

최근에는 앞에 3원촉매기, 뒤에 De-NO_x촉매기를 설치한 형식이 GDI - 기관에 도입되고 있다(그림11-29a 참조).

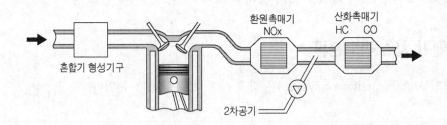

그림 11-23 2상 촉매기 시스템

(3) 1상(床) 3원촉매기(single-bed 3-way catalytic converter : Dreiwege Katalysator)

1상 3원촉매기는 1개의 촉매기에서 3종류의 유해물질(HC, CO, NO_x)이 동시에 산화 또는 환원반응한다는 의미를 가지고 있다. 3원촉매기에서의 화학반응은 공기비가 이론혼합비(λ =1)에 가까워야만 정화율이 높다. 그 이유는 다음과 같다.

환원반응에 의해서 NO_x로부터 분리된 산소의 양은 배기가스 중의 CO와 HC를 모두 산화 반응시킬 수 있을 정도로 충분해야 한다. 따라서 공기비가 이론혼합비보다 낮으면(λ ⟨ 0.99), 산소부족이 되어 CO와 HC의 발생률이 높아진다. 반대로 공기비가 이론혼합비보다 높으면(λ ⟩ 1.00), 산소과잉이 되어 CO와 HC의 발생률은 낮아지지만 NO_x의 발생률은 증가 한다. 따라서 3원촉매기는 공기비센서와 함께 사용하는 것이 효과적이다.

공기비를 제어하지 않고 3원촉매기만을 사용할 경우에는 유해물질의 약 60%정도를 저감 시킬 수 있을 뿐이다. 그러나 공기비제어 및 공기비 감시시스템이 설치된 경우, 촉매기에서 의 정화율은 약 94~98% 정도에 이른다.

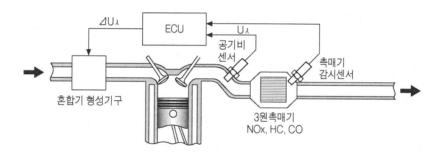

그림 11-24 1상 3원촉매기 시스템

3. 1상 3원 촉매기(single-bed 3-way catalytic converter)

(1) 촉매기의 담체(substrate)

촉매기는 금속제 하우징(housing)속에 들어있는 담체(substrate), 담체 위의 중간층 (wash-coat), 그리고 중간층 위에 얇게 도포된 촉매층(coating layer)으로 구성되어 있다.

담체는 촉매기의 골격으로 구슬형(pellet type), 세라믹 일체형(ceramic monolith), 금속 일체형(metal monolith) 등이 있다.

① 작은 구슬형 담체(pellet type substrate)

세라믹으로 된 다공성의 작은 구슬(pellet) 수 천 개를 그림 11-26과 같이 금속제 하우징 속에 넣어 구슬 사이 및 구슬 자체를 배기가스가 통과하도록 하였다. 일체형 담체와 비교할 때, 배압(back pressure)이 많이 걸리고 또 마모에 의한 담체의 손실이 많다. 현재는 거의 사용되지 않는다.

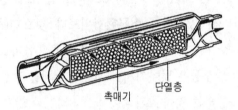
촉매기   단열층

그림 11-25a 구슬형 담체

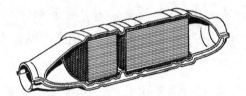

그림 11-25b 세라믹 일체형 담체

② 세라믹 일체형 담체(ceramic monoliths substrate)

오늘날 가장 많이 사용되는 형식이다. 재질은 내열성이 높은 마그네슘-알루미늄 실리케이트(magnesium-aluminium silicate : (예) $2MgO\text{-}2Al_2O_3\text{-}5SiO_2$)가 주성분이다. 이 형식의 담체는 벌집 모양으로 배기가스가 통과하는 수천 개의 통로 즉, 셀(cell)이 뚫려 있다.

셀 밀도(cell density)는 보통 $1cm^2$에 약 65개 정도(약 420 CPSI(Cell Per Square Inch)) 에서부터 120개(약 800 CPSI) 정도가 실용화되어 있으나, 점점 증가하는 추세에 있다. 셀 밀도가 증가할수록 셀의 벽두께는 그 만큼 얇아지고 촉매기의 성능은 상승한다.

세라믹 담체는 진동이나 충격에 아주 약하기 때문에 하우징과 담체 사이에는 금속섬유 (metal wool) 등과 같은 탄성물질을 채워두고 있다. 이 탄성물질은 운전 중 담체와 하우징의 팽창계수차를 보상해주며 기계적 응력을 흡수한다.

③ 금속 담체(metallic monoliths substrate)

0.05~0.07mm정도의 가는 내열, 내부식성의 철선 으로 짠 그물망의 띠를 감아서 만든 것으로 그 표면에 촉매물질을 도포하였다. 금속 담체는 벽 두께가 약 0.05mm정도, 세라믹 담체는 약 0.3mm정도이다. 따라서 금속 담체는 세라믹 담체에 비해 배압이 더 적게

그림 11-25c 금속 담체 형식의 촉매기

걸리게 된다. 그리고 비열도 낮기 때문에 세라믹 담체에 비해 작동온도에 도달하는 시간이 현저하게 단축된다. 또 열전도율이 높기 때문에 용융위험이 적다.

금속 담체는 배압의 감소, 단위체적 당 표면적의 증대, 높은 열전도율, 낮은 비열 등이 장점이 된다. 그러나 가격이 비싸고, 고온부식의 위험이 있으며(약 1,100℃부터), 정지와 출발을 반복하는 경우엔 낮은 비열 때문에 촉매기가 쉽게 냉각된다는 등의 단점이 있다.

(2) 중간층(wash-coat)과 촉매층(coating layer)

구슬 담체와 금속 담체는 그 표면에 바로 촉매물질을 도포하지만 세라믹 일체형 담체에서는 담체에 뚫린 수천 개의 작은 통로에 다공성(多孔性)의 중간층(wash-coat)을 만들어 촉매기의 유효표면적을 약 7,000배 정도 확대하는 효과를 얻도록 하고 있다.

그리고 이 중간층의 표면에 촉매물질인 백금(Platin : Pt)과 로디움(Rhodium : Rh) 또는 팔라듐(Palladium : Pd)과 로디움(Rh)을 얇게 입힌다.

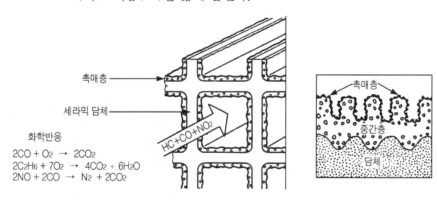

그림 11-26 3원촉매기의 구조와 작동원리(세라믹 일체형)

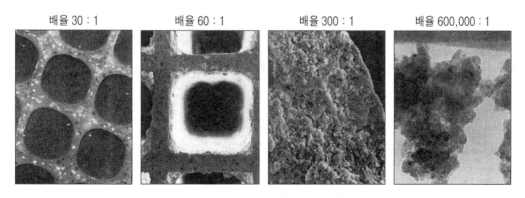

그림 11-27 세라믹 촉매기의 표면 확대

일반적으로 촉매물질로는 산화촉매기에서는 백금과 팔라듐을, 3원촉매기에서는 백금과 로디움을 주로 사용한다. 그리고 중소형 승용자동차용 촉매기 1개에 사용되는 촉매물질의 양은 2~3g정도이며, 수명이 다한 촉매기를 재처리하여 촉매물질의 대부분을 다시 회수할 수 있다.

(3) 촉매기의 정상작동온도와 수명

공기비센서에서와 마찬가지로 촉매기에서도 작동온도가 중요한 역할을 한다. 세라믹 일체형 촉매기는 약 250℃ 이상으로 가열되어야만 촉매작용을 시작한다. 촉매기온도가 300℃ 이상이면, 촉매기의 변환효율은 50% 이상이 된다(light off point : Anspringtemperature)

냉시동 후에 이 온도에 빠르게 도달하기 위한 수단으로 다음과 같은 방법들이 사용된다.
- 촉매기를 기관에 근접 설치
- 촉매기에 히터 설치
- 단열된 2겹 배기다기관의 사용
- 점화시기의 지연(최대 약 15° 까지)
- 2차 공기분사

촉매효율을 높게 유지하면서도 촉매기의 수명을 연장시킬 수 있는 최적 작동온도는 약 400~800℃ 범위이다. 이 범위에서는 온도변화에 따른 열적 노화현상(thermal aging)이 낮기 때문이다.

800~1,000℃ 범위에서는 열적 노화현상이 증대되어 촉매층과 담체의 산화알루미늄 층이 녹게 된다. 이렇게 되면 촉매작용을 할 수 있는 유효 표면적이 크게 감소된다. 특히 이 온도범위에서 작동하는 시간이 길면 길수록 큰 영향을 받게 된다.

그림 11-28 세라믹 촉매기의 융착

1,000℃ 이상에서는 열적 노화현상이 극심하여 촉매기로서의 기능을 상실하게 된다. 이런 이유 때문에 촉매기의 설치위치는 제한된다. 촉매기의 설치위치는 기관의 어떤 운전조건에서도 촉매기가 임계온도(약 950℃) 이상으로 가열되지 않는 곳이어야 한다. 이상적인 운전조건에서라면 촉매기는 주행거리로 약 100,000km정도를 사용할 수 있다.

기관의 부조 예를 들면, 실화가 발생하면 촉매기 온도는 순간적으로 약 1,400℃ 이상까지 상승될 수 있다. 이 온도에서는 촉매기의 담체 층이 녹아 촉매기는 완전히 파손된다. 그리고 기관을 무부하 급가속시킬 경우에도 실화와 똑같은 결과를 유발시킬 수 있다. 그러므로 기관을 무부하 급가속시키는 일은 삼가야 한다.

차량을 견인한 다음에는 기관을 무부하 공전상태로 일정 시간 운전하여 촉매기 내에 들어 있는 미연 탄화수소가 천천히 반응하면서 촉매기를 빠져 나가도록 해야 한다. 실화에 의해서 촉매기가 파손되는 것을 방지하기 위해서는 정비가 필요 없고 내구성이 높은 전자점화장치를 사용하고 또 운전자나 정비사가 기관을 무부하상태에서 급가속시키지 않도록 해야 한다.

촉매기가 설치된 차량에는 반드시 무연(unleaded) 가솔린을 사용해야한다. 가솔린에 첨가된 납화합물은 불활성으로서 그대로 배기가스와 함께 촉매기에 유입되어 촉매층을 덮어버리게 된다. 납화합물이 촉매층을 덮어버리면 촉매층은 더 이상 촉매작용을 할 수 없게 된다. 그리고 기관 윤활유가 연소실로 유입될 경우에도 윤활유에 의한 퇴적물이 촉매기의 다공층(多孔層)의 구멍들을 막게 되어 납화합물처럼 촉매기의 기능을 저하시키게 된다.

또 납화합물이나 윤활유의 연소생성물이 촉매기에 퇴적되면 배압(back pressure)이 증대되어 기관의 출력이 저하한다. 똑같은 출력(배기량)의 기관을 촉매기 없이 운전할 경우와 촉매기를 부착하고 운전할 경우를 비교하면, 후자가 전자보다 약 5~10%정도의 출력저하 현상을 나타내는 것으로 보고되고 있다. 이는 촉매기에 의한 배압 때문이다.

4. NO_x -촉매기

가솔린 직접분사(GDI) 기관은 특정 운전영역에서 층상급기 또는 희박혼합기($\lambda > 1$)로 운전한다. 이 때는 공기과잉상태이므로 3원 촉매기만으로는 NO_x를 완전히 환원시킬 수 없다. 따라서 이 경우에는 NO_x를 후처리하기 위해 기관에 근접, 설치된 3원촉매기 후방에 별도의 NO_x - 촉매기를 설치한다.

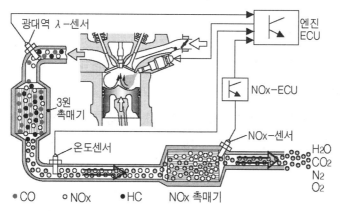

그림 11-29a GDI-기관의 촉매기 시스템(NO_x-촉매기 포함)

(1) 구조

3원촉매기와 외형상 동일한 구조의 세라믹 담체 및 중간층에 촉매물질(Pt, Rh, Pa 등)이 도포되어 있으며, 여기에 추가로 NO_x 저장(= 흡수) 능력이 우수한 산화 바리움(BaO ; Barium Oxide) 또는 산화칼륨(KO ; Kalium Oxide)이 도포되어 있다.

(2) 작동원리

① NO_x의 저장

희박혼합기로 운전할 때는 저장물질이 NO_x를 흡수한다. 저장물질의 NO_x 저장능력이 소진되면, 이 상태는 NO_x-센서에 의해 감지된다.

② NO_x의 환원

1~5초 간격의 주기로 농후 혼합기가 공급되면, NO_x는 저장물질로부터 다시 분리되어 미연 HC 및 CO의 도움으로 촉매물질(예 : Rh)에 의해 질소(N_2)로 환원된다.

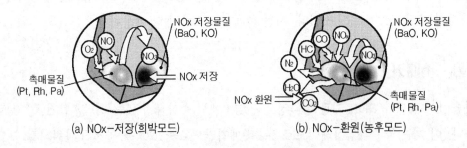

(a) NOx–저장(희박모드)   (b) NOx–환원(농후모드)

그림 11-29b NO_x의 저장과 환원

(3) NO_x - 촉매기 사용조건

작동온도범위 250~500℃에서 NO_x의 80~90%가 환원된다. 촉매기의 온도가 500℃ 이상으로 상승하면 촉매기의 고온 열화가 시작된다. 그러므로 경우에 따라서는 바이패스 통로를 통해 배기가스를 냉각시켜야 한다. 그리고 연료 1kg당 황함량이 0.050mg(0.050ppm)이하이어야만 한다. 황함량이 높으면 촉매기의 NO_x 저장능력은 현저하게 감소한다.

제6절 공기비 제어

(λ-Closed Loop Control : Geschloβener λ-Regel)

1. 공기비 제어의 필요성

기관이 이론혼합비($\lambda = 1$) 부근의 아주 좁은 영역에서 작동할 경우, 3원촉매기는 CO, HC, 그리고 NO_x 등의 배기가스 유해물질을 94~98% 정도 정화시킬 수 있다. 그러나 기관의 모든 운전조건에서 공기비를 "$\lambda = 1$" 부근의 좁은 영역으로 유지한다는 것은 최신식 분사제어장치도 불가능하다. 이런 이유에서 공기비 제어가 필요하다.

스파크 점화기관에서는 기본적으로 2종류의 공기비 제어 개념이 이용된다.

(1) "λ = 1"을 목표로 하는 공기비 제어

이 개념은 유해배출물을 최소화하는 데 중점을 두고 있다. 혼합비를 "$\lambda = 1$" 부근의 좁은 범위($\lambda = 0.995 \sim 1.005$) 내에서 제어하는데, 이 좁은 제어 범위를 공기비 창(λ-window) 또는 촉매기 창(catalytic converter window)이라고 한다.

공기비를 "$\lambda = 1$" 부근으로 유지하기 위해서 촉매기 전방에 공기비센서(일명 산소센서)를 설치하여 배기가스 중의 산소농도를 측정하고, 이 측정값에 근거하여 연료분사량을 제어한다. 촉매기 후방에 제 2의 공기비센서를 설치하여, 제어 정밀도를 높이는 방법이 주로 사용된다.

(2) "λ 〉 1"을 위한 공기비 제어

이 개념은 희박연소를 실현하여 연료소비율을 낮추는 데 중점을 둔다. 이 개념의 성패는 희박연소 중 NO_x의 생생을 최소화할 수 있는 고효율 촉매기에 달려 있다. 스파크 점화기관에서는 적절한 설계 대책을 강구하여도 희박 실화한계(lean mixture limit)는 대부분 $\lambda \approx 1.7$

정도이다.

그림 1-30에서 그림1은 3원 촉매기 전방의 배기가스 중의 유해성분이고, 그림2는 촉매기를 거친 후의 배기가스 중의 유해성분을 나타내고 있다. 그림 3은 지르코니아 공기비 센서의 출력특성이다.

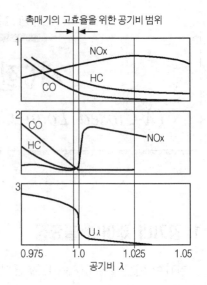

그림 11-30 공기비센서의 제어영역과 그 성능

2. 공기비 센서(λ-sensor or O₂-sensor)

현재 실용화되고 있는 공기비 센서로는 지르코니아 - 공기비 센서(zirconia λ-sensor)와 티타니아 - 공기비 센서(titania λ-sensor)가 있다.

(1) 지르코니아(Zirconia) 공기비 센서(λ = 1.0)

① 구조(그림 11-31a)

가스가 통과할 수 없는 센서 세라믹 즉, 지르코니아(ZrO_2)와 이트륨(yttrium : Y)으로 제작된 고체 전해질 소자의 양쪽 표면에 아주 얇은 초미세 백금피막을 도금하였다.

센서 세라믹의 외부표면은 백금피막을 통해 센서 하우징에 접촉, (−)극을 형성하며, 산소농도가 낮은 배기가스에 노출된다. 따라서 백금피막 위에 다공성 세라믹을 코팅하고, 추가로 다수의 슬롯(slot)이 가공된 금속판으로 감싸, 외부충격으로부터 보호하였다.

센서 세라믹의 내부표면에는 산소농도가 높은 대기에 노출되어 있으며, 제 2의 백금피막을 통해 외부로 나가는 (+)배선과 연결되어 있다. 또 최근에는 센서 세라믹을 작동온도에 쉽게 도달하게 하기 위한 가열코일을 내장하는 경우가 대부분이다.

② 작동원리

고체 전해질 소자(素子)는 고온(300℃ 이상)에서 양측 표면에서의 산소농도차가 크면 기전력을 발생시키는 성질이 있다. 대기 측의 산소농도와 배기가스 측의 산소농도 즉, 양쪽의 산소분압차가 크면, 산소이온은 산소분압이 높은 대기 측에서 산소분압이 낮은 배기가스 측으로 이동한다. 그 결과 두 전극 사이에는 네른스트 식(Nernst equation)에 의한 기전력(E)이 발생된다. 기전력(E)은 산소분압비의 대수(對數)에 비례한다. 즉, 공기비센서 양쪽 표면 간의 산소 농도차가 크면 클수록 기전력은 증가한다.

$$E = R \cdot \frac{T}{4F} \cdot \ln\left(\frac{P_{O2}'}{P_{O2}}\right) \quad \cdots\cdots\cdots\cdots\cdots\cdots\cdots\cdots\cdots\cdots\cdots\cdots (11\text{-}3)$$

여기서　E : 기전력[V]　　　　　　R : 기체 상수[J/mol·K]

T : 절대온도[K]　　　　　　F : Faraday 정수[C/mol]

P_{O2}' : 대기의 산소분압[Pa]　　P_{O2} : 배기가스의 산소분압[Pa]

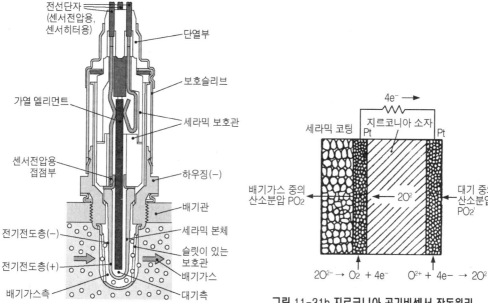

그림 11-31a 지르코니아 공기비센서의 구조

그림 11-31b 지르코니아 공기비센서 작동원리

이론 공연비보다 농후한 혼합기가 연소되었을 경우라도 배기가스 중에는 실제로 약간의 산소가 존재하기 때문에 충분한 기전력을 얻을 수 없다. 더구나 이론공연비 부근의 혼합기에 대한 기전력의 변화는 작기 때문에 이 전압을 검출하여 이론공연비를 정확하게 판별한다는 것은 어렵다. 이런 이유에서 촉매작

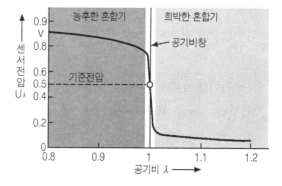

그림 11-31c 지르코니아 공기비센서의 출력 특성

용을 하는 백금을 전극으로 사용하여 이론공연비를 경계로 기전력이 크게 변화하도록 하는 방법이 사용된다(그림 11-31c 참조).

백금의 촉매작용이 기전력의 발생에 영향을 미치는 이유는 다음과 같다.

농후한 혼합기(λ 〈 0.99)가 연소되었을 경우, 배기가스가 센서 소자 외부표면의 백금에 접촉되면 백금의 촉매작용에 의해 배기가스 중의 저농도의 O_2는 배기가스 중의 CO나 HC와 반응하여 거의 소진된다. 결과적으로 센서소자 외부표면의 산소농도가 크게 낮아지면, 센서소자 양측 표면 간의 산소농도차는 아주 커지면서 약 800mV~900mV 정도의 기전력을 발생시킨다. 이론 혼합비(λ = 1.0)에서의 발생전압은 약 450~500mV 정도이다.

→ λ = 1에 대한 기준전압(※ $\lambda=\infty$는 산소의 체적분률이 약 21%인 공기)

희박한 혼합기(λ 〉 1.0)가 연소되었을 경우에는 배기가스 중에 O_2는 많고 CO는 그 양이 적기 때문에 CO와 O_2가 백금에 접촉, 반응하여 CO_2가 되어도 배기가스 중의 O_2농도는 크게 낮아지지 않는다. 즉, 센서소자 양측의 O_2 농도차가 상대적으로 크지 않기 때문에 약 300mV~100mV 정도의 기전력이 발생한다.

지르코니아 공기비센서는 공기비 "λ = 1.0"을 기준으로 하여 공기비가 그 보다 높거나 낮을 경우에 출력전압 신호가 급격히 변화하는 특성을 가지고 있다.

지르코니아 공기비센서는 저온에서는 산소 이온(ion)의 이동이 적기 때문에 그림 11-31c의 출력특성이 크게 변화한다. 공기비센서의 출력특성이 안정되는 작동온도는 약 600℃ 정도이다. 그리고 혼합비의 변화에 따른 전압변화의 응답속도는 온도의 영향을 크게 받는다. 센서 소자의 온도가 300℃ 이하일 경우에 반응속도는 초(second) 단위이지만, 약 600℃ 정도의 정상작동온도에서는 50ms이내에 반응한다. 이런 이유 때문에 공기비센서 온도가 300℃ 이하일 경우에는 제어회로가 기능하지 않도록 한다. 그러나 온도가 지나치게 높으면 센서의 수명을 단축시키게 된다. 그러므로 기관을 전부하로 계속 운전할 경우에도 센서의 온도가 850℃~900℃를 초과하지 않을 위치에 센서를 설치해야 한다(그림 11-1 참조).

공기비센서의 내부에 가열코일(heating coil)이 내장된 형식(그림 11-30a)에서는 기관의 부하가 낮을 때(예를 들면 배기가스 온도가 낮을 때)는 가열코일에 의해, 부하가 높을 때는 배기가스에 의해 가열된다. 따라서 계속되는 전부하 운전 중에도 센서가 과열되지 않도록 기관으로부터 상당히 멀리 떨어진 곳에 설치할 수 있다. 그리고 가열코일이 내장된 경우에는 20~30초 정도면 센서를 작동온도까지 가열시켜 곧바로 공기비제어를 시작할 수 있으며, 또 센서의 온도를 항상 일정 범위로 가열하여 공기비제어 정밀도를 높게 유지할 수 있다.

센서의 설치위치가 적당하다면 센서의 수명은 주행거리 약 100,000km 정도가 된다. 그러나 백금으로 도금된 전극층의 파손을 방지하기 위해서는 촉매기가 설치된 기관과 마찬가지로 공기비센서가 설치된 기관에서도 무연연료를 사용해야 한다.

(2) 저항 센서 → 티타니아(Titania) 공기비 센서(그림 11-32)

① 구조

센서 세라믹의 재질로는 티탄-다이옥사이드(TiO₂) 또는 스트론튬 티탄산염(strontium titanate)이 주로 사용된다. 센서 세라믹의 표면은 다공성 백금전극으로 코팅되어 있다. 외형은 지르코니아 공기비센서와 비슷하다.

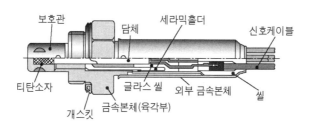

그림 11-32a 티타니아 공기비센서의 구조

② 작동 원리 및 특성

티탄-다이옥사이드는 센서 세라믹의 온도 그리고 센서 세라믹의 산소 정공 농도의 변화에 따라 도전성(conductivity)이 변화한다. 이 센서는 공기비 "λ=1"을 기준으로 저항값이 급격히 변화하는 특성을 가지고 있다. 농후한 혼합기에서는 저항값이 아주 낮고(10 kΩ 이하), 희박한 혼합기에서는 저항값이 아주 높다(약 1MΩ에 근접). 그리고 동시에 온도에 따른 저항값의 변화폭이 크기 때문에 센서 세라믹의 온도를 최적온도 범위(600℃~700℃)로 유지하여야 신호 정밀도를 유지할 수 있다. 따라서 이 형식의 센서에서는 필수적으로 제어식 가열 엘리먼트를 설치하여 센서 세라믹의 온도를 일정 범위로 유지해야 한다.

ECU에는 센서 소자와 직렬로 측정저항(measuring resistance : Messwiderstand)이 연결되어 있다. 배기가스의 산소농도에 따라 티탄 세라믹 소자의 저항값이 변화하기 때문에, 측정저항에서의 전압은 0.4V(희박 혼합기)와 3.9~5V(농후 혼합기) 사이에서 변화한다. 지르코니아-센서와는 달리 기준 공기를 필요로 하지 않는다.

제어 주파수는 센서의 정상작동온도범위((600℃~700℃)에서 1Hz 이상이다. 센서는 200℃부터 작동을 시작하지만, 이때의 신호주파수는 혼합기의 정확한 수정을 위한 제어주파수로는 너무 낮다. 센서의 온도가 850℃ 이상일 경우, 센서는 파손될 수 있다.

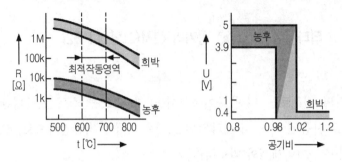

그림 11-32b 티탄-다이옥사이드 공기비센서의 특성곡선

(3) 광대역 λ-센서(broad band lambda-sensor : Breitbandlambdasonde)

이 센서는 "0.7 〈 λ 〈 4.0"에서 공기비에 정비례하는 깨끗한 신호를 생성한다. 공기비가 증가함에 따라 신호전류도 증가한다. 공기비 0.7 이상을 무단계로 측정할 수 있다. 따라서 희박 연소 가솔린기관, 디젤기관 및 가스기관의 공기비제어에 적합한 센서이다.

내장된 고성능 히터가 최소한의 작동온도 650℃를 유지한다. 최적 작동온도범위는 700℃~800℃로 티탄-다이옥사이드 센서에 비해 약 100℃ 정도 더 높다.

① 구조

이 센서는 1개는 네른스트-셀 (Nernst cell)로서, 나머지 1개는 펌프-셀(pump cell)로서 기능하는 2개의 지르코니아(ZrO_2) 공기비센서가 결합된 센서이다. 두 셀은 각각 다공성 백금 전극으로 코팅되어 있으며, 두 셀 사이의 간극, 소위 확산간극(diffusion

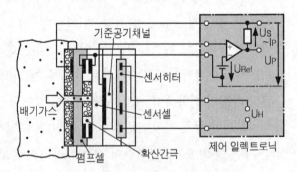

그림 11-33a 광대역 공기비센서의 구조

gap : Diffusionsspalt)은 약 10~50㎛로 아주 작다. 이 확산간극은 측정간극으로 사용되며, 펌프-셀의 고체 전해질에 가공된 배기가스 유입구를 통해 배기가스에 연결되어 있다.

λ=∞(산소의 체적분율이 약 21%인 공기)

네른스트-셀은 네른스트(Nernst)식이 적용되는 산소농도-셀로서 측정-셀 또는 센서-셀 이라고도 하는데, 대기와 연결된 기준공기(reference air) 통로가 있으며, 히터가 설치되어 있다. 그리고 두 셀 모두 피드백(feed back)제어 일렉트로닉과 연결되어 있다.

② 작동원리

㉮ 펌프 셀(pump cell)의 작동원리

지르코니아 소자의 고체전해질에 설치된 2개의 전극에 외부로부터 전류(=펌프 전류)를 공급하여, 특정 온도부터 (−)극에서 (+)극으로 산소이온의 이동을 가능하게 할 수 있다. 이때 산소이온의 이동(=펌핑) 방향은 인가된 전압의 극성(+ 또는 −)에 따라 결정된다.

㉯ 측정-셀과 펌프-셀의 상호작용

지르코니아 센서와 같은 작동원리로 작동하는 측정-셀(네른스트-셀)에 의해 배기가스 중의 잔류산소의 농도가 측정된다.

예를 들어 혼합기가 희박하면($\lambda > 1 \rightarrow U_\lambda < 300\text{mV}$), 제어 일렉트로닉은 펌프-셀에 작용하는 전압의 극성이 배기가스 측에 (+), 측정-셀에 (−)가 인가되도록 제어한다. 그러면 산소이온은 확산간극(측정간극)으로부터 다공성 고체 전해질을 거쳐 배기가스 측으로 이동하게 된다(=외부로 펌핑한다.) 이 현상은 측정셀에서의 공기비가 $\lambda=1$이 될 때까지 계속된다. 이때 필요한 펌프전류는 배기가스 중의 잔류산소농도에 정비례한다.

반대로 배기가스가 농후할 경우, 제어일렉트로닉은 배기가스 측으로부터 확산간극(측정간극)으로 산소이온을 펌핑하도록 펌프-셀에 인가된 전압의 극성을 바꾸게 된다. 이 과정도 측정셀에서의 공기비가 $\lambda=1$이 될 때까지 계속된다. 이때 펌핑되는 산소는 배기가스 중의 CO_2와 H_2O를 분해하여 준비한다. 펌프전류는 O_2농도 또는 O_2 필요량에 정비례한다. 따라서 펌프전류를 순간 공기비의 척도로 사용할 수 있다.

광대역 공기비센서의 신호를 이용하여 엔진 ECU는 저장된 특성도에 따라 지속적으로 매 순간마다 필요로 하는 혼합비를 제어할 수 있게 된다.

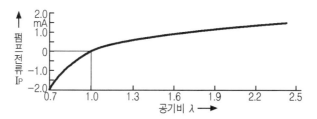

그림 11-33b 광대역 공기비센서의 특성곡선

3. 공기비 제어(λ closed loop control)

공기비센서는 전압신호를 ECU에 전달한다. 제어기준 조건이 충족된 상태이면 ECU는 공기비센서의 전압신호에 따라 혼합비를 희박하게, 또는 농후하게 할지의 여부를 결정한다. 이때 기준이 되는 제어전압은 ECU에 프로그래밍 되어 있다. 예를 들면 λ=1에 대한 기준전압이 500mV일 경우, 공기비센서로부터 발생된 전압이 기준전압보다 낮으면(=혼합기 희박) 분사량을 증량하고, 센서전압이 기준전압보다 높으면(혼합기 농후) 분사량을 감소시킨다. 그러나 공연비의 변화가 너무 급격하게 진행되면 기관의 회전속도가 급강하 또는 급상승하게 되므로 ECU는 공연비가 시간함수에 의해 천천히 변화하도록 하는 적분회로(integrator)를 포함하고 있다.

공기비제어 블록선도에서 보면, 공기비제어 시스템은 공연비제어 시스템과 중복된다. 공연비제어 시스템에 의해 먼저 결정된 연료분사량을 공기비제어 시스템이 추가적으로 보정함으로서 최적연소를 실현시키게 된다.

흡기다기관에서 새로운 혼합기가 형성되는 시점과 공기비센서가 배기가스 중의 산소농도를 측정하는 시점 사이에는 불가피하게 약간의 무효시간(dead time)이 발생한다. 즉, 연료분사 후 혼합기가 실린더에 유입되기까지의 소요시간, 기관의 작동 사이클 소요시간, 연소된 가스가 공기비센서에 도달하기까지의 소요시간, 그리고 공기비센서의 반응시간 등 때문에 이 무효시간을 피할 수 없다. 따라서 공기비를 항상 정확하게 λ=1로 유지할 수는 없으나, 적분회로(integrator)가 정확하게 작동하면 혼합비를 공기비창 범위 내에서 제어하여 촉매기효율이 최대가 되게 할 수 있다.

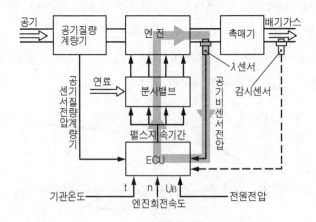

그림 11-34 공기비제어 블록선도

그리고 시동 시, 난기운전 시, 가속 시, 전부하 시 등에는 농후혼합기를 공급해야 하므로, 이때는 공기비제어 시스템의 제어기능은 일시적으로 중단된다. 그러면 기관은 공연비제어 시스템에 의해 결정된 연료분사량을 공급받게 된다.

공기비제어의 전제 조건은 다음과 같다.
① 센서온도가 적정온도 이상이어야 한다.

　지르코니아 센서에서는 300℃ 이상, 티타니아 센서에서는 600℃ 이상, 광대역 센서에서는 700℃ 정도이어야 한다.
② 기관이 공전영역 또는 부분부하영역에서 운전되고 있어야 한다.
③ 기관(냉각수)온도가 40℃ 이상이어야 한다.

(1) 2단계(2-step) 제어

$\lambda=1$을 기준으로 출력전압이 급격히 변화하는 특성을 가진 지르코니아 센서는 2단계 제어에 적합하다. 전압-점프(jump)와 전압-램프(ramp)로 구성된 변조된 신호는, 희박 → 농후 또는 농후 → 희박으로의 변화를 나타내는 각 전압-점프에 대응하여 제어방향을 변경한다. 이 신호의 전형적인 진폭(amplitude)은 2~3%의 범위에서 결정된다. 이는 대부분이 무효시간(dead time)의 합계에 의해 결정되는 컨트롤러 응답이 제한되는 결과이다.

배기가스 구성성분의 변화에 기인하는 센서의 전형적인 "측정 오류"(false measurement)는 선택적 제어로 보정할 수 있다. 여기서, 변조된 변수 곡선은 고의적인 비동기성과 결합하도록 설계되어 있다. 이 때 센서전압의 점프(jump)에 후속되는 제어된 드웰(dwell)기간 동안 램프값을 유지하는 방법은 많이 이용하는 방법이다.

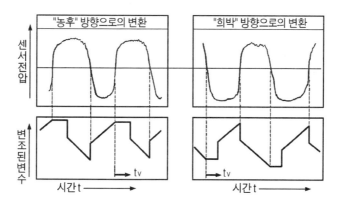

그림 11-35 변조된 신호파형(2단계 제어)

(2) 촉매기 후방에 제 2 공기비센서가 설치된 시스템에서의 2단계 제어

λ=1에서 전압이 점프하는 바로 그 시점에서 외란의 영향은 수정된(modified) 표면 코팅에 의해 최소화 되었다. 그럼에도 불구하고 노화와 환경적인 영향(오염)은 부정적인 결과를 가져오게 된다. 촉매기 후방에 설치된 제 2의 공기비센서는 이러한 부정적인 영향을 거의 받지 않는다. 2단계 제어의 원리는 제어된 농후 또는 희박으로의 전환이 "느린" 수정 제어루프에 의해 추가적으로 변경된다는 사실에 근거를 두고 있다.

장기간의 안정성은 강화되는 배기가스규제 수준을 준수하는 데 결정적으로 중요하다.

① 촉매기 전방 λ - 센서

정상 작동온도는 약 750℃ 이며, 발생 전압은 배기가스 중의 산소 농도에 비례한다.

센서 표면에 수분이 응축되었을 경우에 가열하게 되면 내/외부 온도차에 의한 큰 열응력 때문에 센서가 파손될 수 있다. 그러므로 촉매기 전방에 설치된 λ – 센서는 기관을 시동한 후에 약간의 시간 간격을 두고 가열을 시작하되 처음에는 낮은 출력으로 가열한다.

② 촉매기 후방 λ - 센서

정상 작동온도는 약 350℃ 정도이며, λ=1에서 전압값이 급격하게 변화하는 특성을 가지고 있다.

(3) 광대역 λ - 센서를 이용하는 지속적인 동작 제어

2단계 제어의 역동적인 응답특성은 λ=1로부터의 편차가 정확히 측정될 때에만 개선시킬 수 있다. 광대역 센서를 사용하면 λ=1 제어 동작을 계속적으로 아주 안정되게, 아주 낮은 진폭으로 그러면서도 역동적으로 응답하게 할 수 있다. 이 제어의 변수들은 기관 작동점의 함수로서 계산되어 그 상태에 적합하게 수정된다. 무엇보다도 이 방식의 공기비제어는 정상(定常)적인 그리고 비정상(非定常)적인 파일럿 제어에서의 피할 수 없는 옵셋(off-set)을 더욱더 빠르게 보정할 수 있다. 기관의 작동상의 필요에 따라(예 : 난기운전), 더 나아가 배기가스 유해 배출물의 최적화 요구는 희박영역에서의 제어 설정점 ($\lambda \neq 1$)에서의 고유 퍼텐셜 (potential)에 적용된다.

제7절 2차공기 시스템
(Secondry Air Injection System : Sekundärluftsystem)

2차공기 시스템은 1차적으로 기관의 시동부터 난기운전기간까지 즉, 혼합기는 농후하고, 제어식 촉매기와 공기비센서는 아직 정상작동온도에 도달하지 않은 기간 중 미연소된 상태로 방출되는 다량의 HC와 CO를 열적 후연소방식으로 후처리하여, 저감시키는 데 그 목적이 있다.

2차공기 시스템에서는 공기를 (산화)촉매기 바로 전방의 배기관에 분사한다. 장점은 다음과 같다.

① 촉매기는 냉시동 후에 빠르게 자신의 작동준비상태에 도달하게 된다.

② 촉매기를 배기밸브로부터 상당히 먼 거리에 설치해도 된다.

　(심한 열적 노화를 방지하여 내구성을 증대시키기 위해)

그림 11-36은 전기식 송풍기가 장착된 2차공기 시스템이다. 이 시스템에서는 기관온도에 따라 2차공기 펌프와 전자공압식 절환밸브가 컨트롤 유닛에 의해 제어된다. 공기는 셧오프밸브와 체크밸브를 거쳐 촉매기 바로 전방의 배기관에 분사된다. 셧오프밸브는 전자공압식 절환밸브가 제어한다. 체크밸브는 2차공기 펌프에 배기가스압력이 작용하지 않도록 하며, 동시에 배기가스가 2차공기 시스템으로 역류하는 것을 방지한다.

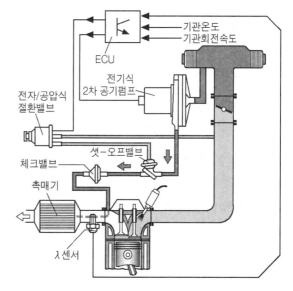

그림 11-36 2차공기 시스템

제11장 배출가스제어 테크닉

제8절 OBD
(On Board Diagnose)

1. 개 요

OBD는 기관제어시스템에 집적되어 있는, 법적으로 규정된 하위 진단/감시 시스템이다. OBD는 전 운전영역에 걸쳐 배기가스 및 증발가스와 관련된 모든 시스템을 감시한다. 감시하고 있는 시스템들에 고장이 발생할 경우, 고장내역은 ECU에 저장되며, 표준화된 인터페이스(interface) – 16핀 진단 컨넥터 – 를 통해 이를 조회할 수 있다. 이 외에도 추가로 계기판의 고장 지시등(MIL : Malfunction Indicator Lamp) 또는 메시지를 통해 운전자에게 고장-메시지를 전달한다.

OBD-시스템은 다음과 같은 하위-시스템 및 센서들을 지속적으로 또는 주행 사이클마다 감시한다. 주행사이클은 기관을 시동, 일정한 회전속도와 주행속도로 주행하고 감속, 기관을 정지하는 것을 의미한다. 이때 기관냉각수온도는 최저 22℃에서 70℃까지 변화되어야 한다.

① 촉매기의 기능, 촉매기 히터
② 공기비센서의 기능
③ 기관 실화 감시 시스템
④ EGR-시스템의 기능
⑤ 연료탱크 환기시스템(증발가스 시스템)의 기능
⑥ 2차공기 시스템의 기능
⑦ 배기가스 관련 부품의 전기회로

2. OBD-Ⅱ 시스템 하드웨어(hardware)의 전제 조건

OBD-Ⅱ 시스템을 적용하는 기관에서는 기본적으로 다음과 같은 장치들을 갖추고 있어야 한다.

① 공기 흡입계에는 흡기의 질량유량과 흡기다기관의 절대압력을 계측할 수 있는 센서들을 갖추어야 한다. → MAF(mass air flow) 센서와 MAP-센서

② 산소센서(공기비센서)는 반드시 가열식이어야 한다. → heated Oxygen sensor 활성화 시간을 단축시키기 위하여

③ 각 뱅크(bank) 별로 설치되어 있는 촉매기에도 가열식 산소센서가 설치되어야 한다.

④ 촉매기의 전방/후방(up-stream/down-stream)에 각각 산소센서가 설치되어야 한다.

⑤ EGR-시스템에는, 핀틀 포지션 센서(pintle position sensor)를 갖추고 있으며 전자적으로 제어되는, 선형 EGR-밸브가 사용되어야 한다.

⑥ 연료분사제어방식은 순차(sequential) 분사방식이어야 한다.

⑦ 증발가스 시스템은 OBD-Ⅱ에 적합하게 수정되어야 한다.

벤트(vent) 솔레노이드, 연료탱크 압력센서 그리고 증발가스 누설 감지센서가 설치되어 있어야 한다.

3. OBD-Ⅱ의 감시 기능(발췌)

(1) 촉매기의 기능 감시

엔진 ECU는 촉매기의 앞/뒤에 설치된 2개의 λ-센서의 출력신호를 서로 비교한다. 공기비 제어는 촉매기 전방에 설치된 제1 λ-센서의 신호에 근거해서 수행된다. 촉매기의 기능감시는 촉매기 후방에 설치된 제2의 λ-센서가 담당한다.

제1 λ-센서로는 배기가스 중의 산소농도에 비례하여 전압이 변화하는 특성을 가지고 있으며 정상작동온도 약 750℃인 λ-센서가, 제2 λ-센서로는 λ=1에서 전압값이 급격히 변화하는 특성을 가지고 있으며 정상작동온도 약 350℃인 λ-센서가 주로 사용된다.

촉매기의 정화효율이 높으면 제2 λ-센서의 출력전압은 중간값 부근에서 맥동하게 된다.

촉매기는 노후도에 비례해서 산소저장능력이 감소되므로, 노화되면 CO와 HC를 많이 산화시킬 수 없게 된다. 그렇게 되면 촉매기 전방/후방의 산소농도에 차이가 거의 없게 되고,

따라서 제2 λ-센서의 신호는 제1 λ-센서의 제어신호와 비슷한 형태가 되게 된다.

촉매기의 기능저하가 감지되면, ECU는 이를 고장으로 저장하고 동시에 운전자에게 고장을 알린다.

Non - LEV 시스템 : 40000mile 열화 후 HC-규제값의 1.5배 초과 시

TLEV 시스템 : 40000mile 열화 후 HC-규제값의 2.0배 초과 시

LEV 시스템 : 40000mile 열화 후 HC-규제값의 2.5배 초과 시

FTP NMHC 정화효율 50% 저하 시

ULEV 시스템 : 1998년 적용 잠정안으로 HC-규제값의 1.5배 초과 시

가열 촉매 감시(heated catalyst monitoring) : 기관 시동 후, 촉매가 소정의 시간 내에 규정온도에 도달하지 않을 경우

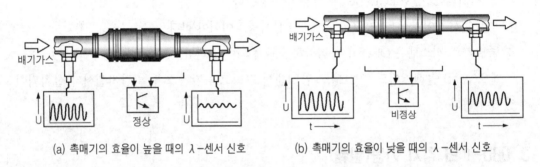

(a) 촉매기의 효율이 높을 때의 λ-센서 신호　　(b) 촉매기의 효율이 낮을 때의 λ-센서 신호

그림 11-37 촉매기의 효율과 λ-센서 신호

(2) λ - 센서 감시

엔진 ECU에는 제1 λ-센서의 공기비제어 주파수의 한계값이 저장되어 있다. 예를 들어 센서가 열적으로 노화되면, 공기/연료 혼합기의 변화에 대한 센서의 반응속도가 느려지게 된다. 즉 제어주파수가 감소하게 된다. 제어주파수가 한계값 이하로 낮아지게 되면 고장이 저장된다.

- 배기 규제값의 1.5배 초과 시, 센서의 전압과 응답속도 감시
- 시스템의 부품 고장으로, 기준 이내로 작동하지 않을 경우
- EGR-유량 제어가 불량하여 배기 규제값의 1.5배 초과 시

---

(3) 기관 실화 감시 시스템(engine misfire monitoring system)

실화에 의해 회전토크의 리듬이 파괴되면 즉, 회전토크가 순간적으로 함몰되게 되면 기관의 작동상태는 거칠어지게 된다. 유도센서가 크랭크축에 설치된 특수 기어휠(증분 기어휠)에서 이 작동상태의 거칠기를 감지하여 엔진 ECU에 맥동신호로 전송한다. 기관의 맥동이 한계값을 초과하게 되면 고장이 기록된다. 이 외에도 실화율이 일정 수준(5~20% 범위에서 다양)을 초과하게 되면, 해당 실린더의 분사밸브는 연료분사를 중단하게 된다. 이를 통해 촉매기가 열부하에 의해 손상되는 것을 방지한다.

> – 촉매기에 손상을 입히는 200회전 당의 실화율 감지 기능
> – 배기 규제값의 1.5배를 초과할 때의 1000회전 당 실화율 감지
> – I/M 테스트 불합격 시의 1000회전 당 실화율 감지

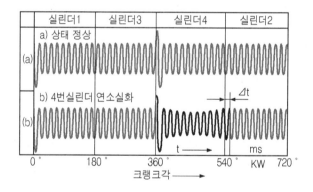

그림 11-38 4기통 기관에서의 실화 감지(예)

(4) EGR 기능 감시

EGR 기능은 타행주행 시 EGR밸브를 연 상태에서 흡기다기관압력을 측정하여 감시한다. EGR 시스템의 기능이 정상일 때 EGR밸브를 열면, 흡기다기관과 배기다기관이 서로 연결되므로 흡기다기관압력이 변화되어야 한다. 이때 흡기다기관압력이 변화하지 않으면 고장이 저장된다.

> – 시스템의 부품 고장으로 인하여 기준 이내로 작동하지 않을 경우
> – EGR 유량제어가 불량하여 배기 규제값의 1.5배 초과 시

(5) 증발가스제어장치의 기능 감시(evaporative system monitoring)

연료탱크 환기시스템의 기능은 λ-센서의 전압으로 점검할 수 있다. 점검은 대부분 공전속도에서 이루어진다. 먼저 연료탱크환기밸브를 닫은 상태에서 λ-값을 측정한다. 이어서 환기밸브를 열고 λ-값을 측정한다.

활성탄여과기에 증발가스가 많이 포집되어 있을 때 환기밸브를 열면, 연료/공기 혼합비는 농후해지게 된다.($U_{\lambda-sensor} = 800\text{mV} \sim 900\text{mV}$)

활성탄여과기에 증발가스가 포집되어 있지 않을 때 환기밸브를 열면, 연료/공기 혼합비는 희박해지게 된다.($U_{\lambda-sensor} = 300\text{mV} \sim 100\text{mV}$)

ECU는 이 값을 기록한다. 기능시험은 여러 번 반복된다. 일정 횟수의 기능시험에서 그 값이 타당한 것으로 나타나면, ECU는 연료탱크 환기시스템의 기능이 정상인 것으로 판정한다.

> - 증발시스템의 공기유량 감시체계 도입
> - 0.02 inch 구멍에 의한 누설 확인 시

(6) 2차공기 시스템의 기능감시

2차공기 시스템의 기능은 λ-센서의 전압으로 감시한다. 기관이 차가울 때, 그리고 난기운전 중 2차공기 공급펌프는 기관의 부하와 회전속도에 따라 자동으로 스위치 ON된다. 2차공기 시스템이 정상일 때 2차공기 공급펌프가 스위치 ON되면, λ-센서의 전압은 희박한 범위(300mV~100mV)를 지시해야 한다. 측정은 냉시동단계(약 1.5분)에서 일정한 시간간격으로 반복된다. λ-센서의 전압값이 낮게 나타나는 횟수가 충분히 많으면, ECU는 2차공기 시스템의 기능이 정상인 것으로 판정한다.

(7) 기타 기능 감시

에어컨 시스템으로부터 냉매의 누설, 기타 배출가스 누설방지 부품의 기능저하를 감시하도록 명시하고 있다.

제9절 배출가스 테스트
(Exhaust Gas Test : Abgasprüfung)

1. 일반사항

제작자동차와 운행자동차에 각기 다른 배출허용기준 및 테스트 방법이 적용된다. 제작자동차 배출가스 테스트와 관련된 내용을 먼저 설명하고, 이어서 운행자동차의 배출가스 테스트에 대해서 설명하기로 한다.

(1) 배기가스 테스트 프로그램(exhaust gas test program)

캘리포니아 주정부(state of california)는 1968년 최초로 승용차의 배출물을 규제하기 시작하였다. 오늘날 대부분의 국가에서는 제작자동차 확인검사 시에 반드시 배기가스 테스트를 거치도록 규정하고 있다.

자동차가 배출한 배기가스 중의 유해물질을 정확히 측정하고 또 , 측정과정을 재현할 수 있도록 하기 위해 시험차량을 배기가스 시험실(test cell)에서 일정 조건 하에서 운전한다. 시험실에서 도로를 주행할 때와 거의 같은 조건으로 자동차를 운전할 수 있기 때문에, 복잡한 각종 시험기를 연결하고 도로를 주행하지 않고도 신뢰할 수 있는 자료를 얻을 수 있다.

차대동력계(chassis dynamometer)에서는 차량중량, 공기저항, 가속저항, 도로의 구배저항과 전동저항 등 자동차의 모든 저항요소들을 정밀하게 모사(simulation), 재현할 수 있다. 차대동력계 상에서 주행시험하는 동안, 필요한 냉각은 냉각팬을 이용하여 차량의 전면(前面)에 냉각풍을 공급하는 방법이 주로 이용된다.

시험기간 전체에 걸쳐서 배기가스를 계속적으로 포집하고, 시험이 끝난 다음에 이를 분석하여 유해물질량을 측정한다.

배기가스 포집방법 및 유해물질 분석기법은 세계적으로 거의 합의가 이루어진 상태이다. 배기가스 채취방법으로는 1982년 이후에는 CVS 희석방식(Constant Volume Sampling dilution method)이 거의 표준화되어 있다.

유해물질 분석기법으로는 CO와 CO_2에 대해서는 NDIR(비-분산 적외선식), HC에 대해서는 화염 이온화 검출법(FID : flame -ionization detection), NO_x에 대해서는 화학 발광 검출법(CLD : Chemi-Luminescent Detection)이 일반화 되어 있다.

그러나 주행모드는 대륙별, 국가별로 차이가 있으며, 배기가스 규제수준도 나라마다 조금씩 다르며, 증발가스를 규제하는 나라들이 점점 증가하고 있다.

(2) 주행곡선(driving curves)

자동차의 구름저항과 공기저항 등과 같은 구동저항을 섀시동력계에 정확하게 모사하고, 차대동력계에서의 주행속도를 도로상에서의 주행속도와 일치시켜야만 배기가스 테스트의 정확성을 기할 수 있다. 이 목적을 위해서 주행 모드(driving mode)를 이용한다.

주행 모드는 가속과 감속, 그리고 정속주행 등의 특성이 정상적인 교통소통 상태에서의 주행거동(driving behavior)과 가능한 한 일치해야만 한다. 자동차 배기가스를 법적으로 규제하고 있는 나라들에서는 주행 테스트 사이클도 법적으로 규정하고 있다. 이를 테스트 모드(test mode)라고도 한다.

주행모드는 여러 가지 형태의 주행곡선(driving curve)을 종합하여 구성하는 데, 주행곡선은 다음 두 가지로 분류한다.

① 실제 도로상을 주행하여 기록한 주행곡선

② 등가속/등감속 부분과 정속주행 부분으로 구성된 주행곡선

주행곡선을 결정하기 위해서는 1단계로 모사해야 할 주행조건을 명확하게 정의해야 한다. 그 이유는 주행조건과 주행거리가 배기가스 유해 배출물에 결정적인 영향을 미치기 때문이다.

실제 도로상을 주행하여 기록한 주행곡선은, 배기량이 서로 다른 차량을 서로 다른 운전습관을 가진 운전자가 정해진 거리를 정해진 조건에 따라 여러 번 반복 주행하여 기록한 곡선 중에서 이들 주행곡선을 대표할 수 있는 것을 하나 선택한 것이다.

정속주행 부분과 등가속/등감속 부분으로 구성된 주행곡선은 실제로 도로상을 주행하여 작성한 주행곡선을 수많은 주행상태로 잘게 분해하여 각 상태의 빈도와 연속성을 조사한 다음에, 이들 중에서 가장 중요하다고 생각되는 구성요소들만을 발췌, 합성하여 실제 주행곡선의 형태에 가까운 새로운 주행곡선을 만든 것이다.

(3) CVS 희석방식(Constant Volume Sampling dilution method)에 의한 포집과 분석

　　시험차량을 주행사이클 곡선을 따라 운전하는 동안에 배출된 배기가스를 1차로 여과된 대기와 혼합, 희석시킨 다음에 특수펌프장치로 흡입한다. 이때 펌프장치에 의해 흡입되는 배기가스와 희석공기의 총 체적유량(total volume flow)은 일정비율을 유지한다. 즉, 임의의 순간에 배출된 배기가스의 양에 따라 혼합되는 공기량이 가감된다. 공기와 배기가스의 평균 혼합비는 약 8~10 : 1 정도가 된다. 희석된 배기가스는 시험이 계속되는 동안 계속적으로 일정비율로 채취되어 1개(또는 3개)의 포집낭(collection bag)에 저장된다.

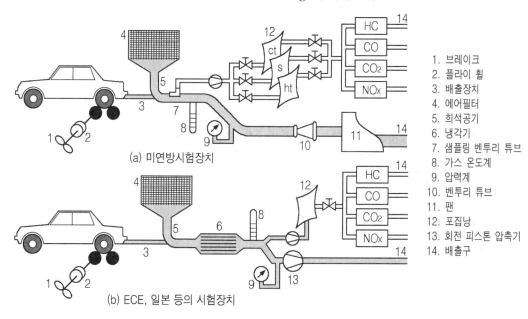

　1. 브레이크
　2. 플라이 휠
　3. 배출장치
　4. 에어필터
　5. 희석공기
　6. 냉각기
　7. 샘플링 벤투리 튜브
　8. 가스 온도계
　9. 압력계
　10. 벤투리 튜브
　11. 팬
　12. 포집낭
　13. 회전 피스톤 압축기
　14. 배출구

(a) 미연방시험장치

(b) ECE, 일본 등의 시험장치

그림 11-39 배기가스 채취장치의 구성(CVS 방식)

　　이 방식으로 배기가스를 채취하면 시험종료 후 포집낭에 포집된 가스 중의 유해물질농도는 포집된 전체 배기가스-공기 혼합기에 포함된 유해물질의 평균값이 된다. 그리고 시험 진행 중 배기가스-공기 유동량(exhaust-air flow)이 검출되므로 총체적을 정확하게 계산할 수 있다.

　　시험기간 동안에 배출된 유해물질의 총량은 포집낭에 들어있는 가스 중의 유해물질농도와 배기가스의 총체적으로부터 계산할 수 있다. 그리고 희석공기에 포함된 유해물질 때문에 측정결과에 오류가 발생하지 않도록 하기 위해서 배기가스를 채취하는 방법과 비슷한 방법으로 주위공기를 포집하여 시험종료 후에 이를 분석, 시험결과를 보정한다.

CVS 희석방식은 배기가스 전량을 포집하여 분석하는 방식에 비해서 배기가스에 포함된 수증기가 응축되어 응축수가 되는 것을 방지할 수 있다는 장점이 있다. 포집낭에 응축수가 생성되면 유해물질 중 NO_x의 양이 현저하게 감소한다. 그리고 이 외에도 CVS 희석방식은 배기가스 구성 성분 간의 반응, 특히 HC의 반응을 방해한다.

CVS 희석방식의 단점으로는 희석비율(dilution factor)에 따라 각 유해물질의 농도가 낮아지므로 희석비율 만큼 측정장치의 정도(精度)와 성능이 우수해야 한다는 점이다.

시험기간 동안 일정체적유량(constant volume flow)을 펌핑하는 방법에는 두 가지가 있다. 희석된 배기가스를 보통 팬(fan)으로 임계유량 벤투리관(critical flow venturi)을 통해서 흡입하는 방법 그리고 회전피스톤 압축기(rotary-piston compressor)를 사용하는 방법이 있다. 두 방법 모두가 경계조건(boundary conditions)(예 : 온도, 압력 등)에서의 체적유량을 정확하게 계량할 수 있다.

(4) 연료시스템의 증발손실 측정(detection of evaporation loss)

연소에 의해 기관내부에서 발생하는 유해물질과는 별도로 연료시스템에서 증발가스(대부분 HC)가 발생한다. 이 HC-배출물은 연료시스템의 밀폐 취약부분 예를 들면, 혼합기 형성기구나 연료 탱크캡 또는 불완전한 연료탱크 환기 시스템으로부터 배출된다. 따라서 연료 시스템의 증발손실을 방지하기 위해서 증발가스 제어장치를 부착한다.

연료시스템의 증발손실 측정은 SHED(Sealed Housing for Evaporative Determination)에서 일상 증발손실(diurnal breathing loss)과 고온 증발 손실(hot soak evaporation loss)을 측정하여, 합산한다.

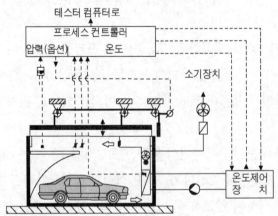

그림 11-40 SHED(Sealed Housing for Evaporative Determination)의 구성

표 11-2 배출가스 시험용 무연휘발유 규격

항 목	시험법	규격[ℓ, ℃]	규격[gal, ℉]
옥탄가(RON), 최소	D-2699	93	93
감도, 최소	–	7.5	7.5
납(Pb) 함량	–	0.00~0.13g/ℓ	0.00~0.05g/gal
증류점 범위			
초류점	D 86	24~35℃	75~95℉
10% 점	D 86	48.9~57℃	120~135℉
50% 점	D 86	93.3~110℃	200~230℉
90% 점	D 86	149~163℃	300~325℉
종 점	D 86	213℃	415℉
황(S), wt.%(최대)	D 1266	0.1%	0.1%
인(P)	–	0.0013g/ℓ	0.005g/gal
최대 증기압(Rvp)	D 323	0.61~0.65kg/cm²	8.7~9.21lb/in²
탄화수소 조성 :			
올레핀, 최대	D 1319	10%	10%
방향족, 최대	D 1319	35%	35%

① **일상 증발손실**(diurnal breathing loss) **측정**

기관이 정지된 상태로 정차한 자동차의 연료탱크로부터의 증발손실을 측정한다.

측정하고자 하는 차량을 먼저 컨디셔닝(conditioning)시킨 다음에 연료탱크에 들어 있는 연료를 모두 빼내고 "시험연료(test fuel)"를 연료탱크 용량의 약 40%정도만 채운다. 이때 시험연료의 온도는 10~14℃ 범위이어야 한다. 연료를 주입한 다음에 기관이 정지한 상태의 시험차량을 SHED에 넣고 완전 밀봉한 다음, 연료를 식(11-4)에 따라 가열한다.

$$T= T_0 + \frac{2}{9}t \quad\cdots\cdots\cdots\cdots\cdots\cdots\cdots\cdots\cdots\cdots\cdots\cdots\cdots\cdots\cdots \quad (11\text{-}4)$$

여기서　T : 시험연료 온도[℃]　　　T_0 : 시험연료의 최초온도[℃]
　　　　t : 시험시작 이후의 경과시간[min]

시험연료를 가열하기 시작하여 시험연료의 온도가 16℃가 되면 이때부터 "SHED" 내의 HC 농도를 측정한다. 식(11-4)에 따라 가열하면 1시간에 약 14℃ 정도가 가열된다. 시험연료의 온도가 16℃가 된 다음부터 정확히 1시간 후에 SHED 내의 HC 농도를 다시 측정하여 증발손실(g/test)을 구한다. 전 시험기간에 걸쳐서 차량의 창문과 트렁크 덮개는 열어 두어야 한다.

② 고온증발손실(hot soak evaporation loss) 측정

기관이 충분히 워밍-업된 상태에서 기관으로부터의 열이 연료탱크나 연료공급시스템에 전달되어 발생하는 증발손실을 측정한다.

기관을 정상작동온도에 도달할 때까지 운전한 다음, 기관을 정지시킨 후 2분 이내에 차량을 SHED에 넣거나, FTP75모드 주행 후 7분 이내에 차량을 SHED에 넣고 1시간 후에 SHED 내의 HC 양을 측정한다. 이때 SHED 내의 온도는 23~31℃ 범위이어야 한다.

③ 총 증발손실 확정

일상 증발손실 측정과 고온 증발손실 측정에서 계측된 HC의 양을 합산하여 총 증발손실을 구한다. 국내 및 미국의 규제값은 2g/test이다.

(5) 강화된 증발손실 측정 방법

캘리포니아 주정부가 1995년 모델부터 적용한 증발가스 테스트 방법은 총 5일이 소요되며, 연료 재주유 시의 누설도 측정한다.

① 연료탱크에 시험연료를 용량의 약 40% 정도를 채운다.

② 20~30℃에서 12~36시간 그대로 방치한다.

③ FTP-75모드로 운전하여 사전 컨디셔닝한다.

④ 연료탱크의 연료를 모두 배출하고 다시 채운다. 규정된 방법에 따라 활성탄 캐니스터에 부탄/질소 가스를 가득 채우고 최소 12시간 동안 그대로 방치한다.

⑤ FTP-75모드로 배기가스 테스트를 수행한 다음, 자동차를 다시 35℃로 컨디셔닝한다.

⑥ 주행손실 시험(running loss test : RL test)을 행한다.

이 시험에서는 자동차가 정상 주행할 경우의 증발손실을 측정한다.

주행손실시험은 주위온도 40.6℃의 차대동력계 상에서 LA-4모드를 3회 반복한다. 이때 증발손실 측정은 밀폐된 SHED 또는 개방된 시험장치(자동차 연료장치 특정개소에서 측정 : point source measuring)를 이용한다.

⑦ 온도 35.5℃에서 1시간 고온증발손실(hot soak test)을 측정한다.

⑧ 자동차를 22.2℃로 컨디셔닝한다.

⑨ SHED에서 3회 연속 24시간-가열 테스트(=diurnal test)하여 증발손실을 측정한다.

이때 온도변화 사이클은 24시간 간격으로 22.2℃ → 35.6℃ → 22.2℃로 한다.

한계값(가솔린 자동차의 HC 또는 메탄올 자동차의 OMHCE)

- 주행손실시험(RL-test) : 0.05g/mile
- 고온손실시험(hot soak test)+일상 증발손실시험(diurnal test) : 2.0g/test

[주] OMHCE(Organic Material Hydro-Carbon Equivalent)

2. 배기가스 테스트 모드

주로 많이 알려져 있는 테스트 모드(test mode)에는 FTP 72, FTP 75, ECE/EC 모드, 그리고 일본 모드(10 mode와 11 mode) 등이 있다. 현재 우리나라는 승용자동차와 소형화물자동차는 FTP 75, 중량자동차는 D-13모드를 채택하고 있다.

(1) FTP 72 테스트 모드(Federal Test Procedure 72)

FTP 72 테스트 모드의 주행곡선은 미국 로스앤젤레스(Los-Angeles)시의 아침 출근길, 혼잡한 교통상태에서 실제로 측정한 주행곡선으로 구성되어 있으며, 과도기간(transient phase : 0~505초)과 안정기간(stabilized phase : 506~1372초)으로 구분한다.

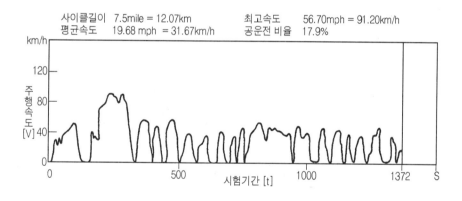

그림 11-41 FTP 72 테스트 모드

자동차를 20℃에서 30℃ 사이로 12시간 동안 방치해 두었다가 시동을 걸어 계속해서 테스트 모드에 따라 운전한다.(도중에 기관을 정지시키지 않는다.) 시험이 진행되는 동안에 배기가스를 CVS-법에 따라 포집하고, 시험 후에 이를 분석하여 배기가스 중의 유해물질의 양을 계산한다. 유해물질의 양을 시험 중에 주행한 거리로 나누어 g/km 단위로 표시한다.

(2) FTP 75 테스트 모드(FTP 75 test mode) → 승용차 및 소형 화물자동차

FTP 75 테스트 모드를 LA-4, 또는 CVS-75 테스트 모드라고도 한다.

① FTP 75 테스트 모드의 주행곡선

FTP 75 테스트 모드는 FTP 72 테스트 모드의 한 사이클을 운전한 다음에 10분(600초)동안 기관을 정지시켰다가 다시 기관을 시동하여 FTP 72 테스트 모드의 0~505초 사이의 주행곡선에 따라 기관을 다시 운전한다.

즉, FTP 75 테스트 모드는 냉간 과도기간(cold transient : 0~505초), 안정기간(stabilized period : 506~1372초), 정지기간(engine soak : 1372~1972초), 고온시험기간(hot transient : 1972~2477초)으로 총 2,477초가 소요된다(그림 11-41, -42 참조).

② 배기가스 포집 방법(그림 11-39 참조)

온도 20~30℃의 장소에 12시간 이상 주차시켜 컨디셔닝(conditioning)한 시험차량을 밀어서 차대동력계에 진입시킨 후, 시동시점부터 테스트모드에 따라 운전한다. 냉간 과도기간에는 희석된 배기가스를 포집낭1(그림 11-34a)에 포집한다. 안정기간에 접어들면 시료 포집 스위치를 포집낭 2로 절환한다. 이 과정에서 테스트 모드는 중단 없이 계속된다. 안정기간이 종료되면 곧바로 기관을 정지시키고 10분간 방치한다(engine soak). 10분 후에 기관을 재시동(hot start)하고 단계3 고온 테스트모드(단계1의 냉간 과도기간 모드와 동일)로 다시 운전한다. 이 기간 동안에 배출된 배기가스는 포집낭 3에 포집한다.

포집낭 1, 2에 포집된 배기가스는 단계3 고온 테스트를 시작하기 전에 분석해야 한다. 포집한 배기가스를 포집낭에 20분 이상 그대로 방치해서는 안 된다. 포집낭 3에 포집된 배기가스는 시험종료 후에 곧바로 분석한다.

③ 배기가스 유해물질 총량 계산 방법

각 포집낭에 포집된 배기가스를 분석한 값에 평가계수를 곱한 다음에 모두를 합산하여 배기가스 중의 유해물질량을 구한다. 평가계수(evaluation factor)는 다음과 같다.

표 11-3 평가계수

테스트 영역	평가계수
과도기간(transient phase) ct ; cold transient	0.43
안정기간(stabilized phase) s ; stabilized	1.00
고온시험(hot test) ht ; hot transient	0.57

FTP 75 테스트 모드는 우리나라와 미국, 캐나다, 스위스, 오스트리아, 북유럽 3국, 멕시코, 브라질 등에서 사용한다. 유해배출물량은 g/mile로 표시하며 배출규제값은 나라에 따라 차이가 있다.

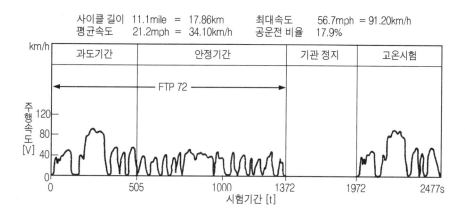

사이클 길이 11.1mile = 17.86km   최대속도 56.7mph = 91.20km/h
평균속도 21.2mph = 34.10km/h   공운전 비율 17.9%

그림 11-42 FTP 75 테스트 모드(Korea, U.S.A., Canada)

차량의 배기량이나 중량에 관계없이 모든 신차는 반드시 배기가스 검사를 받아야하며 50,000mile 주행 후에도 규제수준을 초과하지 않아야 하도록 규정하고 있다. 추가로 100,000mile 주행 후에 보다 높은 배출물기준을 적용할 수 있다.

배기가스 규제 수준은 단계적으로 점점 더 강화되고 있다. 특히 배기가스 중의 HC의 오존 생성 퍼텐셜(ozone-generating potential)을 감안하여 NMOG(Non-Methane Organic Gases)-값을 규제하기 시작하였으며, 지역에 따라서는 청정연료(clean fuel) 자동차의 비율을 높이도록 의무화하여 NMOG 규제를 더욱더 강화하고 있다.

④ FTP-75모드의 문제점

저온에서 냉시동할 때 사용하는 농후 혼합기는 특히 많은 유해물질을 배출한다. 그러나 FTP-75모드는 주위온도 20~30℃에서 컨디셔닝된 자동차를 시동, 테스트하기 때문에 냉시동 시에 배출되는 유해물질의 양을 측정할 수 없다.

따라서 1994년부터 -6.7℃(20°F)에서 시동하여 테스트하는 방법을 제안하고 있다. 그러나 이 방법은 CO에 대한 규제값(예 : 배기량 3000cc 이하 승용차 기준, 3.4g/mile, 2003년부터) 만을 명시하고 있다. → cold CO

(3) 고속도로 사이클

사이클을 2회 반복하는 데 첫 번째 사이클은 프리-컨디셔닝(pre-conditioning) 과정이다. 첫 번째 사이클 운전 후 15초 동안 공전시킨 다음, 두 번째 사이클 운전 시에 배기가스를 측정한다.

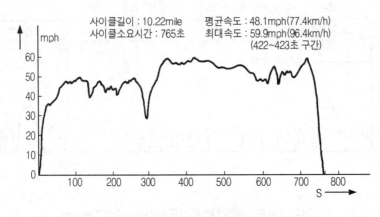

그림 11-43 고속도로 사이클(미국)

(4) SFTP(Supplemental Federal Test Procedure) → CO 규제

미국 환경청(EPA : Environmental Protection Agency)이 FTP-사이클을 분석한 결과, 실제 운전상태와 전혀 일치하지 않는 부분(약 15%)을 발견하였다. 이를 보완하기 위하여 차대동력계를 2-roll 형식에서 48인치 single-roll 형식으로 바꾸고, FTP-75모드 외에 새로이 2개의 single-bag 운전모드를 추가한 보완된 FTP-모드를 도입하였다.

SFTP 모드에서는 CO 규제값만을 적용한다. 그리고 제작사가 US06 또는 SC03 모드를 각각 별도로 선택하거나, 복합모드를 선택할 수도 있다.

복합모드는 에어컨 부하를 적용할 경우(35% FTP + 37% SC03 + 28% US06)와 에어컨 부하를 적용하지 않을 경우(72%FTP + 28%US06)로 규정되어 있다. → 2004년부터 100% 적용

① US06 운전 모드(US06 driving schedule)

고속, 급 가/감속 운전모드로서, 기관이 충분히 가열된 상태에서 에어컨을 작동하지 않고 10분간 운전한다. 최고속도는 80mph(약 128km/h)이며, 급가속과 급감속이 포함되어 있다. FTP 75모드의 과도기간(505초) 운전 후 90초 동안 기관을 정지했다가 US06모드 운

전한다.

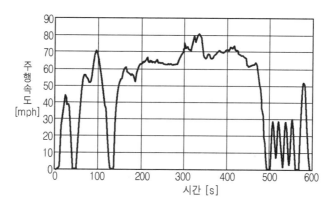

그림 11-44 EPA US06 운전 모드(미국)

② SC03 **운전 모드**(SC03 driving schedule)

자동차의 발진 직후의 전형적인 운전상태(예 : 기어 변속)를 나타내는 운전모드로서 표준시험모드에 에어컨 부하가 적용된다. 운전기간은 10분이며, 최고속도는 55mph(약 88km/h)이다. FTP 75 모드의 과도기간(505초) 운전 후, 600초 동안 기관을 정지했다가 SC03모드 운전한다.

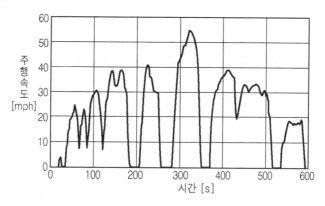

그림 11-45 EPA SC03 운전 모드(미국)

(5) 유럽의 ECE-15모드와 EUDC-모드

ECE : Economic Commission of Europe(유럽 경제공동체)

EUDC : Extra Urban Driving Cycle(시외 주행 사이클)

ECE/EC-모드(일명 ECE-15모드)는 일종의 합성 주행곡선으로서, 시내 주행특성을 잘 나타내고 있다. 1993년부터는 ECE-15 모드에 EUDC-모드를 추가한 새로운 모드를 도입하였다. 현재 이 새로운 모드를 사용하는 나라들은 독일, 프랑스, 네덜란드, 벨지움, 룩셈부르크, 아일랜드, 포르투갈, 스페인, 덴마크, 영국, 그리고 그리스 등이다(그림 11-46 참조).

새로운 ECE/EC 모드는 주행속도가 0~50km/h 범위인 ECE-15모드 사이클 4회(195초×4회), 최고속도가 약 120km/h인 시외주행 사이클(EUDC : Extra Urban Driving Cycle) 1회(400초)로 구성되어 있다.

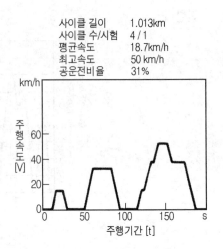

사이클 길이	1.013km
사이클 수/시험	4 / 1
평균속도	18.7km/h
최고속도	50 km/h
공운전비율	31%

그림 11-46 ECE/EC 테스트 모드(EU)

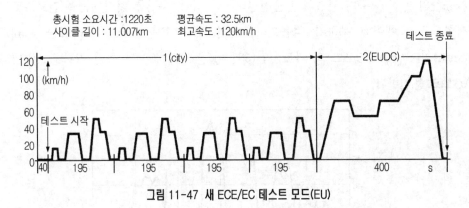

그림 11-47 새 ECE/EC 테스트 모드(EU)

새로운 ECE/EC 모드의 테스트 순서는 다음과 같다.

20~30℃로 컨디셔닝(conditioning)된 차량을 차대동력계에 진입시킨 후, 냉시동하여 테스트 모드에 따라 끝까지 주행시험(actual driving test)한다. 시험하는 동안(냉시동과 40초 동안의 워밍업 기간 제외)에 배기가스는 CVS법에 따라 1개의 포집낭에 포집한다.

포집된 배기가스를 분석하여 배기가스 중의 유해물질을 g/km로 표시한다. 기관의 배기량에 관계없이 규제값을 초과해서는 안 된다. NO_x와 HC는 합산한다. 증발손실은 미국과 같은 방법으로 측정하고 제한한다. 그러나 EU 역시 장래에는 승용자동차 발진 직후의 HC와 NO_x, 낮은 대기온도(−7℃)에서의 시동할 때의 CO, 즉, cold CO를 규제할 것으로 예상된다.

(6) 일본의 테스트 모드(Japanese test mode)

11-모드와 10·15 모드를 사용하고 있다. 10·15-테스트 모드는 종래의 10-모드 사이클을 3회 반복하고 여기에 새로 15-모드를 1회 추가한 테스트 모드이다.

배기가스는 모두 CVS법에 따라 1개의 포집낭에 포집한다. 냉간시험(cold test)인 11-모드에서는 유해물질의 양을 g/test로 표시하지만, 고온시험(hot test)인 10·15-모드에서는 g/km로 표시한다. 일본의 배기가스 규제법에도 증발손실 규제가 포함되어 있으며, 측정은 SHED법으로 한다.

① 11-모드(**냉간 시험** : cold test)

　냉시동 후, 25초 동안 공운전한 다음, 테스트 사이클을 4회 반복하며, 4회 모두 배기가스를 측정한다.→ (g/test)

② 10·15 - **모드**(**고온시험** : hot test)

㉮　프리-컨디셔닝(pre-conditioning)으로서 차량을 60km/h의 속도로 약 15분간 운전하여 기관이 정상작동온도에 도달한 다음에, 공전상태에서 배

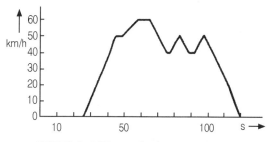

사이클 길이 : 1.021km　　최고속도 : 60km/h
반복횟수/시험 : 4/1　　공운전비율 : 21.7%
평균속도 : 30.6km/h

그림 11-48 일본의 11-모드(냉간시험모드)

기가스를 측정한다. 공전 시 배기가스 측정은 HC, CO, 그리고 CO_2를 배기관 출구에서 직접 측정한다.

㉯ 다시 15분 동안 60km/h로 정속 운전한 다음에, 10-모드 3회, 15-모드 1회를 연속적으로 운전하는 동안에 배기가스를 포집, 배기가스를 측정한다. → (g/km)

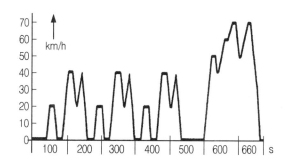

사이클 횟수/시험 : 1 / 1
총 시험 소요시간 : 660초
사이클 길이 : 41.6km
평균속도 : 22.7km/h
최고속도 : 70km/h

그림 11-49 10 · 15 - 모드(일본)

③ 공전 시 배기가스 테스트

공전 시 배기관 내에서 채취한 배기가스를 NDIR-테스터로 분석하여 HC, CO, CO_2의 농도를 측정한다. → 비 희석식

희석식을 이용할 경우에는 다음 식으로 수정한다.

$$K_{수정(HC, CO)} = K_{(측정)} \cdot \frac{14.5}{18.6HC_M + 0.5CO_M + CO_{2.M}} (\%) \quad \cdots\cdots\cdots (11\text{-}5)$$

추가로 공전속도, 흡기다기관 압력, 냉각수와 윤활유의 온도 등이 규정값에 일치하여야 한다. 자동변속기 장착 차량에서는 D-위치와 N-위치에서 각각 측정한다.

(7) 우리나라의 D-13모드

중량 디젤자동차의 배출가스를 측정하는 방법으로 자동차의 기관만을 기관동력계에 설치하고 시험한다. 측정항목은 CO, THC, NO_x, PM이며, 단위는 [g/kWh]를 사용한다.

운전주기는 표 11-4와 같다.

표 11-4 D-13 모드 운전 주기

운전 모드	기관 회전속도[min⁻¹]	부하율(%)	가중계수
1	공전(idling)	-	0.25/3
2	최대출력 시 회전속도의 60%	10	0.08
3	〃	25	0.08
4	〃	50	0.08
5	〃	75	0.08
6	〃	100	0.25
7	공전(idling)	-	0.25/3
8	최대출력 시 회전속도	100	0.10
9	〃	75	0.02
10	〃	50	0.02
11	〃	25	0.02
12	〃	10	0.02
13	공전(idling)	-	0.25/3

3. 테스트 모드 비교(comparison of Modes)

　주행곡선의 형태가 다르면 기관의 부하상태도 각각 다를 수밖에 없다. 그리고 또 시험 지속기간이 각각 다르기 때문에 분석결과를 서로 비교, 평가한다는 것은 별 의미가 없다. 그러나 캘리포니아(California) 규제수준이 가장 엄격하고 또, 그 수준을 만족하기 위해서는 현재의 기술수준으로는 촉매기를 필요로 한다. 그 다음으로는 미국(49주), 일본, 유럽의 순으로 규제가 엄격하다. 우리나라는 1990년 1월 1일부터 미국수준의 규제를 하고 있다.

　각 테스트 사이클의 주요 차이점은 다음과 같다.

표 11-5 테스트 모드 특성 비교

사이클 주요항목	FTP-72	FTP-75	high way cycle	ECE/EC +EUDC	11-모드	10·15 모드
사이클 길이(km) (mile)	12.07 (7.5)	17.86 (11.09)	16.44 (10.22)	11.007	1.021	41.6
평균속도(km/h)	31.67	34.10	77.4	32.5	30.6	22.7
최고속도(km/h)	91.20	91.20	96.4	120	60	70
공운전비율(%)	17.9	17.9			21.7	
소요시간(s)	1372	2477	765	1220		660
사이클횟수/test	1	1	2	1	4	1
시험시작조건	cold	cold	warm	cold+40s공전	cold+25s공전	warm
적용국가	스웨덴	한국/미국	미국	EU	일본	일본

4. 운행 자동차의 배기가스 테스트 모드(북미지역)

　대부분의 국가들에서 운행 중인 자동차에 대해서도 정기적으로 배출가스 테스트를 받도록 의무규정을 두고 있다. 규제 가스의 종류 및 배출허용수준, 테스트 방법 등은 국가에 따라 다르다. 국내에서는 안전검사 위주의 정기검사에서 배기가스 테스트를 시행하고 있다. 그리고 배출가스 검사 위주의 중간검사제도를 도입하였다.

　북미지역에서 시행되고 있는 운행자동차 부하검사 방법에는 다음과 같은 모드들이 있다.

① ASM-2525모드　　② ASM-5015모드

③ I/M-240모드　　④ Lug-Down 모드

(1) ASM-2525모드(ASM : Acceleration Simulation Mode)

25%의 도로부하를 걸고 25mph(40km/h)의 정속도로 주행하면서 배출가스를 측정하는 방법이다. 우리나라에서는 휘발유와 가스사용 자동차에 이 모드를 적용하고 있다.

(2) ASM-5015모드

50%의 도로부하를 걸고 15mph(24km/h)의 정속도로 주행하면서 배출가스를 측정하는 방법이다.

(3) I/M-240모드(I/M : Inspection/Maintenance)

240초 동안 자동차 주행속도를 구간별로 가/감속하면서 주행하는 모드로서, ASM-모드보다 실제 도로주행상태를 더 효과적으로 반영한 테스트 방법이며, 배출가스 배출량을 [g/km]로 표시한다. 그러나 ASM-모드에 비해 검사에 소요되는 시간이 길고, 테스트 장비가격이 ASM-모드의 테스트 장비보다 고가(약 7~8배)라는 점에서 국내에서는 채택되지 않은 검사방법이다.

(4) Lug-Down 모드

가속페달을 최대로 밟은 상태에서 기관 최대출력의 정격회전속도에서 1모드, 정격회전속도 90%에서 2모드, 정격회전속도 80%에서 3모드로 도로부하력을 가한다. 1모드에서 최대출력 및 회전속도 그리고 각 모드에서 배출가스를 측정한다. 우리나라에서는 경유자동차에 적용하며 매연농도를 측정한다.

5. 우리나라의 중간검사제도

정기검사(또는 수시검사)에서는 휘발유(가스, 알코올)자동차의 경우는 무부하 공전상태에서 CO와 HC, 공기과잉률을, 경유 자동차의 경우는 무부하 급가속하여 매연을 테스트한다. 무부하 측정방식은 자동차의 실제 주행상황의 대부분을 반영하고 있지 않으며, 오존 생성의 원인 물질인 NO_x의 측정이 곤란하다는 문제점이 있다.

이와 같은 문제점을 보완하기 위해 실제 주행상황이 일부 반영되는 부하검사방법으로 운행 자동차의 배출가스를 테스트하기 위한 제도가 바로 운행 자동차 중간검사제도이다.

대기환경보전법에 명시된 중간검사규정에서는 노후 자동차를 대상으로 배출가스를 측정하기 전에 배출가스 관련 부품 및 장치에 대한 관능 및 기능 검사를 먼저 실시한다. 그리고 자동차의 중량 또는 구조의 특수성에 따라 부하검사방법과 무부하검사방법을 구분하여 적용한다.

부하검사는 차량총중량 5.5톤 이하 자동차에 적용하며, 무부하 검사는 차량총중량 5.5톤 초과 자동차, 특수구조 자동차(상시 4륜구동, 2행정 원동기 자동차), 기타 특수한 구조로 검사장 출입이나 차대동력계에서 배출가스 측정이 곤란한 자동차에 적용한다.

(1) 관능검사 및 기능 검사

① 관능검사

자동차의 동일성(예 : 등록 번호판, 차대번호, 원동기 형식 등), 배출가스 관련 부품 및 장치의 망실, 변경, 손상, 결함이 있는지를 육안으로 검사한다. 예를 들면, 배기 장치, 촉매기, λ센서, EGR 시스템, 연료탱크 환기시스템, 2차공기 시스템, 크랭크케이스 환기장치, 공기 여과기 등에 대해 1차로 존재 여부, 설치상태, 외형적 완벽도, 누설, 손상 등을 점검한다. 이 외에도 기관이나 변속기의 기계적 결함이 있는 지 확인한다.

② 기능 검사

배출가스 관련 제어부품 및 장치, 그리고 센서 등을 진단장치를 이용하여 점검, 진단하여 정상작동 여부를 판단한다.

(2) 운행 자동차 배출가스 검사 전 준비사항

① 기계적인 조건 확인

기관, 변속기, 브레이크, 배기장치 등에 안전상 위험과 검사결과의 신뢰성을 떨어뜨릴 우려가 있는 명백한 기계적인 결함이 있는 자동차는 검사를 실시해서는 안 된다.

② 기관의 예열

- 자동차는 검사 실시 전에 정상적인 온도로 충분히 예열되어 있어야 한다.
- 온도는 오일온도측정기 또는 자동차에 설치된 온도계를 통해 자동차의 과열상태가 확인되면 검사를 중지한다.

③ 자동차 냉각시스템

검사 자동차의 정면에 송풍기를 설치하여 냉각시스템을 보완한다.

④ 타이어 상태 및 공기압

타이어의 손상여부, 규격, 공기압 등을 점검, 확인한다. 구동축 타이어는 초기 가속시 미끄럼을 방지하기 위해 건조한 상태를 유지해야 한다.

⑤ 차대동력계에 자동차 진입

자동차의 구동축 타이어들이 차대동력계 롤러의 중심에 대해 대칭되도록, 그리고 정대 상태가 되도록 롤러에 진입시킨다.

(3) ASM2525 모드(ASM : Acceleration Simulation Mode)
→ 휘발유/가스 사용 자동차에 적용

자동차중량에 의해 자동으로 설정된 관성중량에 따라 25%의 도로부하 상태에서 40km/h의 정속도로 주행하면서 배출가스를 측정한다. 즉, 차대동력계 위에서 2단 또는 3단기어(자동변속기의 경우 D)로 주행하여 차대동력계의 속도가 40km/h가 되도록 운전한다.

① 모드의 구성

충분히 예열된 자동차가 차대동력계 상에서 40±2km/h의 속도를 5초간 유지하면 모드가 시작된다. 이어서 10~25초 경과 후 10초 동안 배출가스를 측정하며, 그 산술평균값을 측정값으로 한다.

② 모드의 구성 요건

● 검사모드가 시작된 후 주행속도가 40±2km/h를 벗어나거나, 설정된 부하출력의 ±5%의 범위를 연속 2초 또는 검사모드 전체 구간에서 5초 이상 벗어나서는 안 된다.

● 검사모드 시작 이후, 모의 관성오차가 측정대상 자동차의 관성중량의 3%를 연속하여 3초 이상 초과하면 검사모드는 다시 시작되며, 이러한 사태가 2회 이상 발생하면 검사는 중지된다.

③ 검사 결과의 판정

● 검사모드가 안정된 후, 10초 동안에 측정한 값이 배출허용기준 이하일 때에는 적합으로 판정되며, 검사모드는 종료된다.

● 측정값이 배출허용기준을 초과할 경우에는 10초 단위로 측정을 반복하여, 측정값이 허용기준 이내이면 적합 판정과 함께 검사모드는 종료된다. 배출허용기준을 계속 초과하면 최대 90초 동안 계속 측정을 반복한다.

- 10초 단위로 90초 동안 계속적으로 측정을 반복하여도 배출허용기준을 초과할 경우는 부적합 판정과 함께 검사모드는 종료된다.

④ 검사항목 및 검사기준

CO는 소수점 둘째 자리 이하는 버리고 0.1% 단위로, HC와 NO_x는 소수점 첫째 자리 이하는 버리고 1ppm 단위로 산출한 값을 최종 측정값으로 한다.

- 허용 기준 : 대기환경 보전법 시행규칙 제 86조 별표 25 참조

(4) Lug-Down 3 모드 → 경유 사용 자동차에 적용

가속페달을 최대로 밟은 상태에서 기관 최대출력의 정격회전속도에서 1모드, 정격회전속도 90%에서 2모드, 정격회전속도 80%에서 3모드로 도로부하력을 가한다. 1모드에서 최대출력 및 회전속도 그리고 각 모드에서 매연농도를 측정한다.

① 변속기어의 선택

가속페달을 최대로 밟은 상태에서 자동차 주행속도가 70km/h에 근접하되, 100km/h를 초과하지 않는 변속기어로 운전한다. 자동변속기 장착 자동차의 경우에 오버드라이브기구를 사용해서는 안 된다.

② 모드의 구성

㉮ 1 모드

가속페달을 최대로 밟은 상태에서 기관 최대 회전속도에 도달하면 차대동력계의 부하를 증가시켜 기관회전속도가 정격회전속도의 ±5% 이내로 안정되면 10~25초 경과 후부터 10초간 구동력, 회전속도, 최대구동출력, 주행속도(차대동력계 속도), 매연농도 등을 측정하여 이들 각각의 평균값을 지시한다.

㉯ 2 모드

1모드 상태에서 차대동력계의 부하를 증가시켜 기관회전속도를 정격회전속도의 90%±5% 이내로 안정되게 한 다음, 5초 후부터 10초간 구동력, 회전속도, 최대구동출력, 주행속도(차대동력계 속도), 매연농도 등을 측정하여 이들 각각의 평균값을 지시한다.

㉰ 3 모드

2모드 상태에서 차대동력계의 부하를 증가시켜 기관회전속도를 정격회전속도의 80%±5% 이내로 안정되게 한 다음, 5초 후부터 10초간 구동력, 기관회전속도, 최대구동출

력, 주행속도(차대동력계 속도), 매연농도 등을 측정하여 이들 각각의 평균값을 지시한다.

③ 모드의 구성 요건

모드 별 회전속도가 연속 2초 동안 ±5% 이내의 허용 범위를 벗어나거나, 기관회전속도 측정이 연속 1초 이상 검사장비 주제어장치와 단절된 경우, 모드 타이머는 재설정되며, 각 모드에서 이와 같은 현상이 2회 이상 발생되면 검사는 중단된다.

④ 검사 결과의 판정

각 모드에서의 측정한 배출가스의 값이 허용기준을 초과하면 부적합으로 판정된다. 단 차륜에서 측정된 최대출력이 최소 요구출력보다 낮으면 자동차검사 절차를 중단하고, 이 때 측정된 값은 무효로 한다.

⑤ 검사항목 및 검사기준

기관회전속도 및 최대출력은 소수점 첫째 자리에서 반올림하여 각각 1rpm, 1PS 단위로, 매연농도는 소수점 이하는 버리고 1% 단위로 산출한 값을 최종값으로 한다.

㉮ 최대 회전속도 : 1 모드에서 측정된 기관회전속도가 정격회전속도의 ±5% 이내일 것
㉯ 최대 구동출력 : 1 모드에서 측정된 기관 보정출력이 기관정격출력의 50% 이상일 것
㉰ 매연 농도기준 : 대기환경 보전법 시행규칙 제 86조 별표 25 참조

(5) 무부하 검사 방법

① CO, HC 및 공기과잉률 검사 → 휘발유(가스, 알코올)사용 자동차

㉮ 무부하 정지 가동(공전) 상태에서 시료 채취관을 배기관 내에 30cm 이상 삽입한다.
㉯ 측정기가 안정된 후 CO는 소수점 둘째 자리 이하는 버리고 0.1% 단위로, HC는 소수점 첫째자리 이하는 버리고 ppm 단위로, 공기과잉률은 소수점 둘째자리에서 0.01 단위로 측정값을 판독한다.

단, 측정값이 불안정할 경우에는 5초 동안의 평균값을 취한다.

◎ 검사 기준 : 대기환경 보전법 시행규칙 제 86조 별표 25 참조

② 매연 검사 → 경유사용 자동차

정차한 상태에서 기관을 최대 회전속도까지 급가속시킬 때의 매연 배출량을 부분유량 채취방식의 광투과식 매연 측정기로 측정한다. → 무부하 급가속 매연 채취

검사방법은 다음과 같다.

- 정지가동 상태에서 급가속하여 최고회전속도에 도달한 후, 2초간 공회전 시키고 정지 가동상태로 5~6초간 그대로 둔다. 이 과정을 3회 반복한다.
- 측정기의 시료 채취관을 배기관의 벽면으로부터 5mm 이상 떨어지도록 설치하고 5cm 정도의 깊이로 삽입한다.
- 기관의 최고회전속도에 도달할 때까지 급가속하면서 시료를 채취한다. 가속페달을 밟 는 시점부터 발을 뗄 때까지의 시간은 4초 이내로 한다.
- 위의 방법으로 3회 연속 측정한 매연농도의 산술평균값에서 소수점 이하를 버린 값을 최종 측정값으로 한다.

단, 3회 측정한 매연농도의 최대값과 최소값의 차이가 10%를 초과하거나, 최종 측정값 이 배출허용기준에 부적합 경우에는 순차적으로 1회씩 더 측정하여 최대 10회까지 측정하 면서 측정할 때마다 마지막 3회의 측정값을 이용하여 최종 측정값을 구한다.

마지막 3회의 최대값과 최소값의 차이가 10% 이내이고 측정값의 산술평균값도 배출허 용기준 이내이면, 이를 최종 측정값으로 하고 측정을 종료한다.

- 만약 위의 단서 규정에 의한 방법으로 10회까지 반복 측정하여도 최대값과 최소값의 차이가 10%를 초과하거나 배출허용기준에 부적합한 경우에는 마지막 3회(8, 9, 10회) 의 측정값을 산술평균하여 최종 측정값을 구한다.

◎ 검사 기준 : 대기환경보전법 시행규칙 제 86조 별표 25 참조

6. 배기가스 측정기기와 그 원리

법적으로 규정된 배기가스 테스트를 수행하기 위해서는 최소한의 측정시설과 측정기기를 필요로 한다. 세계적으로 널리 사용되고 있는 측정장치의 측정원리는 다음과 같다.

(1) 총 탄화수소(THC : Total Hydro-Carbon)의 측정

배기가스에 포함된 총 탄화수소(HC)는 FID(Flame Ionization Detector)법을 이용하여 측 정한다. FID(화염이온 감지법)의 측정원리는 수소 불꽃속의 탄화수소로부터 이온(ion)이 발 생되는 현상에 근거를 두고 있다.

연소기에 HC가 들어있지 않은 깨끗한 공기를 공급하고 여기에 수소만을 분사, 연소시키면

수소화염이 발생한다. 연소기 노즐과 화염에 노출된 전극 사이에 전압을 인가한다. 순수한 수소화염만 연소된다면, 실제로 이온은 생성되지 않는다. 화염에 배기가스가 유입되면, 배기가스 중의 HC 때문에 이온전류가 생성된다. 이 이온전류는 배기가스에 들어있는 HC의 체적농도에 비례한다. 이때 이온전류는 HC의 체적농도뿐만 아니라, 분자의 탄소원자수와도 관계가 있다.

배기가스중의 탄화수소 총량을 측정할 때, 채취라인(sampling line)에서 배기가스 중의 고비등점 탄화수소가 응축과 기화를 교대로 반복하기 때문에 처리방법에 따라 측정결과가 다르게 나타난다는 문제점이 있다. 그러므로 특히 배기가스온도가 상대적으로 낮은 디젤기관의 배기가스를 측정할 때는 가솔린기관의 경우와는 달리 측정기(FID)의 입구까지는 물론이고 측정기의 내부도 반드시 완전히 가열시켜야 한다. 채취라인의 가열온도는 190∓10℃ 이어야 한다.

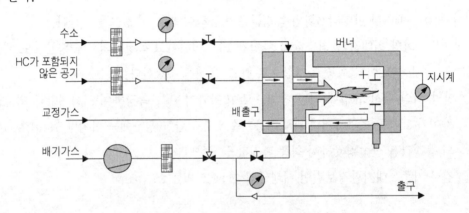

그림 11-50 HC-분석용 FID-검출기

(2) 일산화탄소(CO)와 탄산가스(CO₂)의 측정

가스 상태인 CO와 CO_2는 비분산 적외선식(NDIR : Non-Dispersive Infra-Red)으로 측정한다.

단원자(single-atomic gas)가 아닌 모든 다원자 가스(multi-atomic gas)는 각각 적외선의 특정범위를 뚜렷하게 선택적으로 흡수한다. 배기가스는 측정 적외선이 투과하는 통로에 설치된 샘플-셀(sample cell)에 유입된다. 그리고 제2의 적외선은 질소가스가 봉입되어 있는 기준-셀(reference cell)을 투과한다. 질소가스는 단원자 가스이므로 적외선을 흡수하지 않는다.

밝기가 동일한 2개의 적외선 램프로부터 발산되는 적외선은 각각 샘플-셀(sample cell)과 기준-셀(reference cell)을 통과한 다음, 검출-셀(detector cell)에 유입된다. 검출-셀은 금속제의 막(diaphragm)에 의해 2개의 방으로 분리되어 있으며, 각 방에는 성분구성이 알려진 가스로 채워져 있다. 검출-셀에 채워진 가스는 입사되는 적외선으로부터 각각 자신의 고유 흡수영역을 선택적으로 흡수하게 된다. 흡수 에너지의 차이 때문에 검출-셀의 2개의 방(房)사이에 온도차와 압력차가 발생하게 된다. 이 온도차와 압력차는 측정성분의 농도에 비례하며, 전압으로 변환되어 지시계에 지시된다.

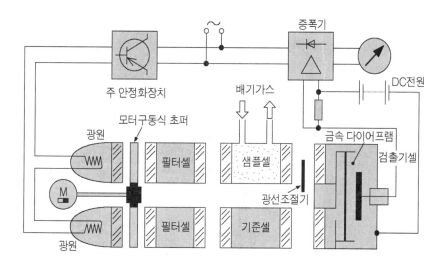

그림 11-51 CO/CO₂ 분석용 NDIR-검출기

(3) 질소산화물(NOx)의 측정

측정원리는 화학 루미네선스 감지법(CLD : Chemi-Luminescence Detector) 즉, 화학발광현상이다. 화학발광현상은 일산화질소(NO)와 오존(O₃)이 반응할 때, 590~3000nm (nano-meter) 사이의 범위에서 발생된다. 배기가스 중에는 연소에 의해 생성된 NO만 포함되어 있는 것이 아니고, 배기가스 중의 잔여 산소와 결합, 생성된 다른 NOₓ(예 : NO₂, N₂O) 등도 포함되어 있다. 다른 NOₓ에 비해 NO가 차지하는 비율이 대단히 높으며, 다른 NOₓ들은 공기 중의 기본값과 별로 차이가 없다. 그러나 NO₂의 농도는 무시할 수 없다.

채취가스에 포함된 NO₂는 열적(thermal) 또는 열-촉매 환원작용(thermal-catalytic reduction)을 통해 NO로 환원시킨 다음, 반응실(reaction chamber)로 공급해야 한다. 이렇게 하면 오존(O_3)과 반응하여 발생시킨 화학 루미네선스는 배기가스 중의 NO_x 전체의 값과 같아지게 된다.

배기가스 중의 다른 물질(분자)들에 의해 발생되는 교란(disturbing) 루미네선스를 제거하기 위하여 광(optic) 필터를 이용한다. 광 필터는 복사대(radiation band) 600~660nm의 것만을 고려한다.

CLD법은 복사대에 선택적으로 반응하고, 또 검출(verification) 한계가 아주 낮기 때문에 희석 여부와 관계없이 배기가스 중의 NO_x를 측정하는 데 아주 적합하다.

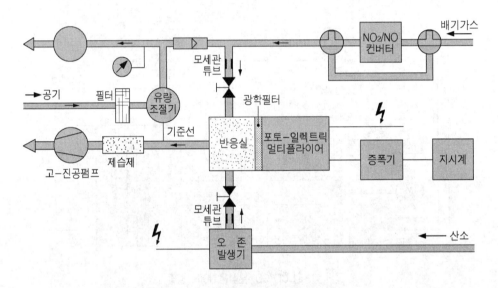

그림 11-52 NO_x-분석용 CLD-검출기

(4) 입자상 고형물질의 측정(particulate matter measurement)

현재로서 입자상 고형물질(PM)을 정확히 측정할 수 있는 방법은 중량측정(gravimetric)방식이다. 즉, 배기가스가 필터를 통과하여 배출되도록 한 다음, 필터의 중량 차이(새 필터/배기가스가 통과한 필터)를 측정하여 입자상 고형물질(PM)의 중량을 결정한다.

중량은 필터 재질의 흡습성을 고려하여, 온도와 습도가 일정한 상태에서 측정해야 한다. 필터의 재질은 측정결과에 큰 영향을 미친다. 예를 들면 특수처리하지 않은 유리섬유(glas-fiber) 필터는 테플론을 코팅한 유리섬유 필터에 비해 다량의 수분(H_2O)과 탄화수소(HC)를 흡수한다.

(5) 매연농도 측정(determining of soot emission : Rußemission)

배기가스 규제법 상 허용된 매연측정 방법에는 필터(filter)방식(그림 11-53)과 흡수
(absorption)식(그림 11-54)이 있다. 두 측정방법의 측정결과 사이에 상호환산관계를 성립시
키기 위해서는 흡수(불투명도)측정방식에서 배기가스에 수증기(H_2O)나 윤활유입자(oil
mist)가 포함되지 않아야 한다. 두 측정방법은 모두 매연농도(soot concentration)가 증가함
에 따라 측정값을 대수적으로(logarithmically) 증가시켜 지시한다. 광학식(optical device)
은 약 10% 정도의 오차가 있다.

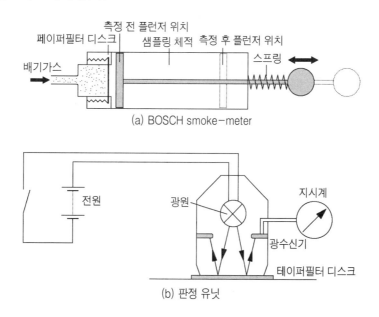

(a) BOSCH smoke-meter

(b) 판정 유닛

그림 11-53 매연농도 측정방법(여과지 식)

우리나라를 위시해서 여러 나라들이 계속검사 시에 여과지의 흑체화(blackening of filter
papers)를 근거로 매연도를 측정하도록 규정하고 있다. 매연도는 기관을 무부하 급가속시키
고 이때 발생되는 배기가스가 필터를 통과하도록 하여 측정한다. 이때 필터펌프 플런저(filter
pump plunger)의 흡입행정은 6초 동안 지속되어야 한다. 즉 펌프플런저의 흡입행정이 지속
되는 동안 배기가스는 필터를 통과하게 된다. 필터의 흑체화 정도를 Bacharach-gray scale과
비교하여 매연도를 판정한다.

흡수식 측정기(=불투명도 측정기)는 배기가스를 통과하는 광선이 약화되는 현상을 이용하
여 매연농도를 측정한다. 스모크 튜브(smoke tube)의 방출 측에 설치된 광수신기(light

receiver)를 이용하여, 튜브 흡입 측의 광원에 의해 방출되는 빛을 측정한다. 이 빛은 매연농
도가 높으면 높을수록 더 약화되게 된다. 측정실을 통과하는 배기가스에 의해 빛이 흡수되
면, 측정실과 기준실(reference chamber)로부터 발산되는 광속(radiation flux)에 차이가 발
생된다.

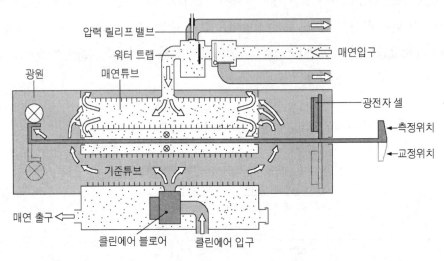

압력 릴리프 밸브
워터 트랩
매연입구
광원
매연튜브
광전자 셀
측정위치
교정위치
기준튜브
매연 출구
클린에어 블로어
클린에어 입구

그림 11-54 매연농도 측정방법(흡수식 ; Hartridge smoke-meter)

흡수계수(absorption coefficient) k는
매연농도에 따라 변화할 뿐만 아니라 배기
가스의 온도와 압력에 따라서도 변화한다.
이외에도 흡수식 측정기는 배기가스의 광
(light)특성, 예를 들면 매연 입자의 크기
(grain size)와 입자 크기의 분포
(distribution)에 반응한다. 그리고 광원
(light source)과 광수신기(light receiver)
는 특정 주파수에 대한 응답성을 가지고
있으며, 특정 주파수에 대한 응답성은 광
원전구의 단자전압의 영향을 크게 받는다.
또 매연입자의 크기는 사용되는 파장의 크
기(magnitude)의 순서에 일치하므로, 불

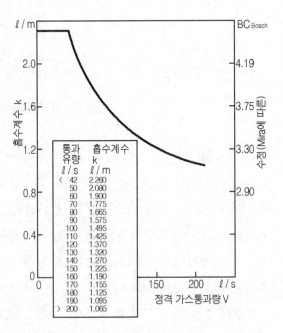

통과 유량 ℓ/s	흡수계수 k ℓ/m
< 42	2.260
50	2.080
60	1.900
70	1.775
80	1.665
90	1.575
100	1.495
110	1.425
120	1.370
130	1.320
140	1.270
150	1.225
160	1.190
170	1.155
180	1.125
190	1.095
> 200	1.065

그림 11-55 흡수계수(k)와 BOSCH-매연계수의 상관관계

투명도(opacity)는 입자크기의 분포도와 빛의 주파수 응답성에 의존하는 상황이 발생하게 된다. 이와 같은 상호 의존성 때문에, 배기가스의 매연농도와 불투명도는 경우에 따라서는 제한된 범위 내에서만 일치하게 된다.

(6) 측정오류의 제거

배기가스측정 시에는 항상 통계적(statistical), 그리고 구조적(systematic) 오류가 있을 수 있다. 통계적 오류는 반복측정을 통해서 감소시킬 수 있다. 구조적 오류는 측정장치가 한 세트(set)일 경우에 가장 문제가 된다. 측정장치 자체에 오류가 있을 경우에는 제2의 측정장치를 이용하지 않고는 오류를 수정할 수 없다. 여러 번 측정을 반복하여, 그 측정값들의 평균값을 취함으로서 보다 만족스런(정확한) 결과를 얻을 수 있다.

기관성능 및 성능시험

Engine Performance & Test : Motorenpruefung

제1절 기관의 출력
(Engine Power : Motorleistung)

1. 개 요

자동차용 내연기관은

① 고속, 고출력이면서도,

② 단위출력 당 질량과 부피가 작고,

③ 유해물질의 배출수준이 낮고,

④ 연료소비율이 낮고,

⑤ 진동과 소음이 적고,

⑥ 내구성능이 우수하고

⑦ 조작이 쉽고 간편해야 하며,

⑧ 고장이 적고 수리가 용이해야 하며,

⑨ 폐기할 경우, 재료의 재생 및 재활용도가 높아야 하고

⑩ 값이 싸고 유지비가 적게 들어야 한다는 등의 여러 가지 조건을 동시에 만족해야 한다.

이와 같이 다양한 요구 중에서도 가장 중요시되는 항목은 출력성능이다. 그러나 출력성능이 어느 정도 만족되어도 운전성능이 불량하고 내구성이 낮다면 좋은 기관이라 할 수 없다. 특히 최근에는 무엇보다도 저공해성과 저연비성(경제성)이 중요시 되고 있다. 저공해성능 즉, 유해배출물 저감에 대해서는 제11장에서 이미 설명하였으므로 본장에서는 주로 출력성능에 대해 설명하기로 한다.

2. 출력의 종류

기관출력은 기관의 종류와 운전조건에 따라 각기 다르게 나타나며, 사용목적에 따라 여러

가지 출력이 정의되어 있다. 예를 들면 항공기기관의 경우 이륙최대출력(taking off rating)을, 정치식 기관의 경우엔 정격출력(rating power)을, 그리고 자동차기관의 경우엔 최대출력(maximum power)을 기관출력이라 한다.

　자동차기관의 출력은 동력계상에서 기관을 운전하여 측정한 순간 최대 축출력을 기준으로 하며, 연료소비율과 유해배출물 수준은 별도의 측정 기준에 따라 측정한다.

(1) 최대출력(maximum power : Größteleistung)

① 3분 최대출력(maximum power during 3 minutes)
　자동차기관에 적용한다. 기관출력의 최대값으로서 계측에 필요한 극히 짧은 시간(최대 3분)동안만 단속(斷續)운전하여 측정한다. 최대출력을 측정하는 시험을 최대부하시험 또는 전부하시험이라고 한다. 실제로 자동차를 최대출력으로 운전하는 일은 거의 없다.

② 이륙 최대출력(taking off rating)
　항공기기관에 적용한다. 이륙할 때의 최대출력을 말한다.

③ 연속 최대출력(continuous Max. power : Höchstzulaessige Dauerleistung)
　연속운전을 보증하는 최대출력(예 : 선박용 주 엔진), 기관의 크기에 따라 다르나 일반적으로 110% 부하에서 10~30분 견딜 수 있어야 한다.

(2) 정격 출력(rated power : Nennleistung)

　정해진 운전조건으로 일정한 시간 동안의 운전을 보증하는 출력으로 예를 들면, 1시간 정격출력, 연속 정격출력 등을 들 수 있다. 1시간 정격출력은 건설기계에 적용한다.

(3) 과부하출력(over load power : Ueberleistung)

　정격출력 이상의 출력

(4) 상용출력(cruising power : Dauerleistung)

　일정한 운전조건으로 통상적으로 운전을 계속할 때의 출력, 예를 들면 비상발전기 기관, 박용기관 등에 적용한다.

3. 출력의 계산

(1) 출력의 단위

SI 단위계에서는 기관출력의 단위로 [W](watt) 또는 [kW](kilo-watt)를 사용한다. 단위 시간(1초) 당 일량으로 표시한다.

$$\text{힘} = \text{질량} \times \text{가속도} \quad F = m \cdot a = 1\text{kg} \times 1\frac{\text{m}}{\text{s}^2} = 1\frac{\text{kg} \cdot \text{m}}{\text{s}^2} = 1\text{N (newton)}$$

$$\text{일} = \text{힘} \times \text{거리} \qquad W = 1\text{N} \times 1\text{m} = 1\text{N} \cdot \text{m} = 1\text{J (joule)}$$

★ 열역학 제1법칙으로 부터 [일=열]

$$\text{출력} = \frac{\text{일}}{\text{시간}} = \frac{(\text{힘} \times \text{거리})}{\text{시간}} = \text{힘} \times \left(\frac{\text{거리}}{\text{시간}}\right) = \text{힘} \times \text{속도}$$

$$\text{Power} = \frac{1\text{J}}{1\text{s}} = 1\frac{\text{J}}{\text{s}} = 1\text{W} \quad \cdots\cdots\cdots\cdots\cdots\cdots\cdots \text{(12-1)}$$

$$1[\text{kW}] = 1,000[\text{W}] = 1,000[\text{J/s}] \quad \cdots\cdots\cdots\cdots\cdots\cdots \text{(12-1a)}$$

공학단위계에서는 출력단위로 마력(馬力)을 사용한다. 마력의 단위로는 독일과 프랑스계의 [PS](Pferde Stärke)와 영국과 미국계의 [HP](Horse Power)가 있다. 우리나라에서는 주로 [PS]를 사용해 왔으며, 아직도 일부 사용하고 있다.

SI 단위계의 kW와 공학단위계의 PS 또는 HP와의 상호관계는 다음과 같다.

$$1[\text{PS}] = 75[\text{kgf} \cdot \text{m/s}] = 735.5[\text{W}] = 0.7355[\text{kW}]$$

$$1[\text{HP}] = 33,000[\text{ft} \cdot \text{lbf/min}] = 746[\text{W}] = 0.746[\text{kW}]$$

$$1[\text{kW}] \fallingdotseq 1.36[\text{PS}] = 1.34[\text{HP}] \quad \cdots\cdots\cdots\cdots\cdots\cdots \text{(12-2)}$$

(2) 토크(torque)와 회전출력

① 토크(torque : Moment)

토크(T)는 토크암의 작용점에 직각으로 작용하는 힘으로서 식(12-3)으로 정의된다.

$$T = F \times r [\text{N·m}] \quad\cdots\cdots\cdots\cdots\cdots\cdots\cdots\cdots\cdots\cdots\cdots\cdots (12\text{-}3)$$

여기서 T : 토크 [Nm]

F : 토크암의 선단에 직각으로 작용하는 힘 [N]

r : 토크암의 길이 [m]

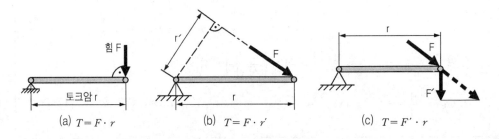

(a) $T = F \cdot r$ (b) $T = F \cdot r'$ (c) $T = F' \cdot r$

그림 12-1 토크의 정의

② 회전출력

왕복 피스톤기관에서는 피스톤-헤드에 작용하는 연소가스의 압력에 의해 크랭크축에 회전력이 발생한다. 크랭크축에서 토크암의 길이는 크랭크 반경(r)이 된다.

크랭크축이 1회전할 때의 일(W_1)은 정의와 식(12-3)으로 부터

$$W_1 = F \times 원둘레 = F \times 2\pi r = 2\pi T [\text{Nm}] \quad\cdots\cdots\cdots\cdots\cdots (12\text{-}4)$$

크랭크축이 $n[\text{min}^{-1}]$ 회전할 때의 일(W_n)은

$$W_n = 2\pi T \times n [\text{Nm}] \quad\cdots\cdots\cdots\cdots\cdots\cdots\cdots\cdots\cdots\cdots\cdots (12\text{-}5)$$

크랭크축 즉, 기관이 $n[\text{min}^{-1}]$으로 회전할 때의 출력(N_e)은

$$N_e = \frac{일}{시간} = \frac{2\pi Tn}{60}\,[\text{W}]$$

$$N_e = \frac{2\pi Tn}{60 \times 1000} = \frac{\pi Tn}{30000} = \frac{Tn}{9549.296} \fallingdotseq \frac{Tn}{9550}\,[\text{kW}] \quad\cdots\cdots\cdots\cdots\cdots (12\text{-}6)$$

여기서 T : 축 토크 $[\text{N}\cdot\text{m}]$

n : 1분당 회전속도 $[\text{min}^{-1}]$

또 식(12-6)을 공학단위로 환산하면

$$N_e = \frac{2\pi Tn}{60 \times 75} = \frac{\pi Tn}{2250} \fallingdotseq \frac{Tn}{716.2}\,[\text{PS}] \quad\cdots\cdots\cdots\cdots\cdots\cdots\cdots\cdots\cdots\cdots\cdots (12\text{-}6\text{a})$$

여기서 T : 축 토크 $[\text{kgf}\cdot\text{m}]$ n : 1분당 회전속도 $[\text{rpm}]$

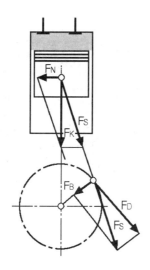

F_k : 피스톤 상단에 작용하는 힘(폭발력)
F_S : 커넥팅롯드에 작용하는 힘
F_N : 실린더벽에 직각으로 작용하는 힘(수평분력)
F_D : 회전력
F_B : 크랭크핀 베어링에 가해지는 부하
T : $F_D \cdot r$
r : 크랭크반경

그림 12-2 왕복피스톤 기관에서의 회전력과 회전토크

제2절 기관효율과 평균유효압력
(Engine Efficiency and MEP : Motorenwirkungsgrad und Mittlerer Arbeitsdruck)

1. 지압선도(indicator diagram : Tatsaechliches p-V Diagramm)

"1-5 열역학적 고찰 - 이론 사이클 해석"에서 열효율을 PV-선도를 이용하여 설명하였다. 특히 여러 가정 하에 이론적으로 작성된 PV-선도를 이론 PV-선도라 하고, 실제 기관의 연소실에 설치된 압력센서를 이용하여 운전 중 실린더 내 동작유체(가스)의 압력변화를 측정, 작성한 PV-선도를 실제 PV-선도 또는 지압선도라 한다.

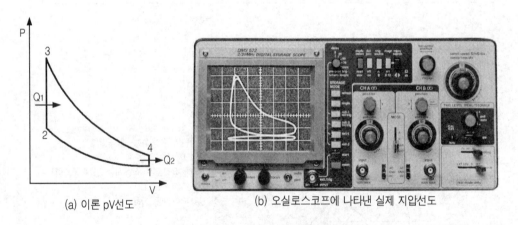

(a) 이론 pV선도   (b) 오실로스코프에 나타낸 실제 지압선도

그림 12-3 이론 PV-선도와 실제 지압선도

실제 지압선도를 통해서 연소과정 즉, 점화시기, 압력상승속도, 연소의 이상 유무, 사이클의 진행과정 등을 파악할 수 있다.

기관이 1사이클을 수행하는 동안에 1개의 실린더에서 생성된 일은 지압선도 상에서 폐곡선에 의해 형성된 (+)면적으로, 손실일은 (−)면적으로 나타난다. 지압선도 상에서 유효일은 (+)면적에서 (−)면적을 뺀 면적이다.

실제 PV-선도에서는 이론 PV-선도에 비해 폐곡선에 의해 형성된 면적이 작게 나타난다. 그 이유는 다음과 같다.

이론 사이클에서는
① 밸브개폐는 정확히 사점에서 이루어지며, 가스교환 손실은 없다.
② 실린더에는 잔류가스가 없으며, 새로운 혼합기로만 충전된다.
③ 급열과정은 정확히 사점에서 시작하며, 정적 또는 정압으로 수행된다.
④ 압축과정과 팽창과정은 단열과정이다.
⑤ 기관은 마찰이 없는 계이다.
⑥ 가스의 누설은 없다.
⑦ 연료/공기 혼합기는 완전 연소한다.
는 등의 가정 하에서 이론 PV-선도를 작성한다.

실제 기관에서는
① 밸브가 사점에서 개폐되지 않으며, 가스교환손실이 있으며, 잔류가스도 존재한다.
② 급열과정이 정확히 사점에서 시작되지 않으며, 즉, 연소에는 시간이 소요될 뿐만 아니라 완전 연소가 이루어지지도 않는다.
③ 연소실 벽과의 열교환이 있으므로 압축과정 및 팽창과정은 단열과정이 아니다.
④ 기관 각부에는 마찰손실이 존재한다.

2. 기관효율(engine efficiency : Motorenwirkungsgrad)

기관효율이란 기관에 공급된 총 열량 중에서 일로 변환된 열량이 차지하는 비율을 말한다. 열량은 보통 0℃, 정적하에서 완전 연소된 경우의 저 발열량(specific heating value)을 사용하고, 일로 변환된 열량은 기관에 가해지는 제한 또는 조건에 따라 각기 다르게 나타난다. 따라서 여러 가지 명칭의 효율이 정의된다.

(1) 이론열효율(theoretical thermal efficiency : theoretischer Wirkungsgrad ; η_{th})

이론열효율이란 열역학적으로 피할 수 없는 비가역(非可逆) 변화에 기인한 손실만을 가진 사이클에 의해 일로 변환된 열량과 그 사이클에 공급된 열량과의 비율을 말한다. 열역학 제1

법칙에서 일로 변환된 열량은 그 사이클에 공급된 열량 Q_1과 방출된 열량 Q_2와의 차이이므로 효율은 다음과 같이 표시된다.

$$\eta_{th} = \frac{W_{th}}{Q_1} - \frac{Q_1 - Q_2}{Q_1} = 1 - \frac{Q_2}{Q_1} \quad \cdots\cdots\cdots\cdots\cdots\cdots\cdots (12\text{-}7)$$

여기서 W_{th} : 1 사이클 중의 이론 일

(2) 지시(指示)열효율(indicated thermal efficiency : Innenwirkungsgrad ; η_i)

실린더 내에서 동작가스가 피스톤에 가하는 일은 이론사이클에서 계산된 일보다 작아진다. 그 이유는 불완전연소, 연소의 지연, 가스누설, 냉각손실, 그리고 흡, 배기에 소비되는 펌프일 등 때문이다. 동작가스가 피스톤에 가하는 일을 지시일(W_i) 또는 도시일, 지시일을 기준으로 한 출력을 지시출력(N_i) 또는 도시출력이라 하며, 이 때의 열효율을 지시열효율 또는 도시열효율이라고 한다.

$$\eta_i = \frac{W_i}{Q_1} \quad \cdots\cdots\cdots\cdots\cdots\cdots\cdots\cdots\cdots\cdots\cdots\cdots\cdots (12\text{-}8)$$

식(12-8)로부터 지시일(W_i)은 " $W_i = \eta_i Q_1$ "이므로, 지시출력(N_i)은

$$N_i = \frac{\eta_i \cdot Q_1}{3600} = \frac{\eta_i \cdot B \cdot H_U}{3600} \text{[kW]} \quad \cdots\cdots\cdots\cdots\cdots\cdots (12\text{-}9)$$

여기서 H_U : 연료의 저 발열량[kJ/kg]

B : 연료 소비율[kg/h]

* 1kWh = 3600kJ

따라서 지시열효율은 식(12-9)로부터

$$\eta_i = \frac{3600 \times N_i}{B \cdot H_U} \quad \cdots\cdots\cdots\cdots\cdots\cdots\cdots\cdots\cdots\cdots\cdots (12\text{-}10)$$

실제로는 지압선도로부터 지시출력을 구하고, 이때의 연료소비율을 측정하여 식(12-10)을 이용하여, 지시열효율을 구한다.

오토기관의 지시열효율은 0.28~0.38 정도, 디젤기관의 지시열효율은 0.40~0.46 정도가 대부분이다.

(3) 선도(線圖)계수(diagram factor : Guetegrad ; η_g)

이론일(W_{th})과 지시일(W_i), 그리고 여러 가지 손실 간의 상관관계를 명확히 하기 위하여 식(12-11)과 같이 선도계수를 정의한다. 선도계수는 실제 기관의 등급 또는 양부(良否)를 나타낸다. 즉,'실제 사이클이 이론 사이클에 얼마나 근접하는가?'를 나타낸다. 선도계수를 사용하여 성능향상의 가능성을 판단할 수 있다.

$$\eta_g = \frac{N_i}{N_p} = \frac{W_i}{W_{th}} = \frac{\eta_i}{\eta_{th}} \quad\cdots\cdots\cdots\cdots\cdots\cdots\cdots\cdots\cdots\cdots (12\text{-}11)$$

여기서 N_p : 완전 기관의 출력　　N_i : 실제 기관의 지시출력

경험값 : 디젤기관 $\eta_g = 0.6 \sim 0.8$　　오토기관 $\eta_g = 0.4 \sim 0.7$

또 식(12-11)로부터 지시열효율은

$$\eta_i = \eta_{th} \cdot \eta_g \quad\cdots\cdots\cdots\cdots\cdots\cdots\cdots\cdots\cdots\cdots\cdots (12\text{-}11a)$$

(4) 제동(制動)열효율(brake thermal efficiency : Nutzwirkungsgrad ; η_e)

기관의 크랭크축(=출력축)에서 실제로 얻어지는 제동일(W_e)은 지시일(W_i)에서 운동부분의 마찰일과 밸브기구나 펌프, 기타 보조장치의 구동에 소요되는 일을 뺀 것이다.

기관의 출력축에서 측정한 출력을 제동출력(brake power : Nutzleistung) 또는 간단히 축출력(shaft power : Wellenleistung)이라고 하며, 제동일에 대한 열효율을 제동열효율이라 한다.

제동열효율은 기관의 최종적 실용가치를 나타내는 것이나, 이것으로 기관 각부의 손실일을 직접 판단할 수는 없다.

$$\eta_e = \frac{W_e}{Q_1} \quad \cdots\cdots\cdots (12\text{-}12)$$

실제로 시간당 소비한 연료를 B_e[kg/h], 연료의 저발열량을 H_u[MJ/kg], 기관의 제동출력을 N_e[kW]라 하면, 총 공급열량은 시간당 $B_e \cdot H_u$[MJ]이다. 그리고 1kWh의 일은 3.6MJ의 열량에 상당하므로 시간당 제동일은 $3.6 N_e$[MJ]이 된다. 따라서 제동열효율은 식(12-12a)로 구할 수 있다.

$$\eta_e = \frac{3.6 N_e}{B_e \cdot H_u} \quad \cdots\cdots\cdots (12\text{-}12\text{a})$$

참고로 식(12-12a)를 공학단위 B_e[kgf/h], H_u[kcal/kgf], N_e[PS]를 사용하여 환산하면, 1[PSh] = 632[kcal]이므로

$$\eta_e = \frac{632 N_e}{B_e \cdot H_u} = \frac{632}{b_e \cdot H_u} \times 1000 \quad \cdots\cdots\cdots (12\text{-}12\text{b})$$

여기서 $b_e = 1000 \dfrac{B_e}{N_e}$: 제동연료소비율[gf/PSh]

각 기관의 제동열효율 경험값은 다음과 같다.

기관의 종류	자동차	행정	제동열효율
오토기관	2륜	2	0.14 ~ 0.18
		4	0.25 ~ 0.31
	승용	2	0.17 ~ 0.18
		4	0.20 ~ 0.28
	화물	4	0.16 ~ 0.27
디젤기관	승용	4	0.25 ~ 0.35
	화물	4	0.30 ~ 0.44
가스터빈		-	0.22 ~ 0.35

제동열효율 최대값은 특정 운전조건 하에서만 달성할 수 있다. 기타의 경우에는 효율이 저하한다. 예를 들면 공전 시에는 제동출력과 제동열효율은 모두 0(zero)이 된다.

(5) 기계효율(mechanical efficiency : mechanischer Wirkungsgrad ; η_m)

제동열효율과 지시열효율, 그리고 기관의 마찰손실 간의 상관 관계를 파악하기 위하여 다음과 같이 정의된 기계효율을 사용한다. 기계효율은 마찰손실과 보조장치 구동에 소용되는 출력손실을 고려한다. 기계효율은 대부분 약 80% 정도이다.

$$\eta_m = \frac{W_e}{W_i} = \frac{N_e}{N_i} = \frac{\eta_e}{\eta_i} \quad \text{(12-13)}$$

그리고 지시출력과 제동출력의 차는 기관의 내부마찰 및 보조장치의 구동에 소비되는 데, 이를 마찰출력(friction power : Reibungsleistung ; N_r)이라고 한다.

$$N_r = N_i - N_e \quad \text{(12-14)}$$

또 식(12-12a)를 변형하여 각 효율 간의 관계식(12-15)를 유도할 수 있다.

$$\eta_e = \frac{N_e}{N_i} \cdot \frac{N_i}{N_{th}} \cdot \frac{N_{th}}{B_e \cdot H_u} = \eta_m \cdot \eta_g \cdot \eta_{th} = \eta_m \cdot \eta_i \quad \text{(1)}$$

$$\therefore \eta_e = \eta_{th} \cdot \eta_g \cdot \eta_m = \eta_i \cdot \eta_m \quad \text{(12-15)}$$

3. 평균유효압력(mean effective pressure : mittlerer Arbeitsdruck)

기관의 출력성능을 증대시키기 위해서는 배기량을 크게 하거나 기통수를 늘리는 방법, 그리고 회전속도를 높이거나 평균유효압력을 증가시키는 방법 등이 있다.

행정체적 즉, 배기량을 크게 하면 출력이 증가되는 것은 당연하므로 출력만으로 기관의 성능을 표시하는 것은 문제가 있다. 그래서 배기량과 관계가 없는 평균유효압력을 사용하여 기관의 성능을 비교한다.

평균유효압력이란 동력행정 전과정에 걸쳐 연소가스의 압력이 피스톤에 작용하여 피스톤에 행한 일(W_{net})과 같은 양의 일을 수행할 수 있는 균일한 압력을 말한다. 평균유효압력을 증가시키기 위해서는 압축비를 높이거나 충전률을 높이는 방법들을 고려한다.

1 사이클 동안 1개의 실린더에서 수행된 일은 이 평균유효압력에 행정체적(V_h)을 곱하여 구한다. 역으로 1 사이클 중 1개의 실린더에서 수행된 일을 행정체적으로 나누면 평균유효압력이 된다. 1 사이클 중 수행된 일은 앞에서 설명한 바와 같이 이론일, 지시일, 제동일 등으로 구별되고, 또 마찰일도 정의되어 있다. 따라서 이들 각각에 대해서 평균유효압력이 정의된다.

실제로는 이론평균유효압력은 이론 PV-선도에서, 지시평균유효압력은 실제 PV-선도에서 각각 구한다. 그러나 제동평균유효압력은 동력계에서 측정한 제동출력으로부터 역산한다.

(1) 이론평균유효압력(theoretical mean effective pressure : TMEP)(P_{mth})

$$P_{mth} = \frac{W_{th}}{V_h} = \frac{Q_1}{V_h}\eta_{th} = \frac{Q_1 - Q_2}{V_h} \quad\cdots\cdots\cdots\cdots (12\text{-}16)$$

(2) 지시평균유효압력(indicated mean effective pressure : IMEP)(P_{mi})

$$P_{mi} = \frac{W_i}{V_h} = \frac{W_{th}\cdot\eta_g}{V_h} = P_{mth}\cdot\eta_g \quad\cdots\cdots\cdots\cdots (12\text{-}17)$$

실제 PV-선도에서 지시평균유효압력이 구해지면 지시출력은 식(12-18)으로 구한다.

$$N_i = \frac{P_{mi}\cdot l \cdot A \cdot n \cdot z}{3000 \cdot x}[\text{kW}] \quad\cdots\cdots\cdots\cdots (12\text{-}18)$$

여기서 N_i : 지시출력 [kW] P_{mi} : 지시평균유효압력 [bar]

l : 행정 [m] A : 피스톤 단면적 [cm^2]

n : 기관회전수 [min^{-1}] z : 실린더 수

x : 사이클 상수, 4사이클 $x = 4$, 2사이클 $x = 2$

지시출력은 또 식(12-18a, 12-18b)로도 구할 수 있다.

$$N_i = \frac{P_{mi} \cdot V_H \cdot n}{300 \cdot x}\,[\text{kW}] \quad \cdots\cdots\cdots\cdots\cdots\cdots\cdots\cdots\cdots\cdots\cdots\cdots\cdots\cdots (12\text{-}18a)$$

여기서　V_H : 행정 체적(l)

$$N_i = \frac{F_{mi} \cdot v_m \cdot z}{1000 \cdot x}\,[\text{kW}] \quad \cdots\cdots\cdots\cdots\cdots\cdots\cdots\cdots\cdots\cdots\cdots\cdots (12\text{-}18b)$$

여기서　F_{mi} : 피스톤-헤드에 작용하는 평균 지시힘 [N]

v_m : 피스톤 평균속도 [m/s]，　z : 실린더 수

공학단위로 N_i [PS]，P_{mi} [kgf/cm^2]，l [m]，A [cm^2]，n [rpm]일 경우,
식(12-18)은 다음과 같이 된다.

$$N_i = \frac{P_{mi} \cdot l \cdot A \cdot n \cdot z}{4500 \cdot \dfrac{x}{2}}\,[\text{PS}] \quad \cdots\cdots\cdots\cdots\cdots\cdots\cdots\cdots\cdots\cdots\cdots (2\text{-}18c)$$

여기서　z : 실린더 수

x : 사이클 상수，　4사이클 $x = 4$，　2사이클 $x = 2$

(3) 제동평균유효압력(brake mean effective pressure : P_{me})

$$P_{me} = \frac{W_e}{V_h} = \frac{W_i \cdot \eta_m}{V_h} = P_{mi} \cdot \eta_m = P_{mth} \cdot \eta_g \cdot \eta_m \quad \cdots\cdots\cdots\cdots\cdots\cdots (12\text{-}19)$$

실제로는 제동평균유효압력은 앞서 설명한 바와 같이 동력계 상에서 측정한 제동출력으로
부터 역산한다. 식(2-18)을 P_{mi}에 대해서 정리하고, P_{mi} 대신에 P_{me}를 대입하면

$$P_{me} = \frac{N_e \cdot x \cdot 3000}{l \cdot A \cdot n \cdot z}\,[\text{bar}] \quad \cdots\cdots\cdots\cdots\cdots\cdots\cdots\cdots\cdots\cdots (12\text{-}19a)$$

여기서 N_e : 제동출력 [kW]　　　　P_{me} : 제동평균유효압력 [bar]

l : 행정 [m]　　　　　A : 피스톤 단면적 [cm^2]

n : 기관회전수 [min^{-1}]　　z : 실린더 수

x : 사이클 상수，　4사이클 $x = 4$，　2사이클 $x = 2$

제동평균유효압력을 기관의 토크와 관련하여 다음과 같이 표시할 수 있다.

1회전 당 일 W_1은

$$W_1 = 2 \cdot \pi \cdot T \quad\text{..} (1)$$

4행정기관은 1 사이클 당 2회전하므로 1사이클 당 일 W_{cycle} 은

$$W_{cycle} = 2 \times (2 \cdot \pi \cdot T) = 4 \cdot \pi \cdot T \quad\text{.......................................} (2)$$

1 사이클 동안에 수행한 일 W_{cycle} 은 평균유효압력에 행정체적을 곱한 값과 같으므로

$P_{me} \cdot V_h = 4 \cdot \pi \cdot T$ 를 평균유효압력 P_{me} 에 대해 정리하면

$$P_{me} = \frac{4 \cdot \pi \cdot T}{V_h} = \frac{2 \cdot N_e}{V_H \cdot n_s} \quad\text{.......................................} (12\text{-}19b)$$

여기서 N_e : 제동출력[kW] P_{me} : 제동평균유효압력$\left[\dfrac{\text{kN}}{\text{m}^2}\right]$

T : 축 토크[kNm] V_h : 행정체적[m^3]

n_s : 기관회전수[s^{-1}] V_H : 총배기량[m^3]

각 기관의 제동평균유효압력(P_{me})의 경험값은 다음과 같다.

기관의 종류	자동차	행정	P_{me} [bar]
오토기관	2륜	2	4 ~ 5.5
		4	7 ~ 10
	승용	2	4.5 ~ 12
		4	7 ~ 12
		KKM	6.5 ~ 10.5
디젤기관	화물	4	6.5 ~ 7
	승용	4	5 ~ 7.5
	화물	4	6 ~ 9
		Turbo	12 ~ 18

(4) 마찰 평균유효압력(friction mean effective pressure : P_{mr})

$$P_{mr} = \frac{W_i - W_e}{V_h} = P_{mi} - P_{me} \quad\text{.......................................} (12\text{-}20)$$

4. 비출력(specific power : spezifischer Leistung)

기관의 출력성능에 대해 단순히 출력의 크고 작음에 대해서만 생각하는 것은 무의미하다. 기관의 배기량과 출력, 중량과 출력 등의 상대비교로 출력성능을 판단하는 것이 보다 합리적이기 때문이다. 특히 자동차기관은 행정체적에 비해 출력은 크게, 단위출력 당 질량은 가볍게 제작하려고 한다. 즉 고속, 고출력이면서도 소형, 경량화를 추구한다.

실린더 단위체적 당의 출력(리터(liter)출력), 단위출력 당 질량, 피스톤 단위면적 당 출력(피스톤 면적 출력) 등이 사용된다. 이들을 비출력이라 하며, 기관의 상대비교에 널리 사용된다. 이 외에도 비공학적 분야 즉, 사용 상의 허가, 면허 및 과세 등의 목적으로 사용하는 공칭출력 등이 있다.

(1) 리터 출력(liter power : Hubraumleistung)

$$N_L = \frac{N_e}{V_H} \left[\frac{\text{kW}}{\ell} \right] \quad \cdots\cdots\cdots\cdots\cdots\cdots\cdots\cdots\cdots\cdots\cdots\cdots\cdots\cdots\cdots (12\text{-}21)$$

여기서 N_e : 제동출력 $[\text{kW}]$ N_L : 리터출력 $\left[\frac{\text{kW}}{\ell} \right]$

V_H : 총 행정체적 $[\ \ell\ ]$

식(12-18a)를 제동출력(N_e)의 식으로 변형하여 식(12-21)에 대입, 정리하면

$$N_L = \frac{P_{me} \cdot n}{300\,x} \ [\text{kW}/l] \quad \cdots\cdots\cdots\cdots\cdots\cdots\cdots\cdots\cdots\cdots\cdots\cdots (12\text{-}21\text{a})$$

여기서 P_{me} : 제동 평균유효압력[bar] n : 기관회전속도$[\text{min}^{-1}]$

x : 사이클 상수, 4사이클 $x = 4$, 2사이클 $x = 2$

또 식(12-21a)를 공학단위로 표시하면

$$N_L = \frac{P_{me} \cdot n}{225\,x} \ [\text{PS}/l] \quad \cdots\cdots\cdots\cdots\cdots\cdots\cdots\cdots\cdots\cdots\cdots\cdots (12\text{-}21\text{b})$$

여기서 P_{me} : 제동 평균유효압력$[\text{kgf}/\text{cm}^2]$

(2) 단위출력 당 질량(power mass : Leistungsgewicht)

$$m_N = \frac{m_M}{N_e} \, [\text{kg/kW}] \quad\cdots\cdots\cdots\cdots\cdots\cdots\cdots\cdots\cdots\cdots (12\text{-}22)$$

여기서 m_M : 기관의 총 질량 [kg] m_N : 단위출력 당 질량 [kg/kW]

N_e : 제동출력 [kW]

(3) 피스톤-헤드 단위면적 당 출력

$$N_a = \frac{N_e}{A \cdot z} \, [\text{kW/cm}^2] \quad\cdots\cdots\cdots\cdots\cdots\cdots\cdots\cdots\cdots\cdots (12\text{-}23)$$

여기서 N_e : 제동출력 [kW]

N_a : 피스톤-헤드 단위면적 당 출력 [kW/cm^2]

A : 피스톤-헤드 단면적 [cm^2]

z : 실린더 수

기관의 종류와 용도에 따른 비출력 값은 다음과 같다.

기관의 종류		자동차	리터 출력 kW/ℓ	출력질량[kg/kW]	
				기관의	자동차의
오토기관		2륜	30 ~ 100	0.5 ~ 3	2 ~ 9
		승용	35 ~ 130	1.3 ~ 5	4 ~ 22
		경주용	~ 400	0.2 ~ 1	1.5 ~ 7
디젤기관	무과급	승용	20 ~ 50	1.8 ~ 5	12 ~ 25
		화물	10 ~ 45	2.5 ~ 8	60 ~ 230
	과 급	승용	30 ~ 70	1 ~ 4	9 ~ 20
		화물	18 ~ 55	2 ~ 7	50 ~ 210

(4) 공칭 출력 또는 과세 출력

실제 기관의 출력과는 별 관계가 없으나 과세, 면허 등의 기준으로 사용되는 출력을 공칭 출력이라 한다. 우리나라에서는 현재 총 행정체적(배기량)을 과세기준으로 하고 있다.

참 고

※ 역사의 유물, RAC-출력

과거에 영국 자동차 협회(RAC : Royal Automobile Club)에서 사용하든 RAC-출력은 현재는 역사의 유물이지만, 우리나라에서는 아직도 자격시험에 자주 출제되는 관계로,(출제하는 이유를 알 수는 없지만), 학생 독자들의 관심이 많다.

RAC-출력은 4행정기관에 대한 지시출력(indicated power)의 일종이며, 단위는 [HP]이다. 혹자에 따라서는 단위를 [PS]로 표기하고 있는 데 이는 중대한 오류이다.

현재의 자동차기관의 성능과 비교하면 가정한 지시평균유효압력($67.2[lbf/in^2]$)이나 피스톤 평균속도 ($v_{pm} = 2 \cdot \ell\, n = 1000\,[ft/min]$)가 아주 낮다. 따라서 현재로서는 별 의미가 없는 역사속의 유물일 뿐이다.

[HP]단위를 사용하여 4행정기관의 지시출력을 구하는 공식

$$IHP = \frac{P_{mi} \times \ell \cdot A \cdot n \cdot N}{i \times 33000}[HP]\text{에}$$

가정한 평균유효압력과 피스톤 평균속도를 대입하면

$$RAC\,Power = \frac{P_{mi} \cdot l \cdot A \cdot n \cdot N}{2 \times 33000} = \frac{D^2 N}{2.5}[HP] \quad \cdots\cdots\cdots\cdots\cdots\cdots\cdots\cdots\cdots\cdots (1)$$

여기서 P_{mi} : 지시평균유효압력, $67.2\,[lbf/in^2]$ ← 가정

l : 행정 [ft] A : 피스톤 단면적($= \frac{1}{4}\pi D^2$)

D : 실린더 내경 [inch] n : 기관회전수 [rpm]

N : 실린더 수 i : 사이클상수, 4행정기관(i=2)

* $2 \cdot l \cdot n =$ 피스톤 평균속도(v_{pm}) $= 1,000\,[ft/min]$ ← 가정

식(1)을 metric 단위로 환산하면(1in=25.4mm이므로) 식(2)가 된다.

$$RAC\,HP = \frac{D^2 N}{1613}[HP] \quad \cdots\cdots\cdots\cdots\cdots\cdots\cdots\cdots\cdots\cdots\cdots\cdots\cdots\cdots (2)$$

여기서 D : 실린더 내경 [mm]

제12장 기관성능 및 성능시험

제3절 연료소비율
(Fuel Consumption Ratio : Kraftstoffverbrauch)

내연기관의 연료소비율은 일반적으로 동력계 상에서 측정한다. 따라서 단위시간에 단위출력 당 기관이 소비한 연료량을 체적 또는 중량으로 표시한다. 그러나 자동차의 경우는 일반적으로 주행거리 100km 당 소비량으로 표시한다.

1. 기관의 연료소비율(specific fuel consumption : SFC)

기관의 연료소비율은 정확히 말하면 기관의 제동연료소비율(brake specific fuel consumption : BSFC)이다. 제동연료소비율 (b_e)은 제동출력 (N_e) 1kW 에 대한 단위시간 당 연료소비량 B_e [g/h] 으로 정의된다. 단위는 액체연료의 경우는 [g/kWh] 또는 [l/kWh]로, 가스연료의 경우는 [Nm^3/kWh]로 표시한다. [Nm^3/kWh]에서 N은 Normal 즉, 기준상태 (1013hPa, 0℃)를 의미한다.

일반적으로 연료소비율 측정은 축출력을 일정하게 유지하면서 일정 양의 연료가 소비되는 시간을 측정하여 단위시간 당 연료소비율을 구한 다음에, 이것을 다시 축출력으로 나누어 제동연료소비율을 구한다.

단위시간당 연료소비량 B_e [kg/h]을 먼저 구한다.

$$B_e = \frac{3600 \cdot V \cdot \rho}{1000 \cdot t} \; [\text{kg/h}] \quad \cdots\cdots\cdots\cdots\cdots\cdots\cdots\cdots\cdots\cdots\cdots\cdots\cdots\cdots\cdots \quad (12\text{-}24)$$

여기서 V : 소비된 연료의 체적 [cm^3 또는 cc]

ρ : 연료의 밀도 [g/cm^3 또는 kg/ℓ]

t : 연료계량 시간 [s]

제동 연료소비율(b_e)은 식(12-24)를 기관의 제동출력N_e[kW]으로 나누어 구한다.

$$b_e = \frac{B_e}{N_e} = \frac{3600 \cdot V \cdot \rho}{t \cdot N_e} \text{ [g/kWh]} \quad \cdots\cdots\cdots\cdots\cdots\cdots\cdots \text{(12-25)}$$

식(12-25)를 공학단위로 표시하면 식(2-25a)가 된다.

$$b_e = \frac{3600 \cdot V \cdot \rho}{t \cdot N_e} \text{ [gf/PSh]} \quad \cdots\cdots\cdots\cdots\cdots\cdots\cdots \text{(12-25a)}$$

여기서 N_e : 제동출력 [PS]

V : 소비된 연료의 체적 [cm^3 또는 cc]

ρ : 연료의 비중 [gf/cm^3 또는 kgf/ℓ]

t : 연료계량 시간 [s]

제동연료소비율(b_e)은 오토기관은 345~285[g/kWh], 디젤기관은 285~190[g/kWh] 정도가 대부분이다.

제동연료소비율 공식 (12-25)와 제동열효율 공식 (12-12a)를 이용하여

$$b_e = \frac{B_e}{N_e} = \text{ [g/kWh]} \quad \cdots\cdots\cdots\cdots\cdots\cdots\cdots\cdots\cdots\cdots\cdots \text{(1)}$$

$$\eta_e = \frac{N_e}{Q_1} = \frac{N_e}{B_e \cdot H_u} \quad \cdots\cdots\cdots\cdots\cdots\cdots\cdots\cdots\cdots\cdots \text{(2)}$$

식(2)를 N_e에 대해 정리하면

$$N_e = \eta_e \cdot B_e \cdot H_u \quad \cdots\cdots\cdots\cdots\cdots\cdots\cdots\cdots\cdots\cdots\cdots\cdots \text{(3)}$$

식(3)을 식(1)에 대입, 정리하면

$$b_e = \frac{B_e}{N_e} = \frac{B_e}{\eta_e \cdot B_e \cdot H_u} = \frac{1}{\eta_e \cdot H_u} \text{ [g/kWh]} \quad \cdots\cdots\cdots\cdots \text{(12-25b)}$$

경유와 휘발유의 경우, 저발열량(H_u) '$H_u = 42,000\,kJ/kg$'을 사용한다.

식(12-25b)를 더욱 간략하게 하면

$$b_e = \frac{1}{\eta_e \cdot H_u} = \frac{1}{\eta_e \times 42000[\text{kJ/kg}]} \, [\text{g/kWh}] \quad \cdots\cdots\cdots\cdots\cdots\cdots (1)$$

또 $1\text{kWh} = 3600\,\text{kJ}, \quad 1\text{kg} = 1000\text{g}$이므로

$$b_e = \frac{1}{\eta_e \cdot \left(\dfrac{42000\text{kJ}}{\text{kg}}\right) \cdot \left(\dfrac{1\text{kWh}}{3600\text{kJ}}\right) \cdot \left(\dfrac{1\text{kg}}{1000\text{g}}\right)} = \frac{86}{\eta_e} \, [\text{g/kWh}] \quad \cdots\cdots\cdots\cdots (2)$$

$$\therefore \; b_e = \frac{86}{\eta_e} \, [\text{g/kWh}] \quad \cdots\cdots\cdots\cdots\cdots\cdots\cdots\cdots\cdots\cdots\cdots\cdots (12\text{-}25c)$$

식(2)에 '$H_u = 10500\,\text{kcal/kgf}$'를 적용하여 공학단위[gf/PSh]로 정리하면

$$b_e = \frac{1}{\eta_e \cdot \left(\dfrac{10500\text{kcal}}{\text{kgf}}\right) \cdot \left(\dfrac{1\text{PSh}}{632.3\text{kcal}}\right) \cdot \left(\dfrac{1\text{kgf}}{1000\text{gf}}\right)} = \frac{60.2}{\eta_e} \, [\text{gf/PSh}]$$

$$\therefore \; b_e = \frac{86}{\eta_e} \, [\text{g/kWh}] = \frac{60.2}{\eta_e} \, [\text{gf/PSh}] \quad \cdots\cdots\cdots\cdots\cdots\cdots\cdots\cdots (12\text{-}25d)$$

2. 자동차의 연료소비율(DIN 70030에서 발췌)

(1) 승용 자동차의 연료소비율 측정방법

승용 자동차의 연료소비율은 3가지 방법 즉, 시내 주행사이클 모드, 그리고 90km/h와 120km/h의 정속도 모드에서 측정한다.

시내 주행사이클 모드는 섀시동력계상에서 시뮬레이션 운전한다. 정속도 시험은 섀시동력계 또는 직접 도로 상에서 실시한다. 시험도로는 최소 2km이상의 직선도로로서 구배는 ±2% 이내이어야 한다.

시내주행사이클 시험 시에 차량은 배기가스 측정을 수행하기 위한 규정 적재상태이어야 하며, 정속도시험 시에는 적재하중의 ½부하(최소 180kgf)를 추가해야 한다.

연료소비율(b_e)은 주행거리 100km 당 몇 l 의 연료를 소비하는가로 나타낸다.

① 연료소비량을 질량으로 측정했을 때

$$b_e = \frac{m}{\rho \cdot s} \times 100 \, [l/100\text{km}] \quad \cdots\cdots\cdots\cdots\cdots\cdots\cdots\cdots\cdots\cdots\cdots \text{(12-26)}$$

여기서　m : 소비연료의 질량 [kg]

　　　　ρ : 연료의 밀도 [kg/ℓ] ← 규정 조건에서

　　　　s : 주행거리 [km]

② 연료소비량을 체적으로 측정했을 때

$$b_e = \frac{V\,\{1 + \alpha\,(20 - t_k)\}}{s} \times 100 \, [l/100\text{km}] \quad \cdots\cdots\cdots\cdots\cdots\cdots\cdots\cdots \text{(12-27)}$$

여기서　V : 소비된 연료의 체적 [cm^3 또는 cc]

　　　　α : 연료의 팽창계수($\fallingdotseq$ 0.001/℃)

　　　　t_k : 연료의 온도 [℃]

(2) 일반 자동차의 연료소비율 측정(승용차와 트랙터 제외)

연료소비율은 구배 ±1.5%, 거리 약 10km의 평탄한 도로 상에서 왕복하여 측정한다.

주행방법은 최고속도의 $\frac{3}{4}$에 해당하는 속도로 가능한 한 정속도로 주행하여야 한다. 시험 최고속도는 2륜차의 경우는 110km/h, 다른 자동차들은 법에 명시된 허용최고속도로 제한된다.

시험차량은 허용 적재하중의 $\frac{1}{2}$에 해당하는 부하상태이어야 한다. 2륜차의 경우는 약 65kgf 정도의 체중을 가진 사람이 운전해야 한다.

일반 자동차의 연료소비율은 식(12-28)로 표시된다.

$$b_e = 1.1\,\frac{V}{s} \times 100 \, [l/100\text{km}] \quad \cdots\cdots\cdots\cdots\cdots\cdots\cdots\cdots\cdots\cdots \text{(12-28)}$$

여기서　V : 소비된 연료의 체적 [l]

　　　　s : 주행거리 [km]

　　　　1.1 : 정상도로 주행에 비하여 불리한 상태를 고려한 안전계수

제12장 기관성능 및 성능시험

제4절 체적효율과 충전효율
(Volumetric Efficiency and Charging Efficiency : Liefergrad und Füllungsgrad)

기관의 출력성능을 향상시키기 위한 대책의 하나로서, 평균유효압력을 높이기 위해서는 압축비를 높이거나 흡기량을 증대시켜야 한다. 평균유효압력은 기관이 1사이클을 수행하는 동안에 흡입한 공기질량에 비례한다. 흡기질량을 증대시키는 방법으로 과급을 생각할 수 있으나 과급 외에도 여러 가지 방법 예를 들면, 밸브개폐시기 제어, 흡기관 형상 변경, 배기장치의 배압을 감소시키는 방법 등으로 기관의 가스교환 효율을 향상시킬 수 있다.

기관의 가스교환 효율을 표시하는 방법에는 체적효율과 충전효율이 있다.

1. 체적효율(volumetric efficiency : Liefergrad : η_V)

체적효율이란 흡기행정 중 실린더에 흡입된 공기질량과 행정체적에 상당하는 대기질량과의 비를 말한다. 흡입행정 중 실린더에 흡입된 공기질량은 대기밀도ρ_a와 행정체적 V_h의 곱 즉, 이론적으로 흡입 가능한 흡기질량($\rho_a \cdot V_h$)이 되지 않는다. 그 이유는 다음과 같다.

① 흡기계통의 유동저항 예를 들면, 흡기관내의 마찰저항 및 흡기관의 형상, 밸브의 교축 등에 의해 실린더 안의 압력과 대기압 사이에 압력차가 발생한다.

② 흡입되는 공기는 기관의 열을 흡수하여 팽창한다.

③ 흡기의 관성이 피스톤의 운동속도를 추종하지 못하므로 피스톤-헤드의 표면에 접한 흡기는 팽창된다.

④ 흡기 분배손실에 의해 흡기밀도가 낮아진다.

⑤ 피스톤-링이나 밸브로부터의 누설에 의해 흡기의 일부가 외부로 빠져 나간다.

이상과 같은 이유 때문에 실제 1사이클 당 흡입되는 공기량은 이론흡기량($\rho_a \cdot V_h$) 보다 작다. 체적효율이 저하되면 압축압력이 감소하므로 열효율이 낮아지고, 또 불완전 연소의 원인이 된다. 체적효율(η_V)은 기관의 구조나 운전조건에 대한 기관의 흡입능력을 표시하며 식 (12-29)로 나타낸다.

$$\eta_V = \frac{(M_e)_{cycle}}{(M_a)_{cycle}} = \frac{M_e}{M_a} \quad \cdots\cdots\cdots\cdots\cdots\cdots\cdots\cdots\cdots\cdots\cdots\cdots (12\text{-}29)$$

여기서 $(M_a)_{cycle}$: 이론 흡기질량($= \rho_a \cdot V_h$)

$(M_e)_{cycle}$: 1사이클 중 실린더에 흡입된 공기질량

또 4행정기관에서의 체적효율은 식(12-29a)로도 나타낼 수 있다. 즉, 실린더에 흡입된 혼합기(연료와 공기)의 총 질량을 흡기다기관에서의 공기밀도 ρ_i에서 흡입 가능한 공기질량으로 나누어 구할 수 있다.

$$\eta_V = \frac{4\pi(\dot{m_a} + \dot{m_f})}{\rho_i \cdot V_h \cdot \omega} = \frac{2(\dot{m_a} + \dot{m_f})}{\rho_i \cdot V_h \cdot n_s} \quad \cdots\cdots\cdots\cdots\cdots\cdots\cdots (12\text{-}29a)$$

여기서 $\dot{m_a}$: 단위시간 당 흡기질량 [g/s]

$\dot{m_f}$: 단위시간 당 연료 공급량 [g/s]

ρ_i : 흡기다기관에서의 공기밀도 [g/cm^3]

ω : 크랭크축 각속도 [rad/s]

n_s : 기관 회전속도 [s^{-1}]

V_h : 행정체적 [cm^3/cycle]

식(12-29a에서 $\dot{m_f}$는 단위시간 당 실린더에 흡입된 연료량이다. 따라서 분사식 기관에서는 $\dot{m_f} = 0$이 되고, 공기만 흡입하므로 흡기다기관의 공기밀도 대신에 대기밀도가 적용된다. 또 식 (12-29a)를 단위로는 식(12-29b)와 같이 표시할 수 있다. 그러므로 2행정기관의 경우에는 식(12-29b)에서 2rev/cycle 대신에 1rev/cycle를 적용하면 된다.

$$\eta_V = \frac{\left(2\,\dfrac{\text{rev}}{\text{cycle}}\right) \cdot \left(2\pi\,\dfrac{\text{rad}}{\text{rev}}\right) \cdot \left(\dfrac{\text{g}}{\text{s}}\right)}{\left(\dfrac{\text{g}}{\text{cm}^3}\right) \cdot \left(\dfrac{\text{cm}^3}{\text{cycle}}\right) \cdot \left(\dfrac{\text{rad}}{\text{s}}\right)} \quad \cdots\cdots\cdots\cdots\cdots\cdots (12\text{-}29b)$$

2. 충전효율(charging efficiency : Füllungsgrad : η_c)

체적효율은 기관운전 당시의 대기상태를 기준으로 한다. 그러나 대기조건이 서로 다를 경우에는 체적효율이 같아도 기관에 실제로 흡입되는 공기질량이 서로 다르게 된다. 예를 들면 체적효율이 같다고 하더라도 1사이클 중 실린더에 흡입된 공기질량은 해면에서와 고지대에서 서로 다르게 나타난다.

서로 다른 대기상태에서 시험한 결과를 상대 비교한다는 것은 별 의미가 없기 때문에, 여러 기관들의 가스교환 효율을 비교하기 위해서는 동일한 조건의 대기상태에서 시험한 결과를 필요로 한다.

충전(充塡)효율이란 행정체적에 해당하는 만큼의 표준대기상태의 건조공기질량과 운전 중 1사이클 당 실제로 실린더에 흡입된 공기질량 간의 비를 말한다.

표준대기상태의 건조공기란 온도 20℃, 압력 760 mmHg, 상대습도 65%, 수증기 분압 10.5 mmHg, 그리고 밀도(ρ_0) 1.188 kg/m^{3}의 상태인 공기를 말한다.

충전효율(η_c)은 각 기관의 가스교환효율을 비교하는 척도로서 식(12-31)로 표시된다.

$$\eta_c = \frac{(M_e)_{cycle}}{(M_0)_{cycle}} = \frac{(M_e)_{cycle}}{\rho_0 \cdot V} \quad \cdots\cdots\cdots\cdots\cdots\cdots\cdots\cdots\cdots\cdots\cdots\cdots \text{(12-30)}$$

여기서 $(M_0)_{cycle}$: 표준대기 상태에서의 이론 흡기질량

$(M_e)_{cycle}$: 1사이클 중 실린더 내에 흡입된 공기질량

체적효율(η_V)과 충전효율(η_c) 간의 상호 관계는 다음과 같다.

$$\eta_c \cdot \rho_0 = \eta_V \cdot \rho_a$$

$$\eta_c = \frac{\rho_a}{\rho_0} \cdot \eta_V = \frac{P_a \cdot T_0}{P_0 \cdot T_a} \eta_V \quad \cdots\cdots\cdots\cdots\cdots\cdots\cdots\cdots\cdots\cdots \text{(12-31)}$$

여기서 ρ_o, P_o, T_o : 표준상태의 대기밀도, 압력, 온도

ρ_a, P_a, T_a : 흡기의 밀도, 압력, 온도

제5절 기관의 성능시험
(Engine Performance Test : Motorleistungsprüfung)

기관을 설계한 엔지니어들은 앞서 이론사이클 해석에서 설명한 바와 같이 기관이 제작되기 전에 이미 이론사이클 해석을 통해 설계한 기관의 출력을 예측한다. 그리고 제작된 기관에서 이론사이클 해석으로 예측했던 출력의 달성여부는 기관동력계상에서 실제 출력을 측정하여 판정한다.

또 기관을 동력계에 연결, 운전하면서 지압선도를 채취하고, 연료소비율과 배기가스 조성 등을 측정, 기관성능과 관련된 전반적인 사항들을 종합적으로 검토하여 필요하면 설계를 수정하거나 보완하게 된다.

사용 중인 기관을 오버홀(overhaul)하였을 경우에도 동력계에서 시험한 결과를 제작사의 공표성능과 비교하여 성능의 양부를 판정하고, 동시에 결점(또는 고장)을 수정(또는 수리)하게 된다.

1. 엔진 동력계(engine dynamometer : Motorleistungsbremse)

일반적으로 기관의 크랭크축을 동력계에 연결하고, 동력계에 제동력을 걸어 기관의 축출력을 측정한다.

동력계는 형식에 따라 기계식, 수력식, 전기식 등이 있으나 일반적으로 수력식과 전기식이 주로 사용된다. 특히 수동력계와 와전류-동력계가 많이 사용되고 있다.

수동력계(hydraulic dynamometer)는 유체의 마찰저항을 이용하여 제동력을 얻는 방식이고, 와전류-동력계(eddy current dynamometer)는 맥동하는 자장의 저항을 제동력으로 변환시키는 방식이다.

그러나 자동차기관의 성능이나 운전특성은 섀시동력계 상에서 자동차를 직접 운전하여 측정하는 것이 가장 좋은 방법이다.

(1) 동력 측정의 원리

기계식 동력계로는 프로니 브레이크(prony brake)가 있으나 측정 가능한 회전속도와 흡수 토크가 적어 현재는 거의 사용되지 않는다. 그러나 동력측정의 원리를 이해하는 데는 적당하다고 생각되어 설명하기로 한다.

그림 12-4a와 같이 기관의 출력축 O에 직결한 브레이크-드럼(brake drum)과 블록-슈(block shoe)가 제동기구이고, 블록-슈는 볼트와 너트에 의해 브레이크-드럼에 체결되어 있다. 블록-슈가 드럼을 압착하는 힘을 F[N], 블록-슈와 드럼 사이의 마찰계수를 μ라 하면 드럼에 가해진 마찰력 F_t 는

$$F_t = \mu \cdot F \,[\text{N}] \quad \cdots\cdots\cdots\cdots\cdots\cdots\cdots\cdots\cdots\cdots\cdots\cdots\cdots (12\text{-}32)$$

이 힘에 대항하여 드럼이 1회전하는 동안에 행한 일 W 는

$$W = 2 \cdot \pi \cdot r \cdot F_t \,[\text{Nm}] \quad \cdots\cdots\cdots\cdots\cdots\cdots\cdots\cdots\cdots\cdots (12\text{-}33)$$

드럼이 $n[\text{min}^{-1}]$ 회전하고 있다면, 이때 소비된 동력 N_e[kW]은

$$N_e = \frac{W \cdot n}{60 \times 1000} = \frac{2 \cdot \pi \cdot r \cdot F_t \cdot n}{60 \times 1000} \,[\text{kW}] \quad \cdots\cdots\cdots\cdots\cdots (12\text{-}34)$$

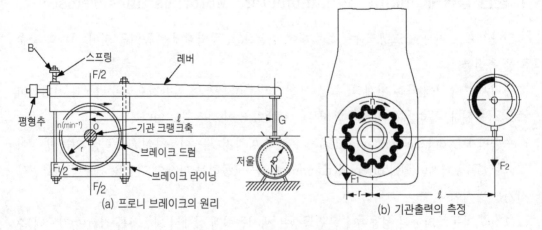

(a) 프로니 브레이크의 원리　　(b) 기관출력의 측정

그림 12-4 동력계를 이용한 출력측정 원리

또 그림 12-4에서 "$r \cdot F_t = l \cdot G$" 이므로 식(12-34)는

$$N_e = \frac{W \cdot n}{60 \times 1000} = \frac{2 \cdot \pi \cdot l \cdot G \cdot n}{60 \times 1000} [\text{kW}] \cdots\cdots\cdots\cdots\cdots\cdots\cdots (12\text{-}35)$$

식(12-35)를 변형하여

$$N_e = \frac{2 \cdot \pi \cdot l}{60 \times 1000} G \cdot n = k \cdot G \cdot n \,[\text{kW}] \cdots\cdots\cdots\cdots\cdots\cdots (12\text{-}35\text{a})$$

식(12-35a)에서 k 값을 간단하게 하려면 토크암의 길이 l 을 적당하게 설정하면 된다. 예를 들면 동력계 토크암의 길이 $l = 0.4774\text{m}$로 설정하면

$$k = \frac{2 \cdot \pi \cdot l}{60 \times 1,000} = \frac{1}{2} \cdot 10^{-4} \cdots\cdots\cdots\cdots\cdots\cdots\cdots\cdots\cdots (1)$$

가 된다.

따라서 출력은 식(12-36)과 같이 간단히 저울 지시값 $G\,[\text{N}]$과 회전속도$n\,[\text{min}^{-1}]$의 곱으로 표시된다.

$$N_e = \frac{2 \cdot \pi \cdot l}{60 \times 1000} G \cdot n = k \cdot G \cdot n = \frac{1}{2} \times 10^{-4} G \cdot n \,[\text{kW}] \cdots\cdots\cdots (12\text{-}36)$$

또 저울눈금이 $[\text{N}]$이 아닌 $[\text{kN}]$으로 표시되어 있는 동력계라면 식(12-36)은

$$N_e = \frac{1}{2} \cdot 10^{-1} G \cdot n [\text{kW}] \cdots\cdots\cdots\cdots\cdots\cdots\cdots\cdots\cdots (12\text{-}36\text{a})$$

가 된다.

출력이 마력[PS]으로 표시된 동력계가 아직도 많이 사용되고 있다. 이 경우는 다음과 같이 환산하도록 설계되어 있다. 식(12-33)에서 마찰력 F_t 의 단위를[kgf]으로 바꾸어 계산하면 식(12-37)이 된다.

$$W = 2 \cdot \pi \cdot r \cdot F_t \,[\text{kgf} \cdot \text{m}] \cdots\cdots\cdots\cdots\cdots\cdots\cdots\cdots (12\text{-}37)$$

그리고 식(12-34), (12-35)는 출력의 단위를 마력 [PS]으로 환산하면 각각

$$N_e = \frac{W \cdot n}{60 \times 75} = \frac{2 \cdot \pi \cdot r \cdot F_t \cdot n}{60 \times 75} [PS] \quad \cdots\cdots\cdots\cdots\cdots (12\text{-}37a)$$

$$N_e = \frac{W \cdot n}{60 \times 75} = \frac{2 \cdot \pi \cdot l \cdot G \cdot n}{60 \times 75} [PS] \quad \cdots\cdots\cdots\cdots\cdots (12\text{-}37b)$$

여기서 G : 동력계 저울 지시값(하중) [kgf]

식(12-37b)를 변형하여

$$N_e = \frac{2 \cdot \pi \cdot l}{60 \times 75} G \cdot n = k' \cdot G \cdot n \ [PS] \quad \cdots\cdots\cdots\cdots\cdots (12\text{-}38)$$

여기서 k' 값을 간단하게 하기 위해서는 토크암의 길이 l 을 적당하게 설정하면 된다. 예를 들면 동력계 토크암의 길이 $l = 0.3581\text{m}$ 로 설정하면

$$k' = \frac{2 \cdot \pi \cdot l}{60 \times 75} = \frac{1}{2} \cdot 10^{-3} \quad \cdots\cdots\cdots\cdots\cdots (1)$$

이 된다.

따라서 출력은 식(12-38a)와 같이 간단히 저울 지시값 G [kgf] 과 회전속도 n [rpm]의 곱으로 표시된다.

$$N_e = \frac{2 \cdot \pi \cdot l}{60 \times 75} G \cdot n = k' \cdot G \cdot n = \frac{1}{2} \times 10^{-3} \cdot G \cdot n [PS] \quad \cdots\cdots\cdots (12\text{-}38a)$$

또 식(12-38a)로 구한 공학단위 출력 [PS]을 SI단위 출력 [kW]으로 환산하려면 "1PS=0.7355kW "이므로 식(12-38a)는 식(12-38b)가 된다.

$$N_e = \frac{1}{2} \times 0.7355 \cdot 10^{-3} \cdot G \cdot n \quad \cdots\cdots\cdots\cdots\cdots (12\text{-}38b)$$

$$\fallingdotseq 0.368 \times 10^{-3} \cdot G \cdot n \ [kW]$$

이와 같이 동력계는 종류(기계식, 전기식, 수력식)와 단위체계(공학단위, SI단위)에 관계없이, 측정자가 간단히 저울 지시값(단위 kgf 또는 kN)과 기관의 회전속도 [min^{-1}]로 부터 출

력을 계산할 수 있도록 토크암의 길이가 설정되어 있다.

(2) 수동력계(hydraulic dynamometer)

프로니 브레이크에서는 드럼과 슈 사이의 고체마찰을 이용하여 동력을 흡수하는 방식을 사용하고 있지만, 수동력계에서는 물 속에서 로터를 회전시켜 그때의 유체마찰을 이용한다.

수동력계의 구조는 그림 12-5와 같이 로터축을 지지하는 베어링부를 2중으로 하여 케이싱이 요동할 수 있도록 하고 있다. 요동하는 케이싱 내에 설치된 로터는 기관에 의해 구동된다. 계속적으로 공급되는 물과 로터-블레이드 간의 마찰에 의하여 로터에는 제동력이 걸리게 되는 데, 이 제동력은 케이싱을 회전시키려는 반력과는 그 크기는 같고 방향은 정 반대이다. 토크측정은 케이싱에 작용하는 반력을 측정하면 된다.

수동력계에서의 제동효과는 회전속도가 같을 경우, 와류실(4)의 수위와 와류정도에 따라 변화한다. 따라서 제어밸브를 이용하여 와류실의 수위를 조절하거나 와류를 조절하여 동력계를 제어한다. 그리고 동력계로부터 배출되는 물은 동력계 내부에서 발생된 마찰열 에너지를 동시에 외부로 방출시킨다.

최근에는 동력계에 전자식 제어보드(control board)를 연결하여 신속하고 정확하게 각종 기관의 출력을 측정할 수 있도록 하고 있다.

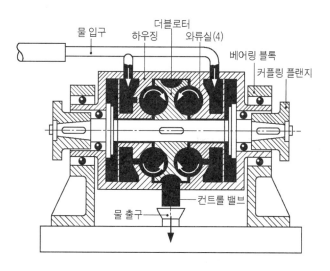

그림12-5 수동력계의 구조(예)

(3) 전기 동력계(electric dynamometer)

전기동력계는 동력흡수방식에 따라 발전식과 와전류식으로 나눌 수 있다.

발전식은 일반적으로 발전기의 전기자를 기관으로 구동하여 발생된 전력을 저항에 의해 소비시키는 방식이다. 이 방식의 전기동력계는 역으로 모터(motor)로서도 이용할 수 있기 때문에 기관의 시동과 마찰동력의 측정에도 이용할 수 있다. 그러나 와전류식에 비해 고가이다.

와전류동력계의 구조는 그림 12-6과

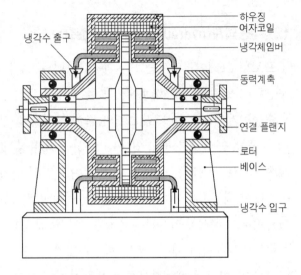

그림 12-6 와전류 동력계의 구조

같으며, 케이싱 내에 코일을 설치하고, 코일에 전류를 공급하여 폐회로 자속(磁束)을 형성한다. 이 자속 내에서 치차형의 디스크가 기관에 의해 회전된다. 그러면 플레밍의 왼손법칙에 의해 디스크에는 와전류(eddy current)가 발생한다. 이 와전류에 의해 디스크(또는 기관)에 제동력이 걸린다. 이 원리를 이용한 동력계가 와전류 - 동력계이다. 이때 디스크에 발생된 열에너지는 냉각실의 냉각수에 전달되어 밖으로 배출된다.

와전류-동력계의 제동효과는 코일의 여자(勵磁)정도에 달려 있다. 여자전류는 기관의 회전속도와 상관없이 조절이 가능하다. 디스크의 구조가 간단하고, 고속회전에 적합하며, 자동제어 기구의 조립이 용이하고, 발전식에 비해 값이 싸기 때문에 널리 사용된다.

2. 기관성능시험장치 및 성능시험

시험 방법에 따라 측정값이 달라지기 때문에 나라마다 기관의 성능시험 방법을 규정하고 있다. 동일한 조건하에서 시험한 값을 표시하여야만 상대 비교가 가능하고 또 혼란을 피할 수 있기 때문이다.

예를 들면 JIS D 1002~1004, DIN 70 020, SAE J 1349 등에 자동차 기관의 성능시험 방법이 명시되어 있다(KSR ISO 1585 도로차량 - 엔진시험방법 - 정미출력).

나라마다 시험조건이 다르므로 출력을 절대 비교하는 것은 별 의미가 없다. 예를 들면 동일한 엔진에서 측정한 출력일지라도 SAE(미국)출력이 DIN(독일)출력보다 약간 낮게, CUNA(이탈리아)출력은 DIN출력보다 5~15%정도 높게 나타나는 것으로 알려져 있다.

(1) 실험장치의 구성

그림 12-7은 기관성능 시험장치의 개략도이다. 기본적으로 출력(축 토크와 기관 회전속도)과 연료소비율, 시험실의 기상조건(기온, 습도, 대기압), 냉각수 입구와 출구 온도, 윤활유 온도와 압력, 흡기온도와 압력, 배기가스 온도 등을 측정할 수 있는 시스템을 갖추어야 한다. 그러나 시험방법에 따라, 또는 시험목적에 따라 여러 가지 장치가 부가되거나 생략될 수 있다.

예를 들면 시험목적에 따라 지압기, 배기가스 분석장치, 그리고 흡기유량과 냉각유량 등을 측정하기 위한 장치를 추가할 수 있을 것이다. 그리고 수냉식의 경우 냉각수 입구와 출구에서의 온도를 제어하여 시험 중 기관온도를 거의 일정하게 유지하여야 할 경우에는 냉각수 온도 제어시스템이 추가적으로 필요하게 된다.

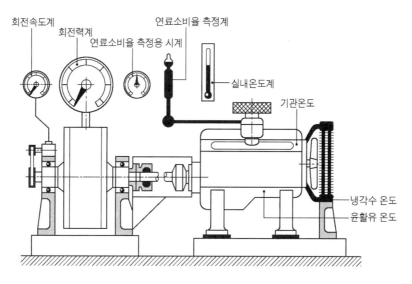

그림 12-7 기관성능시험장치(예)

(2) 성능시험

SAE J-1349, DIN 70020 등에는 시동시험, 무부하 최저 회전속도 시험, 부하시험, 전부하 최대출력, 마찰손실시험, 배출가스 시험 등이 있으나 시험목적에 따라서는 항목의 일부를 생략할 수도 있다.

기관과 동력계는 유니버설 커플링을 이용하여 서
로의 축이 일직선상에 있도록 연결하고, 또 기관의
설치대는 진동을 흡수할 수 있는 구조이어야 한다.

성능시험 시 기관의 운전은 저속에서 고속으로
점점 속도를 높여 가면서 운전한다. 이때는 그림
12-8과 같은 부하-운전시간 그래프를 이용하여 운전
하는 것이 가장 좋은 방법이다. 그리고 각종 압력과
온도는 계속적으로 관찰하여야 한다. 만약 이들 온
도나 압력이 한계값을 초과할 경우에는 즉시 기관
을 정지하고 고장원인을 제거해야 한다. 각종 측정

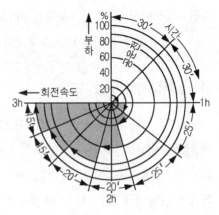

그림 12-8 기관의 부하-운전시간 그래프

값은 표준양식(예 : 기관시험 성적표)이나 별도의 양식에 일정시간 간격으로 기록한다.

(3) 표준 대기 조건(standard atmospheric conditions)

공기밀도가 낮아짐에 따라 혼합기는 농후해지고 충전효율은 감소한다. 기관 주위의 공기
밀도가 높아지면 충전률이 개선되어 출력이 증가한다. 무과급기관의 경우 고도가 100m 높
아짐에 따라 출력은 약 1%정도씩 감소하는 것으로 알려져 있다.

흡기의 예열 여부는 기관의 형식에 따라 그 결과가 크게 다르게 나타난다. 그러나 일반적
으로 흡기를 예열하면 출력이 저하한다. 다습한 공기는 건조공기에 비해서 산소의 함량이 낮
기 때문에 출력이 저하한다. 그러나 이 경우의 출력저하는 무시해도 좋으나 열대지방의 고
온, 다습한 공기는 기관출력을 현저하게 감소시키는 것으로 알려져 있다.

표준대기조건은 일반적으로 온도 20℃, 기압 1013hPa, 습도 65%이나 습도는 설명한 바와
같이 기관의 출력성능에 미치는 영향이 그리 크지 않으므로 고려하지 않는 나라도 있다.(* 참
고 : ECE규정은 온도 25℃, 기압 1000hPa이다.)

측정값을 표준대기 상태로 환산하기 위해서는 식(12-39)를 이용한다.

$$N_{st} = N_e \cdot \frac{1013}{b} \cdot \sqrt{\frac{273+t}{293}} \quad \text{......................} (12\text{-}39)$$

여기서 N_{st} : 표준상태로 환산한 출력 [kW] b : 측정 기압 [hPa]

N_e : 동력계에서 측정한 출력 [kW] t : 측정 온도 [℃]

3. 표준상태에서의 출력 (표12-1 참조)

여러 제작사 간에 출력을 대기조건에 관계없이 비교할 수 있도록 하기 위해서는, 측정출력을 일정한 대기조건하에서의 출력으로 수정하여야 한다. 이를 표준상태에서의 출력이라한다.

기관의 출력 측정방법을 규정하고 있는 주요한 규격간의 비교는 표 12-1과 같다.

표 12-1에 설명된 바와 같이 측정조건상 SAE J 1349와 DIN 70020 사이에는 큰 차이가 없다. 다만 표준출력으로 환산하는 기준 대기조건(예 : 기압과 기온)의 차이에 의한 약간의 차이가 있을 뿐이다. DIN규격에서는 기관을 실제 사용상태로 장치하고, 출력을 측정한다. 예를 들면 실차의 공기여과기, 배기장치 등을 장착하고, 또 모든 부속장치도 기관으로 구동시키면서 출력을 측정한다.

4. 기관의 성능곡선도

동력계상에서 기관의 회전속도에 따른 출력, 토크, 연료소비율 등을 하나의 그래프에 기록한 것을 기관의 성능곡선도라 한다(그림 12-9 참조). 성능곡선은 전부하 성능곡선과 부분부하 성능곡선으로 나눈다.

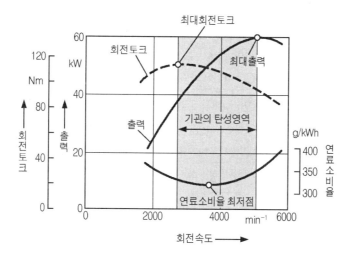

그림 12-9 오토기관의 전부하 성능곡선(예)

표 12-1 출력수정 규격(비교)

규격 (공표일자)	ISO1585 (5/82)	JIS D1001 (10/82)	SAE J 1349 (5/85)	DIN 70020 (11/76)
시험 중 기압계 압력(* 증기압으로부터)				
건조 p_{PT}^* [kPa]	99	99	99	–
절대 p_{PF} [kPa]	–	–	–	101.3
시험 중 온도 절대온도 T_p [K]	298	298	298	293
오토기관(과급-, 무과급 운전)				
수정계수 α_a	$\alpha_a = A^{1.2} \cdot B^{0.6}$ $A = 99/p_{PT}$ $B = T_p/298$			$\alpha_a = A \cdot B^{0.5}$ $A = 101.3/p_{PF}$ $B = T_p/293$
수정출력 N_o [kW] : $N_o = \alpha_a \cdot N$ (N : 측정출력)				
디젤기관(과급-, 무과급 운전)				
대기수정계수 f_a	$f_a = A \cdot B^{0.7} (A = 99/p_{PT}, B = T/293)$ (무과급기관과 기계식 과급기관) $f_a = A^{0.7} \cdot B^{1.5} (A = 99/p_{PT}, B = T/293)$ (터보과급기관- 인터쿨러 유무)			오토기관에서의 α_a와 동일
기관수정계수 f_m	$40 \leq q/r \leq 65 : f_m = 0.36(q/r) - 1.14$ $q/r \langle 40 : f_m = 0.3$ $q/r \rangle 65 : f_m = 1.2$			$f_m = 1$
r : 과급압력비 $r = p_L/p_E$ p_L : 절대 과급압력 p_E : 과급기 전 절대압력 q : 연료소비율(SAE J 1349) 4행정기관 $q = 120000F/DN$, 2행정기관 $q = 60000F/DN$ F : 연료소비량(mg/s), D : 행정체적(ℓ), n : 기관회전속도(min^{-1})			
수정출력 N_o [kW] : $N_o = N \cdot f_a^{fm}$ (N : 측정출력)				
보조장치에 대한 규정				
냉각팬 배기가스 정화장치 발전기 서보펌프 에어컨	yes(전자식-/비스코- 최대 슬립 상태) yes yes, 기관전기장치 소비용량만큼 부하 no no			정의하지 않음 정의하지 않음 yes no no

(1) 전부하 성능곡선

기관의 스로틀밸브를 완전히 열고 전속도 영역에 걸쳐서 출력을 측정하여 얻은 성능곡선을 말한다. 예를 들면 스로틀밸브를 완전히 열고 기관의 회전속도를 $1,000min^{-1}$, $1,500min^{-1}$, $2,000min^{-1}$ 순으로 최고속도까지, 각 속도점에서의 토크와 연료소비율을 측정하여 이를 성능곡선도에 기록한다.

최대 유효출력(정격출력)이란 기관이 과열되지 않고 계속해서 운전이 가능한 출력을 말한다. 그리고 기관의 경제운전은 연료소비율이 가장 낮은 영역에서 이루어지며, 연료소비율이 가장 낮을 때의 출력범위는 최대정격출력 속도보다는 약간 낮은 속도 범위가 된다.

(2) 부분부하 성능곡선

기관을 전부하로 계속 운전하는 경우는 없다. 따라서 부분부하 성능시험도 대단히 중요하다. 스로틀밸브의 위치에 따라 예를 들면 ½ 스로틀 또는 ¾ 스로틀 상태에서 기관의 성능을 측정한다. 스로틀밸브의 개도에 따라 출력, 토크, 연료소비율이 달라진다.

이론적으로는 기관의 전 속도영역에 걸쳐 1개의 실린더에 공급되는 에너지량이 항상 똑같기 때문에 연료소비율은 물론이고 회전토크도 같아야 한다. 그리고 회전속도가 증가함에 따라 출력도 증가해야 한다. 그러나 실제 성능곡선은 이상적인 상태에는 크게 못 미친다. 그 이유는 다음과 같다.

저속영역에서는
① 무부하 공전상태의 마찰손실(공전손실)을 극복해야하고
② 동시에 열손실이 크며
③ 유동속도가 낮아 연료/공기 혼합기의 와류가 불량하고 공기부족상태가 되기 때문이다.

고속영역에서는
① 유동저항의 증가에 의한 충전손실
② 실린더내의 높은 온도에 의한 충전손실
③ 마찰손실 등이다.

기화기 기관은 분사기관에 비해 토크곡선의 기울기가 급격하다. 기화기 기관에서는 연료의 무화를 촉진시키기 위해 동작유체의 유동속도를 높게 유지해야하며, 그러기 위해서는 흡

기통로단면적을 분사기관에 비해 작게 해야한다. 흡기통로 단면적이 작으면 특히 고속영역에서는 동작유체의 유동속도가 급격히 증가하게 되어 결과적으로 충전손실이 증대되고 따라서 토크가 감소하게 된다.

(3) 기관의 탄성영역(elastic range of engine : elastischer Bereich des Motors)

최대 토크를 발생시키는 회전속도에서 최대출력을 발생시키는 회전속도까지를 기관의 탄성영역이라 한다. 회전속도가 증가함에 따라 감소하는 출력은 충전률을 개선하여 토크를 증가시킴으로서 보상할 수 있다(그림12-9 참조).

캠축에서 캠의 형상을 바꾸어 최대회전력을 증가시킬 수 있다. 그러나 이때 최대회전력을 발생시키는 회전속도가 변화하므로 기관의 탄성영역이 넓어지거나, 또는 반대로 좁아지게 된다. 또 최대회전력의 상승은 가능하나 최대출력이 감소하는 현상이 발생되기도 한다.

최근에는 과급은 물론이고 캠축제어 시스템을 채용하여 고속에서도 충전률을 높게 유지하는 기관들이 사용되고 있다.

(4) 연료소비율 선도(조개곡선)(fuel consumption curve : Verbrauchskennfeld)

가로축은 엔진회전속도, 세로축은 엔진토크를 나타내는 평면에 서로 다른 다수의 등 제동연료소비율 (b_e) 곡선을 도시하면, 그 중 일부는 폐곡선을 형성하게 된다. 그 폐곡선의 형상이 조개모양과 비슷하다고 하여 이를 조개곡선이라고도 한다.

이 선도 상에 추가로 등 제동출력곡선을 도시하면, 각기 다른 제동연료소비율로 동일한 제동출력을 얻을 수 있는 다수의 위치를 확인할 수 있다.

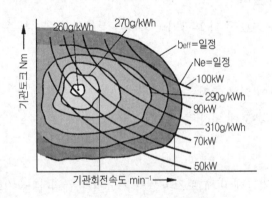

그림 12-10 연료소비율 선도(예)

참고문헌

- F. Pischinger, "Verbrennungsmotoren-Vorlesungsumdruck, 12. Auflage" RWTH Aachen, 1991.
- Heinz Grohe, "Otto- und Dieselmotoren" Vogel Buchverlag, Wuerzburg 1990.
- Alfred Urlaub, "Verbrennungsmotoren" Springer-Verlag, Berlin 1994.
- Klaus Mollenhauer(Hrsg.) "Handbuch Dieselmotoren" Springer-Verlag, Berlin 1997.
- Volker Schindler, "Kraftstoff fuer Morgen" Springer-Verlag, Berlin 1997.
- Richard van Basshuysen/Fred Scharfer(Hrsg.), "Handbuch Verbrennungsmotor" Vieweg, Wiesbaden 2005.
- Hans-Hermann Braess(Hrsg.)/Ulrich Seiffert(Hrsg.), "Handbuch Kraftfahrtechnik" Vieweg, Wiesbaden 2003.
- Richard van Basshuysen/Fred Scharfer(Hrsg.), "Lexikon Motorentechnik" Vieweg, Wiesbaden 2004.
- Hermann Mettig, "Die Konstruktion schnellaufender Verbrennungsmotoren" Walter de Gruyter, Berlin 1973.
- Eduard Koehler, "Verbrennungsmotoren" Vieweg, Wiesbaden 1998.
- Wilfried Staudt, "Kraftfahrzeugtechnik, Technologie" Vieweg, Wiesbaden 1995.
- Joerg Schaeuffele/Thomas Zurawka, "Automotive Software Engineering" Vieweg, Wiesbaden 2003.
- Guenter Schmitz(hrsg), "Mechatronik im Automobil II" Expert-Verlag, Renningen 2003.
- Robert Bosch GmbH, "Ottomotor-Management" Vieweg, Wiesbaden 2003.
- Robert Bosch GmbH, "Kraftfahr-technisches Taschenbuch, 25.Auflage" Vieweg, Wiesbaden 2003.
- Robert Bosch GmbH, "Autoelektrik/Autoelektronik, 4. Auflage" Vieweg, Wiesbaden 2002.
- Rolf Gscheidle, "Fachkunde Kraftfahrzeugtechnik" Verlag Europa-Lehrmittel, Haan-Gruiten 2004.
- H.Beyer, R.Grimme, "Fachkenntnisse für Kfz-mechaniker(Technologie)" Verlag Handwerk und Technik, Hamburg 1986.
- Friedrich Niese, "Kraftfahrzeugtechnik" 3.Auflage, Verlag Ernst Klett, Stuttgart 1984.
- Werner Schwoch, "Das Fachbuch vom Automobil" Georg Westermann Verlag, Braunschweig 1976.

- Jürgen Kasedorf "**Benzineinspritzung - Einspritzsystems deutscher Hersteller**" Vogel Buchverlag, Würzburg 1988.
- Buschmann / Koessler, "**Handbuch der Kfz-technik**" Band 1.2, Wilhelm Heyne Verlag, München 1976.
- Bussien, "**Automobiltechnisches Handbuch**" 18.Auflage, 2 Bände, Cram-Verlag, Berlin 1965.
- Forman A. Williams, "**Combustion Theory**" Addison-Wesley, Redwood city CA. 1985.
- Kenneth K. Kuo, "**Principles of Combustion**" John Wiley & Sons, Singapore 1986.
- Colin R. Ferguson, "**Internal-Combustion Engine(applied Thermo-science)**" John Wiley & Sons, New York 1986.
- Colin R. Ferguson/Allan T. Kirkpatrick, "**Internal-Combustion Engine(applied Thermo-science)**" John Wiley & Sons, New York 2001.
- Sandeep Dhameja, "**Electric Vehicle Battery System**" Newnes, Boston 2002.
- John B. Heywood, "**Internal Combustion Engine Fundamentals**", international edition, McGRAWHILL, Singapore 1988.
- Willard W. Pulkrabek, "**Engineering Fundamentals of the Internal Combustion Engine**", 2nd edition, Pearson Prentice-Hall, NJ 1997.
- John B. Heywood, "**Internal Combustion Engine Fundamentals**", international edition, McGRAWHILL, Singapore 1988.
- Richard Stone, "**Introduction to Internal Combustion Engines**" Macmillan, London 1992.
- Parker C. Reist, "**Aerosol Science and technology**" 2nd Edition, international edition, McGRAWHILL, Singapore 1993.
- V.L.Maleev, "**Internal-Combustion Engine(theory and design)**" 2nd edition, McGRAWHILL international book company 1982.
- Rowland S.Benson, N.D. White house, "**Internal Combustion Engines**" Pergamon Press Ltd., England 1979.
- James E. Duffy, "**Modern Automotive Technology**" The Goodheart-Wilicox Company,Inc. Illinois 2000.
- Jack Erjavec/Robert Scharff, "**Automotive Technology, A System Approach**" Delmar, New York 1992.
- Frank J. Thiessen/Davis N. Dales, "**Automotive Principles & Service**", 4th. ed., Regents Prentice Hall, NJ 1994.
- James A. Fay/Dan S. Golomb, "**Energy and the Environment**" Oxford University Press, 2002.

- D.N.Dales, F.J.Thiessen, "**Automotive Engines and Related Systems - principles and service**" Reston Publishing Company,Inc., Verginia 1981.
- William H.Crouse, Donald L.Anglin, "**Automotive Engines**" 6th edition, McGRAWHILL book company 1981.
- Frederick E.Peacock / Thomas E.Gaston, "**Automotive Engine Fundamentals**" Reston Publishing Company,Inc., Verginia 1980.
- P.W.Atkins, "**Physical Chemistry**" W.H.Freeman and company, san Francisco 1978.
- R.A.Day Jr./Ronald C.Johnson, "**General Chemistry**" Prentice-Hall, Inc., 1974.
- Hans Jörg Leyhausen, "**Die Meisterprüfung im Kfz-Handwerk 1,2**" 10.Auflage, Vogel-Buchverlag, Würzburg 1987.
- "**Bosch-Automotive Electric/Electronic system**" 1st Edition, VDI Verlag, Düsseldorf 1988.
- "**Autodata-Einspritz Handbuch für Benzinmotoren**" Fust, Wever & Co GmbH, 2004.
- "**Bosch Technical Instruction**" Robert Bosch GmbH, Stuttgart
  - ◇ K-Jetronic 1981   ◇ KE-Jetronic 1985
  - ◇ L-Jetronic 1985   ◇ LH-Jetronic 1985
  - ◇ Motronic 1985   ◇ Engine Electronics 1985
  - ◇ Battery Ignition System 1985
  - ◇ Emission Control for Spark-Ignition System 1986
  - ◇ Electronics and Micro-computers 1987
  - ◇ Ignition 1999
- "**Schriftenreihe der Adam Opel AG**"
  - ◇ Wege zum sparsamen Auto 1981
  - ◇ Fahrzeugbetrieb mit Flüssiggas 1985
  - ◇ Der Abgaskatalysator Aufbau, Funktion und Wirkung 1984
- Annual Book of ASTM Standards, part 23, 24, 25, 26, 47, ASTM 2004.
- SAE Handbook, Volume 3, SAE 2003.
- ATZ, Franckh'sche Verlagshandlung, Stuttgart
  Vieweg Verlag/GWV Fachverlag GmbH, Wiesbaden 1982-2005.
- MTZ, Franckh'sche Verlagshandlung, Stuttgart
  Vieweg Verlag/GWV Fachverlag GmbH, Wiesbaden 1985-2005.
- Information Materials from Automobile Companies
  - ◇ BMW, DAIMLER-CHRYSLER, FORD, GM-DAEWOO, GM, HYUNDAI, KIA, MAZDA, MITSUBISH, OPEL, PEUGEOT, PORSCHE TOYOTA, VOLVO, VW.

Index

찾아보기

ㅈ

T

U

V

■ 저자(Author)

공학박사 **김 재 휘**(Kim, Chae-Hwi)

ex-Prof. Dr. - Ing. Kim, Chae-Hwi
Incheon College KOREA POLYTECHNIC Ⅱ. Dept. of Automobile Technique
E-mail : chkim11@gmail.com

최신자동차공학시리즈-1
◆ **자동차가솔린기관(오토기관)**　　　정가 25,000원

2006년	1월	9일 초판발행	엮 은 이 : 김 재 휘
2016년	3월	23일 제4판1쇄발행	발 행 인 : 김 길 현
2022년	2월	10일 제5판3쇄발행	발 행 처 : (주)골든벨

등　　록 : 제 1987-000018호
ⓒ 2006 *Golden Bell*
I S B N : 89-7971-624-9
I S B N : 89-7971-623-0(세트)

우 04316 서울특별시 용산구 원효로 245(원효로 1가 53-1) 골든벨 빌딩 5~6F
TEL : 영업부 (02) 713 - 4135／편집부 (02) 713 - 7452 ● FAX : (02) 718 - 5510
E-mail : 7134135@naver.com ● http :// www.gbbook.co.kr
※ 파본은 구입하신 서점에서 교환해 드립니다.

이 책에서 내용의 일부 또는 도해를 다음과 같은 행위자들이 사전 승인없이 인용할 경우에는
저작권법 제93조 「손해배상청구권」 에 적용 받습니다.
① 단순히 공부할 목적으로 부분 또는 전체를 복제하여 사용하는 학생 또는 복사업자
② 공공기관 및 사설교육기관(학원, 인정직업학교), 단체 등에서 영리를 목적으로 복제·배포하
는 대표, 또는 당해 교육자
③ 디스크 복사 및 기타 정보 재생 시스템을 이용하여 사용하는 자

최신 자동차공학시리즈

첨단 자동차가솔린기관(오토기관)

공학박사 김재휘 著 / 4·6배판(B5), 양장 / 614쪽

SI-기관의 기본구조와 작동원리에서부터 밸브타이밍제어, 동적과급, 전자제어 가솔린분사장치, 최신점화장치, 방켈기관, 하이브리드기관, 연료전지, 연료와 연소, 배기가스테크닉 그리고 기관성능에 이르기까지 최신기술에 대해 상세하게 설명한, 현장 실무자 및 자동차공학도의 필독서

첨단 자동차 디젤기관

공학박사 김재휘 著 / 4·6배판(B5), 양장 / 436쪽

디젤기관의 역사, 구조와 작동원리, 분사이론 및 최신 전자제어 디젤분사장치에 이르기까지 자동차산업의 최근 경향을 반영, 체계적으로 설명하였으며, 특히 커먼레일분사장치, 유닛 인젝션 시스템 및 디젤 배기가스 후처리 기술 등에 대한 최신 정보를 망라한, 자동차공학도와 현장실무자의 필독서.

첨단 자동차 전기·전자

공학박사 김재휘 著 / 4·6배판(B5), 양장 / 662쪽

전기·전자 기술의 급속한 발전에 따라 고도의 테크닉들이 자동차에 도입, 적용되고 있는 현실을 감안하여 전기·전자 기초이론에서부터 자동차 전기·전자장치의 원리 및 구조 기능에 이르기까지 자동차산업의 최근 경향을 반영시켜 체계적으로 설명한, 자동차공학도와 현장실무자의 필독서.

첨단 자동차 섀시

공학박사 김재휘 著 / 4·6배판(B5), 양장 / 584쪽

주행 역학에서부터 시작하여 전자제어 차체제어기술 및 유압식 현가장치, 무단 자동변속기, ABS, BAS, EPS, SBC ASR 등에 이르기까지 자동차 산업의 최근 경향을 자세하게 체계적으로 설명한, 자동차 공학도와 현장 실무자의 필독서.

자동차전자제어연료분사장치(가솔린)

공학박사 김재휘 著 / 4·6배판(B5), 양장 / 472쪽

주행 역학에서부터 시작하여 전자제어 차체제어기술 및 유압식 현가장치, 무단 자동변속기, ABS, BAS, EPS, SBC ASR 등에 이르기까지 자동차 산업의 최근 경향을 자세하게 체계적으로 설명한, 자동차 공학도와 현장 실무자의 필독서.

하이브리드 전기자동차

공학박사 김재휘 著 / 4·6배판(B5), 양장 / 396쪽

하이브리드 자동차의 정의 및 도입 배경, 역사에서부터 직렬·병렬·복합 하이브리드, 스타트·스톱 모드, 회생제동, 전기 주행, 직류 전동기, 3상 동기 전동기, 영구자석 동기 전동기, 3상 유도 전동기, 스위치드 릴럭턴스 모터, 각종 연료전지 시스템, 고효율 내연기관, 대체 열기관, 니켈-수산화금속 축전지, 리튬-이온 축전지, 슈퍼-캐퍼시터, 플라이 휠 에너지 저장기, 유압 하이브리드, 주파수 변환기, DC/DC 컨버터, PMSM & BLDC까지 설명한 자동차 공학도의 필독서

카 에어컨디셔닝

공학박사 김재휘 著 / 4·6배판(B5), 양장 / 530쪽

공기조화, 냉동기의 이론 사이클, 오존과 온실가스, 냉매, 냉매 사이클, 냉동기유, 몰리에르선도와 증기압축 냉동사이클, 압축기, 응축기, 수액기, 건조기와 어큐뮬레이터, 팽창밸브와 오리피스 튜브, 증발기 유닛, 하이브리드 자동차, 전기자동차, 공기조화장치의 운전, 에어컨 시스템의 고장진단 및 정비방법까지 상세하게 설명한 자동차 공학도와 현장실무자의 필독서